高职高专“十三五”规划教材

机械制造技术

王云德　主　编
程引正　徐生龙　副主编
张　毅　主　审

化学工业出版社
·北京·

本书是国家优质院校建设开发教材之一，是以综合职业能力教育为基点，结合高职高专院校教学改革、课程建设的经验编写而成的。

全书共分9章，内容包括：绪论、机械加工方法与装备、金属切削机床概述、机床夹具、机械加工工艺规程的编制、典型零件的加工工艺分析、机械加工质量分析与控制、机械装配工艺基础、现代机械制造技术简介。为了提高学生实践动手能力，章后编写了一定数量的实训内容和复习思考题。

为方便教学，本书配套电子课件等数字资源，可免费赠送给用本书作为授课教材的院校和老师，如果需要，可登录化学工业出版社教学资源网 www.cipedu.com.cn 免费下载。

本书既可作为高职高专院校机械、机电类专业教材，也可供工程技术人员和科研人员参考。

图书在版编目（CIP）数据

机械制造技术/王云德主编. —北京：化学工业出版社，2018.7

高职高专“十三五”规划教材

ISBN 978-7-122-32205-0

Ⅰ.①机… Ⅱ.①王… Ⅲ.①机械制造工艺-高等职业教育-教材 Ⅳ.①TH16

中国版本图书馆CIP数据核字（2018）第106003号

责任编辑：韩庆利

责任校对：边　涛　　　装帧设计：张　辉

出版发行：化学工业出版社（北京市东城区青年湖南街13号　邮政编码100011）

印　　刷：大厂聚鑫印刷有限责任公司

装　　订：三河市宇新装订厂

787mm×1092mm　1/16　印张19¾　字数509千字　2018年9月北京第1版第1次印刷

购书咨询：010-64518888（传真：010-64519686）　售后服务：010-64518899

网　　址：http://www.cip.com.cn

凡购买本书，如有缺损质量问题，本社销售中心负责调换。

定　　价：48.00元

前言

FOREWORD

《机械制造技术》是以综合职业能力教育为基点，结合高职高专院校教学改革、课程建设的经验而编写的职业能力培养教材。教材的编写充分体现了以培养学生综合职业能力为宗旨，贯彻以职业实践活动为导向，以典型零件加工工艺分析为主线的编写方针，突出职业教育的特点，结合提高高职学生就业竞争力和发展潜力的培养目标，对理论知识和生产实践进行了有机整合，注重培养学生机械加工工艺编制能力、专业知识综合应用能力及解决生产问题的能力。

本教材在编写的过程中，主要体现以下几方面特点。

1. 紧密结合课程的教学大纲，在内容上注重加强基础、突出能力的培养，做到系统性强、少而精，体现了机械制造理论与实践相结合。

2. 贯彻先进的教学理念，以技能训练为主，以基础理论知识为支撑，较好地处理了理论教学与技能训练的关系，落实“管用、够用、适用”的教学思想，将原有金属切削原理与刀具、机械制造工艺学、机床夹具设计、现代加工设备、材料成形工艺等多门课程的教学内容进行了有机整合，层次清楚、重点突出、特色明显。

3. 为适应高职机械制造类专业的创新和发展的需要，章后增加了一定数量的实训内容，增强学生实践能力和动手能力，突出职业核心能力的培养。

4. 包括现代制造技术的发展、特种加工技术、计算机辅助工艺设计（CAPP）和计算机集成制造系统（CIMS）等内容，有助于学生了解机械制造技术的发展方向和前沿，充分体现了教材的先进性和完整性。

5. 本教材开发采用“校企合作”的方式，吸收了企业、行业的工程技术人员参与编写工作，引入了工厂的新工艺、技术和标准，以制造技术为核心、制造工艺为主线，充分体现了工学结合的人才培养模式，有利于培养学生实践能力和工程素质提高。

6. 本教材在章后附有一定数量的复习思考题，以满足高职高专院校机械类和机电类专业学生的学习需求，方便学生自学和加深理解本课程的主要内容，做到理论联系实际、学以致用，培养学生分析和解决实际问题的能力。

本教材可作为高职高专院校机械、机电类专业教材，也可供工程技术人员和科研人员参考。

本教材由甘肃畜牧工程职业技术学院王云德任主编，武威职业学院程引正、徐生龙任副主编，参加编写工作的还有甘肃畜牧工程职业技术学院刘孜文。具体编写分工如下：王云德编写第 8 章和第 9 章；刘孜文编写第 1 章、第 5 章和第 7 章；程引正编写第 2 章和第 3 章；徐生龙编写第 4 章和第 6 章。王云德负责统稿和校正工作，教材由甘肃畜牧工程职业技术学院张毅教授主审。

在编写过程得到了青岛啤酒武威有限责任公司高级工程师郭致江、甘肃武威市农业机械化综合服务中心高级工程师徐奎山的大力支持和帮助，并提出了许多宝贵的建议，在此表示衷心感谢。

由于我们的水平有限，本教材中难免存在疏漏和不足之处，敬请广大读者批评指正。

编 者

目录

CONTENTS

第1章　绪论 / 1

第2章　机械加工方法与装备 / 4

第 3 章　金属切削机床概述 / 64

第 7 章 机械加工质量分析与控制 / 239

第 8 章 机械装配工艺基础 / 273

第 9 章 现代机械制造技术简介 / 287

第1章
绪论

1.1 机械制造业的地位、现状和发展方向

1.1.1 机械制造业的地位、现状

我国正处于经济发展的关键时期，制造技术是我国的薄弱环节，只有跟上先进制造技术的世界潮流，将其放在战略优先地位，并以足够的力度予以实施，才能尽快缩小与发达国家的差距，才能在激烈的市场竞争中立于不败之地。

20 世纪 70 年代以前，产品的技术相对比较简单，一个新产品上市，很快就会有相同功能的产品跟着上市。20 世纪 80 年代以后，随着市场全球化的进一步发展，市场竞争变得越来越激烈。

20 世纪 90 年代初，随着 CIMS 技术的大力推广应用，包括有 CIMS 实验工程中心和 7 个开放实验室的研究环境已建成。在全国范围内，部署了 CIMS 的若干研究项目，诸如 CIMS 软件工程与标准化、开放式系统结构与发展战略，CIMS 总体与集成技术、产品设计自动化、工艺设计自动化、柔性制造技术、管理与决策信息系统、质量保证技术、网络与数据库技术以及系统理论和方法等均取得了丰硕成果，获得不同程度的进展。但因大部分大型机械制造企业和绝大部分中小型机械制造企业主要限于 CAD 和管理信息系统，底层基础自动化还十分薄弱，数控机床由于编程复杂，还没有真正发挥作用。因此，与工业发达国家相比，我国的制造业仍然存在一个阶段性的整体上的差距。

目前，我国已加入 WTO，机械制造业面临着巨大的挑战与新的机遇。因此，我国机械制造业不能单纯地沿着 20 世纪凸轮及其机构为基础采用专用机床、专用夹具、专用刀具组成的流水式生产线发展，而是要全面拓展，面向“五化”发展，即全球化、网络化、虚拟化、自动化、绿色化。

1.1.2 机械制造业的发展方向

1. 向精密超精密方向发展

精密和超精密加工是在 20 世纪 70 年代提出的，在西方工业发达国家得到了高度重视和快速发展，在尖端技术和现代武器制造中占有非常重要的地位，是机械制造业最主要发展的方向之一。在提高机电产品的性能、质量和发展高新技术中起着至关重要的作用，并且已成为在国际竞争中取得成功的关键技术。

目前，精密和超精密加工已在光电一体化设备仪器、计算机、通信设备、航天航空等工业中得到广泛应用。在许多高新技术产品的设计中已大量提出微米级、亚微米级及纳米级加工精度的要求。当前超精密加工的最高精度已达到了纳米，出现了纳米加工。例如 1nm 的加工精度已在光刻机透镜等零件的生产中实现。随着超大规模集成电路集成度的增加，生产

这种电路光刻机透镜的形位误差加工精度将达到 0.3～0.5nm。人造卫星仪表轴承的孔和轴的表面粗糙度要求达到 Ra＜1nm。某些发动机的曲轴和连杆的加工精度要求也达到微米、亚微米。

目前超精密切削技术和机床的研究也取得了许多重要成果。用金刚石刀具和专用超精密机床可实现 1nm 切削厚度的稳定切削。中小型超精密机床达到的精度：主轴回转精度 0.05μm，加工表面粗糙度 Ra0.01μm 以下。

最近新发展的在线电解修整砂轮（ELID）精密镜面磨削是一项磨削新技术，可以加工出 Ra0.02～0.002μm 的镜面。精密研磨抛光可以加工出 Ra0.01～0.002μm 的镜面。目前，量块、光学平晶、集成电路的硅基片等，都是最后用精密研磨达到高质量表面的。

20 世纪 90 年代初，利用精密特种加工方法发展了微型机械，已广泛应用于生物工程、医疗卫生和国防军事等方面。出现了微型人造卫星、微型飞机、微型电机、微型泵和微型传感器等微型机械，微型电机外径为 420μm，转子直径为 200μm，微型齿轮的外径为 120μm。

精密和超精密加工将从亚微米级向纳米级发展，以纳米技术为代表的超精密加工技术和以微细加工为手段的微型机械技术代表了这一时期精密工程的方向。由于航天、航空、生物化学、地球物理等技术的发展，超精密加工已深入到物质的微观领域，从分子加工、原子加工向量子级加工迈进，制造出更多类型的微型机械。

2. 向高速超高速加工方向发展

切削加工是机械加工应用最广泛的方法之一，而高速是它的重要发展方向，其中包括高速软切削、高速硬切削、高速干切削、大进给切削等。高速切削能大幅度提高生产效率，改善加工表面质量，降低加工费用。高速超高速加工是伴随着高速主轴、高速加工机床结构、高速加工刀具及其润滑系统的不断改进而发展起来的。为了满足高速加工的需要，相继发展了陶瓷轴承主轴、静压轴承主轴、空气轴承主轴、磁浮轴承主轴，使主轴转速可高达 100000r/min。由于高速切削机床和刀具技术及相关技术的迅速进步，高速切削技术已应用于航空、航天、汽车、模具、机床等行业中。对于大多数工件材料而言，超高速加工是指高于常规加工速度 5 倍以上的加工。目前在工业发达国家采用的超高速切削速度一般为：车削为 700～7000m/min，铣削为 300～6000m/min，钻削为 200～1100m/min，磨削为 5000～10000m/min。高速切削还在进一步发展中，预计铣削加工铝的切削速度可达到 10000m/min，加工普通钢也将达到 2500m/min。这样切削速度大约超出目前普通机床常用切削速度的十倍左右。

3. 向自动化方向发展

自动化是先进制造技术的最重要部分之一，是机械制造业的发展方向。20 世纪 60 年代以来，一些工业发达的国家，在达到高度工业化的水平以后，就开始了从工业社会向信息社会过渡的时期。对机械制造业来说，对它的发展影响最大的是电子计算机的应用，出现了所谓机电一体化的新概念。出现了一系列新技术如：机床数字控制、计算机数字控制、计算机直接控制、计算机辅助制造、计算机辅助设计、成组技术、计算机辅助工艺规程编制、工业机器人等新技术。对这些技术的综合运用的结果，在 20 世纪 80 年代初已经得到广泛的生产应用，成为制造业中的重中之重，其应用范围在不断扩大。随着 FMS 技术的发展，现在 FMS 不仅能完成机械加工，而且还能完成钣金加工、锻造、焊接、铸造、装配、激光、电火花等特种加工。从整个制造业生产的产品看，现在 FMS 已不再局限于汽车、机床、飞机、坦克、船舶等，还可用于半导体、木制产品、服装、食品以及药品和化工产品等。FMS 也是计算机集成制造系统的重要组成部分。计算机集成制造系统将使设计、制造、管理、供销、财务都用计算机统一管理，实现工厂的全盘计算机管理自动化。目前，柔性制造技术重点向快速可重组制造系统和组态式柔性制造单元两个方向发展。在上述系统或单元的基础上，分散在不同地域的企业动态联盟，可利用国际互联网建立制造资源信息网络，以订单为纽带进行资源重组，从而建立分散网络化制造系统。

CAD/CAM一体化技术的发展应用，大大地缩短了产品的研制开发周期，同时也促进了设计思想的变化。设计时考虑制造工艺的思想现已被更多的人接受，在保证产品性能要求的前提下大大减少了制造加工成本。在集成制造系统的基础上发展起来的并行工程，是将设计、工艺准备、加工制造、装配、调试工作从串联作业改成前后衔接的并行作业，大大缩短生产周期，降低了成本。最近提出的敏捷制造技术将柔性自动化技术发展到一个新高度，通过因特网将不同工厂的计算机管理和自动化技术有机地组织起来，发挥各单位的特长，利用计算机仿真和虚拟制造技术，实现异地新产品设计、异地制造和装配，达到产品的快速、高效、优质、低成本的生产。

1.2　本课程的主要内容及学习方法

1.2.1　本课程学习的主要内容及要求

本课程主要介绍机械产品的生产过程及生产活动的组织、机械加工过程及其系统。包括金属切削过程及其基本规律，机床、刀具、夹具的基本知识，机械加工和装配工艺规程的设计，机械加工中精度及表面质量的概念，制造技术发展的前沿与趋势。

通过本课程学习，要求学生能对制造活动有一个总体的、全貌的了解与把握，能掌握金属切削过程的基本规律，掌握机械加工的基本知识，能选择加工方法与机床、刀具、夹具及加工参数，具备制订工艺规程的能力和掌握机械加工精度和表面质量的基本理论和基本知识，初步具备分析解决现场工艺问题的能力。了解当今先进制造技术和先进制造模式的发展概况，初步具备对制造系统、制造模式选择决策的能力。

1.2.2　本课程的学习方法

金属切削理论和机械制造工艺知识具有很强的实践性，因此，希望学习本课程时必须重视实践环节，即通过实验、实习、设计及工厂调研来更好地体会、加深理解。本书给出的仅是基本概念与理论，真正的掌握与应用必须在不断的实践—理论—实践的循环中善于总结，才能达到。

第2章
机械加工方法与装备

2.1 金属切削机床和表面加工方法

2.1.1 金属切削机床的分类和型号

金属切削机床是用金属切削的方法将金属毛坯加工成机器零件的一种机器，人们习惯上称之为机床。由于切削加工仍是机械制造过程中获取具有一定尺寸、形状和精度的零件加工方法，所以金属切削机床是机械制造系统中最重要的组成部分，它为加工过程提供了刀具与工件之间的相对位置和相对运动，为改变工件的形状、质量提供能量。

1. 金属切削机床的分类

目前金属切削机床的品种和规格繁多，为了便于区别、使用和管理，需对机床进行分类。

机床主要是按加工方法和所用刀具进行分类，根据国家制定的机床型号编制方法，机床分为 11 大类：车床、钻床、铣床、刨插床、镗床、磨床、齿轮加工机床、螺纹加工机床、拉床、锯床和其他机床，其中最常用的金属切削机床是：车床、铣床、钻床、刨床和磨床。

除了上述基本分类方法外，还可按机床的适用范围、加工精度及自动化程度等进行分类。

(1) 按照适用范围，机床可分为以下几种。

① 通用机床：通用机床适用于单件小批生产，可以加工一定尺寸范围内的各种类型零件，并可完成多种工序，加工范围较广，但其传动与结构比较复杂，如卧式车床、万能铣床、万能外圆磨床及摇臂钻床等。

② 专门化机床：专门化机床的生产率比通用机床高，但使用范围比通用机床窄，只能加工一定尺寸范围内的某一类（或少数几类）零件，为完成某一种（或少数几种）特定工序而专门设计和制造的，如凸轮轴车床、精密丝杠车床等。

③ 专用机床：专用机床的生产率、自动化程度都比较高，但使用范围最窄，通常只能完成某一特定零件的特定工序，如汽车、拖拉机制造中大量使用的各种钻、镗组合机床等。

(2) 按照机床的加工精度，可分为普通精度机床、精密机床和高精度机床。

(3) 按照机床的自动化程度，可分为手动、机动、半自动和自动机床。

(4) 按照机床的质量（重量）和尺寸不同，可分为仪表机床、中型机床（一般机床）、大型机床（质量大于 10t）、重型机床（质量在 30t 以上）及超重型机床（质量在 100t 以上）。

此外，机床还可按照主要功能部件（如主轴等）的数目等进行分类。

2. 金属切削机床型号的编制方法

机床的型号是机床产品的代号，用以表明机床的类型、通用性和结构特性、主要技术参数等。GB/T 15375—2008《金属切削机床型号编制方法》规定，我国的机床型号由汉语拼音字母和阿拉伯数字按一定规律组合而成，它适用于各类通用机床和专用机床（不包括组合机床）。下面将通用机床型号的编制方法作简要介绍。

（1）通用机床的型号编制　通用机床的型号主要表示机床类型、特性、组别、主参数及重大改进顺序等，如型号CF6140表示最大车削直径为400mm的卧式仿形车床。

通用机床型号的表示方法为：

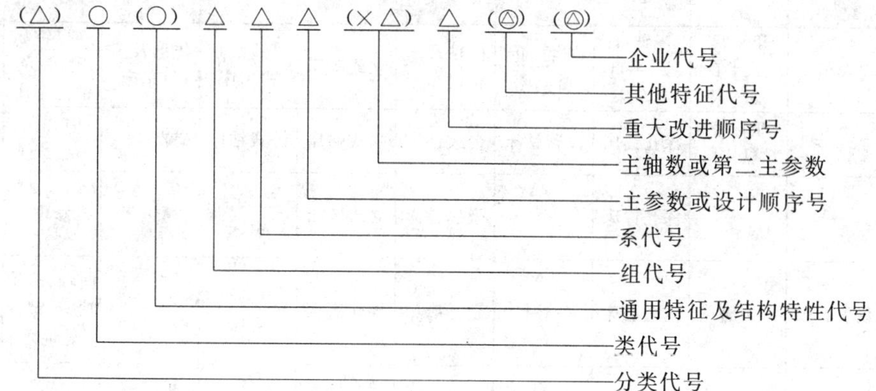

注：①有“（ ）”的代号或数字，当无内容时，不表示，若有内容，则不带扩号；②有“○”符号者，为大写的汉语拼音字母；③有“△”符号者，为阿拉伯数字；④有“◎”符号者，为大写的汉语拼音字母或阿拉伯数字或两者兼有之。

① 机床的类别代号（见表2-1）　机床的类别是以机床名称的汉语拼音的第一个大写字母表示。当需要时，每一类又可分为若干分类。分类代号用阿拉伯数字表示，置于类别代号之前，居型号首位，但第一分类不予表示，如磨床类的三个分类应表示为M、2M、3M。

表2-1　机床的类别代号

类别	车床	钻床	镗床	磨床			齿轮加工机床	螺纹加工机床	铣床	刨插床	拉床	锯床	其他机床
代号	C	Z	T	M	2M	3M	Y	S	X	B	L	G	Q
读音	车	钻	镗	磨	二磨	三磨	牙	丝	铣	刨	拉	割	其

② 机床的通用特性代号（见表2-2）　机床的通用特性代号，如某类型机床具有表2-2中所列的某种通用特性时，在类代号之后加上相应的通用特性代号，如CM6132型精密卧式车床型号中的“M”表示通用特性为“精密”。若某类型机床只有某种通用特性，而无普通型时，此通用特性代号不必表示，如C1312型单轴转塔自动车床。

表2-2　机床的通用特性代号

通用特性	高精度	精密	自动	半自动	数控	加工中心（自动换刀）	仿型	轻型	加重型	简式或经济型	柔性加工单元	数显	高速
代号	G	M	Z	B	K	H	F	Q	C	J	R	X	S
读音	高	密	自	半	控	换	仿	轻	重	简	柔	显	速

③ 机床的结构特性代号　为了区别主参数相同而结构不同的机床，在型号中用汉语拼音字母的大写区分，排列在通用特性代号之后。如CA6140型卧式车床型号中的“A”为结构特性代号，表示CA6140型卧式车床在结构上有别于C6140型卧式车床。

为避免混淆，通用特性代号的字母不能用作结构特性代号。可用作结构特性代号的字母有：A、D、E、L、N、P、R、S、T、U、V、W、X、Y，也可将这些字母中的两个组合起来表示，如AD、AE…。

④ 机床的组、系代号（见表2-3）　用两位阿拉伯数字表示，前者表示组，后者表示系。

每类机床划分为 10 个组，每个组又划分为 10 个系。在同一类机床中，凡主要布局或使用范围基本相同的机床，即为同一组。凡在同一组机床中，若其主要参数相同、主要结构及布局型式相同的机床，即为同一系。例如 CM6132 中的“6”表示落地及卧式车床组，“1”表示卧式车床系。

表 2-3 机床的类别、组别划分

类别 \ 组别	0	1	2	3	4	5	6	7	8	9
车床 C	仪表车床	单轴自动、半自动车床	多轴自动、半自动车床	回轮、转塔车床	曲轴及凸轮轴车床	立式车床	落地及卧式车床	仿形及多刀车床	轮、轴、辊、锭及铲齿车床	其他车床
钻床 Z	—	坐标镗钻床	深孔钻床	摇臂钻床	台式钻床	立式钻床	卧式钻床	铣钻床	中心孔钻床	—
镗床 T	—	—	深孔镗床	—	坐标镗床	立式镗床	卧式铣镗床	精镗床	汽车、拖拉机修理用镗床	—
磨床 M	仪表磨床	外圆磨床	内圆磨床	砂轮机	坐标磨床	导轨磨床	刀具刃磨床	平面及端面磨床	曲轴、凸轮轴、花键轴及轧辊磨床	工具磨床
磨床 2M	—	超精机	内圆研磨机	外圆及其他研磨机	抛光机	砂带抛光及磨削机床	刀具刃磨及研磨机床	可转位刀片磨削机床	研磨机	其他磨床
磨床 3M	—	球轴承套圈沟磨床	滚子轴承套圈滚道磨床	轴承套圈超精机床	—	叶片磨削机床	滚子加工机床	钢球加工机床	气门、活塞及活塞环磨削机床	汽车、拖拉机修磨机床
齿轮加工机床 Y	仪表齿轮加工机	—	锥齿轮加工机	滚齿及铣齿机	剃齿及研齿机	插齿机	花键轴铣床	齿轮磨齿机	其他齿轮加工机	齿轮倒角及检查机
螺纹加工机床 S	—	—	—	套丝机	攻丝机	—	螺纹铣床	螺纹磨床	螺纹车床	—
铣床 X	仪表铣床	悬臂及滑枕铣床	龙门铣床	平面铣床	仿形铣床	立式升降台铣床	卧式升降台铣床	床身铣床	工具铣床	其他铣床
刨插床 B	—	悬臂刨床	龙门刨床	—	—	插床	牛头刨床	—	边缘及模具刨床	其他刨床
拉床 L	—	—	侧拉床	卧式外拉床	连续拉床	立式内拉床	卧式内拉床	立式外拉床	键槽及螺纹拉床	其他拉床
锯床 G	—	—	砂轮片锯床	—	卧式带锯床	立式带锯床	圆锯床	弓锯床	锉锯床	—
其他机床 Q	其他仪表机床	管子加工机床	木螺钉加工机	—	刻线机	切断机	—	—	—	—

⑤ 主参数或设计顺序号　主参数是表示机床规格大小及反映机床最大工作能力的一种参数，是以机床最大加工尺寸或与此有关的机床部件尺寸的折算值表示，位于组、系代号之后（见表 2-4）。

各种型号的机床，其主参数的折算系数可以不同，一般来说，对于以最大棒料直径为主参数的自动车床、以最大钻孔直径为主参数的钻床和以额定拉力为主参数的拉床，其折算系数为 1；对于以床身上最大工件回转直径为主参数的卧式车床、以最大工件直径为主参数的绝大多数齿轮加工机床、以工作台工作面宽度为主参数的立式和卧式铣床、绝大多数镗床和磨床，其主参数的折算系数为 1/10；大型的立式车床、龙门刨床、龙门铣床的主参数折算系数为 1/100。

某些通用机床，当无法用一个主参数表示时，在型号中用设计顺序号表示，设计顺序号由01开始。例如某厂设计试制的第五种仪表磨床为刀具磨床，因该磨床无法用主参数表示故用设计顺序号“05”表示，则此磨床的型号为M0605。

表2-4 机床主参数及折算系数

机床	主参数名称	主参数折算系数	第二主参数
卧式车床	床身上最大回转直径	1/10	最大工件长度
立式车床	最大车削直径	1/100	最大工件高度
摇臂钻床	最大钻孔直径	1	最大跨距
卧式镗铣床	镗轴直径	1/10	—
坐标镗床	工作台面宽度	1/10	工作台面长度
外圆磨床	最大磨削直径	1/10	最大磨削长度
内圆磨床	最大磨削孔径	1/10	最大磨削深度
矩台平面磨床	工作台面宽度	1/10	工作台面长度
齿轮加工机床	最大工件直径	1/10	最大模数
龙门铣床	工作台面宽度	1/100	工作台面长度
升降台铣床	工作台面宽度	1/10	工作台面长度
龙门刨床	最大刨削宽度	1/100	最大刨削长度
插床及牛头刨床	最大插削及刨削长度	1/10	—
拉床	额定拉力/t	1	最大行程

⑥ 主轴数或第二主参数　一般是指主轴数、最大跨距、最大工件长度、最大模数、最大车削（磨削、刨削）长度及工作台工作面长度等。它在型号中的表示方法如下：

a. 多轴机床的主轴数，以实际的轴数标于型号中主参数之后，并用“·”分开，读作“点”。

b. 当机床的最大工件长度、最大加工长度、工作台工作面长度、最大跨距、最大模数等第二参数变化，引起机床结构产生较大变化时，为了区分，将第二主参数列入型号的末端并用“×”分开，读作“乘”。凡第二主参数属于长度、跨距、行程等的折算系数为1/100；凡属直径、深度、宽度用1/10折算系数；最大模数、厚度等以实际值列入型号。例如型号为C2150·6表示加工最大棒料直径为50mm的卧式六轴自动车床。

⑦ 重大改进顺序号　当机床的性能及结构布局有重大改进，并按新产品重新设计、试制和鉴定后，应在机床型号中加重大改进顺序号，以示区别。重大改进顺序号按改进的次序分别用汉语拼音字母（大写）A、B、C……表示。例如型号M7150A表示工作台工作面宽度为500mm，经第一次重大改进设计的卧轴矩台平面磨床；型号CG6125B中的“B”表示CG6125型高精度卧式车床的第二次重大改进。

⑧ 其他特性代号　用汉语拼音字母或阿拉伯数字或二者的组合来表示。主要用以反映各类机床的特性，如对数控机床，可反映不同的数控系统；对于一般机床可反映同一型号机床的变型等。

⑨ 企业代号　生产单位为机床厂时，由机床厂所在城市名称的大写汉语拼音字母及该厂在该城市建立的先后顺序号，或机床厂名称的大写汉语拼音字母表示。

通用机床的型号编制举例：

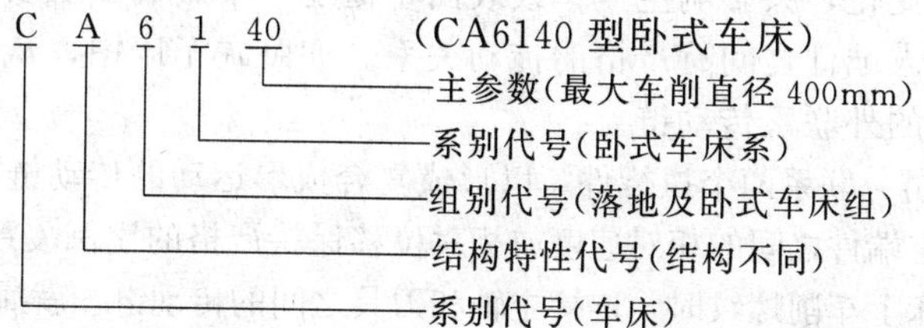

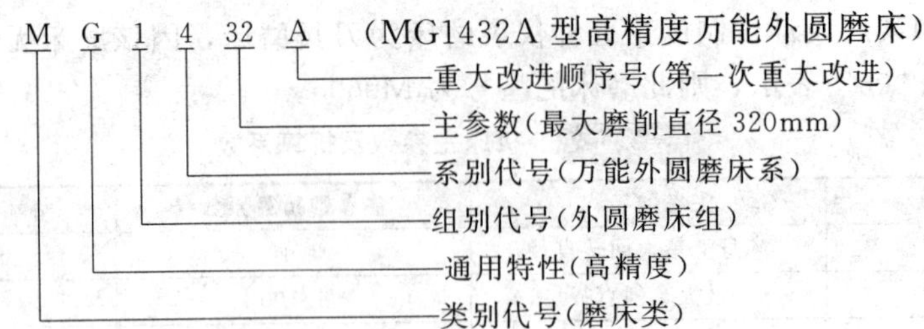

目前，工厂中使用较为普遍的几种老型号机床，是按1959年以前公布的机床型号编制办法编定的。按规定，以前已定的型号现在不改变。

(2) 专用机床的型号编制

① 专用机床型号表示方法　专用机床的型号一般由设计单位代号和设计顺序号组成，其表示方法为：

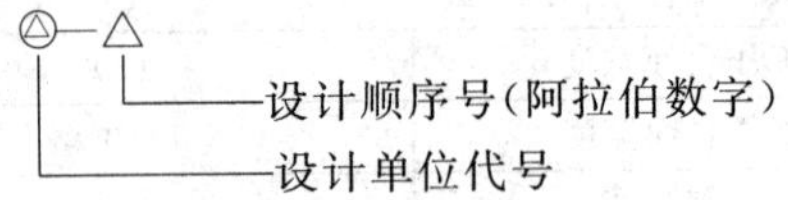

② 设计单位代号　包括机床生产厂和机床研究单位代号（位于型号之首），见《金属切削机床型号编制方法》(GB/T 15375—2008)。

③ 专用机床的设计顺序号　按该单位的设计顺序号（从“001”起始）排列，位于设计单位代号之后，并用“-”隔开。

例如，北京第一机床厂设计制造的第100种专用机床为专用铣床，其型号为B_1-100。

2.1.2 机床传动原理

1. 机床传动的基本组成部分

机床的传动必须具备以下的三个基本组成部分。

(1) 运动源　运动源为执行件提供动力和运动的装置。通常为电动机，如交流异步电动机、直流电动机、直流和交流磁幅电动机、步进电动机、交流变频调速电动机等。

(2) 传动件　传动件是传递动力和运动的零件。如齿轮、链轮、带轮、丝杠、螺母等，除机械传动外，还有液压传动和电气传动元件等。

(3) 执行件　执行件是夹持刀具或工件执行运动的部件。常用执行件有主轴、刀架、工作台等，是传递运动的末端件。

2. 机床的传动链

为了在机床上得到所需要的运动，必须通过一系列的传动件把运动源和执行件，或把执行件与执行件联系起来，以构成传动联系。构成一个传动联系的一系列传动件，称为传动链。根据传动链的性质，传动链可分为两类。

(1) 外联系传动链　联系运动源与执行件的传动链，称为外联系传动链。它的作用是使执行件得到预定速度的运动，并传递一定的动力。此外，还起执行件变速、换向等作用。外联系传动链传动比的变化，只影响生产率或表面粗糙度，不影响加工表面的形状。因此，外联系传动链不要求两末端件之间有严格的传动关系。如卧式车床中，从主电动机到主轴之间的传动链，就是典型的外联系传动链。

(2) 内联系传动链　联系两个执行件，以形成复合成形运动的传动链，称为内联系传动链。它的作用是保证两个末端件之间的相对速度或相对位移保持严格的比例关系，以保证被加工表面的形状。如在卧式车床上车削螺纹时，连接主轴和刀具之间的传动链，就属于内联系传动链。

3. **机床传动原理图**

在机床的运动分析中，为了便于分析机床运动和传动联系，常用一些简明的符号来表示运动源与执行件、执行件与执行件之间的传动联系，这就是传动原理图。图 2-1 为传动原理图常用的部分符号。

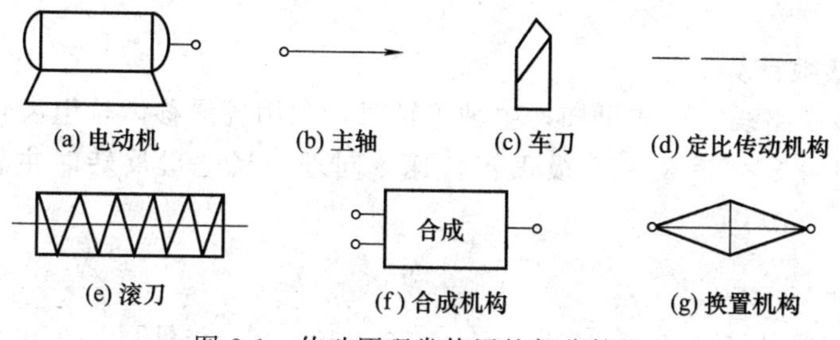

图 2-1　传动原理常使用的部分符号

下面以卧式车床的传动原理图为例，说明传动原理图的画法和所表示的内容。如图 2-2 所示，从电动机至主轴之间的传动属于外联系传动链，它是为主轴提供运动和动力的。即从电动机—1—2—μ_v—3—4—主轴，这条传动链亦称主运动传动链，其中 1—2 和 3—4 段为传动比固定不变的定比传动结构，2—3 段是传动比可变的换置机构 μ_v，调整 μ_v 值用以改变主轴的转速。从主轴—4—5—μ_f—6—7—丝杠—刀具，得到刀具和工件间的复合成形运动（螺旋运动），这是一条内联系传动链，其中 4—5 和 6—7 段为定比传动机构，5—6 段是换置机构 μ_f，调整 μ_f 值可得到不同的螺纹导程。在车削外圆面或端面时，主轴和刀具之间的传动联系无严格的传动比要求，二者的运动是两个独立的简单成形运动，因此，除了从电动机到主轴的主传动链外，另一条传动链可视为由电动机—1—2—μ_v—3—5—μ_f—6—7—刀具（通过光杆），此时这条传动链是一条外联系传动链。

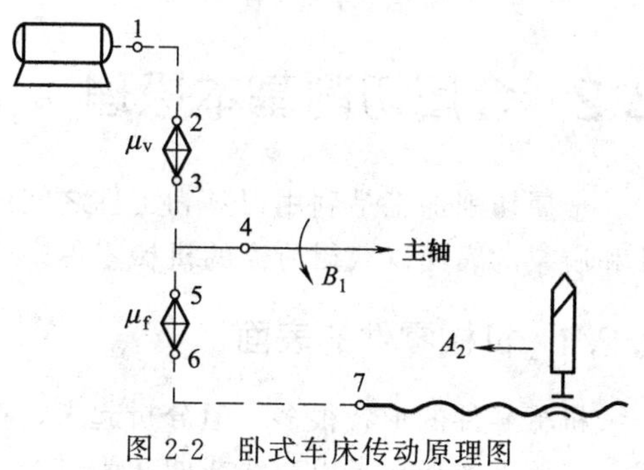

图 2-2　卧式车床传动原理图

2.1.3　机床的传动系统与运动计算

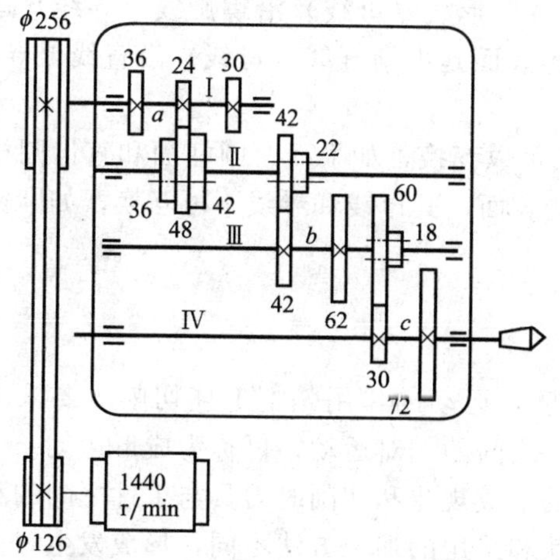

图 2-3　12 级变速车床主传动系统图

1. **机床传动系统图**

机床的传动系统图是表示机床全部运动传动关系的示意图。它比传动原理图更准确、更清楚、更全面地反映了机床的传动关系。在图中用简单的规定符号代表各种传动元件。

图 2-3 是一台中型卧式车床主传动系统图。

2. **传动路线表达式**

为便于说明及了解机床的传动路线，通常把传动系统图数字化，用传动路线表达式（传动结构式）来表达机床的传动路线。图2-3 车床主传动路线表达式为：

$$电动机(1440r/min)-\frac{\phi126}{\phi256}-Ⅰ-\begin{bmatrix}\frac{36}{36}\\\frac{24}{48}\\\frac{30}{42}\end{bmatrix}-Ⅱ-\begin{bmatrix}\frac{42}{42}\\\frac{22}{62}\end{bmatrix}-Ⅲ-\begin{bmatrix}\frac{60}{30}\\\frac{18}{72}\end{bmatrix}-Ⅳ(主轴)$$

3. **主轴转数级数计算**

根据前述主传动路线表达式可知，主轴正转时，利用各滑移齿轮组齿轮轴向位置的各种不同组合，主轴可得 3×2×2＝12 级正转转速。同理，当电机反转时主轴可得 12 级反转转速。

4. **极值计算**

$$n_{\max}=1440\times(1-0.02)\times\frac{\phi126}{\phi256}\times\frac{36}{36}\times\frac{42}{42}\times\frac{60}{30}\approx1389\ (\mathrm{r/min})$$

$$n_{\min}=1440\times(1-0.02)\times\frac{\phi126}{\phi256}\times\frac{24}{48}\times\frac{22}{62}\times\frac{18}{72}\approx31\ (\mathrm{r/min})$$

2.2 金属切削基本原理

金属切削加工是利用刀具和工件之间的相对运动切除毛坯上多余金属形成一定形状、尺寸和质量的表面以获得所需的机械零件。

2.2.1 机械零件的表面

机械零件的形状很多，但分析起来，都不外乎是由平面、圆柱面、圆锥面及成形面所组成。这些面的形成是以直线或曲线为母线，以直线或圆为运动轨迹，作旋转或平移运动所形成的表面。

机械零件的任何表面都可看作一条线（称为母线）沿着另一条线（称为导线）运动的轨迹。形成表面的母线和导线统称为发生线。

如图 2-4 所示，平面可看作是由一根直线（母线）沿着另一根直线（导线）运动而形成[图 2-4（a）]；圆柱面和圆锥面可看作是由一根直线（母线）沿着一个圆（导线）运动而形成[图 2-4（b）、（c）]；普通螺纹的螺旋面是由“∧”形线（母线）沿螺旋线（导线）运动而形成[图 2-4（d）]；直齿圆柱齿轮的渐开线齿廓表面是由渐开线（母线）沿直线（导线）运动而形成[图 2-4（e）]等。

由图 2-4 可以看出，有些表面，其母线和导线可以互换，如平面、圆柱面和直齿圆柱齿轮的渐开线齿廓表面等，称为可逆表面；而另一些表面，其母线和导线不可互换，如圆锥面和螺旋面等，称为不可逆表面。

2.2.2 机械零件表面的成形方法

切削时，机床使刀具和工件之间产生相对运动，运动的作用是把毛坯切削成要求的形状。因而，若从几何成形的角度，分析刀具与工件之间的相对运动，可称为成形运动。

分析成形运动时，可以把几何学中各种表面的形成规律和切削时刀具与工件之间的相对运动的关系加以联系，由于使用的刀具切削刃形状和采用的加工方法不同，形成发生线的方法也不同，可归纳为以下四种。

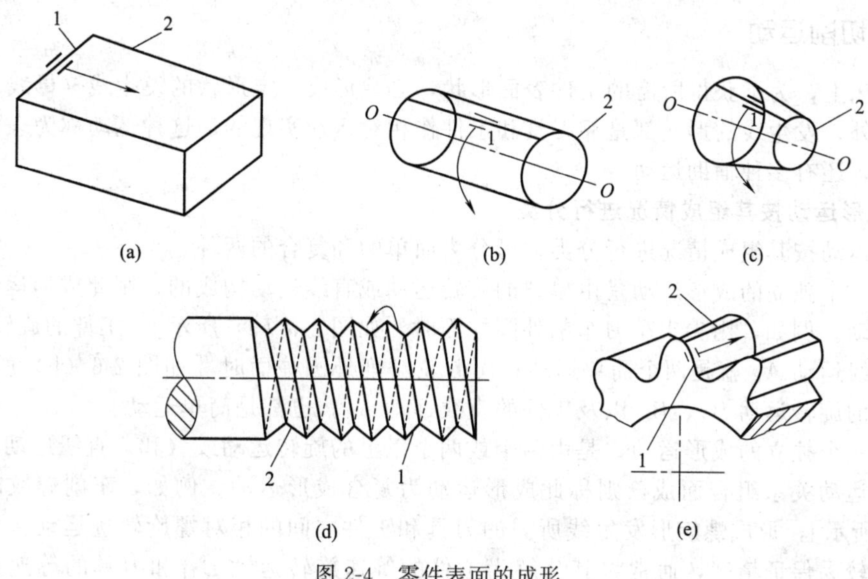

图 2-4　零件表面的成形

1—母线；2—导线

(1) 轨迹法　它是利用刀具作一定规律的轨迹运动对工件进行加工的方法。切削刃与被加工表面为点接触，发生线为接触点的轨迹线。图 2-5 (a) 中，母线 A_1 (直线) 和导线 A_2 (曲线) 均由刨刀的轨迹运动形成。采用轨迹法形成发生线需要一个成形运动。

(2) 成形法　它是利用成形刀具对工件进行加工的方法。切削刃的形状和长度与所需形成的发生线 (母线) 完全重合。图 2-5 (b) 中，曲线形母线由成形刨刀的切削刃直接形成，直线形的导线则由轨迹法形成。

(3) 相切法　它是利用刀具边旋转边作轨迹运动对工件进行加工的方法。如图 2-5 (c) 所示，采用铣刀或砂轮等旋转刀具加工时，在垂直于刀具旋转轴线的截面内，切削刃可看作是点，当切削点绕着刀具轴线作旋转运动 B_1，同时刀具轴线沿着发生线的等距线作轨迹运动 A_2 时，切削点运动轨迹的包络线便是所需的发生线。为了用相切法得到发生线，需要两个成形运动，即刀具旋转运动和刀具中心按一定规律运动。

(4) 展成法　它是利用工件和刀具作展成切削运动进行加工的方法。切削加工时，刀具与工件按确定的运动关系作相对运动 (展成运动或称范成运动)，切削刃与被加工表面相切 (点接触)，切削刃各瞬时位置的包络线便是所需的发生线。如图 2-5 (d) 所示，用齿条形插齿刀加工圆柱齿轮，刀具沿箭头 A_1 方向所作的直线运动，形成直线形母线 (轨迹法)，而工件的旋转运动 B_{21} 和直线运动 A_{22}，使刀具能不断地对工件进行切削，其切削刃的一系列瞬时位置的包络线便是所需要渐开线形导线 [见图 2-5 (e)]，用展成法形成发生线需要一个成形运动 (展成运动)。

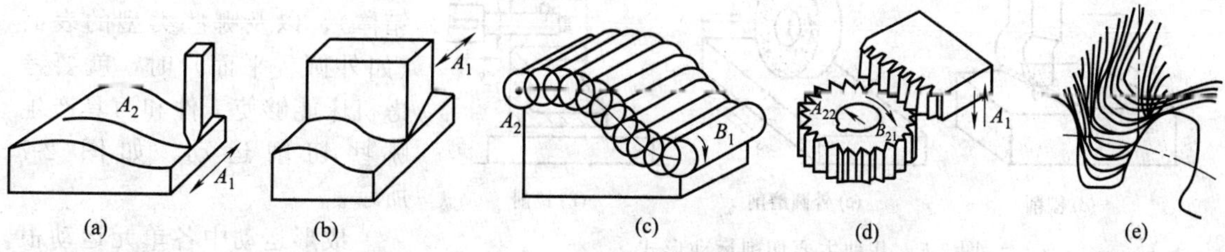

图 2-5　形成发生线的方法

2.2.3 切削运动

在机床上，为了获得所需的工件表面形状，必须形成一定形状的发生线（母线和导线）。除成形法外，发生线的形成都是靠刀具和工件作相对运动实现的，这种运动称为表面成形运动。此外，还有多种辅助运动。

1. 成形运动按其组成情况进行分类

成形运动按其组成情况进行分类，可分为简单的和复合的两种。

如果一个独立的成形运动是由单独的旋转运动或直线运动构成的，则此成形运动称为简单成形运动。例如，用尖头车刀车削外圆柱面时［如图 2-6（a）所示］，工件的旋转运动 B_1 和刀具直线运动 A_2 就是两个简单运动；用砂轮磨削外圆柱面时［如图 2-6（b）所示］，砂轮和工件的旋转运动 B_1、B_2 以及工件的直线移动 A_3，也都是简单运动。

如果一个独立的成形运动，是由两个或两个以上的旋转运动或（和）直线运动，按照某种确定的运动关系组合而成，则称此成形运动为复合成形运动。例如，车削螺纹时［如图 2-7（c）所示］，形成螺旋形发生线所需的刀具和工件之间的相对螺旋轨迹运动。为简化机床结构和较易保证精度，通常将其分解为工件的等速旋转运动 B_{11} 和刀具的等速直线移动 A_{12}。B_{11} 和 A_{12} 不能彼此独立，它们之间必须保持严格的运动关系，即工件每转一转时，刀具直线移动的距离应等于螺纹的导程，从而 B_{11} 和 A_{12} 这两个单元运动组成一个复合运动。用轨迹法车回转体成形面时［如图 2-7（d）所示］，尖头车刀的曲线轨迹运动通常由相互垂直坐标方向上的、有严格速比关系的两个直线运动 A_{21} 和 A_{22} 来实现，A_{21} 和 A_{22} 也组成一个复合运动。

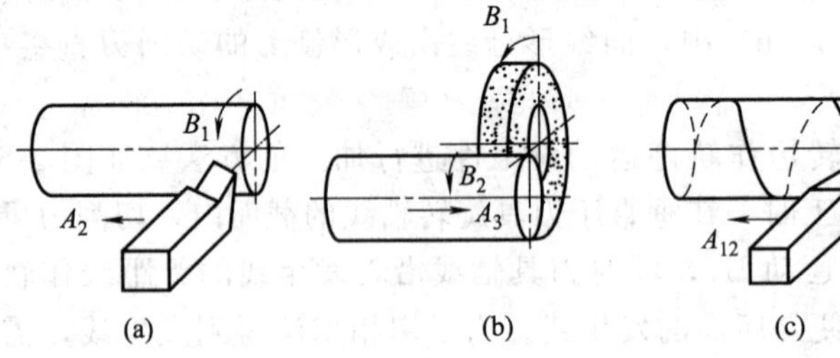

图 2-6 成形运动的组成

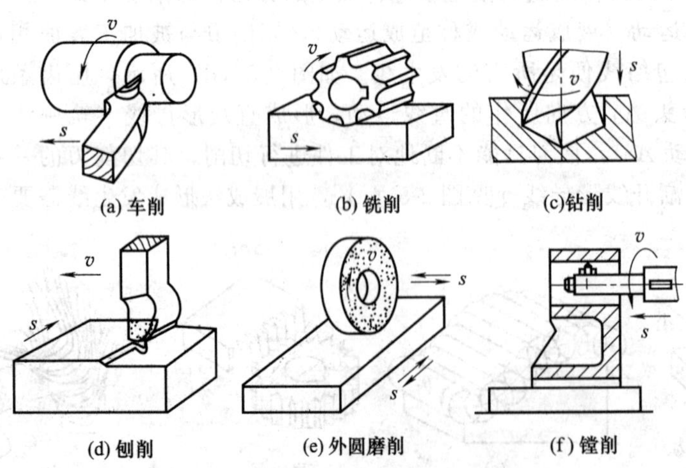

图 2-7 几种主要切削运动形式

v—主运动；s—进给运动

2. 切削运动

从几何成形的角度出发分析刀具与工件之间相对运动，目的是把相对运动与形成零件表面的关系联系起来。当我们分析一台具体的机床上能够切削出哪些类型的零件（如轴、箱体），以及哪些类型的表面（如外圆、平面）时，就要考虑机床能够使工件和刀具产生哪些切削运动，如图 2-7 所示。

成形运动中各单元运动根据其在切削中所起作用的不同

进行分类，切削运动分为主运动（v）和进给运动（s）。

（1）主运动　在切削加工中起主要的、消耗动力最多的运动为主运动。它是切除工件上多余金属层所必需的运动。车削外圆时主运动是工件的旋转运动；铣削、钻削和磨削时主运动是刀具的旋转运动；牛头刨床刨削时主运动是刀具的直线运动。一般切削加工中主运动只有一个。

（2）进给运动　在切削加工中为保持切削连续进行，刀具与工件之间的相对运动称为进给运动。进给运动可以是一个或多个。车削时进给运动是刀具的移动；铣削时进给运动是工件的移动；钻削时进给运动是钻头沿其轴线方向的移动；磨削外圆时，除纵向进给外，还有圆周进给，才能切出完整的外圆表面。

主运动和进给运动可由刀具或工件分别完成，也可由刀具单独完成（例如在钻床上钻孔），主运动和进给运动可以是旋转运动，也可以是直线运动。

进给运动的种类很多，一般包括：

① 切入运动　刀具相对工件切入一定深度，以保证工件达到要求的尺寸；

② 分度运动　多工位工作台和刀架等的周期转位或移位以及多头螺纹的车削等；

③ 调位运动　加工开始前机床有关部件的移位，调整刀具和工件之间的正确相对位置；

④ 各种空行程运动　切削前后刀具或工件的快速趋近和退回运动，开车、停车、变速或变向等控制运动，装卸、夹紧或松开工件的运动等。

2.2.4　切削要素

1. 切削时产生的表面

在切削运动作用下，工件上的切削层不断地被刀具切削并转变为切屑，从而加工出所需要的新表面。因此，工件在切削过程中形成了三个不断变化着的表面，如图 2-8 所示。

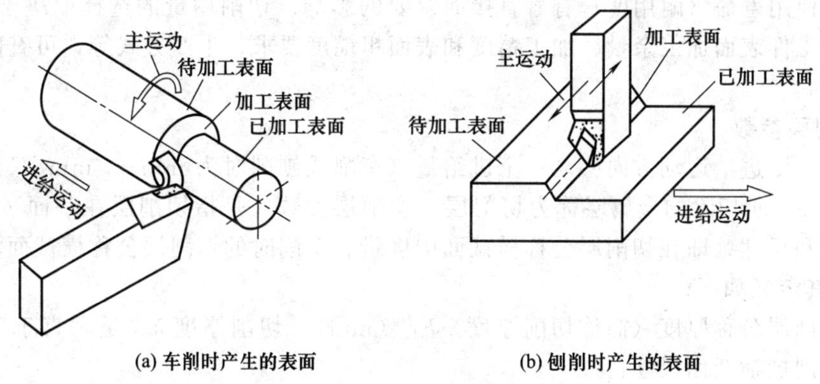

图 2-8　切削时产生的表面

（1）待加工表面　工件上即将被切去切屑的表面。

（2）加工表面　工件上正被刀刃切削的表面。

（3）已加工表面　工件上已切去切屑的表面。

2. 切削用量

切削用量包括切削速度、进给量和背吃刀量（切削深度），俗称切削三要素。它们是表示主运动和进给运动最基本的物理量，是切削加工前调整机床运动的依据，并对加工质量、生产率及加工成本都有很大影响。

（1）切削速度 v_c　在单位时间内，工件和刀具沿主运动方向相对移动的距离。如主运动为旋转运动时，按下式计算切削速度（m/min）：

$$v_c=\pi Dn/1000$$

式中 D——工件待加工表面或刀具的最大直径，mm；

n——工件或刀具每分钟转数，r/min。

如主运动为往复直线运动，则其平均切削速度（m/min）：

$$v_c=2Ln_r/1000$$

式中 L——往复直线运动的行程长度，mm；

n_r——主运动每分钟的往复次数，即行程数，str/min。

（2）进给量 f 在主运动的一个循环（或单位时间）内，刀具和工件之间沿进给运动方向相对运动的距离，又称走刀量。

如车削时，工件每转一转，刀具所移动的距离就是进给量 f，单位为 mm/r；

如牛头刨床上刨削时，刀具往复一次，工件移动的距离就是进给量，单位为 mm/str。

对于铣刀、铰刀、拉刀等多齿刀具，还规定每齿进给量 f_z，单位为 mm/z。

进给速度、进给量和每齿进给量之间的关系为：

$$v_c=nf=nzf_z$$

（3）背吃刀量（切削深度）a_p 待加工表面和已加工表面之间的垂直距离。

车削时，切削深度是指待加工表面与已加工表面之间的垂直距离，又称吃刀量，单位为 mm，其计算式为：

$$a_p=\frac{d_w-d_m}{2}$$

式中 d_w——工件待加工表面的直径，mm；

d_m——工件已加工表面的直径，mm。

切削用量是机械加工中最基本的工艺参数。切削用量的选择，对于机械加工质量、生产率和刀具的使用寿命（耐用度）有着直接而重要的影响。切削用量的选择取决于刀具材料、工件材料、工件表面加工余量、加工精度和表面粗糙度要求、生产方式等，可查阅切削加工手册。

3. 切削层参数

切削时，沿进给运动方向移动一个进给量（车削或刨削时为 mm/r，mm/双行程；多刃刀具为 mm/z）所切除的金属层称为切削层。切削层参数，是指切削层在基面 p_r 内所截得的截面形状和尺寸，即在切削层公称横截面中度量。车削时的切削层公称横截面参数，如图 2-9 所示，其定义如下。

（1）切削层公称厚度（简称切削厚度）h_D（mm） 切削厚度 h_D 是垂直于工件过渡表面度量的切削层横断面尺寸：

$$h_D=f\sin\kappa_r$$

（2）切削层公称宽度（简称切削宽度）b_D（mm） 切削宽度 b_D 是平行于工件过渡表面度量的切削层横断面尺寸：

$$b_D=a_p/\sin\kappa_r$$

（3）切削层公称横截面面积（简称切削面积）A_D（mm） 切削面积 A_D 是在切削层尺寸平面度量的横截面积（在基面 p_r 内度量的切削层横截面积）：

$$A_D=h_Db_D=fa_p$$

2.2.5 金属切削过程

1. 金属切削过程

金属切削过程是指从工件表面切除多余金属形成已加工表面的过程。在切削过程中，工

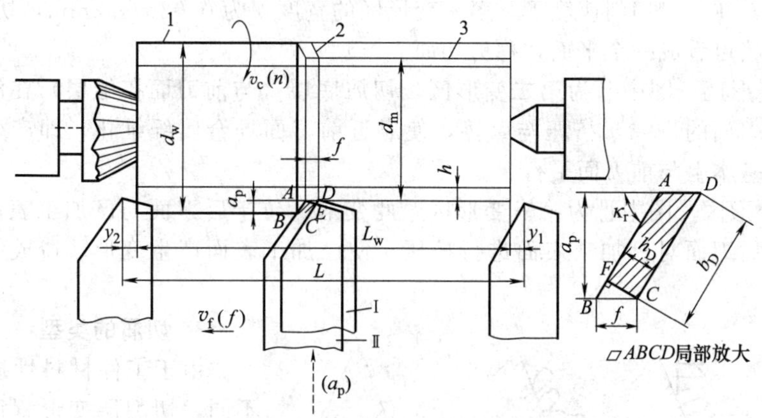

图 2-9　车削运动、形成的表面、切削层
1—待加工表面；2—加工表面；3—已加工表面

件受到刀具的推挤，通常会产生变形，形成切屑。伴随着切屑的形成，将会产生切削力、切削热与切削温度、刀具磨损、积屑瘤和加工硬化等现象，这些现象将影响到工件的加工质量和生产效率等。因此有必要对其变形过程加以研究，找出其基本规律，对提高金属切削加工质量和生产效率，减少刀具的损耗影响很大。

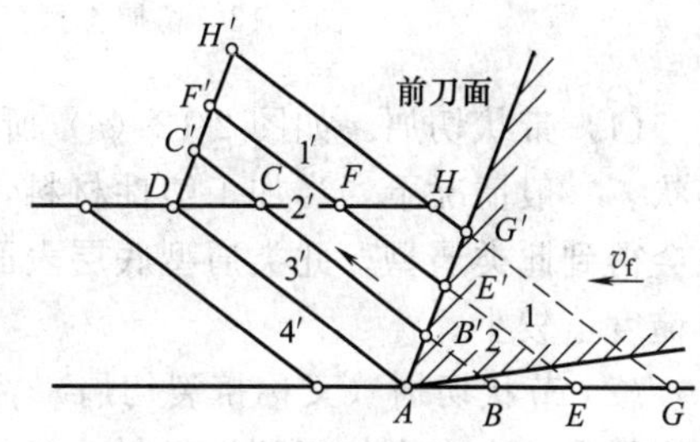

图 2-10　切削过程示意图

2. 切削变形

（1）切屑的形成过程　切屑是被切材料受到刀具前刀面的推挤，沿着某一斜面剪切滑移形成的，如图 2-10 所示。

图中未变形的切削层 *AGHD* 可看成是由许多个平行四边形组成的，如 *ABCD*、*BEFC*、*EGHF*…当这些平行四边形扁块受到前刀面的推挤时，便沿着 *BC* 方向向斜上方滑移，形成另一些扁块，即 *ABCD*→*AB′C′D*、*BEFC*→*B′E′F′C′*、*EGHF*→*E′G′H′F*…由此可以看出，切削层不是由刀具切削刃削下来的或劈开来的，而是靠前刀面的推挤，滑移而成的。

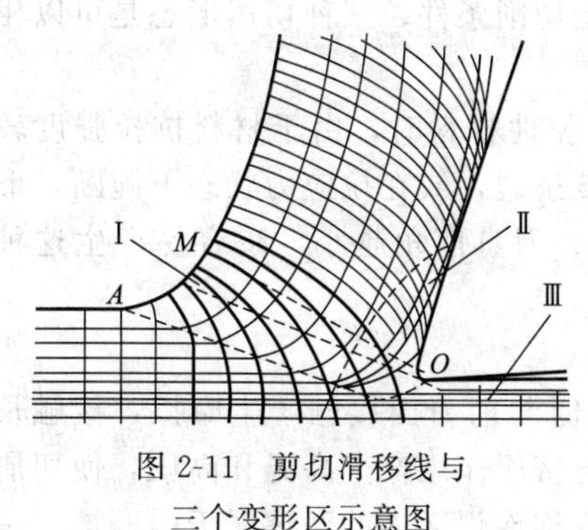

图 2-11　剪切滑移线与三个变形区示意图

（2）切削过程变形区的划分　切削层金属受到刀具前刀面的推挤产生剪切滑移变形后，还要继续沿着前刀面流出变成切屑。在这个过程中，切削层金属要产生一系列变形，通常将其划分为三个变形区，如图 2-11 所示。

① 第一变形区　图中Ⅰ（*AOM*）为第一变形区，在第一变形区内，当刀具和工件开始接触时，材料内部产生应力和弹性变形，随着切削刃和前刀面对工件材料的挤压作用加强，工件材料内部的应力和变形逐渐增大，当切应力达到材料的屈服强度时，材料将沿着与走刀方向成 45°的剪切面滑移，即产生塑性变形，切应力随着滑移量增加而增加，当切应力超过材料的强度极限时，切削层金属便与材料基体分离，从而形成切屑沿前刀面流出。由此可以看出，第一变形区变形的主要特征是沿滑移面的剪切变形，以及随之产生的加工硬化。

实验证明，在一般切削速度下，第一变形区的宽度仅为0.02～0.2mm，切削速度越高，其宽度越小，故可看成一个平面，称剪切面。

② 第二变形区　图中Ⅱ为第二变形区，切屑底层（与前刀面接触层）在沿前刀面流动过程中受到前刀面的进一步挤压与摩擦，使靠近前刀面处金属纤维化，即产生了第二次变形，变形方向基本上与前刀面平行。

③ 第三变形区　图中Ⅲ为第三变形区，此变形区位于后刀面与已加工表面之间，切削刃钝圆部分及后刀面对已加工表面进行挤压，使已加工表面产生变形，造成纤维化和加工硬化。

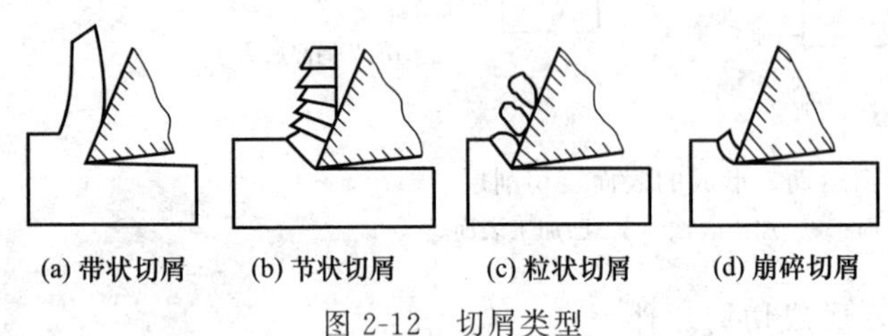

图 2-12　切屑类型

3. 切屑的类型

由于工件材料性质和切削条件不同，切削层变形程度也不同，因而产生的切屑形态也多种多样。从变形的观点来看，可将切屑形态主要分为以下四种类型，如图2-12所示。

(1) 带状切屑　如图2-12 (a) 所示。切屑延续成较长的带状，这是一种最常见的切屑形状。一般情况下，当加工塑性材料，切削厚度较小，切削速度较高，刀具前角较大时，往往会得到此类屑型。此类屑型底层表面光滑，上层表面毛茸；切削过程较平稳，已加工表面粗糙度值较小。

(2) 节状切屑（又称挤裂切屑）　如图2-12 (b) 所示。切屑底层表面有裂纹，上层表面呈锯齿形。大多在加工塑性材料，切削速度较低，切削厚度较大，刀具前角较小时，容易得到此类屑型。

(3) 粒状切屑（又称单元切屑）　如图2-12 (c) 所示。当切削塑性材料，剪切面上剪切应力超过工件材料破裂强度时，挤裂切屑便被切离成粒状切屑。切削时采用较小的前角或负前角、切削速度较低、进给量较大，易产生此类屑型。

以上三种切屑均是切削塑性材料时得到的，只要改变切削条件，三种切屑形态是可以相互转化的。

(4) 崩碎切屑　如图2-12 (d) 所示。在加工铸铁等脆性材料时，由于材料抗拉强度较低，刀具切入后，切削层金属只经受较小的塑性变形就被挤裂，或在拉应力状态下脆断，形成不规则的碎块状切削。工件材料越脆、切削厚度越大、刀具前角越小，越容易产生这种切屑。

4. 摩擦特性与积屑瘤

(1) 前刀面上的摩擦特性　切屑从工件上分离流出时与前刀面接触产生摩擦，接触长度 l_f 如图2-13所示。在近切削刃长度 l_{f1} 内，由于摩擦与挤压作用产生高温和高压，使切屑底面与前面的接触面之间形成黏结，亦称冷焊，黏结区或称冷焊区内的摩擦属于内摩擦，是前面摩擦的主要区域。在内摩擦区外的长度 l_{f2} 内的摩擦为外摩擦。

内摩擦力使黏结材料较软的一方产生剪切滑移，使得切屑底层很薄的一层金属晶粒出现拉长的现象。由于摩擦对切削变形、刀具寿命和加工表面质量有很大影响，因此，在生产中常采用减小切削力、缩短刀-屑接触长度、降低加工材料屈服强度、选用摩擦系数小的刀具材料、提高刀面刃磨质量和浇注切削液等方法，来减小摩擦。

(2) 积屑瘤　在切削塑性材料时，如果前刀面上的摩擦系数较大，切削速度不高又能形成带状切屑的情况下，常常会在切削刃上黏附一个硬度很高的鼻形或楔形硬块，称为积屑瘤。如图 2-14 所示，积屑瘤包围着刃口，将前刀面与切屑隔开，其硬度是工件材料的 2～3 倍，可以代替刀刃进行切削，起到增大刀具前角和保护切削刃的作用。

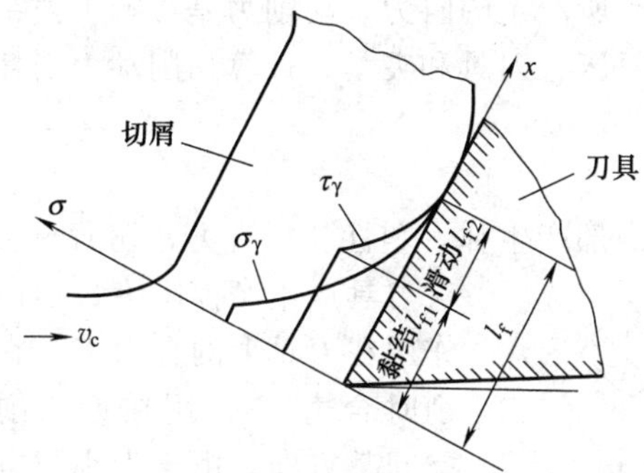

图 2-13 刀-屑接触面上的摩擦特性

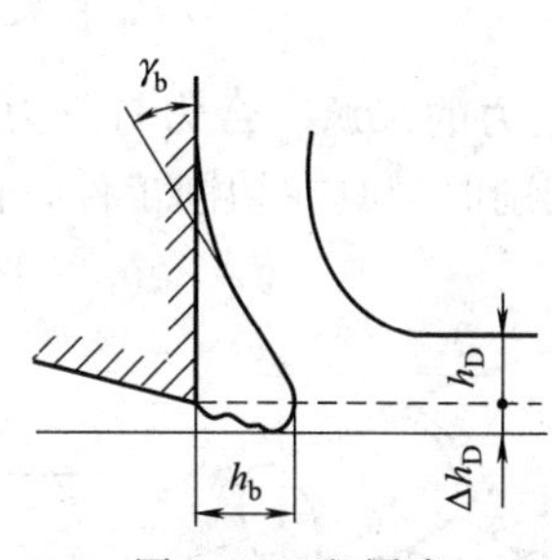

图 2-14 积屑瘤

积屑瘤是切屑底层金属在高温、高压作用下，在刀具前表面上黏结并不断层积的结果。当积屑瘤层积到足够大时，受摩擦力的作用会产生脱落，因此，积屑瘤的产生与大小是周期性变化的。积屑瘤的周期性变化对工件的尺寸精度和表面质量影响较大，所以，在精加工时应避免积屑瘤的产生。

5. 影响切削变形的主要因素

影响切削变形的因素很多，归纳起来主要有四个方面，即工件材料、刀具前角、切削速度和进给量。

（1）工件材料　工件材料的强度和硬度越高，则摩擦系数越小，变形越小。因为材料的强度和硬度增大时，前刀面上的法向应力增大，摩擦系数减小，使剪切角增大，变形减小。

（2）刀具前角　刀具前角越大，切削刃越锋利，前刀面对切削层的挤压作用越小，则切削变形越小。

（3）切削速度　在切削塑性材料时，切削速度对切削变形的影响比较复杂，如图 2-15所示。在有积屑瘤的切削范围内（$v_c \leqslant$ 400m/min)，切削速度通过积屑瘤来影响切屑变形。在积屑瘤增长阶段，切削速度增大，积屑瘤高度增大，实际前角增大，从而使切削变形减少；在积屑瘤消退阶段，切削速度增大，积屑瘤高度减小，实际前角减小，切削变形随之增大。积屑瘤最大时切削变形达最小值，积屑瘤消失时切削变形达最大值。

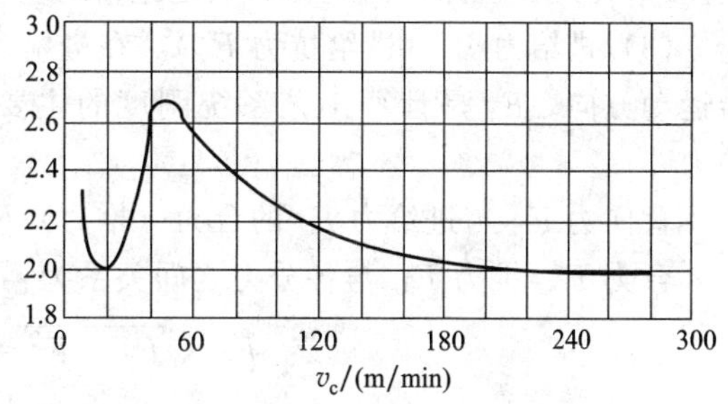

图 2-15 切削速度对切削变形的影响

在无积屑瘤的切削范围内，切削速度越大，则切削变形越小。这有两方面原因：一方面是由于切削速度越高，切削温度越高，摩擦系数降低，使剪切角增大，切削变形减小；另一方面，切削速度增高时，金属流动速度大于塑性变形速度，使切削层金属尚未充分变形，就已从刀具前刀面流出成为切屑，从而使第一变形区后移，剪切角增大，切削变形进一步减小。

（4）进给量　进给量对切削速度的影响是通过摩擦系数影响的。进给量增加，作用在前刀面上的法向力增大，摩擦系数减小，从而使摩擦角减小，剪切角增大，因此切削变形减小。

2.2.6 切削力

金属切削时，切削力是被加工材料抵抗刀具切入所产生的阻力。切削力是影响工艺系统强度、刚度和加工工件质量的重要因素；也是设计机床、刀具和夹具、计算切削动力消耗的主要依据。

1. 切削力的来源、合力与分力

金属切削时刀具在切削工件，由于切屑与工件内部产生弹、塑性变形抗力，切屑与工件对刀具产生摩擦阻力，形成了作用在刀具上的合力 F，在切削时合力 F 作用在近切削刃空间某方向，由于大小与方向都不易确定，因此，为便于测量、计算和反映实际作用的需要，常将合力 F 分解为相垂直的三个分力 F_c、F_p、F_f，如图 2-16 所示。

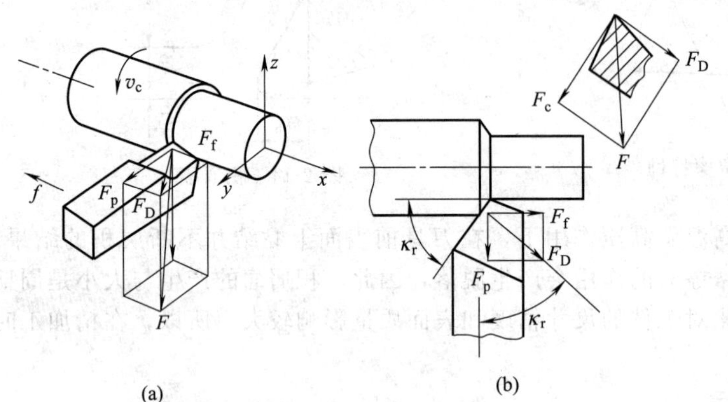

图 2-16 切削时切削合力及其分力

(1) 切削力 F_c（主切削力 F_z） 在主运动方向上分力，它切于加工表面，并垂直于基面。F_c 是计算刀具强度、设计机床零件、确定机床功率等的主要依据。

(2) 背向力 F_p（切深抗力 F_y） 在进给运动方向上的分力，它处于基面内在进给方向上。F_p 是设计机床进给机构和确定进给功率等的主要依据。

(3) 进给力 F_f（进给抗力 F_x） 在进给运动方向上的分力，它处于基面内并垂直于进给运动方向。F_f 是计算工艺系统刚度的主要依据。它也是使工件在切削过程中产生振动的力。

背向力 F_p 与进给力 F_f 的合力（推力）F_D 是作用在切削层平面上且垂直于主切削刃。

合力 F、推力 F_D 与各分力之间关系为：

$$F=\sqrt{F_D^2+F_c^2}=\sqrt{F_c^2+F_p^2+F_f^2}$$

$$F_p=F_D\cos\kappa_r$$

$$F_f=F_D\sin\kappa_r$$

上式表明，当 $\kappa_r=0°$时，$F_p\approx F_D$、$F_f\approx 0$；当 $\kappa_r=90°$时，$F_p\approx 0$、$F_f\approx F_D$，各分力的大小对切削过程会产生明显不同的作用。

2. 切削功率

在切削过程中消耗的功率叫切削功率 P_c，单位为 kW，它是 F_c、F_p、F_f 在切削过程中单位时间内所消耗的功的总和。

$$P_c=10^{-3}F_c v_c$$

式中 v_c——主运动的切削速度。

计算切削功率 P_c 是为了核算加工成本和计算能量消耗，并在设计机床时根据它来选择机床电机功率。机床电机的功率 P_E 可按下式计算。

$$P_E=P_c/\eta_c$$

式中 η_c——机床传动效率，一般取 η_c=0.75～0.85。

3. **影响切削力的主要因素**

影响切削力因素主要包括工件材料、切削用量和刀具几何参数三个方面。

（1）工件材料　工件材料是通过材料的剪切屈服强度、塑性变形程度与刀具间的摩擦条件影响切削力的。一般来说，材料的强度和硬度越高，切削力越大。

（2）切削用量　切削三要素对切削力均有一定的影响，但影响程度不同，其中背吃刀量 a_p 和进给量 f 影响较明显。若 f 不变，当 a_p 增加一倍时，切削厚度 a_c 不变，切削宽度 a_w 增加一倍，因此，刀具上的负荷也增加一倍，即切削力增加约一倍；若 a_p 不变，当 f 增加一倍时，切削宽度 a_w 保持不变，切削厚度 a_c 增加约一倍，在刀具刃圆半径的作用下，切削力只增加 68%～86%。

（3）刀具几何参数　在刀具几何参数中刀具的前角 γ_o 和主偏角 κ_s 对切削力的影响较明显。当加工钢时 γ_o 增大，切削变形明显减小，切削力减小得较多。κ_s 适当增大，使切削厚度 a_c 增加，单位面积上的切削力 P 减小。在切削力不变的情况下，主偏角大小将影响背向力和进给力的分配比例，当 κ_s 增大，背向力 F_p 减小，进给力 F_f 增加。

2.2.7　切削热与切削温度

切削热和切削温度是切削过程中产生的另一个物理现象。切削区域的平均温度称为切削温度。所以，研究切削热和切削温度对提高刀具的使用寿命、工件的加工精度和表面质量具有重要的实际意义。

1. **切削热的产生和传散**

在切削加工中，切削变形与摩擦所消耗的能量（98%～99%）几乎全部转换为热能，即切削热。切削区产生的切削热，是在切削过程中通过切屑、刀具、工件和周围介质（空气或切削液）向外传散，同时使切削区域的温度升高。例如在空气冷却条件下车削时，切削热 50%～86%由切屑带走，10%～40%传入工件，3%～9%传入刀具，1%左右通过辐射传入空气。

影响热传散的主要因素是工件和刀具材料的热导率、加工方式和周围介质的状况。热量传散的比例与切削速度有关，切削速度增加时，由摩擦生成的热量增多，但切屑带走的热量也增加，在刀具中热量减少，在工件中热量更少。

2. **影响切削温度的主要因素**

切削温度的高低主要取决于切削加工过程中产生热量的多少和向外传散的快慢。产生的切削热越多，传出的越慢，切削温度越高；反之，切削温度越低。影响切削热量产生和传散的主要因素有切削用量、工件材料、刀具几何参数和切削液等。

（1）切削用量　对切削温度影响最大的切削用量是切削速度，其次是进给量，而背吃刀量影响最小。当 v_c、f 和 a_p 增加时，由于切削变形和摩擦所消耗的功增大，故切削温度升高。v_c 增加使摩擦生热增多；f 增加时，因切削变形增加较少，故热量增加不多，此外，使刀-屑接触面积增大，改善了散热条件；a_p 增加使切削宽度增加，显著增大了热量的传散面积。

（2）工件材料　工件材料主要是通过硬度、强度和热导率影响切削温度的。工件材料的硬度、强度越高，切削时消耗的功率越多，产生的切削热越多，切削温度就越高。加工低碳钢，材料的强度和硬度低，热导率大，故产生的切削温度低；加工高碳钢，材料的强度和硬度高，热导率小，故产生的切削温度高。

（3）刀具几何参数　在刀具几何参数中，影响切削温度最明显的因素是前角 γ_o 和主偏角 κ_r，其次是刀尖圆弧半径 r_ε。前角 γ_o 增大，切削变形和摩擦产生的热量均较少，故切削温度下降。但前角 γ_o 过大，散热变差，使切削温度升高，因此在一定条件下，均有一个产生最低切削温度的最佳前角 γ_o 值（20°～25°）。

（4）切削液　切削时使用切削液对降低切削温度、减少刀具磨损和提高零件加工质量有明显的效果。切削液有两个作用：一方面可以减小切屑与前刀面、工件与后刀面的摩擦，起到润滑作用；另一方面可以吸收大量切削热，降低切削区的温度，起到冷却作用。

2.2.8 刀具磨损与刀具耐用度

在切削过程中，刀具在高压、高温和强烈摩擦条件下工作，一方面切下切屑，另一方面刀具本身切削刃由锋利逐渐变钝以致失去正常切削能力。刀具损坏的形式主要有磨损和破损两类。前者是连续逐渐磨损，属正常磨损；后者包括脆性破损（如崩刃、碎断、剥落、裂纹破损等）和塑性破损两种，属非正常磨损。刀具磨损后，使工件加工精度降低，表面粗糙度增大，并导致切削力加大、切削温度升高，甚至产生振动，不能继续正常切削。因此刀具磨损直接影响加工效率、质量和成本。

1. 刀具磨损形式

刀具磨损形式可分为正常磨损和非正常磨损两种形式。

（1）正常磨损　正常磨损是指随着切削时间的增加，磨损逐渐扩大的磨损。磨损主要发生在前、后两个刀面上。

刀具正常磨损，按磨损部位不同，刀具磨损形式可分为前刀面磨损、主后面磨损、前刀面和主后面同时磨损三种形式。如图 2-17 所示。

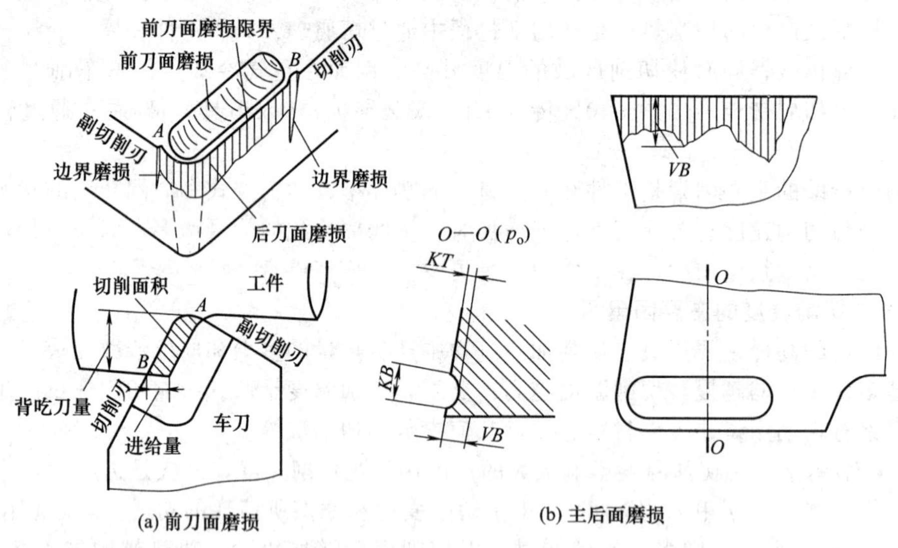

图 2-17　刀具的磨损形式

① 前刀面磨损　在高温、高压条件下，切屑流出时与前面产生摩擦，在前面形成月牙洼磨损，磨损量通常用深度 KT 和宽度 KB 测量，如图 2-17（a）所示。

② 主后面磨损　切削脆性材料或以较低的切削速度和较小的切削层公称厚度切削塑性材料时，前刀面上的压力和摩擦力不大，温度较低，这时磨损主要发生在主后面上。磨损程度用平均磨损高度 VB 表示。如图 2-18 所示，可将磨损划分为三个区域。

a. 刀尖磨损 C 区　在倒角刀尖附近，因强度低，温度集中造成，磨损比较严重，其最大值为VC。

b. 中间磨损B区 在切削刃的中间位置，存在着均匀磨损量VB，局部出现最大磨损量VB_{max}。

c. 边界磨损N区 在切削刃与带加工表面相交处，因高温氧化，表面硬化层作用造成最大磨损量VN_{max}。

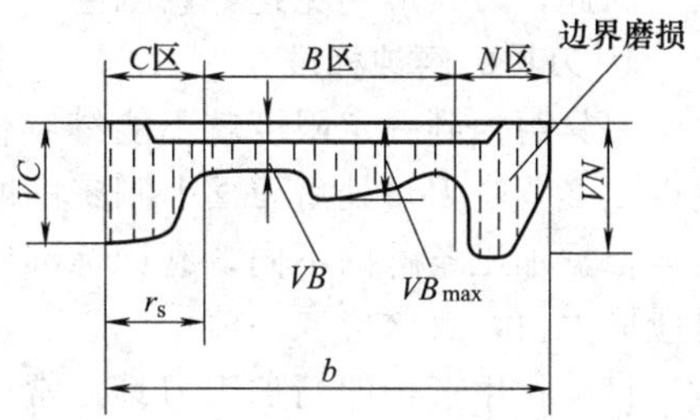

图2-18 主后面磨损情况

刀面磨损形式可随切削条件变化而发生转化，但在大多数情况下，刀具的后面都发生磨损，而且测量也比较方便，因此常以平均宽度VB值表示刀具刀面磨损程度。

(2) 非正常磨损 非正常磨损亦称破坏。常见形式有脆性破坏（如崩刃、碎断、剥落、裂纹破坏等）和塑性破坏（如塑性流动等）。其主要是由于刀具材料选择不合理，刀具结构、制造工艺不合理，刀具几何参数不合理，切削用量选择不当，刃磨和操作不当等造成。

2. 刀具磨损的原因

造成刀具磨损有以下几种原因。

(1) 磨粒磨损 在工件材料中含有氧化物、碳化物和氮化物等硬质点，在铸、锻工件表面存在着硬夹杂物，在切屑和工件表面黏附着硬的积屑瘤残片，这些硬质点在切削时像“磨粒”一样对刀具表面摩擦和刻划，致使刀具表面磨损。

(2) 黏结磨损 黏结磨损亦称冷焊磨损。切削塑性材料时，在很大压力和强烈摩擦作用下，切屑、工件与前、后刀面间的吸附膜被挤破，形成新的表面紧密接触，因而发生黏结现象。刀具表面局部强度较低的微粒被切屑和工件带走，这样形成的磨损称为黏结磨损。黏结磨损一般在中等偏低的切削速度下较严重。

(3) 扩散磨损 在高温作用下，工件与刀具材料中合金元素相互扩散，改变了原来刀具材料中化学成分的比值，使其性能下降，加快了刀具的磨损。因此，切削加工中选用的刀具材料，应具有高的化学稳定性。

(4) 化学磨损 化学磨损亦称氧化磨损。在一定温度下，刀具材料与周围介质起化学作用，在刀具表面形成一层硬度较低的化合物而被切屑带走；或因刀具材料被某种介质腐蚀，造成刀具的化学磨损。

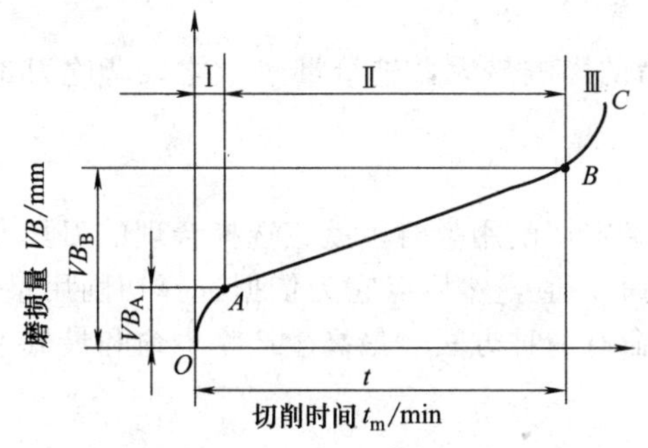

图2-19 刀具磨损过程曲线

3. 刀具的磨损过程

刀具的磨损过程一般分成三个阶段，如图2-19所示。

(1) 初期磨损阶段（OA段） 将新刃磨刀具表面存在的凸凹不平及残留砂轮痕迹很快磨去。初期磨损量的大小，与刀具刃磨质量相关，一般经研磨过的刀具，初期磨损量较小。

(2) 正常磨损阶段（AB段） 经初期磨损后，刀面上的粗糙表面已被磨平，压强减小，磨损比较均匀缓慢。后刀面上的磨损量将随切削时间的延长而近似成正比例增加。此阶段是刀具的有效工作阶段。

(3) 急剧磨损阶段（BC段） 当刀具磨损达到一定限度后，已加工表面粗糙度变差，摩擦加剧，切削力、切削温度猛增，磨损速度增加很快，往往产生振动、噪声等，致使刀具失去切削能力。

因此，刀具应避免达到急剧磨损阶段，在这个阶段到来之前，就应更换新的刀具。

4. 刀具的磨钝标准

刀具磨损到一定限度就不能继续使用，这个磨损限度称为磨钝标准。国际标准 ISO 规定以 1/2 背吃刀量处后刀面上测定的磨损带宽度 VB 值作为刀具的磨钝标准。

根据加工条件的不同，磨钝标准应有变化。粗加工应取大值，工件刚性较好或加工大件时应取大值，反之应取小值。

自动化生产中的精加工刀具，常以沿工件径向的刀具磨损量作为刀具的磨钝标准，称为刀具径向磨损量 NB 值。

目前，在实际生产中，常根据切削时突然发生的现象，如振动产生、已加工表面质量变差、切屑颜色改变、切削噪声明显增加等来决定是否更换刀具。

5. 刀具寿命

刀具寿命是指一把新刀从开始切削直到磨损量达到磨钝标准为止总的切削时间，或者说是刀具两次刃磨之间总的切削时间，用 T 表示，单位为 min。刀具总寿命应等于刀具耐用度乘以重磨次数。刀具两次刃磨之间实际切削的时间，称为刀具的耐用度。实际生产中，一般用刀具的使用时间作耐用度，例如：硬质合金车刀，耐用度大致为 60～90min；麻花钻头的耐用度大致为 80～120min；硬质合金端铣刀的耐用度大致为 90～180min；齿轮刀具的耐用度大致为 200～300min；立方氮化硼车刀耐用度大致为 120～150min；金刚石车刀耐用度大致为 600～1200min。

在工件材料、刀具材料和刀具几何参数选定后，刀具耐用度由切削用量三要素来决定。刀具寿命 T 与切削用量三要素之间的关系可由下面经验公式来确定：

$$T=\frac{C_{\mathrm{r}}}{v^{\frac{1}{m}}f^{\frac{1}{n}}a_{p}^{\frac{1}{p}}}$$

式中 C_{r}——与刀具、工件材料，切削条件有关的系数；

m、n、p——寿命指数，分别表示切削用量三要素 v_{c}、f、a_{p} 对寿命 T 的影响程度。

参数 C_{r}、m、n、p 均可由有关切削加工手册查得。例如，当用硬质合金车刀切削碳素钢（$\sigma_{\mathrm{b}}=0.736\mathrm{GPa}$）时，车削用量三要素（$v_{\mathrm{c}}$、$f$、$a_{\mathrm{p}}$）与刀具寿命 T 之间的关系为

$$T=\frac{7.77\times10^{11}}{v^{5}f^{225}a_{\mathrm{p}}^{0.75}}$$

在切削用量三要素中，切削速度 v_{c} 对刀具寿命的影响最大，进给量 f 次之，背吃刀量 a_{p} 影响最小。

6. 合理寿命的选择

由于切削用量与刀具寿命密切相关，那么，在确定切削用量时，就应选择合理的刀具寿命。但在实践中，一般是先确定一个合理的刀具寿命 T 值，然后以它为依据选择切削用量，并计算切削效率和核算生产成本。确定刀具合理寿命有两种方法：最高生产率寿命和最低生产成本寿命。

2.3 金属切削刀具

2.3.1 刀具材料

刀具材料一般是指刀具切削部分的材料。它的性能优劣是影响加工表面质量、切削效

率、刀具寿命等的重要因素。

各种类型的金属切削刀具大都分成两大组成部分——夹持部分和工作部分。前者的作用是将刀具夹持在机床上，并要保证刀具的正确位置，传递所需要的运动和动力，还要保证夹固可靠，装卸方便。工作部分有些又分切削部分和校准部分（如钻头、铰刀等），但多数刀具则无校准部分（如车刀、刨刀、铣刀），切削部分担负主要切削工作，校准部分则完成辅助的切削工作，用来修整、刮光工件表面和导向，使工件的形状和尺寸更精确，表面更光洁。

夹持部分的材料一般多用中碳钢，而切削部分材料的种类较多，要根据不同的加工要求选择合适的材料。所谓刀具材料通常是指切削部分材料。

1. 刀具材料应具有的性能

金属切削过程中，由于塑性变形以及摩擦，使刀具切削部分直接受到高温、高压以及强烈的摩擦作用，此外还要受到冲击与振动。在断续切削工作时，还伴随着冲击与振动，引起切削温度的波动。为了防止刀具快速磨损，因此，刀具材料必须具备下列基本性能要求。

（1）高的硬度和耐磨性　即刀具材料应具有比被切削材料更高的硬度和抵抗磨损的能力。一般刀具材料在常温下硬度应在 60HRC 以上。刀具材料的硬度越高，耐磨性越好。

（2）足够的强度和韧性　刀具材料不仅要求有高的硬度和耐磨性，还应保持有足够的强度和韧性，以承受切削时产生的冲击和振动，避免崩刃和折断。

（3）高的耐热性　耐热性也称热硬性，是指刀具材料在较高温度下仍能保持高的硬度、好的耐磨性和较高的强度等综合性能。耐热性是刀具切削部分材料的主要性能。耐热性越好的材料允许的切削速度越高。

（4）良好的工艺性与经济性　即刀具材料应具有较好的可加工性、可磨削性、热处理性（变形小、淬透性好等）、焊接性、刃磨性能等。另外，在满足使用性能的前提下，还应考虑其经济性，经济性差的刀具材料很难推广使用。

（5）良好的导热性和较小的膨胀系数　导热性越好，刀具传出的热量越多，有利于降低切削温度和提高刀具的使用寿命。膨胀系数小，有利于减小刀具的热变形。

2. 常用刀具材料

刀具材料的种类很多，常用的刀具材料分为四大类：工具钢（包括碳素工具钢、合金工具钢、高速钢）、硬质合金、陶瓷、超硬刀具材料。一般机加工使用最多的是高速钢与硬质合金。各类刀具材料所适应的切削范围如图 2-20 所示。

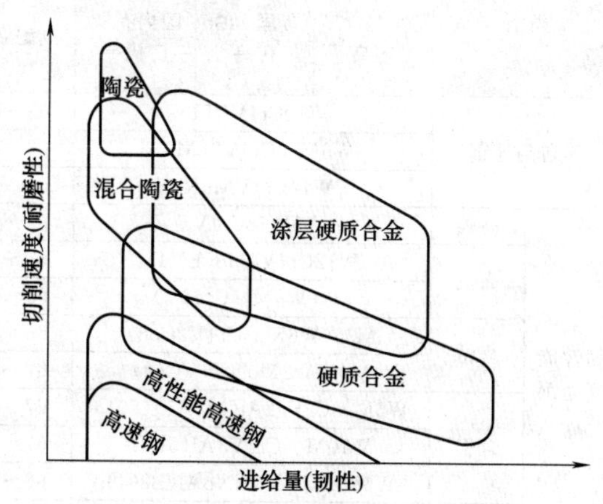

图 2-20　各类刀具材料所适应的切削范围

工具钢耐热性差，但抗弯强度高，价格便宜，焊接与刃磨性能好，故广泛用于中、低速切削的成形刀具，不宜高速切削。硬质合金耐热性好，切削效率高，但刀片强度、韧性不及工具钢，焊接刃磨工艺性也比工具钢差，故多用于制作车刀、铣刀及各种高效切削刀具。

一般刀体均用普通碳钢或合金钢制作。如焊接车刀、镗刀的刀柄、钻头、铰刀的刀体常用 45 钢或 40Cr 制造。尺寸较小的刀具或切削负荷较大的刀具宜选用合金工具钢或整体高速钢制作，如螺纹刀具、成形铣刀、拉刀等。

机夹、可转位硬质合金刀具、镶硬质合金钻头、可转位铣刀等，可用合金工具钢制作，如 9CrSi 或 GCr15 等。

对于一些尺寸较小的精密孔加工刀具，如小直径镗刀、铰刀，为保证刀体有足够的刚度，宜选用整体硬质合金制作，以提高刀具的切削用量。

3. 工具钢

用来制造刀具的工具钢主要有三种，即碳素工具钢、合金工具钢和高速钢。

（1）碳素工具钢　是一种含碳量较高的优质钢，含碳量在 0.7%～1.2%之间。其特点是淬火后硬度可达 61～65HRC，而且价格低廉，但这种材料不耐高温，在切削温度高于 250～300℃时，马氏体要分解，使得硬度降低；碳化物分布不均匀，淬火后变形较大，易产生裂纹；淬透性差，淬硬层薄。常用于制造低速、简单的手工工具，如锉刀、手用锯条、丝锥和板牙等。一般允许的切削速度为 8m/min，常用的牌号有 T8、T10、T10A、T12、T12A，其中以 T12A 用得最多，其含碳量为 1.15%～1.2%，淬火后硬度可达 58～64HRC，热硬性达 250～300℃，允许切削速度可达 v_c=5m/min～10m/min。

（2）合金工具钢　合金工具钢是在高碳钢中加入 Si、Cr、W、Mn 等合金元素，其目的是提高淬透性和回火稳定性，细化晶粒，减小变形。热硬性达 325～400℃，允许切削速度可达 v_c=10～15m/min。常用于制造低速（允许的切削速度可比碳素工具钢提高 20%左右）、复杂的刀具（如铰刀、板牙、丝锥等），常用的牌号有铬钨锰钢（CrWMn）和铬硅钢（9CrSi）等。

（3）高速钢　高速钢是含有 W、Mo、Cr、V 等合金元素较多的合金工具钢。高速钢是综合性能较好、应用范围最广的一种刀具材料。热处理后硬度达 62～65HRC，抗弯强度约 3.3GPa，耐热性为 600℃左右，允许的切削速度为 30～50m/min。此外还具有热处理变形小、能锻造、易磨出较锋利的刃口等优点。高速钢的使用约占刀具材料总量的 60%～70%，特别是用于制造结构复杂的成形刀具、孔加工刀具，例如各类钻头、铣刀、拉刀、螺纹刀具、切齿刀具等。高速钢的物理力学性能见表 2-5。

表 2-5　几种高速钢的物理力学性能

类型		牌号			硬度(HRC)			抗弯强度 σ_{bb} /GPa	冲击韧度 α_k /(MJ/m²)
		YB12-77 牌号	美国 AISI 代号	国内有关厂代号	室温	500℃	600℃		
普通高速钢		W18Cr4V(T1)			63～66	56	48.5	2.94～3.33	0.176～0.344
普通高速钢		W6Mo6Cr4V2(M2)			63～66	55～56	47～48	3.43～3.92	0.294～0.392
普通高速钢		W14Cr4VMnRo			64～66	—	50.5	～3.92	～0.245
高性能高速钢	高碳	95W18Cr4V			67～68	59	52	～2.92	0.166～0.216
高性能高速钢	高钒	W12Cr4V4Mo(EV4)			65～67	—	51.7	～3.136	～0.245
高性能高速钢	高钒	M3(W6Mo5Cr4V3)			65～67	—	51.7	～3.136	～0.245
高性能高速钢	含钴	M36(W6Mo5Cr4V2Co8)			66～68	—	54	～2.92	～0.294
高性能高速钢	含钴	M42(W2Mo9Cr4VCo8)			67～70	60	55	2.65～3.72	0.225～0.294
高性能高速钢	含铝	W6Mo5Cr4V2Al(M2A1)(501)			67～69	60	55	2.84～3.82	0.225～0.294
高性能高速钢	含铝	W10Mo4Cr4V3Al(5F6)			67～69	60	54	3.04～3.43	0.196～0.274
高性能高速钢	含铝	W6Mo5Cr4V5SiNbAl(B201)			66～68	57.7	50.9	3.52～3.82	0.255～0.265
高性能高速钢	含氮	V3N(W12Mo3Cr4V3N)			67～70	61	55	1.96～3.43	0.147～0.392

注：牌号中化学元素后面数字表示质量分数的大致百分比，未注者在1%左右。

高速钢按其用途和性能可分为通用高速钢和高性能高速钢两类。

① 通用高速钢　这类高速钢应用最为广泛，约占高速钢总量的 75%。按钨、钼含量不同，分为钨系、钨钼系。主要牌号有以下几种。

W18Cr4V（钨系高速钢），具有较好的综合性能。因含钒量少，刃磨工艺性好。淬火时过热倾向小，热处理控制较容易。缺点是碳化物分布不均匀，不宜作大截面的刀具。热塑性较差。又因钨价高，国内使用逐渐减少，国外已很少采用。

W6Mo5Cr4V（钨钼系高速钢），是国内外普遍应用的牌号。其减少钢中的合金元素，降低钢中碳化物的数量及分布的不均匀性，有利于提高热塑性、抗弯强度与韧度。主要缺点是淬火温度范围窄，脱碳过热敏感性大。

W9Mo3Cr4V（钨钼系高速钢），是根据我国资源研制的牌号。其抗弯强度与韧性均比W6Mo5Cr4V好。高温热塑性好，而且淬火过热、脱碳敏感性小，有良好的切削性能。

② 高性能高速钢　在通用型高速钢中增加碳、钒，添加钴或铝等合金元素的新钢种。其常温硬度可达67～70HRC，耐磨性与耐热性有显著提高，能用于不锈钢、耐热钢和高强度钢的加工。常用高性能高速钢主要有：高钒高速钢、钴高速钢和铝高速钢。

③ 粉末冶金高速钢　通过高压惰性气体或高压水雾化高速钢水而得到细小的高速钢粉末，然后压制或热压成形，再经烧结而成的高速钢。粉末冶金高速钢与熔炼高速钢相比有很多优点，如硬度与韧性较高，热处理变形小，磨削加工性能好，材质均匀，质量稳定可靠，刀具使用寿命长。可以切削各种难加工材料，适合于制造各种精密刀具和形状复杂的刀具，如精密螺纹车刀、拉刀、切齿刀具等。

4. 硬质合金

目前常用的硬质合金是由硬度和熔点都很高的碳化钨（WC）、碳化钛（TiC）等金属碳化物做基体，以钴（Co）作黏结剂，用粉末冶金法制成的合金。硬质合金的物理力学性能取决于合金的成分、粉末颗粒的粗细及合金的烧结工艺。含高硬度、高熔点的硬质相愈多，合金的硬度与高温硬度愈高。含黏结剂愈多，强度也就愈高。常用的硬质合金牌号中含有大量的WC、TiC，因此硬度、耐磨性、耐热性均高于工具钢。常温下硬度达89～94HRA（相当于70～75HRC），耐热性达800～1000℃，故其允许的切削速度可达100～300m/min，这是硬质合金得到广泛应用的主要原因，切削钢时，切削速度可达220m/min左右。在合金中加入熔点更高的TaC、NbC，可使耐热性提高到1000～1100℃，切削钢时，切削速度可进一步提高到200～300m/min。硬质合金是当今主要的刀具材料之一，大多数车刀、端铣刀和部分立铣刀等均已采用硬质合金制造。

硬质合金按其化学成分与使用性能分为三类，即钨钴类硬质合金YG（WC+Co）、钨钛钴类硬质合金YT（WC+TiN+Co）、钨钛钽钴类硬质合金YW[WC+TiC+TaC(NbC)+Co]。常用硬质合金成分和性能见表2-6。

（1）钨钴类硬质合金（YG类）　由碳化钨和钴组成。这类合金因为含钴较多，故韧性较好，而硬度和耐磨性稍差，适于加工铸铁、青铜等脆性材料。常用的这类合金按含钴量的不同可分为YG3、YG6、YG8等牌号。其中数字表示含钴量的高低，数字越大，表示含钴量越高，含碳化钨的量越低，故韧性越高，硬度及耐磨性越差，因此，依次适用于精加工、半精加工和粗加工。

（2）钨钛钴类硬质合金（YT类）　由碳化钨、碳化钛和钴组成。这类合金由于加入碳化钛，因而其耐磨性及热硬性更高，能耐900～1000℃，但性脆不耐冲击，宜用于加工塑性材料，如钢件。常用的牌号有YT5、YT14、YT15、YT30等，其中数字表示碳化钛的含量，数字越大则表示碳化钛的含量就越多，耐磨性也就越高，但钴的含量则相应降低，韧性因之降低，所以它们依次适用于粗加工、半精加工和精加工。

（3）钨钛钽钴类硬质合金（YW类）　在钨钛钴类硬质合金中加入碳化钽（TaC）或碳化铌（NbC）稀有难熔金属碳化物，具有较好的综合切削性能，人们常称“万能合金”，既能加工脆性材料，又能加工塑性材料。但是，这类合金的价格比较高，主要用于加工难加工材料。

表 2-6 硬质合金成分和性能

合金牌号		化学成分				物理力学性能							相近ISO牌号
		WC	TiC	TaC(NbC)	Co	硬度		抗弯强度 σ_{bb}/GPa	冲击韧度 α_k/(kJ·m^{-2})	热导率 κ/(W·m^{-1}·$℃^{-1}$)	线膨胀系数 α/(10^{-6}·$℃^{-1}$)	密度 ρ/(g·cm^{-3})	
						HRC	HRC						
WC 基 合 金													
WC+Co	YG3	97	—	—	3	91	78	1.10	—	87.9	—	14.9～15.3	K01 K05
	YG6	94	—	—	6	89.5	75	1.40	26.0	79.6	4.5	14.6～15.0	K15 K20
	YG8	92	—	—	8	89	74	1.50	—	75.4	4.5	14.4～14.8	K30
	YG3X	97	—	—	3	92	80	1.00	—	—	4.1	15.0～15.3	K01
	YG6X	94	—	—	6	91	78	1.35	—	79.6	4.4	14.6～15.0	K10
WC+TaC(NbC)+Co	YG6A(YA6)	91～93	—	1～3	6	92	80	1.35	—	—	—	14.4～15.0	K10
WC+TiC+Co	YT30	66	30	—	4	92.5	80.5	0.90	3.00	20.9	7.00	9.35～9.7	P01
	YT15	79	15	—	6	91	78	1.15	—	33.5	6.51	11.0～11.7	P10
	YT14	78	14	—	8	90.5	77	1.20	7.00	33.5	6.21	11.2～12.7	P20
	YT5	85	5	—	10	89.5	75	1.30	—	62.8	6.06	12.5～13.2	P30
WC+TiC+TaC(NbC)+Co	YW1	84	6	4	6	92	80	1.25				13.0～13.5	M10
	YW2	82	6	4	8	91	78	1.50				12.7～13.3	M20
TiC 基 合 金													
TiC+WC+Ni-Mo	YN10	15	62	1	Ni-12 Mo-10	92.5	80.5	1.10				6.3	P05
	YN05	8	71		Ni-7 Mo-14	93	82	0.90				5.9	P01

注：Y—硬质合金；G—钴，其后数字表示含钴量（质量）；X—细晶粒；T—TiC，其后数字表示 TiC 含量（质量）；A—含 TaC（NbC）的钨钴类合金；W—通用合金；N—以镍、钼作黏结剂的 TiC 基合金。

上述三类硬质合金的应用是指在一般条件下，而在某些特殊条件下尚可灵活应用，例如切速不太高或充分使用冷却润滑液（切削液）的条件下，车削某些钢件，如大的铸钢件时，采用耐冲击性较好的 YG 类合金刀片较之 YT 类更为有利。常用硬质合金牌号的选用见表 2-7。

5. 陶瓷材料

陶瓷刀具材料是以氧化铝（Al_2O_3）或以氮化硅（Si_3N_4）为基体再添加少量金属，在高温下烧结而成的一种刀具材料。主要特点是：

① 有高硬度与耐磨性，常温硬度达 91～95HRA，超过硬质合金，因此可用于切削 60HRC 以上的硬材料；

② 有高的耐热性，1200℃下硬度为 80HRA，强度、韧性降低较少；

③ 有高的化学稳定性，在高温下仍有较好的抗氧化、抗黏结性能，因此刀具的热磨损较少；

④ 有较低的摩擦系数，切屑不易粘刀，不易产生积屑瘤；

⑤ 强度与韧性低，强度只有硬质合金的 1/2，因此陶瓷刀具切削时需要选择合适的几何参数与切削用量，避免承受冲击载荷，以防崩刃与破损；

⑥ 热导率低，仅为硬质合金的 1/2～1/5，热胀系数比硬度合金高 10%～30%，这就使陶瓷刀抗热冲击性能较差，故陶瓷刀切削时不宜有较大的温度波动。

陶瓷刀具一般适用于在高速下精细加工硬材料。但近年来发展的新型陶瓷刀具也能半精或粗加工多种难加工材料，有的还可用于铣、刨等断续切削。其使用寿命、加工效率和已加工表面质量常高于硬质合金刀具，能承受更高的切削速度。但陶瓷材料性脆怕冲击，容易崩刃，影响推广使用。氧化铝的价格低廉，原料丰富，很有发展前途。如何提高其冲击韧性及抗弯强度，已成为各国研究工作的重点。近年来各国先后研究成功“金属陶瓷”，其成分除 Al_2O_3 外，还含有各种金属元素，抗弯强度已有提高。

6. 金刚石

金刚石是碳的同素异形体，是目前已知的最硬物质，显微硬度达 10000HV。金刚石有天然和人造之分。天然金刚石质量好，但价格昂贵，主要用于有色金属及非金属的精密加工。天然金刚石有一定的方向性，不同的晶面上硬度与耐磨性有较大的差异，刃磨时需选定某一平面，否则影响刃磨与使用质量。人造金刚石是通过合金触媒的作用，在高温高压下由石墨转化而成。

金刚石具有极高的耐磨性，能保持长期的锋利的切削刃，因而在精密切削加工中都采用金刚石刀具，金刚石刀具用于切削加工很多耐磨非铁材料如陶瓷、刚玉、玻璃等的精加工，以及难加工的复合材料的加工。不但寿命长，生产效率高，因此应用越来越广。金刚石刀具不适宜加工黑色金属。

表 2-7　常用硬质合金牌号的选用

牌号	用　途
YG3	铸铁、有色金属及其合金的精加工、半精加工。要求无冲击
YG6X	铸铁、冷硬铸铁、高温合金的精加工、半精加工
YG6	铸铁、有色金属及其合金的半精加工与粗加工
YG8	铸铁、有色金属及其合金的粗加工。也能用于断续切削
YT30	碳素钢、合金钢的精加工
YT15 YT14	碳素钢、合金钢连续切削时粗加工、半精加工及精加工。也可用于断续切削时的精加工
YT5	碳素钢、合金钢的粗加工。可用于断续切削
YA6	冷硬铸铁、有色金属及其合金的半精加工，也可用于合金钢的半精加工
YW1	不锈钢、高强度钢与铸铁的半精加工与精加工
YW2	不锈钢、高强度钢与铸铁的粗加工与半精加工
YN05	低碳钢、中碳钢、合金钢的高速精车，系统刚性较好的细长轴精加工
YN10	碳钢、合金钢、工具钢、淬硬钢连续表面的加工

7. 立方氮化硼（CBN）

立方氮化硼是由六方氮化硼（白石墨）在高温高压下转化而成的。

立方氮化硼刀具的主要优点是：有很高的硬度与耐磨性，硬度达 3500～4500HV，仅次于金刚石；有很高的热稳定性，1300℃时不发生氧化，与大多数金属、铁系材料都不起化学作用。因此能高速切削高硬度的钢铁材料及耐热合金，刀具的黏结与扩散磨损较小；有较好的导热性，与钢铁的摩擦系数较小；抗弯强度与断裂韧性介于陶瓷与硬质合金之间。切削性能好，不但适用于非铁族难加工材料的加工，也适用于铁族材料的加工。

CBN 和金刚石刀具脆性大，故使用时机床刚性要好，主要用于连续切削，尽量避免冲击和振动。

8. 其他新型刀具材料简介

随着科学技术和工业的发展，出现一些高强度、高硬度的准加工材料的工件，要求性能更好的刀具材料进行切削，推动了国内外对新型刀具材料进行大量的研究和试验。

(1) 高速钢的改进　通过调整基本化学成分和添加其他含金元素，使其性能进一步提高。例如，钴高速钢（110W1.5Mo9.5Cr4VCo8）是通过添加钴元素使其硬度及热硬性都有提高，但由于含钴较多不适于我国资源状况。立足于我国资源状况已研制成铝高速钢，即添加了铝等元素（如 W6Mo5Cr4V2Al），它的硬度可达 70HRC，耐热性超过 600℃，是一种高性能高速钢。

近年来又出现粉末冶金高速钢，其基本原理是将高频感应炉熔炼的钢液用高压惰性气体（氩气）雾化成粉末，再经过冷压和热压（同时进行烧结）制成致密钢坯，然后用一般方法轧制和锻造成材。粉末冶金法制造高速钢可细化晶粒，消除碳化物偏析，所以韧性大，硬度较高，材质均匀，热处理变形小，适于制造各种高精度刀具。

(2) 涂层硬质合金　涂层硬质合金是 20 世纪 60 年代出现的刀具材料。采用化学气相沉积（CVD）工艺，在硬质合金表面涂覆一层或多层（5～13μm）难溶金属碳化物。如前所述硬质合金的缺点是强度和韧性低，耐冲击性差。改进的方法是添加少量的碳化钽（TaC）、碳化铌（NbC）等和细化晶粒。例如在普通 YT 类硬质合金中加入少量的碳化钽后，既可加工特种铸铁，也可加工耐热钢、高锰钢等特种钢材，故有通用硬质合金之称。国产的 YW1、YW2 等牌号便是。又如在 YG 类硬质合金中加入少量的碳化铌后，也适于加工奥氏体不锈钢、耐热钢等特种钢和铸铁等材料，国产的 YA6 牌号便是。

近年来还发展了涂层刀片，就是在韧性较好的硬质合金（YG 类）基体表面，涂覆一层（5～12μm）硬度和耐磨性很高的物质（如 TiC 或 TiN），得到既有高硬度和高耐磨性的表面，又有韧性较好的基体。目前涂层硬质合金主要用于半精加工和精加工，并为不重磨刀片（又称可转位刀片）的推广提供了良好的条件。随着涂层技术的发展和工艺的改进，它的应用将会进一步扩大。

(3) 人造金刚石　它的硬度极高（接近 10000HV，而硬质合金仅达 1000～2000HV），耐热性为 700～800℃，粒度一般在 0.5mm 以内。大颗粒金刚石分单晶和聚晶两种。聚晶金刚石大颗粒可制成一般切削刀具，单晶微粒者主要制成砂轮。金刚石除去可以加工高硬度而耐磨的硬质合金、陶瓷、玻璃等材料外，还可以加工有色金属及其合金，但不宜加工铁族金属，这是由于铁和碳原子的亲和力较强，易产生黏结作用而加快刀具磨损。用金刚石车刀高速精车有色金属时，表面粗糙度值很小；用金刚石砂轮磨削硬质合金刀具时，质量好，效率高。

2.3.2 金属切削刀具的种类和用途

在机械加工中，常用的金属切削刀具有车刀、孔加工刀具（中心钻、麻花钻、扩孔钻、铰刀等）、磨削刀具、铣刀和齿轮刀具等。在大批量生产和加工特殊形状零件时，采用专用刀具、组合刀具和特殊刀具。在加工过程中，为了保证零件的加工质量、提高生产率和经济效益，应合理地选用相应的各种类型刀具。

1. 车刀

车刀是金属切削加工中应用最广的一种刀具。由于零件的形状、大小和加工要求不同，采用的车刀也不相同。车刀的种类很多，用途各异，它可以在车床上加工外圆、端面、螺纹、内孔，也可用于切槽和切断等。

(1) 按用途分类　车刀按其用途可分为外圆车刀、内孔车刀、端面车刀、切断车刀、螺纹车刀等，如图 2-21 所示。

外圆车刀又分直头和弯头车刀，还常以主偏角的数值来命名，如 $\kappa_r=90°$时称为 90°外圆车刀，$\kappa_r=45°$时称为 45°外圆车刀。

下面分别介绍它们的使用用途。

① 外圆车刀　又称尖刀，主要用于车削外圆、平面和倒角。外圆车刀一般有四种形状。

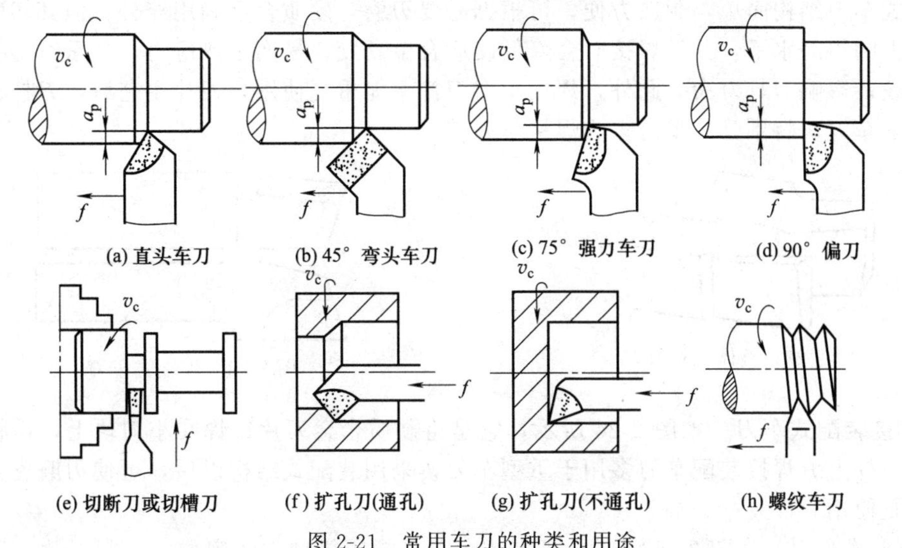

图 2-21　常用车刀的种类和用途

a. 直头车刀　主偏角与副偏角基本对称，一般在 45°左右，前角可在 5°～30°之间选用，后角一般为 6°～12°，主要用于车削不带台阶的光轴。

b. 45°弯头车刀　主要用于车削不带台阶的光轴和平面，它可以车外圆、端面和倒角，使用比较方便，刀头和刀尖部分强度高。

c. 75°强力车刀　主偏角为 75°，适用于粗车加工余量大、表面粗糙、有硬皮或形状不规则的零件，它能承受较大的冲击力，刀头强度高，耐用度高。

d. 90°外圆车刀　90°外圆车刀的主偏角为 90°，用来车削工件的端面和台阶，有时也用来车外圆，特别是用来车削细长工件的外圆，可以避免把工件顶弯。90°外圆车刀分为左车刀和右车刀两种，常用的是右车刀，它的刀刃向左。

② 切断刀和切槽刀

a. 切断刀的刀头较长，其刀刃亦狭长，这是为了减少工件材料消耗和切断时能切到中心的缘故。因此，切断刀的刀头长度必须大于工件的半径。

b. 切槽刀与切断刀基本相似，只不过其形状应与槽的形状一致，但刀头相对较短。

③ 扩孔刀　又称镗孔刀，用来加工内孔。它可以分为通孔刀和不通孔（盲孔）刀两种。

a. 通孔刀的主偏角小于 90°，一般在 45°～75°之间，副偏角 20°～45°，扩孔刀的后角应比外圆车刀稍大，一般为 10°～20°。

b. 不通孔刀的主偏角应大于 90°，刀尖在刀杆的最前端，为了使内孔底面车平，刀尖与刀杆外端距离应小于内孔的半径，扩孔刀的长度和大小应与加工的孔相配套。

④ 螺纹车刀　螺纹按牙型有三角形、方形和梯形等，相应使用三角形螺纹车刀、方形螺纹车刀和梯形螺纹车刀等。螺纹的种类很多，其中以三角形螺纹应用最广。采用三角形螺纹车刀车削公制螺纹时，其刀尖角必须为 60°，前角取 0°。

（2）按结构分类　车刀按结构可分为整体式车刀、焊接式车刀、焊接装配式车刀、机夹式车刀和可转位式车刀等。

① 整体式车刀　如图 2-22 所示，用整块高速钢做成长条形状，俗称“白钢刀”。刃口可磨得较锋利，主要用于小型车床或加工有色金属。

② 焊接式车刀　如图 2-23 所示，它是将一定形状的刀片和刀柄用紫铜或其他焊料通过镶焊连接成一体的车刀，一般刀片选用硬质合金，刀柄用 45 钢。

焊接式车刀结构简单，制造方便，可根据需要刃磨，硬质合金利用充分，但其切削性能取决于工人的刃磨水平，并且焊接时会降低硬质合金硬度，易产生热应力，严重时会导致硬质合金裂纹，影响刀具寿命。此外，焊接车刀刀杆不能重复使用，刀片用完后，刀杆也随之报废。一般车刀，特别是小车刀多为焊接车刀。

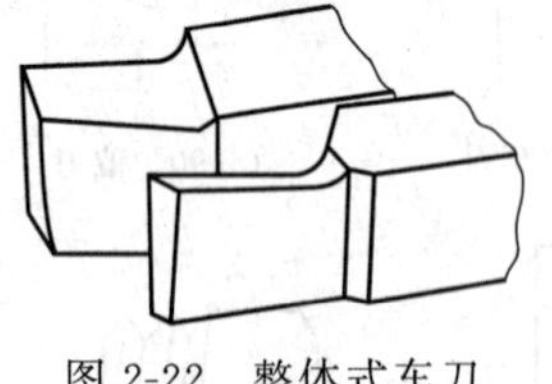

图 2-22　整体式车刀

图 2-23　焊接式车刀

③ 焊接装配式车刀　如图 2-24 所示，它是将硬质合金刀片钎焊在小刀块上，再将小刀块装配到刀杆上。焊接装配车刀多用于重型车刀，采用装配式结构以后，可使刃磨省力，刀杆也可重复使用。

④ 机夹式车刀　如图 2-25 所示，机夹式车刀是指用机械方法定位，夹紧刀片，通过刀片体外刃磨与安装倾斜后，综合形成刀具角度的的车刀。机夹车刀可用于加工外圆、端面、内孔车槽、车螺纹等。

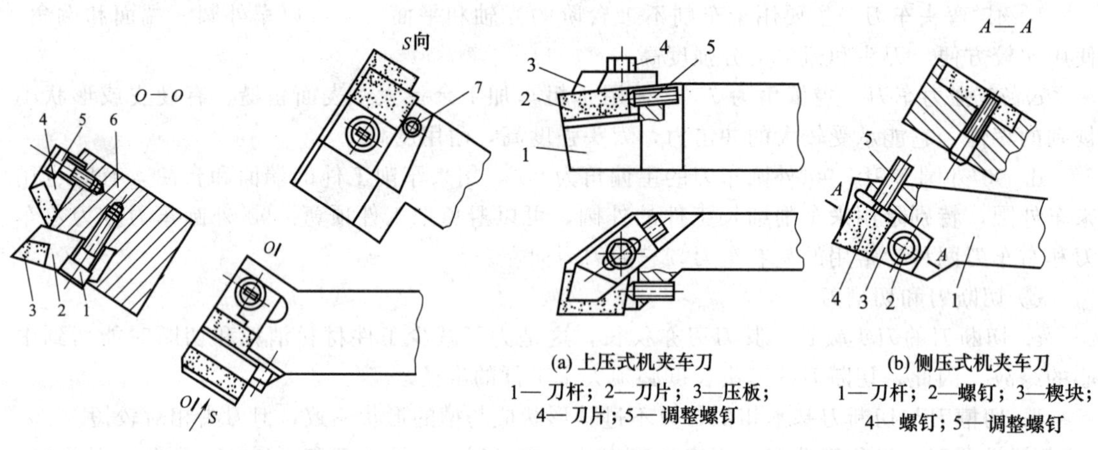

(a) 上压式机夹车刀
1—刀杆；2—刀片；3—压板；4—刀片；5—调整螺钉

(b) 侧压式机夹车刀
1—刀杆；2—螺钉；3—楔块；4—螺钉；5—调整螺钉

图 2-24　焊接装配式车刀
1，5—压紧螺钉；2—小刀块；3—刀片；4—断屑器；6—刀体；7—销

图 2-25　机夹式车刀

⑤ 可转位式车刀　如图 2-26 所示，可转位式车刀是将可转位刀片用机械夹固的方法装夹在特制刀杆上的一种车刀。它由刀片、刀垫、刀柄及刀杆、螺钉等元件组成。刀片上压制出断屑槽，周边经过精磨，刃口磨钝后可方便转位换刀，不需重磨就可使新的切削刃投入使用，只有当全部切削刃都用钝后才需更换新刀片。

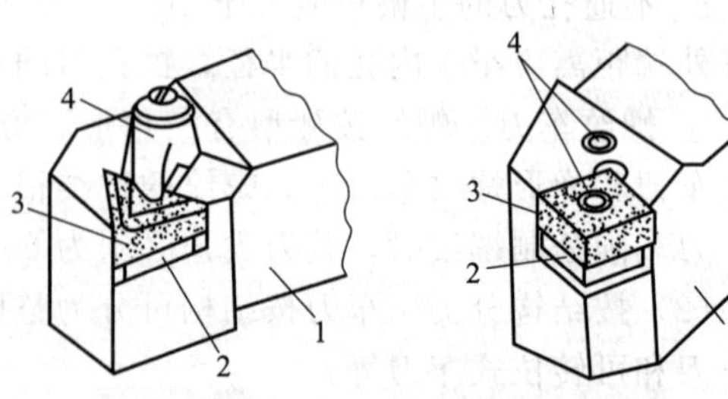

图 2-26　可转位式车刀
1—刀杆；2—刀垫；3—刀片；4—夹固零件

主要优点是：不用焊接，避免了焊接、刃磨引起的热应力，提高刀具寿命及抗破坏能力；可使用涂层刀片，有合理槽形与几何参

数，断屑效果好，能选用较高切削用量，提高生产率；刀片转位、更换方便，缩短了辅助时间；刀具已标准化，能实现一刀多用，减少刀具储备量，简化刀具管理等工作。

可转位式车刀刀片形状很多，常用的有三角形、偏 8°三角形、凸三角形、五角形和圆形等。如图 2-27 所示。

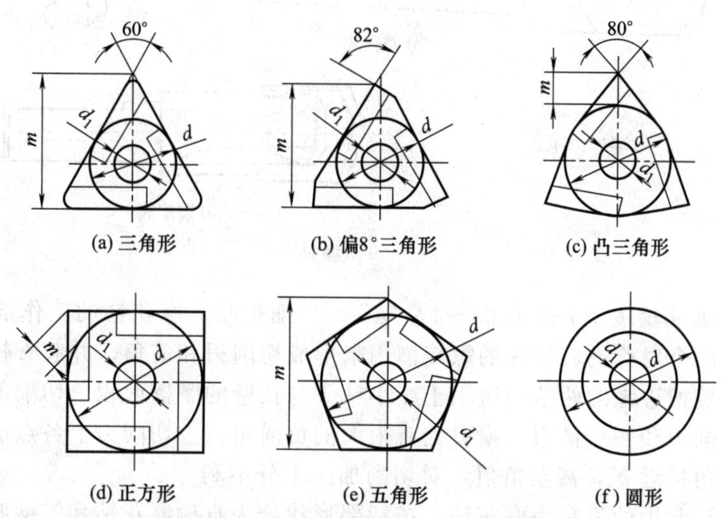

图 2-27　硬质合金可转位式刀片的常用形状

⑥ 成形车刀　如图 2-28 所示。成形车刀又称样板刀，是在普通车床、自动车床上加工内外成形表面的专用刀具。用它能一次切出成形表面，故操作简便、生产率高。用成形车刀加工零件可达到公差等级 IT10～IT8，粗糙度 $Ra\,10 \sim 5\mu m$。成形刀制造较为复杂，当切削刃的工作长度过长时，易产生振动，故主要用于批量加工小尺寸的零件。

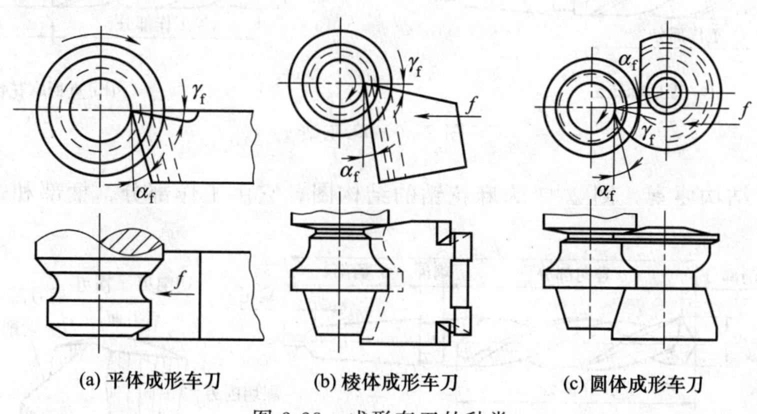

图 2-28　成形车刀的种类

2. 孔加工刀具

机械加工中的孔加工分为两类：一类是在实体工件上加工出孔的刀具，如扁钻、麻花钻、中心钻及深孔钻等；另一类是对已有孔进行再加工的刀具，如扩孔钻、锪钻、铰刀及镗刀等。

(1) 扁钻　如图 2-29 所示。扁钻是使用最早的钻孔刀具。特点是结构简单、刚性好、成本低、刃磨方便。扁钻有整体式和装配式两种。

(2) 麻花钻　如图 2-30 所示。麻花钻是使用最广泛的一种孔加工刀具，不仅可以在一般材料上钻孔，经过修磨还可在一些难加工材料上钻孔。

麻花钻属于粗加工刀具，其常用规格为 $\phi 0.1 \sim \phi 80$mm，可达到的尺寸公差等级为

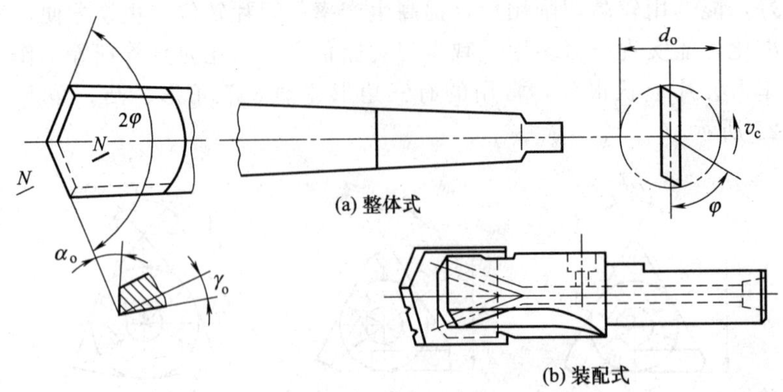

图 2-29 扁钻

IT13～IT11，表面粗糙度 Ra 值为 25～12.5μm。呈细长状，麻花钻的工作部分包括切削部分和导向部分。两个对称的、较深的螺旋槽用来形成切削刃和前角，并起着排屑和输送切削液的作用。沿螺旋槽边缘的两条棱边用于减小钻头与孔壁的摩擦面积。切削部分有两个主切削刃、两个副切削刃和一个横刃。横刃处有很大的负前角，主切削刃上各点前角、后角是变化的，钻心处前角接近 0°，甚至负值，对切削加工十分不利。

钻削加工中最常用的刀具为麻花钻，按柄部形状分为直柄麻花钻和锥柄麻花钻；按制造材料分为高速钢麻花钻和硬质合金麻花钻。硬质合金麻花钻一般制成镶片焊接式，直径 5mm 以下的硬质合金麻花钻通常制成整体式。

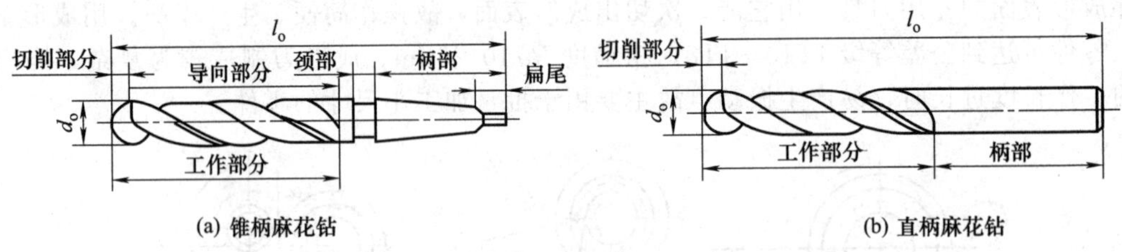

图 2-30 麻花钻

① 麻花钻结构要素 图 2-31 为麻花钻的结构图，它由工作部分、柄部和颈部所组成。

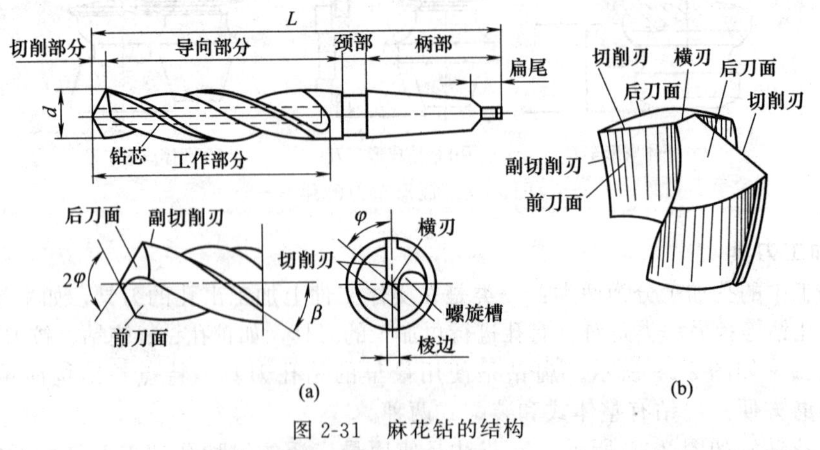

图 2-31 麻花钻的结构

a. 工作部分 麻花钻工作部分分为切削部分和导向部分。

(a) 切削部分 切削部分担负主要的切削工作，包含以下结构要素。

前刀面：毗邻切削刃，是起排屑和容屑作用的螺旋槽表面。

后刀面：位于工作部分前端，与工件加工表面（即孔底的锥面）相对的表面，其形状由刃磨方法决定，在麻花钻上一般为螺旋圆锥面。

主切削刃：前刀面与后刀面的交线。由于麻花钻前刀面与后刀面各有两个，所以主切削刃有两条。

横刃：两个后刀面相交所形成的刀刃。它位于切削部分的最前端，切削被加工孔的中心部分。

副切削刃：麻花钻前端外圆棱边与螺旋槽的交线。显然，麻花钻上有两条副切削刃。

刀尖：两条主切削刃与副切削刃相交的交点。

(b) 导向部分　用于钻头在钻削过程中的导向，并作为切削部分的后备部分。它包含了刃沟、刃瓣、刃带。刃带是其外圆柱面上两条螺旋形的棱边，由它们控制孔的廓形和直径，保持钻头进给方向。为减少刃带与已加工孔孔壁之间的摩擦，一般将麻花钻的直径沿锥柄方向做成逐渐减小的锥度，形成倒锥，相当于副切削刃的副偏角。

b. 柄部　用于装夹钻头和传递动力。钻头直径小于 13mm 时，通常做成直柄（圆柱柄），直径在 13mm 以上时，做成莫氏锥度的圆锥柄。

c. 颈部　是柄部与工作部分的连接部分，并作为磨外径时砂轮退刀和打印标记处。直柄麻花钻不做出颈部。

② 麻花钻结构参数

a. 螺旋角 β　钻头刃带棱边螺旋线展开成直线后与钻头轴线的夹角，相当于副切削刃刃倾角，如图 2-32 所示。

$$\tan\beta=\pi d/P$$

式中　P——螺旋槽导程，mm；

d——钻头外径，mm。

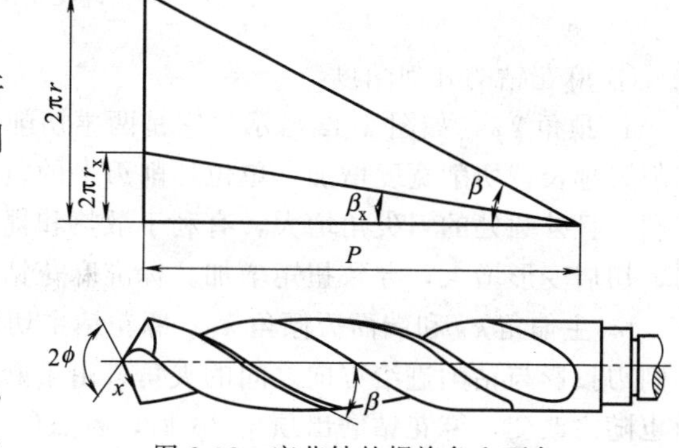

图 2-32　麻花钻的螺旋角和顶角

标准麻花钻的螺旋角一般为 25°～32°。增大螺旋角有利于排屑，能获得较大前角，使切削轻快，但钻头刚性变差。小直径钻头，为提高钻头刚性，螺旋角 β 可取小些。钻软材料、铝合金时，为改善排屑效果，β 角可取大些。图 2-32 中 β_x 为切削刃上 x 点的螺旋角，r_x 为该点到中心的距离。

b. 直径 d　麻花钻的直径是钻头两刃带之间的垂直距离，其大小按标准尺寸系列和螺纹孔的底孔直径设计。

③ 麻花钻的标注参考系　麻花钻具有较复杂的外形和切削部分：为便于标注其几何参数，依据麻花钻的结构特点和工作时的运动特点，除基面 p_r、切削平面 p_s、正交平面 p_o 外，还使用了端平面 p_t、柱剖面 p_z 和中剖面 p_c，其定义分别如下。

端平面 p_t：与麻花钻轴线垂直的平面。该平面也是切削刃上任意一点的背平面 p_p，并垂直于该点的基面。

柱剖面 p_z：主切削刃上任一点的柱剖面是通过该点，并以该点的回转半径为半径和以麻花钻轴线为轴心的圆柱面。它与该点的工作平面 p_f 相切，并与基面在该点垂直。

中剖面 p_c：通过麻花钻轴线，并与两主切削刃相平行的轴向剖面。

图 2-33 所示为麻花钻的标注参考系。与车刀的标注参考系相比，虽然基面、切削平面、正交平面的定义相同，但位置不同。外圆车刀上各点的基面相互平行，而麻花钻的主切削刃上各点的切削速度方向不同，基面的位置也不同（过轴心线并与选定点的速度方向垂直）。

相应各点的切削平面和正交平面的位置也不相同。

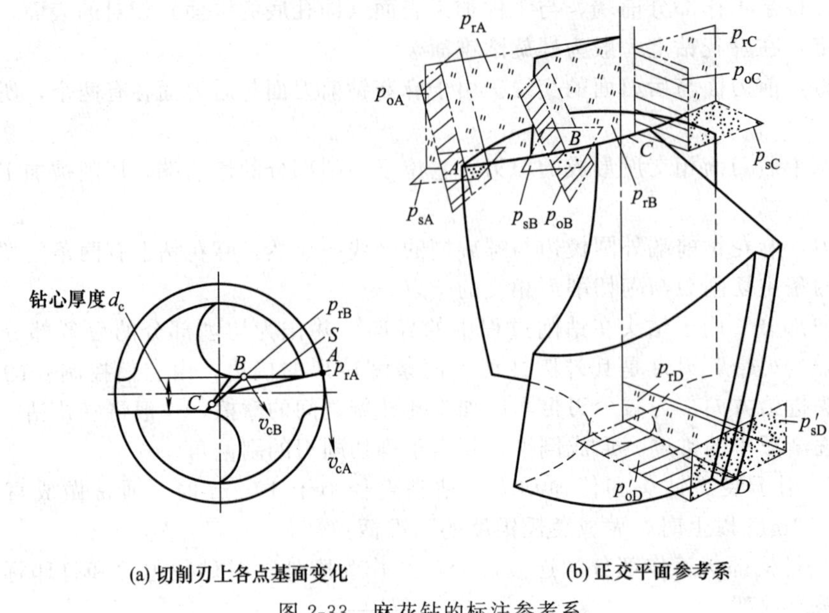

图 2-33 麻花钻的标注参考系

④ 麻花钻的几何角度

a. 顶角 2ϕ　如图 2-32 所示，它是两主切削刃在中剖面内投影的夹角。顶角越小，则主切削刃越长，切削宽度增加，单位切削刃上的负荷减轻，轴向力减小，这对钻头轴向稳定性有利。且外圆处的刀尖角增大，有利于散热和提高刀具耐用度。但顶角减小会使钻尖强度减弱，切屑变形增大，导致扭矩增加。标准麻花钻的顶角 2ϕ 约为 $118°\pm2°$。

b. 主偏角 κ_r 和端面刃倾角 λ_t　麻花钻主切削刃上选定点的主偏角，是在该点基面上主切削刃投影与钻削进给方向之间的夹角。由于麻花钻主切削刃上各点基面不同，各点的主偏角也随之改变。麻花钻磨出顶角 2ϕ 后，各点的主偏角也就确定了，如图 2-34 所示。它们之间的关系为

$$\tan\kappa_r = \tan\phi\cos\lambda_t$$

式中　λ_t——选定点的端面刃倾角，它是主切削刃在端面中的投影与该点的基面之间的夹角。

由于切削刃上各点的刃倾角绝对值从外缘到钻心逐渐变大，所以切削刃上各点的主偏角 κ_r 也是外缘处大，钻心处小。

c. 前角 γ_{ox}　在正交平面 p_{ox}—p_{ox} 内前刀面和基面间的夹角，如图 2-34 所示。主切削刃上任一选定点的前角 γ_{ox} 与该点的螺旋角 β_x、主偏角 κ_r 以及刃倾角的关系为

$$\tan\gamma_{ox} = \tan\beta_x/\sin\kappa_{rx} + \tan\lambda_{tx}\cos\kappa_{rx}$$

由上式可知，由于 β_x 从外径向钻心逐渐减小，λ_{tx} 也逐渐减小（负值增大），在 κ_{rx} 一定时，前角 γ_{ox} 变小，约由 $+30°$ 减小到 $-30°$，靠近钻头中心处切削条件很差。

d. 后角 α_f　麻花钻主切削刃上选定点的后角，用柱剖面中的轴向后角 α_f（相当于假定工作面内的后角）来表示，如图 2-34 中的 α_{fx}。这个后角在一定程度上反映钻头作圆周运动时，后刀面与孔底加工表面之间的摩擦情况，也能直接反映出进给量对后角的影响，同时，α_f 角也便于测量。

钻头后角是刃磨得到的。刃磨时，要注意使其外缘处的后角磨得小些（约 $8°\sim10°$），靠

近钻心处磨得大些（约 20°～25°）。这样可以与切削刃上各点前角的变化相适应，使各点的楔角大致相等，散热体积基本一致，从而达到其锋利程度、强度、耐用度的相对平衡，又能弥补由于钻头轴向进给运动而使刀刃上各点实际工作后角减少所产生的影响，同时还可改善横刃的工作条件。钻头的名义后角是指外圆处的后角。

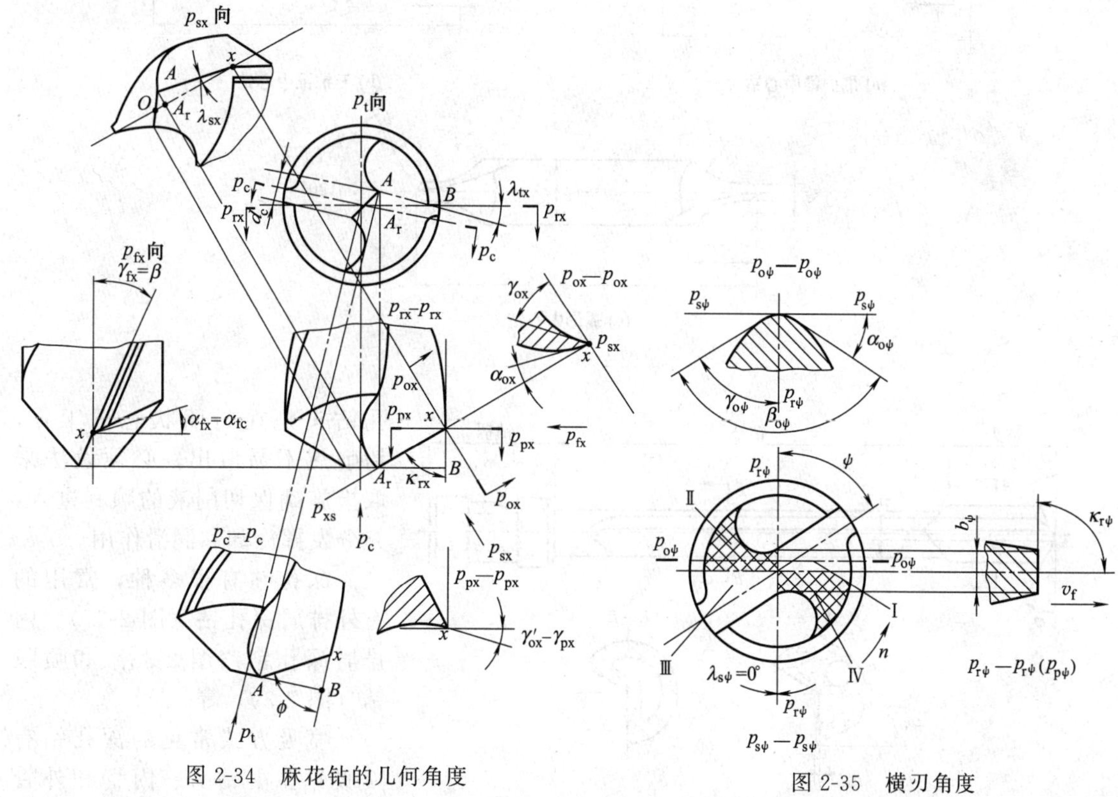

图 2-34　麻花钻的几何角度

图 2-35　横刃角度

e. 横刃角度　如图 2-35 所示，横刃是麻花钻端面上一段与轴线垂直的切削刃，该切削刃的角度包括横刃斜角 ψ、横刃前角 $\gamma_{o\psi}$、横刃后角 $\alpha_{o\psi}$。

(a) 横刃斜角 ψ　在端平面中，横刃与主切削刃之间的夹角。它是刃磨钻头时自然形成的，顶角、后角刃磨正常的标准麻花钻 $\psi=47°\sim55°$，后角越大，ψ 角越小。ψ 角减小会使横刃的长度增大。

(b) 横刃前角 $\gamma_{o\psi}$　由于横刃的基面位于刀具的实体内，故横刃前角 $\gamma_{o\psi}$ 为负值。

(c) 横刃后角 $\alpha_{o\psi}$　横刃后角 $\alpha_{o\psi}=90°-|\gamma_{o\psi}|$。

对于标准麻花钻，$\gamma_{o\psi}=-(54°\sim60°)$，$\alpha_{o\psi}=30°\sim36°$。故钻削时横刃处金属挤刮变形严重，轴向力很大。实验表明，用标准麻花钻加工时，约有 50% 的轴向力由横刃产生。对于直径较大的麻花钻，一般均需修磨横刃以减小轴向力。

(3) 中心钻　中心钻是用来加工轴类零件中心孔的刀具，其结构主要有三种形式：带护锥中心钻［见图 2-36 (a)］、无护锥中心钻［见图 2-36 (b)］和弧形中心钻［见图 2-36 (c)］。

(4) 深孔钻　通常把孔深与孔径之比大于 5～10 倍的孔称为深孔，加工所用的钻头称为深孔钻。

由于孔深与孔径之比大，钻头细长，强度和刚度均较差，工作不稳定，易引起孔中心线的偏斜和振动。由于孔深度大，容屑及排屑空间小，切屑流经的路程长，切屑不易排除；深

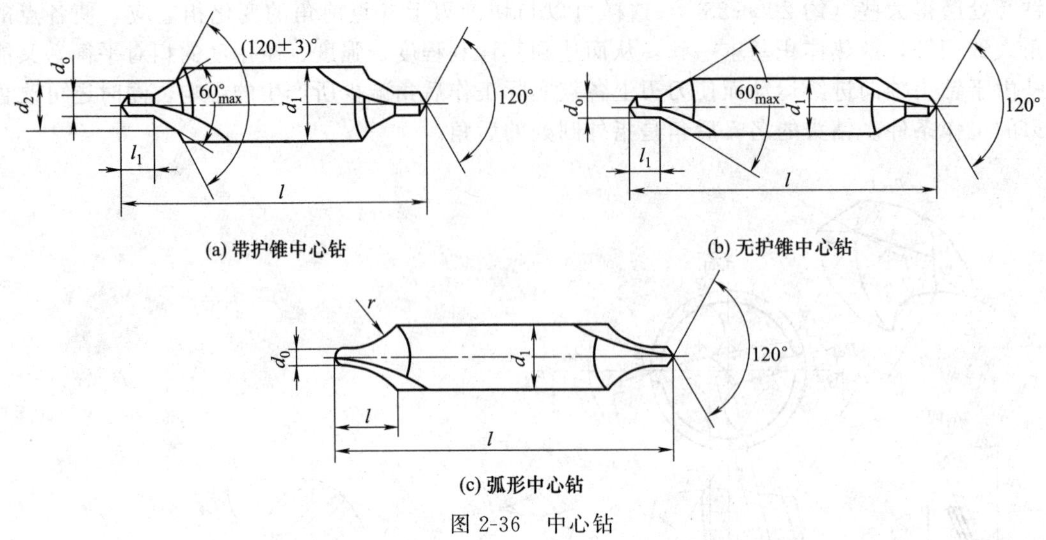

图 2-36 中心钻

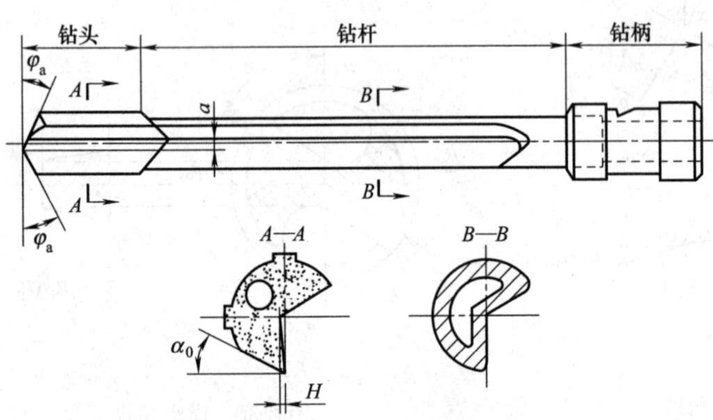

图 2-37 单刃外排屑深孔钻

孔钻头是在封闭状态下工作，切削热不易散出，必须设法采取措施确保切削液的顺利进入，充分发挥冷却和润滑作用。

深孔钻有很多种，常用的有外排屑深孔钻（图 2-37）、内排屑深孔钻（图 2-38）和喷吸钻（图 2-39）等。

喷吸方式常见的深孔钻有喷吸钻，由钻头、内管和外管三部分组成，如图 2-39 所示。

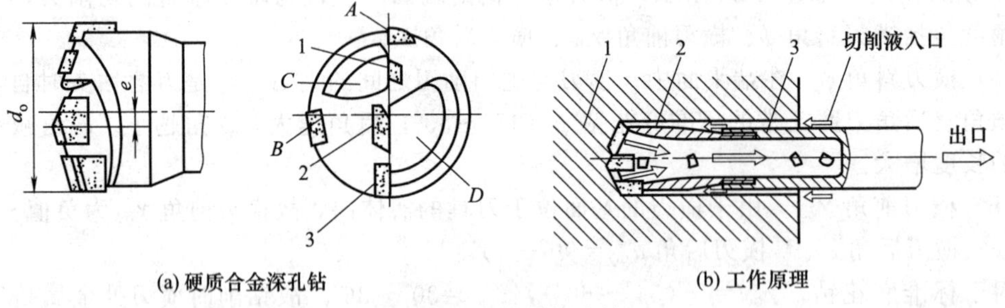

图 2-38 内排屑深孔钻

1—工件；2—钻头；3—钻杆

（5）扩孔钻 如图 2-40 所示。扩孔钻专门用来扩大已有孔，它比麻花钻的齿数多（3～4 个），容屑槽较浅，无横刃，工作部分短，强度和刚度均较高，导向性和切削性较好，加工质量和生产效率比麻花钻高。扩孔公差等级为 IT10～IT9，表面粗糙度 Ra 值为 6.3～3.2μm，属于半精加工。

常用的扩孔钻有高速钢整体扩孔钻、高速钢镶套式扩孔钻及硬质合金镶齿套式扩孔钻。

用扩孔工具对已有孔（钻、铸、锻）进行扩大的一种加工方法，扩孔工具有麻花钻和扩孔钻两种，精度要求不高的孔可用麻花钻扩孔，精度要求较高的孔须用扩孔钻进行扩孔。

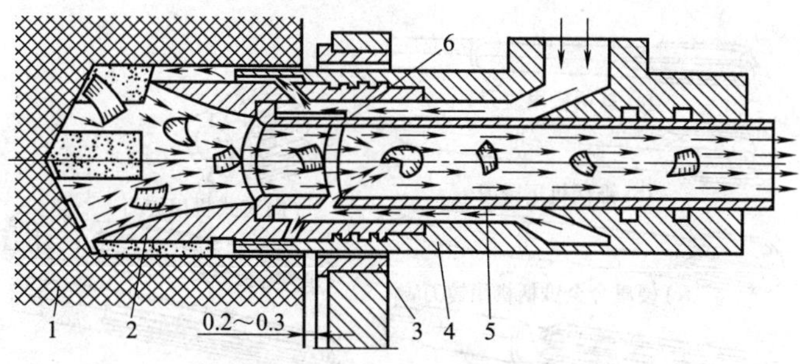

图 2-39　喷吸钻工作原理

1—工件；2—钻头；3—导向套；4—外管；5—内管；6—月牙形喷嘴

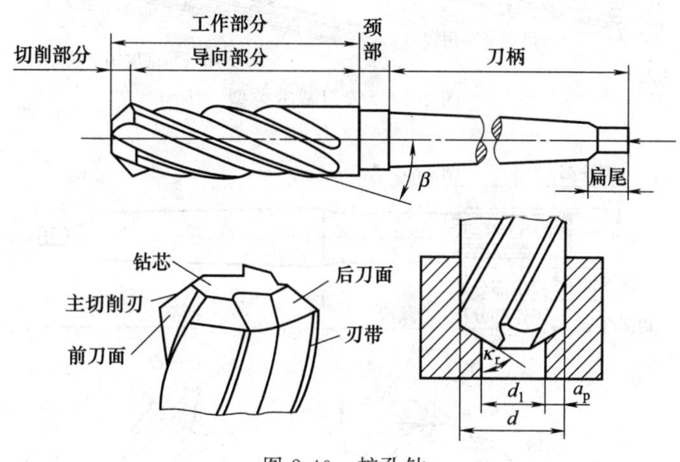

图 2-40　扩孔钻

（6）锪钻　如图 2-41 所示。锪钻用于加工各种埋头螺钉沉孔、锥孔和凸台面等。常见的锪钻有三种：圆柱形沉头锪钻［图 2-41（a）］、锥形沉头锪钻［图 2-41（b）］及端面凸台锪钻［图 2-41（c）］。

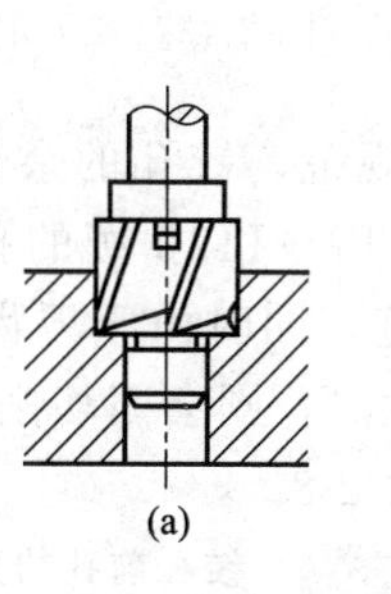

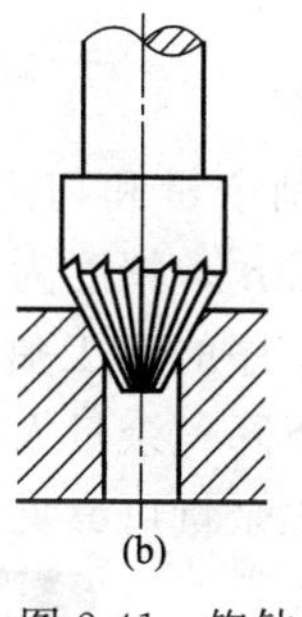

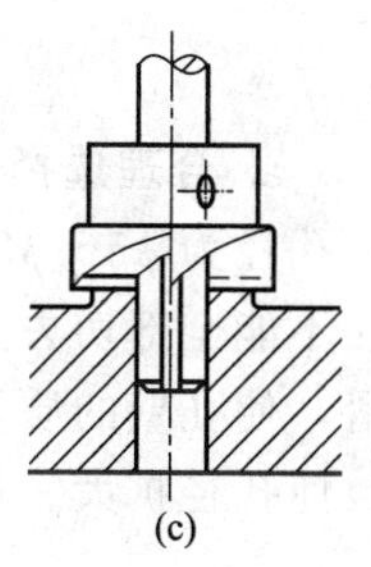

图 2-41　锪钻

（7）铰刀　铰孔时，铰刀从工件孔壁上切除微量金属层，以提高其尺寸精度和减小其表面粗糙度值，铰孔是孔的精加工方法之一。铰孔加工精度可达 IT9～IT7 级，表面粗糙度一般达 Ra1.6～0.8μm。机铰生产率高，劳动强度小，适宜于大批大量生产。

经过铰孔的工件，孔既光洁又精确，不仅质量好，效率高，而且操作也很方便，在批量生产中已经被广泛采用。铰孔前一般先进行扩孔或车孔等半精加工，并留适当加工余量，一般为 0.08～0.15mm。铰孔可以在车床、钻床、镗床上进行机械铰孔，也可以将工件装夹在台虎钳上进行手工铰孔。

① 常用铰刀的类型　如图 2-42 所示。

② 铰刀的结构　铰刀由工作部分、颈部和柄部组成，铰刀的组成，如图 2-43 所示。

常用的铰刀可分为手用铰刀和机用铰刀，手用铰刀用于手工铰孔，工作部分比较长，柄部为直柄；机用铰刀的工作部分比较短，多为锥柄，装夹在钻床或车床上进行铰孔。

③ 保证铰孔时的加工质量应注意问题

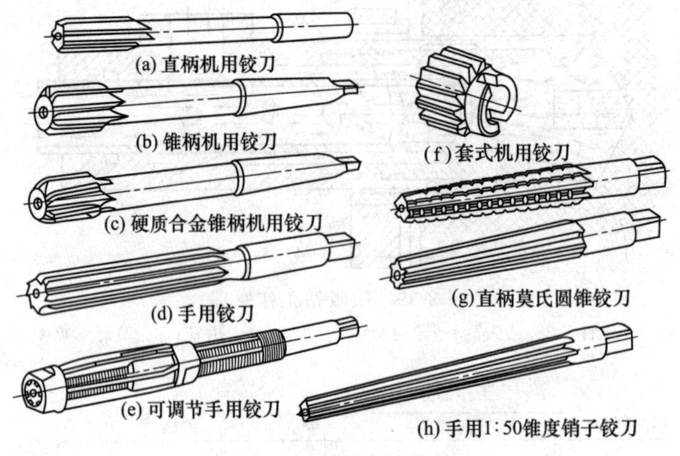

图 2-42 铰刀基本类型

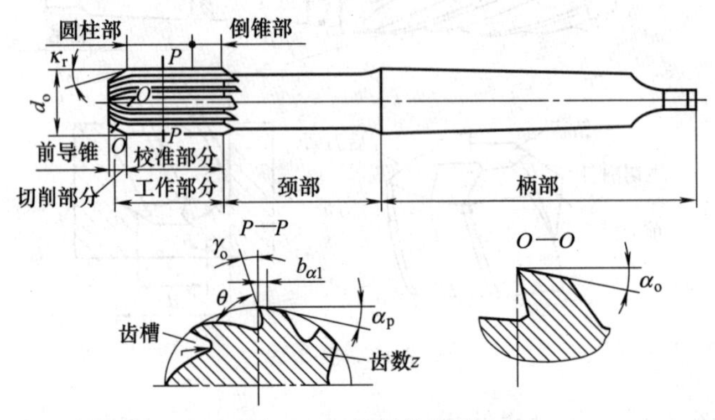

图 2-43 铰刀的组成

a. 合理选择铰削余量和切削规范，铰孔的余量视孔径和工件材料及精度要求等而异。对孔径为 $\phi5\sim\phi80$mm，精度为 IT7～IT10 级的孔，一般分粗铰和精铰。余量太小时，往往不能全部切去上工序的加工痕迹，同时由于刀齿不能连续切削而以很大的压力沿孔壁打滑，使孔壁的质量下降；余量太大时，则会因切削力大，发热多引起铰刀直径增大及颤动，致使孔径扩大。加工余量可参见表 2-8。

表 2-8 铰孔前孔的直径及加工余量 mm

加工余量	孔径			
	12～18	>18～30	>30～50	>50～75
粗铰	0.10	0.14	0.18	0.20
精铰	0.05	0.06	0.07	0.10
总余量	0.15	0.20	0.25	0.30

b. 合理选用切削速度可以减少积屑瘤的产生，防止表面质量下降。

铰削铸铁时可选为 8～10m/min；铰削钢时的切削速度要比铸铁时低，粗铰为 4～10m/min，精铰为 1.5～5m/min 。铰孔的进给量也不能太小，因进给量过小会使切屑太薄，致使刀刃不易切入金属层面打滑，甚至产生啃刮现象，破坏了表面质量，还会引起铰刀振动，使孔径扩大。

c. 合理选择底孔。底孔（即前道工序加工的孔 ）好坏，对铰孔质量影响很大。底孔精度低，就不容易得到较高的铰孔精度。例如上一道工序造成轴线歪斜，由于铰削量小，且铰刀与机床主轴常采用浮动连接，故铰孔时就难以纠正。对于精度要求高的孔，在精铰前应先经过扩孔、镗孔或粗铰等工序，使底孔误差减小，才能保证精铰质量。

d. 合理使用铰刀。铰刀是定尺寸精加工刀具，使用得合理与否，将直接影响铰孔的质量。铰刀的磨损主要发生在切削部分和校准部分交接处的后刀面上。随着磨损量的增加，切削刃钝圆半径也逐渐加大，致使铰刀切削能力降低，挤压作用明显，铰孔质量下降，实践经验证明，使用过程中若经常用油石研磨该交接处，可提高铰刀的耐用度。铰削后孔径是扩大或收缩以及其数值的大小，与具体加工情况有关。在批量生产时，应根据现场经验或通过试验来确定，然后才能确定铰刀外径，并研磨铰刀。为了避免铰刀轴线或进给方向与机床回转轴线不一致，出现孔径扩大或"喇叭口"现象，铰刀和机床一般不用刚性连接，而可采用浮动夹头来装夹刀具。

⑤ 正确选择切削液。铰削时切削液对表面质量有很大影响，铰孔时正确选用切削液，对降低摩擦系数，改善散热条件以及冲走细屑均有很大作用，因而选用合适的切削液除了能提高铰孔质量和铰刀耐用度外，还能消除积屑瘤，减少振动，降低孔径扩张量。

浓度较高的乳化油对降低粗糙度的效果较好，硫化油对提高加工精度效果较明显。铰削一般钢材时，通常选用乳化油和硫化油。铰削铸铁时，一般不加切削液，如要进一步提高表面质量，也可选用润湿性较好、黏性较小的煤油做切削液。

（8）镗刀 镗刀用于加工机座、箱体、支架等外形复杂的大型零件上的直径较大的孔（$d>80$mm），特别是有位置精度要求的孔和孔系。镗刀的类型按切削刃数量可分为单刃镗刀、双刃镗刀和多刃镗刀；按工件的加工表面特征可分为通孔镗刀、盲孔镗刀、阶梯孔镗刀和端面镗刀；按刀具结构可分为整体式、装配式和可调式。

镗刀可在车床、镗床或铣床上使用，可加工精度不同的孔，加工精度可达IT7～IT6级，表面粗糙度 Ra 值达6.3～0.8μm。

① 单刃镗刀 普通单刃镗刀只有一条主切削刃在单方向参加切削，其结构简单、制造方便、通用性强，但刚性差，镗孔尺寸调节不方便，生产效率低，对工人操作技术要求高。图2-44为不同结构的单刃镗刀。加工小直径孔的镗刀通常做成整体式，加工大直径孔的镗刀可做成机夹式或机夹可转位式。镗杆不宜太细太长，以免切削时产生振动。镗杆、镗刀头尺寸与镗孔直径的关系见表2-9。

表2-9 镗杆、镗刀头尺寸与镗孔直径的关系 mm

镗孔直径	32～38	40～50	51～70	71～85	86～100	101～140	141～200
镗杆直径	24	32	40	50	60	80	100
镗刀头直径或长度	8	10	12	16	18	20	24

为了使镗刀头在镗杆内有较大的安装长度，并具有足够的位置压紧螺钉和调节螺钉，在镗盲孔或阶梯孔时，镗刀头在镗杆上的安装倾斜角 δ 一般取10°～45°，镗通孔时取 $\delta=0°$，以便于镗杆的制造。通常压紧螺钉从镗杆端面或顶面来压紧镗刀头。新型的微调镗刀调节方便，调节精度高，适用于坐标镗床、自动线和数控机床。

镗刀的刚性差，切削时易引起振动，所以锥刀的主偏角选得较大，以减小径向力 F_p。镗铸件孔或精镗时，一般取 $\kappa_r=90°$；粗镗钢件孔时，取 $\kappa_r=60°\sim75°$，以提高刀具的耐用度。为避免工件材质不均等原因造成扎刀现象以及使刀头底面有足够支承面积，往往需要使镗刀刀尖高于工件中心 Δh 值，一般取 $\Delta h=1/20D$（工件孔径）或更大些，使切削时镗刀的工作前角减小，工作后角增大，所以在选择镗刀头的前、后角时要相应地增大前角，减小后角。

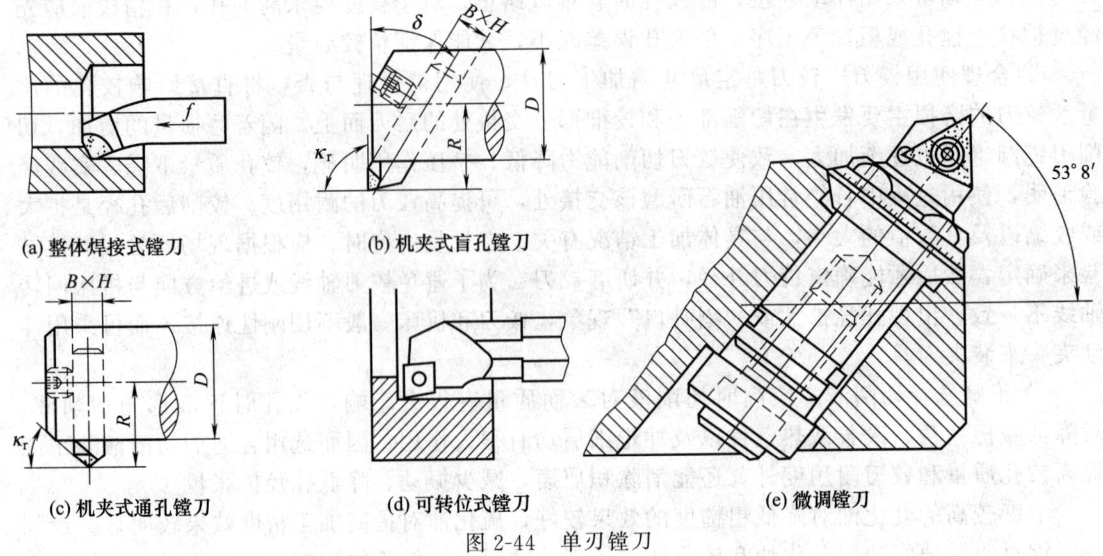

图 2-44 单刃镗刀

② 双刃镗刀 双刃镗刀是定尺寸的镗孔刀具，通过改变两刀刃之间距离，实现对不同直径孔的加工。常用的双刃镗刀有固定式镗刀、可调式双刃镗刀和浮动镗刀三种。

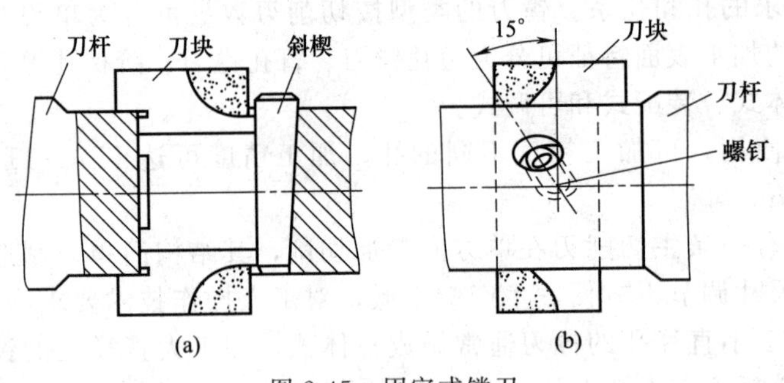

图 2-45 固定式镗刀

a. 固定式镗刀 如图 2-45 所示，工作时，镗刀块可通过斜楔或者在两个方向倾斜的螺钉等夹紧在镗杆上。镗刀块相对轴线的位置误差会造成孔径的误差。所以，镗刀块与镗杆上方孔的配合要求较高。刀块安装方孔对轴线的垂直度与对称度误差不大于 0.01mm。固定式镗刀用于粗镗或半精镗直径大于 40mm 的孔。

b. 可调式双刃镗刀 如图 2-46 所示，采用一定的机械结构可以调整两刀片之间的距离，从而使一把刀具可以加工不同直径的孔，并可以补偿刀具磨损的影响。

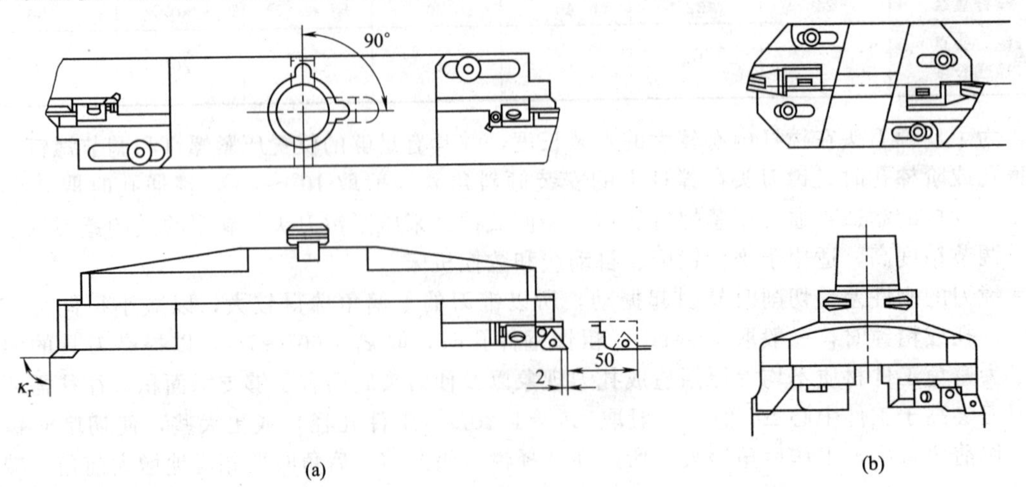

图 2-46 可调式双刃镗刀

c. 浮动镗刀　浮动镗刀（如图 2-47 所示）特点是镗刀块自由地装入镗杆的方孔中，不需夹紧，通过作用在两个切削刃上的切削力来自动平衡其切削位置，因此它能自动补偿由刀具安装误差、机床主轴偏差而造成的加工误差，能获得较高的孔的直径尺寸精度（IT7～IT6），但它无法纠正孔的直线度误差和位置误差，因而要求预加工孔的直线性好，表面粗糙度不大于 $Ra3.2\mu m$。主要适用于单件、小批生产加工直径较大的孔，特别适用于加工孔径大（$d>200$）而深（$L/d>5$）的筒件和管件孔。

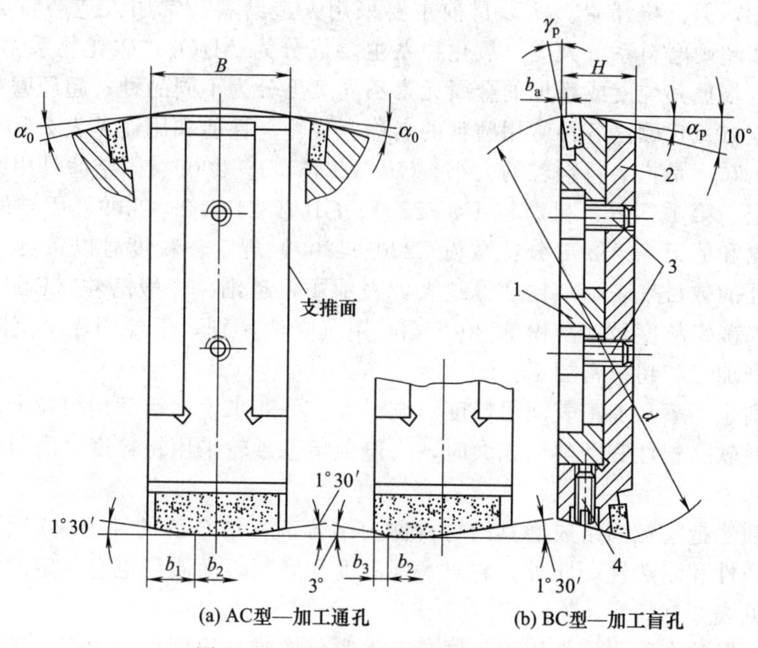

图 2-47　可调节式硬质合金浮动镗刀

1—上刀体；2—下刀体；3—紧固螺钉；4—调节螺钉

浮动镗刀的主偏角通常取为 $\kappa_r=1°30'\sim2°30'$，κ_r 角过大，会使轴向力增大，镗刀在刀孔中摩擦力过大，会失去浮动作用。由于镗杆上装浮动镗刀的方孔对称于镗杆中心线，所以在选择前角、后角时，必须考虑工作角度的变化值，以保证切削轻快和加工表面质量。浮动镗削的切削用量一般取为：$v_c=5\sim8m/min$、$f=0.5\sim1mm/r$、$a_p=0.03\sim0.06mm$。切削钢件时用乳化液或硫化切削油，加工铸铁时用煤油或柴油作切削液。

3. 砂轮

砂轮是由磨料加结合剂用烧结的方法而制成的多孔物体。由于磨料、结合剂及制造工艺等的不同，砂轮特性可能相差很大，对磨削的加工质量、生产效率和经济性有着重要影响。图 2-48 为砂轮结构及磨削示意图。

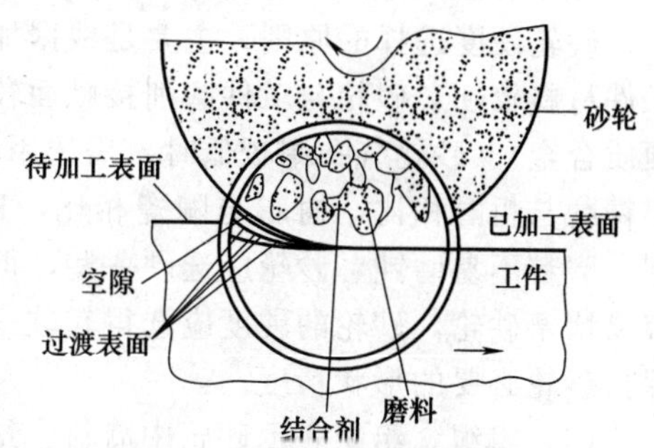

图 2-48　砂轮结构及磨削示意图

磨削过程中，磨粒在高速、高压与高温的作用下，将逐渐磨损而变圆钝。圆钝的磨粒，切削能力下降，作用于磨粒上的力不断增大。当此力超过磨粒强度极限时，磨粒就会破碎，产生新的较锋利的棱角，代替旧的圆钝的磨粒进行磨削；此力超过砂轮结合剂的黏结力时，圆钝的磨粒就会从砂轮表面脱落，露出一层新鲜锋利的磨粒，继续进行磨削。砂轮的这种自行推陈出新、保持自身锋锐的性能，称为“自锐性”。

砂轮本身虽有自锐性，但由于切屑和碎磨粒会把砂轮堵塞，使它失去切削能力；磨粒随机脱落的不均匀性，会使砂轮失去外形精度。所以，为了恢复砂轮的切削能力和外形精度，在磨削一定时间后，仍需对砂轮进行修整。

砂轮的特性包括磨料、粒度、硬度、结合剂、组织以及形状和尺寸等。

(1) 磨料　磨料分为天然磨料和人造磨料两大类。一般天然磨料含杂质多，质地不匀；天然金刚石虽好，但价格昂贵。所以目前主要采用人造磨料。常用人造磨料可分为氧化物系、碳化物系和超硬磨料系三大类。氧化物系主要成分为 Al_2O_3；碳化物系主要以碳化硅、碳化硼为基体，根据其纯度或添加的金属元素不同又可分为不同品种；超硬磨料系中主要有人造金刚石和立方氮化硼。各种常用磨料的名称、代号、性能和用途见表 2-10。

(2) 粒度　粒度是指磨料颗粒的大小。GB/T 2481.1—2009《固结磨具用磨料　粒度组成的检测和标记　第 1 部分：粗磨粒 F4-F220》、GB/T 2481.2—2009《固结磨具用磨料　粒度组成的检测和标记　第 2 部分：微粉 F230-F1200》规定，粒度号以每英寸（25.4mm）筛网长度上筛孔的数目来表示，粒度号越大，表示颗粒越细。一般磨粒（F4-F220，制砂轮用）用筛分法来确定粒度号；微粉 F230-F1200 用沉降法区别，主要用光电沉降仪区分，多用于研磨等精密加工和超精密加工。

粒度对磨削生产率和加工表面粗糙度影响很大。一般来说，粗磨用粗粒度，精磨用细粒度。当工件材料软、塑性和磨削面积大时，为避免堵塞砂轮采用粗粒度。磨料粒度号和应用见表 2-10。

(3) 结合剂　把磨粒固结成磨具的材料称为结合剂。结合剂的性能决定了磨具的强度、耐冲击性、耐磨性和耐热性，此外，它对磨削温度和磨削表面质量也有一定的影响。常用结合剂及其选择见表 2-10。

(4) 硬度　磨粒在磨削力作用下从磨具表面脱落的难易程度称为硬度。砂轮硬度主要由结合剂的强度决定，反映了结合剂固结磨粒的牢固程度，与磨粒本身硬度无关。同一种磨料可以制成不同硬度的砂轮。砂轮硬就是磨粒固结得牢，不易脱落；砂轮软，就是磨粒固结得不太牢，容易脱落。砂轮的硬度对磨削生产率和磨削表面质量都有很大的影响。如果砂轮太硬，磨粒磨钝后仍不能脱落，则磨削效率很低，工件表面粗糙并可能被烧伤。如果砂轮太软，磨粒未磨钝已从砂轮上脱落，砂轮损耗大，形状不易保持，影响工件质量。砂轮的硬度合适，磨粒磨钝后因磨削力增大而自行脱落，使新的锋利的磨粒露出，具有自锐性。砂轮自锐性好，磨削效率高，工件表面质量好，砂轮的损耗也小。

砂轮硬度选择的原则，主要是根据加工工件材料的性质和具体的磨削条件。一般来说，工件材料较硬、砂轮与工件磨削接触面较大、磨削薄壁零件及导热性差的工件（如不锈钢、硬质合金）、砂轮气孔率较低时，需选用较软的砂轮，内圆磨削和端面平磨与外圆磨削相比，半精磨与粗磨相比，树脂与陶瓷相比，选用的砂轮硬度要低些。加工软材料时，因易于磨削，磨粒不易磨钝，砂轮应选硬一些，但对于像有色金属这种特别软而韧的材料，由于切屑容易堵塞砂轮，砂轮的硬度应选得较软一些。精磨和成形磨削时，应选用硬一些的砂轮，以保持砂轮必要的形状精度。

(5) 组织　组织表示砂轮中磨料、结合剂和气孔三者体积的比例关系，也表示砂轮结构的紧密或疏松程度。磨粒在砂轮体积中所占比例越大，砂轮的组织越紧密，气孔越小；反之，组织越疏松。根据磨粒在砂轮中占有的体积分数（称磨料率），砂轮的组织可分为紧密、中等、疏松三大类，如图 2-49 所示，组织号细分为 0～14，其中 0～3 号属紧密类；4～7 号属中等类；8～14 号属疏松类。

表 2-10　砂轮的组织及选择

砂轮

磨粒 — 磨料

系别	名称	代号	性能	适用范围
刚玉	棕刚玉	A	棕褐色，硬度较低，韧性较好	磨削碳素钢、合金钢、可锻铸铁与青铜
	白刚玉	WA	白色，较A硬度高，磨粒锋利，韧性差	磨削淬硬的高碳钢、合金钢、高速钢、磨削薄壁零件、成形零件
	铬钢玉	PA	玫瑰红色，韧性比WA好	磨削高速钢、不锈钢、成形磨削、刃磨刀具、高表面质量磨削
碳化物	黑碳化硅	C	黑色带光泽，比刚玉类硬度高，导热性好，但韧性差	磨削铸铁、黄铜、耐火材料及其他非金属材料
	绿碳化硅	GC	绿色带光泽，较C硬度高，导热性好，韧性较差	磨削硬质合金、宝石、光学玻璃
超硬磨料	人造金刚石	MBD，RVD，SCD和M－SD等	白色、淡绿、黑色，硬度最高，耐热性较差	磨削硬质合金、光学玻璃、花岗岩、大理石、宝石、陶瓷等高硬度材料
	立方氮化硼	CBN，M－CBN等	棕黑色，硬度仅次于MBD，韧性较MBD等好	磨削高性能高速钢、不锈钢、耐热钢及其他难加工材料

磨粒 — 粒度

类别		粒度号	适用范围
磨粒	粗粒	F4，F5，F6，F8，F10，F12，F14，F16，F20，F22，F24	荒磨
	中粒	F30，F36，F40，F46	一般磨削。加工表面粗糙度可达$Ra0.8\mu m$
	细粒	F54，F60，F70，F80，F90，F100	半精磨、精磨和成形磨削，加工表面粗糙度可达$Ra0.8 \sim 0.1\mu m$
	微粒	F120，F150，F180，F220	精磨、精密磨、超精磨、成形磨、刃磨刀具、珩磨
微粉		F230，F240，F280，F320，F360，F400，F500，F600，F800，F1000，F1200	精磨、精密磨、超精磨、珩磨、螺纹磨、超精密磨、镜面磨、精研，加工表面粗糙度可达$Ra0.05 \sim 0.01\mu m$

结合剂 — 种类

名称	代号	特性	适用范围
陶瓷	V	耐热、耐油、耐酸、耐碱，强度较高，但性较脆	除薄片砂轮外，能制成各种砂轮
树脂	B	强度高，富有弹性，具有一定抛光作用，耐热性差，不耐酸碱	荒磨砂轮、磨窄槽、切断用砂轮、高速砂轮、镜面磨砂轮
橡胶	R	强度高，弹性更好，抛光作用好，耐热性差，不耐油和酸，易堵塞	磨削轴承沟道砂轮、无心磨导轮、切割薄片砂轮、抛光砂轮

结合剂 — 硬度

等级	超软			软			中软		中		中硬			硬		超硬
代号	D	E	F	G	H	J	K	L	M	N	P	Q	R	S	T	Y
选择	磨沫淬硬钢选用L～N，磨淬火合金钢选用H～K，高表面质量磨削时选用K～L，刃磨硬质合金刀具选用H～J															

气孔 — 组织

组织号	0	1	2	3	4	5	6	7	8	9	10	11	12	13	14
磨粒率/%	62	60	58	56	54	52	50	48	46	44	42	40	38	36	34
用途	成形磨削，精密磨削				磨削淬火钢，刃磨刀具				磨削硬度不高的韧性材料					磨削热敏性高的材料	

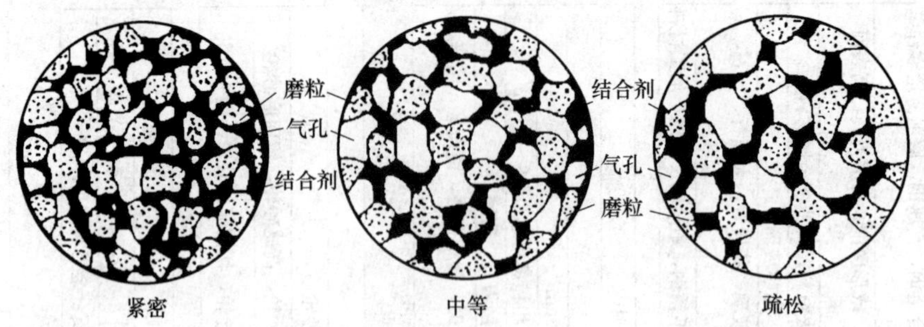

图 2-49 砂轮的组织

紧密类砂轮，气孔率小，使砂轮变硬，容屑空间小，容易被磨屑堵塞，磨削效率较低。但可承受较大的磨削压力，故适用于在重压力下磨削（如手工磨削以及精磨、成形磨削等）。中等组织的砂轮适用于一般磨削。疏松类砂轮，磨粒占的比例越小，气孔越大，砂轮越不易被切屑堵塞，切削液和空气也易进入磨削区，使磨削区温度降低，工件因发热而引起的变形和烧伤减小，但疏松类砂轮易失去正确廓形，降低成形表面的磨削精度，增大表面粗糙度。故适用于粗磨、平面磨、内圆磨等磨削接触面积较大的工件，以及磨削热敏感性较强的材料、软金属和薄壁工件。常用的组织号为 5。砂轮的组织及选择见表 2-10。

（6）砂轮的形状、尺寸与标志 为了适应在不同类型的磨床上磨削各种不同形状和尺寸工件的需要，砂轮需制成不同的形状和尺寸。GB/T 2484—2006《固结磨具 一般要求》对砂轮的名称、代号、形状、尺寸标记等作了规定，砂轮的标志印在砂轮端面上，其顺序是：形状代号、尺寸、磨料、粒度号、硬度、组织号、结合剂和允许的最高线速度。例如图2-50为砂轮标志。表 2-11 列出了常用砂轮的名称、代号、断面图和基本用途。

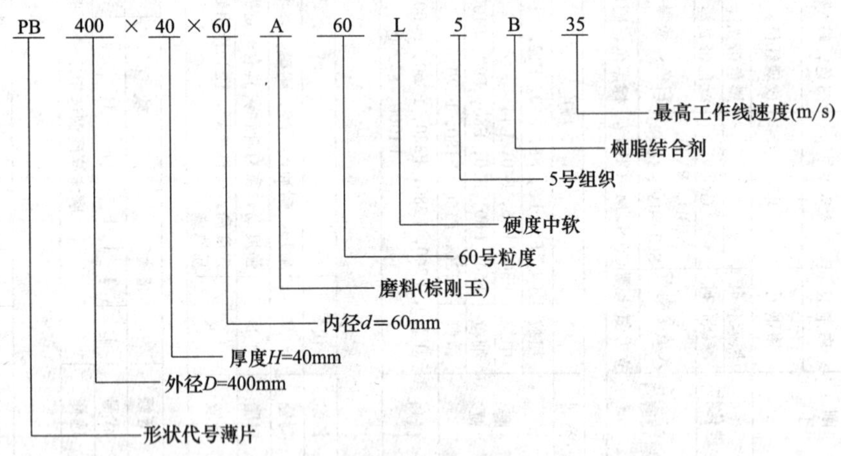

图 2-50 砂轮标志

表 2-11 常用砂轮的名称、代号、断面图和基本用途

名　称	代号	断面图	基本用途
平形砂轮	P		用于外圆、内圆、平面、无心、刃磨、螺纹磨削
双斜边一号砂轮	PSX_1		用于磨齿轮齿面和磨单线螺纹
双斜边二号砂轮	PDX_2		用于磨外圆单面

续表

名　　称	代号	断　面　图	基　本　用　途
单斜边一号砂轮	PDX_1		45°角单斜边砂轮多用于磨削各种锯齿
单斜边二号砂轮	PDX_2		小角度单斜边砂轮多用于刃磨铣刀、铰刀、插齿刀等
单面凹砂轮	PDA		多用于内圆磨削，外径较大者都用于外圆磨削
双面凹砂轮	PSA		主要用于外圆磨削和刃磨刀具，还用作无心磨的导轮磨削轮
单面凹带锥砂轮	PZA		磨外圆和端面
双面凹带锥砂轮	PSZA		磨外圆和二端面
薄片砂轮	PB		用于切断和开槽等
筒形砂轮	N		用在立式平面磨床
杯形砂轮	B		刃磨铣刀、铰刀、拉刀等
碗形砂轮	BW		刃磨铣刀、铰刀、拉刀、盘形车刀等
碟形一号砂轮	D_1		适于磨铣刀、铰刀、拉刀和其他刀具，大尺寸一般用于磨齿轮齿面

4. 铣刀

铣刀的种类很多，按安装方法可分为带孔铣刀和带柄铣刀两大类。带孔铣刀（见图2-51）一般用于卧式铣床，带柄铣刀（见图2-52）多用于立式铣床。

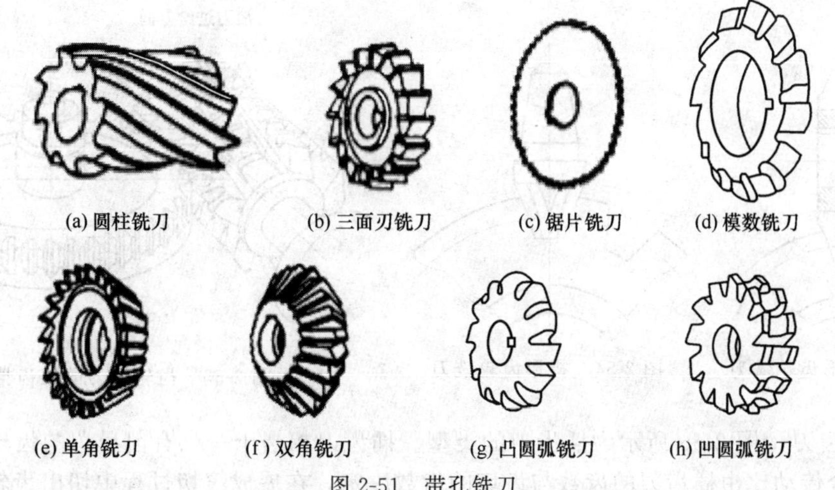

图2-51　带孔铣刀

5. 切齿刀具

切齿刀具是指切削各种齿轮、蜗轮、链轮和花键等齿廓形状的刀具。切齿刀具种类繁多，按照齿形的形成原理，切齿刀具可分为两大类：成形法切齿刀具和展成法切齿刀具。

（1）成形法切齿刀具　这类刀具切削刃的廓形与被切齿槽形状相同或近似相同。较典型的成形法切齿刀具有两类。

① 盘形齿轮铣刀　如图 2-53 所示，盘形齿轮铣刀是一种把铲齿成形铣刀，可加工直齿与斜齿轮。

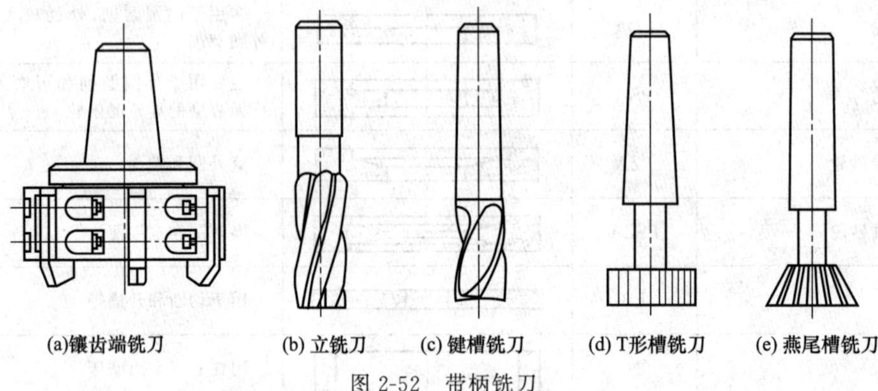

图 2-52　带柄铣刀

② 指形齿轮铣刀　如图 2-54 所示，指形齿轮铣刀是一把成形立铣刀。工作时铣刀旋转并进给，工件分度。这种铣刀适合于加工大模数的直齿、斜齿轮，并能加工人字齿轮。

（2）展成法切齿刀具　这类刀具切削刃的廓形不同于被切齿轮任何剖面的槽形。切齿时除主运动外，还需有刀具与齿坯的相对啮合运动，称为展成运动。工件齿形是由刀具齿形在展成运动中若干位置包络切削形成的。

展成切齿法的特点是一把刀具可加工同一模数的任意齿数的齿轮，通过机床传动链的配置实现连续分度，因此刀具通用性较广，加工精度与生产率较高。在成批加工齿轮时被广泛使用。较典型的展成切齿刀具有齿轮滚刀、插齿刀、剃齿刀及蜗轮滚刀等。

① 齿轮滚刀　图 2-55 所示是齿轮滚刀的工作情况。滚刀相当于一个开有容屑槽的，有切削刃的蜗杆状的螺旋齿轮。滚齿可对直齿或斜齿轮进行粗加工或半精加工。

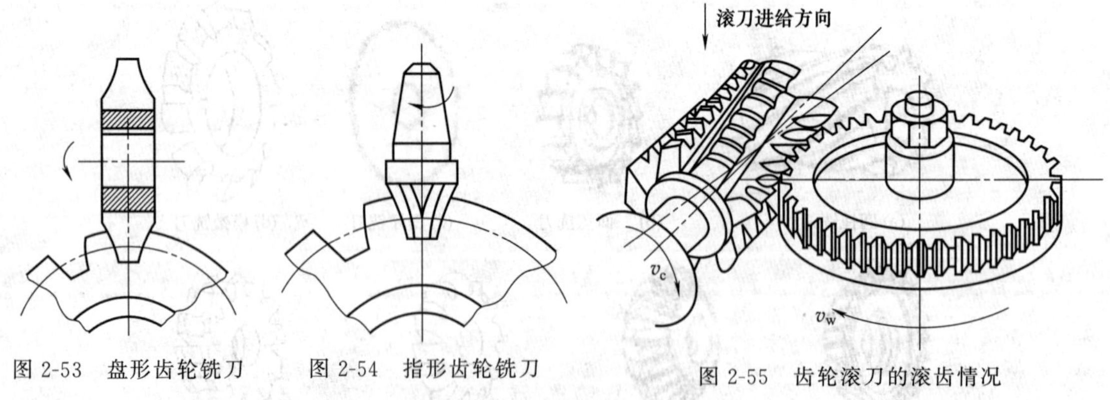

图 2-53　盘形齿轮铣刀　　图 2-54　指形齿轮铣刀　　图 2-55　齿轮滚刀的滚齿情况

② 插齿刀　图 2-56 所示为插齿刀的类型。插齿刀相当于一个有前后角的齿轮。插齿刀与齿坯啮合传动比由插齿刀的齿数与齿坯的齿数决定，在展成滚切过程中切出齿轮齿形。插齿刀常用于加工带台阶的齿轮如双联齿轮、三联齿轮等，特别能加工内齿轮及无空刀槽的人字齿轮，故在齿轮加工中应用很广。

常用的直齿插齿刀已标准化，按照国家标准 GB/T 6081—2001 规定，直齿插齿刀有盘形、碗形和锥柄插齿刀。

③ 剃齿刀　图 2-57 所示为剃齿刀的工作情况。剃齿刀相当于齿侧面开有屑槽形成切削刃的螺旋齿轮。剃齿时剃齿刀带动齿坯滚转，相当于一对螺旋齿轮的啮合运动。在一定啮合压力下剃齿刀与齿坯沿齿面的滑动将切除齿侧的余量，完成剃齿工作。剃齿刀常用于未淬火的软齿面的精加工，其精度可达 IT6 级以上，且生产效率很高，因此应用十分广泛。

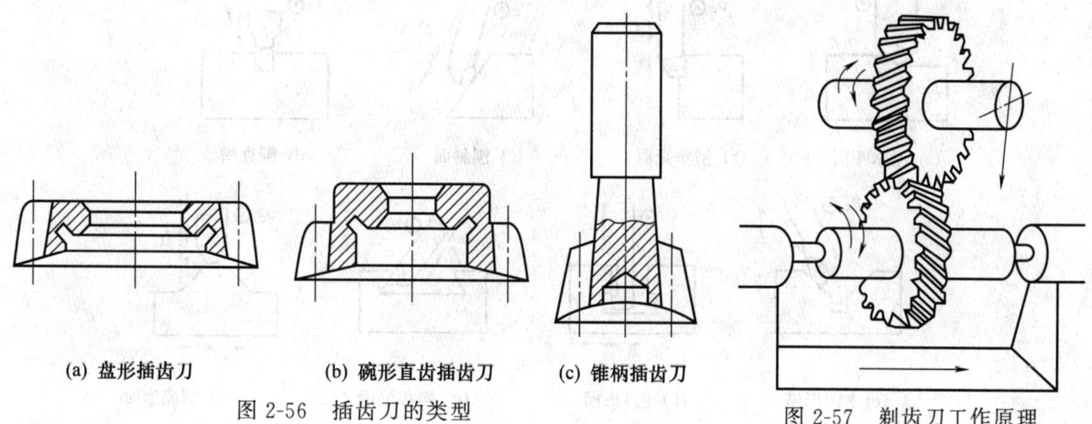

(a) 盘形插齿刀　(b) 碗形直齿插齿刀　(c) 锥柄插齿刀

图 2-56　插齿刀的类型

图 2-57　剃齿刀工作原理

④ 蜗轮滚刀　如图 2-58 所示，蜗轮滚刀是利用蜗杆与蜗轮啮合原理工作的，所以蜗轮滚刀产形蜗杆的参数均应与工作蜗杆相同，加工时，蜗轮滚刀与蜗轮的轴相交、中心距也应与蜗杆、蜗轮副工作状态相同。蜗轮滚刀加工蜗轮可采用径向进给或切向进给，如图 2-59 所示。

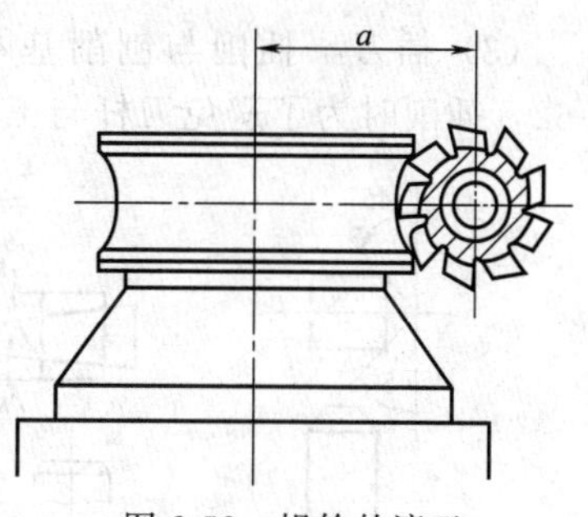

图 2-58　蜗轮的滚刀

6. 其他刀具

(1) 拉刀　拉削是用拉刀加工内、外成形表面的一种加工方法。如图 2-60 所示，拉刀是多齿刀具，拉削时，利用拉刀上相邻刀齿的尺寸变化来切除加工余量，使被加工表面一次拉削成形，因此拉床只有主运动，无进给运动，进给量是由拉刀的齿升量来实现的。

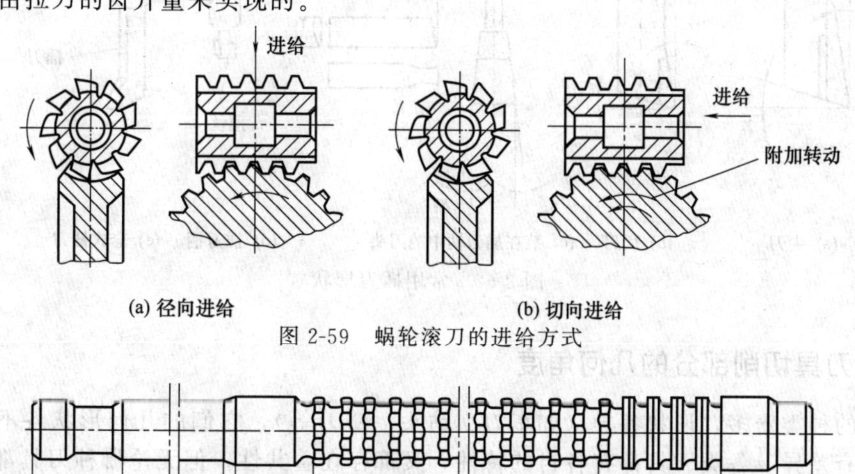

(a) 径向进给　(b) 切向进给

图 2-59　蜗轮滚刀的进给方式

图 2-60　圆孔拉刀

（2）刨刀　刨削是平面加工的主要方法之一。刨削所用刀具称为刨刀（图 2-61），常见刨刀有平面刨刀、偏刀、角度刀及成形刨刀。刨削属于断续切削，切削时冲击很大，容易发生“崩刃”和“扎刀”现象，因而刨刀刀杆截面比较粗大，以增加刀杆的刚性，而且往往做成弯头，使刨刀在碰到硬点时可适当产生弯曲变形而缓和冲击，以保护刀刃。

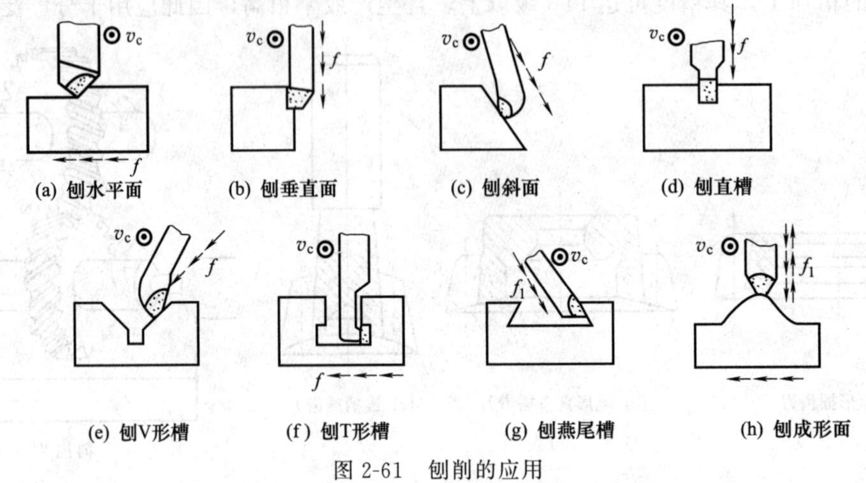

图 2-61　刨削的应用

（3）插刀　插削与刨削基本相同，只是插削是在垂直方向进给。常用插刀形状见图 2-62，插削时为了避免刀杆与工件相碰，插刀刀刃应该突出于刀杆。

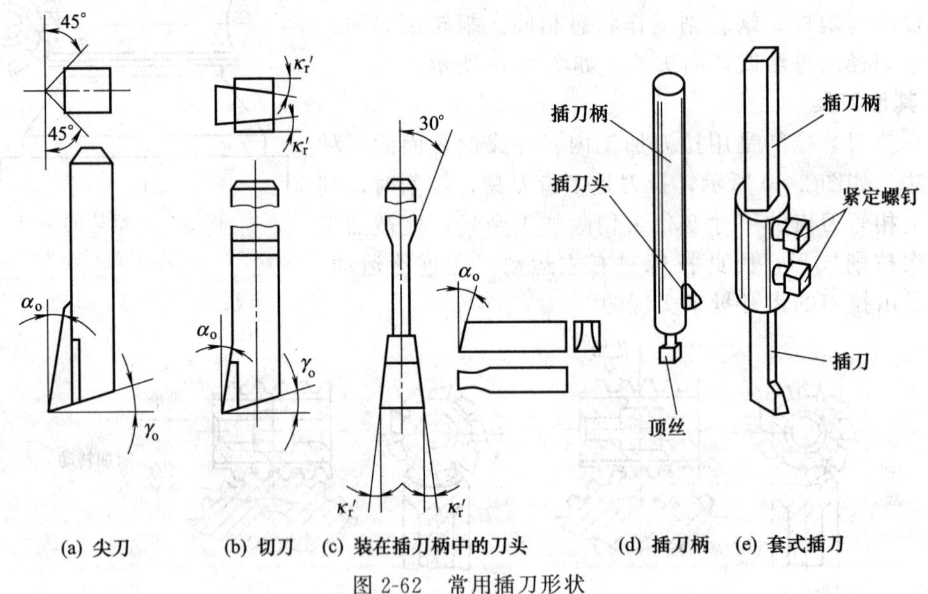

图 2-62　常用插刀形状

2.3.3　刀具切削部分的几何角度

刀具的种类繁多，形状各异（如车刀、钻头、铣刀等），它们的几何形状各不相同，复杂程度也有差异。各类刀具都有各自的特性，又都存在着共性。但无论哪种刀具都由承担切削功能的切削部分和用于装夹的部分组成。其中以车刀最为简单常用，其他各种刀具的切削部分，均可看作是车刀的演变和组合。

以车刀为例了解各种类型刀具的特性，逐步认识其共性。

车刀由两大组成部分：夹持部分（刀体）和切削部分（刀头），刀头为车刀的切削部分，它由三面（前刀面、主后刀面、副后刀面）、二刃（主切削刃，副切削刃）、一尖（刀尖）组成，如图 2-63 所示。

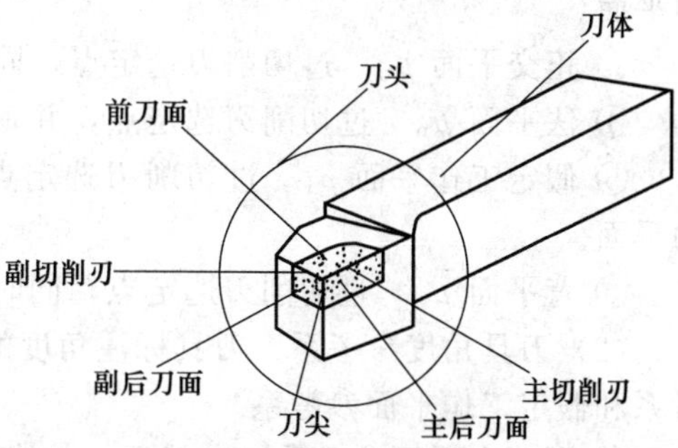

图 2-63　车刀的组成

1. 刀具切削部分的构成要素

刀具切削部分主要由刀面和切削刃两部分构成。

（1）前面（前刀面）A_r　刀具上切屑流出的表面。

（2）后面（后刀面）A_α　刀具上与工件新形成的过渡表面相对的刀面。

（3）副后面（副后刀面）A'_α　刀具上与工件新形成的过渡表面相对的刀面。

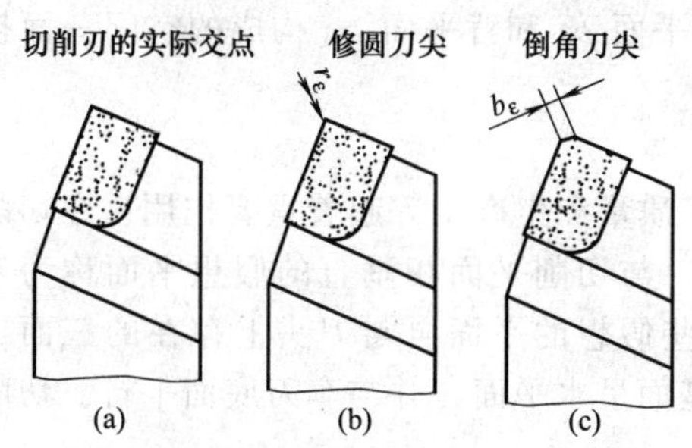

图 2-64　车刀的刀尖

（4）主切削刃 S　前面与后面形成的交线，在切削中承担主要的切削任务。

（5）副切削刃 S'　前面与副后面形成的交线，它参与部分的切削任务。

（6）刀尖　主切削刃与副切削刃汇交的交点或一小段切削刃，如图 2-64 所示。

2. 刀具角度参考平面与刀具角度参考系

为了保证切削加工的顺利进行，获得合格的加工表面，所用刀具的切削部分必须具有合理的几何形状。刀具角度是用来确定刀具切削部分几何形状的重要参数。

为了描述刀具几何角度的大小及其空间的相对位置，可以利用正投影原理，采用多面投影的方法来表示。用来确定刀具角度的投影体系，称为刀具角度参考系，参考系中的投影面称为刀具角度参考平面。

用来确定刀具角度的参考系有两类：一类为刀具角度静止参考系，它是刀具设计时标注、刃磨和测量的基准，用此定义的刀具角度称为刀具标注角度；另一类为刀具角度工作参考系，它是确定刀具切削工作时角度的基准，用此定义的刀具角度称为刀具的工作角度。

（1）刀具角度参考平面　用于构成刀具角度的参考平面主要有基面、切削平面、正交平面、法平面、假定工作平面和背平面，如图 2-65 所示。

① 基面 p_r　过切削刃选定点，垂直于主运动方向的平面。通常，它平行（或垂直）于刀具上的安装面（或轴线）的平面。

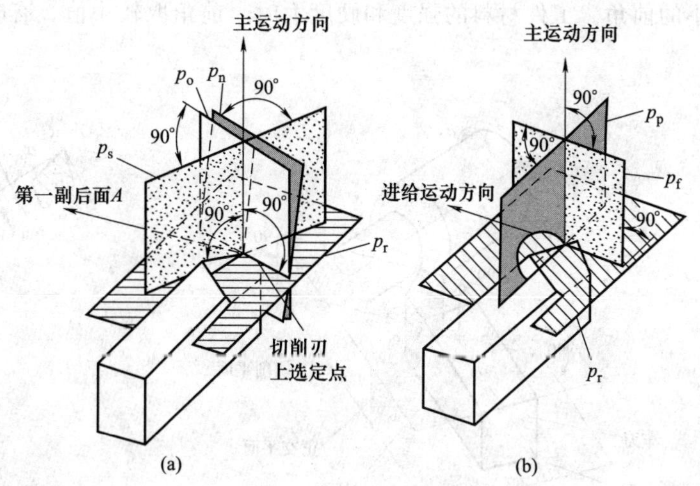

图 2-65　刀具角度的参考平面

② 切削平面 p_s　过切削刃选定点，与切削刃相切，并垂直于基面 p_r 的平面。它也是切削刃与切削速度方向构成

的平面。

③ 正交平面 p_o 过切削刃选定点，同时垂直于基面 p_r 与切削平面 p_s 的平面。

④ 法平面 p_n 过切削刃选定点，并垂直于切削刃的平面。

⑤ 假定工作平面 p_f 过切削刃选定点，平行于假定进给运动方向，并垂直于基面 p_r 的平面。

⑥ 背平面 p_p 过切削刃选定点，同时垂直于假定工作平面 p_f 与基面 p_r 的平面。

(2) 刀具角度参考系 刀具标注角度的参考系主要有三种：正交平面参考系、法平面参考系和假定工作平面参考系。

① 即正交平面参考系 由基面 p_r、切削平面 p_s 和正平面 p_o 构成的空间三面投影体系称为正交平面参考系。

② 法平面参考系 由基面 p_r、切削平面 p_s 和法平面 p_n 构成的空间三面投影体系称为法平面参考系。

③ 假定工作平面参考系 由基面 p_r、假定工作平面 p_f 和背平面 p_p 构成的空间三面投影体系称为假定工作平面参考系。

3. 刀具的标注角度

车刀的角度是在切削过程中形成的，它们对加工质量和生产率等起着重要作用。在切削时，与工件加工表面相切的假想平面称为切削平面，与切削平面相垂直的假想平面称为基面，另外采用机械制图的假想剖面（主剖面），由这些假想的平面再与刀头上存在的三面二刃就可构成实际起作用的刀具角度。对车刀而言，基面呈水平面，并与车刀底面平行。切削平面、主剖面与基面是相互垂直的（图 2-66）。

车刀的主要角度有前角 γ_o、后角 α_o、主偏角 κ_r、副偏角 κ_r' 和刃倾角 λ_s（图 2-67）。

(1) 前角 γ_o 前刀面与基面之间的夹角，表示前刀面的倾斜程度。前角可分为正、负、零，前刀面在基面之下则前角为正值，反之为负值，相重合为零。一般所说的前角是指正前角而言。如图 2-68 (a) 所示。

前角的作用：增大前角，可使刀刃锋利、切削力降低、切削温度低、刀具磨损小、表面加工质量高。但过大的前角会使刃口强度降低，容易造成刃口损坏。

选择原则：用硬质合金车刀加工钢件（塑性材料等），一般选取 $\gamma_o=10°\sim20°$；加工灰口铸铁（脆性材料等），一般选取 $\gamma_o=5°\sim15°$。精加工时，可取较大的前角，粗加工应取较小的前角。工件材料的强度和硬度大时，前角取较小值，有时甚至取负值。

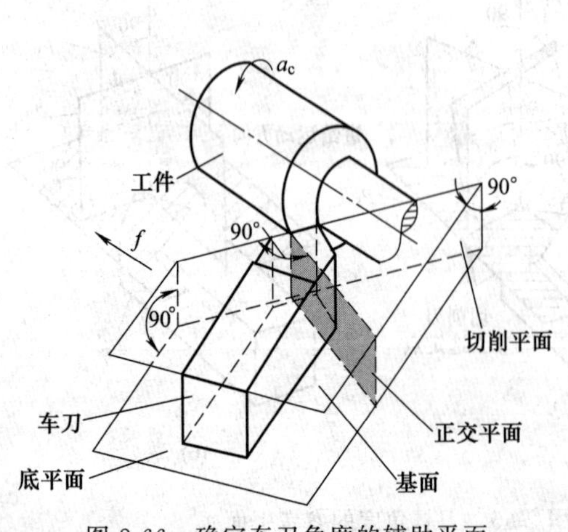

图 2-66 确定车刀角度的辅助平面

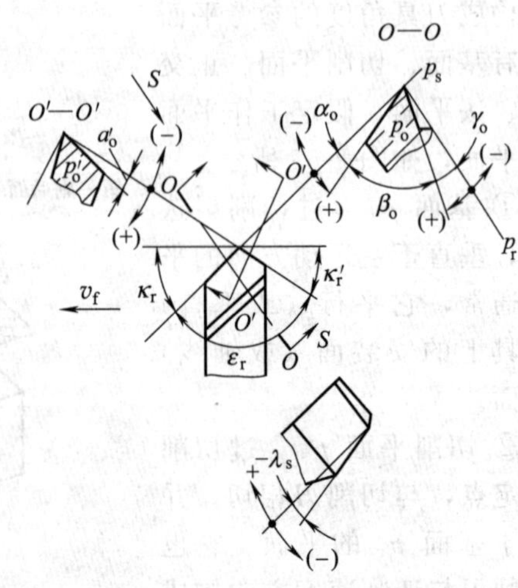

图 2-67 车刀的主要角度

(2) 后角 α_o　主后刀面与切削平面之间的夹角，表示主后刀面的倾斜程度。

主后刀面与切削平面重合时，后角为零；主后刀面与基面之间的夹角小于 90°时，后角为正；主后刀面与基面之间的夹角大于 90°时，后角为负，如图 2-68 (a) 所示。

后角的作用：减少主后刀面与工件之间的摩擦，并影响刃口的强度和锋利程度。

一般后角可取 $\alpha_o=6°\sim8°$。

(3) 主偏角 κ_r　主切削刃与进给方向在基面上投影间的夹角。

主偏角的作用：影响切削刃的工作长度（图 2-69）、切深抗力、刀尖强度和散热条件。主偏角越小，则切削刃工作长度越长，散热条件越好，但切深抗力越大（图 2-70）。

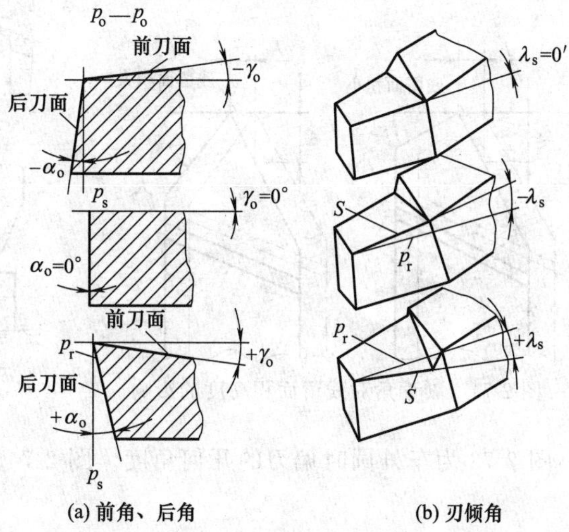

图 2-68　车刀前角、后角和刃倾角正、负的规定

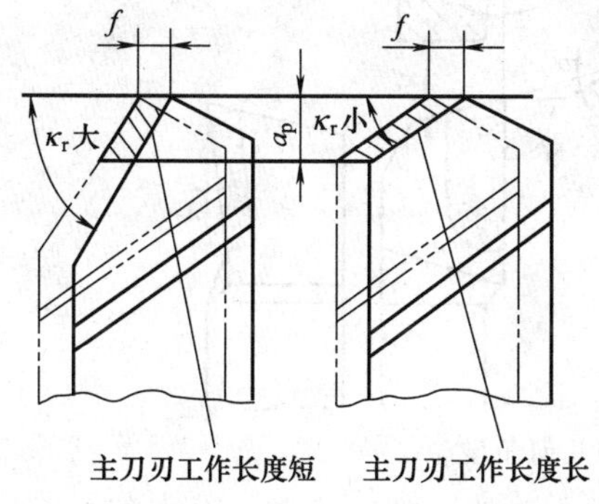

图 2-69　主偏角改变对主刀刃工作长度影响

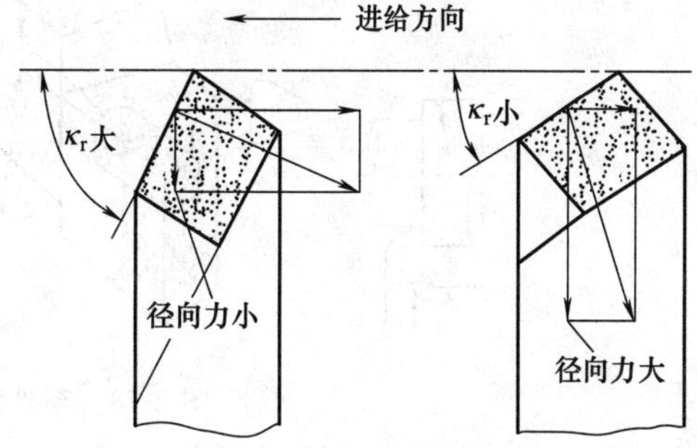

图 2-70　主偏角改变时径向切削力的变化图

选择原则：车刀常用的主偏角有 45°、60°、75°、90°几种。工件粗大、刚性好时，可取较小值。车细长轴时，为了减少径向力而引起工件弯曲变形，宜选取较大值。

(4) 副偏角 κ_r'　副切削刃与进给方向在基面上投影间的夹角。

副偏角的作用：影响已加工表面的表面粗糙度（图 2-71），减小副偏角可使已加工表面光洁。

选择原则：一般选取 $\kappa_r'=5°\sim15°$，精车时可取 5°～10°，粗车时取 10°～15°。

(5) 刃倾角 λ_s　主切削刃与基面间的夹角。主切削刃与基面重合或平行时，刃倾角为零；刀尖为切削刃最高点时，刃倾角为正值；刀尖处于最低点时，刃倾角为负值［图 2-68 (b)］。

刃倾角的作用：主要影响主切削刃的强度和控制切屑流出的方向。以刀杆底面为基准，当刀尖为主切削刃最高点时，λ_s 为正值，切屑流向待加工表面，如图 2-72 (a) 所示；当主切削刃与刀杆底面平行时，$\lambda_s=0°$，切屑沿着垂直于主切削刃的方向流出，如图 2-72 (b) 所示；当刀尖为主切削刃最低点时，λ_s 为负值，切屑流向已加工表面，如图 2-72 (c) 所示。

选择 λ_s 原则：一般 λ_s 在 0°～±5°之间选择。粗加工时，常取负值，虽切屑流向已加工表面无妨，但保证了主切削刃的强度好。精加工常取正值，使切屑流向待加工表面，从而不会划伤已加工表面的质量。

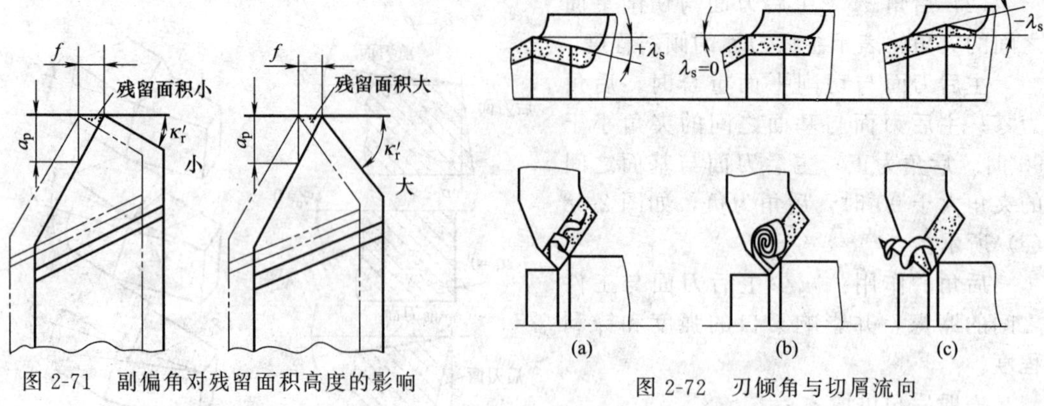

图 2-71 副偏角对残留面积高度的影响

图 2-72 刃倾角与切屑流向

图 2-73 为车外圆时偏刀的几何角度。图 2-74 为切断刀的几何角度。

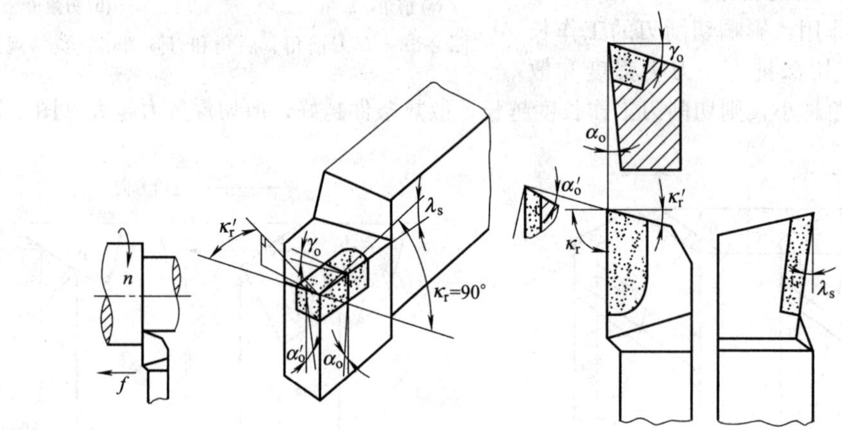

图 2-73 车外圆时偏刀的几何角度

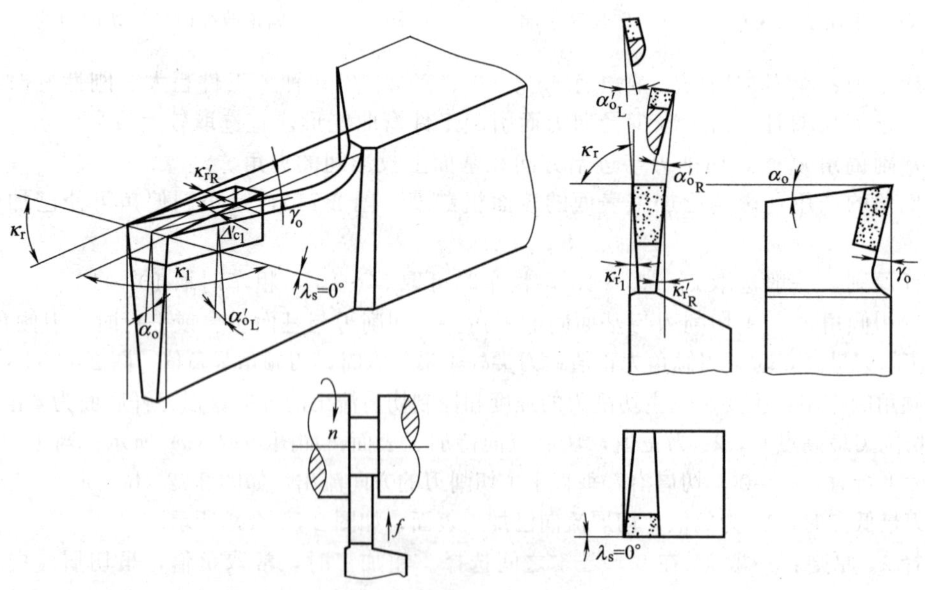

图 2-74 切断刀的几何角度

在假定工作平面 p_f 和背平面 p_p 中测量的刀具角度有：侧前角 γ_f、侧后角 α_f、背前角 γ_p 和背后角 α_p，如图 2-75 所示。

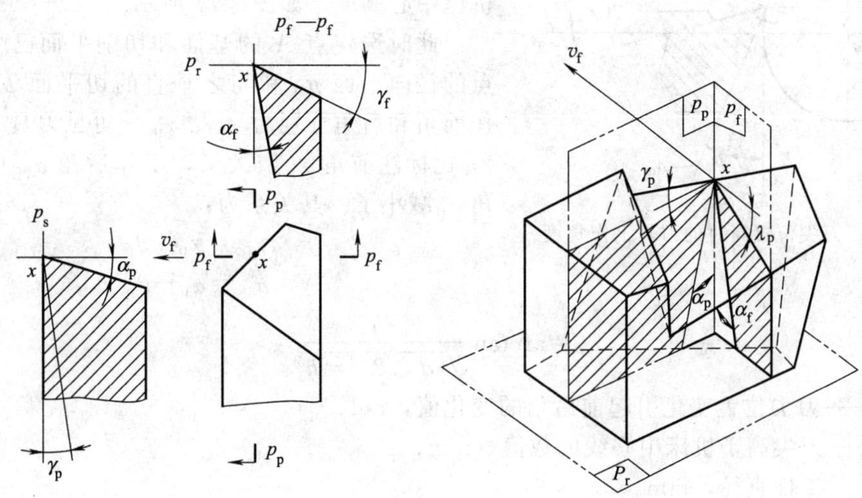

图 2-75　假定工作平面参考系刀具标注角度

2.3.4　刀具工作角度

刀具在使用中，应考虑合成运动和实际安装情况。按照刀具工作的实际情况，所确定的刀具角度参考系称刀具工作角度参考系，在刀具工作角度参考系中标注的刀具角度称刀具工作角度。

通常进给运动在合成切削运动中起的作用很小，在一般安装条件下，可用标注角度代替工作角度。

(1) 进给运动对刀具工作角度的影响（横车时）　切断刀切断工件时的情况如图 2-76 所示。

当考虑进给运动时，切削刃上 A 点的运动轨迹是一条阿基米德螺旋线，实际切削平面 P_{se} 为过 A 点且切于螺旋线的平面，实际基面 P_{re} 为过 A 点与 P_{se} 垂直的平面，在实际测量平面内的前、后角分别称为工作前角 γ_{oe} 和工作后角 α_{oe}，其大小为：

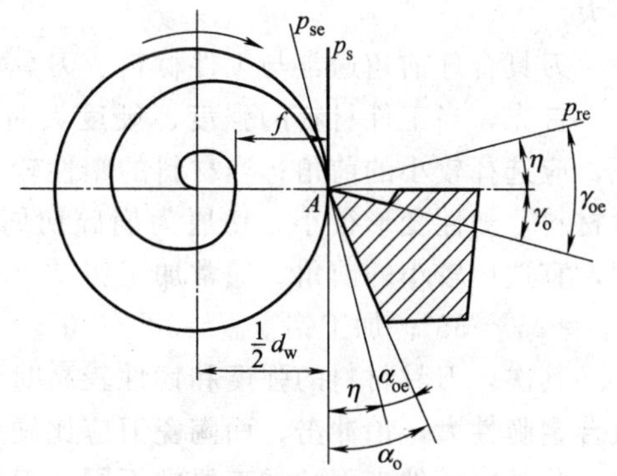

图 2-76　横向进给运动对刀具工作角度的影响

$$\gamma_{oe}=\gamma_o+\eta$$

$$\alpha_{oe}=\alpha_o-\eta$$

$$\eta=\arctan\frac{f}{\pi d_w}$$

式中　η——合成切削速度角，是主运动方向与合成切削速度方向的夹角；

f——刀具相对工件的横向进给量，mm/r；

d_w——切削刃上选定点 A 处的工件直径，mm。

不难看出，切削刃越接近工件中心，d_w 值越小，η 值越大，γ_{oe} 越大，而 α_{oe} 越小，甚至变为零或负值，对刀具的工作越不利。

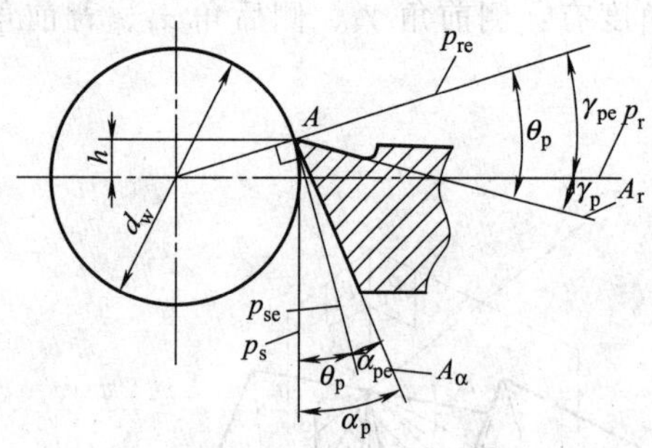

图 2-77　刀尖位置高时的刀具工作角度

(2) 刀尖位置高低对工作角度的影响　安装时，刀尖不一定在机床中心高度上。如刀尖高于机床中心高度，如图 2-77 所示。

此时选定点 A 的基面和切削平面已变为过 A 点的径向平面 p_{re} 和与之垂直的切平面 p_{se}，其工作前角和后角分别为 γ_{pe}、α_{pe}。可见刀具工作前角 γ_{pe} 比标注前角 γ_p 增大了，工作后角 α_{pe} 比标注后角 α_p 减小了。其关系为：

$$\gamma_{pe}=\gamma_p+\theta_p$$

$$\alpha_{pe}=\alpha_p-\theta_p$$

$$\theta_p=\arctan\frac{h}{\sqrt{(d_w/2)^2-h^2}}$$

式中　θ_p——刀尖位置变化引起前后角的变化值，rad；

h——刀尖高于机床中心线的数值，mm；

d_w——工件直径，mm。

2.3.5　刀具几何参数的合理选择

刀具的几何参数除包括刀具的切削角度外，还包括刀面的形式，切削刃的形状，刃区型式（切削刃区的剖面型式）等。刀具几何参数对切削时金属的变形、切削力、切削温度和刀具磨损都有显著影响，从而影响生产率、刀具寿命、已加工表面质量和加工成本。为充分发挥刀具的切削性能，除应正确选用刀具材料外，还应合理选择刀具几何参数。

1. 前角的选择

前角的大小决定切削刃的锋利程度和强固程度。增大前角可使刀刃锋利，使切削变形减小，切削力和切削温度减小，可提高刀具寿命，并且，较大的前角还有利于排除切屑，使表面粗糙度减小。但是，增大前角会使刃口楔角减小，削弱刀刃的强度，同时，散热条件恶化，使切削区温度升高，导致刀具寿命降低，甚至造成崩刃。所以前角不能太小，也不能太大。

刀具合理前角通常与工件材料、刀具材料及加工要求有关。

首先，当工件材料的强度、硬度大时，为增加刃口强度，降低切削温度，增加散热体积，应选择较小的前角；当材料的塑性较大时，为使变形减小，应选择较大的前角；加工脆性材料，塑性变形很小，切屑为崩碎切屑，切削力集中在刀尖和刀刃附近，为增加刃口强度，宜选用较小的前角。通常加工铸铁 $\gamma_{opt}=5°\sim15°$；加工钢材 $\gamma_{opt}=10°\sim12°$；加工紫铜 $\gamma_{opt}=25°\sim35°$；加工铝 $\gamma_{opt}=30°\sim40°$。

其次，刀具材料的强度和韧性较高时可选择较大的前角。如高速钢强度高，韧性好；硬质合金脆性大，怕冲击；而陶瓷刀应比硬质合金刀的合理前角还要小些。

此外，工件表面的加工要求不同，刀具所选择的前角大小也不相同。粗加工时，为增加刀刃的强度，宜选用较小的前角；加工高强度钢断续切削时，为防止脆性材料的破损，常采用负前角；精加工时，为增加刀具的锋利性，宜选择较大前角；工艺系统刚性较差和机床功率不足时，为使切削力减小，减小振动、变形，故选择较大的前角。

2. 后角的选择

刀具后角的作用是减小切削过程中刀具后刀面与工件切削表面之间的摩擦。后角增大，可减小后刀面的摩擦与磨损，刀具楔角减小，刀具变得锋利，可切下很薄的切削层；在相同

的磨损标准 VB 时，所磨去的金属体积减小，使刀具寿命提高；但是后角太大，楔角减小，刃口强度减小，散热体积减小，α_o将使刀具寿命减小，故后角不能太大。

刀具的合理后角的选择主要依据切削厚度 a_c（或进给量 f）的大小。a_c增大，前刀面上的磨损量加大，为使楔角增大以增加散热体积，提高刀具寿命，后角应小些；a_c减小，磨损主要在后刀面上，为减小后刀面的磨损和增加切削刃的锋利程度，应使后角增大。一般车刀合理后角 α_{opt} 与进给量 f 的关系为：$f>0.25$mm/r，$\alpha_{opt}=5°\sim8°$；$f\leqslant0.25$mm/r，$\alpha_{opt}=10°\sim12°$。

刀具合理后角 α_{opt} 取决于切削条件，一般原则如下。

（1）材料较软，塑性较大时，已加工表面易产生硬化，后刀面摩擦对刀具磨损和工件表面质量影响较大，应取较大的后角；当工件材料的强度或硬度较高时，为加强切削刃的强度，应选取较小的后角。

（2）切削工艺系统刚性较差时，易出现振动应使后角减小。

（3）对于尺寸精度要求较高的刀具，应取较小的后角。这样可使磨耗掉的金属体积较多，刀具寿命增加。

（4）精加工时，因背吃刀量 a_p 及进给量 f 较小，使得切削厚度较小，刀具磨损主要发生在后面，此时宜取较大的后角。粗加工或刀具承受冲击载荷时，为使刃口强固，应取较小后角。

（5）刀具的材料对后角的影响与前角相似。一般高速钢刀具可比同类型的硬质合金刀具的后角大 2°～3°。

（6）车刀的副后角一般与主后角数值相等，而有些刀具（如切断刀）由于结构的限制，只能取得很小。

3. 主偏角的选择

主偏角 κ_r 的大小影响着切削力、切削热和刀具寿命。当切削面积 A_c 不变时，主偏角减小，使切削宽度 a_w 增大，切削厚度 a_c 减小，会使单位长度上切削刃的负荷减小。使刀具寿命增加；主偏角减小，刀尖角 ε_r 增大，使刀尖强度增加，散热体积增大，使刀具寿命提高；主偏角减小，可减少因切入冲击而造成的刀尖损坏；减小主偏角可使工件表面残留面积高度减小，使已加工表面粗糙度减小。但是，减小主偏角，将使径向分力 F_p 增大，引起振动及增加工件挠度，这会使刀具寿命下降，已加工表面粗糙度增大及降低加工精度。主偏角还影响断屑效果和排屑方向。增大主偏角，使切屑窄而厚，易折断。对钻头而言，增大主偏角，有利于切屑沿轴向顺利排出。因此，主偏角可根据不同加工条件和要求选择使用，一般原则如下。

（1）粗加工、半精加工和工艺系统刚性较差时，为减小振动提高刀具寿命，选择较大的主偏角。

（2）加工很硬的材料时，为提高刀具寿命，选择较小的主偏角。

（3）据工件已加工表面形状选择主偏角。如加工阶梯轴时，选 $\kappa_r=90°$；需 45°倒角时，选 $\kappa_r=45°$ 等。

（4）有时考虑一刀多用，常选通用性较好的车刀，如 $\kappa_r=45°$ 或 $\kappa_r=90°$ 等。

4. 副偏角的选择

副偏角 κ'_r 的作用是减小副切削刃和副后刀面与工件已加工表面间的摩擦。副偏角对刀具耐用度和已加工表面粗糙度都有影响。副偏角减小，会使残留面积高度减小，已加工表面粗糙度减小；同时，副偏角减小，使副后刀面与已加工表面间摩擦增加，径向力增加，易出现振动。但是，副偏角太大，使刀尖强度下降，散热体积减小，刀具寿命减小。

一般选取：精加工 $\kappa'_r=5°\sim10°$；粗加工 $\kappa'_r=10°\sim15°$。

有些刀具因受强度及结构限制（如切断车刀），取 $\kappa_r'=1°\sim2°$。

5. **刃倾角的选择**

刃倾角 λ_s 的作用是控制切屑流出的方向、影响刀头强度和切削刃的锋利程度。当刃倾角 $\lambda_s>0°$ 时，切屑流向待加工表面；$\lambda_s=0°$ 时，切屑沿主剖面方向流出；$\lambda_s<0°$ 时，切屑流向已加工表面，如图 2-78 所示。粗加工时宜选负刃倾角，以增加刀具的强度；在断续切削时，负刃倾角有保护刀尖的作用，因此，当 $\lambda_s=0°$ 时，切削刃全长与工件同时接触，因而冲击较大；当 $\lambda_s>0°$ 时，刀尖首先接触工件，易崩刀尖；当 $\lambda_s<0°$ 时，离刀尖较远处的切削刃先接触工件，保护刀尖。当工件刚性较差时，不易采用负刃倾角，因为负刃倾角将使径向切削力 F_P 增大。精加工时宜选用正刃倾角，可避免切屑流向已加工表面，保证已加工表面不被切屑碰伤。大刃倾角刀具可使排屑平面的实际前角增大，刃口圆弧半径减小，使刀刃锋利，能切下极薄的切削层（微量切削）。

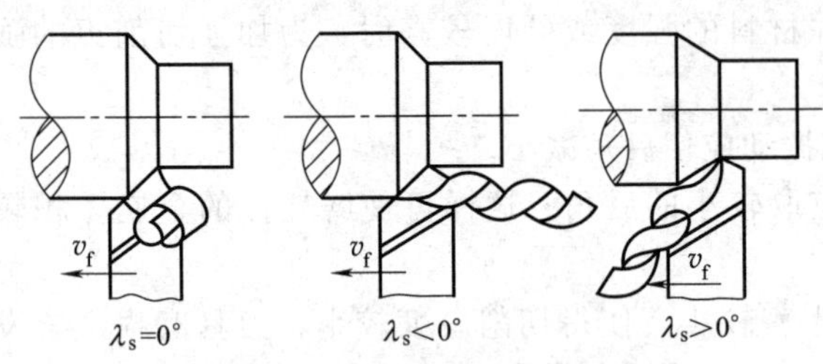

图 2-78 刃倾角对排屑方向的影响

刃倾角主要由切削刃强度与流屑方向而定。一般加工钢材和铸铁时，粗车取 $\lambda_s=-5°\sim0°$，精车取 $\lambda_s=0°\sim5°$，有冲击负荷时取 $\lambda_s=-15°\sim-5°$。

刀具各角度间是互相联系互相影响的，而任何一个刀具的合理几何参数，都应在多因素的互相联系中确定。

2.3.6 切削液的合理选择

1. **切削液的作用**

切削液进入切削区域，可以改善切削条件，提高工件的加工质量和切削效率。与切削液有相似功效的还有某些气体和固体，如压缩空气、二硫化铝和石墨等。切削液的主要作用如下。

（1）冷却作用　切削液能从切削区域带走大量的热量，从而降低切削区的温度。切削液冷却性能的好坏，取决于它的热导率、比热容、汽化热、汽化速度、流量和流速等。

（2）润滑作用　切削液能渗透到刀具与切屑和加工表面之间，形成一层润滑膜，以减小他们之间的摩擦。切削液的润滑效果主要取决于切削液的渗透能力、吸附成膜能力和润滑膜的强度等。

（3）清洗作用　切削液大量流动，可以冲走切削区域和机床上的细小切屑和脱落的磨粒。清洗性能的好坏，主要取决于切削液的流动性、使用压力和切削液的油性。

（4）防锈作用　在切削液中加入防锈剂，可在金属表面形成一层保护膜，对工件、机床、刀具和夹具等都能起到防锈作用。防锈作用的强弱，主要取决于切削液本身的成分和添加剂的作用。

2. **切削液的种类**

（1）水溶液　水溶液是以水为主要成分的切削液。

（2）切削油　切削油的主要成分是矿物油。可在其中加入油性添加剂和极压添加剂，以改善其油性及极压性。

（3）乳化液　乳化液是通过乳化添加剂形成的切削油和水溶液的混合液。其性能介于水溶液和切削油之间。也可在其中加入油性添加剂或极压添加剂，以改善其油性或极压性。

3. **切削液的选择原则**

切削加工的多样性导致切削液选择的复杂性，切削液的选择原则较多，大致可归纳为如下几条。

(1) 能延长刀具寿命　这是大多数情况下切削液应具有的重要功能。切削液通过降低刀尖温度以延长刀具寿命。在正常切削速度范围内，使用高速钢刀具是通过化学作用生成润滑膜来减轻摩擦、降低温度的。对硬质合金钢刀具，选择切削液应注意通过热传递（冷却作用）来降低刀尖温度。

(2) 能改善工件表面粗糙度　在低速加工中（如攻丝）采用具有化学活性的切削液可减少切屑瘤，从而改善加工件的表面粗糙度。

(3) 易清除切屑　清除切屑是切削液的一项重要性能。如在钻孔中，需用切削液及时将切屑排出孔外。切削液的密度和流速对清除切屑有重要影响。具有较大密度及较高流速工作的切削液可表现出良好的排屑性能，因较重的液体在高流速下可传递更多的功能以达到清除切屑的目的。通常水基切削液较油基切削液的密度大，具有更好的排屑性能。

(4) 浅色、低挥发性、低气味　工厂中的操作人员都喜欢拥有一个良好的工作环境，因而不喜欢使用对皮肤有刺激性、易产生油雾、易弄脏衣服的切削液。

(5) 具有润滑性和抑制腐蚀的能力　选择切削液时还应考虑的两个因素是润滑性和抑制腐蚀的能力。就流体润滑而言，当加工件需依靠切削液润滑时，其润滑作用变得非常重要。切削油相对于水基液而言具有更好的润滑性，使用水基液应具有良好的抗腐蚀性能，某些添加剂应能在加工件表面和刀具上形成保护膜，隔离空气中的氧气起到防锈作用。在某些场合下，因防锈剂及减摩剂的失效需定期更换切削液。

4. **影响切削液性能的因素**

切削液的使用性能主要表现为冷却与减摩作用。

(1) 冷却性能　切削液的冷却能力可粗略地通过比热来确定。比热越大，冷却性能越佳。此外，影响切削液性能的因素还有密度、黏度及表面张力。密度越大、黏度越低、表面张力越小的切削液其冷却性能越好。根据上述性能，水可很好地用于切削液，当使用特殊的添加剂后，可降低表面张力，有利于冷却。此外，水还具有很高的蒸发潜热，对提高切削液冷却性能十分有利。

(2) 减摩性能　切削液的减摩性能取决于化学组成。天然脂肪油含有减摩成分，具有良好的减摩性能；而矿物油和水基乳化液则依赖于添加剂，但不能仅凭加入的添加剂来判定切削液的性能优劣，关键应看添加剂在实际切削试验中是否能在加工工件、刀具表面上形成良好的润滑膜。若所加入的添加剂之间发生不利的化学反应，则不能充分发挥添加剂的功能。

2.4 实训　刀具角度的测量

1. **实训目的**

(1) 通过实训巩固和加深对车刀静态角度的参考平面、参考系及车刀静态角度的定义。

(2) 了解车刀量角仪的结构与工作原理，熟悉其使用方法。

(3) 掌握车刀标注角度的测量方法。

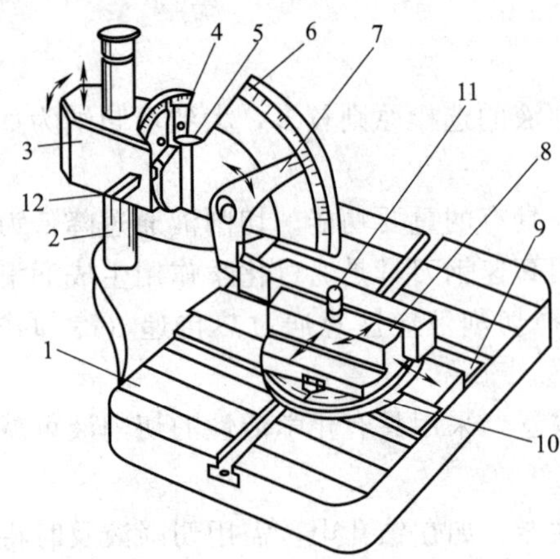

图 2-79 SJ34 型车刀量角仪结构

1—底座；2—立柱；3—滑块；4—小扇形刻度盘；5—小转盘；6—大扇形刻度盘；7—测量片；8—转盘；9—滑板；10—转盘座；11,12—旋钮

2. 实训设备

(1) SJ34 型车刀量角仪、SJ25 型车刀量角仪。

(2) 实验用车刀教具：45°外圆车刀、75°外圆车刀、外圆车刀、45°弯头车刀、切断刀等。

3. 车刀量角仪的结构原理及使用方法

(1) SJ34 型车刀量角仪的结构、工作原理及使用方法　图 2-79 所示为 SJ34 型车刀量角仪。它能测量各类型车刀的任意剖面中的几何角度。其结构与工作原理及使用方法如下。

立柱 2 上有三条间隔 90°且铅垂的 V 形槽，靠近顶部有一条水平的圆环 V 形槽。滑块 3 可轻便地沿立柱 2 上下移动。通过调节滑块 3 中钢珠的弹簧压力（钢珠被压在立柱 2 的 V 形槽中），能保持装在滑块 3 上的小扇形刻度盘 4、大扇形刻度盘 6、测量片 7 等零件停留在任意高度位置上，且不需要锁紧。当滑块 3 向上移动到顶端时，钢珠落入圆环 V 形槽中，滑块 3 即可自由转动，以供选择合适的测量工作位置。由于有三个相互垂直的测量工位，使测量角度时调整极为方便。

被测车刀放在转盘 8 的载刀台（在旋钮 11 的两侧各有一个载刀台）上贴紧相互垂直的两个承刀面上，可将其在转盘座 10 上回转或在底座 1 及滑板 9 上纵、横向平移，并调整滑块 3 的位置，以使被测车刀的被测面或被测刀刃能与测量片 7 接触。这样，可分别测得在主剖面坐标系内的被测车刀的偏角、前角、后角和刃倾角。

若调整转盘 8，使转盘 8 的指示针在转盘座 10 的刻度盘上所指示的数值为零，并用旋钮 11 锁紧。利用两个测量工位先后测量，可较方便地测量进给剖面与切深剖面中的被测车刀的前角和后角。

若将大扇形刻度盘 6 旋转一个刃倾角，并用旋钮 12、13 锁紧（旋钮 13 图中未表示）。使测量片 7 的测量面（即测量片的两铅垂大平面）处于主切削刃垂直的方位，按前述的测量方法即可测得法向剖面中的被测车刀的前角和后角。

使用车刀量角仪时，零部件的调整应轻而缓慢。特别是向下调整滑块 3 时，一只手的食指和中指应在滑块 3 的下部用力夹住立柱 2，另一只手向下缓慢移动滑块 3，以避免因滑块 3 快速下移而产生的测量片对转盘 8、转盘座 10、底座 1 和被测车刀等的冲击，从而造成测量片 7 的损坏及人身事故。

(2) SJ25 型车刀量角仪的结构、工作原理及使用方法　图 2-80 所示为 SJ25 型车刀量角仪。其结构与工作原理及使用方法如下。

立柱 1 上有三条间隔 90°且铅垂的 V 形槽，靠近顶部有一条水平的圆环 V 形槽。滑块 2 可轻便地沿立柱 1 上下移动。通过调节滑块 2 中钢珠的弹簧压力（钢珠被压在立柱 1 的 V 形槽中），能保持装在滑块 2 上的刻度盘 3、测量片 4 等零部件停留在任意的高度位置上，且不需要锁紧。当滑块 2 向上移动到顶端时，钢珠落入圆环 V 形槽中，滑块 2 即可自由转动，以供选择合适的测量工作位置。由于有三个相互垂直的测量工位，使测量角度时调整极为方便。特别要注意的是：滑块 2 只有上移到顶端时才可以转位，否则钢珠将会拉毛立柱 1 的表面。

被测车刀放在转盘 5 的载刀台（在旋钮 6 的两侧各有一个载刀台）上贴紧相互垂直的两

个载刀面，可随其在转盘座 8 上回转或在底座 7 横向平移，并调整滑块 2 的位置，以使被测车刀的被测面或被测刀刃能与测量片 4 接触。这样，可分别测得在主剖面坐标系内的被测车刀的偏角、前角、后角和刃倾角。

使用车刀量角仪时，零部件的调整应轻而缓慢。特别是向下调整滑块 2 时，一只手的食指和中指应在滑块 2 的下部用力夹住立柱 1，另一只手向下缓慢移动滑块 2，以避免因滑块 2 快速下移而产生的测量片 4 对转盘 5、转盘座、底座和被测车刀等的冲击，从而造成测量片 4 的损伤及人身事故。

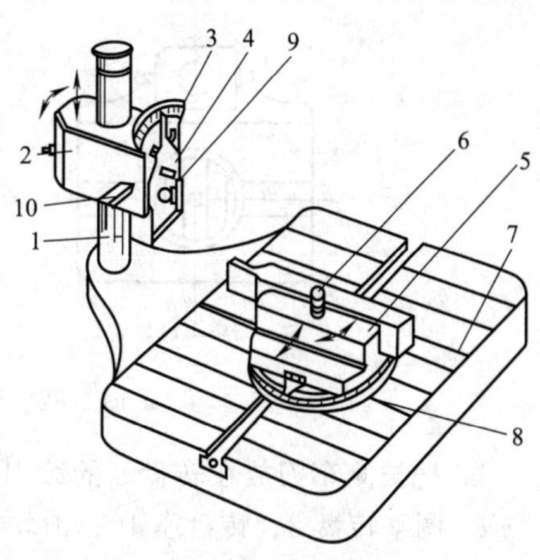

图 2-80　SJ25 型车刀量角仪结构

1—立柱；2—滑块；3—刻度盘；4—测量片；5—转盘；6,9,10—旋钮；7—底座；8—转盘座

4. **测量方法**（主剖面坐标系的车刀几何角度测量）

(1) SJ34 型车刀量角仪的测量方法

测量工位图见图 2-81。

① 测量方法一。

a. 将大扇形刻度盘 6 调整至其指示针在小扇形刻度盘 4 上所指示的数值为零，并用旋钮 12 锁紧。调整滑块 3、大扇形刻度盘 6 至Ⅱ号测量工位。

b. 把被测车刀放在转盘 8 的载刀台上贴紧相互垂直的两个承刀面。

c. 调整转盘 8、转盘座 10、滑块 3，使被测车刀的主切削刃与测量片 7 的测量面（即测量片 7 的两铅垂大平面）轻轻贴合。之后，用旋钮 11 将转盘 8 锁紧。此时，转盘 8 的指示针在转盘座 10 的刻度盘上所指示的数值为被测车刀的主偏角的余角的值，称为 β，则被测车刀的主偏角 $\kappa_r=90°-\beta$。

d. 调整滑块 3、测量片 7，使测量片 7 的下刀口与被测车刀的主切削刃轻轻贴合。这时，测量片 7 的指示尺在大扇形刻度盘 6 上所指示的数值为被测车刀的刃倾角的值 λ_s。

e. 以步骤 c 中转盘 8 的指示针在转盘座 10 的刻度盘上所指示的位置为零点，以步骤 c 中转盘 8 的转动方向为正方向，反向转动转盘座 8 转 90°。调整滑块 3、测量片 7，使测量片 7 的下刀口与被测车刀的前刀面轻轻贴合。此时，测量片 7 的指示尺在大扇形刻度盘 6 上所指示的数值为被测车刀的前角的值 γ。

f. 调整滑块 3、测量片 7，使测量片 7 的侧刀口与被测车刀的后刀面轻轻贴合。这时，测量片 7 的指示尺在大扇形刻度盘 6 上所指示的数值为被测车刀的后角的值 α。

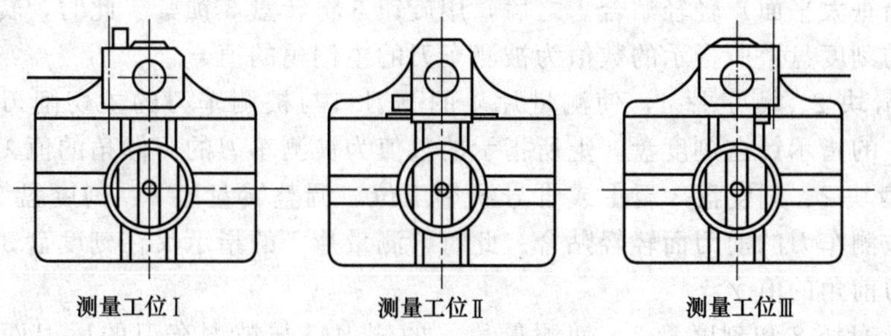

图 2-81　SJ34 型车刀量角仪测量工位图

② 测量方法二。

a. 将大扇形刻度盘 6 调整至其指示针在小扇形刻度盘 4 上所指示的数值为零，并用旋钮 12 锁紧。调整滑块 3、大扇形刻度盘 6 至Ⅰ或Ⅲ号测量工位。

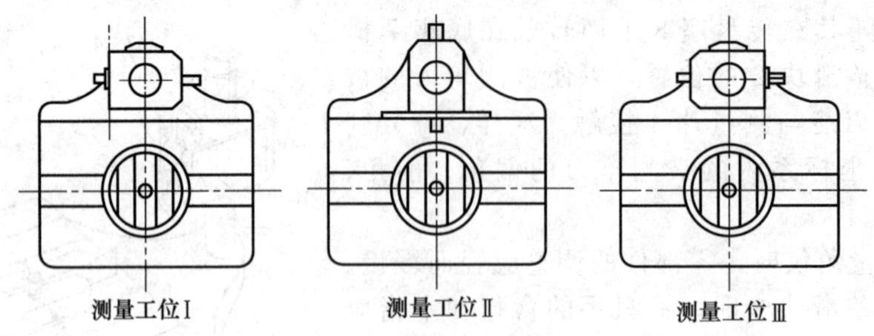

图 2-82 SJ25 型车刀量角仪测量工位图

b. 把被测车刀放在转盘 8 的载刀台上贴紧相互垂直的两个承刀面。

c. 调整转盘 8、转盘座 10、滑块 3，使被测车刀的主切削刃与测量片 7 的测量面轻轻贴合。然后，用旋钮 11 将转盘 8 锁紧。此时，转盘 8 的指示针在转盘座 10 的刻度盘上所指示的数值为被测车刀的主偏角的值 κ_r。

d. 调整滑块 3、测量片 7，使测量片 7 的下刀口与被测车刀的主切削刃轻轻贴合。这时，测量片 7 的指示尺在大扇形刻度盘 6 上所指示的数值为被测车刀的刃倾角的值 λ_s。

e. 调整滑块 3、大扇形刻度盘 6 至Ⅱ号测量工位。调整转盘座 10、大扇形刻度盘 6，使测量片 7 的下刀口与被测车刀的前刀面轻轻贴合。此时，测量片 7 的指示尺在大扇形刻度盘 6 上所指示的数值为被测车刀的前角的值 γ。

f. 调整转盘座 10、大扇形刻度盘 6，使测量片 7 的侧刀口与被测车刀的后刀面轻轻贴合。此时，测量片 7 的指示尺在大扇形刻度盘 6 上所指示的数值为被测车刀的后角的值 α。

测量副偏角、副刃倾角、副前角和副后角的测量方法与上述的两种方法相同。

注意：在使用 SJ34 型车刀量角仪测量车刀几何角度时，应适当沿两个承刀面移动被测车刀。但要保持被测车刀的原有姿态，并保持被测车刀与两个承刀面贴紧。

(2) SJ25 型车刀量角仪的测量方法

测量工位图见图 2-82。

① 测量方法一（$\kappa_r \leqslant 45°$）。

a. 调整滑块 2、刻度盘 3 至Ⅱ号测量工位。调整测量片 4 至其指示针在刻度盘 3 上所指示的数值为零。

b. 把被测车刀放在转盘 5 的载刀台上贴紧相互垂直的两个承刀面。

c. 调整转盘 5、转盘座 8 和滑块 2，使被测车刀的主切削刃与测量片 4 的测量面（即测量片 4 的两铅垂大平面）轻轻贴合。之后，用旋钮 6 将转盘 5 锁紧。此时，转盘 5 的指示针在转盘座 8 的刻度盘上所指示的数值为被测车刀的主偏角的值 κ_r。

d. 调整滑块 2、测量片 4，使测量片 4 的下刀口与被测车刀的主切削刃轻轻贴合。此时，测量片 4 的指示针在刻度盘 3 上所指示的数值为被测车刀的刃倾角的值 λ_s。

e. 调整滑块 2、刻度盘 3 至Ⅰ或Ⅲ号测量工位。调整转盘座 8、刻度盘 3，使测量片 4 的下刀口与被测车刀的前刀面轻轻贴合。此时，测量片 4 的指示尺在刻度盘 3 上所指示的数值为被测车刀前角的值 γ。

f. 调整转盘座 8 和刻度盘 3，使测量片 4 的侧刀口与被测车刀的后刀面轻轻贴合。此时，测量片 4 的指示尺在刻度盘 3 上所指示的数值为被测车刀的后角的值 α。

② 测量方法二（$\kappa_r > 45°$）。

a. 调整滑块 2 和刻度盘 3 至Ⅰ或Ⅲ号测量工位。调整测量片 4 至其指示针在刻度盘上所指示的数值为零。

b. 把被测车刀放在转盘 5 的载刀台上贴紧相互垂直的载刀面。

c. 调整转盘 5、转盘座 8 和滑块 2，使被测车刀的主切削刃与测量片 4 的测量面轻轻贴合。之后，用旋钮 6 将转盘 5 锁紧。此时，转盘 5 的指示针在转盘座 8 的刻度盘上所指示的数值为被测车刀的主偏角的值，称为 β，则被测车刀的主偏角 $\kappa_r = 90° - \beta$。

d. 调整滑块 2 和测量片 4，使测量片 4 的下刀口与被测车刀的主切削刃轻轻贴合。此时，测量片 4 的指示针在刻度盘 3 上所示的数值为被测车刀的主刃倾角的值 λ_s。

e. 调整滑块 2 和刻度盘 3 至Ⅱ号测量工位。调整转盘座 8 和刻度盘 3，使测量片 4 的下刀口与被测车刀的前面轻轻贴合，此时，测量片 4 的指示针在刻度盘 3 上所指示的数值为被测车刀的前角的值 γ。

f. 调整转盘座 8 和刻度盘 3，使测量片 4 的侧刀口与被测车刀的后刀面轻轻贴合，这时，测量片 4 的指示尺在刻度盘 3 上所指示的数值为被测车刀的后角值 α。

测量副偏角、副刃倾角、副前角和副后角的测量方法与上述两种测量方法相同。

注意：在使用 SJ25 型车刀量角仪测量车刀的几何角度时，应适当沿两个承刀面移动被测车刀，但要保持被测车刀的原有姿态，并保持被测车刀与两个承刀面贴紧。

5. 实训任务

测量主剖面坐标系内的外圆车刀和切断刀的主偏角、前角、刃倾角、后角、副偏角、副刃倾角、副前角和副后角。其中测量切断刀的副偏角、副刃倾角和副后角时，实验者自己确定位于主切削刃右侧的副角还是左侧的副角。

6. 实训要求

（1）实训预习

① 仔细阅读本课程教材中刀具切削部分的基本定义一节，理解车刀几何角度的标注坐标系平面的定义，理解车刀各面和各角的定义。明确各面的相互位置和各刃形成的成因。

② 要注意区分不同功用的车刀，其进给方向与被加工工件的回转轴线的夹角不同（即主偏角不同）。应明确车刀的进给方向，并用图表示。理解车刀各角的正负值的规定。

③ 仔细分析车刀的切削刃部分各要素及各类型车刀量角仪的测量方法。自己选择实训仪器型号，设计实训方案和实训步骤。

（2）要求

① 实训方案应有外圆车刀和切断刀两种车刀几何角度的测量方案（在主剖面坐标系内）。

② 实训步骤：应有外圆车刀和切断刀两种车刀的几何角度的测量步骤。同一型号的车刀量角仪的不同的测量方法可以混合使用，但应概念清楚，测量方法合理，并注明所选用的车刀量角仪的型号及测量工位号；不同型号的车刀量角仪的测量方法不可混合使用。

③ 根据以上要求写出实训预习报告。并于实验前两周交实训室批准。

（3）实训操作

① 实训操作前应根据本节内容及车刀量角仪实物，熟悉所选用的车刀量角仪和被测车刀的切削部分各要素。根据不同功用的被测车刀，确定被测车刀的进给方向。

② 实训操作时，应按实验预习报告所设计的实训方案和实训步骤进行操作。操作时，有关本实验的问题，实验者可以相互讨论。

③ 实训操作完毕后，必须将车刀量角仪按其使用方法复位，并擦干净。同时应将实训教具收拾整齐，实训操作才算完全完成合格。

(4) 实训报告　应写明实训者实施本实训所选用的实验仪器的型号。实训数据和实训参数应真实、完整，并列于表中。所测量的副偏角、副刃倾角、副前角、副后角应标明被测的各角度位于主切削刃的左侧还是右侧。画出被测车刀切削部分的立体图，标注出各面、各刃及被测车刀的进给方向。

复习思考题

一、填空题

1. 直角自由切削，是指没有________参加切削，并且刃倾角________的切削方式。

2. 在一般速度范围内，第Ⅰ变形区的宽度仅为0.02～0.2mm。切削速度________，宽度愈小，因此可以近似视为一个平面，称为剪切面。

3. 靠前刀面处的变形区域称为______变形区，这个变形区主要集中在和前刀面接触的切屑底面一薄层金属内。

4. 在已加工表面处形成的显著变形层（晶格发生了纤维化）是已加工表面受到切削刃和后刀面的挤压和摩擦所造成的，这一变形层称为__________变形区。

5. 从形态上看，切屑可以分为带状切屑________、________和________四种类型。

6. 在形成挤裂切屑的条件下，若减小刀具前角，降低切削速度，加大切削厚度，就可能得到________。

7. 在形成挤裂切屑的条件下，若加大刀具前角，提高切削速度，减小切削厚度，就可能得到______。

8. 切削过程中金属的变形主要是剪切滑移，所以用______的大小来衡量变形程度要比变形系数精确些。

9. 相对滑移是根据纯剪切变形推出的，所以它主要反映________变形区的变形情况，而变形系数则反映切屑变形的综合结果，特别是包含有__________变形区变形的影响。

10. 切屑与前刀面的摩擦与一般金属接触面间的摩擦不同，因为切屑与前刀面之间的压力很大（可达1.96～2.94GPa以上），再加上几百度的高温，使切屑底面与前刀面发生________现象。

二、单项选择

1. 进给运动通常是机床中（　　）。

A. 切削运动中消耗功率最多的

B. 切削运动中速度最高的运动

C. 不断地把切削层投入切削的运动

D. 使工件或刀具进入正确加工位置的运动

2. 背吃刀量a_p是指主刀刃与工件切削表面接触长度（　　）。

A. 在切削平面的法线方向上测量的值

B. 正交平面的法线方向上测量的值

C. 在基面上的投影值

D. 在主运动及进给运动方向所组成的平面的法线方向上测量的值

3. 在背吃刀量a_p和进给量f一定的条件下，切削厚度与切削宽度的比值取决于（　　）。

A. 刀具前角　　B. 刀具后角　　C. 刀具主偏角　　D. 刀具副偏角

4. 垂直于过渡表面度量的切削层尺寸称为（　　）。

A. 切削深度　　B. 切削长度　　C. 切削厚度　　D. 切削宽度

5. 通过切削刃选定点，垂直于主运动方向的平面称为（　　）。

A. 切削平面　　B. 进给平面　　C. 基面　　D. 主剖面

6. 在正交平面内度量的基面与前刀面的夹角为（　　）。

A. 前角　　B. 后角　　C. 主偏角　　D. 刃倾角

7. 刃倾角是主切削刃与（　　）之间的夹角。

A. 切削平面　　B. 基面　　C. 主运动方向　　D. 进给方向

8. 用硬质合金刀具对碳素钢工件进行精加工时，应选择刀具材料的牌号为（　　）。

A. YT30　　B. YT5　　C. YG3　　D. YG8

9. 切削加工过程中的塑性变形大部分集中于（　　）。

A. 第Ⅰ变形区　　B. 第Ⅱ变形区　　C. 第Ⅲ变形区　　D. 已加工表面

10. 切屑类型不但与工件材料有关，而且受切削条件的影响。如在形成挤裂切屑的条件下，若减小刀具前角，减低切削速度或加大切削厚度，就可能得到（　　）。

A. 带状切屑　　B. 单元切屑　　C. 崩碎切屑　　D. 粒状切屑

三、判断题

1. 在一般速度范围内，第Ⅰ变形区的宽度仅为 0.02～0.2mm。切削速度愈高，宽度愈小。（　　）

2. 切削时出现的积屑瘤、前刀面磨损等现象，都是第Ⅲ变形区的变形所造成的。（　　）

3. 第Ⅲ变形区的变形是造成已加工表面硬化和残余应力的主要原因。（　　）

4. 由于大部分塑性变形集中于第Ⅰ变形区，因而切削变形的大小，主要由第Ⅰ变形区来衡量。（　　）

5. 在形成挤裂切屑的条件下，若减小刀具前角，减低切削速度，加大切削厚度，就可能得到崩碎切屑。（　　）

6. 在形成挤裂切屑的条件下，若加大刀具前角，提高切削速度，减小切削厚度，就可能得到带状切屑。（　　）

7. 用相对滑移的大小来衡量变形程度要比变形系数精确些。（　　）

8. 切屑与前刀面的摩擦与一般金属接触面间的摩擦不同，不是一般的外摩擦，而是切屑黏结部分和上层金属之间的摩擦，即切屑的内摩擦。（　　）

9. 硬脆材料与金属材料的切除过程有所不同，其切除过程以断裂破坏为主。（　　）

10. 主切削力 F_c 是计算机床功率及设计夹具、刀具的主要依据。（　　）

四、问答题

1. 如何表示切屑变形程度？两种表示方法的区别与联系是什么？

2. 何谓切削用量三要素？怎样定义？如何计算？

3. 绘图分别表示主剖面参考系中切断车刀和端面车刀的角度。

4. 试述判定车刀前角、后角和刃倾角正负号的规则。

5. 刀具切削部分材料应具备哪些性能？为什么？

6. 普通高速钢有哪几种牌号，它们主要的物理、机械性能如何，适合于做什么刀具？

7. 常用的硬质合金有哪些牌号，它们的用途如何，如何选用？

8. 影响切削变形的有哪些因素？各因素如何影响切削变形？

9. 三个切削分力是如何定义的？各分力对加工有何影响？

10. 刀具磨损过程有哪几个阶段？为何出现这种规律？

11. 刀具破损的主要形式有哪些？高速钢和硬质合金刀具的破损形式有何不同？

12. 工件材料切削加工性的衡量指标有哪些？

13. 说明最大生产效率刀具使用寿命和经济刀具使用寿命的含义及计算公式。

14. 刀具正交平面参考系平面 p_r、p_s、p_o 及其刀具角度 γ_o、α_o、κ_r、λ_s 如何定义？用图表示。

15. 试画图表示：$\gamma_o=10°$，$\alpha_o=6°$，$\kappa_r=90°$，$\kappa'_r=10°$，$\lambda_s=-5°$的外圆车刀。

16. 切屑有哪些种类？各种切屑在什么情况下形成？

17. 分析积屑瘤产生的原因及其对生产的影响？

18. 试述前角 γ_o 和后角 α_o 的作用和选择方法。

19. 试述主偏角 κ_r 和刃倾角 λ_s 的作用和选择方法。

20. 粗加工时切削用量的选择原则是什么？为什么？

21. 粗加工时进给量的选择受哪些因素的限制？

22. 刀具切削部分材料应具备哪些性能？

第3章 金属切削机床概述

3.1 车床

3.1.1 CA6140 型普通车床的组成

1. 车削加工工艺范围

车削是机械加工中最基本、应用最广泛的一种加工方法，主要用于加工各种回转表面，如内外圆柱表面、内外圆锥表面、成形回转面和回转体的端面等。通常，车削的主运动由工件随主轴旋转来实现，进给运动由刀架的纵、横向移动来完成。车床使用的刀具为各种车刀，也可用钻头、扩孔钻、铰刀、镗刀进行孔加工，用丝锥、板牙加工内外螺纹表面。由于大多数机器零件都具有回转表面，车床的工艺范围又较广，因此，车削加工的应用极为广泛。如图 3-1 所示是卧式车床所能加工的典型表面。

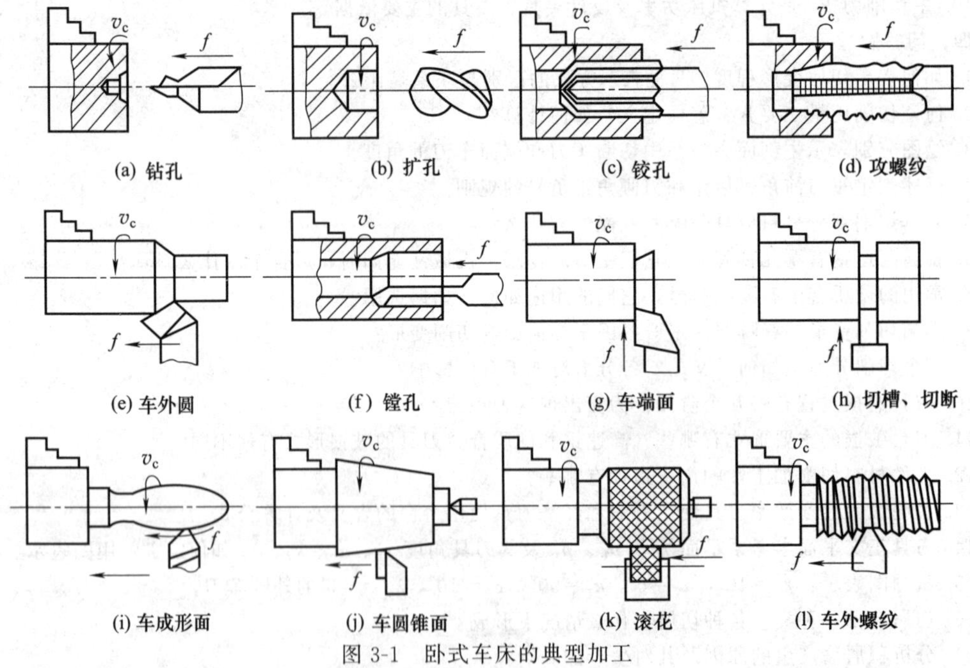

图 3-1 卧式车床的典型加工

2. 车床的分类

在所有车床类机床中，卧式车床和立式车床（如图 3-2 所示）应用最广。此外，还有转塔车床、马鞍车床、单轴自动车床和半自动车床、仿形车床、数控车床及各种大批量生产中使用的专用车床等。

如图 3-2（a）所示为单柱立式车床，图 3-2（b）所示为双柱立式车床，它们与卧式车床的不同之处是主轴竖立，工件安装在由主轴带动旋转的工作台 2 上，横梁 5 上装有垂直刀架 4，可作上下左右移动。立式车床适合用于加工直径大而长度短的重型盘类零件。

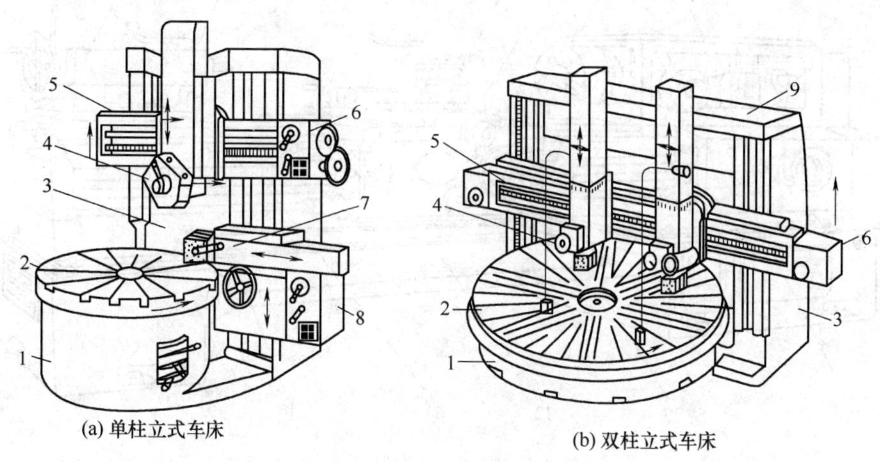

图 3-2　立式车床

1—底座；2—工作台；3—立柱；4—垂直刀架；5—横梁

6—垂直刀架进给箱；7—侧刀架；8—侧刀架进给箱；9—顶梁

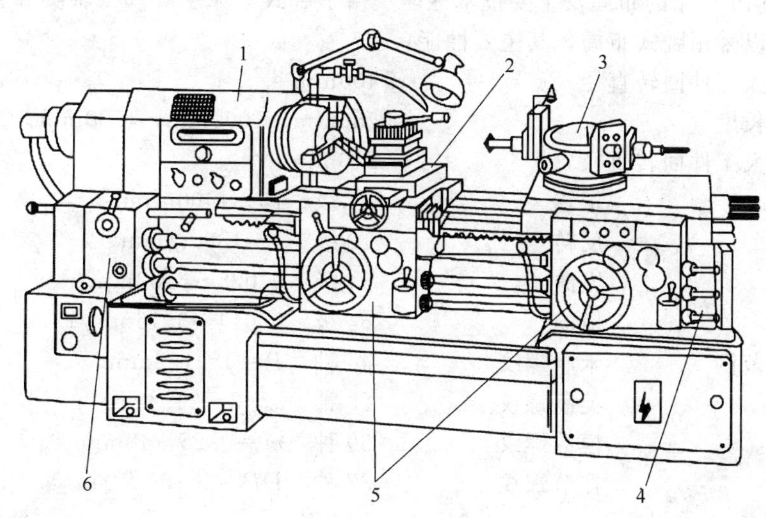

图 3-3　转塔车床

1—主轴箱；2—前刀架；3—六角刀架；4—床身；5—溜板箱；6—进给箱

转塔车床（如图 3-3 所示）有一个可旋转换位的六角刀架 3，以替代卧式车床的尾座，在六角刀架上可同时安装钻头、铰刀和板牙等各种切削刀具，这些刀具通常是按工件的加工顺序安装的，因此，在一个零件的加工过程中，只要使六角刀架依次转位，便可迅速更换刀具。此外，六角刀架上的刀具与方刀架上的刀具可同时进行加工。

3. CA6140 型卧式车床的组成部件

普通车床应用最多，所占比例较大，代表型号 CA6140 。车床的加工工艺范围很广，它适用于加工各种轴类、套筒类和盘类零件上的回转表面，如：内圆柱面、圆锥面、环槽及成形回转表面、端面及各种常用螺纹，还可以进行钻孔、扩孔、铰孔和滚花等工艺。最大的特点是通用性强，价格低廉，加工范围广泛，但生产率低，操作工人劳动强度高，适用于单件小批生产。如图 3-4 所示为 CA6140 型卧式车床的外形图，其主要组成部件及其功用如下。

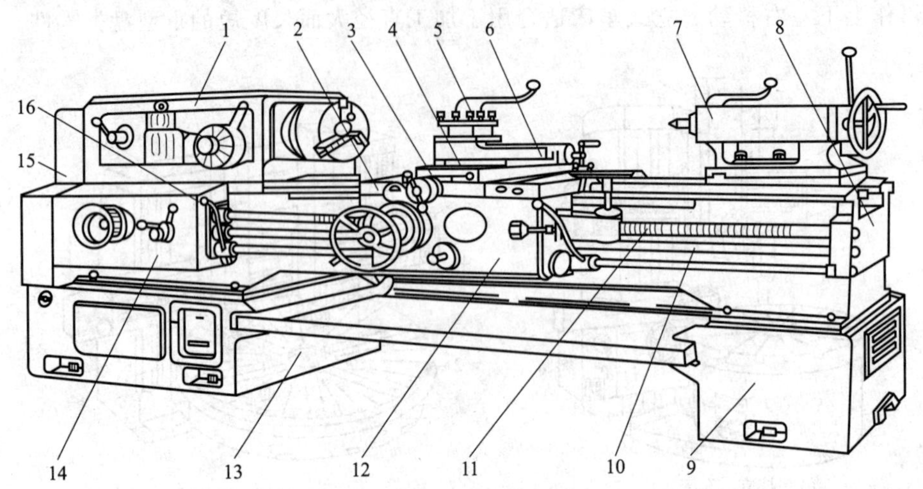

图 3-4 CA6140 型卧式车床

1—主轴箱；2—床鞍；3—中滑板；4—回转盘；5—方刀架；6—小滑板；7—尾座；8—床身；9—右床腿；10—光杠；11—丝杠；12—溜板箱；13—左床腿；14—进给箱；15—挂轮架；16—操纵手柄

（1）CA6140 车床的布局及主要技术性能　由于卧式车床主要加工轴类和直径不大的盘套类零件，所以采用卧式布局，其主要性能：

床身上最大工件回转直径		400mm	
最大工件长度		750mm；1000mm；1500mm；2000mm	
刀架上最大工件回转直径		210mm	
主轴转速	正转	24 级	10～1400r/min
	反转	12 级	4～1580r/min
进给量	纵向	64 级	0.028～6.33mm/r
	横向	64 级	0.014～3.16mm/r
车削螺纹范围	米制螺纹	44 种	$P=1\sim192$mm
	英制螺纹	20 种	$\alpha=2\sim24$ 牙/in
	模数螺纹	39 种	$m=0.25\sim48$mm
	径节螺纹	37 种	$DP=1\sim96$ 牙/in
主电机功率		7.5kW	

（2）车床的主要组成部件　CA6140 卧式车床主要由主轴箱、进给箱、溜板箱、床鞍、尾座、床身、中滑板、小滑板、回转盘、方刀架、左右床腿、光杠、丝杠、挂轮架、操纵手柄等部分构成。

① 主轴箱　主轴箱 1（又称为床头箱或主变速箱）固定在床身 8 的左端。其内装有主轴和变速、换向机构，由电动机经变速机构带动主轴旋转，实现主运动，并获得所需转速及转向。主轴前端可安装三爪自定心卡盘、四爪单动卡盘等夹具，用以装夹工件。

② 床鞍　床鞍 2（又称为大拖板）位于床身 8 的中部，并可带动中滑板 3、回转盘 4、小滑板 6 和方刀架 5 沿床身上的导轨作纵向进给运动。

③ 溜板箱　溜板箱 12 固定在床鞍 2 的底部，可带动方刀架 5 一起作纵向运动。溜板箱的功用是将进给箱 14 传来的运动传递给方刀架，使方刀架实现纵向进给、横向进给、快速

移动或车螺纹。在溜板箱上装有各种操纵手柄及按钮，可以方便地选择纵、横机动进给运动的接通、断开及变向。溜板箱内设有连锁装置，可以避免光杠 10 和丝杠 11 同时转动。

④ 进给箱　进给箱 14 固定在床身 8 的左前侧。进给箱是进给运动传动链中主要的传动比变换装置，它的功用是改变被加工螺纹的导程或机动进给的进给量。

⑤ 方刀架　方刀架 5 用来夹持车刀，并使其作纵向、横向或斜向移动。方刀架安装在小滑板 6 上，用来夹持车刀；小滑板装在回转盘 4 上，可沿回转盘上导轨作短距离移动；回转盘可带动方刀架 5 在中滑板 3 上顺时针或逆时针转动一定的角度；中滑板可在床鞍 2（大拖板）的横向导轨上面作垂直于床身的横向移动；床鞍可沿床身的导轨作纵向移动。

⑥ 尾座　尾座 7 安装于床身 8 的尾座导轨上。其上的套筒可安装顶尖，以便支承较长工件的一端；也可装夹钻头、铰刀等孔加工刀具，对工件进行加工，此时可摇动手轮使套筒轴向移动，以实现纵向进给。尾座可沿床身顶面的一组导轨（尾座导轨）作纵向调整移动，然后夹紧在所需要的位置上，以适应加工不同长度工件的需要。尾座还可以相对其底座沿横向调整位置，以车削较长且锥度较小的外圆锥面。

⑦ 床身　床身 8 固定在左床腿 13 和右床腿 9 上。床身是车床的基本支承件。车床的各个主要部件均安装于床身上，并保持各部件间具有准确的相对位置。

⑧ 丝杠　丝杠用于车螺纹加工，将进给箱的运动传给溜板箱。

⑨ 光杠　光杠用于一般的车削加工，进给时将进给箱的运动传给溜板箱。

3.1.2　CA6140 型卧式车床的传动系统分析

CA6140 型卧式车床的传动系统由主运动传动链、车螺纹运动传动链、纵向进给运动传动链、横向进给运动传动链、刀架的快速空行程传动链组成。

传动系统的结构如图 3-5 所示。

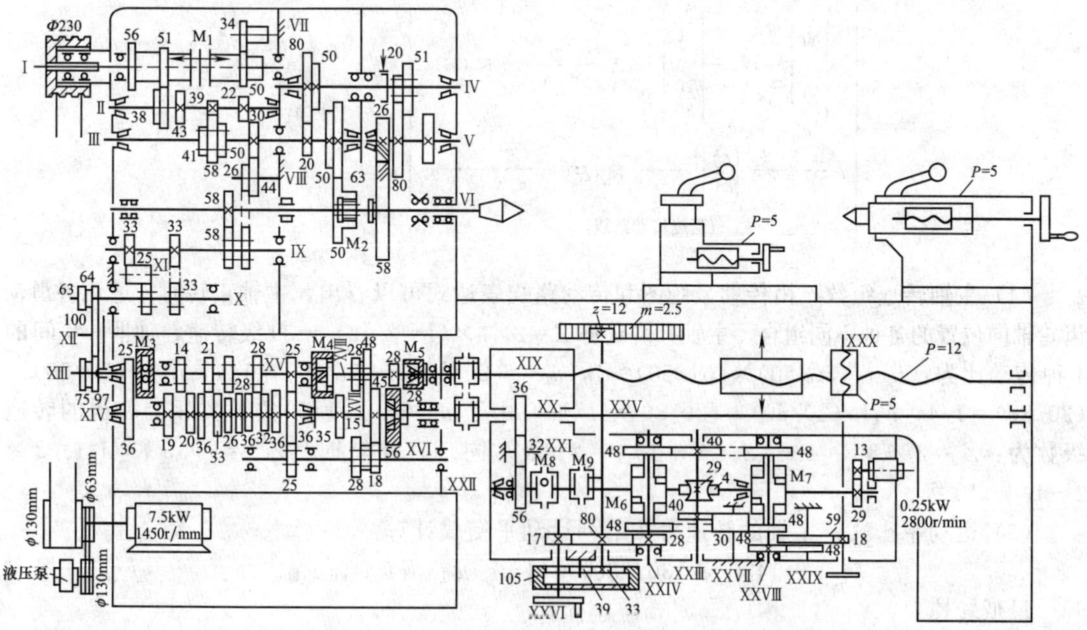

图 3-5　CA6140 型卧式车床的传动系统图

主运动传动链的两端件是主电动机与主轴，它的功能是把动力源的运动及动力传给主轴，并满足卧式车床主轴开、停、变速和换向的要求。

(1) 两端件 电动机—主轴。

(2) 计算位移 所谓计算位移，是指传动链首末传动件之间相对运动量的对应关系。CA6140 型卧式车床的主运动传动链是一条外联系传动链，电动机与主轴各自转动时运动量的关系为各自的转速，即：主电动机—主轴 1450 (r/min) —n(r/min)。

(3) 传动路线表达式 主运动由主电动机 (7.5kW，1450r/min) 经 V 带传动Ⅰ轴而输入主轴箱。轴Ⅰ上安装有双向多片式摩擦离合器 M_1，以控制主轴的启动、停转及旋转方向。M_1 左边摩擦片结合时，空套的 z_{51}、z_{56} 双联齿轮与Ⅰ轴一起转动，通过两对齿轮副 56/38、51/43 带动Ⅱ轴实现主轴正转。右边摩擦片结合时，由齿轮 z_{50} 与Ⅰ轴一起转动，齿轮 z_{50} 通过Ⅶ轴的中间齿轮 z_{34} 带动Ⅱ轴上的齿轮 z_{30} 实现主轴反转。当两边摩擦片都脱开时，则Ⅰ轴空转，此时主轴静止不动。Ⅱ轴的运动通过Ⅱ—Ⅲ轴之间的 3 对齿轮副 39/41、22/58、30/50 带动Ⅲ轴。Ⅲ轴的运动可由两种传动路线至主轴，当主轴Ⅵ轴的滑移齿轮 z_{50} 处于左边位置时，轴Ⅲ的运动直接由齿轮 z_{63} 传至与主轴用花键连接的滑移齿轮 z_{50}，从而带动主轴以高速旋转；当主轴Ⅵ轴的滑移齿轮 z_{50} 右移，脱开与轴Ⅲ上齿轮 z_{63} 的啮合，并通过其内齿轮与主轴上齿轮 z_{58} 左端齿轮啮合 (即 M_2 结合) 时，轴Ⅲ的运动经轴Ⅲ—Ⅳ间及轴Ⅳ—Ⅴ间两组双联滑移齿轮变速装置传至轴Ⅴ，再经齿轮副 26/58 使主轴获得中、低转速。其传动路线表达式为：

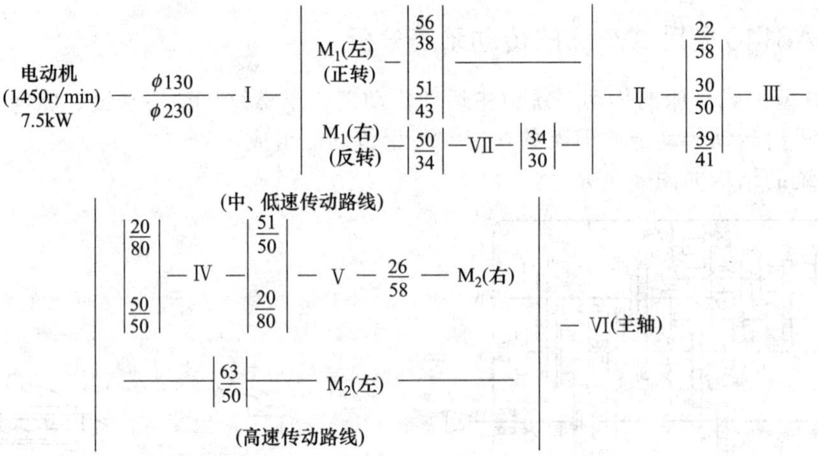

$$
\begin{matrix}\text{电动机}\\(1450\text{r/min})\\7.5\text{kW}\end{matrix}-\frac{\phi 130}{\phi 230}-\text{Ⅰ}-\left|\begin{matrix}\begin{matrix}M_1(\text{左})\\(\text{正转})\end{matrix}-\left|\begin{matrix}\frac{56}{38}\\ \frac{51}{43}\end{matrix}\right|——\\ \begin{matrix}M_1(\text{右})\\(\text{反转})\end{matrix}-\left|\frac{50}{34}\right|-\text{Ⅶ}-\left|\frac{34}{30}\right|-\end{matrix}\right|-\text{Ⅱ}-\left|\begin{matrix}\frac{22}{58}\\ \frac{30}{50}\\ \frac{39}{41}\end{matrix}\right|-\text{Ⅲ}-
$$

$$
\left|\begin{matrix}\text{(中、低速传动路线)}\\ \left|\begin{matrix}\frac{20}{80}\\ \frac{50}{50}\end{matrix}\right|-\text{Ⅳ}-\left|\begin{matrix}\frac{51}{50}\\ \frac{20}{80}\end{matrix}\right|-\text{Ⅴ}-\frac{26}{58}-M_2(\text{右})\\ ——\left|\frac{63}{50}\right|——M_2(\text{左})——\\ \text{(高速传动路线)}\end{matrix}\right|-\text{Ⅵ(主轴)}
$$

(4) 主轴转速级数 由传动系统图和传动路线表达式可以看出，主轴正转时，适用各滑动齿轮轴向位置的各种不同组合，主轴共可获得 $Z=2\times3\times(1+2\times2)=30$ 级转速，轴Ⅲ—Ⅴ间的 4 种传动比为：$u_1=(50/50)\times(51/50)\approx1$，$u_3=(20/80)\times(51/50)\approx1/4$，$u_2=(50/50)\times(20/80)=1/4$，$u_4=(20/80)\times(20/80)=1/16$。由于 $u_2\approx u_3$，所以主轴实际上获得的转速级数为：$Z=2\times3\times[1+(2\times2-1)]=24$ 级。同理，反转时：$Z'=1\times3\times[1+(2\times2-1)]=12$ 级。

(5) 运动平衡式 主轴的转速可按下列运动平衡式计算：

$$n_{主}=1450\times(130/230)\times(1-\varepsilon)u_{\text{Ⅰ}-\text{Ⅱ}}u_{\text{Ⅱ}-\text{Ⅲ}}u_{\text{Ⅲ}-\text{Ⅵ}}$$

最低转速：

$$n_{\min}=1450\times(130/230)\times(1-0.02)\times(51/43)\times(22/58)\times(20/80)\times(20/80)\times(26/58)\approx10(\text{r/min})$$

最高转速：

$$n_{\max}=1450\times(130/230)\times(1-0.02)\times(56/38)\times(39/41)\times(63/50)=1418(\text{r/min})$$

式中　$n_主$——主轴转数，r/min；

ε——V 带传动的滑动系数，近似取 ε＝0.02；

$u_{Ⅰ-Ⅱ}$、$u_{Ⅱ-Ⅲ}$、$u_{Ⅲ-Ⅵ}$——轴Ⅰ—Ⅱ、Ⅱ—Ⅲ、Ⅲ—Ⅵ间的传动比。

主轴各级转速的数值，可根据主运动传动所经过的传动件的运动参数（如带轮直径、齿轮齿数等）列出运动平衡式来求出。图 3-6 所示为 CA6140 型卧式车床主运动的转速图。

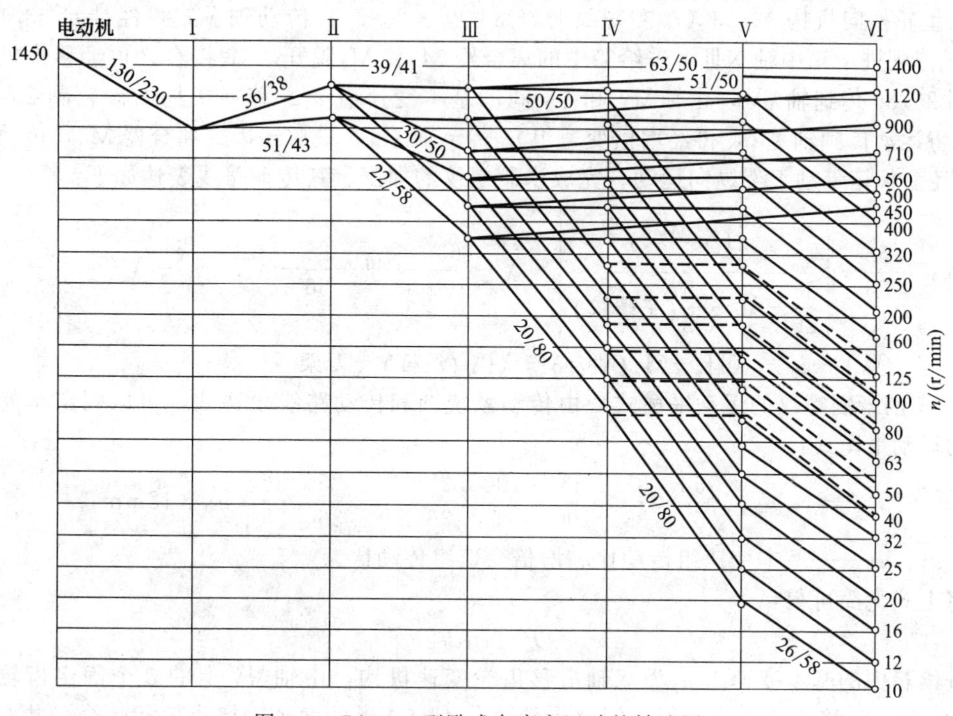

图 3-6　CA6140 型卧式车床主运动的转速图

3.1.3　车削螺纹传动链

CA6140 型卧式车床可车削米制、模数制、英制和径节制 4 种标准螺纹，另外还可加工大导程螺纹、非标准螺纹及较精密螺纹。

3.1.4　车削米制螺纹

米制螺纹是应用最广泛的一种螺纹，在车削螺纹时，应满足主轴带动工件旋转一转，刀架带动刀具轴向进给所加工螺纹的一个导程。国家标准规定了米制螺纹的标准导程值，表 3-1 列出了 CA6140 型车床能车制的常用米制螺纹标准导程值。

表 3-1　CA6140 型普通车床米制螺纹导程　mm

基本组 u_j / 导程 P / 增倍组 u_b	$\frac{26}{28}$	$\frac{28}{28}$	$\frac{32}{28}$	$\frac{36}{28}$	$\frac{19}{14}$	$\frac{20}{14}$	$\frac{33}{21}$	$\frac{36}{21}$
$u_{b1}=\frac{18}{45}\times\frac{15}{48}=\frac{1}{8}$	—	—	1	—	—	1.25	—	1.5
$u_{b2}=\frac{28}{35}\times\frac{15}{48}=\frac{1}{4}$	—	1.75	2	2.25	—	2.5	—	3
$u_{b3}=\frac{18}{45}\times\frac{35}{28}=\frac{1}{2}$	—	3.5	4	4.5	—	5	5.5	6
$u_{b4}=\frac{28}{35}\times\frac{35}{28}=1$	—	7	8	9	—	10	11	12

从表 3-1 中可以看出，每一行的导程组成等差数列，行与行之间的导程值成一公比为 2 的等比数列，在车削米制螺纹的传动链中设置的换置机构应能将标准螺纹加工出来，并且满足传动链尽量简便。

(1) 车削米制螺纹

① 车削米制螺纹的传动路线　车削米制螺纹时，运动由主轴Ⅵ经齿轮副 58/58 至轴Ⅸ，再经三星轮换向机构 33/33（车左螺纹时经 33/25×25/33）传动轴Ⅹ，再经挂轮 63/100×100/75 传到进给箱中轴ⅩⅢ，进给箱中的离合器 M_3 和 M_4 脱开，M_5 接合，再经移换机构的齿轮副 25/36 传到轴ⅩⅣ，由轴ⅩⅣ和ⅩⅤ间的基本变速组 u_j、移换机构的齿轮副 25/36×36/25 将运动传到轴ⅩⅥ，再经增倍变速组 u_b 传至轴ⅩⅧ，最后经齿式离合器 M5，传动丝杠ⅩⅨ，经溜板箱带动刀架纵向运动，完成米制螺纹的加工。其传动路线表达如下：

$$\text{主轴Ⅵ}-\frac{58}{58}-\left|\begin{array}{c}\frac{33}{33}(\text{左螺纹})\\ \hline \frac{33}{25}-\text{Ⅺ}-\frac{25}{33}(\text{左螺纹})\end{array}\right|-\text{Ⅹ}-\frac{63}{100}-\text{ⅩⅢ}-\frac{25}{36}-\text{ⅩⅣ}-u_j-\text{ⅩⅤ}-\frac{36}{25}-$$

$$\text{ⅩⅥ}-u_b-\text{ⅩⅧ}-M_5(\text{啮合})-\text{ⅩⅨ}(\text{丝杠})-\text{刀架}$$

② 车削米制螺纹的运动平衡式　由传动系统图和传动路线表达式，可以列出车削米制螺纹的运动平衡式：

$$P=1_{(\text{主轴})}\times\frac{58}{58}\times\frac{33}{33}\times\frac{63}{100}\times\frac{100}{75}\times\frac{25}{36}\times u_j\times\frac{25}{36}\times\frac{36}{25}\times u_b\times 12\text{mm}$$

式中　u_j、u_b——基本变速组传动比和增倍变速组传动比。

将上式化简可得：

$$P=7u_ju_b$$

进给箱中的基本变速组 u_j 为双轴滑移齿轮变速机构，由轴ⅩⅣ上的 8 个固定齿轮和轴ⅩⅤ上的四个滑移齿轮组成，每个滑移齿轮可分别与邻近的两个固定齿轮相啮合，共有 8 种不同的传动比：

$$u_{j1}=\frac{26}{28}=\frac{6.5}{7}\quad u_{j2}=\frac{28}{28}=\frac{7}{7}\quad u_{j3}=\frac{32}{28}=\frac{8}{7}\quad u_{j4}=\frac{36}{28}=\frac{9}{7}$$

$$u_{j5}=\frac{19}{14}=\frac{9.5}{7}\quad u_{j6}=\frac{20}{14}=\frac{10}{7}\quad u_{j7}=\frac{33}{21}=\frac{11}{7}\quad u_{j8}=\frac{36}{21}=\frac{12}{7}$$

不难看出，除了 u_{j1} 和 u_{j5} 外，其余的 6 个传动比组成一个等差数列。改变 u_j 的值，就可以车削出按等差数列排列的导程组。

进给箱中的增倍变速组 u_b 由轴ⅩⅥ—轴ⅩⅧ间的三轴滑移齿轮机构组成，可变换 4 种不同的传动比：

$$u_{b1}=\frac{18}{45}\times\frac{15}{48}=\frac{1}{8}\quad u_{b2}=\frac{28}{35}\times\frac{15}{48}=\frac{1}{4}$$

$$u_{b3}=\frac{18}{45}\times\frac{35}{28}=\frac{1}{2}\quad u_{b4}=\frac{28}{35}\times\frac{35}{28}=1$$

它们之间依次相差 2 倍，改变 u_b 的值，可将基本组的传动比成倍地增加或缩小。

把 u_j、u_b 的值代入上式，得到 8×4＝32 种导程值，其中符合标准的有 20 种，见表3-1。可以看出，表中的每一行都是按等差数列排列的，而行与行之间成倍数关系。

③ 扩大导程传动路线　从表 3-1 可以看出，此传动路线能加工的最大螺纹导程是 12mm。如果需车削导程大于 12mm 的米制螺纹，应采用扩大导程传动路线。这时，主轴Ⅵ的运动（此时 M_2 接合，主轴处于低速状态）经斜齿轮传动副 58/26 到轴Ⅴ，背轮机构

80/20与 80/20 或 50/50 至轴Ⅲ，再经 44/44、26/58（轴Ⅸ滑移齿轮 z_{58} 处于右位与轴Ⅷ z_{26} 啮合）传到轴Ⅸ，其传动路线表达式为：

$$(\text{主轴})\ \text{Ⅵ}-\left|\begin{array}{l}(\text{扩大导程})\ \frac{58}{26}-\text{Ⅴ}-\frac{80}{20}-\text{Ⅳ}-\left|\begin{array}{c}\frac{50}{50}\\ \frac{80}{20}\end{array}\right|-\text{Ⅲ}-\frac{44}{44}\times\frac{26}{58}\\ (\text{正常导程})\ \text{————}\frac{58}{58}\text{————}\end{array}\right|-\text{Ⅸ}-(\text{按正常导程传动路线})$$

从传动路线表达式可知，扩大螺纹导程时，主轴Ⅵ到轴Ⅸ的传动比为：

当主轴转速为 40～125r/min 时，$u_1=\frac{58}{26}\times\frac{80}{20}\times\frac{50}{50}\times\frac{44}{44}\times\frac{26}{58}=4$

当主轴转速为 10～32r/min 时，$u_1=\frac{58}{26}\times\frac{80}{20}\times\frac{80}{20}\times\frac{44}{44}\times\frac{26}{58}=16$

而正常螺纹导程时，主轴Ⅵ到轴Ⅸ的传动比为：

$$u=\frac{58}{58}=1$$

所以，通过扩大导程传动路线可将正常螺纹导程扩大 4 倍或 16 倍。CA6140 型车床车削大导程米制螺纹时，最大螺纹导程为 $P_{\max}=12\times16=192\text{mm}$。

（2）车削英制螺纹　英制螺纹以每英寸长度上的螺纹扣数 α（扣/in）表示，其标准值也按分段等差数列的规律排列。英制螺纹的导程 $P_\alpha=1/\alpha(\text{in})$。由于 CA6140 型车床的丝杠是米制螺纹，被加工的英制螺纹也应换算成以毫米为单位的相应导程值，即

$$P_\alpha=\frac{1}{\alpha}\text{in}=\frac{25.4}{\alpha}$$

车削英制螺纹时，对传动路线作如下变动，首先，改变传动链中部分传动副的传动比，使其包含特殊因子 25.4；其次，将基本组两轴的主、被动关系对调，以便使分母为等差级数。其余部分的传动路线与车削米制螺纹时相同。其运动平衡式为：

$$P_\alpha=1_{(\text{主轴})}\times\frac{58}{58}\times\frac{33}{33}\times\frac{63}{100}\times\frac{100}{75}\times\frac{1}{u_j}\times\frac{36}{25}\times u_b\times12=\frac{4}{7}\times25.4\times\frac{1}{u_j}\times u_b$$

将 $P_\alpha=25.4/\alpha$ 代入上式得

$$\alpha=\frac{7}{4}\times\frac{u_j}{u_b}$$

变换 u_j、u_b 的值，就可得到各种标准的英制螺纹。

（3）车削模数螺纹　模数螺纹主要用在米制蜗杆中，模数螺纹螺距 $P=\pi m$，P 也是分段等差数列。所以模数螺纹的导程为：

$$P_m=k\pi m$$

式中　P_m——模数螺纹的导程，mm；

k——螺纹的头数；

m——螺纹模数。

模数螺纹的标准模数 m 也是分段等差数列。车削时的传动路线与车削米制螺纹的传动路线基本相同。由于模数螺纹的螺距中含有 π 因子，因此车削模数螺纹时所用的挂轮与车削米制螺纹时不同，需用 $\frac{64}{100}\times\frac{100}{97}$ 来引入常数 π，其运动平衡式为

$$P_\alpha = 1_{(主轴)} \times \frac{58}{58} \times \frac{33}{33} \times \frac{64}{100} \times \frac{100}{97} \times u_j \times \frac{25}{36} \times u_b \times \frac{36}{25} \times 12$$

上式中$\frac{64}{100} \times \frac{100}{97} \times \frac{25}{36} \approx \frac{7\pi}{48}$，将运动平衡方程式整理后得：

$$m = \frac{7}{4k} u_b u_j$$

变换 u_j、u_b的值，就可得到各种不同模数的螺纹。

(4) 车削径节螺纹　径节螺纹主要用于同英制蜗轮相配合，即为英制蜗杆，其标准参数为径节，用 DP 表示，其定义为：对于英制蜗轮，将其总齿数折算到每一英寸分度圆直径上所得的齿数值，称为径节。根据径节的定义可得蜗轮齿距为：

$$蜗轮齿距\ P = \frac{\pi D}{2} = \frac{\pi}{\frac{z}{D}} = \frac{\pi}{DP} \text{in}$$

式中　z——蜗轮的齿数；

D——蜗轮的分度圆直径，in。

只有英制蜗杆的轴向齿距 P_{DP} 与蜗轮齿距 π/DP 相等才能正确啮合，而径节制螺纹的导程为英制蜗杆的轴向齿距为：

$$P_{DP} = \frac{\pi}{DP} \text{in} = \frac{25.4}{DP} \text{mm}$$

标准径节的数列也是分段等差数列。径节螺纹的导程排列的规律与英制螺纹相同，只是含有特殊因子 25.4π。车削径节螺纹时，可采用英制螺纹的传动路线，但挂轮需换为$\frac{64}{100} \times \frac{100}{97}$，其运动平衡式为：

$$P_\alpha = 1_{(主轴)} \times \frac{58}{58} \times \frac{33}{33} \times \frac{64}{100} \times \frac{100}{97} \times \frac{1}{u_j} \times u_b \times \frac{36}{25} \times 12$$

上式中　$\frac{64}{100} \times \frac{100}{97} \times \frac{36}{25} \approx \frac{25.4\pi}{84}$，将运动平衡方程式整理后得：

$$DP = 7k \frac{u_j}{u_b}$$

变换 u_j、u_b的值，可得常用的 24 种螺纹径节。

(5) 车削非标准螺纹和精密螺纹　所谓非标准螺纹是指利用上述传动路线无法得到的螺纹。这时需将进给箱中的齿式离合器 M_1、M_4 和 M_5 全部啮合，被加工螺纹的导程 L_I 依靠调整挂轮的传动比 $\mu_{传}$ 来实现。其运动平衡式为：

$$L_I = 1_{(主轴)} = \frac{58}{58} \times \frac{33}{33} \times u_{传} \times 12$$

所以，挂轮的换置公式为

$$u_{传} = \frac{a}{b} \times \frac{c}{d} = \frac{L_I}{12}$$

适当地选择挂轮 a、b、c 及 d 的齿数，就可车出所需要的非标准螺纹。同时，由于螺纹传动链不再经过进给箱中任何齿轮传动，减少了传动件制造和装配误差对被加工螺纹导程的影响，若选择高精度的齿轮作挂轮，则可加工精密螺纹。

(6) 机动进给运动传动链　进给运动传动链的首末端件分别为主轴和刀架。但与车螺纹传动链不同，它为一条外联系传动链。由主轴至进给箱 XⅦ 轴的传动路线与车螺纹相同，其后运动经齿轮副 28/56 及联轴器传至光杠（XⅢ 轴），再由光杠经溜板箱中的传动机构，分别传至齿轮条机构（纵进给）和丝杠螺母机构（横进给），使刀架作纵向或横向机动进给。其传动路线表达式如下：

$$\text{主轴}-\begin{bmatrix}\text{米制螺纹传动路线}\\ \text{英制螺纹传动路线}\end{bmatrix}-\text{XVII}-\frac{28}{56}-\text{XIX}\ (\text{光杠})-\frac{36}{32}\times\frac{32}{56}-$$

$$\text{M}_6\ (\text{超越离合器})-\text{M}_7\ (\text{安全离合器})-\text{XX}-\frac{4}{29}-\text{XXI}-$$

$$\begin{bmatrix}-\begin{bmatrix}-\frac{40}{48}\text{M}_8\uparrow-\\ -\frac{40}{30}\times\frac{30}{48}\text{M}_8\downarrow-\end{bmatrix}-\text{XXII}-\frac{28}{80}-\text{XXIII}-\text{齿轮}\ (z_{12})-\text{齿条}-\text{刀架}\ (\text{纵向进给})\\ -\begin{bmatrix}-\frac{40}{48}\text{M}_9\uparrow-\\ -\frac{40}{30}\times\frac{30}{48}\text{M}_9\downarrow-\end{bmatrix}-\text{XXV}-\frac{48}{48}\times\frac{59}{18}-\text{XXVII}-\text{刀架}\ (\text{横向进给})\end{bmatrix}$$

① 纵向机动进给传动链　CA6140 型车床纵向机动进给量有 64 种。当运动由主轴经正常导程的米制螺纹传动路线时，可获得正常进给量。这时的运动平衡式为：

$$f_{\text{纵}}=1_{\text{主轴}}\times\frac{58}{58}\times\frac{33}{33}\times\frac{63}{100}\times\frac{100}{75}\times\frac{25}{36}\times u_{\text{j}}\times\frac{25}{36}\times\frac{36}{25}\times u_{\text{b}}\times\frac{28}{56}\times\frac{36}{32}\times\frac{32}{36}\times\frac{4}{29}\times\frac{40}{48}\times\frac{28}{80}\times\pi\times2.5\times12\text{mm/r}$$

将上式化简可得：

$$f_{\text{纵}}=0.711u_{\text{j}}u_{\text{b}}$$

通过变换 u_{j}、u_{b}的值，可得到 32 种正常进给量（范围为 0.08～1.22mm/r），其余 32 种进给量可分别通过英制螺纹传动路线和扩大导程传动路线得到。

② 横向机动进给传动链　由传动系统图分析可知，当横向机动进给与纵向进给的传动路线一致时，所得到的横向进给量是纵向进给量的一半，横向与纵向进给量的种数相同，都为 64 种。

③ 刀架快速机动移动　刀架的快速移动由装于溜板箱内的快速电动机（0.25kW，2800r/min）带动。快速电动机的运动经齿轮副传至 XX 轴，再经溜板箱与进给运动相同的传动路线传至刀架，使刀架快速纵移或横移。

当快速电动机带动 XX 轴快速旋转时，为避免与进给箱传来的慢速进给运动发生干涉，在 XX 轴上装有单向超越离合器 M_6，可保证 XX 轴的工作安全。

$$\text{快速移动电动机}-\frac{18}{24}-\text{XXII}-\frac{4}{29}-\text{XXIII}-\begin{Bmatrix}\text{M}_6\cdots\cdots\text{纵向}\\ \text{M}_7\cdots\cdots\text{横向}\end{Bmatrix}$$

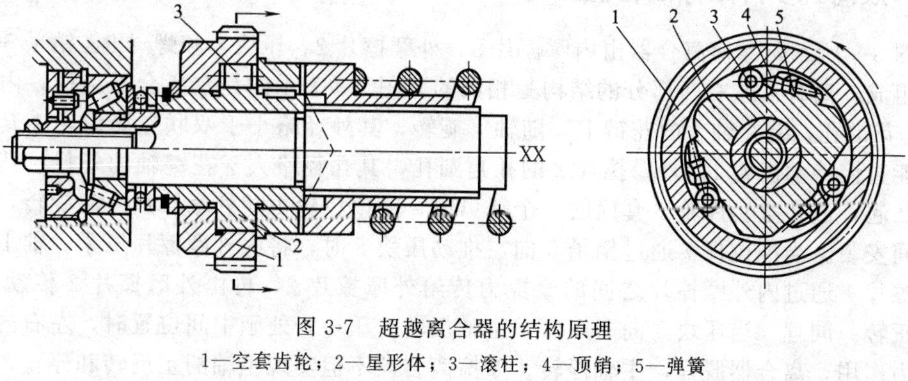

图 3-7　超越离合器的结构原理

1—空套齿轮；2—星形体；3—滚柱；4—顶销；5—弹簧

单向超越离合器 M_6 的结构原理如图 3-7 所示。它由空套齿轮 1（即溜板箱中的 Z56 齿轮），星形体 2，滚柱 3，顶销 4 和弹簧 5 组成。当机动进给运动由空套齿轮 1 传入并逆时针转动时，带动滚柱 3 挤入楔缝，使星形体随同齿轮 1 一起转动，再经安全离合器 M_7 带动 XX 轴转动。当快速运动传入时，星形体由 XX 轴带动逆时针快速转动时，由于星形体 2 超越齿轮 1 转动，使滚柱 3 退出楔缝，使星形体与齿轮 1 自动脱开，由进给箱传至齿轮 1 的运动虽未停机，超越离合器将自动接合，刀架恢复正常的进给运动。

3.1.5 主轴箱

主轴箱主要由主轴部件、传动机构、开停与制动装置、操纵机构及润滑装置等组成。为了便于了解主轴箱内各传动件的传动关系，传动件的结构、形状、装配方式及其支承结构，常采用展开图的形式表示。主轴箱基本上按主轴箱内各传动轴的传动顺序，沿其轴线取剖切面，展开绘制而成，其剖切面的位置如图 3-8 所示。以下对主轴箱内主要部件的结构、工作原理及调整作简单介绍。

主轴箱展开图及中间轴间隙调整：

主轴上装有 3 个齿轮，最右边的是空套在主轴上的左旋斜齿轮，其传动较平衡，当离合器 M_2 接合时，此齿轮传动所产生的轴向力指向前轴承，以抵消部分轴向切削力，减小前轴承所承受的轴向力。中间滑移齿轮用花键与主轴相连，该齿轮的图示位置为高速传动。当其处于中间空当位置时，可用手拨动主轴，以便装夹和调整工件；当滑移齿轮移到最右边位置时，其上的内齿与斜齿轮左侧的外齿相啮合，即齿式离合器 M_2 接合，此时获低速传动。最左边的齿轮固定在主轴上，通过它把运动传给进给系统。现以图 3-8 中的轴Ⅲ为例说明其结构及轴承的调整。花键轴Ⅲ较长，采用了三支承结构，两端为圆锥滚子轴承，中间为深沟球轴承。松开锁紧螺母 18，拧动螺钉 17，推动压盖 19 及圆锥滚子轴承的外圈右移，消除了左端轴承间隙，然后轴部件向右移，由于右端圆锥滚子轴承的外圈被箱体的台阶孔所挡，因而又消除了右轴承的间隙。并由此而限定了轴Ⅲ组件在箱体上的轴向位置。共有 4 个台阶，两端台阶分别安装圆锥滚子轴承，右端的第二个台阶分别串装有齿轮 9、10、11 及垫圈 14，垫圈 14 为调整环，以限定上述零件在其上的轴向位置。齿轮 12 右端面紧靠深沟球轴承内圈，左端由轴用弹簧卡圈 13 定位，从而限定了齿轮 12 的轴向位置。三联齿轮 15 可以在轴上滑移，实现 3 种不同的工作位置。轴向位置不能限定，但必须有可靠而较准确的定位。方法是通过导向轴 5 上的 3 个定位槽和在拨叉 8 上安装的弹簧钢珠，实现三联齿轮 3 种不同工作位置的定位。松开螺母 7，拧动有内六方孔的调节螺钉 6 可调节弹簧力的大小，以保证定位的可靠性。

3.1.6 双向式多片摩擦离合器结构

如图 3-9 所示，摩擦离合器由内摩擦片 3、外摩擦片 2、压块 8 和螺母 9、销子 5 和推拉杆 7 等组成，离合器左右两部分的结构是相同的。图 3-9 表示的是左离合器结构，内摩擦片 3 的孔是花键孔，装在轴Ⅰ的花键上，随轴Ⅰ旋转，其外径略小于双联空套齿轮 1 套筒的内孔，不能直接传动齿轮 1。外摩擦片 2 的孔是圆孔，其孔径略大于花键轴的外径，其外圆上有 4 个凸起，嵌在空套齿轮 1 套筒的 4 个缺口中，所以齿轮 1 随外摩擦片一起旋转，内外摩擦片相间安装。当推拉杆 7 通过销子 5 向左推动压块 8 时，将内外摩擦片压紧。轴Ⅰ的转矩由内摩擦片 1 通过内外摩擦片之间的摩擦力传给外摩擦片 2，再由外摩擦片 2 传动齿轮 1，使主轴正转。同理，当压块 8 向右压时，主轴反转。压块 8 处于中间位置时，左右内外摩擦片无压力作用，离合器脱开，主轴停转。摩擦离合器不但实现主轴的正反转和停止，并且在

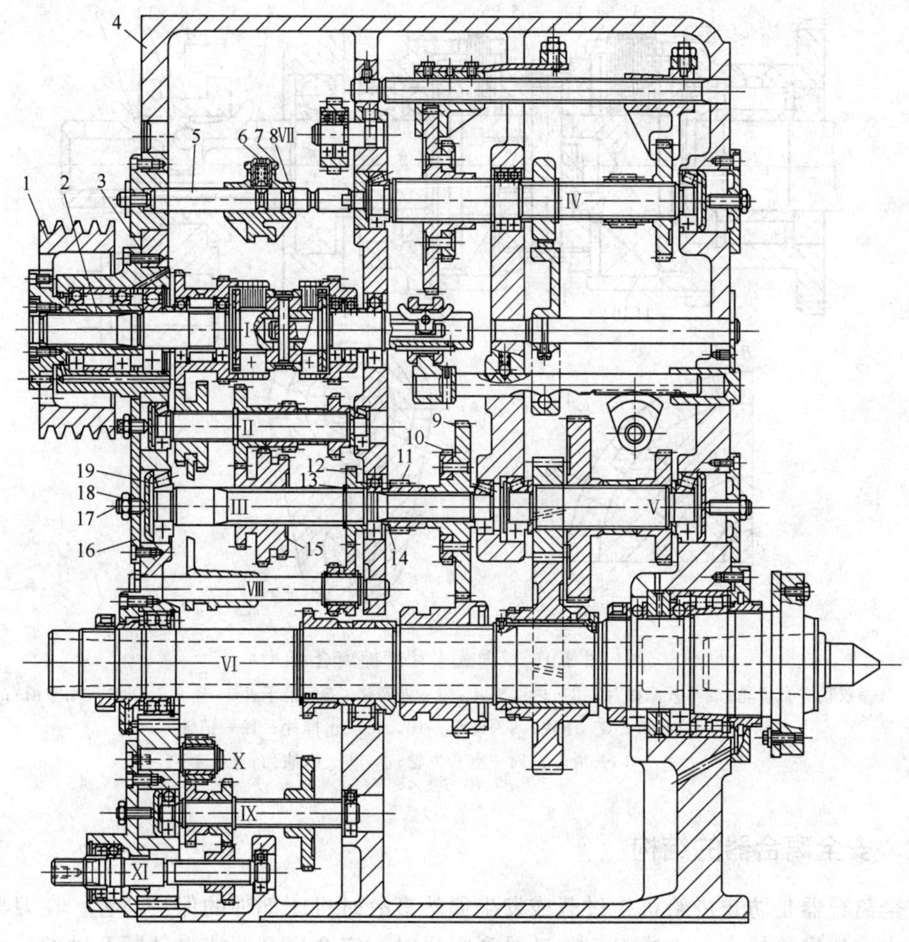

图 3-8　主轴箱展开图

1—带轮；2—花键套筒；3—法兰；4—箱体；5—导向轴；6—调节螺钉；7—螺母；8—拨叉；
9～12—齿轮；13—弹簧卡圈；14—垫圈；15—三联齿轮；16—轴承盖；17—螺钉；
18—锁紧螺母；19—压盖

接通主运动链时还能起过载保护作用。当机床过载时，摩擦片打滑，避免损坏机床部件。摩擦片传递转矩大小在摩擦片数量一定的情况下取决于摩擦片之间压紧力的大小，其压紧力的大小是根据额定转矩调整的。当摩擦片磨损后，压紧力减小，这时可进行调整，其调整方法是用工具将防松的弹簧销 4 压进压块 8 的孔内，旋转螺母 9，使螺母 9 相对压块 8 转动，螺母 9 相对压块 8 产生轴向左移，直到能可靠压紧摩擦片，松开弹簧销 4，并使其重新卡入螺母 9 的缺口中，防止其松动。

3.1.7　溜板箱

溜板箱的作用是将丝杠和光杠传来的旋转运动变为刀架进给运动，控制刀架运动的接通、断开和换向。溜板箱是由接通、断开和转换纵、横向进给运动的操纵机构，接通丝杠传动的开合螺母机构，保证机床工作安全的互锁机构，保证机床工作安全的过载保护机构和实现刀架快慢速自动转换的超越离合器等几部分组成的。下面将介绍主要机构的机构、工作原理及有关调整。

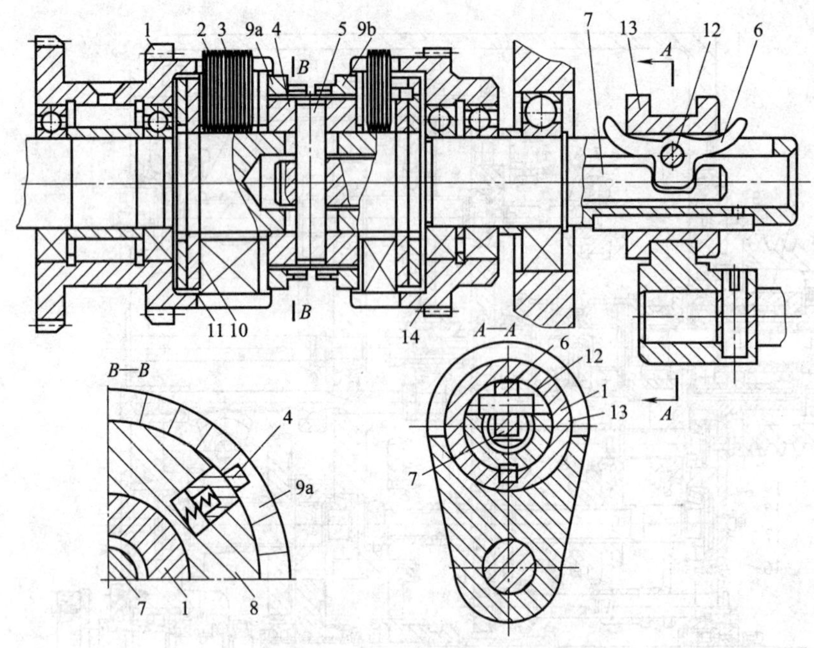

图 3-9 双向式多片摩擦离合器

1—双联空套齿轮；2—外摩擦片；3—内摩擦片；4—弹簧销；5—销子；6—羊角形摆块（元宝销）；7—推拉杆；8—压块；9—螺母；10，11—止推片；12—销轴；13—滑套；14—空套齿轮；a，b—回油孔

3.1.8 安全离合器的结构

安全离合器是防止进给机构过载或发生偶然事故时机床部件的保护装置。在刀架机动进给过程中，如进给抗力过大或刀架移动受到阻碍时，安全离合器能自动断开轴的运动，如图3-10所示，安全离合器由端面带螺旋齿爪的 4 和 10 两半部分组成，左半部 4 用平键 9 与超越离合器的星形体 5 连接，右半部 10 与轴用花键连接。正常工作情况下，通过弹簧 3 的作用，使离合器左右两半部经常处于啮合状态，以传递由超越离合器星形体 5 传来的运动和转矩，并经花键传给轴。此时，安全离合器螺旋齿面上产生的轴向分力，由弹簧 3 平衡。当进给抗力过大或刀架移动受到阻碍时，通过安全离合器齿爪传递的转矩及产生的轴向分力将增大，当轴向分力大于弹簧 3 的作用力时，离合器的右半部 10 将压缩弹簧 3 而向右滑移，与左半部 4 脱开接合，安全离合器打滑，从而断开架的机动进给。过载现象排除后，弹簧 3 又将安全离合器自动接合，恢复正常的机动进给；调整螺母 7，通过轴承内孔中的拉杆 11 及圆柱销 2 调整弹簧座 12 的轴向位置，可以改变弹簧 3 的压缩量，以调整安全离合器所传递的转矩大小。

3.1.9 超越离合器的结构

超越离合器的作用是实现同一轴运动的快、慢速自动转换。如图 3-10 中 $A—A$ 剖面图所示，超越离合器由齿轮 6（它作为离合器的外壳）、星形体 5、3 个滚柱 8、顶销 13 和弹簧 14 组成。当刀架机动工作进给时，空套齿轮 6 为主动逆时针方向旋转，在弹簧 14 及顶销 13 的作用下，使滚柱 8 挤向楔缝，并依靠滚柱 8 与齿轮 6 内孔孔壁间的摩擦力带动星形体 5 随同齿轮 6 一起转动，再经安全离合器 M_7 带动轴转动，实现机动进给。当快速电动机启动

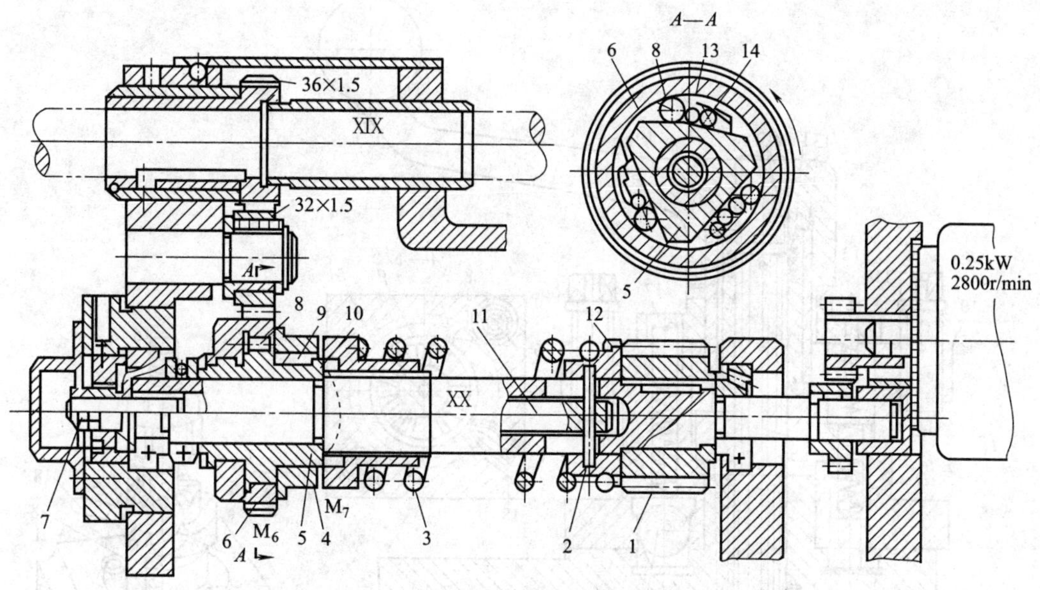

图 3-10　安全离合器和超越离合器的结构

1—蜗杆；2—圆柱销；3,14—弹簧；4—M_7 左半部；5—星形体；6—齿轮；7—螺母；8—滚柱；9—平键；10—M_7 右半部；11—拉杆；12—弹簧座；13—顶销

时，运动由齿轮副 13/29 传至轴 XX，则星形体 5 由轴带动作逆时针方向的快速旋转，此时，在滚柱 8 与齿轮 6 及星形体 5 之间的摩擦力和惯性力的作用下，使滚柱 8 退缩，顶销移向楔缝的大端，从而脱开齿轮 6 与星形体 5（即轴）间的传动联系，齿轮 6 并不再为轴 XX 传递运动，轴 XX 是由快速电动机带动作快速转动，刀架实现快速运动。当快速电动机停止转动时，在弹簧及顶销和摩擦力的作用下，使滚柱 8 又瞬间嵌入楔缝，并楔紧于齿轮 6 和星形体 5 之间，刀架立即恢复正常的工作进给运动。由此可见，超越离合器 M_6 可实现轴快、慢速运动的自动转换。

3.1.10　方刀架的结构

如图 3-11 所示，方刀架安装在小滑板上，用小滑板的圆柱凸台 D 定心。方刀架可转动间隔为 90°的 4 个位置，使装在它四侧的 4 把车刀依次进入工作位置。每次转位后，定位销 8 插入刀架滑板上的定位孔中进行定位。方刀架每次转位过程中的松夹、拔销、转位、定位以及夹紧等动作，都由手柄 16 操纵。逆时针转动手柄 16，使其从轴 6 顶端的螺纹向上退松，刀架体 10 便被松开。同时，手柄通过内花键套筒 13（用骑缝螺钉与手柄连接）带动花键套筒 15 转动，花键套筒 15 的下端的端面齿与凸轮 5 上的端面齿啮合，因而凸轮也被带动着逆时针转动。凸轮转动时，先由其上的斜面 a 将定位销 8 从定位孔中拔出，接着凸轮的垂直侧面 b 与安装在刀架体中的固定销 18 相碰，于是带动刀架体 10 一起转动，钢球 3 从定位孔中滑出。当刀架转至所需位置时，钢球 3 在弹簧 2 作用下，进入另一定位孔中进行预定位。然后反向转动手柄 16，同时凸轮 5 也被带动一起反转，当凸轮在斜面 a 退离定位销 8 的勾形尾部时，在弹簧的作用下，定位销 8 插入新的定位孔，使刀架实现精确定位。刀架被定位后，凸轮的另一垂直侧面 c 与固定销 18 相碰，凸轮便被固定销 18 挡住不再转动。于是，凸轮与花键套筒间的断面齿离合器便开始打滑，直至手柄 16 继续转动到夹紧刀架为止。修磨垫片 12 的厚度，可调整手柄 16 在夹紧方刀架后的正确位置。

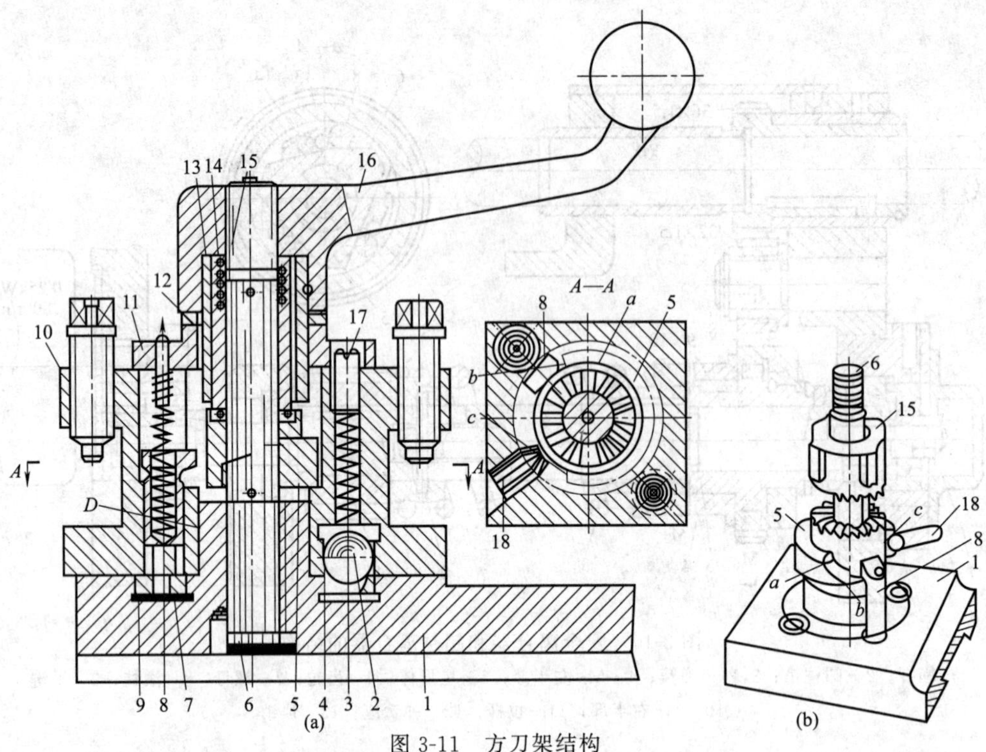

图 3-11 方刀架结构

1—小溜板；2,7,14—弹簧；3—钢球；4—定位套；5—凸轮；6—轴；8—定位销；9—定位套；10—刀架体；11—刀架上盖；12—垫片；13—内花键套筒；15—花键套筒；16—手柄；17—调节螺钉；18—固定销

3.2 铣床

3.2.1 铣床的工艺范围

1. 铣削加工的工艺范围

铣削加工的适应范围很广，可以加工各种零件的平面、台阶面、沟槽、成形表面、型孔表面、螺旋表面等，如图 3-12 所示。

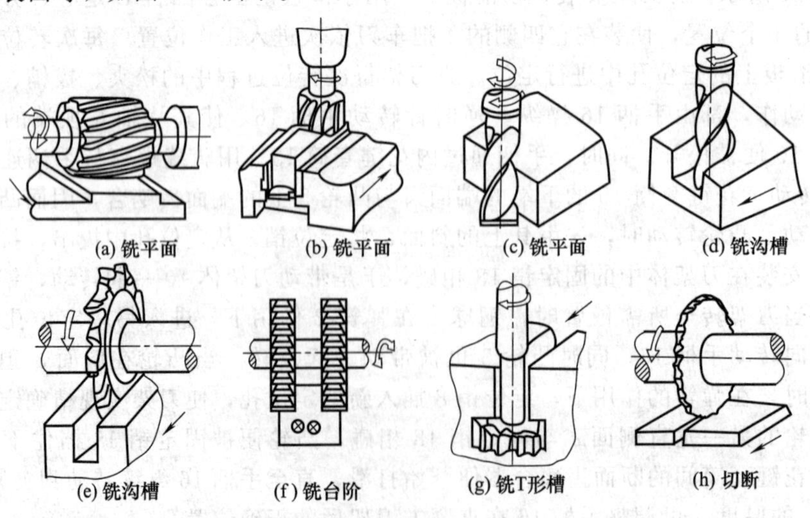

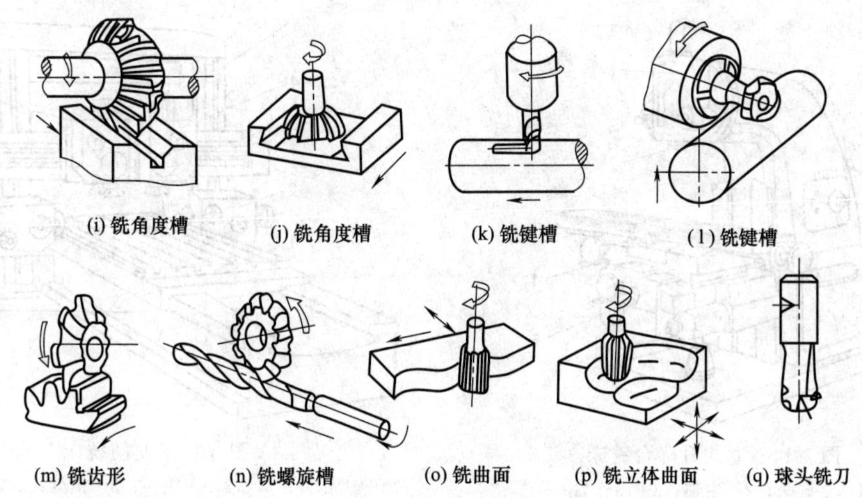

图 3-12　铣削加工应用范围

2. 铣床的种类

铣床的类型很多，主要以布局形式和适用范围可分为：卧式升降台铣床、立式升降台铣床、龙门铣床、工具铣床、圆台铣床、仿形铣床和各种专门化铣床。

(1) 卧式升降台铣床　卧式升降台铣床简称卧式铣床，是目前应用比较广泛的一种铣床，如图 3-13 所示。卧式升降台铣床可用各种圆柱铣刀、圆片铣刀、角度铣刀、成形铣刀和端面铣刀加工各种平面、斜面、沟槽等。如果使用适当铣床附件，可加工齿轮、凸轮、弧形槽及螺旋面等特殊形状的零件，配置万能铣头、圆工作台、分度头等铣床附件，可扩大铣床使用范围。

卧式铣床的主轴是水平安装的，卧式升降台铣床、万能升降台铣床和万能回转头铣床都属于卧式铣床。

(2) 立式升降台铣床　立式升降台铣床是一种具有广泛用途的通用铣床，立式铣床的主轴是垂直安装的。立铣头取代了卧铣的主轴悬梁、刀杆及其支承部分，且可在垂直面内调整角度。立式升降台铣床利用端面铣刀、立铣刀、圆柱铣刀、锯片铣刀、圆片铣刀、端面铣刀及各种成形铣刀，加工单件及成批生产中的平面、沟槽、台阶等表面的加工，还可加工斜面。若与分度头、圆形工作台等配合，还可加工齿轮、凸轮及铰刀、钻头等的螺旋面，在模具加工中，立式升降台铣床最适合加工模具型腔和凸模成形表面。立式升降台铣床的外形如图 3-14 所示。

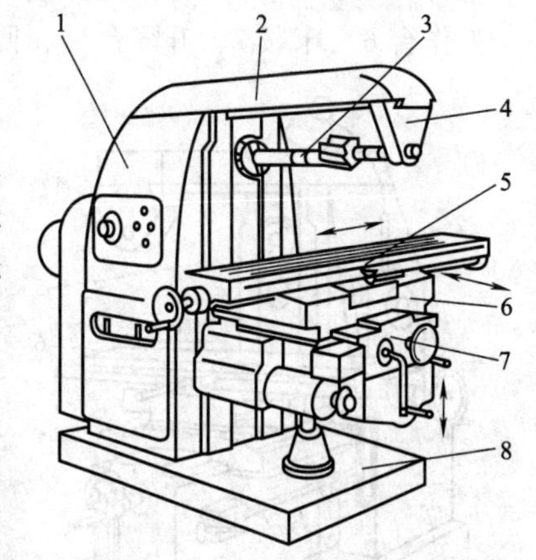

图 3-13　卧式升降台铣床

1—床身；2—悬梁；3—刀杆；4—悬梁支架；5—工作台；6—床鞍；7—升降台；8—底座

由于机床具备了足够的功率和刚性以及有较大的调速范围，因此可充分利用硬质合金刀具来进行高速切削。

(3) 龙门铣床　龙门铣床是一种大型高效能的铣床，如图 3-15 所示。它是龙门式结构布局，具有较高的刚度及抗振性。在龙门铣床的横梁及立柱上均安装有铣削头，每个铣削头都是一个独立部件，横梁可沿两立柱导轨作升降运动。横梁上有 2 个带垂直主轴的铣头，可沿横梁导轨作横向运动。两立柱上还可分别安装一个带有水平主轴的铣头，它可沿立柱导轨

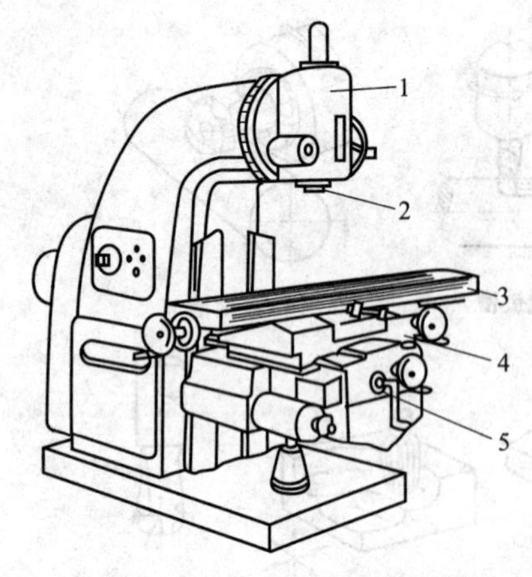

图 3-14 立式升降台铣床

1—立铣头；2—主轴；3—工作台；4—床鞍；5—升降台

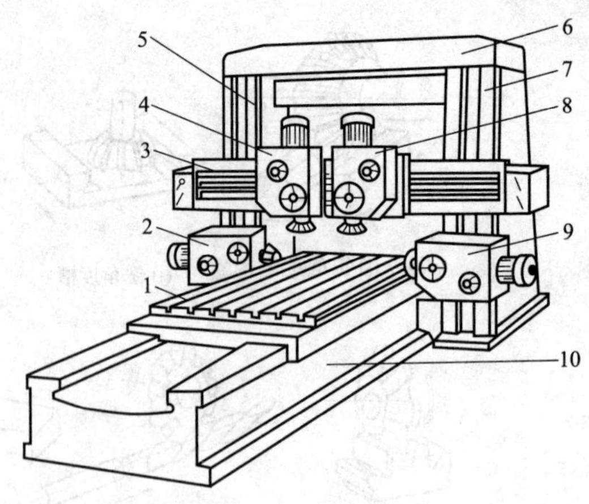

图 3-15 龙门铣床

1—工作台；2,4,8,9—铣头；3—横梁；5,7—立柱；6—顶梁；10—床身

作上下升降运动。其中包括单独的驱动电机、变速机构、传动机构、操纵机构及主轴部件等。在龙门铣床上可利用多把铣刀同时加工几个表面，生产率很高。

龙门铣床加工精度和生产率均较高，所以，广泛应用于成批、大量生产中大中型工件的平面、沟槽加工。

(4) 万能工具铣床 常配备有可倾斜工作台、回转工作台、平口钳、分度头、立铣头、插削头等附件，所以，万能工具铣床除能完成卧式与立式铣床的加工内容外，还有更多的万能性，故适用于工具、刀具及各种模具加工，也可用于仪器、仪表等行业加工形状复杂的零件。

3.2.2 X6132A 万能卧式升降台铣床的组成

如图 3-16 所示，X6132A 万能升降台铣床由底座 1、床身 2、悬梁 3、刀杆支架 4、主轴 5、工作台 6、床鞍 7、升降台 8 和回转盘 9 等组成。床身 2 固定在底座 1 上。床身内装有主轴部件、主变速传动装置及其变速操纵机构。悬梁 3 可在床身顶部的燕尾导轨上沿水平方向调整前后位置。悬梁上的刀杆支架 4 用于支承刀杆，提高刀杆的刚性。升降台 8 可沿床身前侧面的垂直导轨上、下移动，升降台内装有进给运动的变速传动装置、快速传动装置及其操纵机构。床鞍 7 装在升降台的水平导轨上，床鞍 7 可沿主轴轴线方向移动（亦称横向移动）。床鞍 7 上装有回转盘 9，回转盘上的燕尾导轨上又装有工作台 6，因此，工作台可沿导轨作垂直于主轴轴线方向移动（亦称纵向移动），工作台通过回转盘可绕垂直轴线在±45°范围内调整角度，以铣削螺旋表面。

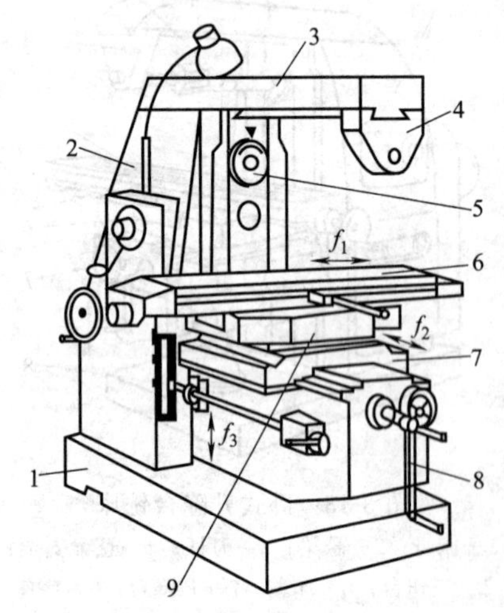

图 3-16 X6132A 万能卧式升降台铣床的组成

1—底座；2—床身；3—悬梁；4—刀杆支架；5—主轴；6—工作台；7—床鞍；8—升降台；9—回转盘

3.2.3 X6132A 万能卧式升降台铣床的传动系统

如图 3-17 所示，X6132A 万能卧式升降台铣床的传动系统由主运动传动链、横向进给运动传动链、纵向进给运动传动链、上下进给运动传动链及相应方向的快速空行程进给运动传动链组成。

3.2.4　主运动传动链

主运动是指带动铣刀旋转，并对工件进行切削的运动。铣床主运动传动装置的主要任务是获得加工时所需的各种转速、转向以及停止加工时的快速平稳制动，它的 18 级转速通过相互串联的变速组变速后得到。由于加工时主轴换向不频繁，因此由主电动机正、反转实现换向，轴Ⅱ右端安装电磁制动器，用于机床停止加工时对主传动装置实施制动。

3.2.5　进给运动传动链

进给运动是指带动工作台作直线运动，并使工件获得连续切削的运动。工作台除可作 3 个相互垂直方向的进给运动外，还可沿进给方向作快速移动。进给运动传动链表达式如下：

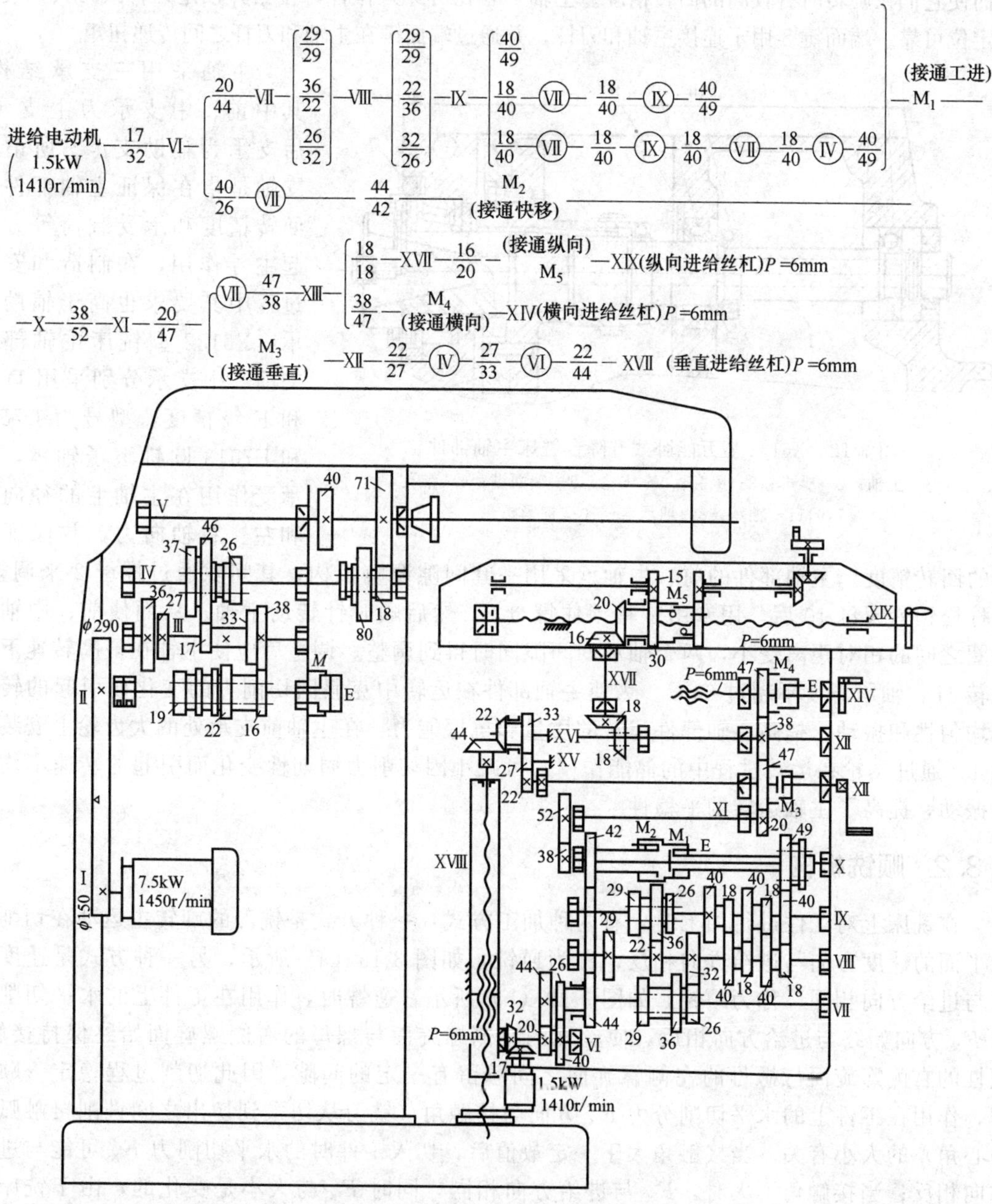

图 3-17　X6132 型万能卧式升降台铣床传动路线

3.3 铣床的主要部件结构

3.3.1 主轴部件

如图 3-18 所示为 X6132 型铣床主轴结构，其基本形状为阶梯形空心轴，前端孔径大于后端直径，使主轴前端具有较大的抗变形能力。主轴前端 7∶24 的精密锥孔，用于安装铣刀刀杆或端铣刀刀柄，使其能准确定心，保证铣刀刀杆或端铣刀的旋转中心与主轴旋转中心同轴，从而使它们在旋转时有较高的回转精度。主轴中心孔可穿入拉杆，拉紧并锁定刀杆或刀具，使它们定位可靠。端面键 5 用于连接主轴和刀杆，并通过端面键在主轴和刀杆之间传递扭矩。

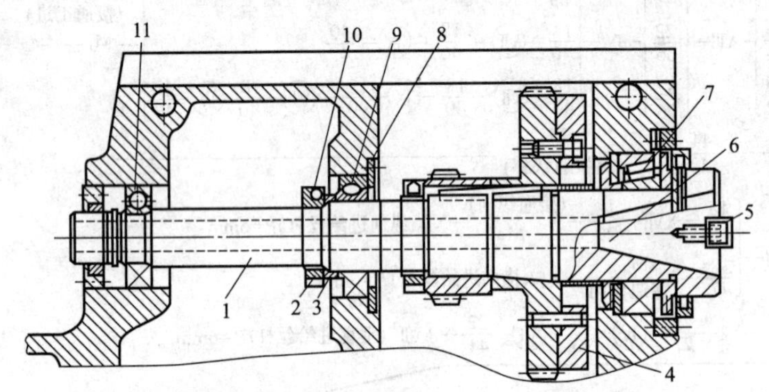

图 3-18 X6132 型万能卧式升降台铣床主轴部件

1—主轴；2—螺母；3—隔套；4—飞轮；5—端面键；6—锥孔；7,9,11—轴承；8—轴承盖；10—锁紧螺母

主轴采用三支承结构，其中前、中支承为主支承，后支承为辅助支承。所谓主支轴是指在保证主轴部件的回转精度和承受载荷等方面起主导作用，在制造和安装过程中其要求也高于辅助支承。X6132 型铣床主轴部件的前、中支承分别采用 D 级和 E 级精度，型号为 D7518 和 E7513 圆锥滚子轴承，以承受作用在主轴上的径向力和左、右轴向力，并保证主轴的回转精度。主轴部件的前、中轴承采用一套间隙调整机构，其间隙通过螺母 2 来调整，当拧松锁紧螺母 10 后，用专用工具锁住螺母 2，然后顺时针转动主轴，从而使前、中轴承内圈之间的相对距离变小，两个轴承的间隙同时得到调整。调整后应使主轴在最高转速下试运转 1h，轴承温度不超过 60℃。为使主轴部件在运转中克服因切削力的变化而引起的转速不均匀性和振动，提高主轴部件运转的质量和抗振能力，在主轴前支承处的大齿轮上安装飞轮 4。通过飞轮在运转过程中的储能作用，可减小因切削力周期性变化而引起的转速不均匀和振动，提高了主轴运转的平稳性。

3.3.2 顺铣机构

在铣床上对工件进行加工时，有两种加工方式：一种方式是铣刀的旋转主运动在切削点水平面的速度方向与进给方向相反，称为逆铣，如图 3-19（a）所示；另一种方式是速度方向与进给方向相同，称为顺铣，如图 3-19（b）所示。逆铣时，作用在工件上的水平切削分力 F_x 方向始终与进给方向相反，使丝杠的左侧螺旋面与螺母的右侧螺旋面始终保持接触，丝杠的右侧螺旋面与螺母的左侧螺旋面之间总留有一定的间隙，因此切削过程稳定。顺铣时，作用在工件上的水平切削分力 F_x 方向与接触角（铣刀从切入到切出之间铣削接触弧的中心角）的大小有关。当接触角大于一定数值后，切入工件时的水平切削力 F_x 可能与进给方向相反；当接触角不大时，F_x 与进给方向相同，同时 F_x 与大小是变化的，由于铣床进给丝杠与螺母存在一定的间隙，因此，顺铣时水平切削分力 F_x 的大小与方向的变化会造成工作台的间歇性窜动，使切削过程不稳定，引起振动甚至打刀。所以在采用顺铣方式加工时，应设法消除丝杠与螺母机构之间的间隙，而不采用顺铣方式时又自动使丝杠与螺母之间保持合适的间隙，以减少丝杠与螺母之间不必要的磨损。如图 3-19（c）所示为 X6132 型铣床的顺铣机构工作原理图：齿条 5 在弹簧 6 的作用下使冠状齿轮 1 沿图中箭头方向旋转，并带动左右螺母向相反方向旋转。这时，左螺母的左侧螺旋面与丝杠的右侧螺旋面贴紧；右螺母的右侧螺旋面与丝杠的左侧螺旋面贴紧。逆铣时，水平切削分力 F_x 向左，由右螺母承受，当进给丝杠按箭头方向旋转时，由于右螺母与丝杠间有较大的摩擦力，而使右螺母有随丝杠转动的趋势，并通过冠状齿轮带动左螺母形成与丝杠转动方向相反的转动趋势，使左螺母左侧螺旋面与丝杠右侧螺旋面之间产生一定的间隙，减小丝杠与螺母间的磨损。顺铣时，

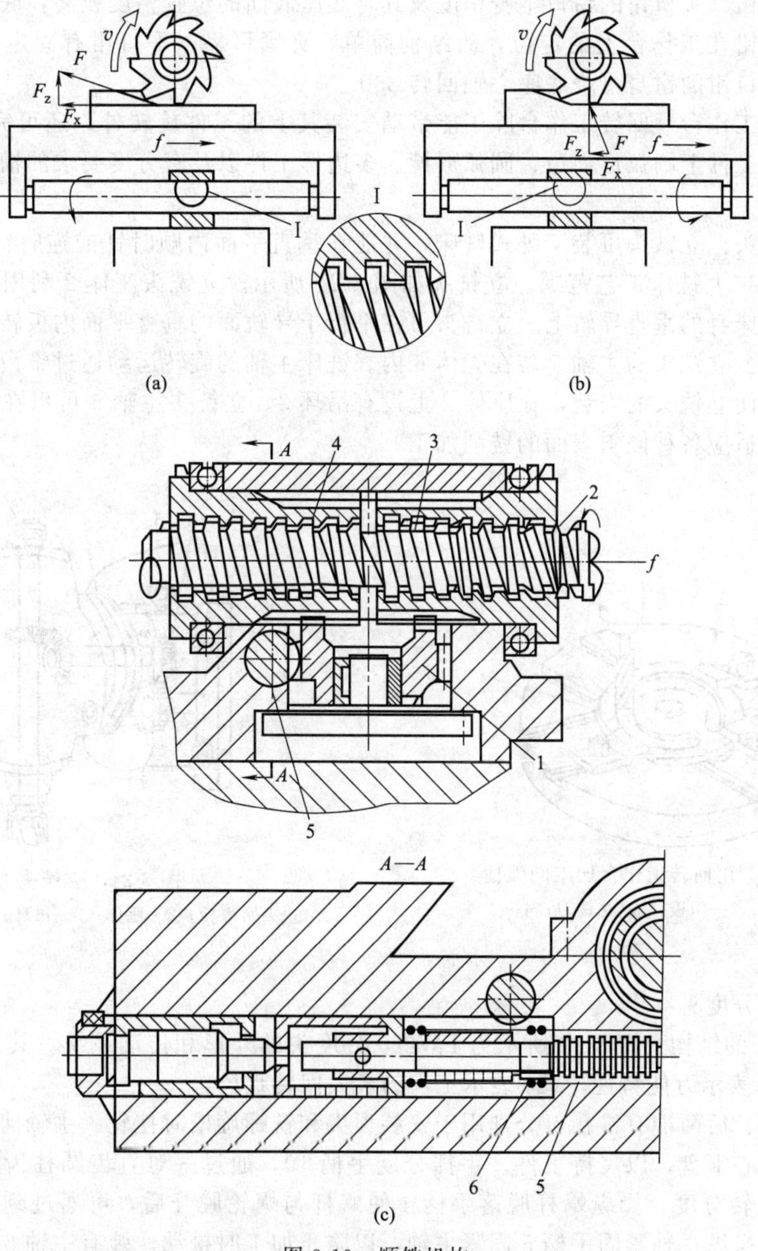

图 3-19　顺铣机构

1—冠状齿轮；2—丝杠；3—右螺母；4—左螺母；5—齿条；6—弹簧

水平切削分力 F_x 向右，由左螺母承受，进给丝杠仍按箭头方向旋转时，左螺母与丝杠间产生较大的摩擦力，而使左螺母有随丝杠转动的趋势，并通过冠状齿轮带动右螺母形成与丝杠转动方向相反的转动趋势，使右螺母右侧螺旋面与丝杠左侧螺旋面贴紧，整个丝杠螺母机构的间隙被消除。

3.3.3　铣床附件

铣床附件除常用的螺栓、压板等基本工具外，主要有平口钳、万能分度头、回转工作台、立铣头等。

1. 铣床常用附件

（1）平口钳　平口钳的钳口本身精度及其与底座底面的位置精度较高，底座下面的定向键方便于平口钳在工作台上的定位，故结构简单，夹紧可靠。平口钳有固定式和回转式两种，回转式平口钳的钳身可绕底座心轴回转 360°。

（2）回转工作台　回转工作台除了能带动安装其上的工件旋转外，还可完成分度工作。如利用它加工工件上圆弧形周边、圆弧形槽、多边形工件以及有分度要求的槽或孔等（见图 3-20）。

（3）立铣头　立铣头可装于卧式铣床，并能在垂直平面内顺时针或逆时针回转 90°，起到立铣作用而扩大铣床工艺范围。立铣头如图 3-21 所示。立铣头座体 2 利用夹紧螺栓 1 紧固在卧式铣床床身的垂直导轨上。立铣头可在平行于导轨面的垂直平面内扳转角度，其大小由刻度盘示值。立铣头的主轴 5 装在壳体 6 内。铣床主轴的旋转运动通过锥齿轮传至铣头主轴 5 上。为方便立铣头的安装，在座体 2 上设有吊环 3。立铣头主轴 5 可以在垂直面内转动任意角度，以适应各种倾斜表面的铣削加工。

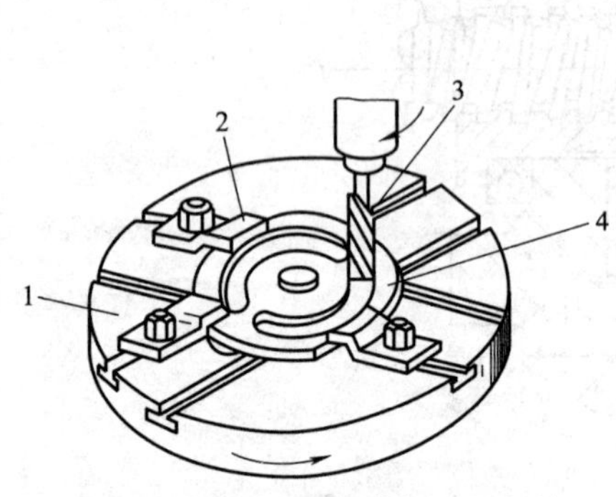

图 3-20　用回转工作台加工圆弧槽

1—圆转台；2—压板；3—立铣刀；4—工件

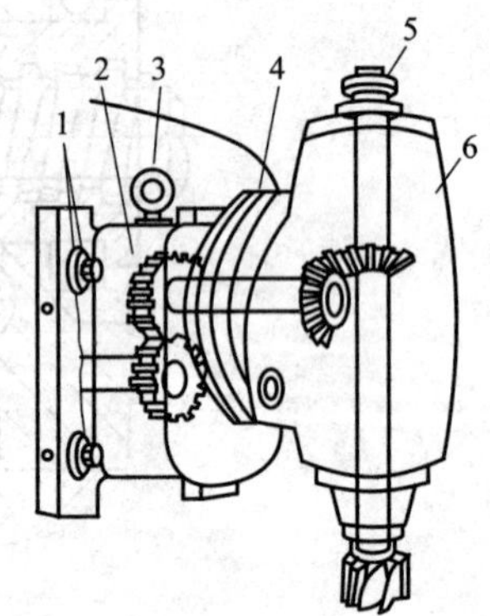

图 3-21　立铣头

1—夹紧螺栓；2—座体；3—吊环；4—刻度盘；5—主轴；6—壳体

（4）万能分度头

① 分度头的结构　图 3-22 所示为 FW250 分度头的外形和传动系统。其型号中的 F 表示分度头，W 表示万能特性，250 表示工件的最大回转直径。

主轴 8 前、后两端有锥孔，分别用于安装顶尖和铣螺旋槽时挂轮。主轴前端还可通过螺纹装三爪自定心卡盘，以夹持工件。手摇分度手柄 10，通过一对直齿圆柱齿轮和蜗杆蜗轮使主轴 8 作旋转分度。操纵蜗杆脱落手柄 4 使蜗杆与蜗轮脱开后，可通过刻度盘 7 直接分度。分度后须操纵主轴紧固手柄 5 固紧主轴，以防止加工时松动。装有主轴 8 的回转体 6 可以在机座 9 的环形导轨内转动。主轴中心线可由水平位置，在向上 90°、向下 6°的范围内任意调整角度，以适应各倾斜面的加工。分度盘 2 正、反面都有数圈精确等分的定位孔，以解决分度手柄 10 的转数不是整数时的分度。

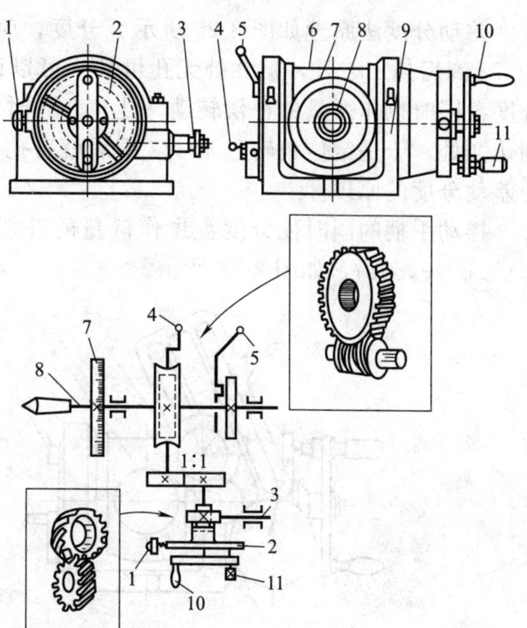

图 3-22　FW250 分度头外形和传动系统

1—紧固螺钉；2—分度盘；3—挂轮轴；4—蜗杆脱落手柄；5—主轴紧固手柄；6—回转体；7—刻度盘；8—主轴；9—机座；10—分度手柄；11—定位销

② 简单分度法　常用的分度方法为简单分度法。如图 3-23 所示，分度盘 2 与其同轴的螺旋齿轮为刚性连接，空套在手柄轴上。简单分度时，紧固螺钉 1 将分度盘固定在机座 9 上，以盘上的孔作为分度基准。

摇动分度手柄 10 使分度轴转动。运动经过 1∶1 的圆柱齿轮和 1∶40 的蜗杆蜗轮，使主轴 8 作分度旋转。手柄摇 40 圈，主轴带动工件转一圈；手柄摇 1 圈，工件转1/40 圈，即手柄与主轴的转速比为 1∶(1/40)。

若工件圆周的等分数为 z，每次分度时工件需转 $1/z$ 圈。显然，它与分度手柄的转数 n 有如下关系：

$$n:(1/z)=1:(1/40)$$

则 $n=40/z$

如将圆钢铣成六方形截面，每铣完一方，手柄需摇的圈数为 $n=\frac{40}{6}=6\ \frac{4}{6}=6\ \frac{2}{3}$ 圈。手柄摇过 6 整圈以后，分数 2/3 圈必须借助分度盘上相应的孔圈来控制。其所选孔数应为分母 3 的倍数。若选用 66 的孔圈，则 2/3=44/66，即每铣完一方，手柄摇 6 整圈，再加上 66 的孔圈上摇 44 个孔距，然后将定位销 11

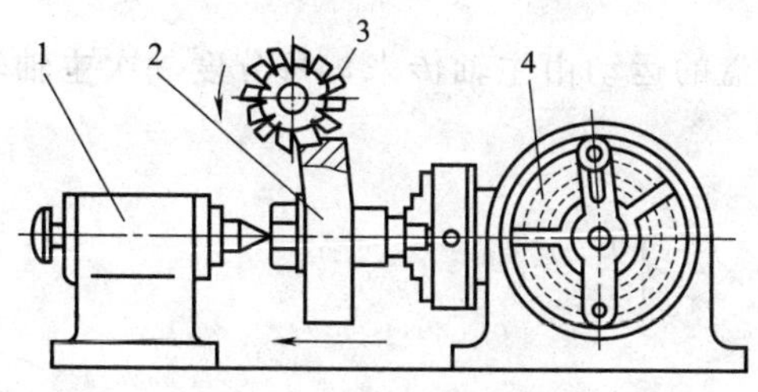

图 3-23　用分度头铣齿轮

1—尾座；2—齿轮坯；3—铣刀；4—分度头

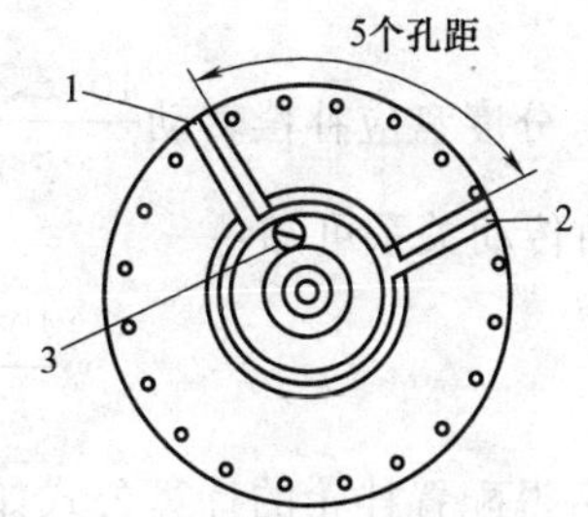

图 3-24　扇形夹

1,2—扇脚；3—螺钉

插入相应的孔中定位。

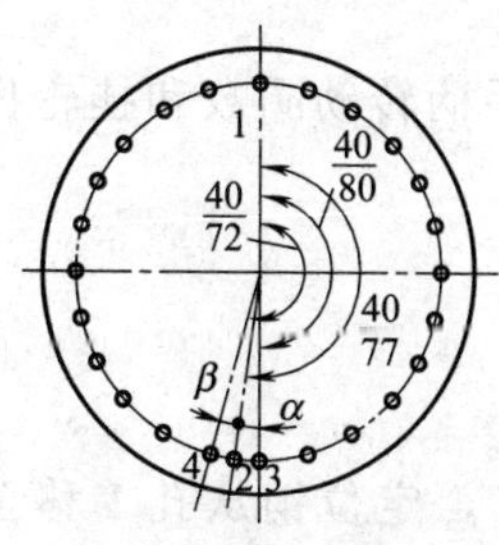

图 3-25　差动分度原理

在分度盘上数孔，使用分度盘上的扇形夹（见图 3-24）。它由 1、2 两扇脚组成，松开螺钉 3 可任意调节两扇脚间的孔数。两扇脚夹孔数为 6，实为 5 个孔距。调好两扇脚间的孔数后压紧螺钉，每次分度时扳动扇夹，其所夹孔数维持不变。

③ 差动分度法　受分度盘上的孔圈数限制，简单分度法有局限性。例如，铣齿数 $z=77$ 的齿轮，简单分度法就无法完成分度工作。此时只能采用差动分度法。

差动分度法原理如图 3-25 所示。分度，应先将定位销从孔 1 中拔出，然后顺时针转过 40/77 圈后插入 2 处，但 2 处无孔可插。可以设想，若顺时针使定位销从孔 1 转到 2 处时，分度盘同时也作微量的补偿转动，让孔 3 顺时针转过 α 角到达 2 处，或孔 4 逆时针转过 β 角到达 2 处，于是定位销转过 40/77 圈后就有孔可插入定位了。这是解决问题的思想方法，亦是差动分度的原理。

摇动手柄的同时使分度盘也作微量的补偿转动，须在主轴与挂轮轴之间安装一组挂轮 z_a、z_b、z_c、z_d，如图 3-26 所示。

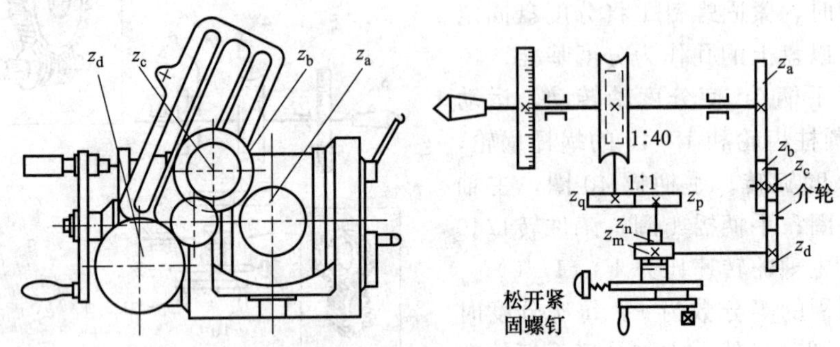

图 3-26　差动分度的挂轮

首先松开紧固螺钉，使空套在手柄轴上的分度盘和螺旋齿轮 z_n 与机座脱开。转动分度盘手柄，运动通过 z_p、z_q—蜗杆蜗轮—主轴—z_a、z_b—z_c、z_d—z_m、z_n—分度盘，形成环形路线，使分度盘作相应的微量补偿转动。z_m、z_n 之间有无介轮决定分度盘的旋转方向。

FW250 分度头配有一组挂轮共 12 个（见表 3-2），供差动分度时选用。

若工件等分数 z 无法用简单分度时，先设定一个与 z 相近，且能简单分度的气代替。当设定 $z_o > z$ 时，手柄实际摇的圈数 $40/z_o$ 比应摇的圈数 $40/z_o$ 少一个 α 值，其大小为

$$\frac{40}{z}-\frac{40}{z_o}=\frac{40(z_o-z)}{z_o z}$$

显然，分度盘应补偿转动 $\frac{40(z_o-z)}{z_o z}$ 圈。分度盘的运动由主轴传来，每分度一次主轴转 $1/z$ 圈，由传动关系可知：

$$\frac{40(z_o-z)}{z_o z}=\left(\frac{z_a}{z_b}\times\frac{z_o}{z_d}\right)\frac{1}{z}$$

上式整理后得配置挂轮的计算公式如下：

$$\frac{z_a}{z_b}\times\frac{z_c}{z_d}=\frac{40(z_o-z)}{z_o}$$

式中　z_a、z_b、z_c、z_d——挂轮齿数。

［例］ 铣削齿数 $z=77$ 的齿轮，试选分度盘孔圈数、计算分度手柄转动圈数和挂轮齿数。已知 FW250 分度头的分度盘有 22 种不同孔数的孔圈（见表 3-2）。

解法 1　等分数为 77，只能采用差动分度。

① 设等分数 $z_o=80$，分度手柄应转圈数为

$$n_o=40/z_o=40/80=12/24$$

即选孔数为 24 的孔圈，每分度一次转过 12 个孔距（见图 3-25，定位销从孔 1 移至孔 3）。

表 3-2　分度盘孔圈孔数与挂轮齿数

型号	分度盘各孔圈的孔数	挂轮齿数
FW125	16、24、30、36、41、47、57、59、23、25、28、33、39、43、51、61、22、27、29、31、37、49、53、63	24、24、28、32、40、44、48、56、64、72、80、84、86、96、100
FW250	24、25、28、30、34、37、38、39、41、42、43、46、47、49、51、53、54、57、58、59、62、66	25、25、30、35、40、50、55、60、70、80、90、100

② 计算配换挂轮

$$(z_a/z_b)(z_c/z_b)=40(z_o-z)/z=40(80-77)/80=3/2=(60/25)(25/40)$$

即四个齿轮的齿数分别为 $z_a=60$、$z_b=25$、$z_c=25$、$z_d=40$。这样，分度盘顺时针补偿转动 α 角（见图 3-25，孔 3 移至 2 处），定位销（分度手柄轴）的实际转动圈数为 40/77。

解法 2 ① 设等分数 $z_o=66$，分度手柄应转圈数：$n_o=40/z_o=40/66$

即选孔数为 66 的孔圈，每分度一次转过 40 个孔距。

② 计算配换挂轮

$$(z_a/z_b)(z_c/z_d)=40(66-77)/66=-40/6=-(5\times8)/(2\times3)$$
$$=-(100\times80)/(40/30)=-(100\times40)(80\times30)$$

即 $z_a=100$、$z_b=40$、$z_c=80$、$z_d=30$。

计算结果为负值，表明简单分度摇的圈数 40/66 比应摇的圈数 40/77 大，分度盘需作反向补偿转动，挂轮 z_c、z_d 之间应加介轮。

3.4 磨床

3.4.1 磨床的工艺特点与类型

采用磨料或非金属的磨具（如砂轮、砂带、油石和研磨剂等）对工件表面进行加工的机床称为磨床。

1. 磨床的工艺特点

(1) 切削工具是由无数细小、坚硬、锋利的非金属磨粒黏结而成的多刃工具，并且作高速旋转的主运动。

(2) 万能性强，适应性广。它能加工其他普通机床不能加工的材料和零件，尤其适用于加工硬度很高的淬火钢件或其他高硬度材料。

(3) 磨床种类多，范围广。由于高速磨削和强力磨削的发展，磨床已经扩展到零件的粗加工领域和精密毛坯制造领域，很多零件可以不必经过其他加工而直接由磨床加工成成品。

(4) 磨削加工余量小，生产效率较高，更容易实现自动化和半自动化，可广泛用于流水线和自动线加工。

(5) 磨削精度高，表面质量好，可进行一般普通精度磨削，也可以进行精密磨削和高精度磨削加工。

2. 磨床的类型

磨床的种类很多，按用途和采用的工艺方法不同，大致可分为以下几类。

(1) 外圆磨床　主要磨削回转表面，包括万能外圆磨床、外圆磨床及无心外圆磨床等。

(2) 内圆磨床　主要包括内圆磨床、无心内圆磨床及行星内圆磨床等。

(3) 平面磨床　用于磨削各种平面，包括卧轴矩台平面磨床、立轴矩台平面磨床、卧轴圆台平面磨床及立轴圆台平面磨床等。

（4）工具磨床　用于磨削各种工具，如样板或卡板等，包括工具曲线磨床、钻头沟槽（螺旋槽）磨床、卡板磨床及丝锥沟槽磨床等。

（5）刀具刃磨磨床　用于刃磨各种切削刀具，包括万能工具磨床（能刃磨各种常用刀具）、拉刀刃磨床及滚刀刃磨床等。

（6）专门化磨床　专门用于磨削一类零件上的一种表面，包括曲轴磨床、凸轮轴磨床、花键轴磨床、活塞环磨床、球轴承套圈沟磨床及滚子轴承套圈滚道磨床等。

（7）其他磨床　包括珩磨机、研磨机、抛光机、超精加工机床及砂轮机等。

3.4.2 M1432A型万能外圆磨床

M1432A 型万能外圆磨床是普通精度级万能外圆磨床，它主要用于磨削内外圆柱面、内外圆锥面、阶梯轴轴肩以及端面和简单的成形回转体表面等。磨削加工精度可达 IT6～IT7 级，表面粗糙度为 Ra1.25～0.08μm。这种磨床万能性强，但磨削效率不高，自动化程度较低，适用于工具车间、维修车间和中小批量生产类型。其主参数为：最大磨削直径 320mm。

1. M1432A 型万能外圆磨床的主要组成部件及技术性能

（1）机床的主要组成部件　M1432A 型万能外圆磨床的外形如图 3-27 所示。它由下列主要部件组成。

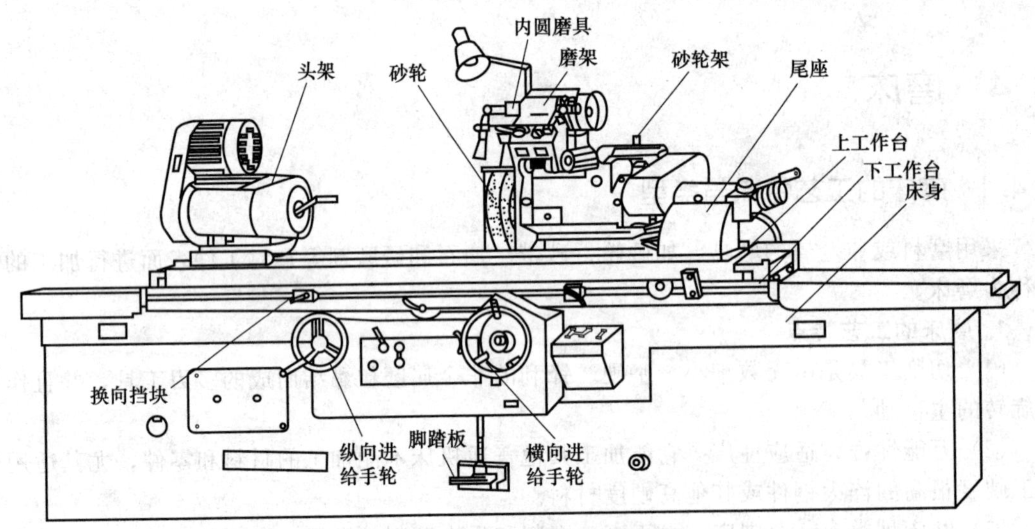

图 3-27　M1432A 型万能外圆磨床

① 床身　它是磨床的基础支承件，用以支承和定位机床的各个部件。床身的内部用作液压油的油池。

② 头架　它用于装夹和定位工件并带动工件作自转运动。当头架体座逆时针回转 0°～90°角度时，可磨削短圆锥面；当头架体作逆时针回转 90°时，可磨削小平面。

③ 砂轮架　它用以支承并传动砂轮主轴高速旋转，砂轮架装在滑鞍上，回转角度为 ±30°，当需要磨削短圆锥面时，砂轮架可调至一定的角度位置。

④ 内圆磨具　它用于支承磨内孔的砂轮主轴。内圆磨具主轴由单独的内圆砂轮电动机驱动。

⑤ 尾座　尾座上的后顶尖和头架前顶尖一起支承工件。

⑥ 工作台　它由上工作台和下工作台两部分组成。上工作台可绕下工作台的心轴在水

平面内调至某一角度位置（±80°），用以磨削锥度较小的长圆锥面。工作台台面上装有头架和尾座，这些部件随着工作台一起，沿床身纵向导轨作纵向往复运动。

⑦ 滑鞍及横向进给机构　转动横向进给手轮，通过横向进给机构带动滑鞍及砂轮架作横向移动；也可利用液压装置，通过脚操纵板使滑鞍及砂轮架作快速进退或周期性自动切入进给。

（2）磨床的主要技术性能

外圆磨削直径	8～320mm
外圆最大磨削长度（共三种规格）	1000mm；1500mm；2000mm
内孔磨削直径	30～100mm
内孔最大磨削长度	125mm
磨削工件最大重量	150kg
砂轮尺寸和转速	ϕ400mm×50mm×ϕ203mm，1670r/min
头架主轴转速	6 级 25r/min、50r/min、80r/min、112r/min、160r/min、224r/min
内圆砂轮转速	10000r/min；15000r/min
工作台纵向移动速度（液压无级调速）	0.05～4m/min
机床外形尺寸（三种规格）	
长度	3200mm；4200mm；5200mm
宽度	1800～1500mm
高度	1420mm
机床重量（三种规格）	3200kg；4500kg；5800kg

2. M1432A 型万能外圆磨床加工方法

（1）磨外圆　如图 3-28（a）所示，加工所需的运动为：

① 砂轮旋转运动 n_t　它是磨削外圆的主运动；

② 工件旋转运动 n_w　它是工件的圆周进给运动；

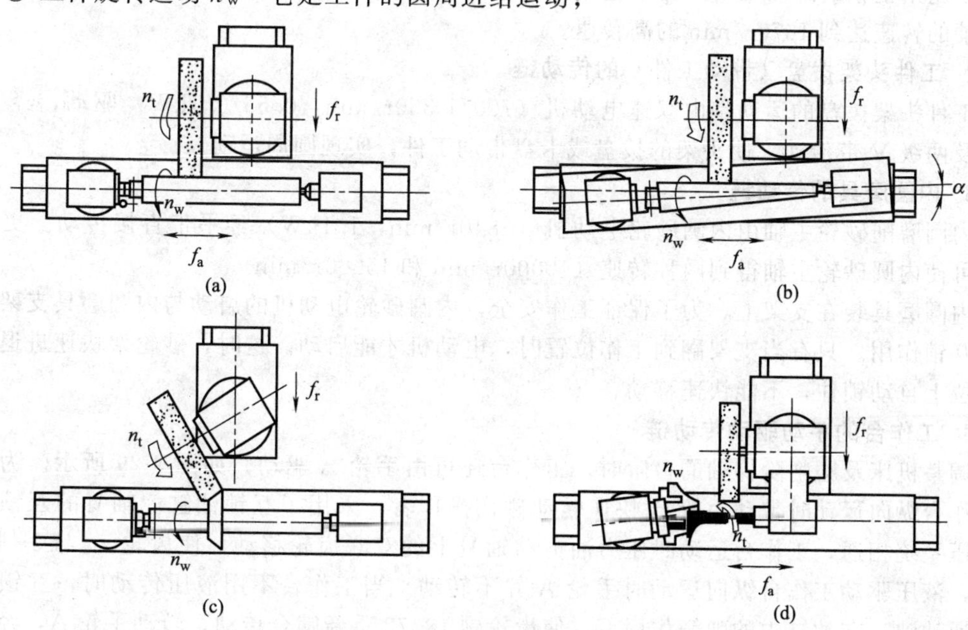

图 3-28　M1432A 万能外圆磨床加工方法

③ 工件纵向往复运动 f_a 它是磨削出工件全长所必需的纵向进给运动；

④ 砂轮横向进给运动 f_r 它是间歇的切入运动。

（2）磨长圆锥面 如图 3-28（b）所示，所需的运动和磨外圆时一样，所不同的是将工作台调至一定的角度位置。这时，工件的回转中心线与工作台纵向进给方向不平行，所以磨削出来的表面是圆锥面。

（3）切入法磨外圆锥面 如图 3-28（c）所示，将砂轮调整至一定的角度位置，工件不作往复运动，砂轮作连续的横向切入进给运动。这种方法仅适合磨削短的圆锥面。

（4）磨内锥孔 如图 3-28（d）所示，将工件装夹在卡盘上，并调整至一定的角度位置。这时磨外圆的砂轮不转，磨削内孔的内圆砂轮作高速旋转运动，其他运动与磨外圆时类似。

从上述四种典型表面加工的分析中可知，机床应具有下列运动：

主运动：①磨外圆砂轮的旋转运动 n；②磨内孔砂轮的旋转运动 n。主运动由两个电动机分别驱动，并设有互锁装置。

进给运动：①工件旋转运动 n_w；②工件纵向往复运动 f_a；③砂轮横向进给运动 f_r。往复纵磨时，横向进给运动是周期性间歇进给；切入式磨削时，是连续进给运动。

辅助运动：包括砂轮架快速进退（液压），工作台手动移动以及尾座套筒的退回（手动或液动）等。

3.4.3 M1432A 型万能外圆磨床传动系统

M1432A 型万能外圆磨床各部件的运动是由机械传动装置和液压传动装置联合传动来实现的。在该机床中，除了工作台的纵向往复运动，砂轮架的快速进退和周期自动切入进给，尾座顶尖套筒的缩回，砂轮架丝杠螺母间隙消除机构及手动互锁机构是由液压传动配合机械传动来实现的以外，其余运动都是由机械传动来实现的。如图 3-29 所示是 M1432A 型万能外圆磨床的机械传动系统。

1. 外圆磨削砂轮的传动链

砂轮架主轴的运动是由砂轮架电动机（1440r/min，4kW）经 4 根 V 带直接传动的，砂轮主轴的转速达到 1670r/min 的高转速。

2. 工件头架拨盘（带动工件）的传动链

工件头架拨盘的运动是由双速电动机（700/1 350r/min，0.55/0.1kW）驱动，经 V 带塔轮及两级 V 带传动，使头架的拨盘或卡盘带动工件，实现圆周运动。

3. 内圆磨具的传动链

内圆磨削砂轮主轴由内圆砂轮电动机（2840r/min，1.1kW）经平带直接传动。更换平带轮可使内圆砂轮主轴得到两种转速（10000r/min 和 15000r/min）。

内圆磨具装在支架上，为了保证工作安全，内圆砂轮电动机的启动与内圆磨具支架的位置有互锁作用。只有当支架翻到工作位置时，电动机才能启动。这时，砂轮架快速进退手柄在原位上自动锁住，不能快速移动。

4. 工作台的手动驱动传动链

调整机床及磨削阶梯轴的台阶时，工作台还可由手轮 A 驱动，如图 3-29 所示。为了避免工作台纵向运动时带动手轮 A 快速转动碰伤操作者，采用了互锁油缸。轴Ⅵ的互锁油缸和液压系统相通，工作台运动时压力油推动轴Ⅵ上的双联齿轮移动，使齿轮 z_{18} 与 z_{72} 脱开。因此，液压驱动工作台纵向运动时手轮 A 并不转动。当工作台不用液压传动时，互锁油缸上腔通油池，在油缸内的弹簧作用下，使齿轮副 18/72 重新啮合传动，转动手轮 A，经过齿轮副 15/72 和 18/72 及齿轮齿条副，便可实现工作台手动纵向直线移动。

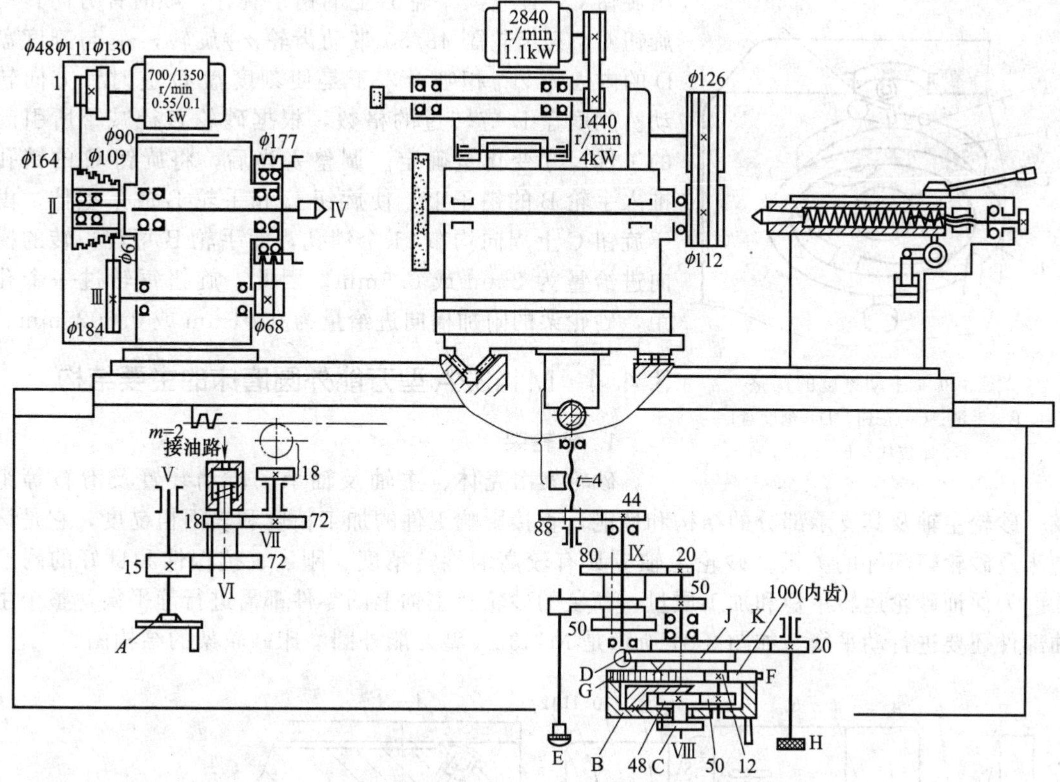

图 3-29　M1432A 万能外圆磨床机械传动系统

5. 滑鞍及砂轮架的横向进给运动传动链

横向进给运动，可摇动手轮 B 来实现，也可由进给液压缸的柱塞 G 驱动，实现周期的自动进给。传动路线表达式为：

$$\left.\begin{array}{l}\text{手轮 B}\\\text{（手动进给）}\\\text{进给液压缸柱塞 G}\\\text{（自动进给）}\end{array}\right|—\text{Ⅷ}—\left|\begin{array}{c}\frac{50}{50}\\\frac{20}{80}\end{array}\right|—\text{Ⅸ}—\frac{44}{88}—\text{横向进给丝杠（}t=4\text{mm）}$$

横向手动进给分粗进给和细进给。粗进给时，将手柄 E 向前推，转动手轮 B 经齿轮副 50/50 和 44/88、丝杠使砂轮架作横向粗进给运动。手轮 B 转 1 周，砂轮架横向移动 2mm，手轮 B 的刻度盘 D 上分为 200 格，则每格的进给量为 0.01mm。细进给时，将手柄 E 拉到图 3-30 所示位置，经齿轮副 20/80 和 44/88 啮合传动，则砂轮架作横向细进给，手轮 B 转 1 周，砂轮架横向移动 0.5mm，刻度盘上每格进给量为 0.0025mm。

如图 3-30 所示，磨削一批工件时，为了简化操作及节省时间，通常在试磨第一个工件达到要求的直径后，调整刻度盘上挡块 F 的位置，使它在横进给磨削至所需直径时，正好与固定在床身前罩上的定位块相碰。因此，磨削后续工件时，只需摇动横向进给手轮（或开动液压自动进给），当挡块 F 碰在定位块 E 上时，停止进给（或液压自动停止进给），就可达到所需的磨削直径，上述过程叫定程磨削。利用定程磨削可减少测量工件直径尺寸的次数，提高生产效率。

当砂轮磨损或修正后，由于挡块 F 控制的工件直径变大了。这时，必须调整砂轮架的行程终点位置，也就是调整刻度盘 D 上挡块 F 的位置。如图 3-30 所示，调整的方法为：拔

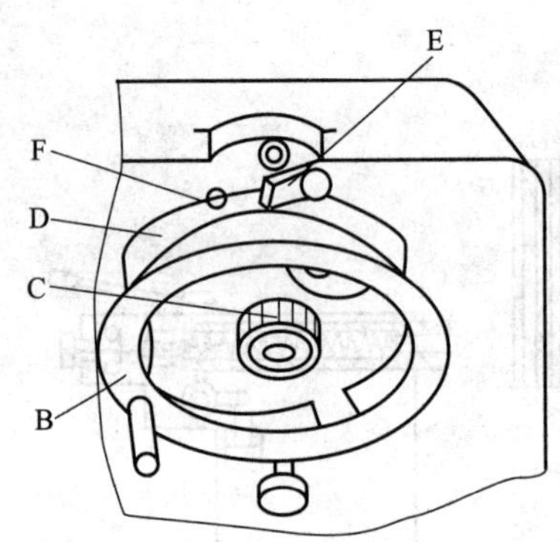

图 3-30 手动刻度的调整
B—手柄；C—按钮；D—刻度盘；
E—定位块；F—挡块

出旋钮 C，使它与手轮 B 上的销子脱开，顺时针方向转动旋钮 C，经齿轮副 48/50 带动齿轮 z_{12} 旋转，z_{12} 与刻度盘 D 的内齿轮 z_{110} 相啮合，于是使刻度盘 D 逆时针方向转动。刻度盘 D 应转过的格数，根据砂轮直径减小所引起的工件尺寸变化量确定。调整妥当后，将旋钮 C 的销孔推入手轮 B 的销子上，使旋钮 C 和手轮 B 成一整体。由于旋钮 C 上周向均布 21 个销孔，而手轮 B 每转一转的横向进给量为 2mm 或 0.5mm。因此，旋钮每转过一个孔距，砂轮架的附加横向进给量为 0.01mm 或 0.0025mm。

3.4.4 M1432A 型万能外圆磨床的主要结构

1. 砂轮架

砂轮架由壳体、主轴及轴承、传动装置及滑鞍等组成。砂轮主轴及其支承部分的结构和性能，直接影响工件的加工精度和表面粗糙度，它是该磨床及砂轮架部件的关键。砂轮主轴应具有较高的旋转精度、刚度、抗振性和良好的耐磨性。为保证砂轮运转平稳和加工质量，新装的砂轮及主轴上的零件都需进行静平衡，整个主轴部件还要进行动平衡。如图 3-31 所示是 M1432A 型万能外圆磨床砂轮架的结构图。

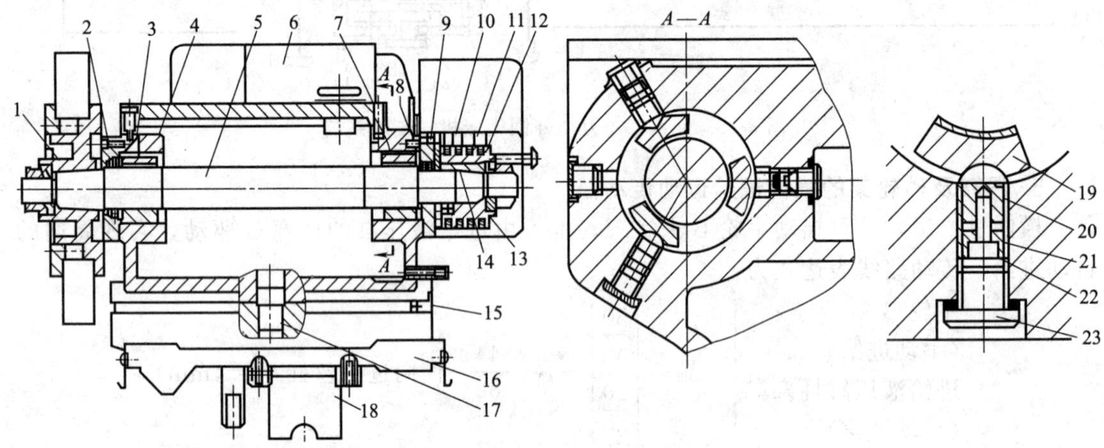

图 3-31 M1432A 型万能外圆磨床砂轮架的结构图
1—压盘；2,9—轴承盖；3,7—轴承；4—壳体；5—主轴；6—电动机；8—止推环；10—推力球轴承；11—弹簧；12—螺钉；13—V 带轮；14—销；15—刻度盘；16—滑鞍；17—定位轴销；18—半螺母；19—扇形轴瓦；20—球头螺钉；21—螺套；22—锁紧螺钉；23—封口螺钉

主轴的两端以锥体定位，前端通过压盘 1 安装砂轮，末端通过锥体安装 V 带轮 13，并用轴端的螺母进行压紧。主轴由两个短三瓦调位动压轴承来支承，每个轴承各由 3 块均布在主轴轴颈周围、包角约为 60°的扇形轴瓦 19 组成。每块轴瓦上都由可调节的球头螺钉 20 支承。而球头螺钉的球面与轴瓦的球面经过配做（偶件加工法），能保证有良好的接触刚度，并使轴瓦能灵活地绕球头螺钉自由摆动。螺钉的球头（支承点）位置在轴向处于轴瓦的正中，而在周向则偏离中间一些距离。这样，当主轴旋转时，3 块轴瓦各自在螺钉的球头上自由摆动到一定平衡位置，其内表面与主轴轴颈间形成楔形缝隙，于是在轴颈周围产生 3 个独立的压力油膜，使主轴悬浮在 3 块轴瓦的中间，形成液体摩擦作用，以保证主轴有高的精度保持性。当砂轮主轴受磨削载荷而产生向某一轴瓦偏移时，这一轴瓦的楔缝变小，油膜压力

升高；而在另一方向的轴瓦的楔缝便变大，油膜压力减小。这样，砂轮主轴就能自动调节到原中心位置，保持主轴有高的旋转精度。轴承间隙用球头螺钉 20 进行调整，调整时，先卸下封口螺钉 23、锁紧螺钉 22 和螺套 21，然后转动球头螺钉 20，使轴瓦与轴颈间的间隙合适为止（一般情况下，其间隙为 0.01～0.02mm，用厚薄规测量）。调整好后，必须重新用螺套 21 和锁紧螺钉 22 将球头螺钉 20 锁紧在壳体 4 的螺孔中，以保证支承刚度。

主轴由止推环 8 和推力球轴承 10 作轴向定位，并承受左右两个方向的轴向力，推力球轴承的间隙由装在皮带内的 6 根弹簧 11 通过销 14 自动消除，由于自动消除间隙的弹簧 11 的力量不可能很大，所以推力球轴承只能承受较小的向左的轴向力。因此，本机床只宜用砂轮的左端面磨削工件的台肩断面。砂轮的壳体 4 固定在滑鞍 16 上，利用滑鞍下面的导轨与床身顶面后部的横导轨配合，并通过横向进给机构和半螺母 18，使砂轮作横向进给运动或快速向前或向后移动。壳体 4 可绕定位轴销 17 回转一定角度，以磨削锥度大的短锥体。

2. 内圆磨具主轴部件

如图 3-32 所示是 M1432A 万能外圆磨床内圆磨具主轴部件结构。由于磨削内圆时砂轮直径较小，所以内圆磨具主轴应具有很高的转速，内圆磨具应保证高转速下运动平稳，并且

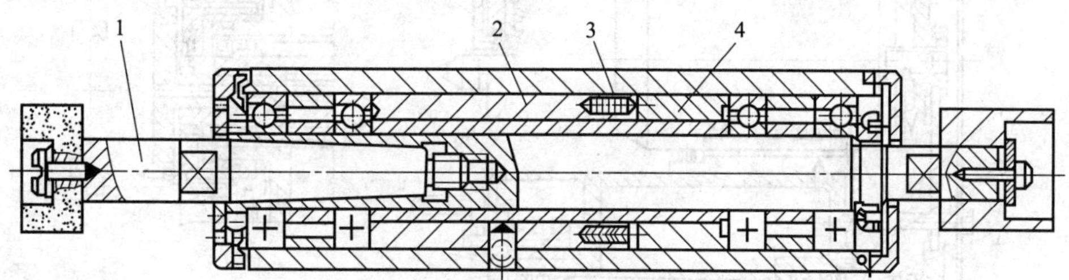

图 3-32 M1432A 万能外圆磨床内圆磨具主轴部件结构

1—接长轴；2—套筒；3—弹簧；4—套筒

主轴轴承应具有足够的刚度和寿命。内圆磨具主轴由平带传动。主轴前、后支承各用两个 D 级精度的角接触球轴承，均匀分布的 8 个弹簧 3 的作用力通过套筒 2、4 顶紧轴承外圈。当轴承磨损产生间隙或主轴受热膨胀时，由弹簧自动补偿调整，从而保证了主轴轴承刚度和稳定的预紧力。

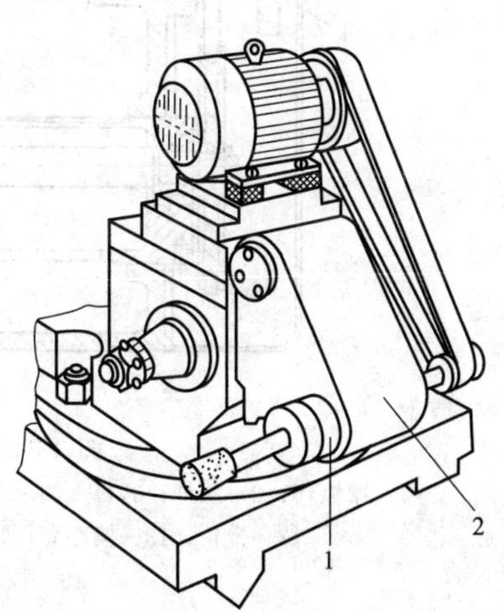

图 3-33 内磨装置

1—内圆磨具；2—支架

由于磨削内圆时砂轮直径较小，所以内圆磨具主轴应具有很高的转速，内圆磨具应保证高转速下运动平稳，同时主轴轴承应具有足够的刚度和寿命。内圆磨具主轴由平带传动。主轴前、后支承各用两个 D 级精度的角接触球轴承，均匀分布的 8 个弹簧 3 的作用力通过套筒 2、4 顶紧轴承外圈。当轴承磨损产生间隙或主轴受热膨胀时，由弹簧自动补偿调整，从而保证了主轴轴承的刚度和稳定的预紧力。

主轴的前端有一莫氏锥孔，可根据磨削孔深度的不同安装不同的内磨接长轴 1；主轴的后端有一外锥体，以安装平带轮。

内磨装置以铰链联接方式安装在砂轮架前上方。内圆磨具装在支架的孔中，图 3-33 所示为工作时位置。如果不磨削内圆，内圆磨具支架 2 翻向上方。

内圆磨具主轴的轴承用锂基润滑脂润滑。

3. 头架

如图 3-34 所示是 M1432A 万能外圆磨床的头架结构，头架主轴和前顶尖根据不同的工作需要，可以转动或固定不动。

(1) 工件支承在前、后顶尖上，拨盘 9 的拨杆 7 拨动工件夹头，使工件旋转，这时头架主轴和前顶尖固定不动。固定主轴的方法是拧螺杆 2，使摩擦环 1 顶紧主轴后端，则主轴及前顶尖固定不动，避免了主轴回转精度误差对加工精度的影响。

(2) 用自定心三爪或单动四爪卡盘装夹工件。这时，在头架主轴前端安装卡盘，卡盘固定在法兰盘 22 上，法兰盘 22 装在主轴的锥孔中，并用拉杆拉紧。运动由拨盘 9 经拨销 21 带动法兰盘 22 及卡盘旋转。这时，头架主轴由法兰盘 22 带动，也随着一起旋转。

(3) 自磨主轴顶尖。此时将主轴放松，把主轴顶尖装入主轴锥孔，同时用拨块 19 将拨盘 9 和头架主轴 10 相连［见图 3-34 (b)］，使拨盘 9 直接带动主轴和顶尖旋转，依靠机床自身修磨以提高工件的定位精度。

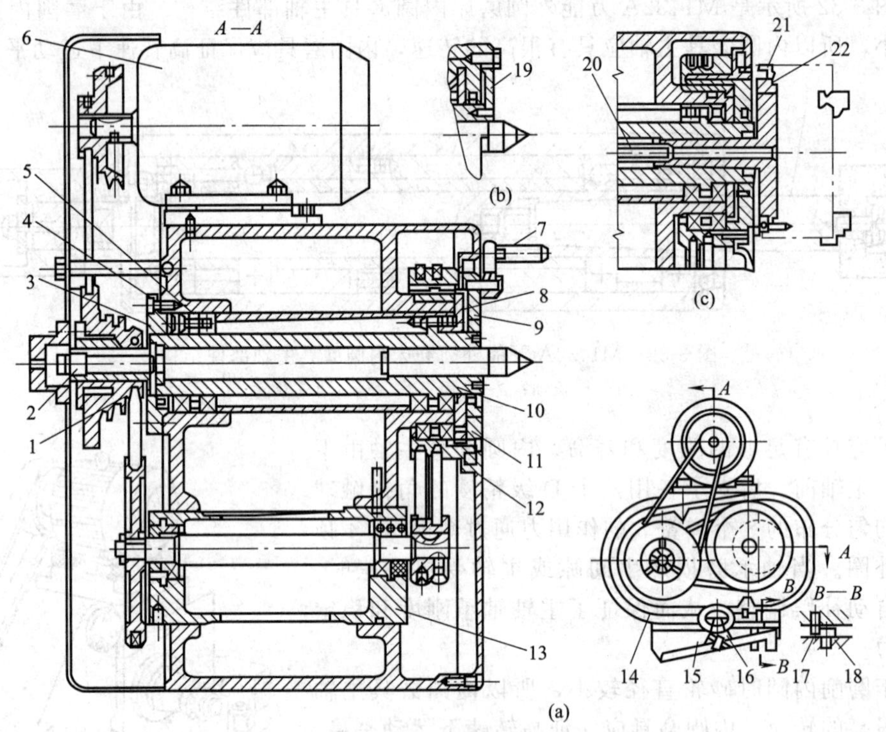

图 3-34　M1432A 万能外圆磨床的头架结构

1—摩擦环；2—螺杆；3,11—轴承盖；4,5,8—隔套；6—电动机；7—拨杆；9—拨盘；10—头架主轴；12—带轮；13—偏心套；14—壳体；15—底座；16—轴销；17—销子；18—固定销；19—拨块；20—拉杆；21—拨销；22—法兰盘

头架壳体 14 可绕底座 15 上的轴销 16 转动，调整头架角度位置的范围为逆时针方向0°～90°。

(4) 尾座。如图 3-35 所示，尾座顶尖通过弹簧 2 顶紧工件。这样，就可使顶紧力在磨削期间保持稳定，不会因工件受热伸长等因素而改变力的大小，有利于提高工件精度。顶紧力大小由手把 9 调整。

尾座套筒 1 可以用手动或液动退回。手动顺时针方向转动手柄 13，通过轴 7 及上拨杆 12 可使套筒 1 后退。或者，当砂轮架处在后退位置时，脚踩“脚踏板”，压力油就进入液压缸 4 的左腔，推动活塞 5，通过下拨杆 6、上拨杆 12，使套筒 1 后退。

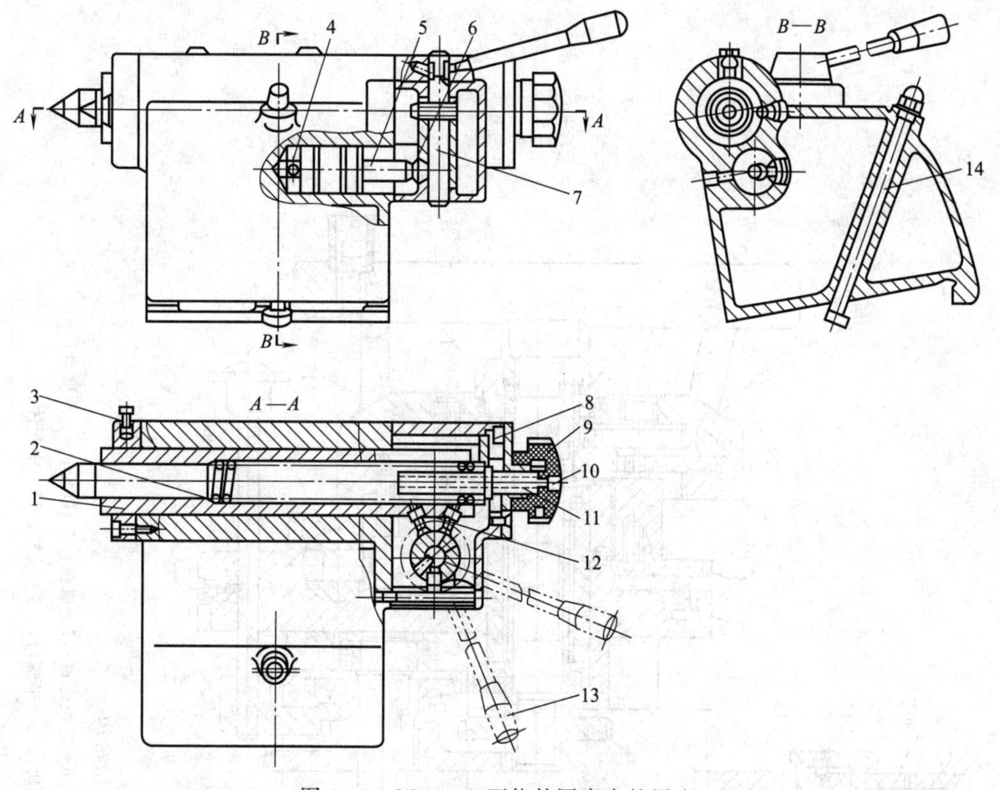

图 3-35　M1432A 万能外圆磨床的尾座

1—尾座套筒；2—弹簧；3—螺钉；4—液压缸；5—活塞；6—下拨杆；7—轴；8—销；9—手把；10—螺母；11—丝杠；12—上拨杆；13—手柄；14—T 形螺钉

磨削时，尾座用 T 形螺钉 14 紧固在工作台上。

尾座前端的密封盖上装有修整砂轮用金刚笔孔。金刚笔用螺钉 3 固定。

(5) 横向进给机构。横向进给机构如图 3-36 所示，它用于实现砂轮架横向工作进给，调整位移和快速进退，以确定砂轮和工件的相对位置，控制工件尺寸等。调整位移为手动；快速进退的距离是固定的，用液压传动。

如图 3-36 (a) 所示，砂轮架的快速进退由液压缸 1 实现，液压缸的活塞杆右端用角接触球轴承与丝杠 16 连接，它们之间可以相对转动，但不能作相对轴向移动。丝杠 16 右端用花键与 $z=88$ 齿轮连接并能在齿轮花键孔中滑移。当液压缸 1 的左腔或右腔通压力油时，活塞带动丝杠 16 经半螺母 15 带动砂轮架快速向前趋近工件或快速向后退离工件。砂轮架快进至终点位置时，丝杠 16 在刚性定位螺钉 6 上而实现准确定位。

为减少摩擦阻力，防止爬行和提高进给精度，砂轮架滑鞍与床身的横向导轨采用滚动导轨。为消除丝杠 16 与半螺母 15 之间的间隙，提高进给精度和重复定位精度，其上设置有闸缸 4。机床工作时，闸缸 4 便通上压力油，经柱塞 3、挡块 2 使砂轮受到一个向后的 F 作用力，此力与径向磨削分力同向，因此，半螺母 15 与丝杠 16 始终紧靠在螺纹的一侧工作。

周期自动进给是由进给液压缸的柱塞 18 驱动 [见图 3-36 (b)]，当工作台换向时，进给液压缸右腔接通压力油，推动柱塞 18 向左移动，这时用销轴连接在柱塞 18 槽内的棘爪 19 推动固定在中间体 17 上的棘轮 8 转过一个角度，实现自动进给一次（此时手轮 11 也被带动旋转）。进给完毕后，进给液压缸右腔与回油路接通，于是柱塞 18 在左端弹簧的作用下复位。转动齿轮 20（通过齿轮 20 轴上的手把操纵，调整好后由钢球定位，图中未表示），使

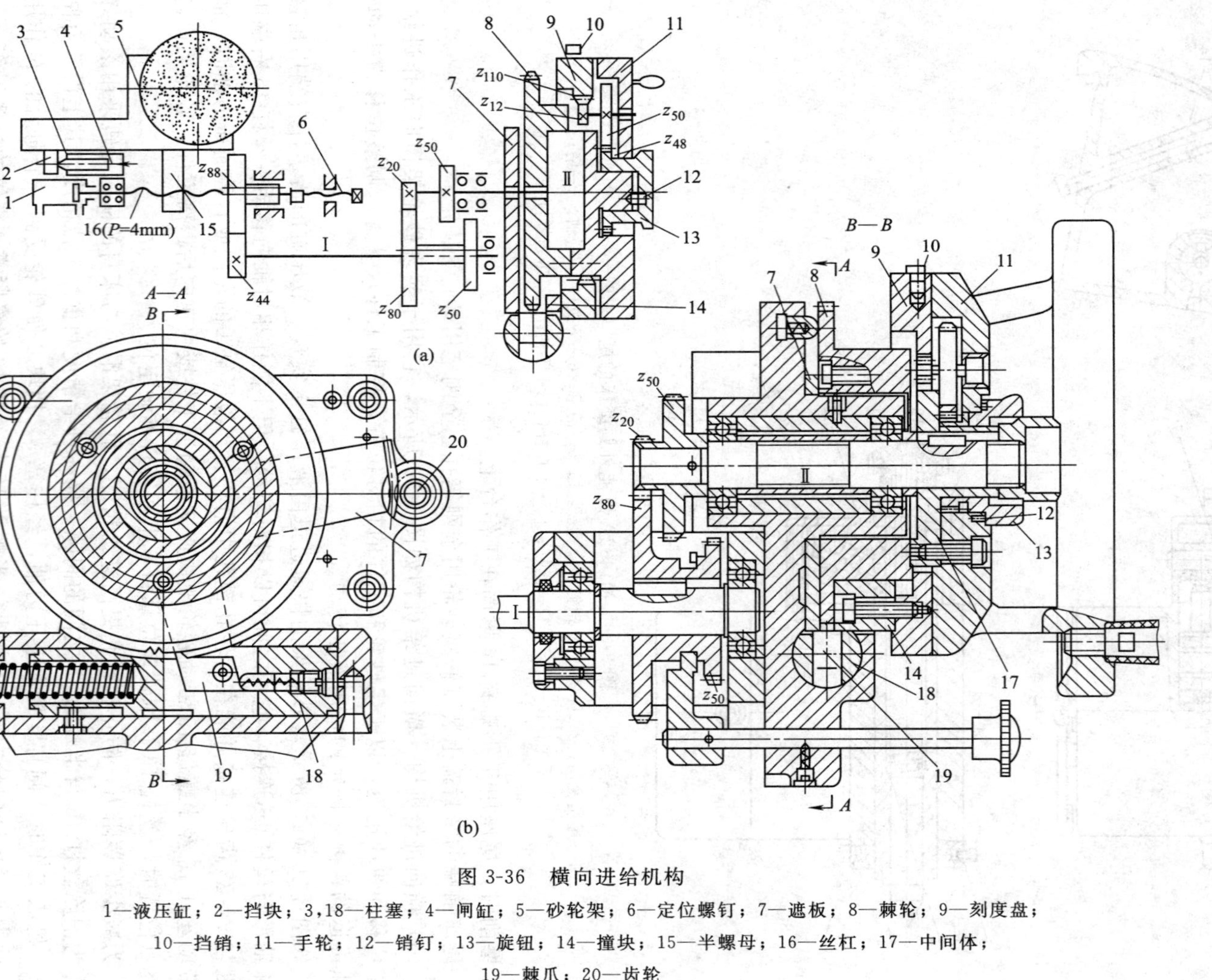

图 3-36 横向进给机构

1—液压缸；2—挡块；3,18—柱塞；4—闸缸；5—砂轮架；6—定位螺钉；7—遮板；8—棘轮；9—刻度盘；10—挡销；11—手轮；12—销钉；13—旋钮；14—撞块；15—半螺母；16—丝杠；17—中间体；19—棘爪；20—齿轮

遮板 7 转动一个位置（其短臂的外圆与棘轮外圆大小相同），可以改变棘爪 19 所能推动的棘轮齿数，从而改变每次进给的进给量大小。当横向自动进给至所需尺寸时，装在刻度盘上的撞块 14，正好处于正下方，由于撞块的外圆与棘轮外圆大小相同，因此将棘爪 19 压下，使其无法与棘轮相啮合，于是横向进给便自动停止。

3.4.5　无心外圆磨床

1. 无心外圆磨床的外形结构

如图 3-37 所示是目前生产中较普遍使用的无心外圆磨床的外形。砂轮架 3 固定在床身 1 的左边，装在其上的砂轮主轴通常是不变速的，由装在床身内的电动机经 V 带直接传动。导轮架装在床身右边的滑板 9 上，它由转动体 5 和座架 6 两部分组成。转动体可在垂直平面内相对座架转位，以使装在其上的导轮主轴根据加工需要对水平线偏转一个角度。导轮可有级或无级变速，它的传动装置装在座架内。在砂轮架左上方以及导轮架转动体的上面，分别装有砂轮修整器 2 和导轮修整器 4，在滑板 9 的左端装有工件座架 11，其上装着支承工件用的托板 17，以及使工件在进入与离开磨削区时保持正确运动方向的导板 15、16。利用快速进给手柄 10 或微量进给手轮 7，可使导轮沿滑板 9 上的导轨移动（此时滑板 9 被锁紧在回转底座 8 上），以调整导轮和托板间的相对位置；或者使导轮架、工件座架同滑板 9 一起，沿回转底座 8 上导轨移动（此时导轮架被锁紧在滑板 9 上），实现横向进给运动。回转底座

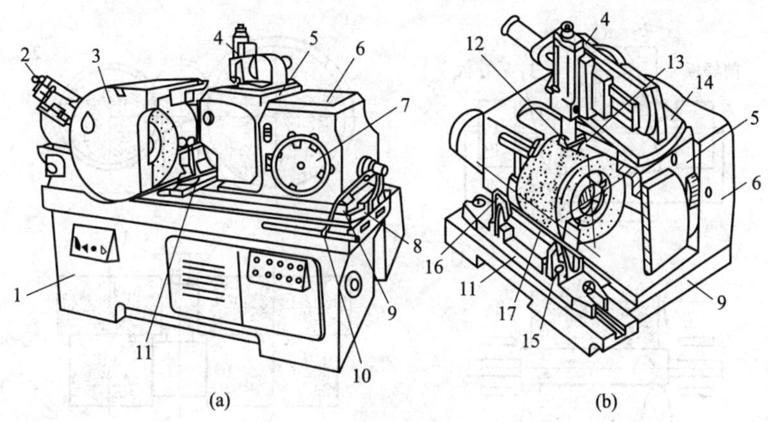

图 3-37　无心外圆磨床的外形

1—床身；2—砂轮修整器；3—砂轮架；4—导轮修整器；5—转动体；6—座架；7—微量进给手轮；8—回转底座；9—滑板；10—快速进给手柄；11—工件座架；12—导轮修正刀具；13—导轮；14—转盘；15—前导板；16—后导板；17—托板

8 可在水平面内扳转角度，以便磨削锥度不大的圆锥面。

2. 无心外圆磨床的加工

如图 3-38（b）所示为无心外圆磨床加工示意图。无心外圆磨床工作时，工件不是支承在顶尖上或夹持在卡盘中，而是放在砂轮和导轮之间，以被磨削外回转表面作定位基准，支承在托板和导轮上，在磨削力以及导轮和工件间的摩擦力作用下被带动旋转，实现圆周进给运动。导轮是摩擦系数较大的树脂或橡胶结合剂砂轮，其转速较低，线速度一般在 20～80m/min 范围内，它不起磨削作用，而是用于支承工件和控制工件的进给速度。无心磨削时，工件的中心必须高于导轮和砂轮中心连线（一般等于 $0.15d$～$0.25d$，d 为工件直径），如图 3-38（a）所示，使工件与砂轮、导轮间的接触点不在工件同一直径线上，从而工件在多次转动中逐渐被磨圆。

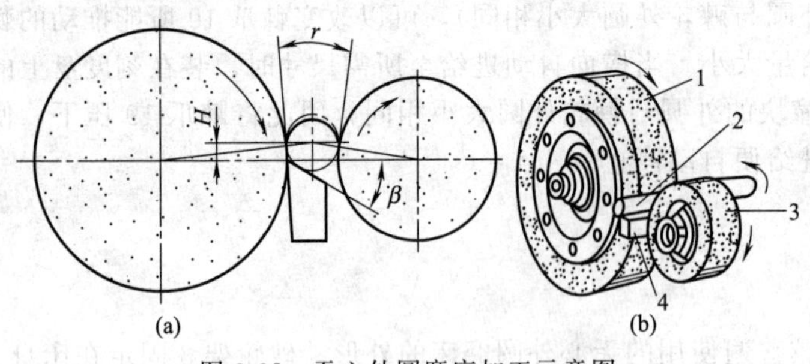

图 3-38 无心外圆磨床加工示意图

1—砂轮；2—工件；3—导轮；4—托板

3. 无心外圆磨床的磨削方法

无心外圆磨床有两种磨削方法：纵磨法和横磨法。纵磨法［图 3-39（a）］是将工件从机床前面放到前导板上，推入磨削区。由于导轮在垂直平面内倾斜角，导轮与工件接触处的线速度可分解为水平和垂直两个方向的分速度——$v_{导水平}$和$v_{导垂直}$，垂直方向的速度控制工件的圆周进给运动，水平方向的速度使工件作纵向进给，所以工件进入磨削区后，便既作旋转运动，又作轴向移动，穿过磨削区，从机床后面出去，完成一次走刀。磨削时，工件一个接一个地通过磨削区，加工是连续进行的。为了保证导轮和工件间为直线接触，导轮的形状应修整成回转双曲面形。这种磨削方法适用于不带台阶的圆柱形工件。横磨法［图 3-39（b）］是先将工件放在托板和导轮上，然后由工件连同导轮作横向进给。由于工件不需纵向进给，导轮的中心线仅倾斜微小的角度，以便对工件产生一个不大的轴向推力。使之靠住挡块 4，得到可靠的轴向定位，此法适用于具有阶梯或成形回转表面的工件。

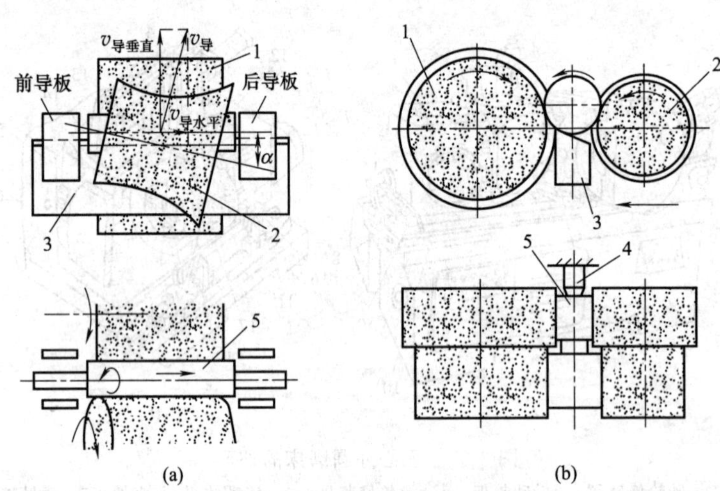

图 3-39 无心外圆磨床磨削方法示意图

1—砂轮；2—导轮；3—托板；4—挡块；5—工件

3.4.6 平面磨床

1. 平面磨床的结构

如图 3-40 所示为卧轴矩台平面磨床外形图。这种机床的砂轮主轴通常是由内连式异步电动机直接驱动的。通常电动机轴就是主轴，电动机的定子就装在砂轮架 3 的壳体内，砂轮架 3 可沿滑座 4 的燕尾导轨作间歇的横向进给运动（手动或液动），滑座 4 和砂轮架 3 一起沿立柱 5 的导轨作间歇的垂直切入运动（手动），工作台 2 沿床身 1

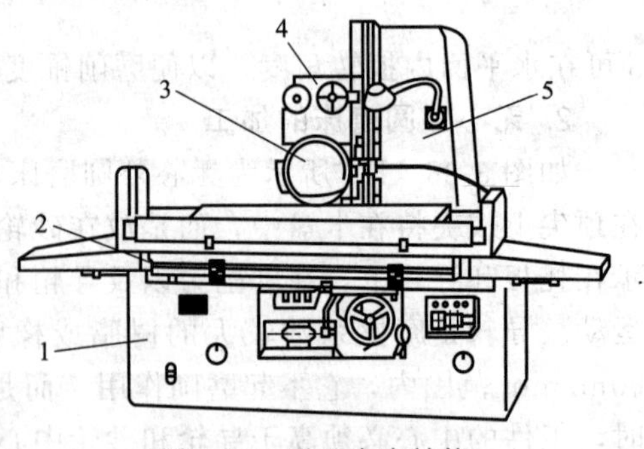

图 3-40 平面磨床结构

1—床身；2—工作台；3—砂轮架；4—滑座；5—立柱

的导轨作纵向往复运动（液压传动）。

2. 平面磨床的类型

平面磨床主要用砂轮旋转来磨削工件的平面以使其可达到要求的平面度。根据砂轮主轴位置和工作台的形状组合不同，平面磨床分为卧轴矩台平面磨床、卧轴圆台平面磨床、立轴矩台平面磨床、立轴圆台平面磨床、双端面磨床。如图3-41所示。

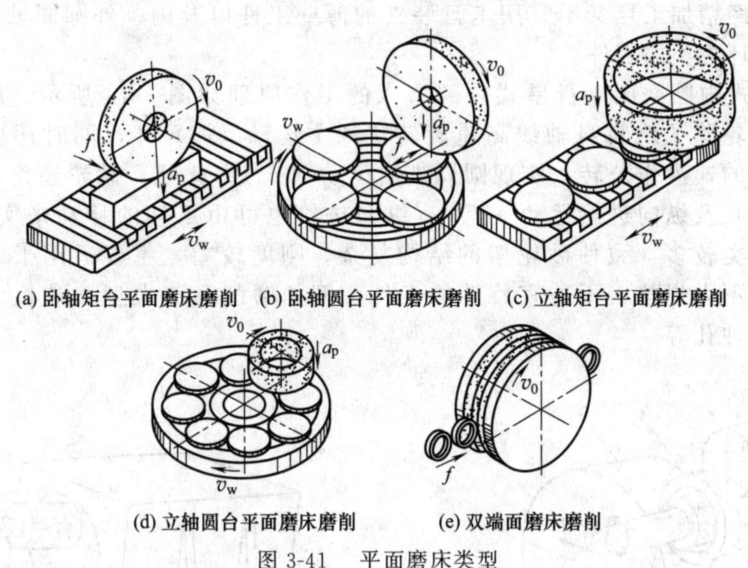

图 3-41　平面磨床类型

3.4.7 内圆磨床

内圆磨床主要用于磨削各种圆柱孔（包括通孔、盲孔、阶梯孔和断续表面的孔等）和圆锥孔。内圆磨床的主要类型有普通内圆磨床、无心内圆磨床、行星式内圆磨床和坐标磨床等。

（1）普通内圆磨床　普通内圆磨床是生产中应用最广泛的一种内圆磨床，其磨削方法如图 3-42 所示。磨削时，工件用卡盘或其他的夹具安装在主轴上，由主轴带动工件旋转作圆周进给运动，用符号 n_w 表示。砂轮高速旋转完成主运动，用符号 n_t 表示。砂轮或工件往复直线运动完成纵向进给运动（也称为轴向运动），用符号 f_a 表示。在完成纵向进给运动后，砂轮或工件还要作一次横向进给运动（也称为径向运动），用符号 f_r 表示。实际磨削时，根据工件形状和尺寸的不同，可采用纵磨法或切入法磨削内孔，如图 3-42（b）所示。某些普通内圆磨床上装备有专门的端磨装置，采用这种端磨装置，可在工件一次装夹中完成内孔和端面的磨削，如图 3-42（c）、（d）所示。这样既容易保证孔和端面的垂直度，又可提高生产效率。

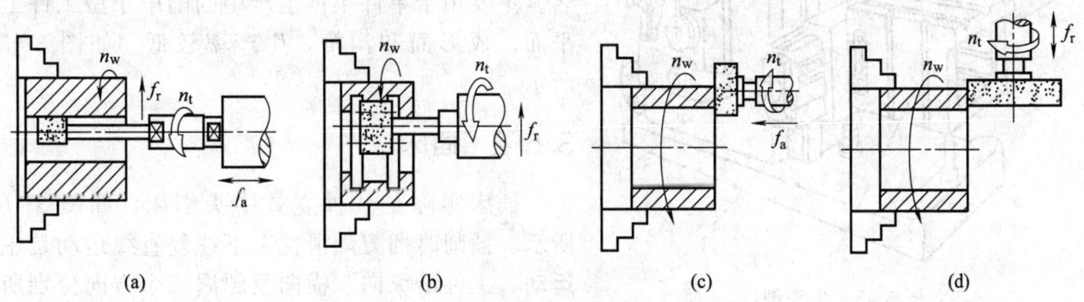

图 3-42　普通内圆磨床的磨削方法

（2）无心内圆磨床　无心内圆磨床的工作原理如图 3-43 所示。磨削时，工件 4 支承在滚轮 1 和导轮 3 上，压紧轮 2 使工件紧靠导轮，由导轮带动工件旋转，实现圆周进给运动（n_w）。砂轮除了完成主运动（n_t）外，还作纵向进给运动（f_n）和周期横向进给运动（f_r）。加工结束时，压紧轮沿箭头 A 的方向摆开，以便装卸工件。磨削锥孔时，可将滚轮 1、导轮 3 和工件 4 一起偏转一定角度。这种磨床主要适用于大批大量生产中，加工那些外圆表面已经精加工且又不宜用卡盘装夹的薄壁工件以及内、外圆同轴度要求较高的工件，如轴承环之类的零件。

（3）行星式内圆磨床　行星式内圆磨床的工作原理如图 3-44 所示。磨削时，工件固定不转，砂轮除了绕自身轴线高速旋转实现主运动（n_t）外，同时还要绕被磨削孔的轴线以缓慢的速度作公转，实现圆周进给运动（n_w）。此外，砂轮还作周期性的横向进给运动（f_r）及纵向进给运动（f_a）（纵向进给也可由工件的移动来实现）。由于砂轮所需运动种类较多，致使砂轮架的结构复杂，刚度较差，主要适用于磨削重量和体积较大、形状不太规整、不适宜旋转的工件，例如磨削高速大型柴油机大连杆上的孔和发动机的各种孔等。

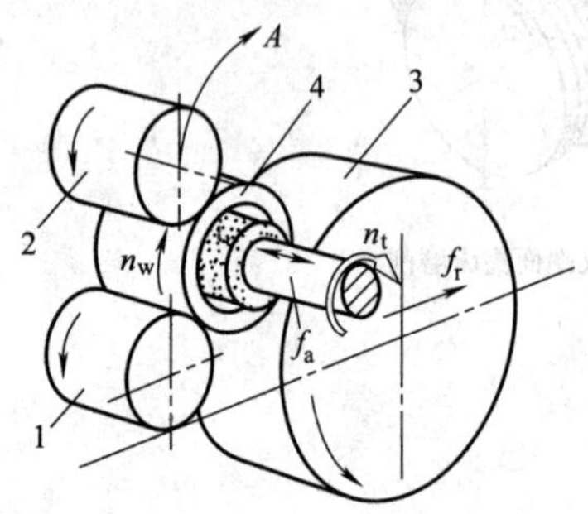

图 3-43　无心内圆磨床的工作原理

1—滚轮；2—压紧轮；3—导轮；4—工件

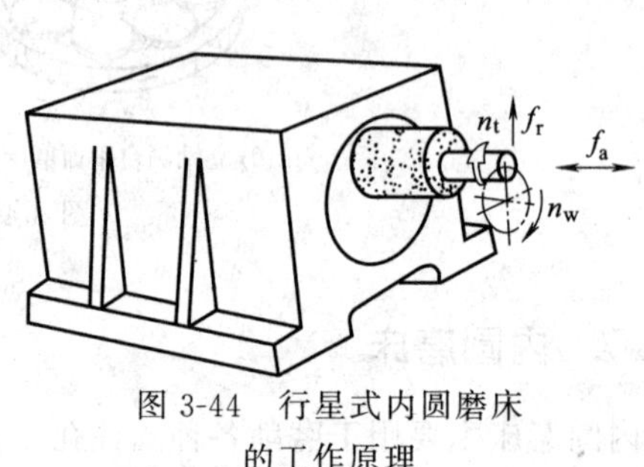

图 3-44　行星式内圆磨床的工作原理

3.5 刨床

常用的刨床主要有牛头刨床、插床、龙门刨床。

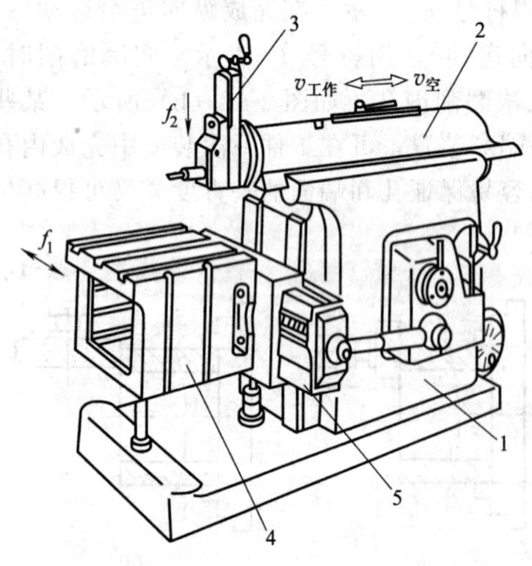

图 3-45　牛头刨床

1—床身；2—滑枕；3—刀架；4—工作台；5—横梁

3.5.1 牛头刨床

刨刀装在滑枕前端的刀架上，滑枕带着刨刀作直线往复运动完成主运动，工作台带动工件完成进给运动，因滑枕前端的刀架形似牛头而得名。主要用于单件小批生产中刨削中小型工件上平面、成形面和沟槽，生产率较低。如图 3-45 所示。

3.5.2 插床

插床实际是一种立式牛头刨床，如图 3-46 所示。插削时插刀随滑枕上下往复直线运动是主运动，工件沿纵向、横向及圆周三个方向分别所作的间歇运动是进给运动。插床的生产效率较低，加工表面粗糙度 $Ra6.3 \sim 1.6\mu m$，插床的主参数是最大插削长度。

3.5.3 龙门刨床

龙门刨床主要用于刨削大型工件，也可在工作台上装夹多个零件同时加工。工作台带动工件作直线往复运动为主运动；横梁上一般装有两个垂直刀架，并可沿横梁作横向进给运动，刨刀可在刀架上作垂直或斜向进给运动；横梁可在两立柱上作上下调整。一般在两个立柱上还安装可沿立柱上下移动的侧刀架，以扩大加工范围。工作台回程时能机动抬刀，以免划伤工件表面。如图 3-47 所示。

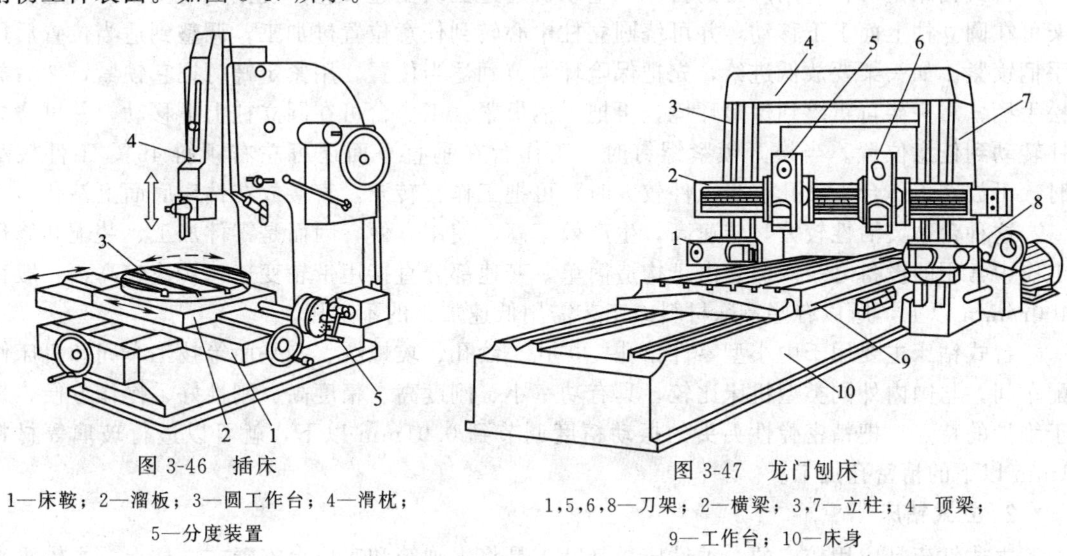

图 3-46　插床

1—床鞍；2—溜板；3—圆工作台；4—滑枕；5—分度装置

图 3-47　龙门刨床

1,5,6,8—刀架；2—横梁；3,7—立柱；4—顶梁；9—工作台；10—床身

3.6 钻床

3.6.1 钻床加工的工艺范围

钻床主要是用钻头在工件上钻削直径不大、精度要求较低的内孔，同时还加工外形复杂、没有对称回转轴线工件上的孔，如箱体、支架、杠杆等零件上的单孔或孔系。此外还可进行扩孔、铰孔、攻螺纹等加工。在钻床上加工时，工件一般固定不动，刀具旋转形成主运动，同时沿轴向移动完成进给运动，钻床的加工方法如图 3-48 所示。

3.6.2 钻床的类型

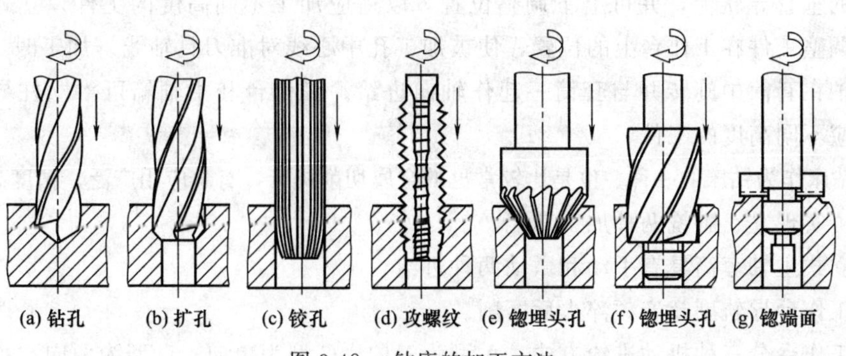

图 3-48　钻床的加工方法

钻床的进给量用主轴每转一转时，主轴的轴向移动量来表示，钻床的主要参数是最大钻孔直径。

常用钻床的主要类型有台式钻床、立式钻床、摇臂钻床三种。

1. 台式钻床

台式钻床（如图 3-49 所示）简称台钻，是一种体积小巧，操作简便，通常安装在专用工作台上使用的小型孔加工机床。台式钻床钻孔直径一般在 13mm 以下，最大不超过 25mm。其主轴变速一般通过改变三角带在塔型带轮上的位置来实现，主轴进给靠手动操作。

台式钻床是一台应用广泛的台钻。电动机通过五级变速带轮，使主轴可变五种转速，头架可在圆立柱上面上下移动，并可绕圆立柱中心转到任意位置进加工，调整到适当位置后用手柄锁紧。如头架要放低进给，先把保险环调节到适当位置。用紧定螺钉把它锁紧，然后放松手柄，靠头架自重落到保险环境，再把手柄扳紧。工作台可在圆立柱上下移动，并可绕立柱转动到任意位置。当松开锁紧螺钉时，工作台在垂直平面还可左右倾斜 45°，工件较小时，可放在工作台上钻孔，当工件较大时，可把工作台转开，直接放在钻床底面上钻孔。

这种台钻灵活性较大，转速高，生产效率高，使用方便，因而是零件加工、装配和修理工作中常用的设备之一。但是由于构造简单，变速部分直接用带轮变速，转速较高，一般在 400r/min 以上，所以有些特殊材料或工艺需用低速加工的不适用。

台式钻床主要用于中小型零件钻孔、扩孔、绞孔、攻螺纹、刮平面等技工车间和机床修配车间，与国内外同类型机床比较，具有功率小、刚度高、精度高、刚性好、操作方便、易于维护的特点。把精密弹性夹头的振动精度调节到 0.01mm 以下，就可以进行玻璃等材料 1mm 以下的精密孔加工。

2. 立式钻床

立式钻床是应用较广的一种钻床，其特点是将主轴箱和工作台安置在立柱上，主轴垂直布置，位置固定不变。在立式钻床上加工完一个孔再钻另一孔时，需要移动工件，使刀具与另一个孔对准。这对大而笨重的零件，控制很不方便。立式钻床的自动化程度一般较低，立式钻床仅适用于加工单件、小批生产中的中、小型零件，在大批大量生产中通常为组合钻床所代替。多轴立式钻床是立式钻床的一种，可对孔进行不同内容的加工或同时加工多个孔，大大提高了生产效率。

图 3-50 是立式钻床的外形图。主轴箱 3 中装有主运动和进给运动变速机构、主轴部件以及操纵机构等。加工时，主轴箱固定不动，主轴随同主轴套筒在主轴箱中作直线进给运动。利用装在主轴箱上的进给操纵机构 5，可以使主轴实现手动快速升降、手动进给和接通、断开机动进给。被加工工件通过夹具或直接装夹在工作台上。工作台和主轴箱都装在方形立柱 4 的垂直导轨上，并可上下调整位置，以适应加工不同高度的工件。立式钻床加工前，须先调整工件在工作台上的位置，使被加工孔中心线对准刀具轴线。加工时，工件固定不动，主轴在套筒中旋转并与套筒一起作轴向进给。工作台和主轴箱可沿立柱导轨调整位置，以适应不同高度的工件。

立式钻床作为钻床的一种，也是比较常见的金属切削机床，有着应用广泛、精度高的特点。

（1）可实现立、卧铣两种加工功能。

（2）立式主轴套筒具有手动和微动两种进给。

（3）工作台导轨副超音频淬火后磨削。

（4）工作台分三种机动进给方式：A 型为三向；C 型为单向；D 型为两向。

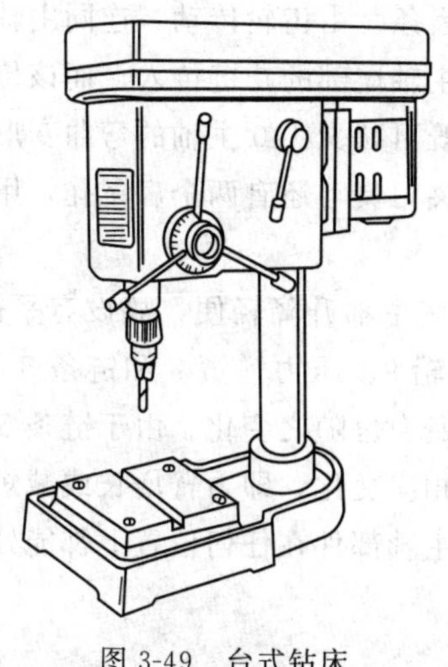

图 3-49　台式钻床

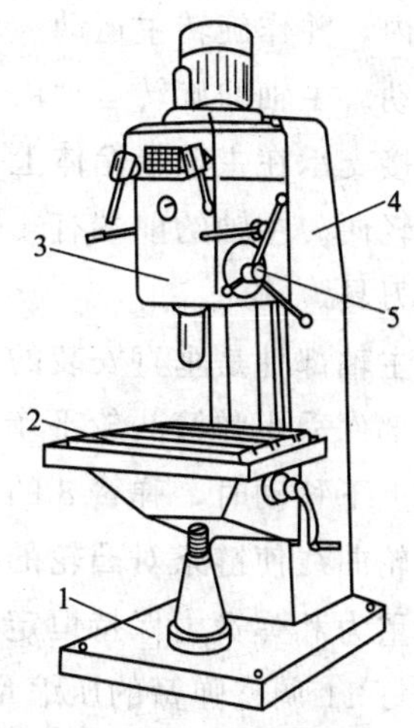

图 3-50　立式钻床

1—底座；2—工作台；3—主轴箱；4—立柱；5—进给操纵机构

3. 摇臂钻床

摇臂钻床（如图 3-51 所示）是一种摇臂可绕立柱回转和升降，主轴箱又可在摇臂上作水平移动的钻床。由此主轴很容易地被调整到所需的加工位置上，这就为在单件、小批生产中，加工大而重的工件上的孔带来了很大的方便。

摇臂钻床主要由底座、内立柱、外立柱、摇臂、主轴箱及工作台等部分组成。内立柱固定在底座的一端，在它的外面套有外立柱，外立柱可绕内立柱回转 360°。摇臂的一端为套筒，它套装在外立柱作上下移动。由于丝杠与外立柱连成一体，而升降螺母固定在摇臂上，因此摇臂不能绕外立柱转动，只能与外立柱一起绕内立柱回转。主轴箱是一个复合部件，由主传动电动机、主轴和主轴传动机构、进给和变速机构、机床的操作机构等部分组成。主轴箱安装在摇臂的水平导轨上，可以通过手轮操作，使其在水平导轨上沿摇臂移动。

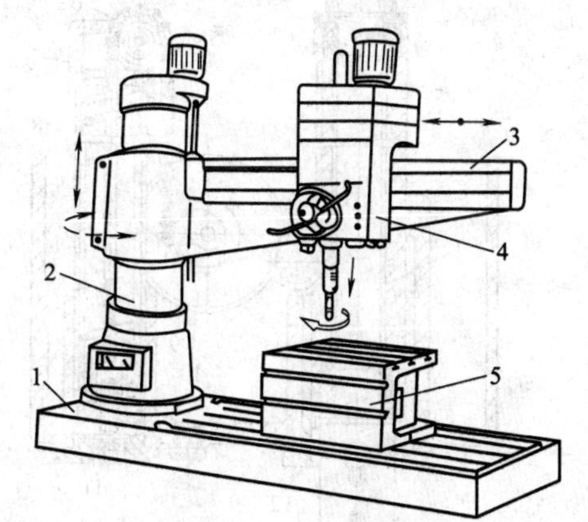

图 3-51　摇臂钻床

1—底座；2—立柱；3—摇臂；4—主轴箱；5—工作台

当进行加工时，由特殊的加紧装置将主轴箱紧固在摇臂导轨上，而外立柱紧固在内立柱上，摇臂紧固在外立柱上，然后进行钻削加工。钻削加工时，钻头一边进行旋转切削，一边进行纵向进给，其运动形式如下：

（1）摇臂钻床的主运动为主轴的旋转运动；

（2）进给运动为主轴的纵向进给；

（3）辅助运动有摇臂沿外立柱的垂直移动，主轴箱沿摇臂长度方向的移动，摇臂与外立柱一起绕内立柱的回转运动。

摇臂钻床操作方便、灵活，适用范围广，具有典型性，特别适用于单件或批量生产带有多孔大型零件的孔加工。

3.6.3　Z3040 型摇臂钻床主要部件结构

1. 主轴部件

图 3-52 为 Z3040 型摇臂钻床主轴部件结构。主轴 1 由深沟球轴承和推力球轴承支承在

主轴套筒 2 内，并作旋转主运动。套筒外圆的一侧铣有齿条，由齿轮传动，连同主轴一起作轴向进给运动。主轴的旋转运动由主轴箱内的齿轮，经主轴尾部的花键传入，而该传动齿轮则由轴承直接支承在主轴箱箱体上，使主轴卸荷。这样既可减少 140 主轴的弯曲变形，又可使主轴移动轻便。主轴的前端有 4 号莫氏锥孔，用于装夹刀具，还有两个扁尾孔，用于传递转矩和卸下刀具。

钻床的主轴部件是垂直安装的，为了平衡其重力并使主轴升降轻便，故设有平衡装置。所示的主轴部件采用弹簧凸轮平衡装置。平衡装置由凸轮 9、压力弹簧 8 和链条 5 等组成。当主轴部件上下移动时，弹簧 8 的压缩量随之改变，弹簧力也随之变化。由于链条 5 绕在凸轮 9 上，凸轮曲线使链条对凸轮的拉力作用线位置发生相应变化，即力臂增长或减短，从而使主轴部件重力和弹簧力保持恒定的平衡力矩，所以，主轴部件在任何位置上都能处于平衡状态。用螺钉 11 调整弹簧的压缩量以调整平衡力大小。

2. 立柱

Z3040 型摇臂钻床立柱（图 3-53），由圆柱形内外双层立柱组成。内立柱 5 用螺钉紧固在底座 1 上，外立柱 3 上部由深沟球轴承 6 和推力球轴承 7 支承，下部内外立柱之间由滚柱链支承在内立柱上。摇臂 4 以其一端的套筒套在外立柱上，并用导键连接（图 3-53 中未示出）。调整主轴位置时，松开夹紧机构，摇臂和外立柱一起绕内立柱转动，同时，摇臂又可相对外立柱作升降运动，摇臂转到所需位置后，夹紧机构产生的向下夹紧力迫使平板弹簧 8 变形，外立柱向下移动并压紧在圆锥面 A 上，依靠锥面间的摩擦力将外立柱压紧在内立柱上。

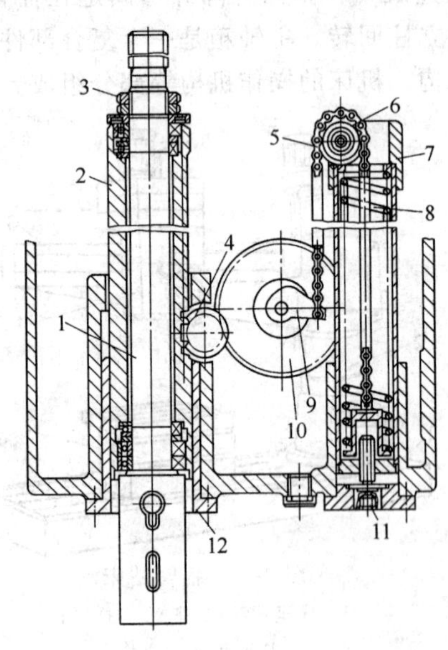

图 3-52 Z3040 型摇臂钻床主轴部件结构
1—主轴；2—主轴套筒；3—螺母；4—小齿轮；5—链条；6—链轮；7—弹簧座；8—弹簧；9—凸轮；10—齿轮；11—内六角螺钉；12—镶套

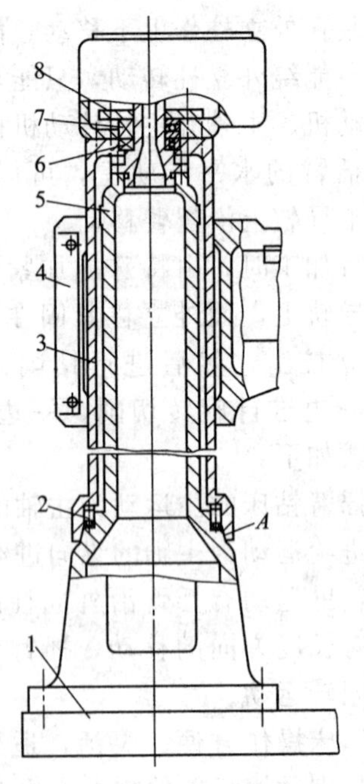

图 3-53 Z3040 型摇臂钻床立柱结构图
1—底座；2—滚柱；3—外立柱；4—摇臂；5—内立柱；6—深沟球轴承；7—推力球轴承；8—平板弹簧

3.7 镗床

3.7.1 镗孔的工艺方法

镗孔的工艺方法主要有以下三种：

（1）工件旋转、刀具进给［图 3-54（a）］。

（2）刀具旋转、工件进给［图 3-54（b）］。

（3）刀具旋转并进给、工件固定不动［图 3-54（c）］。

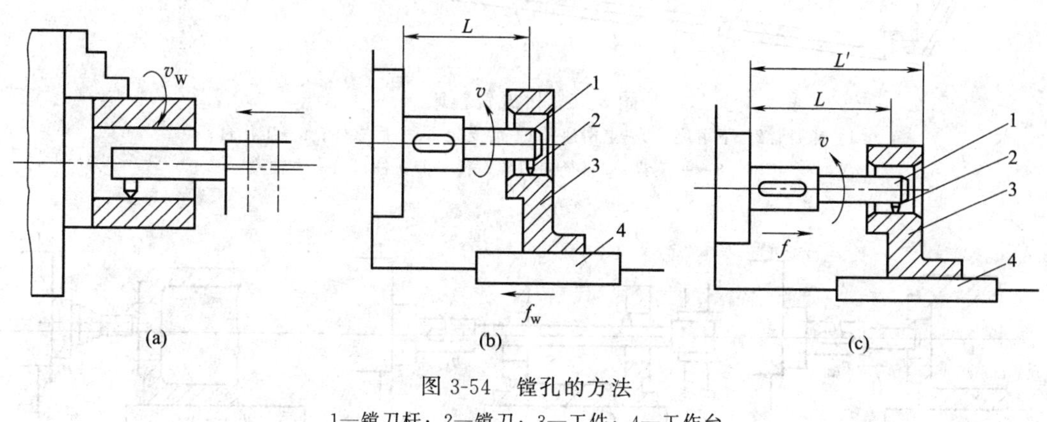

图 3-54　镗孔的方法

1—镗刀杆；2—镗刀；3—工件；4—工作台

3.7.2 镗床的类型

镗孔是在预制孔上用镗刀使之扩大的一种精加工方法，镗孔工作既可以在镗床上进行，也可以在车床上进行。对于尺寸较大的孔（孔径 $D>80$mm），镗孔几乎是唯一的加工方法，一般镗孔是精加工，尺寸精度可达到 IT8～IT6，表面粗糙度 Ra1.6～0.8 μm。

镗床是主要用镗刀对工件已有的预制孔进行镗削的机床。通常镗刀旋转为主运动，镗刀或工件的移动为进给运动。它主要用于加工高精度孔或一次定位完成多个孔的精加工，使用不同的刀具和附件还可进行钻削、铣削、螺纹加工及加工外圆和端面等，它的加工精度和表面质量要高于钻床。镗床是大型箱体零件加工的主要设备。

常用镗床分为卧式镗床、立式镗床和坐标镗床等，其中以卧式镗床应用最多、最广泛。

卧式镗床主要用来加工孔，特别是镗削箱体零件上的许多大孔、同轴孔系、平行孔系，其特点是易于保证被加工孔的尺寸精度和位置精度。镗孔精度可达 IT7，除扩大工件上已铸出或已加工的孔外，卧式镗床还能铣削平面、钻削、加工端面和凸缘的外圆，以及切螺纹等，主要用在单件小批量生产和修理车间，表面粗糙度为 Ra0.63～1.25μm。如图 3-55 所示。

3.7.3 卧式铣镗床

1. 卧式铣镗床的加工方法

卧式铣镗床又称万能镗床，除镗孔外，还可以进行铣削、钻孔、扩孔、铰孔、车端面、车螺纹等。因此，卧式铣镗床能在工件一次装夹中完成大部分或全部加工工序。其加工方法如图3-56所示。

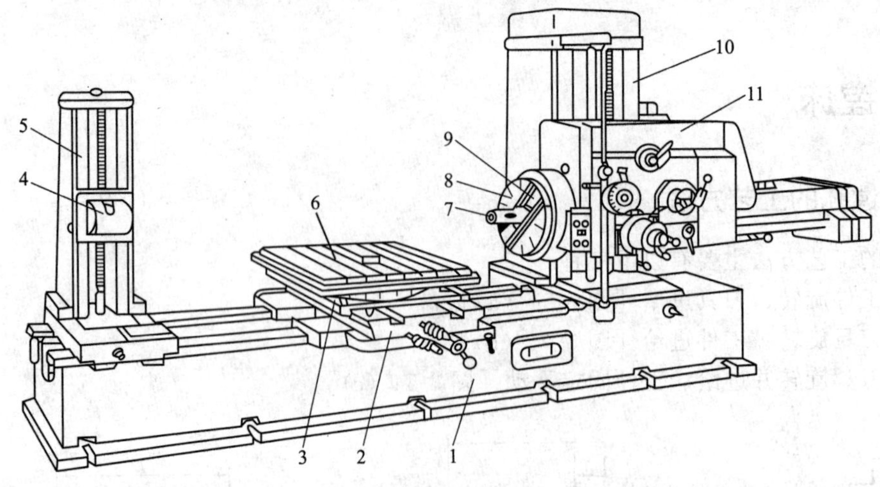

图 3-55 卧式铣镗床

1—床身；2—下滑座；3—上滑座；4—后支架；5—后立柱；6—工作台；7—镗轴；8—平旋盘；9—径向刀架；10—前立柱；11—主轴箱

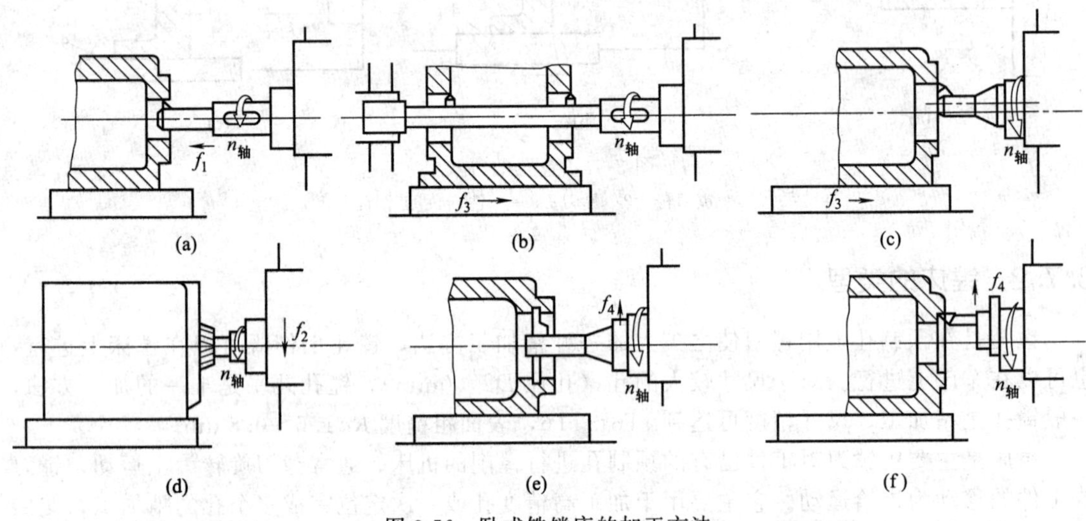

图 3-56 卧式铣镗床的加工方法

图 3-56（a）为用装在镗轴上的悬伸刀杆镗孔，由镗轴移动完成纵向进给运动（f_1）；

图 3-56（b）为利用后立柱支承长刀杆镗削同一轴线上的孔，工作台完成纵向进给运动（f_3）；

图 3-56（c）为用装在平旋盘上的悬伸刀杆镗削大直径的孔，工作台完成纵向进给运动（f_3）；

图 3-56（d）为用装在镗轴上的端铣刀铣平面，主轴箱完成垂直进给运动（f_2）；

图 3-56（e）、(f) 为用装在平旋盘刀具溜板上的车刀车内沟槽和端面，刀具溜板作径向进给运动（f_4）。

2. TP619 型卧式铣镗床的主要组成部件

图 3-57 为 TP619 型卧式铣镗床的外形图。它主要由床身 1、主轴箱 9、工作台 5、平旋盘 7 和前后立柱 8、2 等组成。主轴箱内装有主轴 6 和平旋盘 7、主变速和进给变速及液压预选变速操纵机构；加工时，主轴 6 旋转形成主运动，并可沿其轴线移动实现轴向进给运

动；平旋盘7只作旋转主运动，装在平旋盘导轨上的径向刀具溜板，除了随平旋盘一起旋转外，还可沿导轨移动作径向进给运动；主轴箱9可沿前立柱8的垂直导轨作上下移动，以实现垂直进给运动。工作台由下滑座3、上滑座4和工作台5组成，工件装夹在工作台上，并可绕垂直轴线在导轨上回转（转位），以及随上滑座4沿下滑座3的导轨作横向移动（横向进给运动），随下滑座沿床身导轨作纵向移动（纵向进给运动）。装在后立柱2垂直导轨上可以上下移动的后支承架，用以支承长镗杆的悬伸端，以增加其刚性。后立柱可沿床身导轨调整纵向位置，以适应支承不同长度的镗杆。

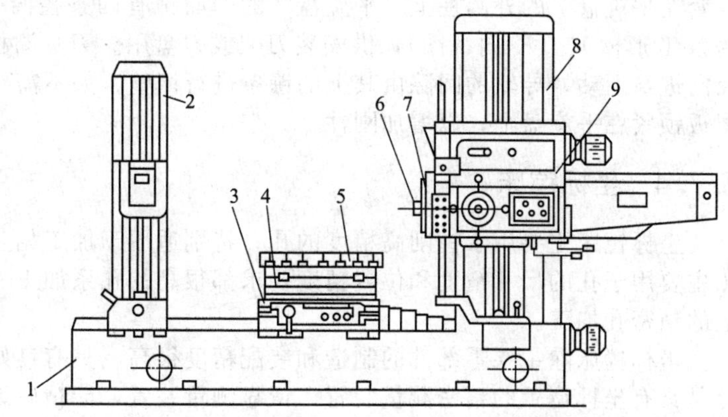

图 3-57　TP619 型卧式铣镗床外形图

1—床身；2—后立柱；3—下滑座；4—上滑座；5—工作台；6—主轴；7—平旋盘；8—前立柱；9—主轴箱

3. 主轴部件结构

TP619型卧式铣镗床主轴部件的结构如图3-58所示，镗轴2由压入镗轴套筒3两端的前支承衬套8、9和后支承衬套12来支承，以保证有较高的回转精度并允许镗轴2作轴向进给运动。镗轴套筒3采用三支承结构，前支承为D3182126型双列向心圆柱滚子轴承，中间及后支承为D2007126型圆锥滚子轴承，直接安装在箱体孔中，主轴前端有一精密的1∶20锥孔，用于装夹刀具或镗杆；还铣有两个

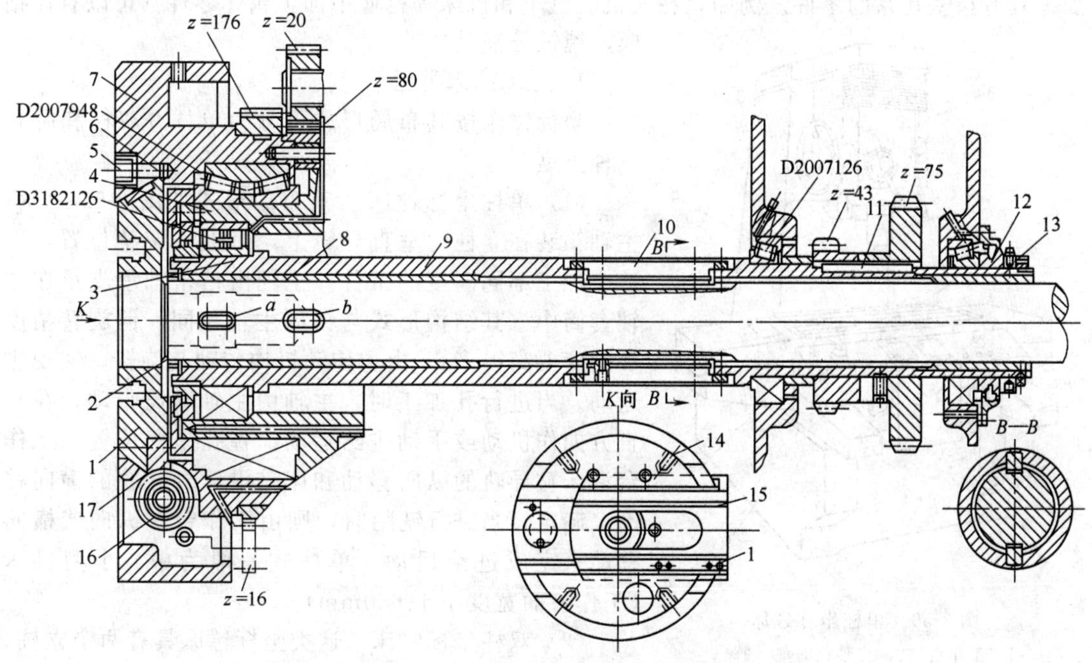

图 3-58　TP619 型卧式铣镗床主轴部件结构

1—平旋盘刀具溜板；2—镗轴；3—镗轴套筒；4—法兰盘；5—螺塞；6—销钉；7—平旋盘；8，9—前支承衬套；10—滑键；11—平键；12—后支承衬套；13—调整螺母；14—径向T形槽；15—T形槽；16—蜗杆；17—齿条

腰形孔 a 和 b，孔 b 用于卸刀具，孔 a 用于镗孔或倒刮端面时用楔块楔紧镗杆。镗轴 2 的旋转运动由 $z=75$ 或 $z=43$ 齿轮传动，通过平键 11 使镗轴套筒 3 获得旋转运动后，经两个对称分布的、起导向作用的滑键 10（它与镗轴 2 上的两个长键槽相配合）传递转矩，使镗轴获得旋转运动。

法兰盘 4 固定在箱体上，平旋盘 7 通过特制的 D2007948 双列圆锥滚子轴承支承在法兰盘 4 上，并由用定位销和螺钉与平旋盘 7 连接在一起的 $z=80$ 的齿轮传动。$z=176$ 的齿轮空套在平旋盘 7 的外圆柱上。平旋盘 7 的端面铣有四条径向 T 型槽 14。刀具溜板 1 上铣有两条 T 形槽 15（K 向视图），供安装刀架或刀盘用。刀具溜板 1 在平旋盘 7 的燕尾导轨上作径向进给运动，导轨的间隙由其上的镶条进行调整。如不需要径向进给时，可用销钉将刀具溜板锁紧在平旋盘上，以增加刚性。

3.7.4 坐标镗床

坐标镗床主要用于镗削高精度的孔，特别适用于加工相互位置精度很高的孔系。坐标镗床主要用于孔的尺寸精度和位置精度要求都很高的孔系加工。例如钻模、镗模和量具等零件上的精密孔加工。

坐标镗床除主要零部件的制造和装配精度很高，具有良好的刚度和抗振性外，其主要特点是具有坐标位置的精密测量装置。依靠测量装置，能精确地确定工作台、主轴箱等移动部件的位移量，实现工件和刀具的精确定位。例如，工作台面宽 200～300mm 的坐标镗床，坐标定位精度可达 0.002mm。坐标镗床除镗孔外，还可进行钻、扩、铰孔及铣端面和沟槽等加工。此外，因其具有很高的定位精度，故还可用于精密刻线、划线，孔距及直线尺寸的精密测量等。所以，坐标镗床是一种用途广泛的精密机床。

坐标镗床过去主要在工具车间用作单件生产。近年来也逐渐应用到生产车间中，成批地加工具有精密孔系的零件。例如，在飞机、汽车和机床等行业中加工箱体零件（可以省掉钻模、镗模等夹具）。

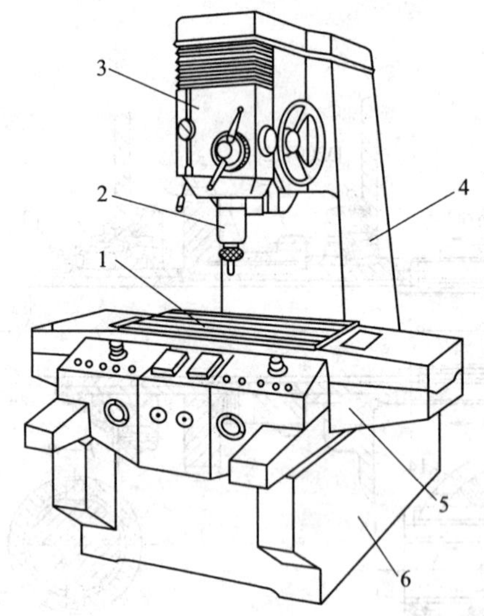

图 3-59 单柱坐标镗床
1—工作台；2—主轴；3—主轴筒；4—立柱；5—床鞍；6—床座

1. 坐标镗床类型

坐标镗床按其布局形式可分为单柱、双柱和卧式三种类型。

（1）单柱坐标镗床 其布局形式如图 3-59 所示，主轴箱装在立柱的垂直导轨上，可上下调整位置，以适应加工不同高度的工件。主轴由精密轴承支承在主轴套筒中（其结构形式与钻床主轴相同，但旋转精度和刚度要高得多），由主传动机构传动其旋转，实现主运动。当进行孔加工时，主轴由主轴套筒带动，在垂直方向作机动或手动进给运动。镗孔坐标位置由工作台沿床鞍导轨的纵向移动和床鞍沿床身导轨的横向移动来确定。当进行铣削时，则由工作台在纵向或横向移动来完成进给运动。单柱式一般为中、小型机床（工作台面宽度小于 630mm）。

（2）双柱坐标镗床 这类坐标镗床具有两个立柱、顶梁和床身构成的龙门框架，其结构如图 3-60 所示，主轴箱装在可沿立柱导轨上下调整位置的横梁 2 上，工作台支承在床身导轨上。镗孔坐标位置由主轴箱沿横梁导轨移动和工作台沿床身导轨移动来确定。双柱式一般为大、中型机床。

(3) 卧式坐标镗床　这类镗床的特点是主轴水平布置，如图3-61所示。装夹工件的工作台由下滑座1、上滑座2及可作精密分度的回转工作台3组成。镗孔坐标由下滑座沿床身导轨的纵向移动和主轴箱沿立柱导轨的垂直方向移动来确定。进行孔加工时，可由主轴轴向移动完成进给运动，也可由上滑座移动完成。卧式坐标镗床具有较好的工艺性能，工件高度不受限制，且装夹方便，利用工作台的分度运动，可在工件一次装夹中完成多方向孔与平面等加工。所以，近年来这类坐标镗床应用越来越广泛。

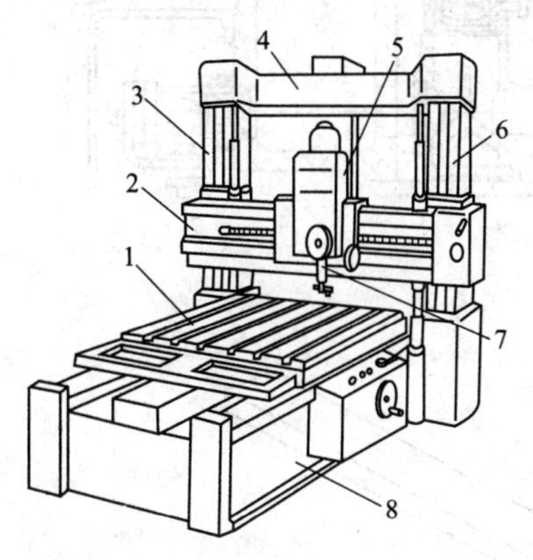

图3-60　双柱坐标镗床

1—工作台；2—横梁；3,6—立柱；4—顶梁；5—主轴箱；7—主轴；8—床身

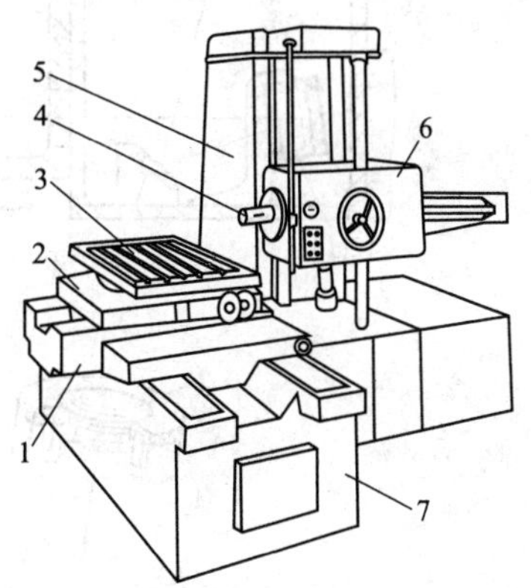

图3-61　卧式坐标镗床

1—下滑座；2—上滑座；3—回转工作台；4—主轴；5—主柱；6—主轴箱；7—床身

2. 坐标测量装置

坐标测量装置的种类很多，并且随着科学技术的进步在不断发展，以实现更高的定位精度。下面主要介绍目前坐标镗床上应用最普遍的一种测量装置。

精密刻线尺-光屏读数器坐标测量装置。这种测量装置主要由精密刻线尺、光学放大装置和读数头三部分组成。图3-62为T4145型单柱坐标镗床工作台位移光学测量装置的工作原理。刻线尺3是测量位移的基准元件，由线膨胀系数小、不易氧化生锈的合金金属或玻璃制成，上面刻有一条条间隔为1mm的线纹，刻线尺装在工作台底面上的矩形槽中，刻线尺的刻线面向下，其一端与工作台保持连接，并随工作台一起作纵向移动。光学放大装置包括光源和各种光学镜头，其作用是将刻线尺上的线纹间距放大，投影在光屏读数器上。光学放大装置装在床鞍上。由光源8经聚光镜7射出的平行光束，通过滤色镜6、反光镜5和前物镜4投射到刻线尺3的刻线面上，刻线尺上被照亮的线纹，通过前物镜4、反光镜9、后物镜10、反光镜13、12和11，成像于光屏读数头的光屏1上，通过目镜2可以清晰地观察到放大的线纹像。物镜的总放大倍数为40倍，因此，间距为1mm的刻线尺线纹，投影在光屏上的距离为40mm。

光屏读数头的作用是使刻线尺的线纹成像，并利用测微装置精确地读出移动部件的位移量，读数精度通常为0.001mm。

光屏读数头的光屏上，刻有0～10共11组等距离的双刻线（图3-63），相邻两刻线之间的距离为4mm，这相当于刻线尺3上的距离为4×1/40=0.1（mm）。光屏1镶嵌在可沿支承块17移动的框架16中。由于弹簧18的作用，框架16通过装在其一端孔中的钢球19，始终顶紧在阿基米德螺旋线内凸轮14的工作表面上。用刻度盘15带动内凸轮14转动时，可推动框架16连同光屏1一起沿着垂直于双刻线的方向作微量移动。刻度盘15的端面上，刻有100格圆周等分线。当其每转过一格时，内凸轮14推动光屏移动0.04mm，这相当于刻线尺（亦即工作台）的位移量为：0.04×1/40mm=0.001mm。

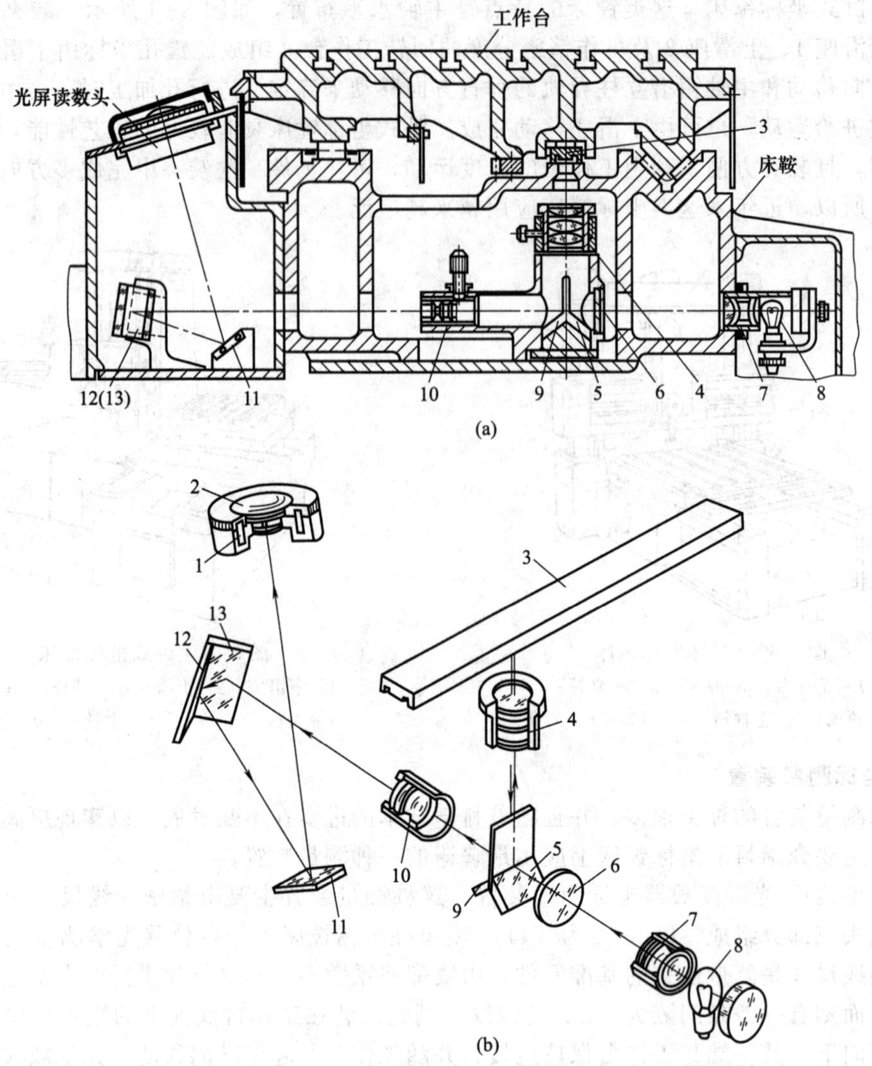

图 3-62　T4145 型坐标镗床工作台纵向移动光学测量装置

1—光屏；2—目镜；3—精密刻线尺；4—前物镜；5,9,11～13—反光镜；6—滤色镜；7—聚光镜；8—光源；10—后物镜

例如： 设加工图 3-64 所示零件上的孔 2，试进行坐标测量。

解： 首先以孔 1 的中心线为坐标原点，进行零位调整（即将镗杆位于孔 1 正中），将刻度盘 15 刻线对准零位，并将光屏 1 的双刻线处于"0"正中［图 3-65 (a)］，根据工作台上粗读数标尺纵向移动 75mm，再边移动工作台边观察读数头的光屏 1，使线纹象移至双刻线"2"组的正中，这时，工作台已纵向移动了 75.2mm［图 3-65 (b)］，最后将读数头上的刻度盘 15 转过 45 格，使光屏上双刻线偏离"2"组的正中，然后微量移动工作台使其线纹象再回到"2"组的正中［图 3-65 (c)］。这样，工作台的纵向坐标移动量为 75.245mm。

3.7.5 金刚镗床

为提高孔的加工精度和表面质量，加工时应采用较小的切削深度和进给量，同时提高切削速度。为适应高速切削要求，过去曾采用金刚石镗刀进行加工。使用金刚石镗刀的机床结构、性能也有了相应的变化，称为金刚镗床，它是一种精加工机床。硬质合金刀具获得应用

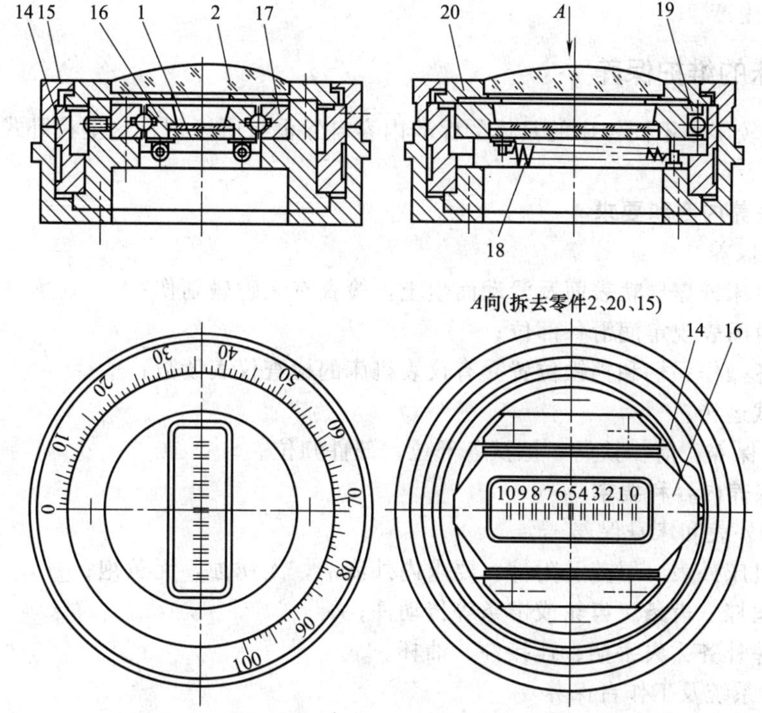

图 3-63　光屏读数头（图中序号与图 3-62 对应）

1—光屏；2—目镜；14—内凸轮；15—滚花刻度盘；16—框架；17—支承块；18—弹簧；19—钢球；20—盖

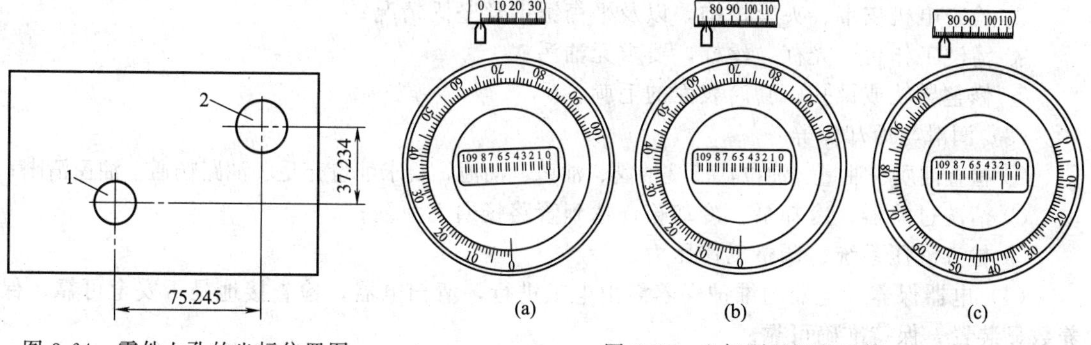

图 3-64　零件上孔的坐标位置图

图 3-65　坐标测量调整示例

以后，已不再使用价格昂贵的金刚石刀具。

金刚镗床主要有卧式和立式两种类型。图 3-66 为单面卧式金刚镗床。

工件通过夹具装夹在工作台上，工作台沿床身导轨纵向移动实现进给运动，一般采用液压驱动，使运动平稳且可无级调速。主轴箱安装在床身上，主轴旋转实现主运动。主轴由电动机经带传动旋转，运动平稳，主轴短而粗，主轴组件具有较高的刚度和旋转精度，因此，加工时可获得较高的尺寸精度（0.003～0.005mm）和很高的表面质量（表面粗糙度一般为 $Ra=0.16\sim 1.25\mu m$）。

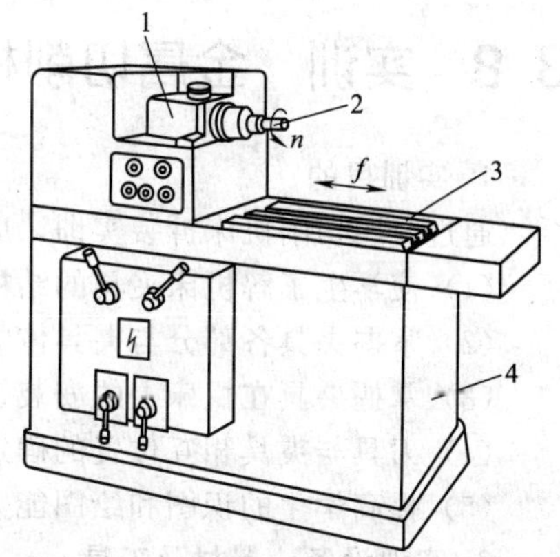

图 3-66　单面卧式金刚镗床外形图

1—主轴箱；2—主轴；3—工作台；4—床身

使用金刚镗床一般需专用夹具，所以金刚镗床适用于成批或大量生产。

3.7.6 镗床的维护保养

镗床种类较多，不同镗床的具体的保养内容自然也有所区别，这里将卧式镗床、落地镗床作统一说明。

1. 日常保养内容和要求

(1) 班前保养

① 擦净机床外露导轨表面及滑动面尘土，检查有无磕碰划伤；

② 按润滑图表规定润滑各部位；

③ 检查各操作手柄和挡铁位置，有仪表机床的检查仪表读数；

④ 空车试运转。

(2) 班后保养　清扫铁屑，擦拭各部位，部件归位。

2. 一级保养内容和要求

(1) 机床外表和床身保养

① 擦拭机床外表、罩盖及附件，要求内外清洁，无锈蚀，无黄袍；

② 擦拭丝杠、齿条、齿轮或链条等传动件；

③ 检查并补齐丢失手柄、连接件、油杯。

(2) 传动系统及工作台保养

① 检查各传动机械是否正常；

② 拆洗平旋盘，调整挡铁和夹条间隙；

③ 检查电机皮带、夹紧机构，以及平衡锤钢丝坚固情况；

④ 清洗工作台、光杠、丝杠，要求无油污；

⑤ 修整导轨或锥孔、套筒表面的毛刺。

(3) 润滑与冷却保养

① 检查油质、油量、油位，清洗油阀、油毡、油池，要求油量充足、油路畅通、油窗清晰；

② 清洗过滤器、冷却泵、冷却箱，达到管路畅通无泄漏；

③ 检查液压系统、调整工作压力。

(4) 电器保养　电器的维护保养需由电工进行，清扫电器，检查接地是否安全可靠，保养数显装置，保持准确可靠。

3.8 实训　金属切削机床拆装

1. 实训目的

通过金属切削机床拆装实训，应达到以下教学目的：

(1) 使学生了解机床夹具的结构组成部分及各部分的功能和作用。

(2) 掌握夹具各部分与夹具体的连接方法，夹具的拆装的方法和步骤。

(3) 掌握夹具在机床上的安装、连接和调试方法。

(4) 刀具与夹具相互位置的确定方式。

(5) 提高学生的识图和绘图能力。

2. 实训设备、器材及工具

(1) 拆装实训所需的各种夹具。

（2）车床、铣床、钻床和磨床等机床。

（3）夹具拆装用各种工具。

（4）机床夹具安装、调试用量、检具。

3. 实训内容

（1）介绍被拆装夹具的功用、结构特点以及各部件间的关系。

（2）介绍使用夹具的机床的特点。

（3）介绍各种拆装用工具、安装机床夹具用的量、检具的特点及其使用方法。

（4）机床夹具在机床上的安装调试。

（5）典型机床夹具的拆装。

（6）绘制机床夹具装配。

4. 实训技能目标

（1）每个小组完成指定夹具的拆装工作后，检验达到其夹具的设计技术要求。

（2）每个小组完成夹具的安装调试工作，检查合格后，试切削加工出相应的工件要达到零件图的技术要求。

（3）测绘出的夹具的装配图符合国家制图标准。

5. 实训步骤

（1）熟悉整个夹具的总体结构，找出夹具中的定位元件、夹紧元件、对刀元件、夹具体及导向元件；熟悉各元件之间的连接及在夹具中的定位安装方式。

（2）按拆装工艺顺序把夹具各零件拆开，注意各元件之间的连接状况，并把拆掉的各元件摆放整齐，作好记录。

（3）利用工具，按正确的顺序把各元件装配好，了解装配方法，并调整好各工作表面之间的位置，并作好零件尺寸测绘记录，为绘制夹具装配图作准备。

（4）把夹具装到相应机床上，注意夹具在机床上的定位，调整好夹具相对机床的位置，然后将夹具夹紧在机床上。

（5）将工件安装到夹具中，注意工件在夹具中的定位、夹紧。

（6）利用对刀塞尺，调整好刀具的位置，注意对刀时塞尺的使用。

（7）绘制机床夹具的装配图（课外完成）。

（8）完成实训报告。

复习思考题

一、填空题

1. 机床传动系统中，最常见的机械传动方式有________、________、________、________、________等。

2. 砂轮的切削特性主要决定于________、________、________、________和________等基本要素。

3. 在机床型号 CM6132 中，字母 C 表示________，字母 M 表示________，主参数 32 的含义是________。

4. 车床除卧式车床外，还有________、________、________、________、________等。

二、单项选择题

1. 普通车床的传动系统中，属于内联系传动链的是（　　）。

A. 主运动传动链　　B. 机动进给传动链

C. 车螺纹传动链　　D. 快速进给传动链

2. 最常用的齿轮齿廓曲线是（　　）。

A. 圆弧线　　B. 摆线　　C. 梯形线　　D. 渐开线

3. 车螺纹时欲获得正确的旋向必须（　　）。

A. 正确调整主轴与丝杠间的换向机构　　B. 正确安装车刀

C. 保证工件转一圈，车刀移动一个螺距　　D. 正确刃磨车刀

4. 一传动系统中，电动机经 V 带副带动Ⅰ轴，Ⅰ轴通过一对双联滑移齿轮副传至Ⅱ轴，Ⅱ轴与Ⅲ轴之间为三联滑移齿轮副传动，问Ⅲ轴可以获得几种不同的转速（　　）。

A. 3 种　　B. 5 种　　C. 6 种　　D. 8 种

三、判断题

1. 砂轮的粒度选择决定于工件的加工表面粗糙度、磨削生产率、工件材料性能及磨削面积大小等。（　　）

2. 成形法加工齿轮是利用与被切齿轮的齿槽法向截面形状相符的刀具切出齿形的方法。（　　）

3. 砂轮的组织反映了砂轮中磨料、结合剂、气孔三者之间不同体积的比例关系。（　　）

4. 磨削硬材料时，砂轮与工件的接触面积越大，砂轮的硬度应越高。（　　）

5. 磨削过程的主要特点是切削刃不规则、切削过程复杂、单位切削力大、切深抗力大、切削温度高、能加工高硬材料等。（　　）

四、问答题

1. 试说明下列机床型号的含义

CM6132　　CK6150A　　B2316　　MG1432　　CKM1116/NJ

2. 无心磨床与普通外圆磨床在加工原理及加工性能上有哪些区别？

3. M1432A 型万能外圆磨床需要实现哪些运动？能进行哪些工作？

4. 分析 CA6140 型卧式车床的传动系统，回答下列问题：

(1) 列出计算主轴最高转速和最低转速的运动平衡式；

(2) 指出进给运动传动链中的基本组、增倍组和移换机构；

(3) 分析车削模数螺纹的传动路线，列出运动平衡式并说明为什么能车削出标准模数螺纹。

5. 铣床主要有哪些类型？各用于什么场合？

6. 卧式铣镗床上加工何种工件时需使用后立柱和后支承架？加工何种工件时需要工作台相对于上滑座转位？

第4章 机床夹具

4.1 机床夹具的功用、组成、分类与安装

4.1.1 机床夹具的功用

机床夹具是为了适应某工件某工序的加工要求而专门采用或设计的，夹具的作用体现在以下几方面。

（1）保证工件加工精度　用夹具装夹工件时，工件相对于刀具及机床的位置精度由夹具保证，不受工人技术水平的影响，使一批工件的加工精度趋于一致。

（2）提高劳动生产率　使用夹具装夹工件方便、快速，工件不需要划线找正，可显著地减少辅助工时，提高劳动生产率；工件在夹具中装夹后提高了工件的刚性，因此可加大切削用量，提高劳动生产率；可使用多件、多工位装夹工件的夹具，并可采用高效夹紧机构，进一步提高劳动生产率。

（3）扩大机床的使用范围　在通用机床上采用专用夹具可以扩大机床的工艺范围，充分发挥机床的潜力，达到一机多用的目的。

（4）改善了操作者的劳动条件　由于气动、液压、电磁等动力源在夹具中的应用，一方面减轻了工人的劳动强度；另一方面也保证了夹紧工件的可靠性，并能实现机床的互锁，避免事故，保证了操作者和机床设备的安全。

（5）降低了成本　在批量生产中使用夹具后，由于劳动生产率的提高、使用技术等级较低的工人以及废品率下降等原因，明显地降低了生产成本。夹具制造成本分摊在一批工件上，每个工件增加的成本是极少的。工件批量愈大，使用夹具所取得的经济效益就愈显著。

4.1.2 机床夹具的组成

（1）定位元件　夹具的首要任务是定位，因此无论任何夹具，都有定位元件。当工件定位基准面的形状确定后，定位元件的结构也就基本确定了。如图 4-1 所示，钻后盖 ϕ10mm 孔，其钻床夹具如图 4-2 所示。图 4-2 中圆柱销 5、菱形销 9 和支承板 4 都是定位元件，通过它们使工件在夹具中占据正确的位置。

（2）夹紧装置　工件在夹具中定位后，在加工前必须将工件夹紧，以确保工件在加工过程中不因受外力作用而破坏其定位。图 4-2 中的螺杆 8（与圆柱销合成一个零件）、螺母 7 和开口垫圈 6 构成夹紧装置。

（3）夹具体　夹具体是夹具的基体和骨架，通过它将夹具所有元件构成一个整体。如图 4-2 中的夹具体 3。

（4）对刀或导向装置　对刀或导向装置用于确定刀具相对于定位元件的正确位置。图 4-2 中钻套 1 和钻模板 2 组成导向装置，确定了钻头轴线相对定位元件的正确位置。

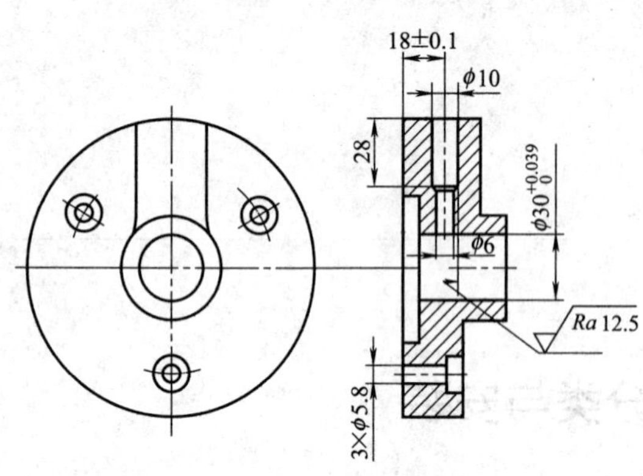

图 4-1 后盖零件钻径向孔的工序图

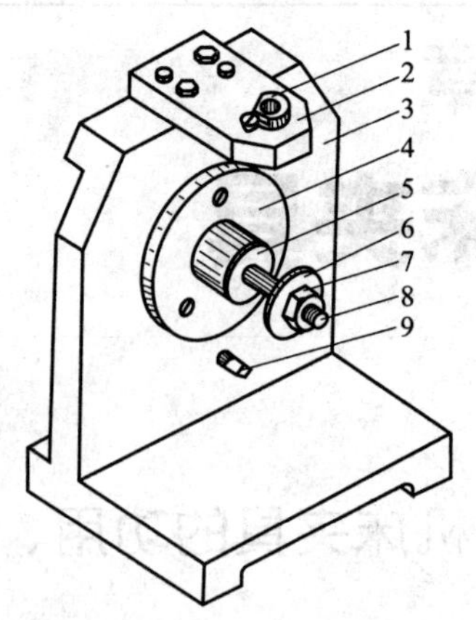

图 4-2 后盖零件钻床夹具

1—钻套；2—钻模板；3—夹具体；4—支承板；5—圆柱销；6—开口垫圈；7—螺母；8—螺杆；9—菱形销

(5) 连接元件 连接元件是确定夹具在机床上正确位置的元件。图 4-2 中夹具体 3 的底面为安装基面，保证了钻套 1 的轴线垂直于钻床工作台以及圆柱销 5 的轴线平行于钻床工作台。因此，夹具体可兼作连接元件。车床夹具上的过渡盘、铣床夹具上的定位键都是连接元件。

(6) 其他装置或元件 根据加工需要，有些夹具分别采用分度装置、靠模装置、上下料装置、顶出器和平衡块等。这些元件或装置也需要专门设计。

图 4-3 表示了工件与夹具各组成部分及工件通过夹具组成部分与机床、刀具间相互关系。

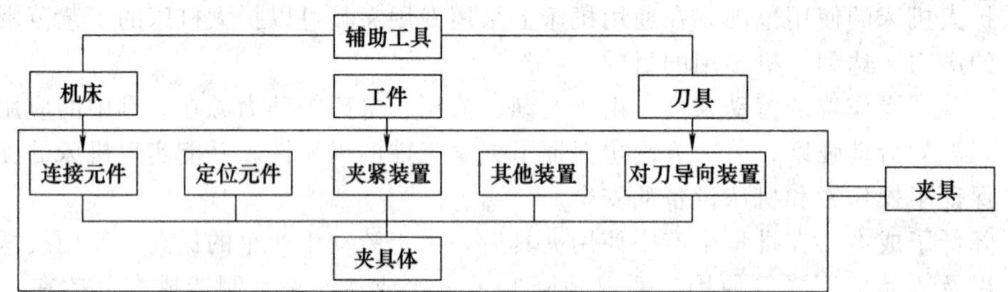

图 4-3 专用夹具的组成及各组成部分与机床、刀具的相互关系

4.1.3 机床夹具的分类

1. 按夹具的通用特性分类

根据夹具在不同生产类型中的通用特性，机床夹具可分为通用夹具、专用夹具、可调夹具、组合夹具和自动线夹具五大类。

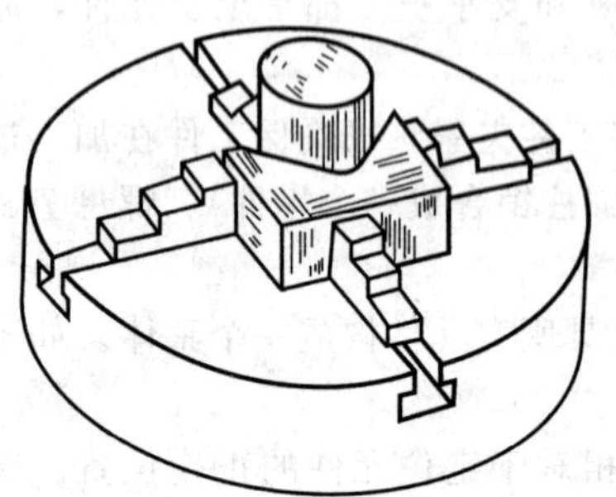

图 4-4 车床四爪单动卡盘

(1) 通用夹具 通用夹具是指结构、尺寸已规格化、标准化，而且具有一定通用性的夹具，如三爪自动定心卡盘、四爪单动卡盘、平口钳、万能分度头、顶尖、中心架和电子吸盘等。车床四爪单动卡盘如图 4-4 所示。

通用夹具适用性强、不需调整或稍加调整即可装夹一定形状范围内的各种工件。这类夹具已商品化，且成为机床附件。采用这类夹具可缩短生产准备周期，减少夹具品种，从而降低生产成本。其缺点是夹具的加工精度不高，生产率也较低，且较难装夹形状复杂的工件，故适用于单件小批量生产中。

(2) 专用夹具　这类夹具是指专为零件的某一道工序的加工设计制造的。如图 4-5 所示为专用回转式钻模夹具。

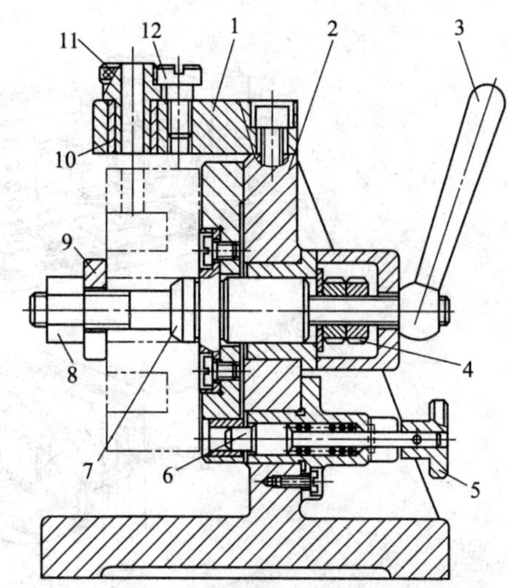

图 4-5　专用回转式钻模夹具

1—钻模板；2—夹具体；3—手柄；4,8—螺母；5—把手；6—定位销；7—圆柱销；9—快换垫圈；10—衬套；11—钻套；12—螺钉

专用夹具针对性极强，没有通用性。在产品相对稳定、批量较大的生产中，常用各种专用夹具，可获得较高的生产率和加工精度。除大批大量生产之外，中小批量生产中也需要采用一些专用夹具。但在结构设计时要进行具体的技术经济分析。专用夹具的设计制造周期较长，随着现代多品种及中、小批生产的发展，专用夹具在适应性和经济性等方面已产生许多问题。

(3) 可调夹具　可调夹具是针对通用夹具和专用夹具的缺陷而发展起来的一类新型夹具。对不同类型和尺寸的工件，只需调整或更换原来夹具上的个别定位元件和夹紧元件便可使用。它一般又可分为通用可调夹具和成组夹具两种。前者的通用范围比通用夹具更大；后者则是一种专用可调夹具，它按成组原理设计并能加工一组相似的工件，故在多品种，中、小批量生产中使用有较好的经济效果。

(4) 组合夹具　组合夹具是一种模块化的夹具，并已商品化，如图 4-6 所示。标准的模块元件具有较高精度和耐磨性，可组装成各种夹具。夹具用毕可拆卸，清洗后留待组装新的夹具。由于组合夹具具有组装迅速，周期短，能反复使用等优点，因此组合夹具在单件、小批量生产和新产品试制中，得到广泛应用。组合夹具也已标准化。

(5) 自动线夹具　自动线夹具一般分为两大类：一种为固定式夹具，它与专用夹具相似；另一种为随行夹具，使用中夹具随工件一起运动，并将工件沿自动线从一个工位移至下一个工位。

2. 按使用的机床分类

夹具按使用机床可分为车床夹具、铣床夹具、钻床夹具、镗床夹具、磨床夹具、数控机床夹具、自动机床夹具以及其他机床夹具等。

3. 按夹紧的动力源分类

夹具按夹紧的动力源可分为手动夹具、气动夹具、液压夹具、气液增力夹具、电动夹具、电磁夹具、真空夹具、离心力夹具等。

4.1.4　工件的安装

工件的安装可分为定位和夹紧两个过程。在进行机械加工时，必须把工件放在机床上，使它在夹紧之前就占有一个正确的位置，称为定位。在加工过程中，为了使工件能承受切削力，并保持其正确的位置，还必须把它压紧或夹牢，称为夹紧。

安装的正确与否直接影响工件的加工精度，安装是否方便和迅速，又会影响辅助时间的长短，从而影响到加工的生产率。因此，工件的安装对于加工的经济性、质量和生产效率有着重要的作用，必须给以足够的重视。

在各种不同的生产条件下加工时，工件可能有不同的安装方法，但归纳起来大致有三种

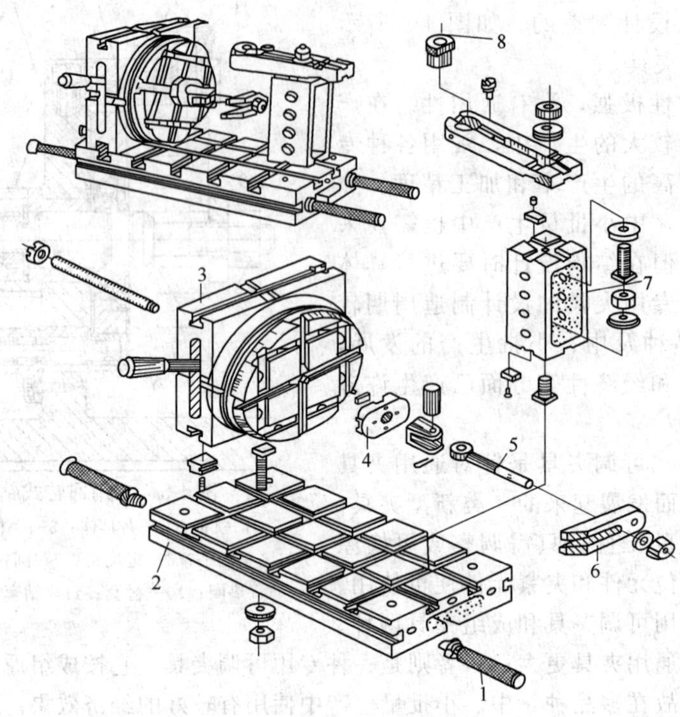

图 4-6 槽系组合夹具

1—其他件；2—基础件；3—合件；4—定位件；5—紧固件；6—压紧件；7—支承件；8—导向件

主要的方法。

1. 直接找正安装

工件的定位过程可以由操作工人直接在机床上利用千分表、高度尺、划线盘等工具，找正某些有相互位置要求的表面，然后夹紧工件，称之为直接找正装夹。形状简单的工件，直接找正工件相关表面；复杂的工件，按图纸要求，先在工件表面上划出加工表面的位置线，再按划线找正安装。

直接找正安装比较费时，而且找正精度的高低主要取决于所用工具或仪表的精度，以及工人的技术水平，定位精度不易保证，生产率较低，但定位精度可以很高，适合于单件小批量生产或在精度要求特别高的生产中使用。

2. 划线找正安装

这种装夹方法是按图纸要求在工件表面上划出位置线以及加工线和找正线，装夹工件时，先在机床上按找正线找正工件的位置，然后夹紧工件，例如，要在长方形工件上镗孔，可先在划线平台上划出孔的十字中心线，再划出加工线和找正线（找正线和加工线之间的距离一般为 5mm）。然后将工件安放在四爪单动卡盘上轻轻夹住，转动四爪单动卡盘，用划针检查找正线，找正后夹紧工件。划线装夹不需要其他专门设备，通用性好，但生产效率低，精度不高（一般划线找正的对线精度为 0.1mm 左右），适用于单件、中小批生产中的复杂铸件或铸件精度较低的粗加工工序。

3. 用夹具安装

工件安装在为其加工专门设计和制造的夹具中，无需进行找正，就可迅速而可靠地保证工件对机床和刀具的正确相对位置，并可迅速夹紧。但由于夹具的设计、制造和维修需要一定的投资，所以只有在成批生产或大批大量生产中，才能取得比较好的效益。对于单件小批生产，当采用直接安装法难以保证加工精度，或非常费工时，也可以考虑采用专用夹具安装。例如，为了保证车床床头箱箱体各纵向孔的位置精度，在镗纵向孔时，若单靠人工找正，既费事，又很难保证精度要求，因此，有条件的可考虑使用镗模夹具。

4.2　工件的定位和定位元件

4.2.1　基准的概念

零件是由若干表面组成，各表面之间都有一定的尺寸和相互位置要求。用以确定零件上点、线、面间的相互位置关系所依据的点、线、面称为基准。基准按其作用不同，可分为设计基准和工艺基准两大类。

1. 设计基准

设计图样上所采用的基准称为设计基准。

2. 工艺基准

在工艺中采用的基准称为工艺基准。工艺基准按用途不同，又分为定位基准、工序基准、测量基准和装配基准。

(1) 定位基准　是加工零件时以此确定刀具与被加工表面的相对位置的基准。

(2) 工序基准　是在工序图上用来表示被加工表面位置的基准，即加工尺寸的起点，表示被加工表面位置的尺寸称为工序尺寸。

(3) 测量基准　是测量零件已加工表面位置及尺寸的基准。

(4) 装配基准　是装配时用于确定零件在模具中位置的基准，零件的主要设计基准常作为零件的装配基准。

4.2.2　工件定位的方式

工件的定位是通过工件上的定位基准面和夹具上定位元件工作表面之间的配合或接触实现的，一般应根据工件上定位基准面的形状，选择相应的定位元件。

表 4-1 为常用定位元件限制工件自由度的情况。

表 4-1　常用定位元件限制工件自由度的情况

定位基准	定位简图	定位元件	限制的自由度
大平面		支承钉	$\vec{z}$、$\hat{x}$、$\hat{y}$
		支承板	$\vec{z}$、$\hat{x}$、$\hat{y}$

续表

定位基准	定位简图	定位元件	限制的自由度
长圆柱面	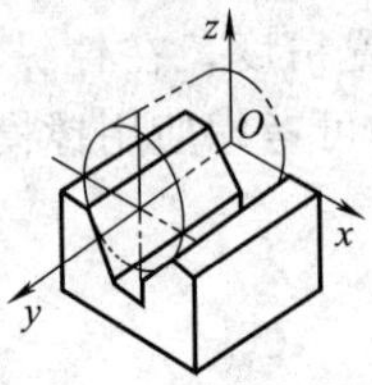	固定式 V 形块	$\vec{x}$、$\vec{z}$、$\hat{x}$、$\hat{z}$
	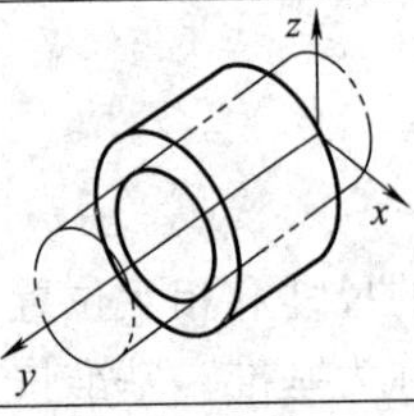	固定式长套	
	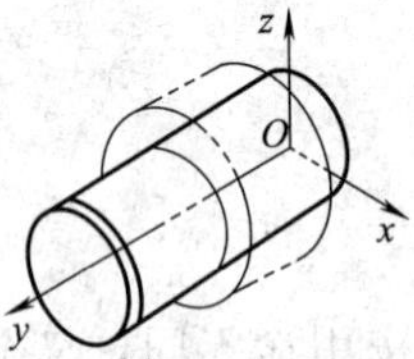	心轴	
	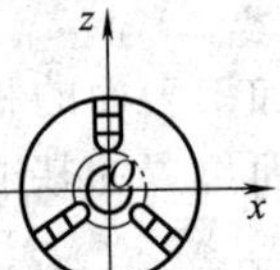	三爪自定心卡盘	$\vec{x}$、$\vec{z}$、$\hat{x}$、$\hat{z}$
长圆锥面	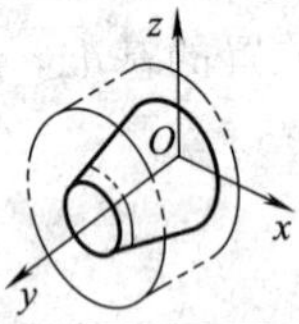	圆锥心轴(定心)	$\vec{x}$、$\vec{y}$、$\vec{z}$、$\hat{x}$、$\hat{z}$
两中心孔	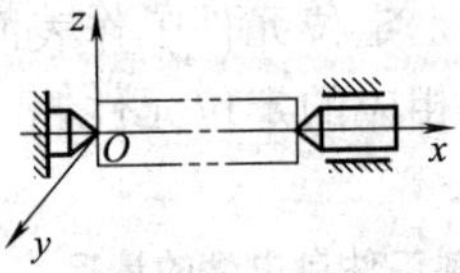	固定顶尖	$\vec{x}$、$\vec{y}$、$\vec{z}$
		活动顶尖	$\hat{y}$、$\hat{z}$
短外圆与中心孔	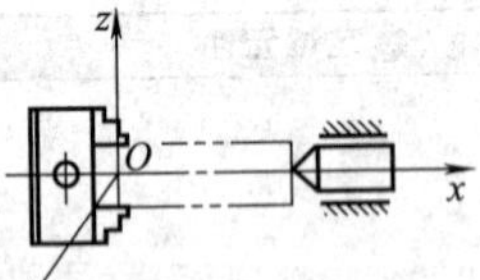	三爪自定心卡盘	$\vec{y}$、$\vec{z}$
		活动顶尖	$\hat{y}$、$\hat{z}$
大平面与两外圆弧面	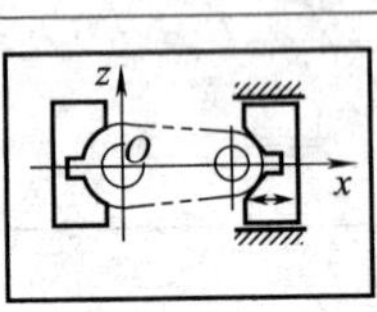	支承板	$\vec{y}$、$\hat{x}$、$\hat{z}$
		短固定式 V 形块	$\vec{x}$、$\vec{z}$
		短活动式 V 形块(防转)	$\hat{y}$
大平面与两圆柱孔	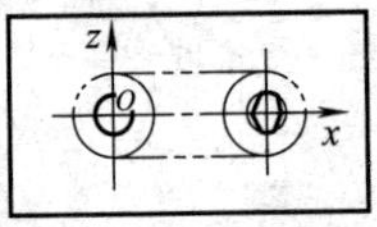	支承板	$\vec{y}$、$\hat{x}$、$\hat{z}$
		短圆柱定位销	$\vec{x}$、$\vec{z}$
		短菱形销(防转)	$\hat{y}$

续表

定位基准	定位简图	定位元件	限制的自由度
长圆柱孔与其他		固定式心轴	$\vec{x}$、$\vec{z}$、$\widehat{x}$、$\widehat{z}$
		挡销(防转)	$\widehat{y}$
大平面与短锥孔		支承板	$\vec{z}$、$\widehat{x}$、$\widehat{y}$
		活动推销	$\vec{x}$、$\vec{y}$

4.2.3　工件定位原理

1. 工件的定位

指工件在机床或夹具中取得一个正确的加工位置的过程。例如，机床在装配时，其主轴箱、滑板及其上的工件，均须精确地安装在相应的位置上；机械加工时，刀具必须精确地安装在主轴头上，其回转中心必须与主轴中心线重合。

定位的目的是使工件在夹具中相对于机床、刀具占有确定的正确位置，并且应用夹具定位工件，还能使同一批工件在夹具中的加工位置一致性好。

2. 工件的自由度

任何一个工件在夹具中未定位前，都可看成在空间直角坐标系中的自由物体，即都有六个自由度，分别是沿三个坐标轴的移动自由度 $\vec{x}$、$\vec{y}$、$\vec{z}$ 和绕三个坐标轴转动的转动自由度 $\widehat{x}$、$\widehat{y}$、$\widehat{z}$（图 4-7）。这种工件位置的不确定性，通常称为自由度。其中 $\vec{x}$、$\vec{y}$、$\vec{z}$ 称为沿 x、y、z 轴线方向的自由度；$\widehat{x}$、$\widehat{y}$、$\widehat{z}$ 称为绕 x、y、z 轴回转方向的自由度。

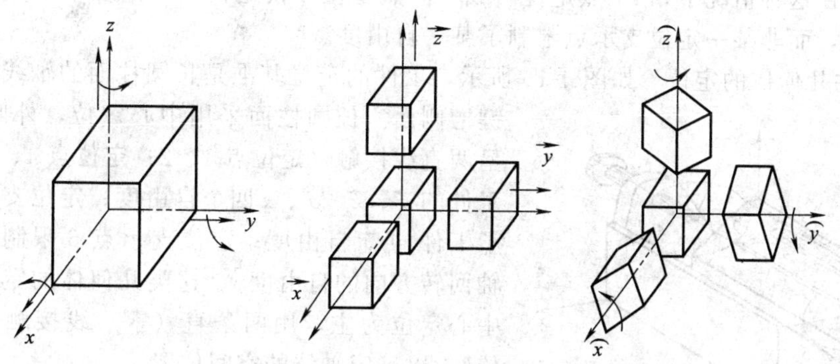

图 4-7　工件在空间直角坐标系中的六个自由度

3. 六点定位原理

（1）六点定位原理　工件定位的实质就是用定位元件来阻止工件的移动或转动，从而限制工件的六个自由度。在机械加工中，要完全确定工件在夹具中的正确位置，用一个支承点限制工件的一个自由度，用六个合理分布的支承点限制工件的六个自由度，使工件在机床或夹具中取得一个正确的加工位置，即为工件的六点定位原理。如果工件的六个自由度用六个

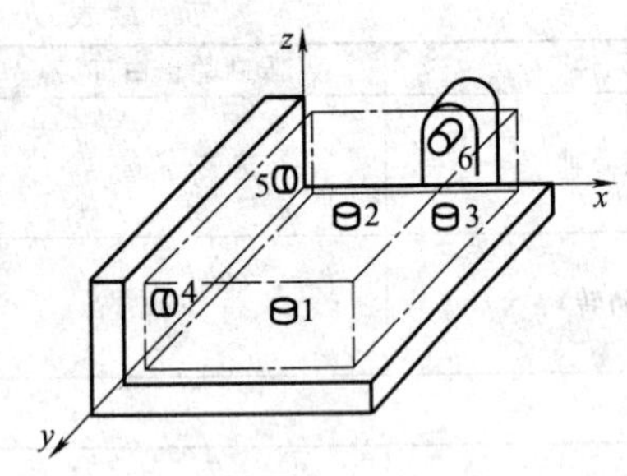

图 4-8　工件在空间的六点定位

支承点与工件接触使其完全消除，则该工件在空间的位置就完全确定了。如图 4-8 所示，工件在直角坐标系中有六个自由度（$\vec{x}$、$\vec{y}$、$\vec{z}$、$\widehat{x}$、$\widehat{y}$、$\widehat{z}$），夹具用合理分布的六个支承点限制工件的六个自由度，即用一个支承点限制工件的一个自由度的方法，使工件在夹具中的位置完全确定。

(2) 定位点分布的规律　作为定位基准，其中工件的定位基准是多种多样的，故各种形态的工件的定位支承点分布将会有所不同。下面分析完全定位时，几种典型工件的定位支承点分布规律。

① 平面几何体的定位　如图 4-9 所示，工件以 A、B、C 三个平面 A 面最大，设置成三角形布置的三个定位支承点 1、2、3，当工件的 A 面与该三点接触时，限制$\widehat{x}$、$\widehat{y}$、$\vec{z}$ 三个自由度；B 面较狭长，在沿垂直于 A 面方向设置两个定位支承点 4、5，当工件的侧面 B 与该两点相接触时，即限制 $\vec{x}$、$\widehat{z}$ 两个自由度；在最小的平面 C 上设置一个定位支承点 6，限制 $\vec{y}$ 一个自由度。

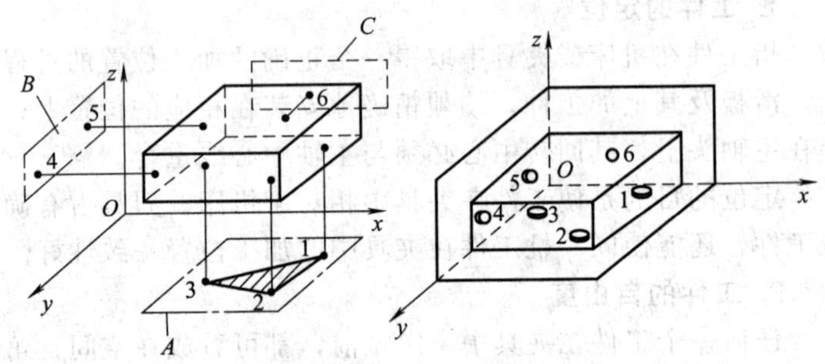

图 4-9　平面几何体的定位

用图 4-9 中如此设置的六个定位支承点，限制了工件的六个自由度，可使工件完全定位。由于定位是通过定位点与工件的定位基面相接触来实现的，如两者一旦相脱离，定位作用就自然消失了。在实际定位中，定位支承点并不一定就是一个真正直观的点，从几何学的观点分析，构成三角形的三个点为一个平面的接触；同样成线接触的定位，则可认为是两点定位。在这种情况下，“三点定位”或“两点定位”仅是指某种定位中个数定位支承点的综合结果，而非某一定位支承点限制了某一自由度。

② 圆柱几何体的定位　如图 4-10 所示，工件的定位基准是长圆柱面的轴线、后端面和键槽侧面。长圆柱面采用中心定位，外圆与 V 形块呈两直线接触（定位点 1、2；定位点 4、5），限制了工件的 $\vec{x}$、$\vec{z}$、$\widehat{x}$、$\widehat{z}$ 四个自由度；定位支承点 3 限制了工件的 $\vec{y}$ 自由度；定位支承点 6 限制了工件绕 y 轴回转方向的自由度$\widehat{y}$。这类几何体的定位特点是以中心定位为主，用两条直（素）线接触作“四点定位”，以确定轴线的空间位置。

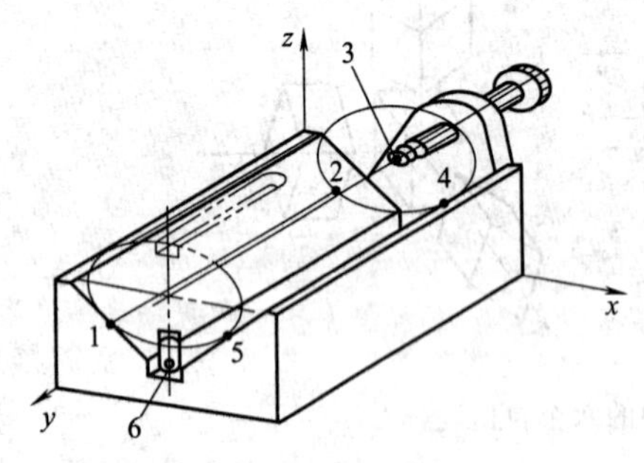

图 4-10　圆柱几何体的定位

如图 4-11 (a) 所示，确定轴线 A 的位置所需限制的自由度为 $\vec{x}$、$\vec{z}$、$\widehat{x}$、$\widehat{z}$，而其余两个自由度与轴线的位置无关。这类定位的另一个特点是键槽（或孔）处的定位点与加工面有一圆周角关系，为此设置的定位支承称防转支承。如图 4-11 (b) 所示，在槽 A 处设置一防转支承，以保证槽与加工面的 α 角。防转支承应布置在较大的转角半径 r 处。

③ 圆盘几何体的定位　如图 4-12 所示，圆盘几何体可以视作圆柱几何体的变形，

即随着圆柱面的缩短，圆柱面的定位功能也相应减少，图中由定位销的定位支承点5、6限制了工件的$\vec{y}$、$\vec{z}$两个自由度；相反，几何体的端面则上升为主要定位基准，由定位支承点1、2、3限制了工件的$\vec{x}$、$\vec{y}$、$\widehat{y}$、$\widehat{z}$自由度；防转支承点4限制了工件的$\widehat{x}$自由度。

(3) 注意问题　根据上述三种典型定位示例的分析，在应用六点定位规则时必须注意以下主要问题：

① 定位支承点的合理分布主要取决于定位基准的形状和位置。如图4-9所示的“3、2、1”点分布；图4-10所示的“4、1、1”点分布；图4-12所示的“3、2、1”点分布。可以推理，定位支承点的分布是不能随意组合的。

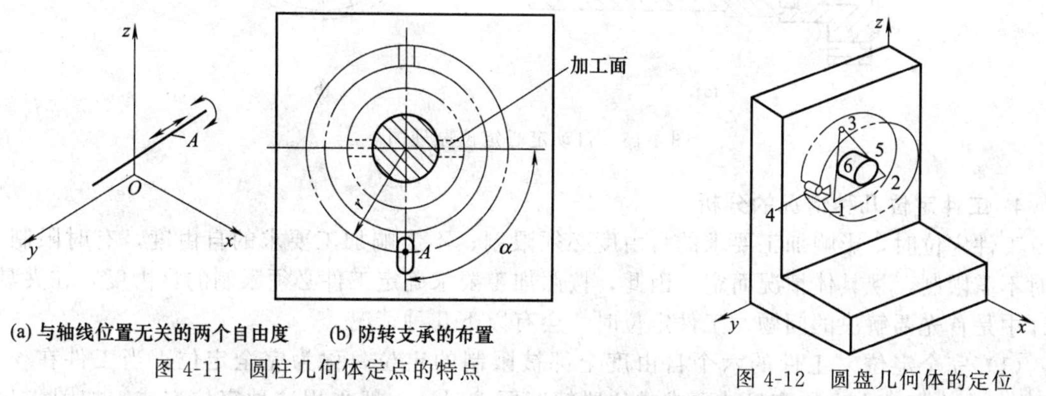

(a) 与轴线位置无关的两个自由度　(b) 防转支承的布置

图4-11　圆柱几何体定点的特点

图4-12　圆盘几何体的定位

② 工件的定位，是工件以定位面与夹具的定位元件的工作面保持接触或配合实现的。一旦工件定位面与定位元件工作面脱离接触或配合，就丧失了定位作用。

③ 工件定位以后，还要用夹紧装置将工件紧固。因此要区分定位与夹紧的不同概念。

④ 定位支承点所限制的自由度名称，通常可按定位接触处的形态确定，其特点可见表4-2。定位点分布应该符合几何学的观点。

表4-2　典型单一定位基准的定位特点

定位接触形态	限制自由度	自由度类别	特　点
长圆锥面接触	5	三个沿坐标方向的自由度 二个绕坐标方向的自由度	可作主要定位基准
长圆柱面接触	4	二个沿坐标方向的自由度 二个绕坐标方向的自由度	
大平面接触	3	一个沿坐标方向的自由度 二个绕坐标方向的自由度	
短圆柱面接触	2	二个沿坐标方向的自由度	不可作主要定基准，只与主要基准组合定位
线接触	2	一个沿坐标方向的自由度 一个绕坐标方向的自由度	
点接触	1	一个沿坐标方向的自由度 或绕坐标方向的自由度	

(4) 有时定位点数量及其布置不一定如上述那样明显直观，如自动定心定位就是这样。图4-13所示是一个内孔为定位面的自动定心定位原理图。工件的定位基准为中心要素圆的

中心轴线。从一个截面上看［图 4-13（b）］，夹具有三个点与工件接触，似为三点定位。实际上这种定位只消除 $\vec{x}$ 和 $\vec{z}$ 两个自由度，是两点定位。该夹具采用六个接触点，只限制工件长圆柱面的 $\vec{x}$、$\vec{z}$、$\overset{\frown}{x}$、$\overset{\frown}{z}$ 四个自由度。在自动定心定位中应注意这个问题。

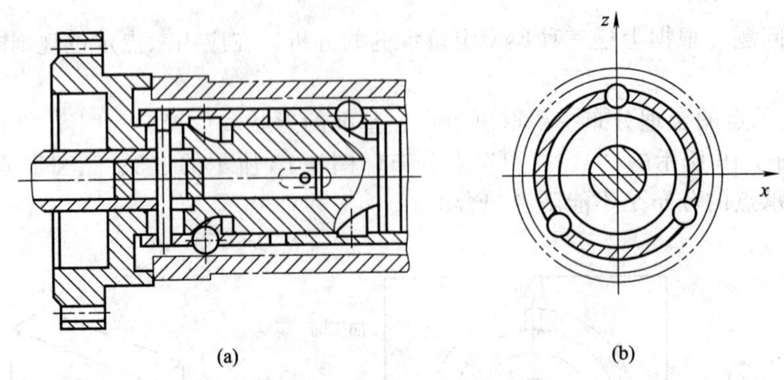

图 4-13　自动定心定位原理图

4. **工件定位几种情况的分析**

工件定位时，影响加工要求的自由度必须限制；不影响加工要求的自由度，有时限制，有时不需限制，视具体情况而定。因此，按照加工要求确定工件必须限制的自由度，在夹具设计中是首先要解决的问题。工件定位时，会有以下几种情况。

（1）完全定位　工件的六个自由度全部被限制的定位，称为完全定位。当工件在 x、y、z 三个坐标方向上均有尺寸要求或位置精度要求时，一般采用这种定位方式。如图 4-14 所示。

（2）不完全定位　根据工件的加工要求，并不需要限制工件的全部自由度，这样的定位，称为不完全定位。如图 4-15 所示。

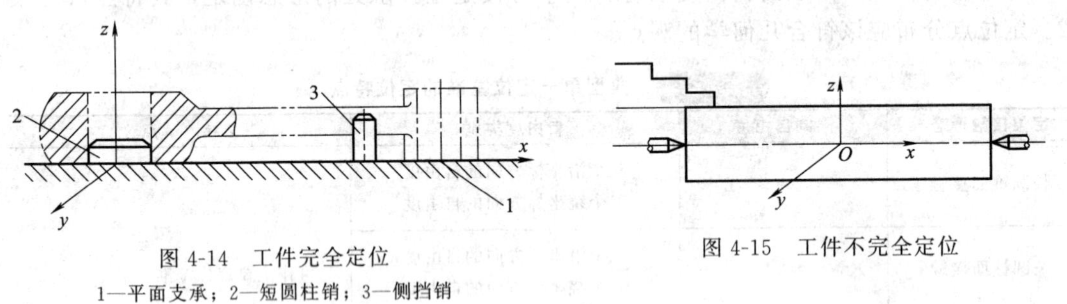

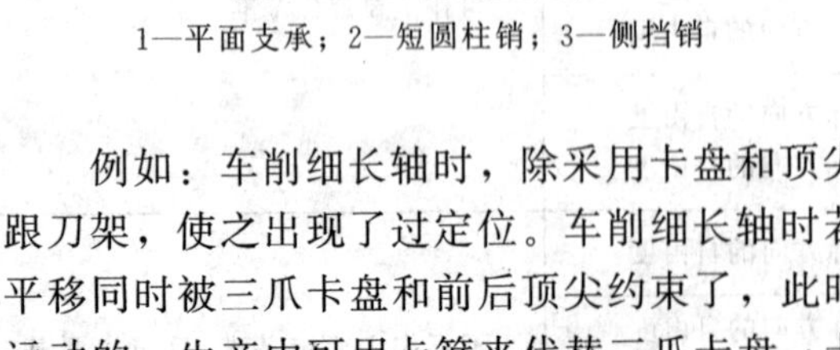

图 4-14　工件完全定位

1—平面支承；2—短圆柱销；3—侧挡销

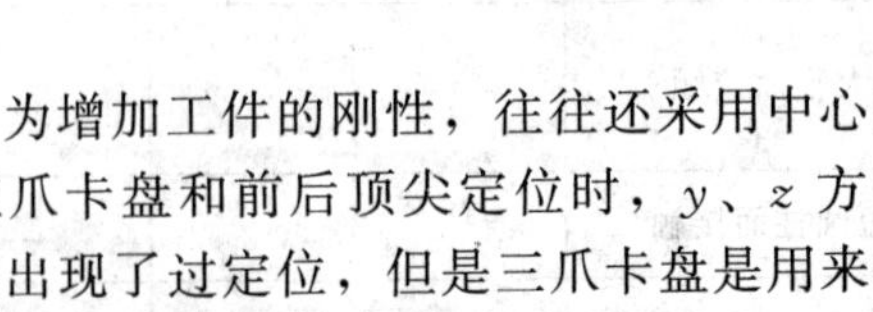

图 4-15　工件不完全定位

例如：车削细长轴时，除采用卡盘和顶尖外，为增加工件的刚性，往往还采用中心架或跟刀架，使之出现了过定位。车削细长轴时若用三爪卡盘和前后顶尖定位时，y、z 方向的平移同时被三爪卡盘和前后顶尖约束了，此时已经出现了过定位，但是三爪卡盘是用来传递运动的，生产中可用卡箍来代替三爪卡盘，卡箍既可传递运动又不约束工件的自由度，变过定位为不完全定位。

（3）欠定位　根据工件的加工要求，应该限制的自由度没有完全被限制的定位，称为欠定位。欠定位无法保证加工要求，所以是绝不允许的。

（4）过定位　工件的同一自由度被二个或二个以上的支承点重复限制的定位。可能造成工件的定位误差，或者造成部分工件装不进夹具的情况。过定位不是绝对不允许，要由具体情况决定。

过定位也叫重复定位，它是指几个定位支承点重复限制一个或几个自由度的定位。工件是否允许过定位存在应根据具体情况而定。工件以形状精度和位置精度很低的毛坯表面作为定位基准时，往往会引起工件无法安装或工件本身的很大弹性变形，所以不允许出现过定位；而对于采用形位精度很高的表面作为定位基准时，为了提高工件定位的稳定性和刚度，在一定的条件下是允许采用过定位的，所以不能机械地一概否定过定位。

过定位的情况较复杂，如图 4-16 所示，要求加工平面对 A 面的垂直度公差为 0.04mm。若用夹具的两个大平面实现定位，即工件的左面被限制 $\vec{x}$、$\widehat{y}$、$\widehat{z}$ 三个自由度，B 面被限制了 $\vec{z}$、$\widehat{x}$、$\widehat{y}$ 三个自由度，其中 $\widehat{y}$ 自由度被 A、B 面同时重复限制。由图可见，当工件处于加工位置“Ⅰ”可保证垂直度要求；而当工件处于加工位置“Ⅱ”时则不能。这种随机的误差造成了定位的不稳定，严重时会引起过定位干涉。

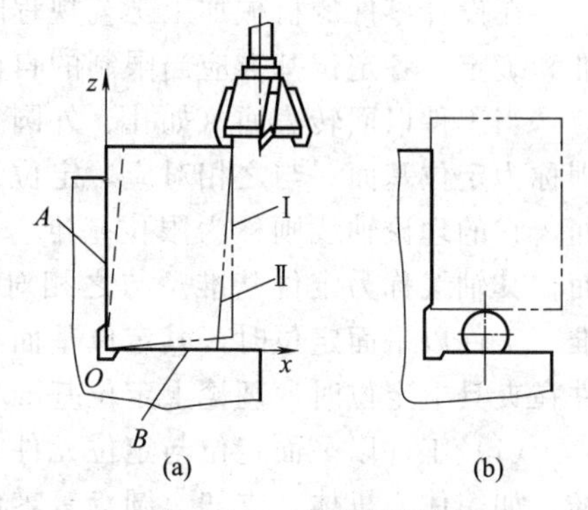

图 4-16　过定位示例

消除过定位及其干涉的两种途径：

① 改变定位元件的结构，以消除被重复限制的自由度。

② 提高工件定位基面之间及定位元件工作表面之间的位置精度，以减小或消除过定位引起的干涉。

4.2.4　常用定位方式及定位元件

1. 对定位元件的基本要求

工件定位基准的合理选择后，定位元件与其接触和配合则是至关重要。定位元件的结构、形状、尺寸及布置形式等正确选用是体现夹具应用中的优化程度。根据工件的不同结构和加工技术要求，与之对应的定位元件也是结构种类繁多，常见的工件定位基准有平面、内孔、外圆表面，也有不同表面组合的表面。

(1) 足够的精度　由于定位误差的基准位移误差直接与定位元件的定位表面有关，因此，定位元件的定位表面应有足够的精度，以保证工件的加工精度。例如，V 形块的半角公差、V 形块的理论圆中心高度尺寸、圆柱心轴定位圆柱面的圆度、支承板的平面度公差等，都应有足够的制造精度。通常，定位元件的定位表面还应有较小的表面粗糙度值，如 $Ra0.4\mu m$、$Ra0.2\mu m$、$Ra0.1\mu m$ 等。

(2) 足够的储备精度　由于定位是通过工件的定位基准与定位元件的定位表面相接触来实现的，而工件的装卸将会使定位元件磨损，从而导致定位精度下降。因此，为了提高夹具的使用寿命，定位元件表面应有较高的硬度和耐磨性。特别是在产品较固定的大批量生产中，应注意提高定位元件的耐磨性，以使夹具有足够的储备精度。通常工厂可以按生产经验和工艺资料对主要定位元件，如 V 形块、心轴等制订磨损公差，以保证夹具在使用周期内的精度。不同的材料有不同的力学性能，定位元件常用的材料有优质碳素结构钢 20 钢、45 钢、65Mn，工具钢 T8、T10，合金结构钢 20Cr、40Cr、38CrMoAlA 等。

(3) 足够的强度和刚度　通常对定位元件的强度和刚度是不作校核的，但是在设计时仍应注意定位元件危险断面的强度，以免使用中损坏；而定位元件的刚度也往往是影响加工精度的因素之一。因此，可用类比法来保证定位元件的强度和刚度，以缩短夹具设计的周期。

(4) 应协调好与有关元件的关系　在定位设计时，还应处理、协调好与夹具体、夹紧装置、对刀导向元件的关系。有时定位元件还需留出排屑空间等，以便于刀具进行切削加工。

（5）良好的结构工艺性　定位元件的结构应符合一般标准化要求，并应满足便于加工、装配、维修等工艺性要求。通常标准化的定位元件有良好的工艺性，设计时应优先选用标准定位元件。

2. 定位方式与定位元件

在设计零件的机械加工工艺规程时，工艺人员根据加工要求已经选择了各工序的定位基准和确定了各定位基准应当限制的自由度，并将它们标注在工序简图或其他工艺文件上。

当工件以回转表面（如孔、外圆等）定位时，称它的轴线为定位基准，而回转表面本身则称为定位基面。与之相对应，定位元件上与定位基面相配合（或接触）的表面称为限位基面，它的理论轴线则称为限位基准。如工件以圆孔在心轴上定位时，工件内孔称为定位基面，其轴线称为定位基准。与之相对应，心轴外圆表面称为限位基面，其轴线称为限位基准。工件以平面定位时，其定位基面与定位基准、限位基面和限位基准则是完全一致的。工件在夹具上定位时，理论上定位基准与限位基准应该重合，定位基面与限位基面应该接触。

（1）工件以平面定位与定位元件　在机械加工中，大多数工件都以平面作为主要定位基准，如箱体、机体、支架、圆盘等零件。当工件进入第一道工序时，只能使用粗基准定位；在进入后续工序时，则可使用精基准定位。

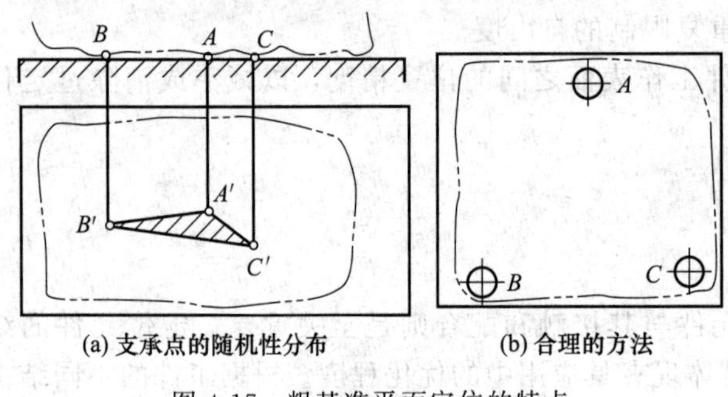

(a) 支承点的随机性分布　(b) 合理的方法

图 4-17　粗基准平面定位的特点

① 以粗基准平面定位与定位元件　这种平面通常指锻、铸后经清理的毛坯平面，其表面比较粗糙，且有较大的平面度误差。如图 4-17（a）所示，当此面与定位支承平面接触时，必为随机分布的三个点。为了控制这三个点的位置，通常要采用呈点接触的定位元件，以获得较圆满的定位［图 4-17（b）］。但这并非在任何情况下都是合理的。例如，定位基准为很窄的平面时，就很难布置支承三角形，而采用面接触定位。粗基准面常用的定位元件有支承钉、浮动支承和调节支承等。

a. B 型（球头）和 C 型（齿纹）支承钉　如图 4-18 所示为支承钉。其主要规格尺寸 D 为 5、6、8、12、16、20、25、30、40（mm）。支承钉用碳素工具钢 T8 经热处理至 55～60HRC。支承钉 d 处用 H7/r6 过盈配合压入夹具体中。

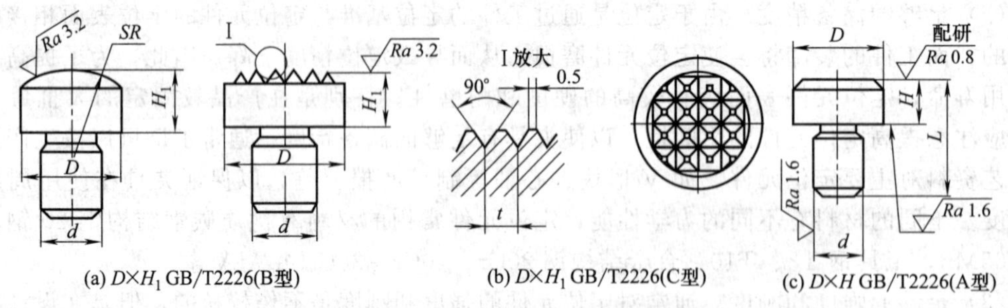

(a) $D\times H_1$ GB/T2226(B型)　(b) $D\times H_1$ GB/T2226(C型)　(c) $D\times H$ GB/T2226(A型)

图 4-18　支承钉（GB/T 2226—1991）

B 型支承钉［图 4-18（a）］能使其与定位基面（粗基准）接触良好；C 型支承钉［图 4-18（b）］的齿纹，增大摩擦因数，可防止工件在加工时受力而滑动，常用于较大型的机体的定位；图 4-18（c）所示为平头支承钉 A 型，用于工件精基准定位。一个支承钉限制工件一个自由度。这类元件磨损后较难更换。

b. 可换支承钉　图 4-19 所示为两种可换支承钉，用于批量较大的生产中，以降低夹具制造成本。目前国内尚无可换支承钉的标准。

c. 可调节支承　调节支承（GB/T 2230—1991）、圆柱头调节支承（GB/T 2229—1991）、六角头支承（GB/T 2227—1991）属于可调节的支承，以保证工序有足够和均匀的加工余量。图 4-20 所示为可调节支承定位的应用示例。工件以箱体的底面为粗基准定位，铣削顶面。由于毛坯的误差，将使后续镗孔工序的余量偏向一边，甚至出现余量不够的现象。为此，定位时需按划线调节工件的位置，通常需对同一批工件作一次调节，调节后用锁紧螺母锁紧。支承用优质碳素结构钢 45 钢，经热处理至 40～55HRC（长度大于 50mm，仅头部热处理）。

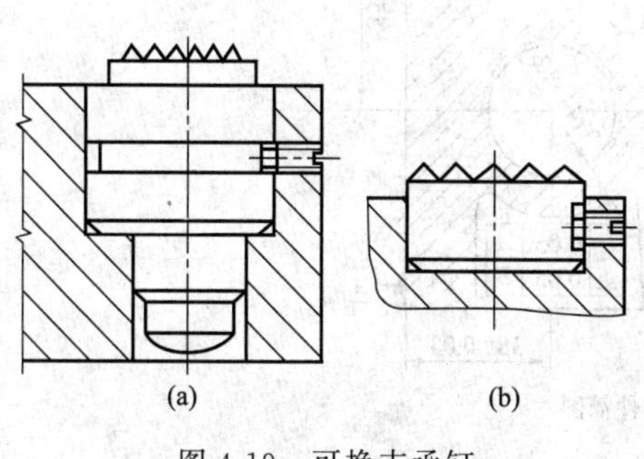

图 4-19　可换支承钉

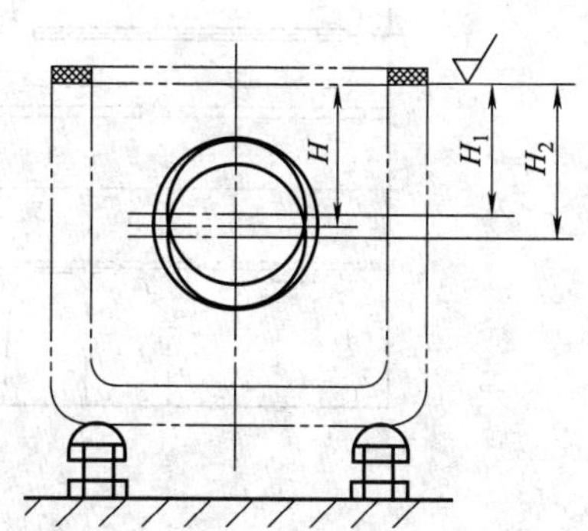

图 4-20　可调节支承定位的应用示例

图 4-21（a）所示为 GB/T 2230—1991 可调节支承的主要规格 d 为 M5、M6、M8、M10、M12、M20、M24、M30、M36；L 可按需要确定。

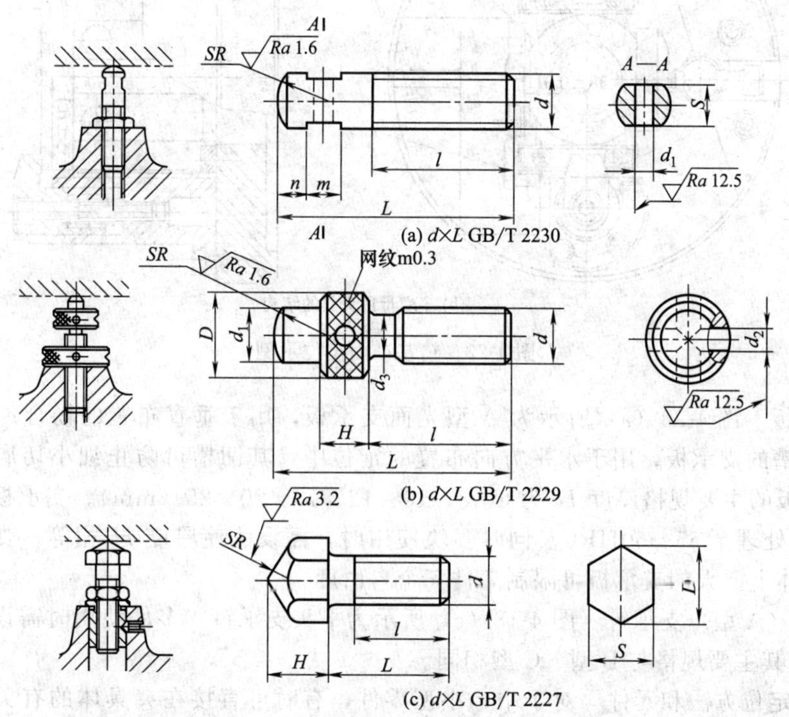

图 4-21　可调节支承

图 4-21（b）所示为 GB/T 2229—1991 圆柱头调节支承，主要规格 d 为 M5、M6、M8、M10、M12、M16、M20；L 为 25、30、…、120（mm）。球面半径 SR 的尺寸与 d_1 相等。

图 4-21（c）所示为 GB/T 2227—1991 六角头支承，主要规格 d 为 M5、M6、M8、M10、M12、M16、M20、M24、M30、M36；L 为 15、20、…、160（mm）。

② 以精基准平面定位与定位元件　工件的基准平面经切削加工后，可直接放在平面上定位。经过刮削、磨削的平面具有较小的表面粗糙度值和平面度误差，故可获得较精确的定位。常用的定位元件有支承板和平头支承钉等。这类是呈面接触的定位元件。

图 4-22 所示为加工开合螺母的车床夹具。工件的主要定位基面 B 在两块支承板上定位，另一平面 A 在两个平头支承钉上定位，C 面则用一平头支承钉定位，这些定位元件都已标准化。

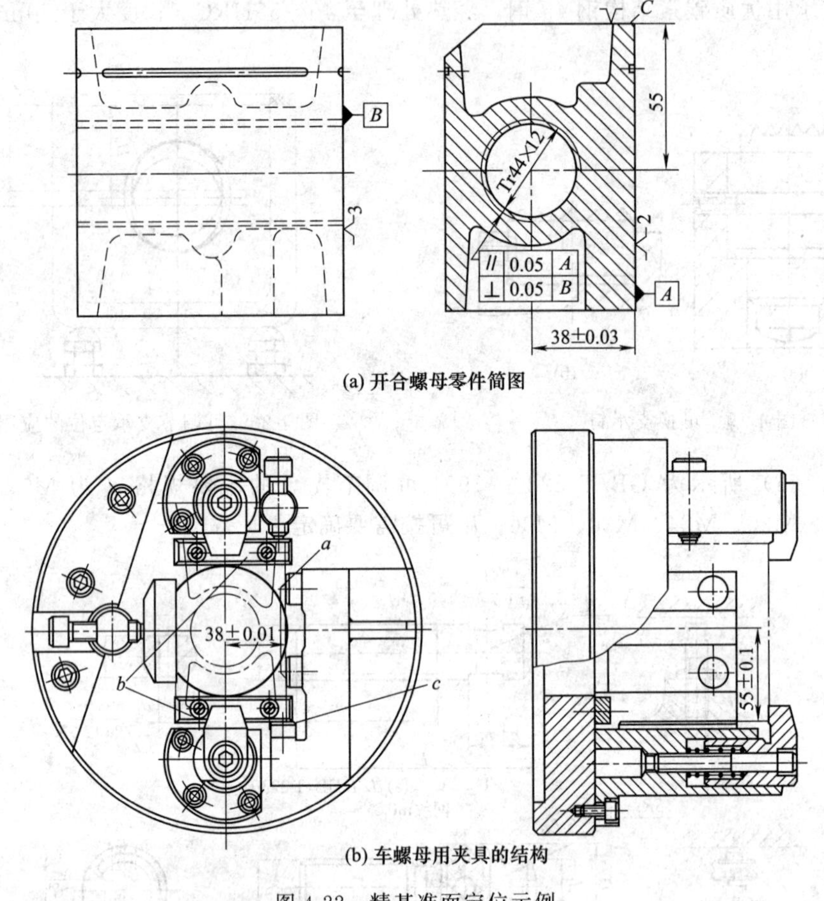

(a) 开合螺母零件简图

(b) 车螺母用夹具的结构

图 4-22　精基准面定位示例

a. 支承板　图 4-23（a）所示为 A 型光面支承板，用于垂直布置的场合；图 4-23（b）为 B 型带斜槽的支承板，用于水平方向布置的定位中，其凹槽可防止细小切屑停留在定位面上。支承板的主要规格厚度 H 为 6、8、10、12、16、20、25（mm）。支承板用碳素工具钢 T8，经热处理至 55～60HRC。同时多块使用时，需设法使厚度 H 相等。支承板用螺钉紧固在夹具体上。大的支承板可限制工件三个自由度。

b. 平头（A 型）支承钉　图 4-18（c）所示为平头支承钉。多件使用时需设法使高度尺寸 H 相等。其主要规格与 B 型、C 型相同。

c. 其他定位方法和元件　对于中、小型零件，有时可直接在夹具体的有关平面上定位［图 4-24（a）］，有时也可用非标准结构的支承板。图 4-24（b）为一种环形的支承板，用于

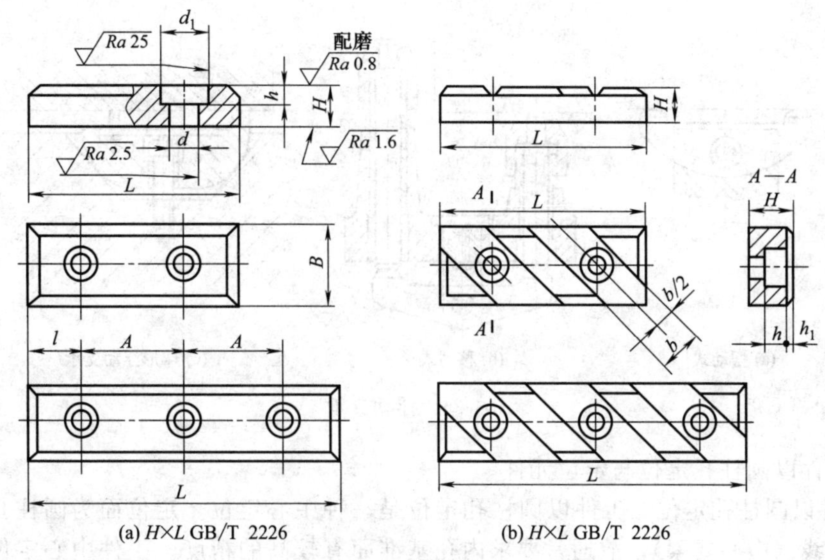

(a) H×L GB/T 2226　　(b) H×L GB/T 2226

图 4-23　支承板（GB/T 2236—1991）

盘形零件的定位。图 4-24（c）所示的支承板形状则按工件定位基面的形状设计。

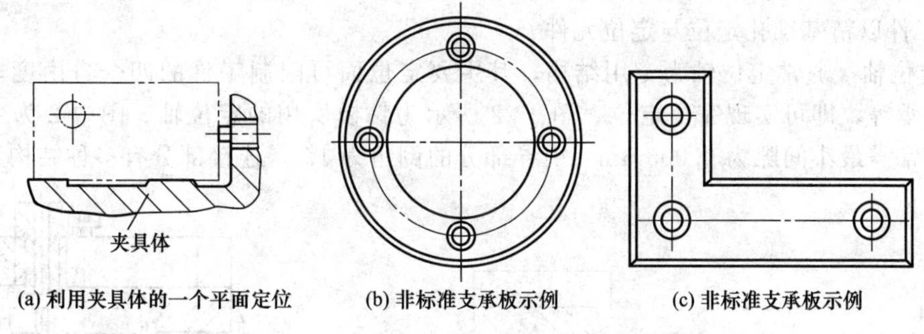

(a) 利用夹具体的一个平面定位　(b) 非标准支承板示例　(c) 非标准支承板示例

图 4-24　其他定位方法和元件

③ 提高平面支承刚度的方法　在加工大型机体和箱体零件时，为了克服因支承面的不足而引起的变形和振动，通常需要考虑提高平面的支承刚度。在加工刚度较低的薄板状零件时也要注意这个问题。常用的方法是采用辅助支承或可以浮动的支承，以减小工件变形和振动，但又不致发生过定位。

a. 辅助支承　辅助支承不限制工件自由度，只起支承作用，使用完毕需放松支承，待工件重新定位后再支承。辅助支承的主要规格 d 为 12、16、20（mm）。

如图 4-25 所示，当作用点只能远离加工面，造成工件装夹刚度较差时，应在靠近加工面附近设置辅助支承，并施加辅助夹紧力 F_{w1}，以减小加工振动。

b. 浮动支承　图 4-26 所示为几种浮动支承的结构，它们与工件的接触点虽然是二点或三点，但仍只限制工件的一个自由度。这种方法是消除过定位方法的应用。图 4-26（a）、(b) 所示支承均为一个方向浮动。

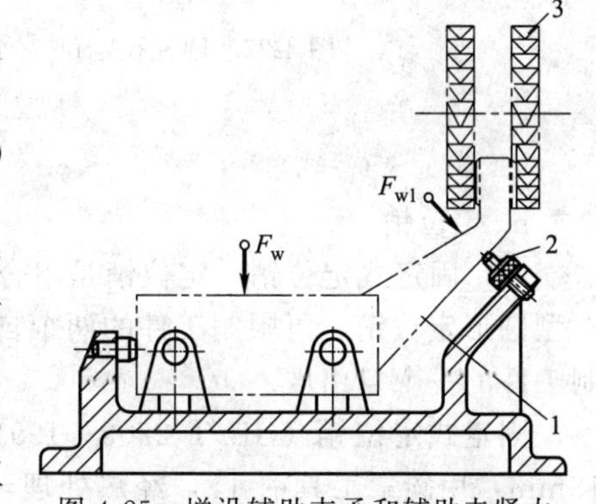

图 4-25　增设辅助支承和辅助夹紧力

1—工件；2—辅助支承；3—铣刀

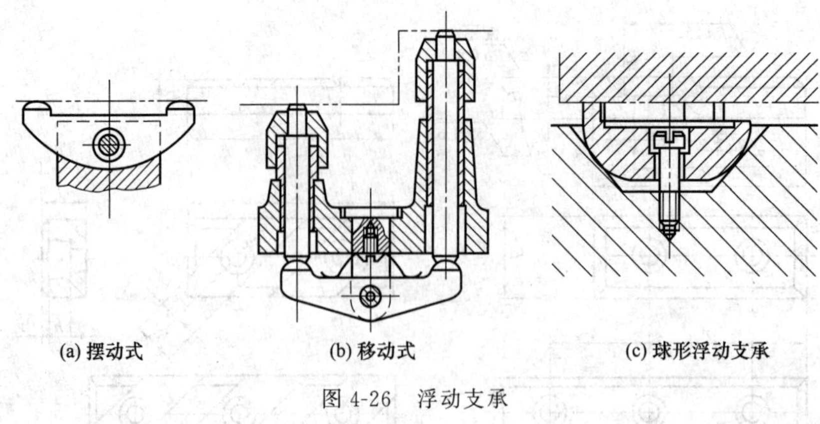

图 4-26 浮动支承

（2）工件以圆柱孔定位与定位元件

① 工件以圆柱孔定位 工件以圆柱孔定位是一种中心定位。定位面为圆柱孔，定位基准为中心轴线（中心要素），故通常要求内孔基准面有较高的精度。工件中心定位的方法是用定位销、定位插销、定位轴和心轴等与孔的配合实现的［图 4-27（a)]。有时采用自动定心定位。粗基准内孔定位很少采用。图 4-27（b）所示为铣削尾座底平面的定位方法，在毛坯孔的两端用顶尖支承，以保证镗孔工序的余量均匀。

② 工件以精基准孔定位与定位元件

a. 定位轴 通常定位轴为专用结构，其主要定位面可限制工件的四个自由度，若再设置防转支承等，即可实现完全定位。图 4-28 所示为钻模所用的定位轴。图中 2 为中心定位部分，通常需最小间隙为 0.005mm，引导部分的倒角为 15°，连接部分有多种结构。

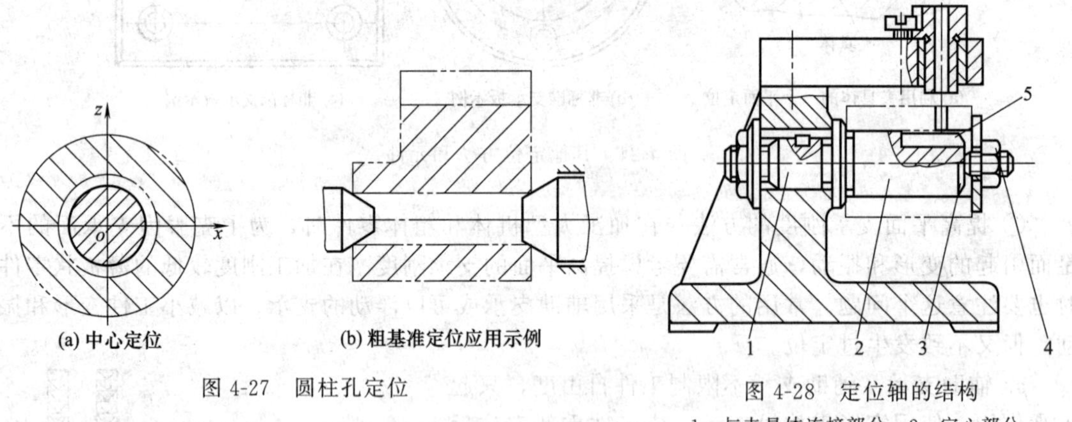

图 4-27 圆柱孔定位

图 4-28 定位轴的结构

1—与夹具体连接部分；2—定心部分；3—引导部分；4—夹紧部分；5—排屑槽

b. 定位销

(a) 固定式定位销 定位销是组合定位中最常用的定位元件之一。图 4-29（a）所示为 A 型圆形定位销，可限制工件的两个自由度。图 4-29（b）所示为 B 型菱形定位销，只能限制工件的一个自由度。

固定式定位销（GB/T 2203—1991）的主要规格 D 为 3～50mm。定位销材料（$D\leqslant$ 18mm）用碳素工具钢 T8，经热处理至 55～60HRC。$D>$18mm 的定位销用优质碳素结构钢 20 钢，渗碳淬硬至 55～60HRC。B 型菱形销的应用较特殊，如图 4-30 所示，它是布置在会发生定位干涉的部位上。

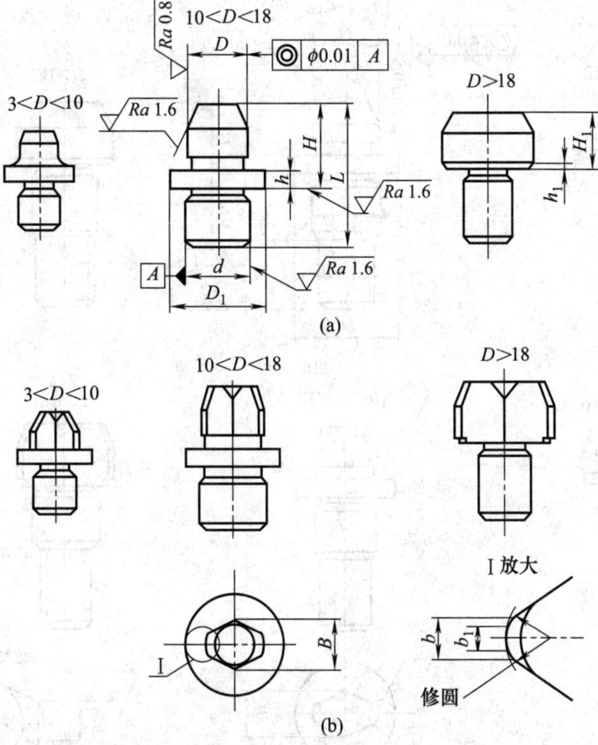

图 4-29　固定式定位销

（b）小定位销　如图 4-31 所示，小定位销（GB/T 2202—1991）也分 A 型、B 型两种，其主要参数 D 为 1～3mm，故功能上与固定式定位销相同，仅结构有所不同。

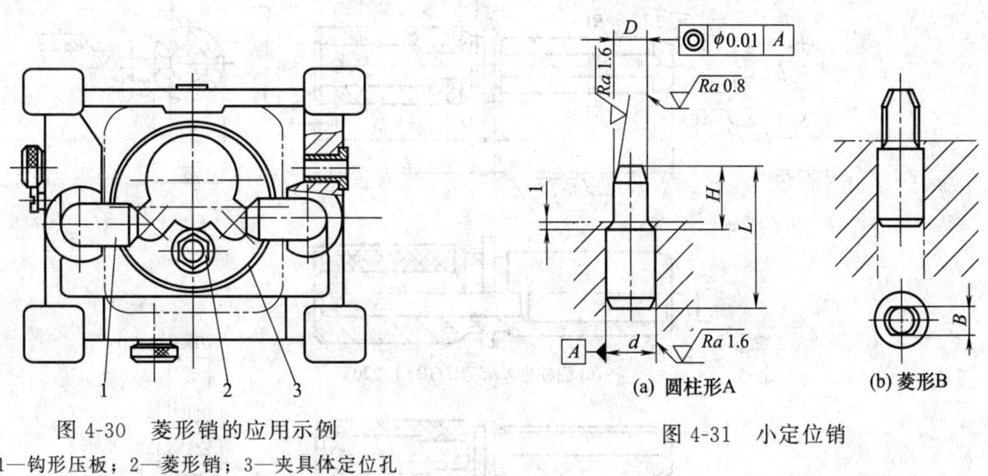

图 4-30　菱形销的应用示例

1—钩形压板；2—菱形销；3—夹具体定位孔

图 4-31　小定位销

（c）可换式定位销　图 4-32 所示为可换式定位销（GB/T 2204—1991）的结构，也分 A 型圆柱形、B 型菱形两种。与上述定位销比较，其功能是当定位销磨损后可以更换，以降低夹具的成本。这种定位销常用于生产负荷很高的夹具。可换式定位销的主要规格 D 为 3～50mm。

（d）定位插销　如图 4-33 所示，A 型定位插销可限制工件的两个自由度，B 型（菱形）插销则限制工件的一个自由度。定位插销常用于不便于装卸的部位和工件以被加工孔为定位基准（自位基准）的定位中。其主要规格 d 为 3、4、…、78（mm）。

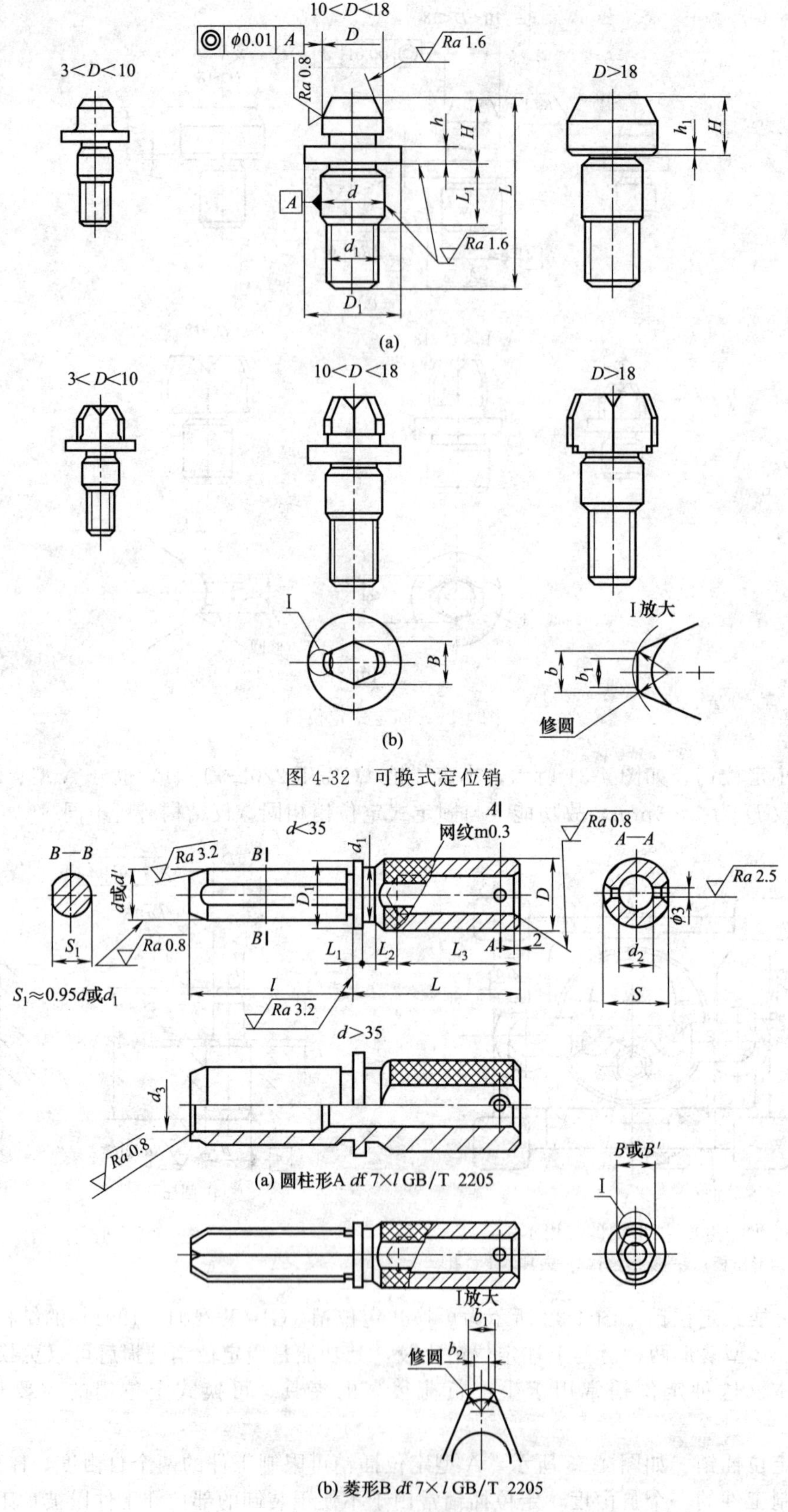

图 4-32 可换式定位销

图 4-33 定位插销（GB/T 2205—1991）

c. 心轴　心轴常用于套类、盘类零件的车削、磨削和齿轮加工中，以保证加工面（或齿轮分度圆）对内孔的同轴度公差。心轴是夹具中一种结构较紧凑的单元体，心轴以柄部或中心孔与机床连接。心轴的专门化程度很高，故许多工厂都制订了自己的标准，如磨床、车床、滚齿、插齿、刨齿、磨齿等心轴的标准。心轴常用的定位方式有间隙配合定心［图4-34（a）、（c）、（d）、（e）、（f）］和定心夹紧［图 4-34（b）］两种。间隙配合心轴的定位圆直径公差带一般为 h6、g6 或 f7，这种心轴装卸工件方便，但定位精度不高。定心夹紧心轴所能达到的定位精度因结构不同而相差很大。图 4-34（b）所示的可胀式结构精度较低，而液性塑料心轴的定心精度则很高。

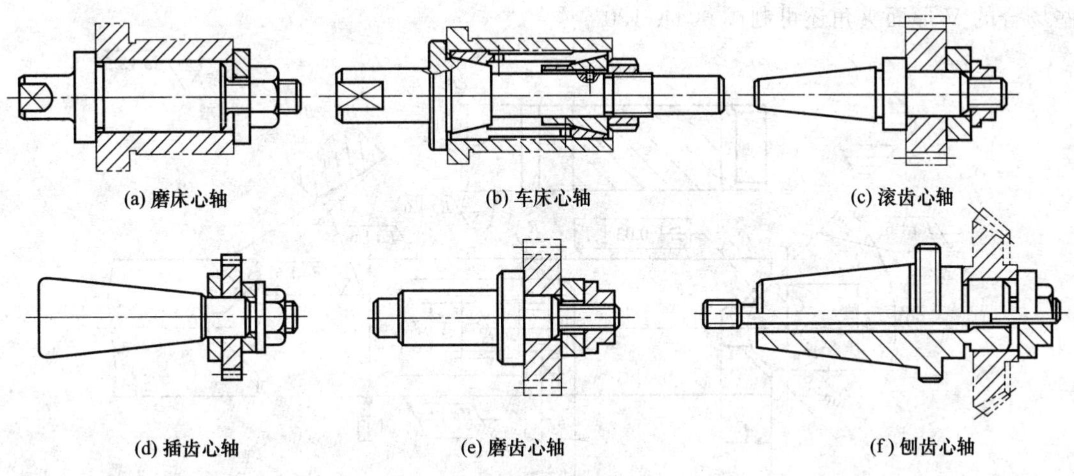

图 4-34　各类心轴示例

（3）工件以外圆柱面定位与定位元件　工件以外圆柱面定位时，工件的定位基准为中心要素，最常用的定位元件有 V 形块、半圆套、定位套等，它们常用作中心定位。有时采用自动定心定位。

① V 形块　作为外圆定位主要的定位元件 V 形块有各种结构。

a. 固定 V 形块　如图 4-35 所示，V 形块（GB/T 2208—1991）的两半角（$\alpha/2$）对称布置，定位精度较高。

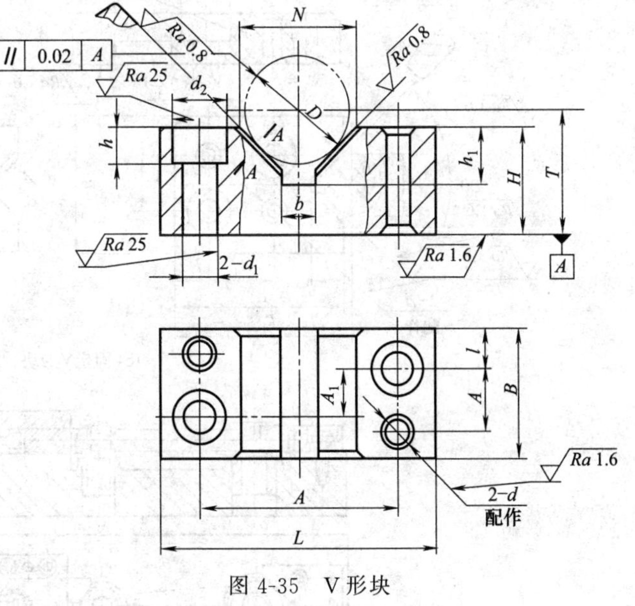

图 4-35　V 形块

当工件用长圆柱面定位时，可限制其四个自由度。主要规格 N 有：9、14、18、…、85（mm）。V 形块的定位高度 T 可按下式计算（V 形面夹角 $\alpha=90°$）

$$T=H+0.707D-0.5N$$

式中　D——V 形块理论圆直径，mm；

N——V 形块的开口尺寸，mm；

T——V 形块理论圆的中心高度尺寸，mm。

b. 活动 V 形块与固定 V 形块　如图 4-36（c）所示，活动 V 形块（GB/T 2211—1991）限制工件的$\hat{z}$自由度，固定 V 形块（GB/T 2209—1991）限制工件的$\vec{x}$、$\vec{y}$自由度。活动 V 形块［图 4-36（a）］的主要规格 N 为 9、14、…、70（mm）。与其相配的导板也已标准化（GB/T 2212—1991）。另一种调整 V 形块（GB/T 2210—1991）可用于生产批量较大的场合中。

c. 其他结构的 V 形块　V 形块是使用很广泛的定位元件，能用于粗基准或精基准的定位，使用也很方便，故除了标准结构外，其专用非标准结构很多，设计也很灵活（图4-37）。如图 4-37（a）所示的 V 形夹具用于内圆磨床的加工中，两 V 形块可调整，V 形面上的硬质合金填片可延长夹具的使用寿命；图 4-37（b）、（c）所示的 V 形块用于铣床的加工中。有些场合的 V 形面夹角还可制成 60°或 120°。

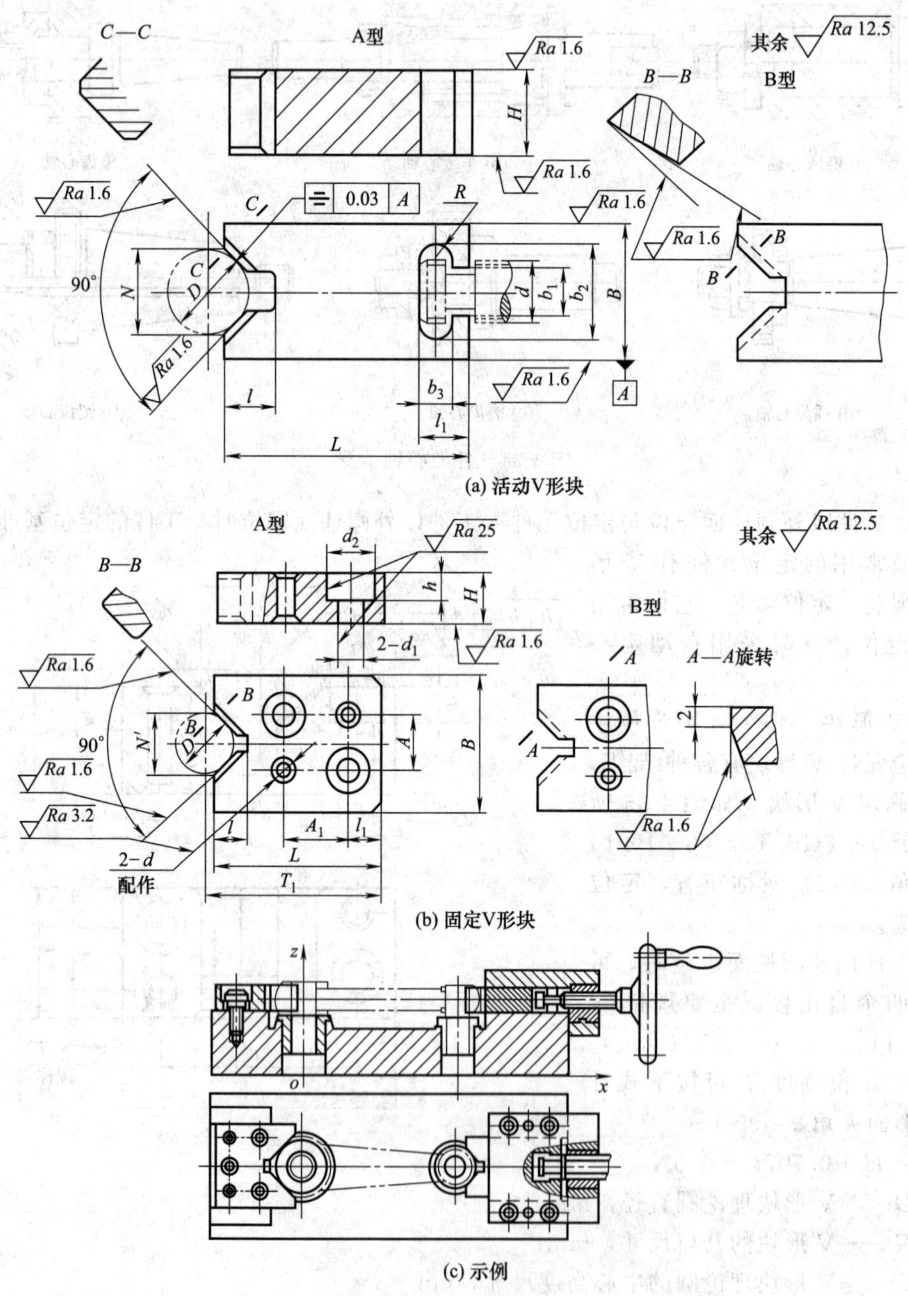

(a) 活动V形块

(b) 固定V形块

(c) 示例

图 4-36　活动 V 形块与固定 V 形块

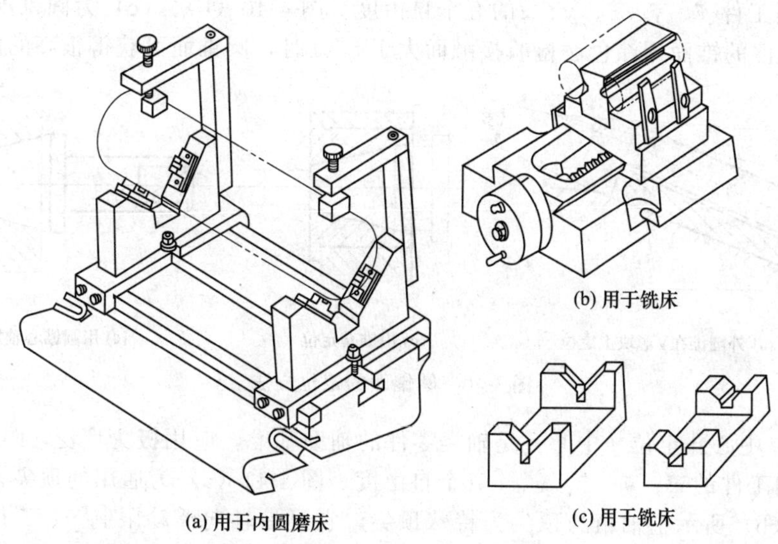

图 4-37　非标准 V 形块的应用

② 半圆套　工件在半圆套中定位如图 4-38 所示，半圆套的定位面 A 置于工件的下方，下半圆套起定位作用，上半圆套起夹紧作用。这种定位方式类似于 V 形块，也类似于轴承，常用于大型轴类零件的精基准定位中，其稳固性比 V 形块更好。其定位精度取决于定位基面的精度，通常工件轴径取公差等级 IT7、IT8，表面粗糙度值为 $Ra0.8 \sim 0.4\mu m$。半圆孔定位主要用于不适宜用孔定位的大型轴类工件，如曲轴、蜗轮轴等。

③ 定位套　图 4-39 所示为几种常用的定位套。通常定位套的圆柱面与端面组合定位，可以限制工件的 $\vec{x}$、$\vec{y}$、$\vec{z}$、$\overset{\frown}{x}$、$\overset{\frown}{y}$五个自由度。图 4-39（a）所示的短圆柱面限制工件 $\vec{x}$、$\vec{y}$ 两个自由度。这种定位方式是间隙配合的中心定位，故对基面的精度也有严格要求，通常取轴径公差等级为 IT7、IT8，表面粗糙度值小于 $Ra0.8\mu m$。定位套应用较少，常用于小型的形状简单的轴类零件的定位。图 4-39（b）所示的长圆柱面限制工件 $\vec{x}$、$\vec{y}$、$\overset{\frown}{x}$、$\overset{\frown}{y}$四个自由度。

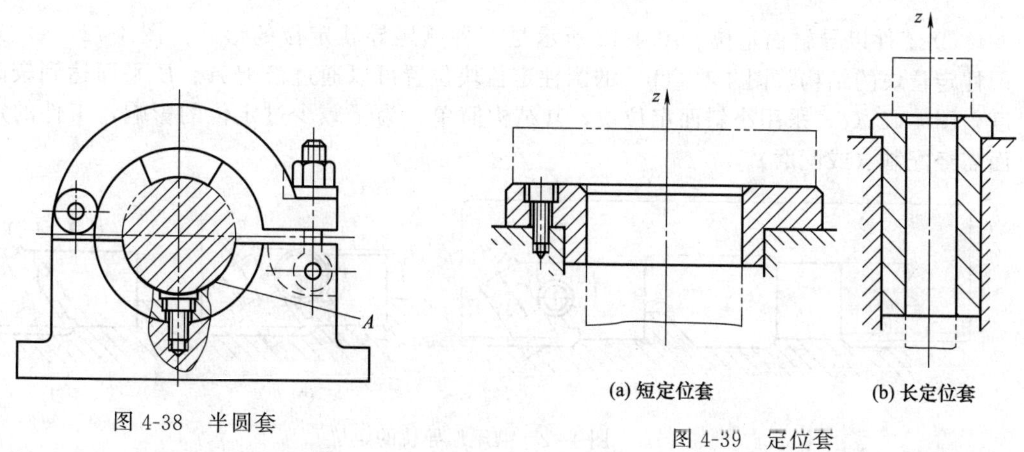

图 4-38　半圆套

图 4-39　定位套

（4）工件以特殊表面定位与定位元件　除平面、圆孔、外圆柱面定位外，工件有时还可能以其他表面（如圆锥面、渐开线齿面、曲面等）定位。

① 工件以内、外圆锥面定位　如图 4-40（a）所示，外圆锥面可在 V 形块上定位，与挡

销 E 一起限制工件 $\vec{x}$、$\vec{y}$、$\vec{z}$、$\widehat{y}$、$\widehat{z}$的五个自由度。图 4-40（b）、（c）为圆锥配合的定心定位方式，当工件的锥面用涂色法检验接触面大于 85%时，圆锥面可获得很高的定位精度。

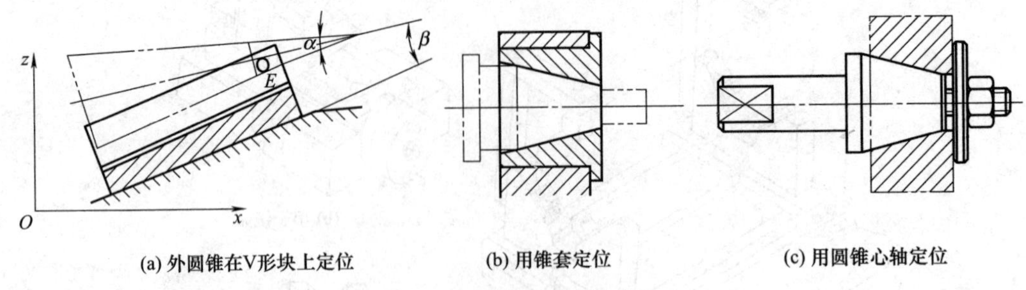

(a) 外圆锥在V形块上定位　(b) 用锥套定位　(c) 用圆锥心轴定位

图 4-40　圆锥面的定位方法

② 工件以中心孔定位　中心孔是轴类零件的辅助基准，应用极为广泛（图 4-41）。图中两顶尖可限制工件的 $\vec{x}$、$\vec{y}$、$\vec{z}$、$\widehat{y}$、$\widehat{z}$五个自由度。图 4-41（a）为通用的顶尖，定心精度较高；图 4-41（b）所示主轴箱的顶尖为特殊顶尖，它可沿轴向浮动限制 $\vec{y}$、$\vec{z}$ 自由度，轴向以端面套 E 定位，限制 $\vec{x}$ 自由度，以控制台阶轴长度尺寸；图 4-41（c）所示主轴箱的顶尖为外拨顶尖，其功能与通用顶尖相同，结构也已标准化。

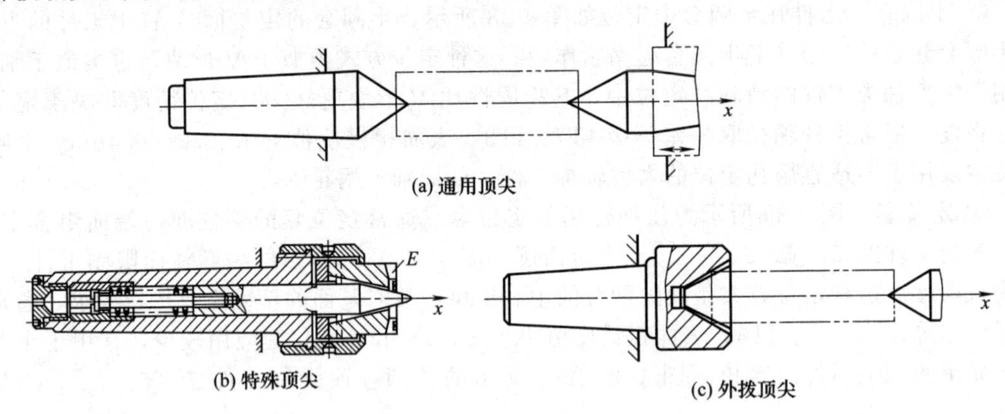

(a) 通用顶尖

(b) 特殊顶尖　(c) 外拨顶尖

图 4-41　顶尖的应用

③ 工件以导轨面定位　图 4-42 所示是三种燕尾导轨定位的形式。图 4-42（a）为镶有圆柱定位块的结构，图 4-42（b）的圆柱定位块位置可以通过修配 A、B 平面达到较高的精度，图 4-42（c）采用小斜面定位块，其结构简单。为了减少过定位的影响，工件的定位基面需经配制（或配磨）。

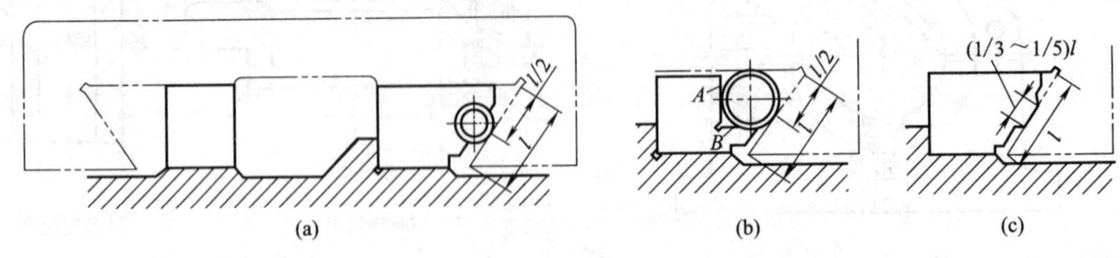

(a)　(b)　(c)

图 4-42　燕尾形导轨的定位

④ 工件以齿形表面定位　图 4-43 所示为用齿形表面定位的例子。定位元件是三个滚柱。自动定心盘 1 通过滚柱 3 对齿轮 4 进行定位。齿面与滚柱的最佳接触点 A、B……均应处在分度圆上，为此滚柱的直径需经精确计算。

如图 4-44 所示为计算滚柱直径 d 及外公切圆直径 D 的简图。通常接触点位置离分度圆为（0.5～0.7）h'。当已知齿数 z，模数 m，分度圆压力角 α_0，齿顶高 h'，分度圆上最小齿厚 $S_{\min}$，可以根据手册计算出滚柱的计算直径 d_L。由于滚柱直径已标准化，所以设计时可选用邻近的较小的标准直径的滚柱。

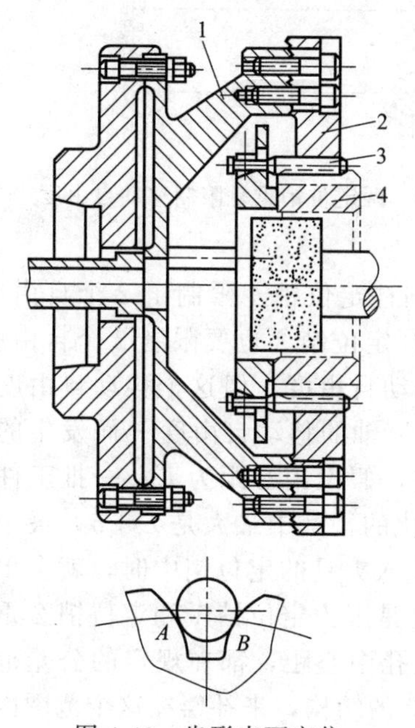

图 4-43　齿形表面定位

1—定心盘；2—卡爪；3—滚柱；4—齿轮

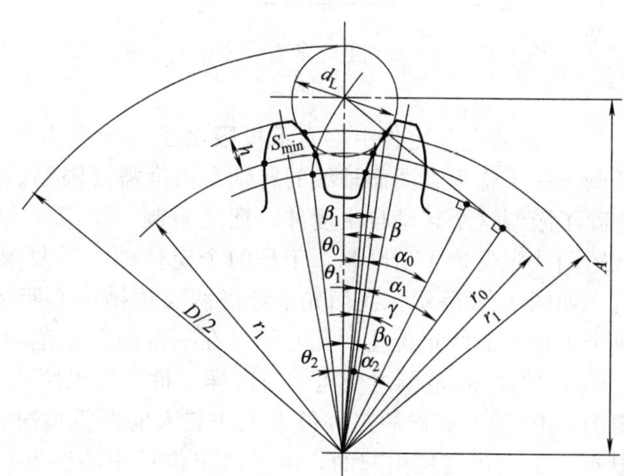

图 4-44　计算滚柱直径 d 和外公切圆直径 D 的简图

（5）工件以组合表面定位　常见的典型定位方式。它们都是以一些简单的几何表面（如平面、内外圆柱面、圆锥面等）作为定位基准的。因为尽管机器零件的结构形状千变万化，但是它们只是由一些简单的几何表面作各种不同的组合而构成的。因此，只要掌握住简单几何表面的典型定位方式后，也就可以根据各种复杂零件的表面组成情况，把它们的定位问题简化为一些简单几何表面的典型定位方式的各种不同组合。

采用组合定位时，如果各定位基准之间彼此无紧密尺寸联系（即没有尺寸精度要求）时，那么，这些定位基准的组合定位，就只能是把各种单一几何表面的典型定位方式直接予以组合而不能彼此发生重复限制自由度的过定位情况。

但是在实际生产中，有时是采用两个以上彼此有一定紧密尺寸联系（即有一定尺寸精度要求）的定位基准作组合定位，以提高多次重复定位时的定位精度。这时，也常会发生相互重复限制自由度的过定位现象。由于这些定位基准相互之间有一定尺寸精度联系，因此只要设法协调定位元件与定位基准的相互尺寸联系，就可克服上述过定位现象，以达到多次重复定位时，提高定位精度的目的。下面就以生产中最常见的“一面两孔”定位为例来进行分析。

①“一面两孔”定位时要解决的主要问题　在成批生产和大量生产中，加工箱体、杠杆、盖板等类零件时，常常以一平面和两定位孔作为定位基准实现组合定位。这种组合定位方式，一般便简称为：一面两孔定位。这时，工件上的两个定位孔，可以是工件结构上原有的，也可以专为工艺上定位需要而特地加工出来的。

“一面两孔”定位时所用的定位元件是：平面采用支承板定位，两孔采用定位销定位，如图 4-45 所示。

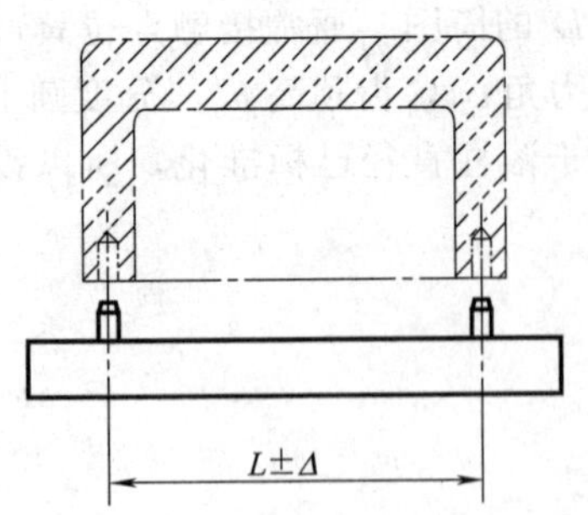

图 4-45 “一面两孔”的组合定位

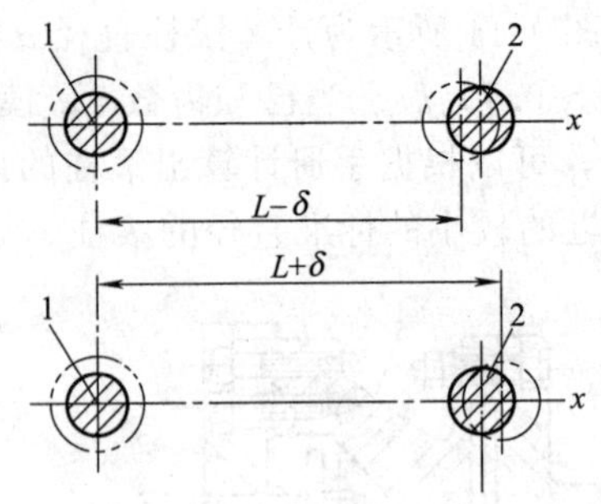

图 4-46 两定位销重复限制移动自由度

“一面两孔”定位中，支承板限制了 3 个自由度，短圆柱定位销 1 限制了 2 个自由度，还剩下一个绕垂直图面轴线的转动自由度需要限制。短圆柱定位销 2 也要限制 2 个自由度，它除了限制这个转动自由度外，还要限制一个沿 x 轴的移动自由度。但这个移动自由度已被短圆柱定位销 1 所限制，于是两个定位销 1 重复限制沿 x 轴的移动自由度 x 而发生的矛盾，如图 4-23 所示。我们先不考虑两定位销中心距的误差，假设销心距为 L；一批工件中每个工件上的两定位孔的孔心距是在一定的公差范围内变化的，其中最大是 $L+\delta$，最小是 $L-\delta$，即在 2δ 范围内变化。当这样一批工件以两孔定位装入夹具的定位销中时，就会出现像图 4-46 所示那样的工件根本无法装入的严重情况，这就是因为定位销 1 和定位销 2 重复限制了 x 自由度所引起的。由于两定位销中心距和两定位孔中心距，都在规定的公差范围内变化，因而只要设法改变定位销 2 的尺寸偏差或定位销 2 的结构，来补偿在这个范围内的中心距变动量，便可消除因重复限制 x 自由度所引起的矛盾。这就是采用“一面两孔”定位时所要解决的主要问题。

② 解决两孔定位问题的两种方法

a. 采用两个圆柱定位销作为两孔定位时所用的定位元件　当选用两个圆柱定位销作为两孔定位所用的定位元件时，采用缩小定位销 2 的直径的方法来解决上述两孔装不进定位销的矛盾，如图 4-47 所示。

b. 采用一个圆柱定位销和一个削边（又称菱形）定位销作为两孔定位时所用的定位元件　如图 4-48 所示，假定定位孔 1 和定位销 1 的中心完全重合，则两定位孔间的中心距差和两定位销间的中心距误差，全部由定位销 2 来补偿。

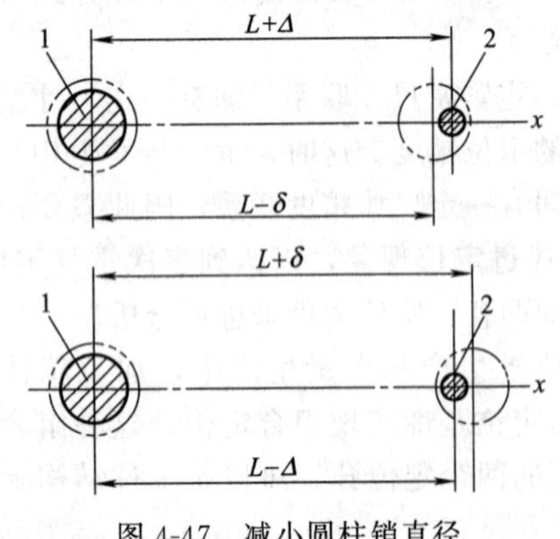

图 4-47 减小圆柱销直径

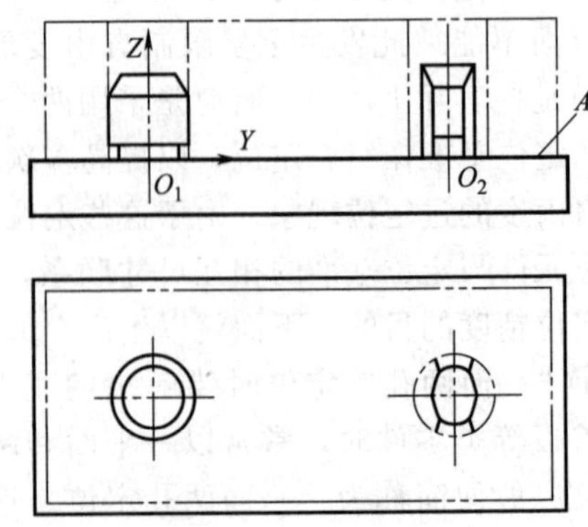

图 4-48 使用削边销

常用的削边定位销结构开关有图 4-49 所示的三种。图 4-49（a）型用于定位孔直径很小时，为了不使定位销削边后的头部强度过分减弱，所以不削成菱形。图 4-49（c）型用于孔径大于 50mm 时，直径为 3～50mm 的标准削边销都是做成菱形的。

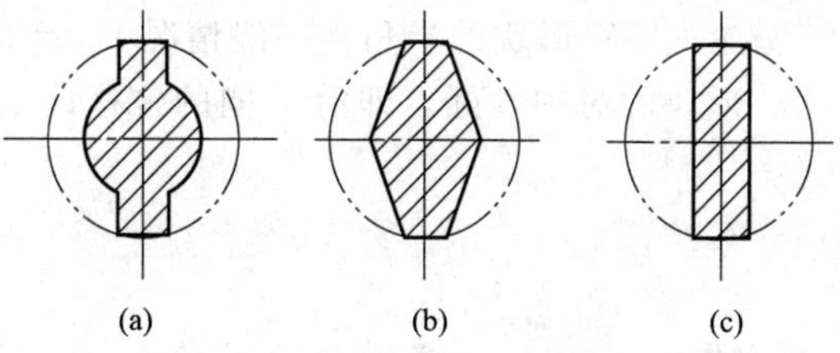

图 4-49　常用削边定位销结构开关

4.2.5　定位误差的分析与计算

1. 定位误差计算

一批工件逐个在夹具上定位时，各个工件在夹具上占据的位置不可能完全一致，以致使加工后各工件的加工尺寸存在误差，这种因工件定位而产生的工序基准在工序尺寸上的最大变动量，称为定位误差，用 Δ_D表示。主要包括基准不重合误差和基准位移误差。

定位误差研究的主要对象是工件的工序基准和定位基准。工序基准的变动量将影响工件的尺寸精度和位置精度。

2. 基准不重合误差

由于定位基准和工序基准不重合而造成的定位误差，称为基准不重合误差，用 Δ_b表示。其大小为定位基准到工序基准之间的尺寸变化的最大范围。如图 4-50 所示，由于基准不重合而产生的基准误差 $\Delta_b=2\delta_e$。

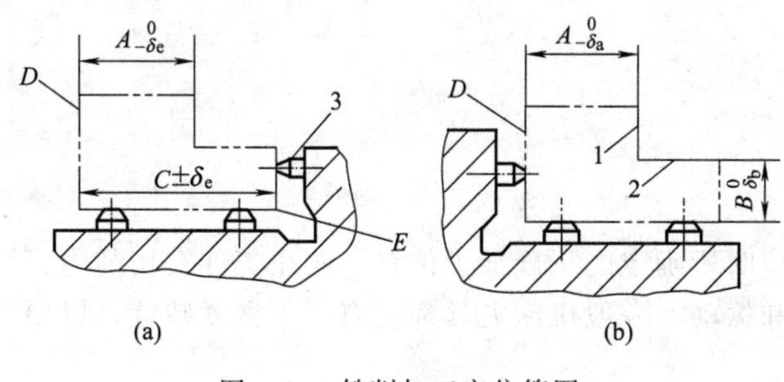

图 4-50　铣削加工定位简图

3. 基准位移误差

由于定位基准和限位基准的制造误差引起的，定位基准在工序尺寸上的最大变动范围，称为基准位移误差，用 Δ_y 表示。不同的定位方式，其基准位移误差的计算方法也不同。

（1）平面定位　工件以精基面在平面支承中定位时，其基准位移误差可忽略不计。

（2）用圆柱销定位　当销垂直放置时，基准位移误差的方向是任意的，故其位移误差可按下式计算：

$$\Delta_y=X_{max}=\delta_D+\delta_d+X_{min}$$

式中　X_{max}——定位最大配合间隙，mm；

δ_D——工件定位基准孔的直径公差，mm；

δ_d——圆柱定位销或圆柱心轴的直径公差，mm；

X_{min}——定位所需最小间隙，由设计时确定，mm。

当销是水平放置时，基准位移误差的方向是固定的，属于固定单边接触，其位移误差为

$$\Delta_y=1/2(\delta_D+\delta_d+X_{min})$$

其中因为方向固定，所以 $1/2X_{min}$通过适当调整，可以消除。如图 4-51 所示，利用对刀装置消除最小间隙的影响。

其中 H 为对刀工作表面至心轴中心距离的基本尺寸：

$$H_a=a-H-X_{min}/2$$

（3）用 V 形块定位　如图 4-52 所示，若不计 V 形块的误差而仅有工件基准面的圆度误差时，其工件的定位中心会发生偏移，产生基准位移误差。由此产生的基准位移误差为：

$$\Delta y=\frac{\delta_d}{2\sin(\alpha/2)}$$

式中　δ_d——工件定位基准的直径公差，mm；

$\alpha/2$——V 形块的半角。一般情况下 $\alpha=60°$、$90°$、$120°$。

V 形块的对中性好，即沿 x 向的位移误差为零。

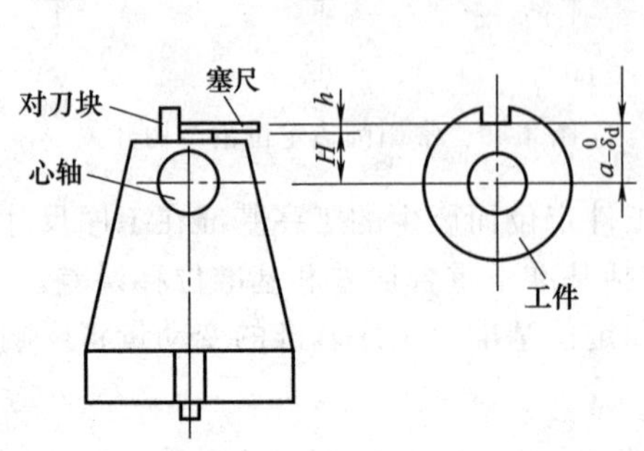

图 4-51　利用对刀装置削除最小间隙的影响

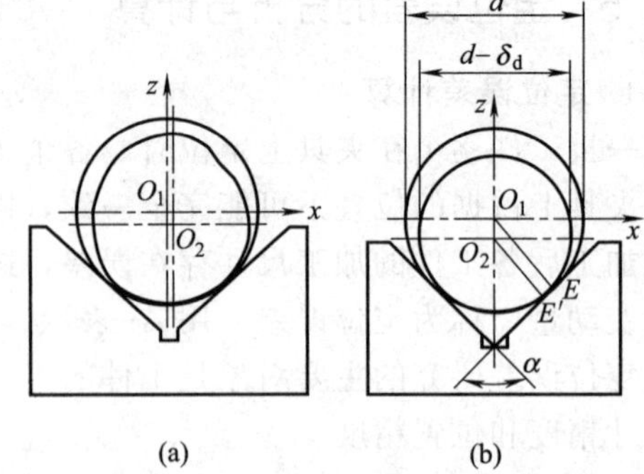

图 4-52　V 形块定心定位的位移误差

4.3 工件的夹紧

4.3.1 工件的夹紧

1. 夹紧装置组成

在机械加工过程中，为保持工件定位时所确定的正确加工位置，防止工件在切削力、惯性力、离心力及重力等作用下发生位移和振动，一般机床夹具都应有一个夹紧装置，以便工件夹紧。

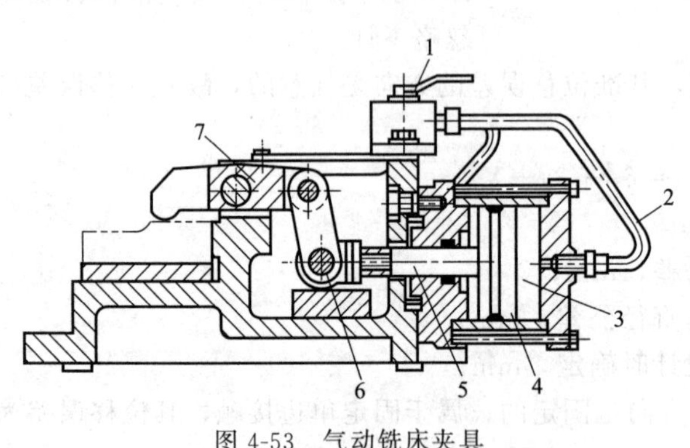

图 4-53　气动铣床夹具

1—配气阀；2—管道；3—气缸；4—活塞；5—活塞杆；6—单铰链连杆；7—压板

夹紧装置由力源装置、中间传力机构和夹紧元件三大部分组成。

（1）力源装置　产生夹紧作用力的装置称为力源装置。常用的力源有人力和动力。力源来自人力的称为手动夹紧装置；力源来自气压、液压、电力等动力的称为动力传动装置。如图 4-53 所示为气压传动装置。

（2）中间传力机构　位于动力装置和夹紧元件之间，它将动力装置产生的夹紧作用力传递给夹紧元件，并由夹紧元件完成对工件的夹紧。

（3）夹紧元件　它是实现夹紧的最终执行元件，通过它和工件直接接触而完成对工件的夹紧。对于手动夹紧装置而言，夹紧机构由中间传力机构和夹紧元件所组成。

2. 对夹紧装置基本要求

夹紧装置选择的合理与否，不仅关系到工件的加工质量，而且对提高生产效率，降低加工成本以及创造良好的工作条件等诸方面都有很大的影响。所以选择的夹紧装置应满足下列基本要求。

（1）夹紧过程中，必须保证定位准确可靠，而不破坏原有的定位。

(2) 夹紧力的大小要可靠、适应，既要保证工件在整个加工过程中位置稳定不变、振动小，又要使工件不产生过大的夹紧变形。

(3) 夹紧装置的自动化和复杂程度应与生产类型相适应，在保证生产效率的前提下，其结构要力求简单，工艺性好，便于制造和维修。

(4) 夹紧装置应具有良好的自锁性能，以保证在动力源波动或消失后，仍能保持夹紧状态。

(5) 夹紧装置的操作应当方便、安全、省力。

3. 夹紧力确定的基本原则

夹紧装置选择时，首先应合理地确定夹紧力的三要素，即方向、大小和作用点，应依据工件的结构特点、加工要求，并结合工件加工中的受力状况及定位元件的结构和布置方式等综合考虑。

(1) 夹紧力的方向

① 夹紧力的方向应有助于定位稳定，且主夹紧力应朝向主要定位基面。

如图 4-54 (a) 所示，夹紧力的两个分力 F_{wz}、F_{wx} 分别朝向了定位基面，将有助于定位稳定；图 4-54 (b) 中夹紧力 F_w 的竖直分力 F_{wz} 背向定位基面使工件抬起。

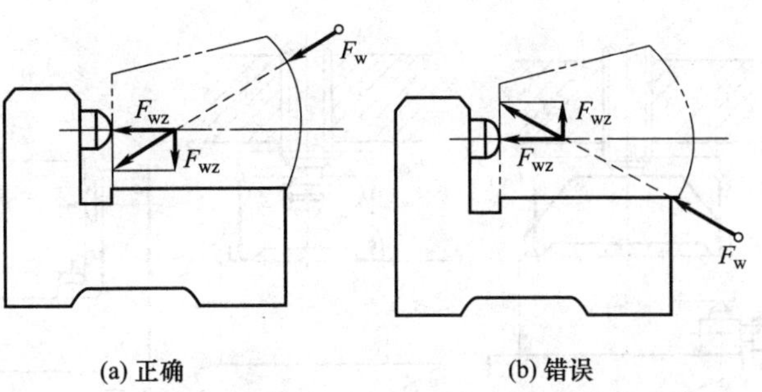

图 4-54　夹紧力的方向应有助于定位

又如图 4-55 (a) 工序简图中要求保证加工孔轴线与 A 面的垂直度。图 4-55 (b) 的 F_w 朝向了主要定位基面 A 面，则有利于保证加工孔轴线与 A 面的垂直度。图 4-55 (c)、(d) 的 F_w 都不利于保证镗孔轴线与 A 面的垂直度。

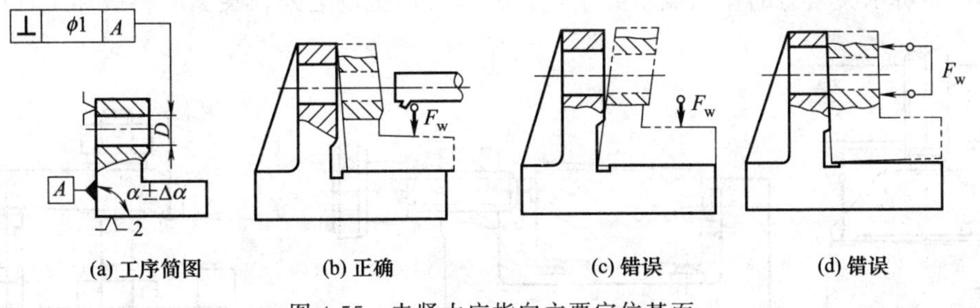

图 4-55　夹紧力应指向主要定位基面

② 夹紧力的方向应有利于减小夹紧力。图 4-56 所示为工件在夹具中加工时常见的几种受力情况。图 4-56 (a) 中，夹紧力 F_w、切削刀 F 和重力 G 同向时，所需的夹紧力最小，

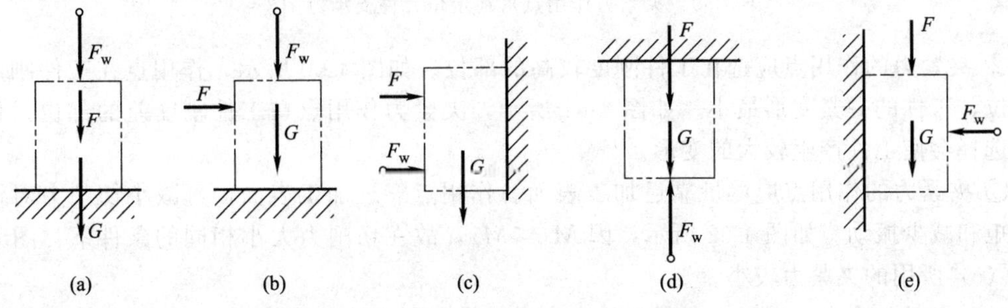

图 4-56　夹紧力方向与夹紧力大小的关系

图 4-56（e）为需要由夹紧力产生的摩擦来克服切削力和重力需夹紧力最大。

实际生产中，满足 F_w、F 及 G 同向的夹紧机构并不很多，故在机床夹具设计时要根据各种因素辨证分析、恰当处理。

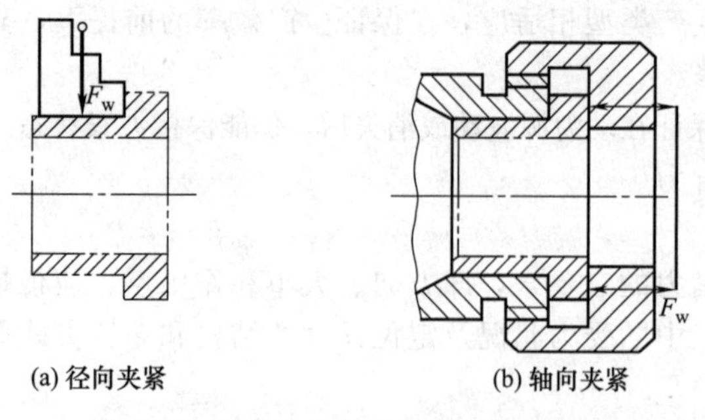

图 4-57 夹紧力方向与工件刚性的关系

③ 夹紧力的方向应是工件刚度较高的方向。如图 4-57（a）所示，薄套件径向刚度差而轴向刚度好，采用图 4-57（b）所示方案，可避免工件发生严重的夹紧变形。

（2）夹紧力的作用点 夹紧力的方向确定后，应根据下述原则确定作用点的位置。

① 夹紧力的作用点应落在定位元件的支承范围内。如图 4-58 所示。

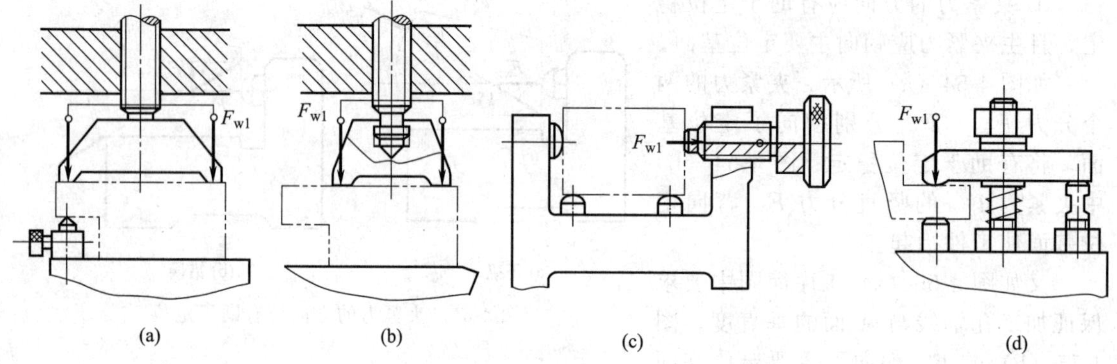

图 4-58 夹紧力作用点落在定位元件的支承范围内

图 4-59 所示夹紧力的作用点落到了定位元件支承范围之外，夹紧时将破坏工件的定位。

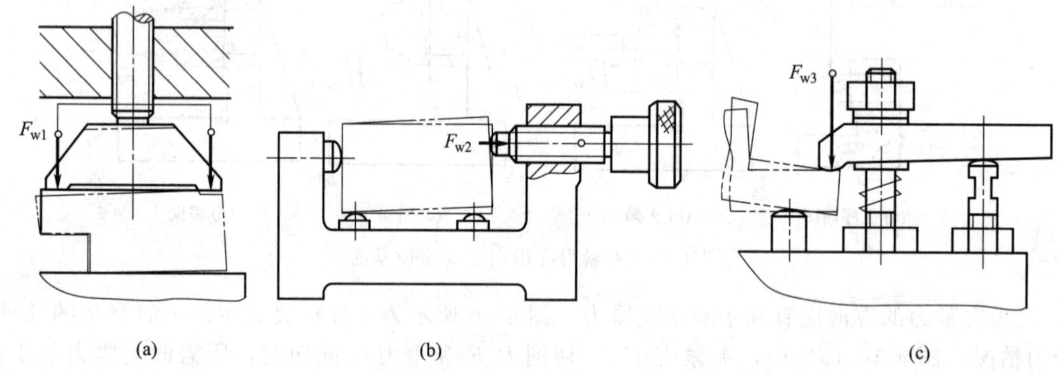

图 4-59 夹紧力作用点落在定位元件支承范围外

② 夹紧力的作用点应选在工件刚度较高的部位。如图 4-60 所示，作用点在工件刚度高的部位，工件的夹紧变形最小。如图 4-61 所示，夹紧力作用点在工件刚度差的部位，作用点的选择会使工件产生较大的变形。

③ 夹紧力的作用点应尽量靠近加工表面。作用点靠近加工表面，可减小切削力对该点的力矩和减少振动。如图 4-62 所示，因 $M_1 < M_2$，故在切削力大小相同的条件下，图 4-62（a）、（c）所用的夹紧力较小。

（3）夹紧力大小 理论上夹紧力的大小应与作用在工件上的其他力（力矩）相平衡；而

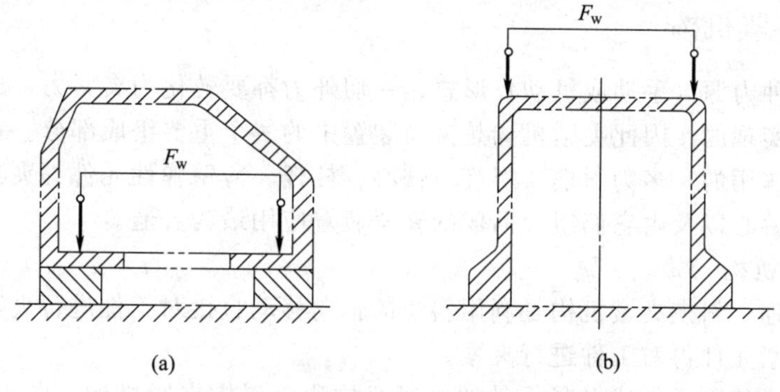

图 4-60　作用点在工件刚度高的部位

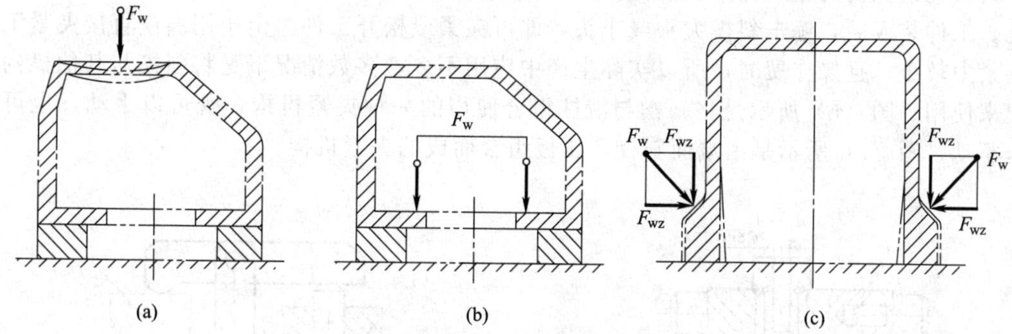

图 4-61　作用点在工件刚度差的部位

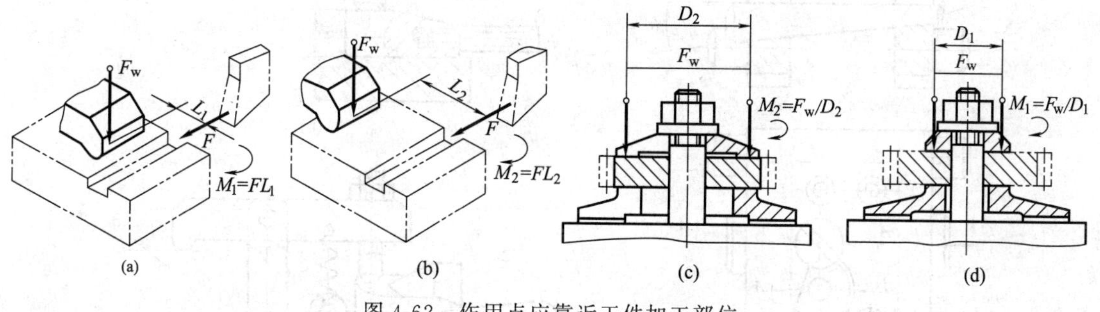

图 4-62　作用点应靠近工件加工部位

实际上夹紧力的大小还与工艺系统的刚度、夹紧机构的传递效率等因素有关，计算是很复杂的。

夹紧力的计算方法一般是将工件作为一受力体进行受力分析，根据静力平衡条件列出平衡方程，求解出保持工件平衡所需的最小夹紧力。在受力分析时，考虑到在工件的加工过程中，工件承受的力有切削力、夹紧力、重力、惯性力等，其中切削力是一个主要力，计算夹紧力时，一般先根据金属切削原理的相关理论计算出加工过程中可能产生的最大切削力（或切削力矩），并找出切削力对夹紧力影响最大的状态，按静力平衡求出夹紧力的大小。

实际夹紧力的计算公式为：

$$F_j = kF_{j0}$$

安全系数 k 值的取值范围在 1.5～3.5 之间，视其具体情况而定。精加工、连续切削、切削刀具锋利等加工条件好时，取 $k=1.5$～2；粗加工，断续加工、刀具刃口钝化等加工条件差时，取 $k=2.5$～3.5。

因此，实际设计中常采用估算法、类比法和试验法确定所需的夹紧力大小。

4.3.2 典型夹紧机构

不论采用何种力源（手动或机动）形式，一切外力都要转化为夹紧力，这一转化过程都是通过夹紧机构实现的。因此夹紧机构是夹紧装置中的一个重要组成部分。在各种夹紧机构中，起基本夹紧作用的，多为斜楔、螺旋、偏心、杠杆、薄壁弹性元件等夹具元件，而其中以斜楔、螺旋、偏心以及由它们组合而成的夹紧装置应用最为普遍。

1. 斜楔夹紧机构

（1）作用原理　斜楔夹紧机构是利用斜楔的轴向移动直接对工件进行夹紧或推动中间元件将力传递给夹紧元件再对工件进行夹紧。

采用斜楔作为传力元件或夹紧元件的夹紧机构称为斜楔夹紧机构。图 4-63 所示为几种常用斜楔夹紧机构夹紧工件的实例。图（a）所示是在工件上钻互相垂直的 ϕ8F8、ϕ5F8 两组孔。工件装入后，锤击斜楔大头或小头，即可夹紧或松开工件。由于用斜楔直接夹紧工件的夹紧力较小，且操作费时，所以实际生产中应用不多，多数情况下是将斜楔与其他机构联合起来使用。图（b）所示是将斜楔与滑柱组合使用的一种夹紧机构，既可以手动，也可以气压驱动。图（c）所示是由端面斜楔与压板组合而成的夹紧机构。

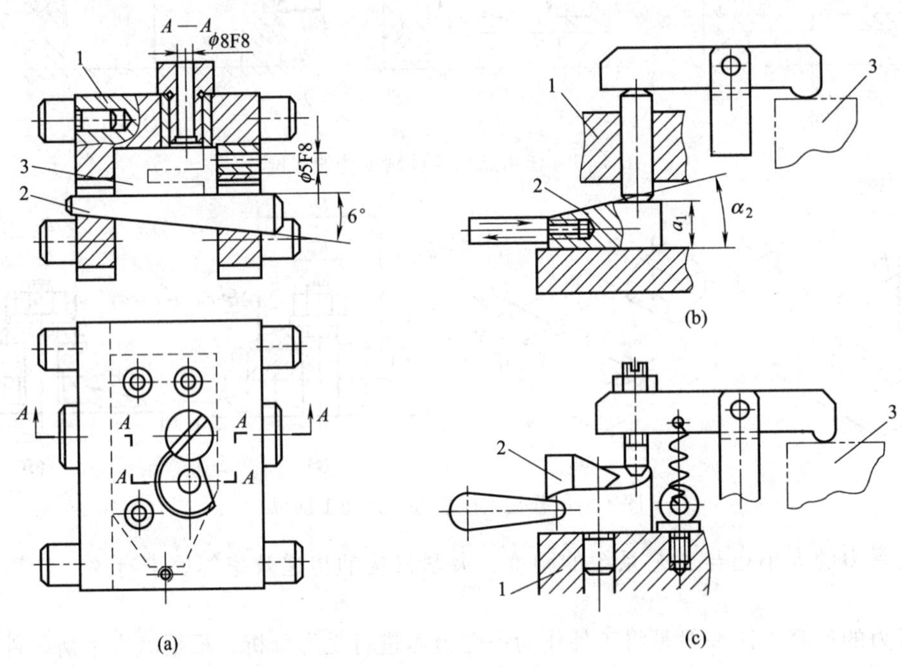

图 4-63　斜楔夹紧机构

1—夹具体；2—斜楔；3—工件

由此可见，斜楔主要是利用其斜面的移动和所产生的压力来夹紧工件的，即楔紧作用。

（2）夹紧力的计算　斜楔夹紧时的受力情况如图 4-64（a）所示，斜楔受外力为 F_Q，产生的夹紧力为 F_w，按斜楔受力的平衡条件，可推导出斜楔夹紧机构的夹紧力计算公式：

$$F_w=\frac{F_Q}{\tan\phi_1+\tan(\alpha+\phi_2)}$$

$$F_Q=F_w\tan\phi_1+F_w\tan(\alpha+\phi_2)$$

当 α、ϕ_1、ϕ_2 均很小且 $\phi_1=\phi_2=\phi$ 时，上式可近似的简化为

$$F_w \approx \frac{F_Q}{\tan(\alpha + 2\phi)}$$

式中　F_w——夹紧力，N；

F_Q——作用力，N；

ϕ_1、ϕ_2——斜楔与支承面及与工件受压面间的摩擦角，常取 $\phi_1=\phi_2=5°\sim8°$；

α——斜楔的斜角，常取 $\alpha=6°\sim10°$。

（3）斜楔的自锁条件　如图 4-64（b）所示，当作用力消失后，斜楔仍能夹紧工件而不会自行退出。根据力的平衡条件，可推导出自锁条件：

$$F_1 \geqslant F_{R2}\sin(\alpha - \phi_2) \tag{4-1}$$

$$F_1 = F_w \tan\phi_1 \tag{4-2}$$

$$F_w = F_{R2}\cos(\alpha - \phi_2) \tag{4-3}$$

将式（4-2）、式（4-3）代入式（4-1），得：

$$F_w \tan\phi_1 \geqslant F_w \tan(\alpha - \phi_2)$$

$$\alpha \leqslant \phi_1 + \phi_2 = 2\phi \qquad (设\ \phi_1 = \phi_2 = \phi)$$

一般钢铁的摩擦系数 $\mu=0.1\sim0.15$。摩擦角 $\phi=\arctan(0.1\sim0.15)=5°43'\sim8°32'$，故 $\alpha\leqslant11°\sim17°$。但考虑到斜楔的实际工作条件，为自锁可靠起见，取 $\alpha=6°\sim8°$。

$$i_F = \frac{F_w}{F_Q} = \frac{1}{\tan\phi_1 + \tan(\alpha + \phi_2)}$$

当 $\alpha=6°$时，$\tan\alpha\approx0.1=\frac{1}{10}$，因此斜楔机构的斜度一般取 1∶10。

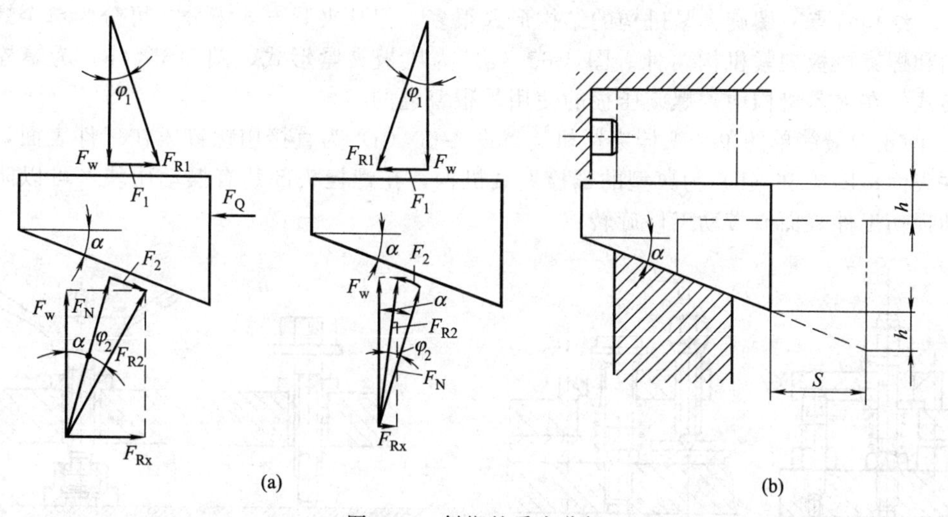

图 4-64　斜楔的受力分析

（4）斜楔机构的结构特点

① 斜楔机构具有自锁的特性　当斜楔的斜角小于斜楔与工件以及斜楔与夹具体之间的摩擦角之和时，满足斜楔的自锁条件。

② 斜楔机构具有增力特性　斜楔的夹紧力与原始作用力之比称为增力比 i_F（或称为增力系数）：

$$i_F = \frac{F_w}{F_Q} = \frac{1}{\tan\phi_1 + \tan(\alpha + \phi_2)}$$

即：当不考虑摩擦影时，$i_F=1/\tan\alpha$，此时 α 越小，增力作用越大。

③ 斜楔机构的夹紧行程小　工件所要求的夹紧行程 h 与斜楔相应移动的距离 s 之比称为行程比 i_s：

$$i_s=\frac{h}{s}\tan\alpha$$

因 $i_F=\frac{1}{i_s}$，故斜楔理想增力倍数等于夹紧行程的缩小倍数。因此，选择升角 α 时，必须同时考虑增力比和夹紧行程两方面的问题。

④ 斜楔机构可以改变夹紧力作用方向　由图 4-64 可知，当对斜楔机构外加一个水平方向的作用力时，将产生一个垂直方向的夹紧力。

(5) 适用范围　由于手动斜楔夹紧机构在夹紧工件时，费时费力，效率极低，所以很少使用。因其夹紧行程较小，因此对工件的夹紧尺寸（工件承受夹紧力的定位基准至其受压面间的尺寸）的偏差要求很高，否则将会产生夹不着或无法夹紧的状况。因此，斜楔夹紧机构主要用于机动夹紧机构中，且毛坯的质量要求很高。

2. 螺旋夹紧机构

螺旋夹紧机构由螺钉、螺母、螺栓或螺杆等带有螺旋的结构件与垫圈、压板或压块等组成。它不仅结构简单、制造方便，而且由于缠绕在螺钉面上的螺旋线很长，升角小。所以螺旋夹紧机构的自锁性能好，夹紧力和夹紧行程都较大，是目前应用较多的一种夹紧机构。机构如图 4-65 所示。

(1) 作用原理　螺旋夹紧机构中所用的螺旋，实际上相当于把斜楔绕在圆柱体表面上，因此，其作用原理与斜楔是一样的。

(2) 结构特点　螺旋夹紧机构的结构形式很多，但从夹紧方式来分，可分为单个螺栓夹紧机构和螺旋衬板夹紧机构两种。图 4-65 (a) 为压板夹紧形式，图 4-65 (b) 为螺栓直接夹紧形式，在夹紧机构中，螺旋压板的使用是很普遍的。

图 4-66 为最简单的单个螺栓夹紧机构。图 4-66 (a) 为直接用螺钉压在工件表面，易损伤工件表面；图 4-66 (b) 为典型的螺栓夹紧机构，在螺栓头部装有摆动压块，可以防止螺钉转动损伤工件表面或带动工件旋转。

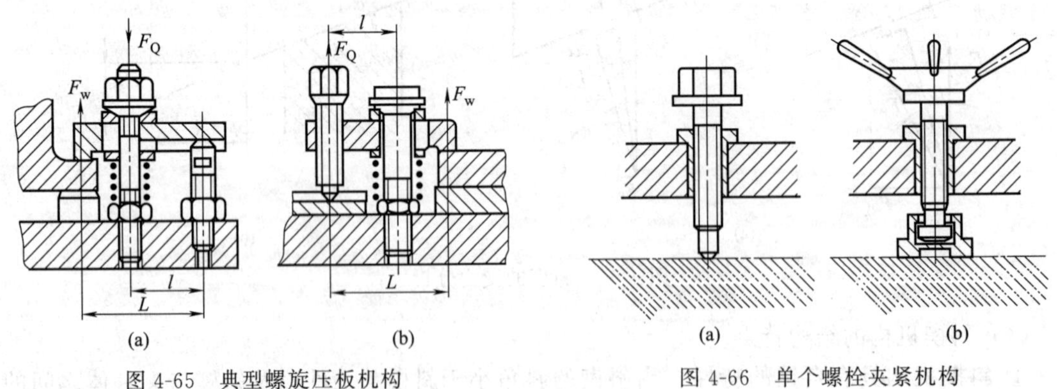

图 4-65　典型螺旋压板机构　　图 4-66　单个螺栓夹紧机构

(3) 螺旋夹紧机构夹紧力的计算　螺栓或螺钉上的螺旋线相当于绕在其中径上的一个斜面，从本质上讲，螺旋夹紧机构是由斜楔夹紧机构演变而来的，故由斜楔夹紧机构夹紧力 F_j 的计算可导出螺旋夹紧机构的夹紧力大小：

$$F_j=\frac{F_sL}{\frac{d_0}{2}\tan(\alpha+\phi_1)+r\tan\phi_2}$$

式中 F_j——螺旋夹紧机构所产生的夹紧力；

F_s——作用在手柄上的原始作用力；

L——原始作用力的力臂；

d_0——螺纹中径；

α——螺纹升角，标准紧固螺纹的螺旋升角为 3.5°；

ϕ_1——螺旋副的当量摩擦角，可参阅相关资料求出；

ϕ_2——压块与工件之间的摩擦角；

r——压块与工件表面间的摩擦力矩半径，可参阅相关资料进行计算。

（4）增力倍数　一般摩擦系数 $f_1=f_2=0.1\sim0.15$，对应的摩擦角为 $5°43'\sim8°32'$；螺旋的斜角 α 小于 4°，若取 $\phi_1=8°32'$，$\phi_2=6°$，$\alpha=3°$，$L=(12\sim8)d$。

当 $r=0$，则 $F_j=140F_s$；$r=1/3d$，$F_j=105F_s$；$r=1/2d$，$F_j=98F_s$。

（5）螺旋夹紧机构的自锁条件　螺旋夹紧机构中，螺纹的升角 $\alpha\leqslant4°$，具有良好的自锁性能和抗振性能。

（6）螺旋夹紧机构的夹紧行程　螺旋相当于将长斜楔绕在圆柱体上，夹紧行程不受限制，增大螺旋的轴向尺寸便可获得大的夹紧行程，很方便。

（7）螺旋夹紧机构的特点、应用及快速作用措施　螺旋夹紧机构结构简单，制造容易，操作方便，自锁性能好，增力比大，常用于手动夹紧。螺旋夹紧机构的缺点是操作缓慢，为了提高其工作速度，生产实际中常采用快速作用措施。

3. 偏心夹紧机构

用偏心元件直接夹紧或与其他元件组合而实现对工件的夹紧机构称为偏心夹紧机构，它是利用转动中心与几何中心偏移的圆盘或轴等为夹紧元件。图 4-67 所示为常见的各种偏心夹紧机构，其中图 4-67（a）是偏心轮和螺栓压板的组合夹紧机构；图 4-67（b）是利用偏心轴夹紧工件的。偏心夹紧机构的特点是结构简单、动作迅速，但它的夹紧行程受偏心距 e 的限制，夹紧力较小，故一般用于工件被夹压表面的尺寸变化较小和切削过程中振动不大的场合，多用于小型工件的夹具中。

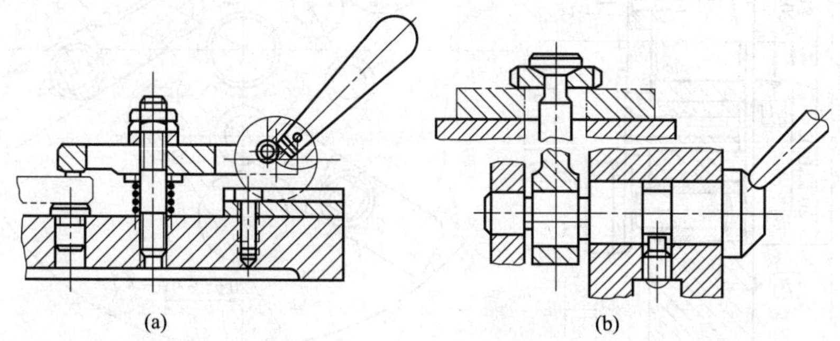

图 4-67　偏心夹紧机构

4.4 典型机床夹具简介

4.4.1 车床夹具

车床夹具主要用于加工零件的内外圆柱面、圆锥面、回转成形面、螺纹及端平面等。在加工过程中夹具安装在机床主轴上随主轴一起带动工件转动。除常用的顶针、三爪卡盘、四爪卡盘、花盘等一类万能通用夹具外，有时还要设计一些专用夹具。

1. 车床夹具的主要类型

(1) 心轴类夹具。

(2) 花盘式车床夹具　图 4-68 所示为十字槽轮零件精车圆弧 $\phi23^{+0.023}_{0}$ mm 的工序简图。本工序要求保证四处 $\phi23^{+0.023}_{0}$ mm 圆弧；对角圆弧位置尺寸 (18±0.02)mm 及对称度公差 0.02mm；$\phi23^{+0.023}_{0}$ mm 轴线与 $\phi5.5$h6mm 轴线的平行度允差 $\phi0.01$mm。

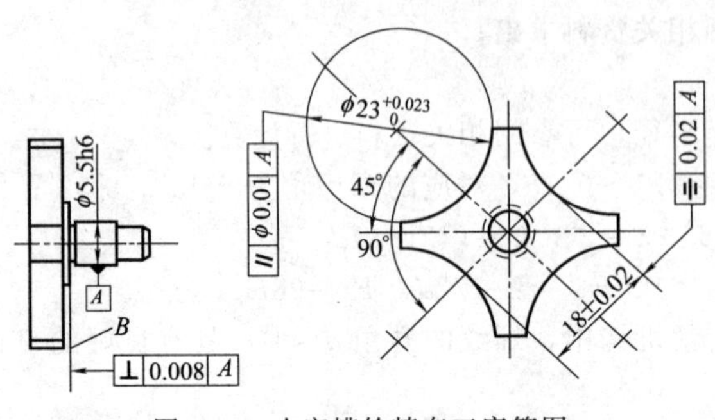

图 4-68　十字槽轮精车工序简图

如图 4-69 所示为加工该工序的车床夹具，工件以 $\phi5.5$h6 外圆柱面与端面 B、半精车的 $\phi2.5$h8 圆弧面（精车第二个圆弧面时则用已经车好的 $\phi23^{+0.023}_{0}$ 圆弧面）为定位基面，夹具上定位套 1 的内孔表面与端面、定位销 2（安装在套 3 中，限位表面尺寸为 $\phi22.5^{0}_{-0.01}$ 装在套 4 中，限位表面尺寸为 $\phi23^{0}_{-0.008}$ mm，图中未画出，精车第二个圆弧面时使用）的外圆表面为相应的限位基面。限制工件 6 个自由度，符合基准重合原则。同时加工三件，利于对尺寸的测量。

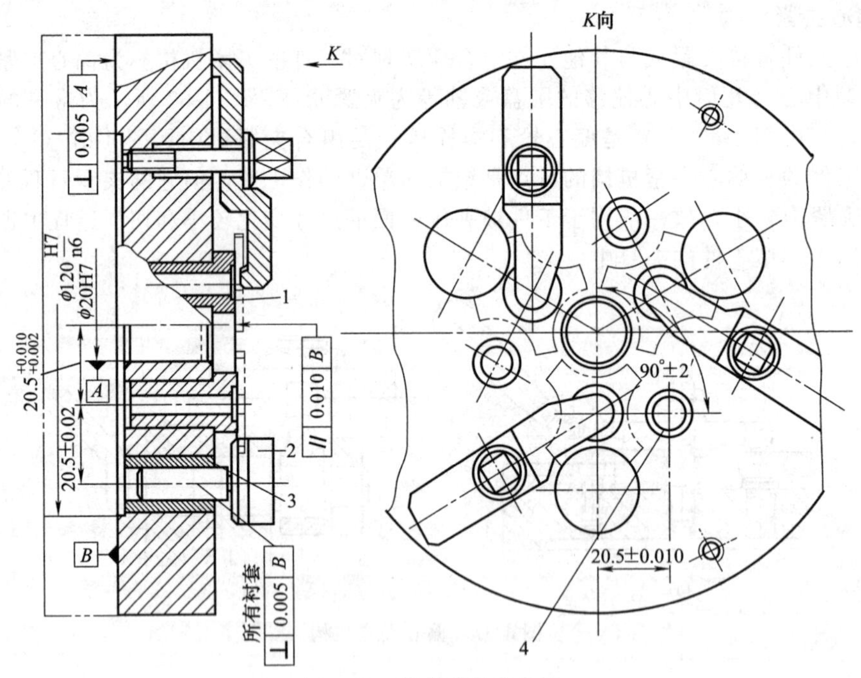

图 4-69　花盘式车床夹具

1,3,4—定位套；2—定位销

(3) 角铁式车床夹具　角铁式车床夹具的结构特点是具有类似角铁的夹具体。在角铁式车床夹具上加工的工件形状较复杂。它常用于壳体、支座、接头等类零件上圆柱面及端面。当被加工工件的主要定位基准是平面，被加工面的轴线对主要定位基准平面保持一定的位置关系（平行或成一定的角度）时，相应地夹具上的平面定位件设置在与车床主轴轴线相平行或成一定角度的位置上。

2. 车床夹具的设计要点

（1）安装基面的设计　为了使车床夹具在机床主轴上安装正确，除了在过渡盘上用止口孔定位以外，常常在车床夹具上设置找正孔、校正基圆或其他测量元件，以保证车床夹具精确地安装到机床主轴回转中心上。

（2）夹具配重的设计要求　加工时，因工件随夹具一起转动，其重心如不在回转中心上将产生离心力，且离心力随转速的增高而急剧增大，使加工过程产生振动，对零件的加工精度、表面质量以及车床主轴轴承都会有较大的影响。所以车床夹具要注意各装置之间的布局，必要时设计配重块加以平衡。

（3）夹紧装置的设计要求　由于车床夹具在加工过程中要受到离心力、重力和切削力的作用，其合力的大小与方向是变化的。所以夹紧装置要有足够的夹紧力和良好的自锁性，以保证夹紧安全可靠。但夹紧力不能过大，且要求受力布局合理，不破坏工件的定位精度。

（4）夹具总体结构的要求　车床夹具一般都是在悬臂状态下工作的，为保证加工过程的稳定性，夹具结构应力求简单紧凑、轻便且安全，悬伸长度要尽量小，重心靠近主轴前支承。为保证安全，装在夹具上的各个元件不允许伸出夹具体直径之外。此外，还应考虑切屑的缠绕、切削液的飞溅等影响安全操作的问题。

4.4.2 钻床夹具

1. 钻床夹具的类型

钻床上进行孔加工时所用的夹具称钻床夹具，也称钻模。钻模的类型很多，有固定式、回转式、移动式、翻转式、盖板式和滑柱式等。

固定式钻模，在使用的过程中，钻模在机床上位置是固定不动的。这类钻模加工精度较高，主要用于立式钻床上，加工直径较大的单孔，或在摇臂钻床上加工平行孔系。

图 4-70（a）是零件加工孔的工序图，ϕ68H7 孔与两端面已经加工完。本工序需加工

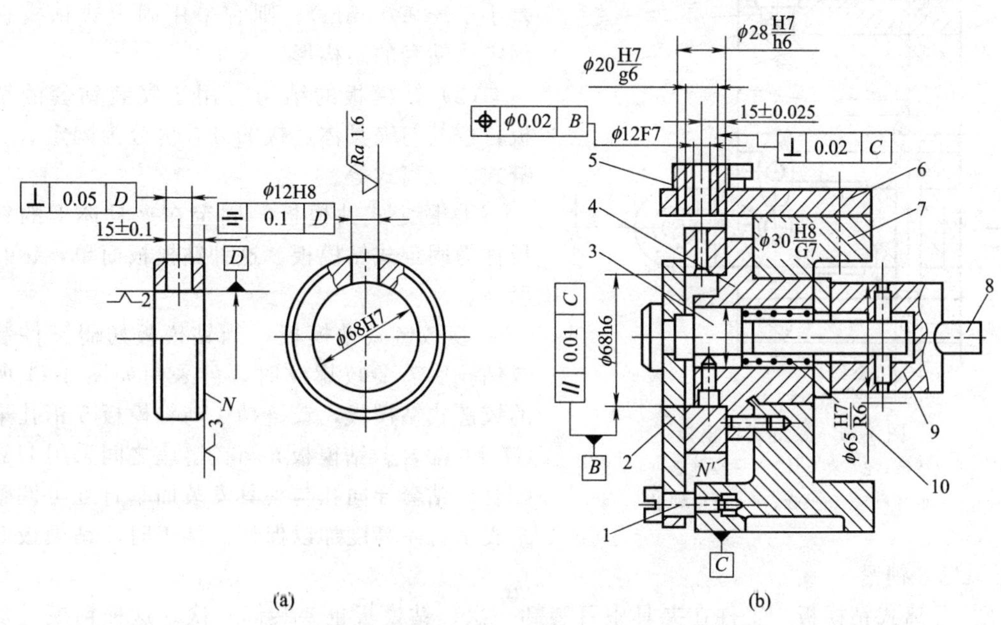

图 4-70　固定式钻模

1—螺钉；2—转动开口垫圈；3—拉杆；4—定位法兰；5—快换钻套；6—钻模板；7—夹具体；8—手柄；9—圆偏心凸轮；10—弹簧

ϕ12H8 孔，要求孔中心至 N 面为（15±0.1）mm；与 ϕ68H7 孔轴线的垂直度公差为 0.05mm，对称度公差为 0.1mm。据此，采用了如图 4-70（b）所示的固定式钻模来加工工件。加工时选定工件以端面 N 和 ϕ68H7 内圆表面为定位基面，分别在定位法兰 4ϕ68h6 短外圆柱面和端面 N'上定位，限制了工件的自由度。工件安装后扳动手柄 8 借助圆偏心凸轮 9 的作用，通过拉杆 3 与转动开口垫圈 2 夹紧工件。反方向搬动手柄 8，拉杆 3 在弹簧 10 的作用下松开工件。

2. **钻床夹具设计要点**

（1）钻模类型的选择　在设计钻模时，需根据工件的尺寸、形状、质量和加工要求，以及生产批量、工厂的具体条件来考虑夹具的结构类型。设计时注意以下几点：

① 工件上被钻孔的直径大于 10mm 时（特别是钢件），钻床夹具应固定在工作台上，以保证操作安全。

② 翻转式钻模和自由移动式钻模适用中小型工件的孔加工。夹具和工件的总质量不宜超过 10kg，以减轻操作工人的劳动强度。

③ 当加工多个不在同一圆周上的平行孔系时，如夹具和工件的总质量超过 15kg，宜采用固定式钻模在摇臂钻床上加工，若生产批量大，可以在立式钻床或组合机床上采用多轴传动头进行加工。

④ 对于孔与端面精度要求不高的小型工件，可采用滑柱式钻模，以缩短夹具的设计与制造周期。但对于垂直度公差小于 0.1mm、孔距精度小于±0.15mm 的工件，则不宜采用滑柱式钻模。

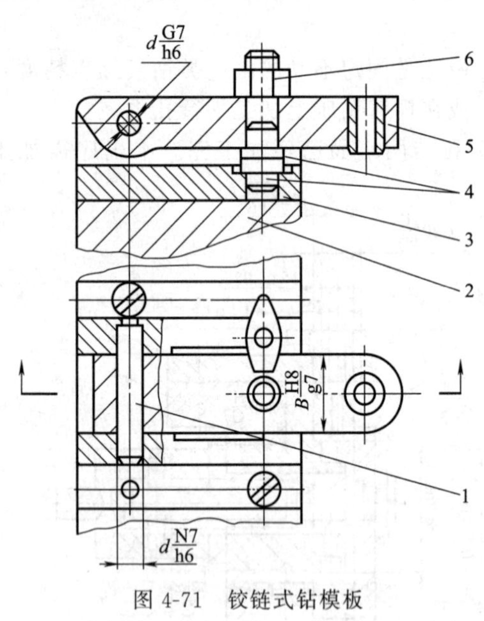

图 4-71　铰链式钻模板

1—铰链销；2—夹具体；3—铰链座；4—支承钉；5—钻模板；6—菱形螺母

⑤ 钻模板与夹具体的连接不宜采用焊接的方法。因焊接应力不能彻底消除，影响夹具制造精度的长期保持性。

⑥ 当孔的位置尺寸精度要求较高时（其公差小于±0.05mm），则宜采用固定式钻模板和固定式钻套的结构形式。

（2）钻模板的结构　用于安装钻套的钻模板，按其与夹具体连接的方式可分为固定式、铰链式、分离式等。

① 固定式钻模板　固定在夹具体上的钻模板称为固定式钻模板。这种钻模板简单，钻孔精度高。

② 铰链式钻模板　当钻模板妨碍工件装卸或钻孔后需要攻螺纹时，可采用如图 4-71 所示的铰链式钻模板，铰链销 1 与钻模板 5 销孔采用 G7/h6 配合。钻模板 5 与铰链座之间采用 H8/g7 配合。钻套导向孔与夹具安装面垂直度可调整两个支承钉 4 高度加以保证。加工时，钻模板 5 由菱形螺母 6 锁紧。

③ 分离式钻模板　工件在夹具中每装卸一次，钻模板也要装卸一次。这种钻模反加工的工件精度高但装卸工件效率低。

3. **钻套的选择和设计**

钻套装配在钻模板或夹具体上，钻套的作用是确定被加工工件上孔的位置，引导钻头、扩孔钻或铰刀，并防止其在加工过程中发生偏斜。按钻套的结构和使用情况，可分为四种类型。

（1）固定钻套　图 4-72（a）、（b）是固定钻套的两种形式。钻套外圆以 H7/n6 或 H7/r6 配合直接压入钻模板或夹具体的孔中，如果在使用过程中不需更换钻套，则用固定钻套较为经济，钻孔的位置也较高。适用于单一钻孔工序和小批生产。

（2）可换钻套　图 4-72（c）为可换钻套。当生产量较大，需要更换磨损后的钻套时，使用这种钻套较为方便。为了避免钻模板的磨损，在可换钻套与钻模板之间按 H7/r6 的配合压入衬套。可换钻套的外圆与衬套的内孔一般采用 H7/g6 或 H7/h6 的配合，并用螺钉加以固定，防止在加工过程中因钻头与钻套内孔的摩擦使钻套发生转动，或退刀时随刀具升起。

（3）快换钻套　当加工孔需要依次进行钻、扩、铰时，由于刀具的直径逐渐增大，需要使用外径相同而孔径不同的钻套来引导刀具。这时使用如图 4-72（d）、（e）所示的快换钻套可以减少更换钻套的时间。它和衬套的配合同于可换钻套，但其锁紧螺钉的突肩比钻套上凹面略高，取出钻套不需拧下锁紧螺钉，只需将钻套转过一定的角度，使半圆缺口或削边正对螺钉头部即可取出。但是削边或缺口的位置应考虑刀具与孔壁间摩擦力矩的方向，以免退刀时钻套随刀具自动拔出。

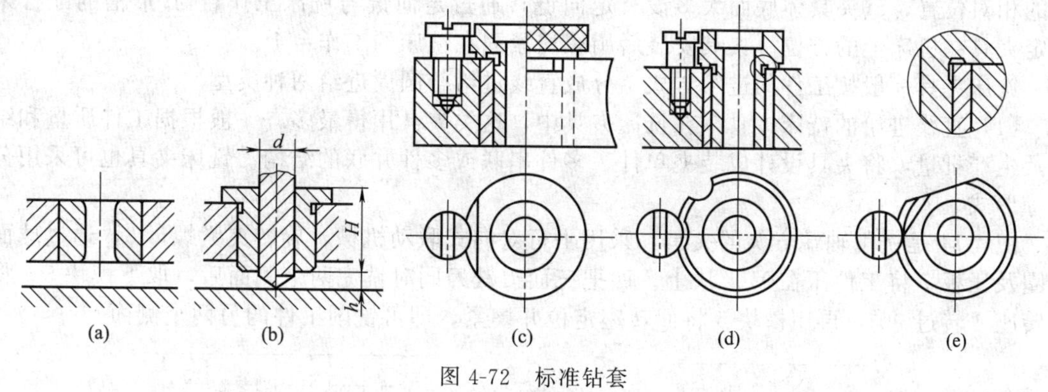

图 4-72　标准钻套

（4）特殊钻套　由于工件形状或被加工孔位置的特殊性，需要设计特殊结构的钻套。图 4-73 为几种特殊钻套的结构。

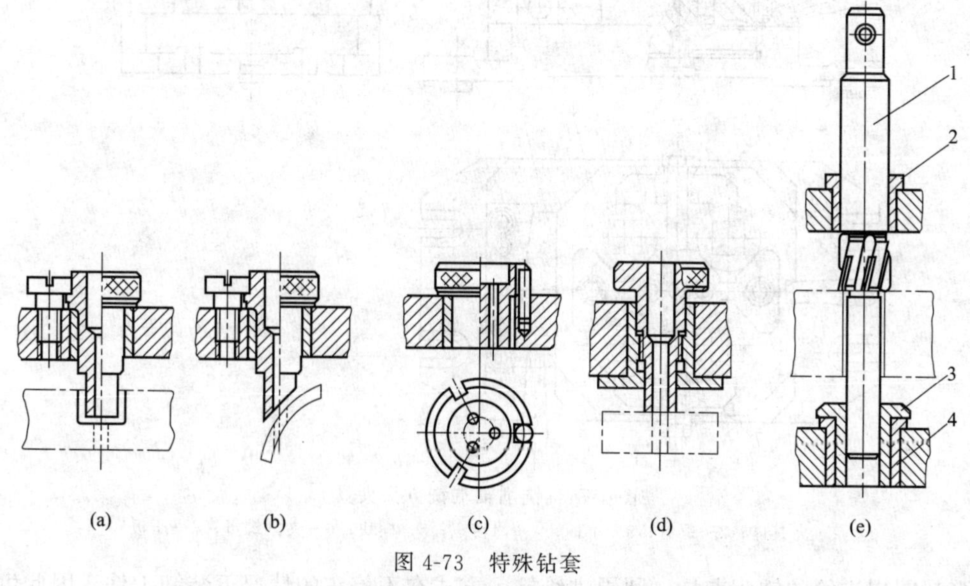

图 4-73　特殊钻套

1—铰刀；2,3—导向钻套；4—衬套

当钻模板或夹具体不能靠近加工表面时，使用图 4-73（a）所示的加长钻套，使其下端与工件加工表面有较短的距离。扩大钻套孔的上端是为了减少引导部分的长度，减少因摩擦使钻头过热和磨损。图 4-73（b）用于斜面或圆弧面上钻孔，防止钻头切入时引偏甚至折断。图 4-73（c）是当孔距很近时使用的，为了便于制造在一个钻套上加工出几个近距离的孔。图 4-73（d）是需借助钻套作为辅助性夹紧时使用。图 4-73（e）为使用上下钻套引导刀具的情况。当加工孔较长或与定位基准有较严的平行度、垂直度要求时，只在上面设置一个钻套 2，很难保证孔的位置精度。对于安置在下方的钻套 4 要注意防止切屑落入刀杆与钻套之间，为此，刀杆与钻套选用较紧的配合（H7/h6）。

4.4.3 铣床夹具

1. 铣床夹具的分类

铣床夹具主要用于加工零件上的平面、键槽、缺口及成形表面等。由于铣削加工的切削力较大，又是断续切削，加工中易引起振动，因此要求铣床夹具的受力元件要有足够的强度。夹紧力应足够大，且有较好的自锁性。此外，铣床夹具一般通过对刀装置确定刀具与工件的相对位置，其夹具体底面大多设有定向键，通过定向键与铣床工作台 T 形槽的配合来确定夹具在机床上的方位。夹具安装后用螺栓紧固在铣床的工作台上。

铣床夹具一般按工件的进给方式，分成直线进给与圆周进给两种类型。

（1）直线进给的铣床夹具　在铣床夹具中，这类夹具用得最多，一般根据工件质量和结构及生产批量，将夹具设计成装夹单件、多件串联或多件并联的结构。铣床夹具也可采用分度等形式。

图 4-74 是铣削轴端方头的夹具，采用平行对向式联动机械，旋转夹紧螺母 6，通过球面垫圈及压板 7 将工件压在 V 形块上。四把三面刃铣刀同时铣完两个侧面后，取下楔块 5，将回转座 4 转过 90°，再用楔块 5 将回转座定位并楔紧，即可铣削工件的另两个侧面。

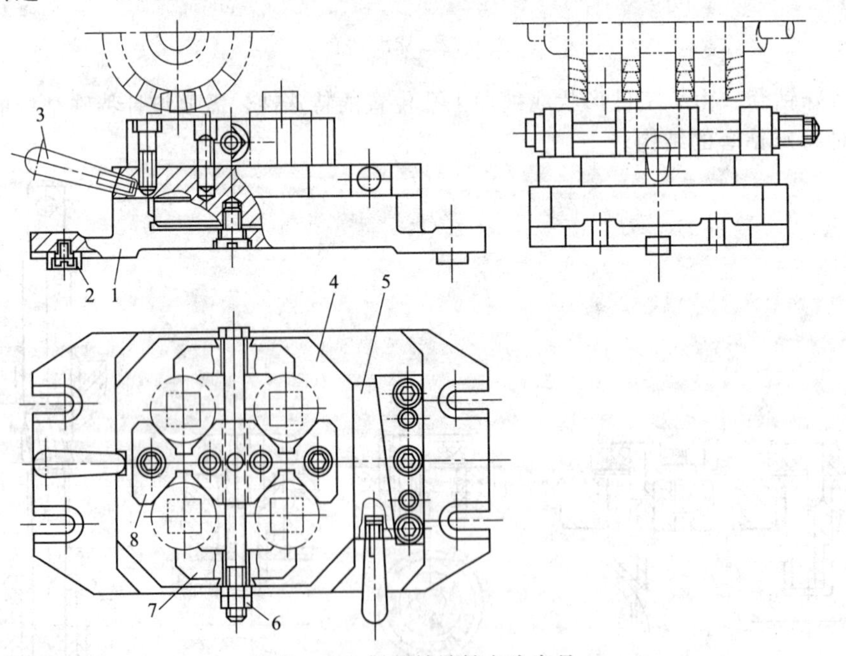

图 4-74　铣削轴端铣方头夹具

1—夹具体；2—螺钉；3—手柄；4—回转座；5—楔块；6—夹紧螺母；7—压板

（2）圆周进给的铣床夹具　圆周进给铣削方式在不停车的情况下装卸工件，因此生产率高，适用于大批量生产。

图 4-75 所示是在立式铣床上圆周进给铣拔叉的夹具。通过电动机、蜗轮副传动机构带动回转工作台 6 回转。夹具上可同时装夹 12 个工件。工件以一端的孔、端面及侧面在夹具的定位板、定位销 2 及挡销 4 上定位。由液压缸 5 驱动拉杆 1，通过开口垫圈 3 夹紧工件。图中 AB 是加工区段，CD 为工件的装卸区段。

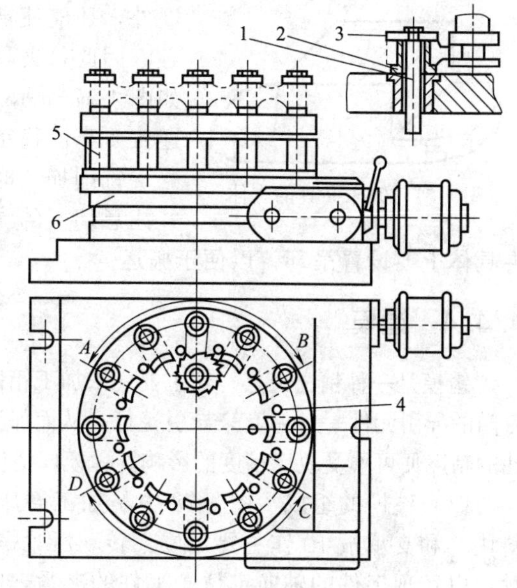

图 4-75　圆周进给铣床夹具
1—拉杆；2—定位销；3—开口垫圈；4—挡销；5—液压缸；6—工作台

2. 铣床夹具的设计要点

定向键和对刀装置是铣床夹具的特殊元件。

（1）定向键　定向键安装在夹具底面的纵向槽中，一般使用两个，其距离尽可能布置得远些，小型夹具也可使用一个断面为矩形的长键。通过定向键与铣床工作台 T 形槽的配合，使夹具上元件的工作表面对于工作台的送进方向具有正确的相互位置。定向键可承受铣削时所产生的扭转力矩，可减轻夹紧夹具的螺栓的负荷，加强夹具在加工过程中的稳固性。

（2）对刀装置　对刀装置由对刀块和塞尺组成，用以确定夹具和刀具的相对位置。对刀装置的形式根据加工表面的情况而定，图 4-76 为几种常见的对刀块。图 4-76（a）为圆形对刀块，用于加工平面；图 4-76（b）为方形对刀块，用于调整组合铣刀的位置；图 4-76（c）为直角对刀块，用于加工两相互垂直面或铣槽时的对刀；图 4-76（d）为侧装对刀块，亦用于加工两相互垂直面或铣槽时的对刀。对刀调整工作通过塞尺（平面形或圆柱形）进行，这样可以避免损坏刀具和对刀块的工作表面。塞尺的厚度或直径一般为 3～5mm，按国家标准 h6 的公差制造，在夹具总图上应注明塞尺的尺寸。

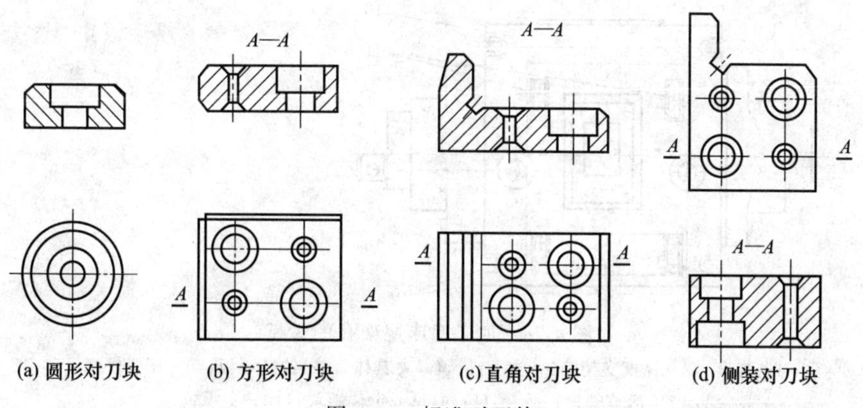

图 4-76　标准对刀块

采用标准对刀块和塞尺进行对刀调整时，加工精度不超过 IT8 级公差。当对刀调整要求较高或不便于设置对刀块时，可以采用试切法、标准件对刀法，或用百分表来校正定位元件相对于刀具的位置，而不设置对刀装置。

（3）夹具体　为提高铣床夹具在机床上安装的稳固性，除要求夹具体有足够的强度和刚

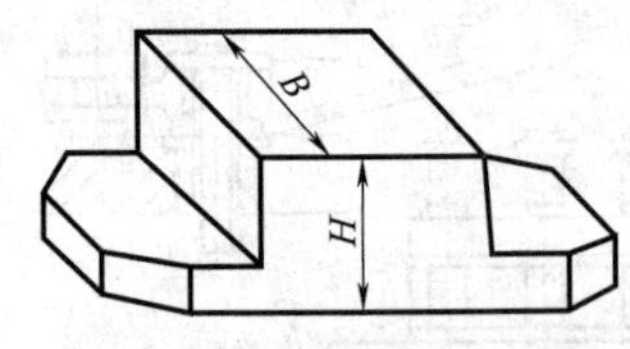

图 4-77 铣床夹具的本体

度外，还应使被加工表面尽量靠近工作台面，以降低夹具的重心。因此，夹具体的高宽比限制在 $H/B \leqslant 1 \sim 1.25$ 范围内，如图 4-77 所示。铣床夹具与工作台的连接部分应设计耳座，因连接要牢固稳定，故夹具上耳座两边的表面要加工平整。

铣削加工时，产生大量切屑，夹具应有足够的排屑空间，并注意切屑的流向，使清理切屑方便。对于重型的铣床夹具在夹具体上要设置吊环，以便于搬运。

4.4.4 镗模

镗模是一种精密夹具。它主要用来加工箱体类零件上的精密孔系。镗模和钻模一样，是依靠专门的导引元件——镗套来导引镗杆，从而保证所镗的孔具有很高的位置精度。采用镗模后，镗孔的精度便可不受机床精度的影响。镗模广泛应用于高效率的专用组合镗床和一般普通镗床。

（1）镗模的组成　图 4-78 中是加工磨床尾架孔用的镗模。工件以夹具体底座上的定位斜块 9 和支承板 10 作主要定位。转动压紧螺杆 6，便可将工件推向支承钉 3，并保证两者接触，以实现工件的轴向定位。工件的夹紧，则是靠铰链压板 5。压板通过活节螺栓 7 和螺母来操纵。镗杆是由装在镗模支架 2 上的镗套 1 来导向。镗模支架则用销钉和螺钉准确地固定在夹具体底座上。

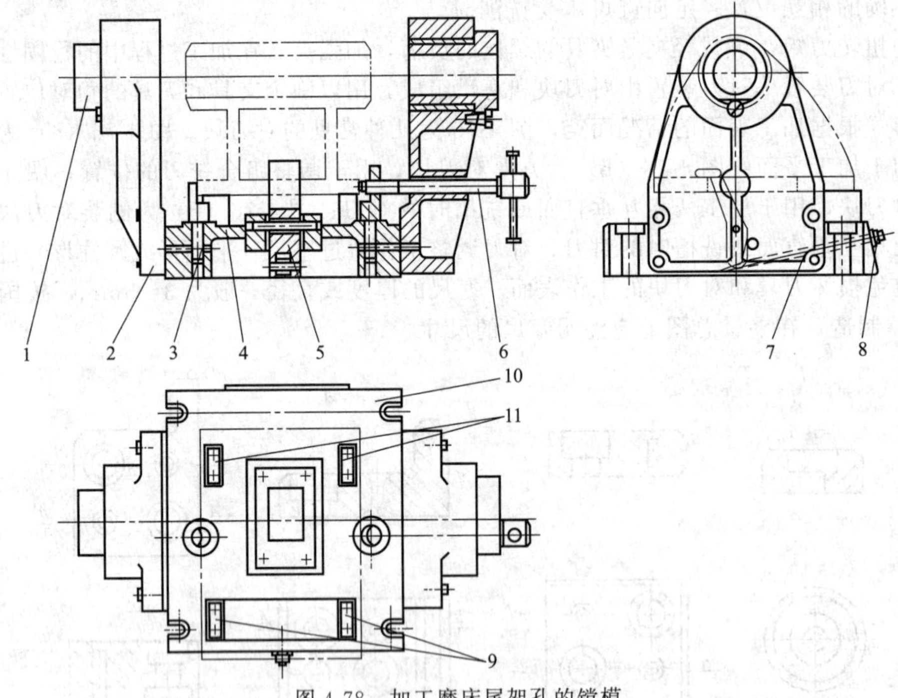

图 4-78 加工磨床尾架孔的镗模

1—镗套；2—镗模支架；3—支承钉；4—夹具体；5—铰链压板；6—压紧螺杆；7—活节螺栓；8—螺母；9,11—定位斜块；10—支承板

一般镗模是由下述四部分组成：定位元件；夹紧装置；导引元件（镗套）；夹具体（镗模支架和镗模底座）。

（2）镗套　镗套结构对于被镗孔的几何形状、尺寸精度以及表面粗糙度有很大关系。因为镗套的结构决定了镗套位置的准确度和稳定性。

镗套的结构形式一般分为以下两类。

① 固定式镗套　固定式镗套的结构，固定在镗模支架上而不能随镗杆一起转动，因此镗杆与镗套之间有相对运动，存在摩擦。固定式镗套具有外形尺寸小，结构紧凑，制造简单，容易保证镗套中心位置的准确等优点。

② 回转式镗套　回转式镗套在镗孔过程中是随镗杆一起转动的，所以镗杆与镗套之间无相对转动，只有相对移动。当在高速镗孔时，这样便能避免镗杆与镗套发热咬死，而且也改善了镗杆磨损情况。

（3）镗杆结构　镗杆的导引部分结构，如图 4-79 所示。图 4-79（a）是开有油槽的圆柱导引，这种结构最简单但与镗套接触面大，润滑不好，加工时又很难避免切屑进入导引部分。图 4-79（b）和图 4-79（c）是开有直槽和螺旋槽的导引。它与镗套的接触面积小，沟槽又可以容屑。但一般切削速度仍不宜超过 20m/min。图 4-79（d）是镶滑块的导引结构。由于它与导套接触面小，而且用铜块时的摩擦较小，其使用可较高一些，但滑块磨损较快。若回转镗套上开键槽，则镗杆应带键，一般键盘都是弹性的，能受压缩后伸入镗套，在回转中自动对键槽。同时，当镗套发生卡死时，还可打滑起保护作用。

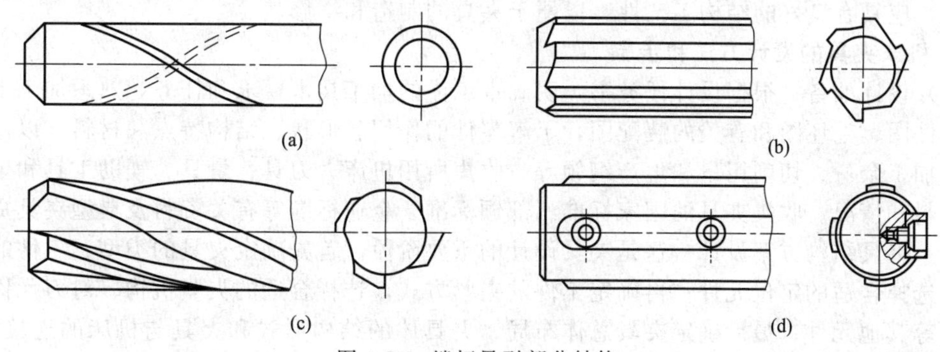

图 4-79　镗杆导引部分结构

（4）浮动接头　在双镗套导向时，镗杆与机床主轴都是浮动连接，采用浮动接头。图 4-80 是一种普通的浮动接头结构。浮动接头能补偿镗杆轴线和机床主轴的同轴度误差。

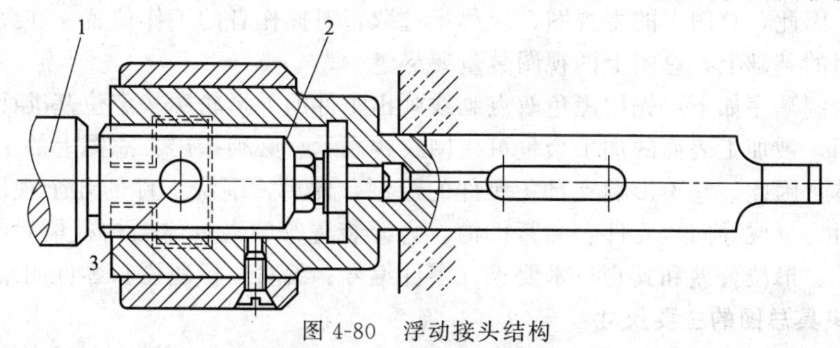

图 4-80　浮动接头结构

1—接头；2—镗杆；3—连接销

（5）镗模支架　镗模支架是组成镗模的重要零件之一。它是供安装镗套和承受切削力用的。因此，它必须具有足够的刚度和稳定性。为了防止镗模支架受力振动和变形，在结构上应考虑有较大的安装基面和设置必要的加强筋。镗模支架上不允许安装夹紧机构或承受夹紧反力。镗模支架与镗模底座的连接，　般仍用销钉定位、螺钉紧固的形式。镗模支架的材料，一般采用灰铸铁。

（6）镗模底座　镗模底座要承受包括工件、镗杆、镗套、镗模支架、定位元件和夹紧装置等在内的全部重量以及加工过程中的切削力，因此底座的刚性要好，变形要小。通常，镗模底座的壁厚较厚，而且底座内腔设有十字形加强筋。

4.4.5 机床夹具设计的方法和步骤

1. 机床夹具设计的要求

(1) 所设计的专用夹具，应当既能保证工序的加工精度又能保证工序的生产效率。特别对于大批量生产中使用的夹具，应设法缩短加工的基本时间和辅助时间。

(2) 夹具的操作要方便、省力和安全。若有条件，尽可能采用气动、液压以及其他机械化自动化的夹紧机构，以减轻劳动强度。同时，为保证操作安全，必要时可设计和配备安全防护装置。

(3) 能保证夹具一定的使用寿命和较低的制造成本。夹具的复杂程度应与工件的生产批量相适应，在大批量生产中应采用气动、液压等高效夹紧机构；而小批量生产中，则宜采用较简单的夹具结构。

(4) 要适当提高夹具元件的通用化和标准化程度。选用标准化元件，特别应选用商品化的标准元件，以缩短夹具的制造周期，降低夹具成本。

(5) 应具有良好的结构工艺性，以便于夹具的制造和维修。

2. 机床夹具的设计方法和步骤

(1) 设计准备　根据设计任务书，明确本工序的加工技术要求和任务，熟悉加工工艺规程、零件图、毛坯图和有关的装配图，了解零件的作用、形状、结构特点和材料，以及定位基准、加工余量、切削用量和生产纲领等。收集所用机床、刀具、量具、辅助工具和生产车间等资料和情况。收集夹具的国家标准、部颁标准、企业标准等有关资料及典型夹具资料。

(2) 夹具结构方案设计　这是夹具设计的重要阶段。首先确定夹具的类型、工件的定位方案，选择合适的定位元件；再确定工件的夹紧方式，选择合适的夹紧机构、对刀元件、导向元件等其他元件；最后确定夹具总体布局、夹具体的结构形式和夹具与机床的连接方式，绘制出总体草图。对夹具的总体结构，最好设计几个方案，以便进行分析、比较和优选。

(3) 绘制夹具总图　总图的绘制，是在夹具结构方案草图经过讨论审定之后进行的。总图的比例一般取 1∶1，但若工件过大或过小，可按制图比例缩小或放大。夹具总图应有良好的直观性，因此，总图上的主视图，应尽量选取正对操作者的工作位置。在完整地表示出夹具工作原理的基础上，总图上的视图数量要尽量少。

总图的绘制顺序如下：先用黑色双点画线画出工件的外形轮廓、定位基准面、夹紧表面和被加工表面，被加工表面的加工余量可用网纹线表示。必须指出：总图上的工件，是一个假想的透明体，因此，它不影响夹具各元件的绘制。此后，围绕工件的几个视图依次绘出：定位元件、对刀（或导向）元件、夹紧机构、力源装置等的夹具体结构；最后绘制夹具体；标注有关尺寸、形位公差和其它技术要求；零件编号；编写主标题栏和零件明细表。

3. 机床夹具总图的主要尺寸

(1) 外形轮廓尺寸　是指夹具的最大轮廓尺寸，以表示夹具在机床上所占据的空间尺寸和可能活动的范围。

(2) 工件与定位元件之间的联系尺寸　如工件定位基面与定位件工作面的配合尺寸、夹具定位面的平直度、定位元件的等高性、圆柱定位销工作部分的配合尺寸公差等，以便控制工件的定位精度。

(3) 对刀或导向元件与定位元件之间的联系尺寸　这类尺寸主要是指对刀块的对刀面至定位元件之间的尺寸、塞尺的尺寸、钻套导向孔尺寸和钻套孔距尺寸等。

(4) 与夹具安装有关的尺寸　这类尺寸用以确定夹具体的安装基面相对于定们元件的正确位置。如铣床夹具定向键与机床工作台上 T 形槽的配合尺寸；车、磨夹具与机床主轴端的连接尺寸；以及安装表面至定位表面之间的距离尺寸和公差。

(5) 其他配合尺寸　主要是指夹具内部各组成元件之间的配合性质和位置关系。如定位元件和夹具体之间、钻套外径与衬套之间、分度转盘与轴承之间等的尺寸和公差配合。

4. 机床夹具总图上应标注的位置精度

通常应标注以下三种位置精度：

(1) 定位元件之间的位置精度。

(2) 连接元件（含夹具体基面）与定位元件之间的位置精度。

(3) 对刀或导向元件的位置精度。通常这类精度是以定位元件为基准，为了使夹具的工艺基准统一，也可取夹具体的基面为基准。

夹具上与工序尺寸有关的位置公差，一般可按工件相应尺寸公差的（1/2～1/5）估算。其角度尺寸的公差及工作表面的相互位置公差，可按工件相应值的（1/2～1/3）确定。

5. 机床夹具的其他技术条件

夹具在制造上和使用上的其他要求，如夹具的平衡和密封、装配性能和要求、磨损范围和极限、打印标记和编号及使用中应注意的事项等，要用文字标注在夹具总图上。

4.5 实训　专用夹具设计

在成批和大批大量生产中，工件的安装主要靠专用夹具来完成，专用夹具的设计直接关系到所设计夹具能否满足加工质量的要求，以及生产率水平的提高。下面以图 4-81 所示连杆零件的铣槽夹具设计为例，具体说明一般专用夹具的设计方法和过程。

1. 实训题目

图 4-81 为连杆零件的铣槽工序简图，零件材料为 45 钢，生产类型为成批生产，所用机床为 X62W。本工序要求铣工件两端面处的 8 个槽，槽宽 $10^{+0.2}_{0}$ mm，槽深 $3.2^{+0.4}_{0}$ mm。表面粗糙度 Ra 值为 6.3μm；槽的中心线与两孔中心连线夹角为 45°±30′，且通过孔 $\phi42.6^{+0.1}_{0}$ mm 的中心。工件两孔 $\phi42.6^{+0.1}_{0}$ mm 和 $\phi15.3^{+0.1}_{0}$ mm 及厚度为 $14.3^{\ 0}_{-0.1}$ mm 的两个端面均已在先行工序加工完毕，两孔的中心距为 (57±0.06)mm，两端面间的平行度公差为 0.03/100。

2. 实训目的

熟悉机床夹具的设计原则、步骤和方法，能够根据零件加工工艺的要求，拟定夹具设计方案，进行必要的定位误差计算，最终设计出符合工序加工要求、使用方便、经济实用的夹具。

3. 实训过程

(1) 分析零件的工艺过程和本工序的加工要求，明确设计任务。

本工序的加工在 X62W 卧式铣床上用三面刃盘铣刀进行。所以，槽宽由铣刀宽度保证，槽深和角度位置要通过夹具保证。

工序规定了该工件将通过 4 次安装加工完 8 个槽，每次安装的基准都用两个孔和一个端面，并在大孔端面上进行夹紧。

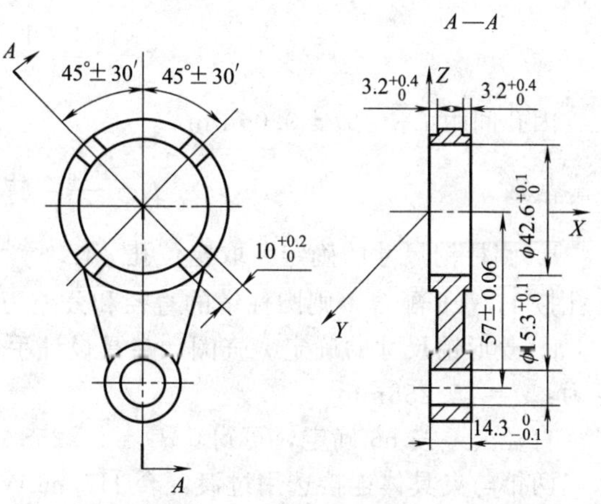

图 4-81　连杆铣槽工序图

(2) 拟定夹具的结构方案，夹具的结构方案包括以下几个方面。

① 定位方案的确定。根据连杆铣槽工序的尺寸、形状和位置精度要求，工件定位时需限制 6 个自由度。工件的定位基准和夹紧位置虽然在工序图上已经规定，但在拟定定位夹紧方案时，仍需要对其进行分析研究，考察定位基准的选择能否满足工件位置精度的要求，夹具的结构能否实现。在连杆铣槽的工序中，工件在槽深方向的工序基准是和槽相连的端面，若以此端面为平面定位基准，可以达到与工序基准相重合。但由于要在此面上开槽，那么夹具的定位面就势必要设计成朝下的，会给定位和夹紧带来麻烦，夹具结构也比较复杂。如果选择与所加工槽相对的另一端面为定位基准，则会引起基准不重合误差，其大小等于工件端面之间联系尺寸的公差 0.1mm。考虑到槽深的公差较大（0.4mm），完全可以保证加工精度要求，而这样又可以使定位夹紧可靠，操作方便，所以应选择工件底面为定位基准，采用支承板作定位元件。

在保证角度尺寸 45°±30′方面，工序基准是两孔的中心线，以两孔为定位基准，不仅可以做到基准重合，而且操作方便。为了避免发生不必要的过定位现象，采用一个圆柱销和一个菱形销作定位元件。由于被加工槽的角度位置是以大孔的中心为基准的，槽的大孔应通过大孔的中心，并与两孔连线成 45°角，因此应将圆柱销放在大孔，菱形销放在小孔，如图 4-82 所示。工件以一面两孔为定位基准，定位元件采用一面两销，分别限制工件的 6 个自由度，属完全定位。

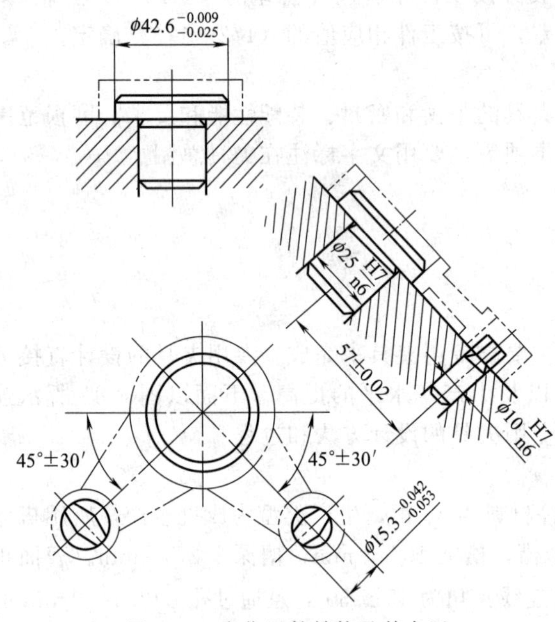

图 4-82 定位元件结构及其布置

② 定位元件的结构尺寸及其在夹具中位置的确定。由上可知，定位元件由支承板、圆柱销、菱形销组成。

a. 两定位销中心距的确定。两定位销中心距的基本尺寸应等于工件两定位孔中心距的平均尺寸，其公差一般为

$$\frac{\delta_{\mathrm{Ld}}}{2}=\left(\frac{1}{3}\sim\frac{1}{5}\right)\frac{\delta_{\mathrm{LD}}}{2}$$

因孔间距 $L_{\mathrm{D}}=57\pm0.06$mm

故取
$$L\pm\frac{\delta_{\mathrm{Ld}}}{2}=57\pm0.02\mathrm{mm}$$

b. 圆柱销尺寸的确定。取定位孔 $\phi42.6^{+0.1}_{0}$mm 直径的最小值为圆柱销的基本尺寸，销与孔按 H7/g6 配合，则圆柱销的直径和公差为 $\phi42.6^{-0.009}_{-0.025}$mm。

c. 菱形销尺寸的确定。查阅《夹具设计手册》，取 $b=4$，$B=13$，经计算可得菱形销直径为：$d=15.258$mm。

直径公差按 h6 确定，可得：$d_2=15.258^{\ 0}_{-0.011}=15.3^{-0.042}_{-0.053}$mm。

两销与夹具体连接选用过渡配合 H7/n6 或 H7/r6。

d. 分度方案的确定。由于连杆每一面各有两对呈 90°完全相同的槽，为提高加工效率，

应在一道工序中完成，这就需要按工件正反面分别加工，而且在加工任一面时，一对槽加工完成后，还必须变更工件在夹具中的位置。实现这一目的的方法有两种：一是采用分度盘，工件装夹在分度盘上，当加工完一对槽后，将工件与分度盘一起转过 90°，再加工另一对槽；另一种是在夹具上装两个相差为 90°的菱形销（见图 4-82），加工完一对槽后，卸下工件，将工件转过 90°套在另一个菱形销上，重新进行夹紧后再加工另一对槽。显然，第一种方案，工件不用重新装夹，定位精度较高，效率也较高，但要转动分度盘，而且分度盘也需要锁紧，夹具结构较为复杂；第二种方案，夹具结构简单，但工件需要进行两次装夹。考虑该产品生产批量不大，因而选择第二种分度方案。

③ 夹紧方案的确定。根据工件的定位方案考虑夹紧力的作用点及方向采用如图 4-83 所示的方式较好。因它的夹紧点选在大孔端面，接近被加工面，增加了工件的刚度，切削过程中不易产生振动，工件的夹紧变形也小，夹紧可靠。但对夹紧机构的高度要加以限制，以防止和铣刀杆相碰。由于该工件较小，批量又不大，为使夹紧结构简单，采用了手动的螺旋压板夹紧机构。

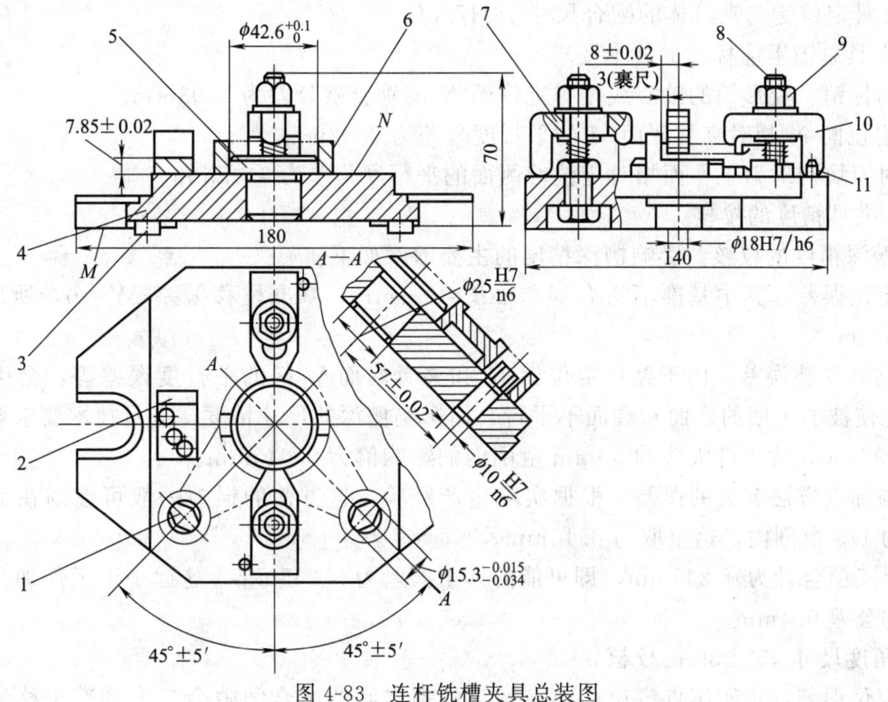

图 4-83　连杆铣槽夹具总装图

1—菱形销；2—对刀块；3—定位键；4—夹具体；5—定位销；6—工件；7，10—压板；8—螺杆；9—螺母；11—防转销

④ 对刀方案的确定。本工序被加工槽的精度一般，主要保证槽深和槽中心线通过大孔（$\phi 42.6^{+0.1}_{0}$ mm）中心等要求。夹具中采用直角对刀块及塞尺的对刀装置来调整铣刀相对夹具的位置。其中，利用对刀块的铅垂对刀面及塞尺调整铣刀，使其宽度方向的对称面通过圆柱销的中心，从而保证零件加工后，两槽中心对称线通过 $\phi 42.6^{+0.1}_{0}$ mm 大孔中心。利用对刀块水平对刀面及塞尺调整铣刀圆周刃口位置，从而保证槽深尺寸 $\phi 8.2^{+0.4}_{0}$ mm 的加工要求。对刀块采用销钉定位、螺钉紧固的方式与夹具体连接。

⑤ 夹具在机床上的安装方式。考虑本工序工件加工精度一般，因此夹具可通过定向键与机床工作台 T 形槽的配合实现在铣床上的定位，并通过 T 形槽螺栓将夹具固定在工作台上，如图 4-83 所示。

⑥ 夹具体及总体设计。夹具体的设计应通盘考虑，使各组成部分通过夹具体有机地联系起来，形成一个完整的夹具。从夹具的总体设计考虑，由于铣削加工的特点，在加工中易引起振动，故要求夹具体及其上各组成部分的所有元件的刚度、强度要足够。夹具体及夹具总体结构参见图 4-83。

(3) 夹具总图设计　在绘制夹具结构草图的基础上，绘出夹具总装图并标注有关的尺寸、公差配合和技术条件。夹具总装图参见图 4-83。

① 夹具总图上应标注的尺寸及公差配合。

a. 夹具的外轮廓尺寸 180mm×140mm×70mm。

b. 两定位销的尺寸（$\phi 42.6_{-0.025}^{-0.009}$mm 与 $\phi 15.3_{-0.053}^{-0.042}$mm），两定位销的中心距尺寸（57±0.02）mm 等。

c. 两菱形销之间的方向位置尺寸 45°±5′。

d. 对刀块工作表面与定位元件表面间的尺寸（7.85±0.02)mm 和（8±0.02)mm。

e. 其它配合尺寸。圆柱销及菱形销与夹具体装卸孔的配合尺寸（ϕ25H7/n6 和 ϕ10H7/n6)。

f. 夹具定位键与夹具体的配合尺寸 18H7/h6。

② 夹具总图上应标注的技术要求。

a. 圆柱销、菱形销的轴心线相对定位面 N 的垂直度公差为 0.03mm。

b. 定位面 N 相对夹具底面 M 的平行度公差为 0.02mm。

c. 对刀块与对刀工作面相对定位键侧面的平行度公差为 0.05mm。

(4) 夹具精度的校核

① 槽深精度的校核。影响槽深精度的主要因素如下。

a. 定位误差。其中基准不重合误差 $\Delta B=0.1$mm，基准位移偏差 $\Delta Y=0$，所以 $\Delta D=\Delta B=0.1$mm。

b. 夹具安装误差。由于夹具定位面 N 和夹具底面 M 间的平行度误差等，会引起工件的倾斜，使被加工槽的底面和端面不平行，而影响槽深的尺寸精度。夹具技术要求规定为不大于 0.03/100，故工件大头约 50mm 范围内的影响值为 0.015mm。

c. 与加工方法有关的误差。根据实际生产经验，这方面的误差一般可控制在被加工工件公差的 1/3 范围内，这里取为 0.15mm。

以上三项合计为 0.265mm，即可能的加工误差为 0.265mm，这远小于工件加工尺寸要求保证的公差 0.4mm。

② 角度尺寸 45°±30′的校核。

a. 定位误差。由于工件定位孔与夹具定位销之间的配合间隙会造成基准位移误差，有可能导致工件两定位孔中心连线对规定位置的倾斜，其最大转角误差为

$$\begin{aligned}\Delta_\alpha &= \arctan\frac{\delta_{D1}+\delta_{d1}+x_{1\min}+\delta_{D2}+\delta_{d2}+x_{2\min}}{2L}\\ &=\arctan\frac{0.1+0.016+0.009+0.1+0.018+0.016}{2\times 57}\\ &=\arctan 0.00227=7.8'\end{aligned}$$

即倾斜对工件 45°角的最大影响量为±7.8′。

b. 夹具上两菱形销分别和大圆柱销中心连线的角向位置误差为±5′，这会影响工件的 45°角。

c. 与加工方法有关的误差。主要是机床纵向走刀方向与工作台 T 形槽方向的平行度误差，查阅相关机床手册，一般为 0.03/100，经换算，相当于角度误差为±1′。

综合以上三项误差，其最大角度误差为$\pm 13.8'$，此值远小于工序要求的角度公差$\pm 30'$。

结论：从以上所进行的分析和计算看，本夹具能满足连杆铣槽工序的精度要求，可以应用。

复习思考题

一、填空题

1. 根据六点定位原理分析工件的定位方式分为________、________、________和____。
2. 机床夹具的定位误差主要由________、________和________引起。
3. 生产中最常用的正确的定位方式有________定位和________定位两种。
4. 机床夹具最基本的组成部分是________元件、________和________。
5. 设计夹具夹紧机构时，必须首先合理确定夹紧力的三要素：________、________和________。
6. 一般大平面限制了工件的________个自由度，窄平面限制了工件的________个自由度。
7. 工件以内孔定位常用的定位元件有________和________两种。
8. 一般短圆柱销限制了工件的________个自由度，长圆柱销限制了工件的________个自由度。
9. 铣床夹具中常用对刀引导元件是________，钻床夹具中常用的对刀引导元件是________。
10. 不完全定位指的是________________________一种定位方式。
11. 列举出三种机床夹具中常用夹紧装置：________、________、________。
12. 主要支承用来限制工件的自由度，辅助支承用来提高工件的________和________，不起________作用。
13. 一面两销组合定位中，为避免两销定位时出现________干涉现象，实际应用中将其中之一做成________结构。
14. 研究机床夹具的三大主要问题是________、________和________。
15. 斜楔夹紧机构的自锁条件用公式表示是________________。
16. 对夹具转位的严格________________控制称为夹具的分度。
17. 回转分度装置一般结构包括________、________、________________三个基本环节。
18. ________的螺钉头并不压紧在钻套台阶上。
19. 固定式镗套适用于________________、线速度为________________的工件。
20. 成组夹具为________________________的专用夹具。
21. 对夹具的最基本要求是能够保证________________。
22. 夹具结构应便于________________和________________。

二、单项选择题

1. 自位支承（浮动支承）增加了与工件接触的支承点数目，但（　　）。

A. 不起定位作用　　B. 一般来说只限制一个自由度

C. 不管如何浮动必定只能限制一个自由度

2. 工件装夹中由于（　　）基准和（　　）基准不重合而产生的加工误差，称为基准不符误差。

A. 设计（或工序）　B. 工艺　C. 测量　D. 装配　E. 定位

3. 偏心轮的偏心量取决于（　　）和（　　），偏心轮的直径和（　　）密切有关。

A. 自锁条件　B. 夹紧力大小　C. 工作行程

D. 销轴直径　E. 工作范围　F. 手柄长度

4. 采用连续多件夹紧，工件本身作浮动件，为了防止工件的定位基准位置误差逐个积累，应使（　　）与夹紧力方向相垂直。

A. 工件加工尺寸的方向　B. 定位基准面　C. 加工表面　D. 夹压面

5. 镗模采用双面导向时，镗杆与机床主轴是（　　）连接，机床主轴只起（　　）作用，镗杆回转中心及镗孔精度由（　　）保证。

A. 刚性　B. 柔性（或浮动）C. 传递动力

D. 镗模　　　　　　　　E. 机床　　　　　　　　F. 镗杆

三、判断题

1. 工件定位时，若定位基准与工序基准重合，就不会产生定位误差。（　）
2. 辅助支承是为了增加工件的刚性和定位稳定性，并不限制工件的自由度。（　）
3. 浮动支承是为了增加工件的刚性和定位稳定性，并不限制工件的自由度。（　）
4. 在车床上用三爪自定心卡盘多次装夹同一工件时，三爪定心卡盘的对中精度将直接影响工件上被加工表面的位置精度。（　）
5. 在使用夹具装夹工件时，不允许采用不完全定位和过定位。（　）
6. 采用欠定位的定位方式，既可保证加工质量，又可简化夹具结构。（　）
7. 在夹具设计中，不完全定位是绝对不允许的。（　）
8. 工件被夹紧，即实现工件的安装。（　）

四、问答题

1. 什么是定位？简述工件定位的基本原理？
2. 什么是定位误差？试述产生定位误差的原因？
3. 什么是辅助支承？使用时应该注意什么问题？
4. 什么是过定位？举例说明过定位可能产生哪些不良后果，可采取哪些措施？
5. 为什么说夹紧不等于定位？
6. 夹紧装置由哪几部分组成？对夹紧装置有哪些要求？
7. 什么是定位误差？它由哪几部分组成？
8. 可调支撑与辅助支撑两者之间有哪些区别？
9. 如何正确选择夹紧力的方向？
10. 设计夹具时，对机床夹具应有哪几方面的基本要求？

第5章 机械加工工艺规程的编制

5.1 概述

机械加工工艺规程的制订与生产实际有着密切的联系，它要求工艺规程制订者具有一定的生产实践知识和专业基础知识。

在实际生产中，由于零件的结构形状、几何精度、技术条件和生产数量等要求不同，一个零件往往要经过一定的加工过程才能将其由图样变成成品零件。因此，机械加工工艺人员必须从工厂现有的生产条件和零件的生产数量出发，根据零件的具体要求，在保证加工质量、提高生产效率和降低生产成本的前提下，对零件上的各加工表面选择适宜的加工方法，合理地安排加工顺序，科学地拟定加工工艺过程，才能获得合格的机械零件。

5.1.1 生产过程和工艺过程

1. 生产过程

机械产品的生产过程是指将原材料转变为成品的所有劳动过程。这里所指的成品可以是一台机器、一个部件，也可以是某种零件。对于机器制造而言，生产过程包括：

（1）原材料、半成品和成品的运输和保存；

（2）生产和技术准备工作，如产品的开发和设计、工艺及工艺装备的设计与制造、各种生产资料的准备以及生产组织；

（3）毛坯制造和处理；

（4）零件的机械加工、热处理及其他表面处理；

（5）部件或产品的装配、检验、调试、油漆和包装等。

由上可知，机械产品的生产过程是相当复杂的。它通过的整个路线称为工艺路线。

2. 工艺过程

（1）工艺过程　是指改变生产对象的形状、尺寸、相对位置和性质等，使其成为半成品或成品的过程。它是生产过程的一部分。工艺过程可分为毛坯制造、机械加工、热处理和装配等工艺过程。

（2）机械加工工艺过程　是指用机械加工的方法直接改变毛坯的形状、尺寸和表面质量，使之成为零件或部件的那部分生产过程，它包括机械加工工艺过程和机器装配工艺过程。本书所称工艺过程均指机械加工工艺过程，以下简称为工艺过程。

（3）装配工艺过程　将加工好的零件装配成机器使之达到所要求的装配精度并获得预定技术性能的工艺过程，称为装配工艺过程。

机械加工工艺过程和装配工艺过程是机械制造工艺设计研究的两项主要内容。

机械加工工艺过程是由一个或若干个顺序排列的工序组成的，而工序又可分为若干个安装、工位、工步和走刀。工序不仅是组成工艺过程的基本单元，也是制定时间定额、配备工人、安排作业和进行质量检验的基本单元。

5.1.2 机械加工工艺过程的组成

在机械加工工艺过程中，针对零件的结构特点和技术要求，要采用不同的加工方法和装备，按照一定的顺序依次进行加工，才能完成由毛坯到零件的过程。

1. 工序

一个或一组工人，在一个工作地点对同一个或同时对几个工件进行加工所连续完成的那部分工艺过程，称之为工序。由定义可知，判别是否为同一工序的主要依据是：工作地点是否变动和加工是否连续。

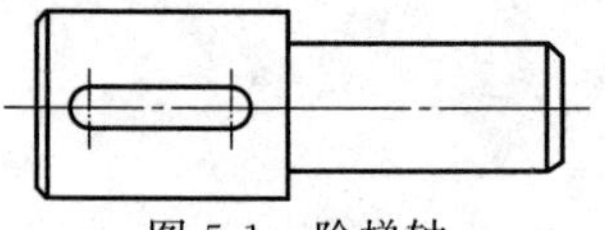

图 5-1 阶梯轴

划分工序的主要依据是：工作地点是否变化或工作过程是否连续。若有变动或不连续则构成了另一个工序。

生产规模不同，加工条件不同，其工艺过程及工序的划分也不同。如图 5-1 所示的阶梯轴，根据加工是否连续和变换机床的情况，小批量生产时，可划分为表 5-1 所示的三道工序；大批大量生产时，则可划分为表 5-2 所示的五道工序；单件生产时，甚至可以划分为表 5-3 所示的两道工序。

表 5-1 小批量生产的工艺过程

工序号	工序内容	设备
1	车一端面，钻中心孔；调头车另一端面，钻中心孔	车床
2	车大端外圆及倒角；车小端外圆及倒角	车床
3	铣键槽；去毛刺	铣床

表 5-2 大批量生产的工艺过程

工序号	工序内容	设备
1	铣端面，钻中心孔	中心孔机床
2	车大端外圆及倒角	车床
3	车小端外圆及倒角	车床
4	铣键槽	立式铣床
5	去毛刺	钳工

表 5-3 单件生产的工艺过程

工序号	工序内容	设备
1	车一端面，钻中心孔；车另一端面，钻中心孔；车大端外圆及倒角；车小端外圆及倒角	车床
2	铣键槽；去毛刺	铣床

2. 安装

在加工前，应先使工件在机床上或夹具中占有正确的位置，这一过程称为定位；工件定位后，将其固定，使其在加工过程中保持定位位置不变的操作称为夹紧；将工件在机床或夹具中每定位、夹紧一次所完成的那一部分工序内容称为安装。一道工序中，工件可能被安装一次或多次。

3. 工位

为了完成一定的工序内容，一次安装工件后，工件与夹具或设备的可动部分一起相对刀具或设备的固定部分所占据的每一个位置称为工位。为了减少由于多次安装带来的误差和时间损失，加工中常采用回转工作台、回转夹具或移动夹具，使工件在一次安装中，先后处于几个不同的位置进行加工，称为多工位加工。图 5-2 所示为一利用回转工作台在一次安装中依次完成装卸工件、钻孔、扩孔、铰孔四个工位加工的例子。采用多工位加工方法，既可以减少安装次数，提高加工精度，并减轻工人的劳动强度，又可以使各工位的加工与工件的装卸同时进行，提高劳动生产率。

4. 工步

工序又可分成若干工步。加工表面不变、切削刀具不变、切削用量中的进给量和切削速度基本保持不变的情况下所连续完成的那部分工序内容，称为工步。以上三个不变因素中只要有一个因素改变，即成为新的工步。一道工序包括一个或几个工步。

为简化工艺文件，对于那些连续进行的几个相同的工步，通常可看作一个工步。为了提高生产率，常将几个待加工表面用几把刀具同时加工，这种由刀具合并起来的工步，称为复合工步，如图 5-3 所示。如图 5-4 所示为立轴转塔车床回转刀架，一次转位完成的工位内容应属于一个工步。复合工步在工艺规程中也写作一个工步。

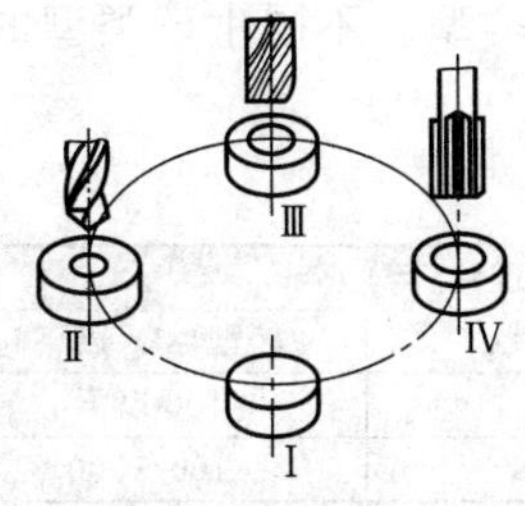

图 5-2　多工位加工

工位Ⅰ—装卸工件；工位Ⅱ—钻孔；工位Ⅲ—扩孔；工位Ⅳ—铰孔

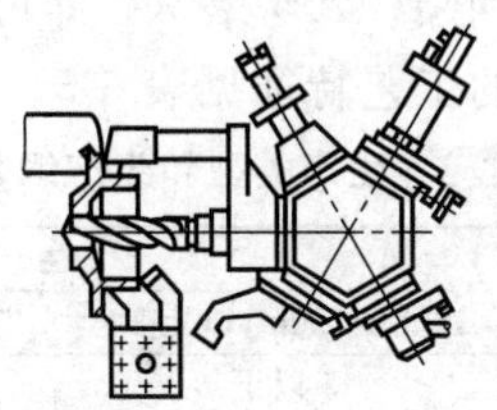

图 5-3　复合工步

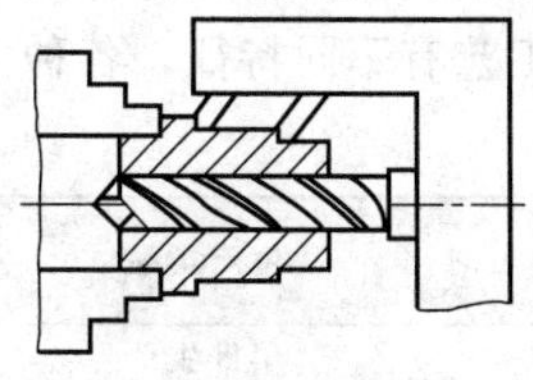

图 5-4　立轴转塔车床回转刀架

5. 走刀

在一个工步中，若需切去的金属层很厚，则可分为几次切削。每进行一次切削就是一次走刀。一个工步可以包括一次或几次走刀。

5.1.3 生产类型及工艺特点

1. 生产纲领

生产纲领是指企业在计划期内应当生产的产品产量和进度计划。计划期通常为 1 年，所以生产纲领也称为年产量。

对于零件而言，产品的产量除了制造机器所需要的数量之外，还要包括一定的备品和废品，因此零件的生产纲领应按下式计算

$$N=Qn(1+a\%)(1+b\%) \tag{5-1}$$

式中　N——零件的年产量，件/年；

Q——产品的年产量，台/年；

n——每台产品中该零件的数量，件/台；

$a\%$——该零件的备品率；

$b\%$——该零件的废品率。

2. 生产类型

生产类型是指企业生产专业化程度的分类。人们按照产品的生产纲领、投入生产的批量，可将生产分为单件生产、成批生产和大量生产三种类型。

（1）单件生产　单个生产不同结构和尺寸的产品，很少重复甚至不重复，这种生产称为单件生产。如新产品试制、维修车间的配件制造和重型机械制造等都属此种生产类型。其特点是：生产的产品种类较多，而同一产品的产量很小，工作地点的加工对象经常改变。

（2）大量生产　同一产品的生产数量很大，大多数工作地点经常按一定节奏重复进行某一零件的某一工序的加工，这种生产称为大量生产。如自行车制造和一些链条厂、轴承厂等专业化生

产即属此种生产类型。其特点是：同一产品的产量大，工作地点较少改变，加工过程重复。

（3）成批生产　一年中分批轮流制造几种不同的产品，每种产品均有一定的数量，工作地点的加工对象周期性地重复，这种生产称为成批生产。如一些通用机械厂、某些农业机械厂、陶瓷机械厂、造纸机械厂、烟草机械厂等的生产即属这种生产类型。其特点是：产品的种类较少，有一定的生产数量，加工对象周期性地改变，加工过程周期性地重复。

同一产品（或零件）每批投入生产的数量称为批量。根据批量的大小又可分为大批量生产、中批量生产和小批量生产。小批量生产的工艺特征接近单件生产，大批量生产的工艺特征接近大量生产。

根据前面公式计算的零件生产纲领，参考表 5-4 即可确定生产类型。不同生产类型的制造工艺有不同特征，各种生产类型的工艺特征见表 5-5。

表 5-4　生产类型和生产纲领的关系

生产类型		生产纲领/(件/年或台/年)		
		重型(30kg 以上)	中型(4～30kg)	轻型(4kg 以下)
单件生产		5 以下	10 以下	100 以下
成批生产	小批量生产	5～100	10～200	100～500
	中批量生产	100～300	200～500	500～5000
	大批量生产	300～1000	500～5000	5000～50000
大量生产		1000 以上	5000 以上	50000 以上

表 5-5　各种生产类型的工艺特点

工艺特点	单件生产	批量生产	大量生产
毛坯的制造方法	铸件用木模手工造型，锻件用自由锻	铸件用金属模造型，部分锻件用模锻	铸件广泛用金属模机器造型，锻件用模锻
零件互换性	无需互换、互配零件，可成对制造，广泛用修配法装配	大部分零件有互换性，少数用修配法装配	全部零件有互换性，某些要求精度高的配合，采用分组装配
机床设备及其布置	采用通用机床，按机床类别和规格采用“机群式”排列	部分采用通用机床，部分采用专用机床，按零件加工分“工段”排列	广泛采用生产率高的专用机床和自动机床，按流水线形式排列
夹具	很少用专用夹具，由划线和试切法达到设计要求	广泛采用专用夹具，部分用划线法进行加工	广泛用专用夹具，用调整法达到精度要求
刀具和量具	采用通用刀具和万能量具	较多采用专用刀具和专用量具	广泛采用高生产率的刀具和量具
对技术工人要求	需要技术熟练的工人	各工种需要一定熟练程度的技术工人	对机床调整工人技术要求高，对机床操作工人技术要求低
对工艺文件的要求	只有简单的工艺过程卡	有详细的工艺过程卡或工艺卡，零件的关键工序有详细的工序卡	有工艺过程卡、工艺卡和工序卡等详细的工艺文件

5.2 机械加工工艺规程

在一定的生产条件下，对同样一个零件，可能会有几个不同的工艺过程。合理的工艺设计方案应立足于生产实际，全面考虑，体现各方面要求的协调和统一。

5.2.1 工艺规程的作用

以一定文件形式规定零件机械加工工艺过程和操作方法等的工艺文件，它是机械制造工厂最主要的技术文件。经审定批准的工艺规程是工厂生产活动中要害性的指导文件，它的主要作用有以下几方面。

(1) 工艺规程是指导生产的主要技术文件，是指挥现场生产的依据。

对于大批大量生产的工厂，由于生产组织严密，分工细致，要求工艺规程比较详细，才能便于组织和指挥生产。对于单件小批生产的工厂，工艺规程可以简单些。但无论生产规模大小，都必须有工艺规程，否则生产调度、技术准备、关键技术研究、器材配置等都无法安排，生产将陷入混乱。同时，工艺规程也是处理生产问题的依据，如产品质量问题，可按工艺规程来明确各生产单位的责任。按照工艺规程进行生产，便于保证产品质量、获得较高的生产效率和经济效益。

(2) 工艺规程是生产组织和管理工作的基本依据。

首先，有了工艺规程，在新产品投入生产之前，就可以进行有关生产前的技术准备工作。例如为零件的加工准备机床，设计专用的工、夹、量具等。其次，工厂的设计和调度部门根据工艺规程，安排各零件的投料时间和数量，调整设备负荷，各工作地按工时定额有节奏地进行生产等，使整个企业的各科室、车间、工段和工作地紧密配合，保证均衡地完成生产计划。

(3) 工艺规程是新建或改（扩）建工厂或车间的基本资料。

在新建或改（扩）建工厂或车间时，只有依据工艺规程才能确定生产所需要的机床和其他设备的种类、数量和规格；车间的面积；机床的布局；生产工人的工种、技术等级及数量；辅助部门的安排。

工艺规程并不是固定不变的，它是生产工人和技术人员在生产过程中的实践的经验总结，它可以根据生产实际情况进行修改，使其不断改进和完善，但必须有严格的审批手续。

除此之外，先进的工艺规程起着推广和交流先进经验的作用，典型工艺规程可指导同类产品的生产。

5.2.2 制定工艺规程的原则

1. 经济方面的合理性

制定工艺规程的首要原则是确保质量，即加工出符合设计图样规定的各项技术要求的零件。

“优质、高产、低耗”是制造过程中不懈追求的目标。但质量、生产率和经济性之间经常互相矛盾，可遵循“质量第一、效益优先、效率争先”这一基本法则，统筹兼顾，处理好这些矛盾。

在保证质量可靠的前提下，评定不同工艺方案好坏的主要标志是工艺方案的经济性。“效益优先”就是通过成本核算和相互对比，选择经济上最合理的方案，力争减少制造时的材料和能源消耗，降低制造成本。“效率争先”就是争取最大限度地满足生产周期和数量上的要求。

2. 实施方面的可行性

应充分考虑零件的生产纲领和生产类型，充分利用现有生产技术条件，使制定的工艺切实可行，尤其注意不要与国家环境保护明令禁止的工艺手段等要求相抵触，并尽可能做到平衡生产。

3. 技术方面的先进性

要用可持续发展的观点指导工艺方案的制定，既应符合生产实际，又不能墨守成规，在通过必要的工艺试验的基础上，积极采用国内外适用的先进技术和工艺。

4. 劳动方面的安全性

树立保障工人实际操作时的人身安全和创造良好文明的劳动条件的思想，在工艺方案上注意采取机械化或自动化等措施，并体现在工艺规程中，减轻工人的劳动强度。

此外，工艺规程还应做到正确、完整、统一和清晰，所用术语、符号、计量单位和编号等都应符合相应标准以方便直接指挥现场生产和操作。

5.2.3 制定工艺规程的原始资料

在编制零件机械加工工艺规程之前，要进行调查研究，了解国内外同类产品的有关工艺状况，收集必要的技术资料，作为编制时的依据和条件。

(1) 技术图样与说明性技术文件，包括：零件的工作图样和必要的产品装配图样，针对技术设计中的产品结构、工作原理、技术性能等方面作出描述的技术设计说明书、产品的验收质量标准等。

(2) 产品的生产纲领及其所决定的生产类型。

(3) 毛坯资料，包括各种毛坯制造方法的特点，各种钢材和型材的品种与规格，毛坯图等，并从机械加工工艺角度对毛坯生产提出要求。在无毛坯图的情况下，需实地了解毛坯的形状、尺寸及力学性能等。

(4) 现场的生产条件，主要包括毛坯的生产能力、技术水平或协作关系，现有加工设备及工艺装备的规格、性能、新旧程度及现有精度等级，操作工人的技术水平，辅助车间制造专用设备、专用工艺装备及改造设备的能力等。

(5) 国内外同类产品的有关工艺资料，如工艺手册、图册、各种标准及指导性文件。

5.2.4 工艺规程编制的步骤及内容

(1) 产品装配图和零件图的工艺性分析，主要包括零件的加工工艺性、装配工艺性、主要加工表面及技术要求，了解零件在产品中的功用。

(2) 确定毛坯的类型、结构形状、制造方法等。

(3) 拟定工艺路线。

(4) 确定各工序的加工余量，计算工序尺寸及公差。

(5) 选择设备和工艺装备。

(6) 确定各主要工序的技术要求及检验方法。

(7) 确定切削用量及计算时间定额。

(8) 工艺方案的技术经济分析。

(9) 填写工艺文件。

5.2.5 工艺规程的类型与格式

规定产品或零部件的制造过程和操作方法等的工艺文件，称为工艺规程。生产上用来说明工艺规程的工艺文件主要有机械加工（或装配）工艺过程卡片和机械加工（或装配）工序卡片。对于自动和半自动机床上完成的工序，还要有机床调整卡片；对于检验工序，还要有检验工序卡片。

将工艺文件的内容，填入一定格式的卡片，即成为生产准备和施工依据的工艺文件。不同的企业可以采用不同的工艺文件格式，常用的工艺文件的格式有以下几种：

1. 机械加工工艺过程卡

以工序为单位，简要地列出整个零件加工所经过的工艺路线（包括毛坯制造、机械加工和热处理等）。它是制定其他工艺文件的基础，也是生产准备、编排作业计划和组织生产的依据。在这种卡片中，由于各工序的说明不够具体，故一般不直接指导工人操作，而多作为生产管理方面使用。但在单件小批生产中，就以这种卡片指导生产不再编制其他较详细的工艺文件，机械加工工艺过程卡片见表 5-6。

表 5-6 机械加工工艺过程卡

	机械加工工艺过程卡片	产品型号		零件图号			
		产品名称		零件名称		共 页	第 页

材料牌号		毛坯种类		毛坯外形尺寸		每毛坯可制件数		每台件数		备注	

工序号	工序名称	工序内容	车间	工段	设备	工艺装备	工序工时	
							终准	单件

描图
描校
底图号
装订号

										设计(日期)	审核(日期)	标准化(日期)	会签(日期)	
标记	处数	更改文件号	签字	日期	标记	处数	更改文件号	签字	日期					

表 5-7 机械加工工艺卡片格式

<table>
<tr><td colspan="3" rowspan="2"></td><td colspan="2" rowspan="2">机械加工工艺卡片</td><td>产品型号</td><td colspan="2"></td><td>零(部)件图号</td><td colspan="2"></td><td colspan="5"></td></tr>
<tr><td>产品名称</td><td colspan="2"></td><td>零(部)件名称</td><td colspan="2"></td><td colspan="3">共　页</td><td colspan="2">第　页</td></tr>
<tr><td colspan="3">材料牌号</td><td></td><td>毛坯种类</td><td></td><td>毛坯外形尺寸</td><td></td><td>每毛坯可制件数</td><td></td><td colspan="2">每台件数</td><td></td><td>备注</td><td colspan="2"></td></tr>
<tr><td rowspan="2">工序</td><td rowspan="2">装夹</td><td rowspan="2">工步</td><td rowspan="2">工序内容</td><td rowspan="2">同时加工零件数</td><td colspan="4">切削用量</td><td rowspan="2">设备名称及编号</td><td colspan="3">工艺装备名称及编号</td><td rowspan="2">技术等级</td><td colspan="2">时间定额</td></tr>
<tr><td>背吃刀量/mm</td><td>切削速度/(m/min)</td><td>第　分　钟转数或往复次数</td><td>进给量/(mm 或 mm/双行程)</td><td>夹具</td><td>刀具</td><td>量具</td><td>单件</td><td>准终</td></tr>
<tr><td></td><td></td><td></td><td></td><td></td><td></td><td></td><td></td><td></td><td></td><td></td><td></td><td></td><td></td><td></td><td></td></tr>
<tr><td></td><td></td><td></td><td></td><td></td><td></td><td></td><td></td><td></td><td></td><td rowspan="2">设计(日期)</td><td colspan="2" rowspan="2">审核(日期)</td><td colspan="2" rowspan="2">(标准化日期)</td><td rowspan="2">(会签日期)</td></tr>
<tr><td></td><td></td><td></td><td></td><td></td><td></td><td></td><td></td><td></td><td></td></tr>
<tr><td>标记</td><td>处数</td><td>更改文件号</td><td>签字</td><td>日期</td><td>标记</td><td>处数</td><td>更改文件号</td><td>签字</td><td>日期</td><td></td><td colspan="2"></td><td colspan="2"></td><td></td></tr>
</table>

表 5-8 机械加工工序卡片格式

机械加工工序卡片	产品型号		零件图号			
	产品名称		零件名称		共 页	第 页

车间	工序号	工序名称	材料牌号
毛坯种类	毛坯外形尺寸	每毛坯可制件数	每台件数
设备名称	设备型号	设备编号	同时加工件数
夹具编号	夹具名称	切削液	
工位器具编号	工位器具名称	工序工时	
		终准	单件

工步号	工步内容	工艺设备	主轴转速 r/min	切削速度 m/min	进给量 mm/r	切削深度 mm	进给次数	工步工时 机动	工步工时 辅助

描图	
描校	
底图号	
装订号	

										设计(日期)	审核(日期)	标准化(日期)	会签(日期)	
标记	处数	更改文件号	签字	日期	标记	处数	更改文件号	签字	日期					

2. **机械加工工艺卡片**

机械加工工艺卡片是以工序为单位，详细地说明整个工艺过程的一种工艺文件。它是用来指导工人生产和帮助车间管理人员和技术人员掌握整个零件加工过程的一种主要技术文件，广泛用于成批生产的零件和重要零件的小批生产中。机械加工工艺卡片内容包括零件的材料、重量、毛坯种类、工序号、工序名称、工序内容、工艺参数、操作要求以及采用的设备和工艺装备等，机械加工工艺卡片格式见表 5-7。

3. **机械加工工序卡片**

机械加工工序卡片是根据机械加工工艺卡片为一道工序制定的。它更详细地说明整个零件各个工序的要求，是用来具体指导工人操作的工艺文件。在这种卡片上要画工序简图，说明该工序每一工步的内容、工艺参数、操作要求及所用的设备及工艺装备，一般用于大批大量生产的零件。机械加工工序卡片格式见表 5-8。

5.3 工艺规程的编制

5.3.1 零件的工艺分析

对零件进行工艺分析的目的：一是形成有关零件的全面深入的认识和工艺过程的初步轮廓，作到心中有数；二是从工艺的角度审视零件，扫除工艺上的障碍，为后续各项程序中确定工艺方案奠定基础。

1. **分析零件图**

由于应用场合和使用要求不同，形成了各种零件在结构特征上的差异。通过零件图了解零件的构形特点、尺寸大小与技术要求，必要时还应研究产品装配图以及查看产品质量验收标准，借以熟悉产品的用途、性能和工作条件，明确零件在产品（或部件）中的功用及各零件间的相互装配关系等。

（1）分析零件的结构　首先，分析组成零件各表面的几何形状，加工零件的过程实质上是形成这些表面的过程，表面不同，其典型的工艺方法不同；其次，分析组成零件的基本表面和特形表面的组合情况。

（2）分析零件的技术要求　零件的技术要求一般包括：各加工表面的加工精度和表面质量、热处理要求、动平衡、去磁等其他技术要求。

分析零件的技术要求，应首先区分零件的主要表面和次要表面。主要表面是指零件与其他零件相配合的表面或直接参与机器工作过程的表面，其余表面称为次要表面。

分析零件的技术要求，还要结合零件在产品中的作用、装配关系、结构特点，审查技术要求是否合理，过高的技术要求会使工艺过程复杂、加工困难、影响加工的生产率和经济性。如果发现不妥甚至遗漏或错误之处，应提出修改建议，与设计人员协商解决。如果要求合理，但现有生产条件难以实现，则应提出解决措施。

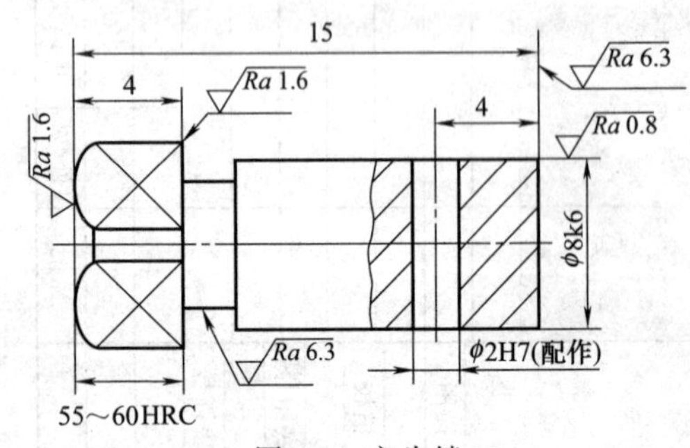

图 5-5　方头销

（3）分析零件的材料　材料不同，工作性能、工艺性能不同，会影响毛坯制造和机械加工工艺过程。

如图 5-5 所示的方头销，其上有一孔 ϕ2H7 要求在装配时配作，零件材料为 T8A，要求头部淬火硬度55～60HRC。零件长度只有15mm，方头长4mm，局部淬火时，全长均被淬硬，配作时，ϕ2H7孔无法加工。若建议材料改用20Cr进行渗碳淬火，便能解决问题。

2. 分析零件的结构工艺性

(1) 零件结构工艺性的概念　零件的结构工艺性，是指所设计的零件在能满足使用要求的前提下，制造的可行性和经济性。

(2) 切削加工对零件结构工艺性的要求　总的要求是使零件安装、加工和测量方便，提高切削效率，减少加工量和易于保证加工质量。

表5-9和表5-10列出最常见的便于安装、便于加工和测量的零件结构工艺性分析示例，供分析时参考。

表5-9　便于安装的零件结构工艺性分析示例

设计准则	结构简图		说　明
	改进前	改进后	
改变结构	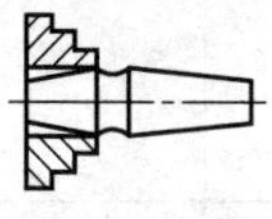	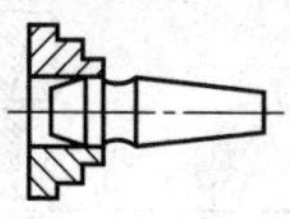	工件安装在卡盘上车削圆锥面，若用锥面装夹，工件与卡盘呈点接触，无法夹牢；改用圆柱面后，定位、夹紧都可靠
	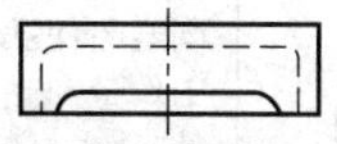	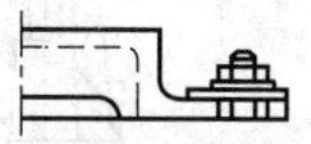	加工大平板顶面，在两侧设置装夹用的凸缘和孔，既便于用压板及T形螺栓将其固定在机床工作台上，又便于吊装和搬运
增设方便安装的定位基准	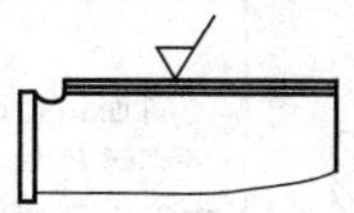	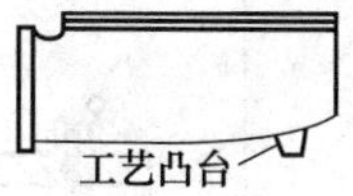 工艺凸台	受机床床身结构限制或考虑外形美观，加工导轨时不好定位。可为满足工艺要求需要而在毛坯上增设工艺凸台，精加工后再将其切除
	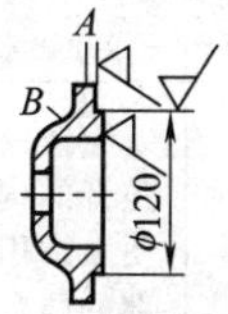 A　B　ϕ120	C　D	车削轴承盖上ϕ120mm外圆及端面，将毛坯B面构形改为C面或增加工艺凸台D，使定位准确，夹紧稳固
	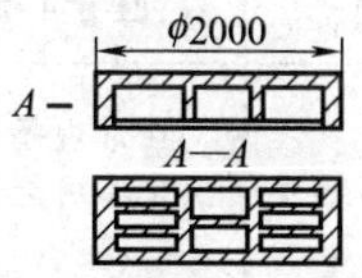 ϕ2000　A　A—A	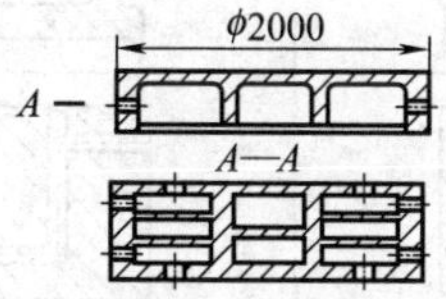 ϕ2000　A　A—A	在划线平板的四个侧面上各增加两个孔，以便加工顶面时直接用压板及螺栓压紧，且方便吊装起运
减少安装次数		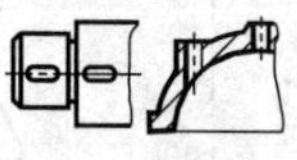	键槽或孔的尺寸、方位应尽量一致，便于在一次走刀中铣出全部键槽或一次安装中钻出全部孔
	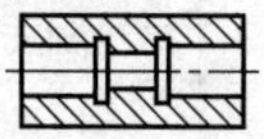	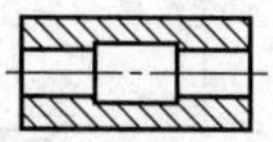	轴套两端轴承座孔有较高的相互位置精度要求，最好能在一次装夹中加工出来
有足够的刚性	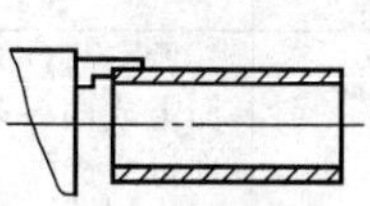	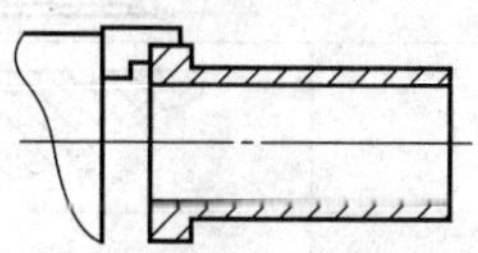	薄壁套筒夹紧时易变形，若一端加凸缘，可增加零件的刚性，保证加工精度；而且较大的刚性允许采用较大的切削用量进行加工，利丁提高生产率
减轻重量	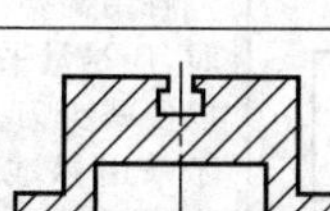	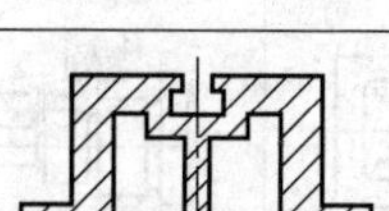	在满足强度、刚度和使用性能的前提下，零件从结构上应减少壁厚，力求体积小、重量轻，减轻装卸劳动量。必要时可在空心处布置加强筋

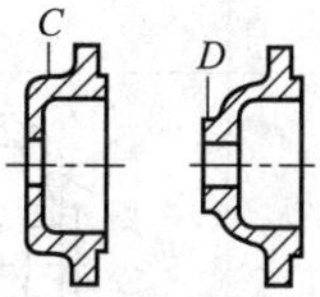

表 5-10 便于加工和测量的零件结构工艺性分析示例

设计准则	结构简图		说　　明
	改进前	改进后	
易于进刀和退刀	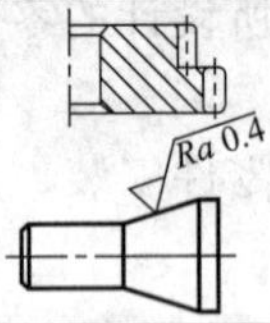 Ra 0.4	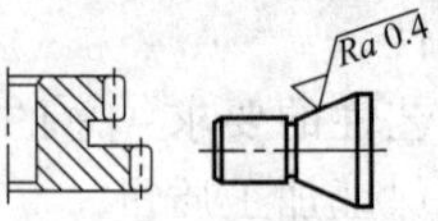 Ra 0.4	留出退刀空间，小齿轮可以插齿加工；有砂轮越程槽后，方便于磨削锥面时清根
	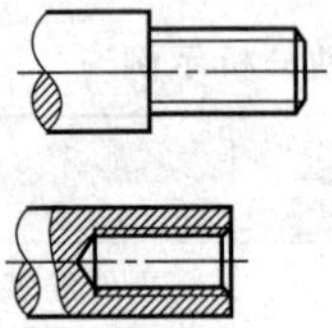	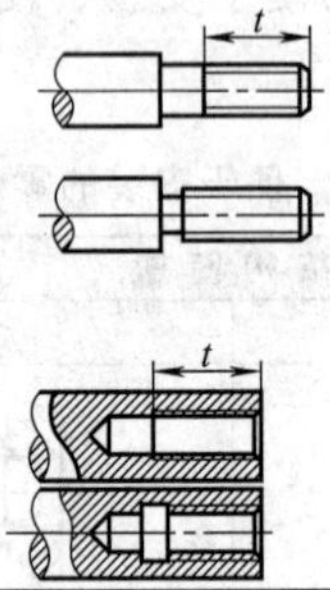 t　t	加工内、外螺纹时，其根部应留有退刀槽或保留足够的退刀长度，使刀具能正常地工作
减少加工困难	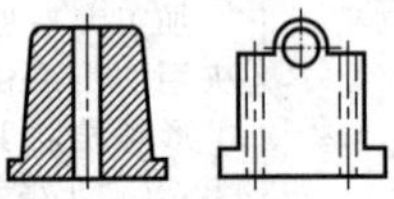		钻孔一端留空刀或减小孔深，可既避免深孔加工和钻头偏斜，减少工作量和钻头损耗，又减轻零件重量，节省材料
	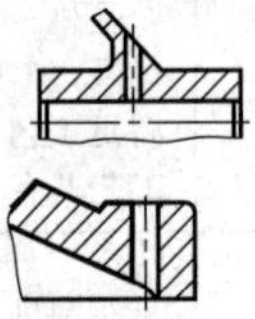	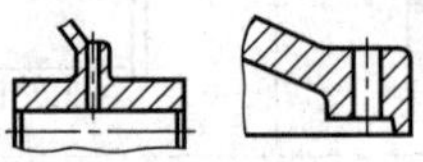	斜面钻孔时，钻头易引偏和折断。只要零件结构允许，应在钻头进出表面上预留平台
	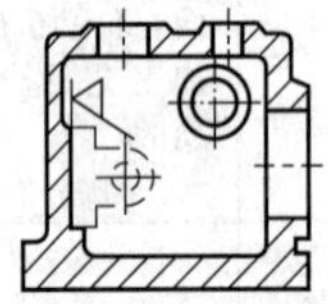	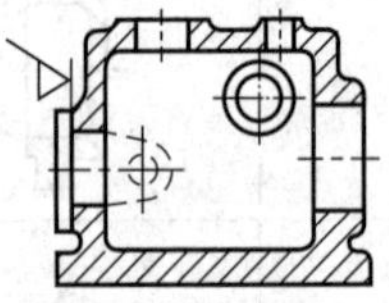	箱体内安放轴承座的凸台面属不敞开的内表面，加工和测量均不方便。改用带法兰的轴承座与箱体外部的凸台连接，则加工时，刀具易进入、退出可顺利通过凸台外表面
	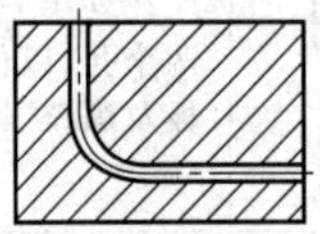	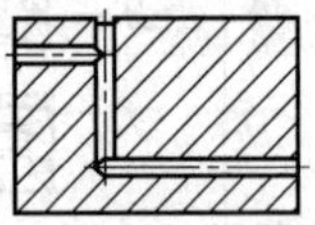	在常规条件下，弯曲孔的加工显然是不可能的，应改为几段直孔相接而成
减少加工表面面积	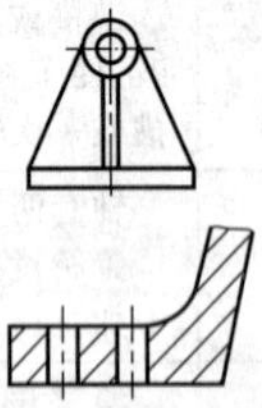	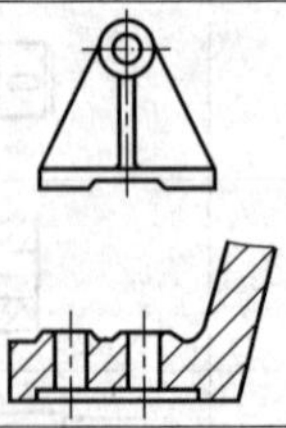	加工面与非加工面应明显分开，加工面之间也应明显分开，以尽量减少加工面积，并保证工作稳定可靠
减少对刀次数	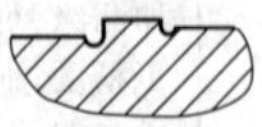	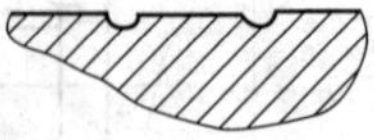	所有凸台面尽可能布置在同一平面上或同一轴线上，以便一次对刀即可完成加工
便于采用标准刀具	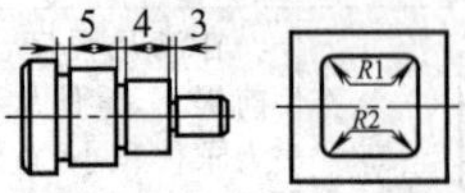 5　4　3　R1　R2	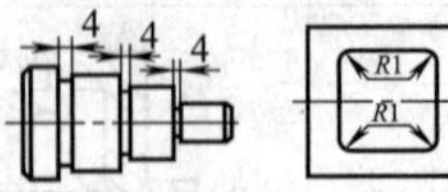 4　4　4　R1　R1	各结构要素的尺寸规格相差不大时，应尽量采取统一数值并标准化，以便减少刀具种类和换刀时间，便于采用标准刀具进行加工和数控加工

续表

设计准则	结构简图		说明
	改进前	改进后	
便于采用标准刀具	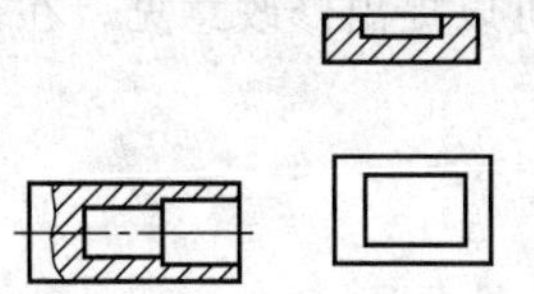	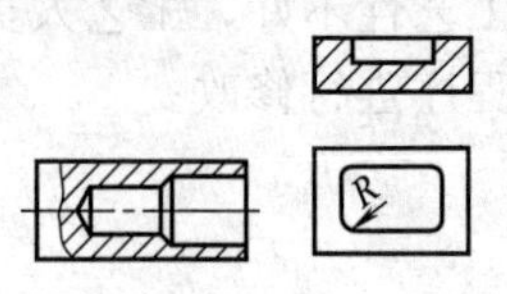	加工表面的结构形状尽量与标准刀具的结构形状相适应，使加工表面在加工中自然形成，减少专用刀具的设计和制造工作量
	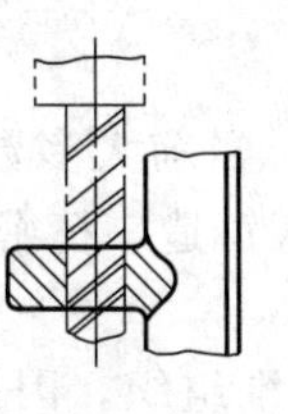	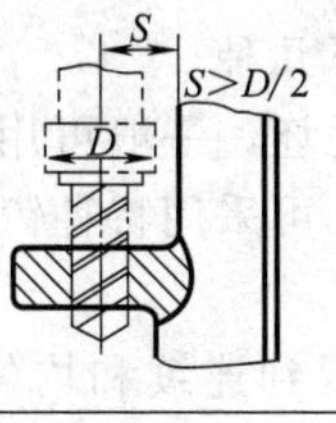 S, S>D/2, D	凸缘上的孔要留出足够的加工空间，当孔的轴线与侧壁面距离 S 小于钻夹头外径的一半时，难以采用标准刀具进行加工
力求加工表面几何形状简单	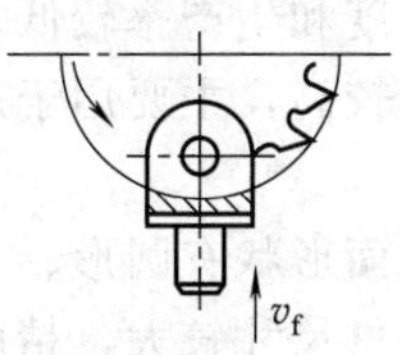 v_f	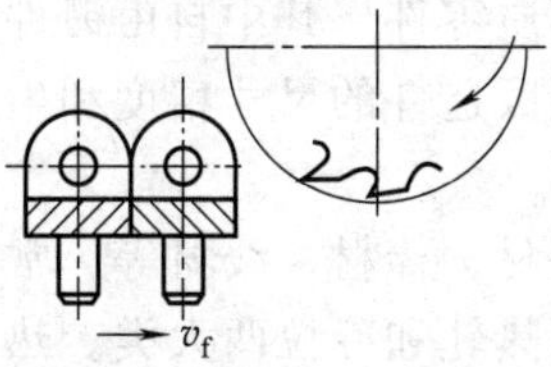 v_f	拨叉的沟槽底部若为圆弧形，铣刀直径必须与圆弧直径一致，且只能单个地进行加工；若改成平面，则可选任意直径的铣刀并多件串联起来同时加工，提高生产率

3. 装配和维修对零件结构工艺性的要求

零件的结构应便于装配和维修时的拆装。如表 5-11 所示为装配和维修对零件结构工艺性影响的示例。

表 5-11 装配和维修对零件结构工艺性影响

序号	改进前	改进后	说明
1	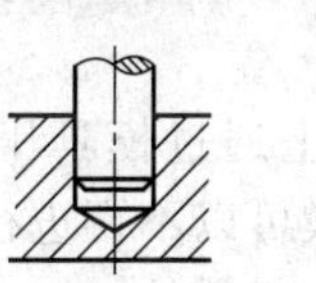	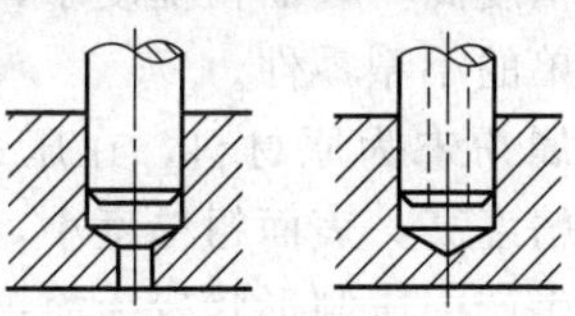	改进后有透气口
2	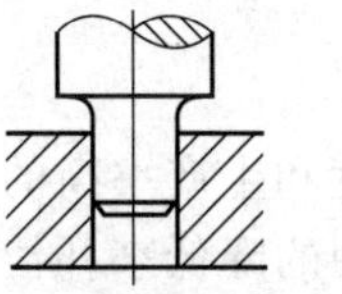	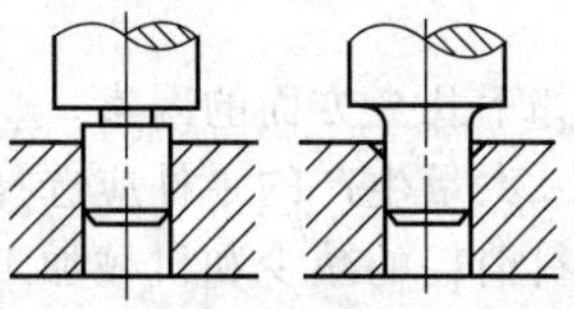	改进后在轴肩处切槽或孔口处倒角
3	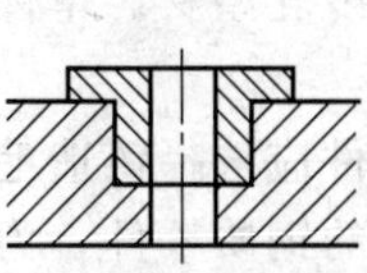	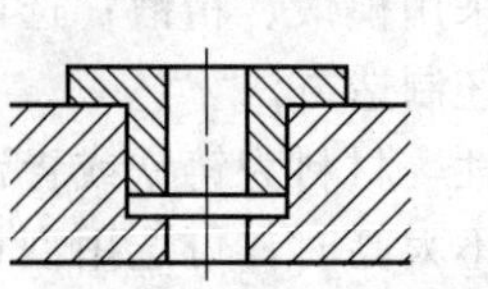	改进前结构不合理
4	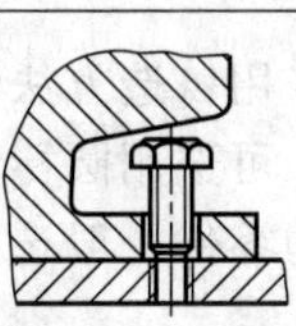	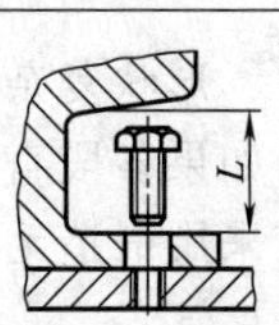 L	改进前螺钉装配空间太小，螺钉装不进

上述结构工艺性的分析，都是根据经验概括地提出一些要求，属于定性分析指标。近年来，有关部门正在探讨和研究评价结构工艺性的定量指标。

在对零件进行工艺性分析中发现的问题，如图样上的视图、尺寸标注、技术要求不尽合理甚至有错误或遗漏，或结构工艺性不好，工艺人员可以提出修改意见，在征得设计人员的同意后，经一定的试验和审批程序进行修改。

5.3.2 毛坯的选择

1. 常见的毛坯种类

机械制造中常见的毛坯有以下几种。

(1) 铸件　对形状较复杂的毛坯，一般可用铸造制造。目前大多数铸件采用砂型铸造，对尺寸精度要求较高的小型铸件，可采用特种铸造，如永久铸造、精密铸造、压力铸造、熔模铸造和离心铸造等。

(2) 锻件　毛坯经过锻造可得到连续和均匀的金属纤维组织，因此锻件的力学性能较好，常用于受力复杂的重要钢质零件。其中自由锻件的精度和生产率较低，主要用于小批量生产和大型锻件的制造。模型锻造件的尺寸精度和生产率较高，主要用于产量较大的中小型锻件。

(3) 型材　型材主要有板材、棒材、线材等。常用截面形状有圆形、方形和特殊截面形状。就其制造方法，又可分为热轧和冷拉两大类。热轧型材尺寸较大，精度较低，用于一般的机械零件。冷拉型材尺寸较小，精度较高，主要用于毛坯精度要求较高的中小型零件。

(4) 焊接件　焊接件主要用于单件小批生产和大型零件及样机试制。其优点是制造简单、生产周期短、节省材料、减轻重量。但其抗振性差，存在内应力，变形大，需经时效处理后才能进行机械加工。

(5) 冲压件　尺寸精度高，可以不再进行加工或只进行精加工，生产效率高。适用于批量较大而零件厚度较小的中小零件。

(6) 冷挤压件　毛坯精度高，表面粗糙度小，生产效率高。但要求材料塑性好，适用于大批量生产中制造形状简单的小型零件。

(7) 粉末冶金　以金属粉末为原材料，在压力机上通过模具压制成形后经高温烧结而成。生产效率高，零件的精度高，表面粗糙度小，一般可以不再进行精加工，但金属粉末成本较高，适用于大批大量生产中压制形状较为简单的小型零件。

2. 毛坯的选择原则

选择毛坯时应该考虑如下几个方面的因素。

(1) 零件的生产纲领　大量生产的零件应选择精度和生产率高的毛坯制造方法，用于毛坯制造的昂贵费用可由材料消耗的减少和机械加工费用的降低来补偿。如铸件采用金属模机器造型和精密铸造；锻件采用模锻、精锻；选用冷拉和冷轧型材。单件小批生产的零件应选择精度和生产效率低的毛坯制造方法。

(2) 零件材料的工艺性　材料为铸铁或青铜等的零件应选择铸造毛坯；钢质零件当形状不复杂、力学性能要求又不太高时，可选用型材；重要的钢质零件，为保证其力学性能，应选用锻造毛坯。

(3) 零件的结构形状和尺寸　形状复杂的毛坯一般采用铸造方法制造，薄壁零件不宜用砂型铸造。一般用途的阶梯轴，如果各段直径相差不大，可选用圆棒料。反之，为减少材料消耗和机械加工的劳动量，则宜采用锻造毛坯。尺寸大的零件一般选用铸造或自由锻造，中小型零件可考虑选用模锻件。

（4）现有的生产条件　选择毛坯时，还要考虑本企业的毛坯制造水平、设备条件以及外协的可能性和经济性等。

表 5-12 概括了各类毛坯的情况，可供参考。

表 5-12　各类毛坯的特点及适用范围

毛坯种类	制造精度(IT)	加工余量	原材料	工件尺寸	工件形状	适应生产类型	适应生产成本
型材		大	各种材料	大	简单	各类型	低
焊接件		一般	钢材	大、中	较复杂	单件	低
砂型铸造	13～16	大	铸铁、青铜、	各种尺寸	复杂	各类型	较低
自由锻造	13～16	大	钢材为主	各种尺寸	较简单	单件小批	较低
普通模锻	11～14	一般	钢、铸铝、铜	中、小	一般	中、大批	一般
精密锻造	8～11	较小	钢材、锻铝	小	较复杂	大批	较高
钢模铸造	10～12	较小	铸铝为主	中、小	较复杂	中、大批	一般
压力铸造	8～11	小	铸铁、铸钢、青铜	中、小	复杂	中、大批	较高
熔模铸造	7～10	很小	铸铁、铸钢、青铜	小	复杂	中、大批	高

5.3.3 定位基准的选择

在制订零件加工的工艺规程时，正确地选择工件的定位基准有着十分重要的意义。定位基准选择的好坏，不仅影响零件加工的位置精度，而且对零件各表面的加工顺序也有很大的影响。

1. 基准的概念

零件都是由若干表面组成，各表面之间有一定的尺寸和相互位置要求。研究零件表面间的相对位置关系离不开基准，不明确基准就无法确定零件表面的位置。基准就其一般意义来讲，就是零件上用以确定其他点、线、面的位置所依据的点、线、面。基准按其作用不同，可分为设计基准和工艺基准两大类。

（1）设计基准　在零件图上所采用的基准叫设计基准。它是标注设计尺寸的起点。如图 5-6（a）所示的零件，平面 2、3 的设计基准是平面 1，平面 5、6 的设计基准是平面 4，孔 7 的设计基准是平面 1 和平面 4，而孔 8 的设计基准是孔 7 的中心和平面 4。在零件图上不仅标注的尺寸有设计基准，而且标注的位置精度同样具有设计基准，如图 5-6（b）所示的钻套零件，轴心线 O—O 是各外圆和内孔的设计基准，也是两项跳动误差的设计基准，端面 A 是端面 B、C 的设计基准。

（2）工艺基准　在工艺过程中所使用的基准叫工艺基准。工艺过程是一个复杂的过程，按用途不同工艺基准又可分为定位基准、工序基准、测量基准和装配基准。

工艺基准是在加工、测量和装配时所使用的，必须是实在的。然而作为基准的点、线、面有时并不一定具体存在（如孔和外圆的中心线，两平面的对称中心面等），往往通过具体的表面来体现，用以体现基准的表面称为基面。如图 5-6（b）所示钻套的中心线是通过内孔表面来体现的，内孔表面就是基面。

① 定位基准　在加工中用作定位的基准，称为定位基准。它是工件上与夹具定位元件直接接触的点、线或面。如图 5-6（a）所示零件，加工平面 3 和 6 时是通过平面 1 和 4 放在夹具上定位的，所以，平面 1 和 4 是加工平面 3 和 6 的定位基准；如图 5-6（b）所示的钻套，用内孔装在心轴上磨削 ϕ40h6 外圆表面时，内孔表面是定位基面，孔的中心线就是定位基准。

定位基准又分为粗基准和精基准。用作定位的表面，如果是没有经过加工的毛坯表面，称为粗基准；若是已加工过的表面，则称为精基准。

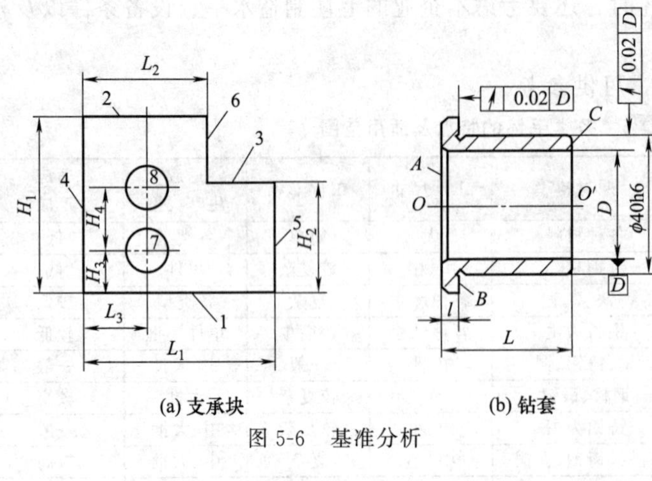

(a) 支承块　(b) 钻套

图 5-6　基准分析

② 工序基准　在工序图上，用来标定本工序被加工面尺寸和位置所采用的基准，称为工序基准。它是某一工序所要达到加工尺寸（即工序尺寸）的起点。如图 5-6（a）所示零件，加工平面 3 时按尺寸 H_2 进行加工，则平面 1 即为工序基准，加工尺寸 H_2 叫做工序尺寸。

工序基准应当尽量与设计基准相重合，当考虑定位或试切测量方便时也可以与定位基准或测量基准相重合。

③ 测量基准　零件测量时所采用的基准，称为测量基准。如图 5-6（b）所示，钻套以内孔套在心轴上测量外圆的径向圆跳动，则内孔表面是测量基面，孔的中心线就是外圆的测量基准；用卡尺测量尺寸 l 和 L，表面 A 是表面 B、C 的测量基准。

④ 装配基准　装配时用以确定零件在机器中位置的基准，称为装配基准。如图5-6（b）所示的钻套，ϕ40h6 外圆及端面 B 即为装配基准。

2. 工件的安装方式

工件安装的好坏是零件加工中的重要问题，它不仅直接影响加工精度、工件安装的快慢、稳定性，还影响生产率的高低。为了保证加工表面与其设计基准间的相对位置精度，工件安装时应使加工表面的设计基准相对机床占据一正确的位置。

在各种不同的机床上加工零件时，有各种不同的安装方法。安装方法可以归纳为直接找正法、划线找正法和采用夹具安装法三种。

（1）直接找正法　采用这种方法时，工件在机床上应占有的正确位置，是通过一系列的尝试而获得的。具体的方式是将工件直接装在机床上后，用百分表或划针盘上的划针，以目测法校正工件的正确位置，一边校验一边找正，直至符合要求。

直接找正法的定位精度和找正的快慢，取决于找正精度、找正方法、找正工具和工人的技术水平。它的缺点是花费时间多，生产率低，且要凭经验操作，对工人技术的要求高，故仅用于单件、小批量生产中。此外，对工件的定位精度要求较高时，例如误差在 0.01～0.05mm 时，采用夹具难以达到要求（因其本身有制造误差），就不得不使用精密量具，并由有较高技术水平的工人用直接找正法来定位，以达到精度要求。

（2）划线找正法　此法是在机床上用划针按毛坯或半成品上所划的线来找正工件，使其获得正确位置的一种方法。显而易见，此法要多一道划线工序。划出的线本身有一定宽度，在划线时又有划线误差，校正工件位置时还有观察误差，因此该法多用于生产批量较小，毛坯精度较低，以及大型工件等不宜使用夹具的粗加工中。

（3）采用夹具安装法　夹具是机床的一种附加装置，它在机床上相对刀具的位置在工件未安装前已预先调整好，所以在加工一批工件时不必再逐个找正定位，就能保证加工的技术要求，既省工又省事，是高效的定位方法，在成批和大量生产中广泛应用。

3. 定位基准的选择

定位基准有粗基准与精基准之分。在机械加工的第一道工序中，只能用毛坯上未经加工的表面作定位基准，则该表面称为粗基准。在随后的工序中，用加工过的表面作定位基准，称为精基准。选择各工序定位基准时，应先根据工件定位要求确定所需定位基准的个数，再按基准选择原则选定每个定位基准。为使所选的定位基准能保证整个机械加工工艺过程的顺利进行，选择定位基准时，是从保证工件加工精度要求出发的，因此，定位基准的选择应先选择精基准，再选择粗基准。

（1）精基准的选择　选择精基准时，主要应考虑保证加工精度和工件安装方便、可靠。选择精基准的原则如下。

① 基准重合原则　选择被加工表面的设计基准为定位基准，以避免基准不重合引起的基准不重合误差。如图 5-7（a）所示的零件，为了遵守基准重合原则，应选择加工表面 C 的设计基准 A 表面作为定位基准。按调整法加工该零件时，加工表面 C 对设计基准 A 的位置精度的保证，仅取决于本工序的加工误差。即在基准重合的条件下，只要 C 面相对 A 面的平行度误差不超过 0.02mm，位置尺寸 b 的加工误差不超过设计误差 T_b 的范围就能保证加工精度，表面 B 的加工误差对表面 C 的加工精度不产生影响［如图 5-7（b）所示］。但是，当表面 C 的设计基准为表面 B 时［图 5-7（c）］，如果仍以表面 A 为定位基准按调整法加工就违背了基准重合原则，会产生基准不重合误差。因此尺寸 C 的加工误差不仅包括本工序所出现的加工误差 Δ_1，而且还包括有由于基准不重合带来的设计基准（B 表面）和定位基准（A 表面）之间的尺寸误差，其大小为尺寸 a 的误差 T_a［图 5-7（d）］。为了保证尺寸 C 的精度要求，应使 $\Delta_1+T_a\leqslant T_c$。可以看出，在一定 T_c 的条件下，由于基准不重合误差的存在，势必导致加工误差 Δ_1 容许数值的减小，即提高了本工序的加工精度，增加了加工难度和成本。当然，就本例来讲，以设计基准（表面 B）作为定位基准，势必要增加夹具设计与制造的难度。故遵守基准重合原则，有利于保证加工表面获得较高的加工精度。

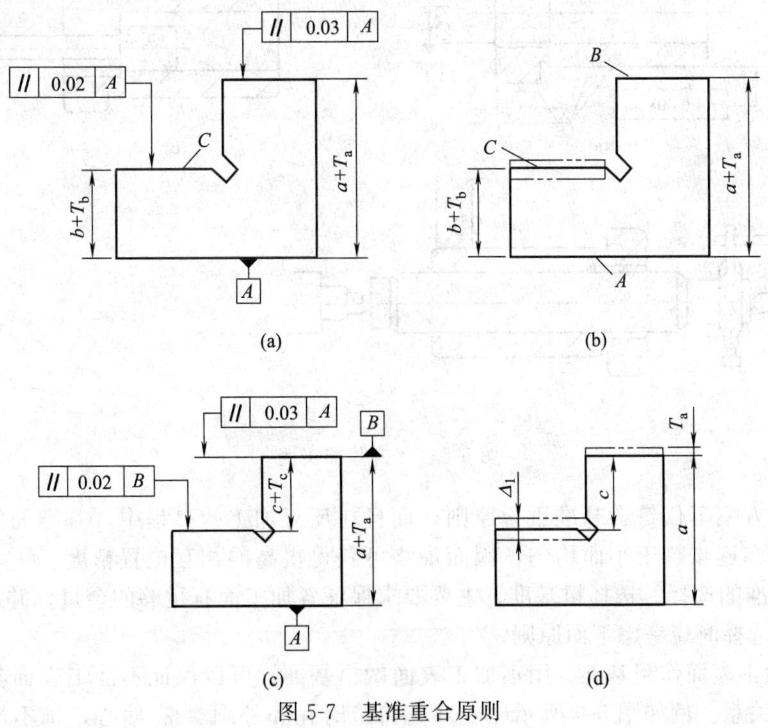

图 5-7　基准重合原则

定位过程中产生的基准不重合误差，是在用调整法加工一批工件时产生的。若用试切法加工，直接保证设计要求，则不存在基准不重合误差。

② 基准统一原则　采用同一组基准来加工工件的多个表面。不仅可以避免因基准变化

而引起的定位误差，而且在一次装夹中能加工较多的表面，既便于保证各个被加工表面的位置精度，又有利于提高生产率。例如加工轴类零件采用中心孔定位加工各外圆表面、齿轮加工中以其内孔及一端面为定位基准，均属基准统一原则。

在实际生产中，经常使用的统一基准形式有：

a. 轴类零件常使用两顶尖孔作为统一基准；

b. 箱体类零件常使用一面两孔（一个较大的平面和两个距离较远的销孔）作统一基准。

采用统一基准原则好处：

a. 有利于保证各加工表面之间的位置精度；

b. 可以简化夹具设计，减少工件搬动和翻转次数。

③ 自为基准原则　以加工表面本身作为定位基准称为自为基准原则。有些精加工或是光整加工工序要求加工余量小而均匀，经常采用这一原则。遵循自为基准原则时，不能提高加工表面的位置精度，只是提高加工表面自身的尺寸、形状精度和表面质量。

④ 互为基准原则　当对工件上两个相互位置精度要求很高的表面进行加工时，需要用两个表面互相作为基准，反复进行加工，以保证位置精度要求。即先以其中一个表面为基准加工另一个表面，然后再以加工过的表面作为定位基准加工刚才的基准面，如此反复进行几轮加工，就称为互为基准、反复加工原则。如图 5-8 所示。

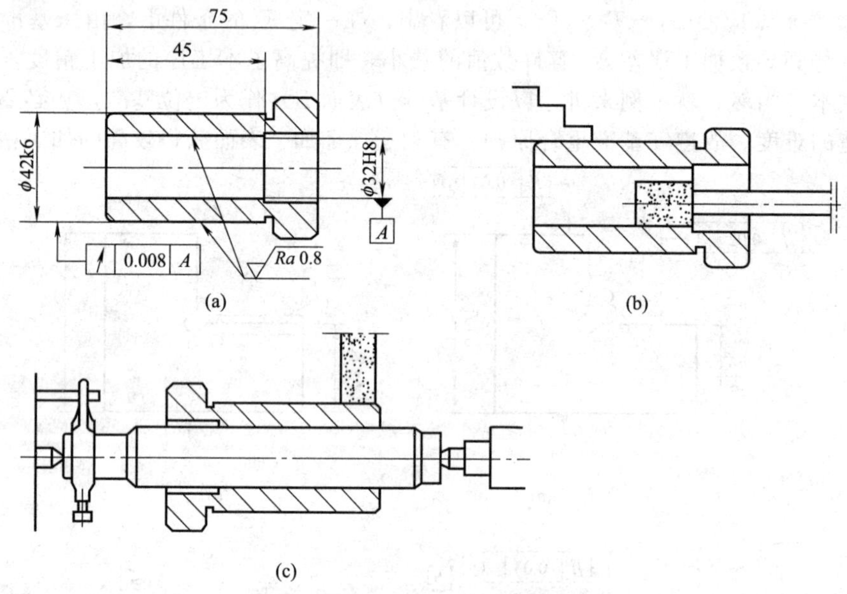

图 5-8　互为基准实例

这种加工方案不仅符合基准重合原则，而且在反复加工的过程中，基准面的精度愈来愈高，加工余量亦逐步趋于小而均匀，因而最终可获得很高的相互位置精度。

（2）粗基准的选择　选择粗基准，主要要求保证各加工面有足够的余量，并尽快获得精基准面。在具体选择时应考虑下面原则。

① 以不加工表面作粗基准。用不加工表面做粗基准，可以保证不加工表面与加工表面之间的相互位置关系。例如图 5-9 所示的毛坯，铸造时孔和外圆 A 有偏心，选不加工的外圆 A 为粗基准，从而保证孔 B 的壁厚均匀。若以需要加工的右端为粗基准，当毛坯右端中心线（O—O）与内孔中心线不重合时，将会导致内孔壁厚不均匀，如图中虚线所示。当工件上有多个不加工表面时，选择与加工表面之间相互位置精度要求较高的不加工表面为粗基准。

② 以重要表面、余量较小的表面作粗基准。此原则主要是考虑加工余量的合理分配。

例如图 5-10 所示的床身零件，要求导轨面应有较好的耐磨性，以保持其导向精度。由于铸造时的浇铸位置决定了导轨面处的金属组织均匀而致密，在机械加工中，为保留这一组织应使导轨面上的加工余量尽量小而均匀，因此应选择导轨面作为粗基准加工床脚，再以床脚作为精基准加工导轨面。

③ 粗基准应尽量避免重复使用。在同一尺寸上（即同一自由度方向上）通常只允许使用一次，作为粗基准的毛坯表面一般都比较粗糙，如二次使用，定位误差较大。因此，粗基准应避免重复使用。如图 5-11 所示的心轴，如重复使用毛坯面 B 定位去加工 A 和 C，则会使 A 和 C 表面的轴线产生较大的同轴度误差。

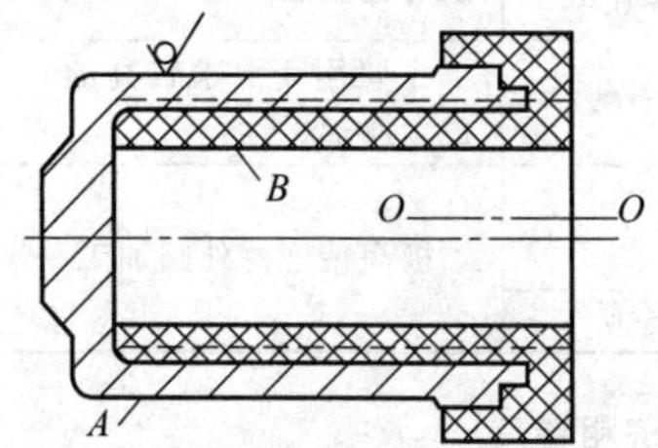

图 5-9 选择不加工表面为粗基准

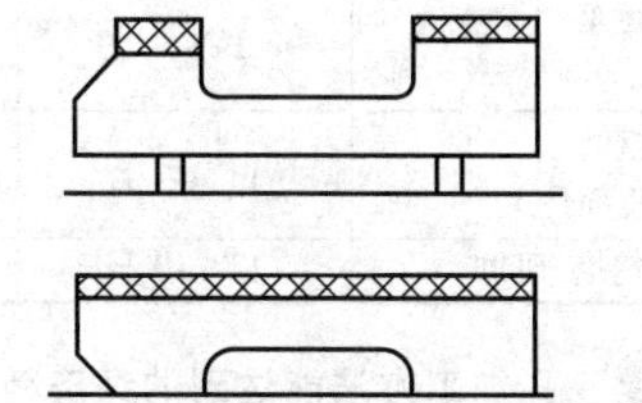
图 5-10 床身加工的粗基准选择图

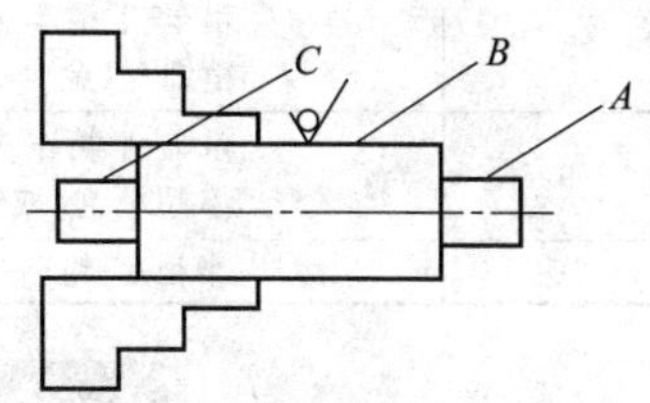

图 5-11 粗基准的重复选择

④ 作为粗基准的表面，应尽量平整，应尽量选择没有飞边、浇口或其他缺陷的平整表面作为粗基准，使工件定位稳定、夹紧可靠。

实际上，无论精基准还是粗基准的选择，上述原则都不一定能同时满足，有时还是互相矛盾的，因此，在选择时应根据具体情况作具体分析，权衡利弊，保证其主要要求。

5.3.4 表面加工方法的选择

选择表面加工方法是，一般先根据表面的加工精度和表面粗糙度要求并考虑生产率和经济性，考虑零件的结构形状、尺寸大小、材料和热处理要求及工厂的生产条件等因素，选定最终加工方法，然后再确定精加工前的准备工序的加工方法，即确定加工方案。

1. 经济精度与经济粗糙度

表 5-13～表 5-15 分别为外圆面、孔和平面等典型加工方法能达到的经济精度和经济粗糙度。表 5-16 为各种加工方法加工轴线平行的孔系时的位置精度（用距离误差表示）。各种加工方法所能达到的经济精度和经济粗糙度等级，在机械加工的各种手册中均能查到。

2. 零件结构形状和尺寸大小

零件的形状和尺寸影响加工方法的选择，如小孔一般用铰削，而较大的孔用镗削加工；箱体上的孔一般难于拉削，而采用镗削或铰削；对于非圆的通孔，应优先考虑用拉削，或批量较少时用插削加工；对于难磨的小孔，则可采用研磨加工。

3. 零件的材料及热处理要求

经淬火后的表面，一般应采用磨削加工；材料未淬硬的精密零件的配合表面，可采用刮研加工；对硬度低而韧性较大金属，如铜、铝、镁铝合金等有色金属，为避免磨削时砂轮的嵌塞，一般不采用磨削加工，而采用高速精车、精镗、精铣等加工方法。

4. 生产率和经济性

对于较大的平面，铣削加工生产率较高，面窄长的工件宜用刨削加工；对于大量生产的低精度孔系，宜采用多轴钻；对批量较大的曲面加工，可采用机械靠模加工、数控加工和特种加工等加工方法。

表 5-13 外圆柱面加工方法能达到的经济精度和经济粗糙度

序号	加工方法	经济精度（公差等级表示）	经济粗糙度 Ra/μm	适用范围
1	粗车	IT11～13	12.5～50	适用于淬火钢以外的各种金属
2	粗车-半精车	IT8～10	3.2～6.3	
3	粗车-半精车-精车	IT7～8	0.8～1.6	
4	粗车-半精车-精车-滚压(或抛光)	IT7～8	0.025～0.2	
5	粗车-半精车-磨削	IT7～8	0.4～0.8	主要用于淬火钢，也可用于未淬火钢，但不宜加工有色金属
6	粗车-半精车-粗磨-精磨	IT6～7	0.1～0.4	
7	粗车-半精车-粗磨-精磨-超精加工	IT5	0.12～0.1	
8	粗车-半精车-精车-精细车(金刚石车)	IT6～7	0.025～0.4	主要用于要求较高的有色金属加工
9	粗车-半精车-粗磨-精磨-超精磨(或镜面磨)	IT5 以上	0.006～0.025	极高精度的外圆加工
10	粗车-半精车-粗磨-精磨-研磨	IT5 以上	0.006～0.1	

表 5-14 孔加工方法能达到的经济精度和经济粗糙度

序号	加工方法	经济精度（公差等级表示）	经济粗糙度 Ra/μm	适用范围
1	钻	IT11～13	12.5	加工未淬火钢及铸铁的实心毛坯，也可用于加工有色金属，孔径小于 15～20mm
2	钻-铰	IT8～10	1.6～6.3	
3	钻-粗铰-精铰	IT7～8	0.8～1.6	
4	钻-扩	IT10～11	6.3～12.5	加工未淬火钢及铸铁的实心毛坯，也可用于加工有色金属，孔径大于 15～20mm
5	钻-扩-铰	IT8～9	1.6～3.2	
6	钻-扩-粗铰-精铰	IT7	0.8～1.6	
7	钻-扩-机铰-手铰	IT6～7	0.2～0.4	
8	钻-扩-拉	IT7～9	0.1～1.6	大批大量生产(精度由拉刀的精度而定)
9	粗镗(或扩孔)	IT11～13	6.3～12.5	除淬火钢外的各种材料，毛坯有铸出孔或锻出孔
10	粗镗(粗扩)-半精镗(精扩)	IT9～10	1.6～3.2	
11	粗镗(粗扩)-半精镗(精扩)-精镗(铰)	IT7～8	0.8～1.6	
12	粗镗(粗扩)-半精镗(精扩)-精镗-浮动镗刀精镗	IT6～7	0.4～0.8	
13	粗镗(扩)-半精镗-磨孔	IT7～8	0.2～0.8	主要用于淬火钢，也可用于未淬火钢，但不宜用于有色金属
14	粗镗(扩)-半精镗-粗磨-精磨	IT6～7	0.1～0.2	
15	粗镗-半精镗-精镗-精细镗(金刚镗)	IT6～7	0.05～0.4	主要用于精度要求高的有色金属加工
16	钻-(扩)-粗铰-精铰-珩磨；钻-(扩)-拉-珩磨；粗镗-半精镗-精镗-珩磨	IT6～7	0.025～0.2	精度要求很高的孔
17	钻-(扩)-粗铰-精铰-研磨；钻-(扩)-拉-研磨；粗镗-半精镗-精镗-研磨	IT5～6	0.006～0.1	

表 5-15 平面加工方法能达到的经济精度和经济粗糙度

序号	加工方法	经济精度（公差等级表示）	经济粗糙度 Ra/μm	适用范围
1	粗车	IT11～13	12.5～50	端面
2	粗车-半精车	IT8～10	3.2～6.3	
3	粗车-半精车-精车	IT7～8	0.8～1.6	
4	粗车-半精车-磨削	IT6～9	0.2～0.8	
5	粗刨(或粗铣)	IT11～13	6.3～25	一般不淬硬平面(端铣表面粗糙度 Ra 值较小)
6	粗刨(或粗铣)-精刨(或精铣)	IT8～10	1.6～6.3	

续表

序号	加工方法	经济精度（公差等级表示）	经济粗糙度 Ra/μm	适用范围
7	粗刨(或粗铣)-精刨(或精铣)-刮研	IT6～7	0.1～0.8	精度要求较高的不淬硬平面,批量较大时宜采用宽刃精刨方案
8	粗刨(或粗铣)-精刨(或精铣)-宽刃精刨	IT7	0.2～0.8	
9	粗刨(或粗铣)-精刨(或精铣)-磨削	IT7	0.2～0.8	精度要求高的淬硬平面或不淬硬平面
10	粗刨(或粗铣)-精刨(或精铣)-粗磨-精磨	IT6～7	0.025～0.4	
11	粗铣-拉削	IT7～9	0.2～0.8	大量生产,较小的平面(精度视拉刀精度而定)
12	粗铣(或精铣)-磨削-研磨	IT5 以上	0.006～0.1	高精度平面

表 5-16　各种加工方法加工轴线平行的孔的位置精度（经济精度）

加工方法	工具的定位	两孔轴线间的距离误差或从孔轴线到平面的距离误差/mm	加工方法	工具的定位	两孔轴线间的距离误差或从孔轴线到平面的距离误差/mm
立钻或摇臂钻上钻孔	用钻模	0.1～0.2	卧式镗床上镗孔	用镗模	0.05～0.08
	按划线	1.0～3.0		按定位样板	0.08～0.2
立钻或摇臂钻上钻孔	用镗模	0.05～0.03		按定位器的指示读数	0.04～0.06
车床上镗孔	按划线	1.0～2.0		用量块	0.05～0.1
	角铁式夹具	0.1～0.3		用内径规或用塞尺	0.05～0.25
坐标镗床上镗孔	用光学仪器	0.004～0.015		用程序控制的坐标装置	0.04～0.05
金刚镗床上镗孔	—	0.008～0.02		用游标尺	0.2～0.4
多轴组合机床上镗孔	用镗模	0.05～0.2		按划线	0.4～0.6

5.3.5　加工阶段的划分

当零件表面精度和粗糙度要求比较高时，往往不可能在一个工序中加工完成，而划分为几个阶段来进行加工。

1. 工艺过程的加工阶段划分

（1）粗加工阶段　主要切除各表面上的大部分加工余量，使毛坯形状和尺寸接近于成品。该阶段的特点是适用大功率机床，选用较大的切削用量，尽可能提高生产率和降低刀具磨损等。

（2）半精加工阶段　完成次要表面的加工，并为主要表面的精加工做准备。

（3）精加工阶段　保证主要表面达到图样要求。

（4）光整加工阶段　对表面粗糙度及加工精度要求高的表面，还需进行光整加工。这个阶段一般不能用于提高零件的位置精度。这个阶段的主要目的是如何提高表面质量，一般不能用于提高形状精度和位置精度。常用的加工方法有金刚车（镗）、研磨、珩磨、超精加工、镜面磨、抛光及无屑加工等。

应当指出，加工阶段的划分是就零件加工的整个过程而言，不能以某个表面的加工或某个工序的性质来判断。同时在具体应用时，也不可以绝对化，对有些重型零件或余量小、精度不高的零件，则可以在一次装夹后完成表面的粗精加工。

2. 划分加工阶段的原因

（1）有利于保证加工质量　工件在粗加工时，由于加工余量较大，所受的切削力、夹紧力较大，将引起较大的变形及内应力重新分布。如不分阶段进行加工，变形来不及恢复，将影响加工精度。而划分加工阶段后，能逐渐恢复和修正变形，提高加工质量。

(2) 便于合理使用设备　粗加工要求采用刚性好、效率高而精度低的机床，精加工则要求机床精度高。划分加工阶段后，可以避免以精干粗，充分发挥机床的性能，延长机床的使用寿命。

(3) 便于安排热处理工序和检验工序　如粗加工阶段后，一般要安排去应力的热处理，以消除内应力。某些零件精加工前要安排淬火等最终热处理，其变形可通过精加工予以消除。

(4) 便于及时发现缺陷及避免损伤已加工表面　毛坯经粗加工阶段后，缺陷即已暴露，可及时发现和处理，同时，精加工工序放在最后，可以避免加工好的表面在搬运和夹紧中受损。

应当指出，加工阶段的划分不是绝对的，必须根据工件的加工精度要求和工件的刚性来决定。一般来说，工件精度要求越高、刚性越差，划分阶段应越细；当工件批量小、精度要求不太高、工件刚性较好时也可以不分或少分阶段；重型零件由于输送及装夹困难，一般在一次装夹下完成粗精加工，为了弥补不分阶段带来的弊端，常常在粗加工工步后松开工件，然后以较小的夹紧力重新夹紧，再继续进行精加工工步。

5.3.6 工序的组合

组合工序有两种不同的原则，即工序集中原则和工序分散原则。

在划分了加工阶段以及各表面加工先后顺序后，就可以把这些内容组成为各个工序。在组成工序时，有两条原则：工序集中和工序分散。工序集中就是将工件加工内容集中在少数几道工序内完成，每道工序的加工内容较多。工序分散就是将工件加工内容分散在较多的工序中进行，每道工序的加工内容较少，最少时每道工序只包含一个简单工步。

工序集中可用多刀刃、多轴机床、数控机床和加工中心等技术措施集中，称为机械集中；也可采用普通机床顺序加工，称为组织集中。

1. 工序集中的特点

(1) 在一次安装中可以完成零件多个表面的加工，可以较好地保证这些表面的相互位置精度，同时减少了装夹时间和减少工件在车间内的搬运工作量，有利于缩短生产周期。

(2) 减少机床数量，并相应减少操作工人，节省车间面积，简化生产计划和生产组织工作。

(3) 可采用高效率的机床或自动线、数控机床等，生产率高。

(4) 因采用专用设备和工艺装备，使投资增大，调整和维护复杂，生产准备工作量大。

2. 工序分散的特点

(1) 机床设备及工艺装备简单，调整和维护方便，工人易于掌握，生产准备工作量少，便于平衡工序时间。

(2) 可采用最合理的切削用量，减少基本时间。

(3) 设备数量多，操作工人多，占用场地大。

工序集中和工序分散各有利弊，应根据生产类型、现有生产条件、企业能力、工作结构特点和技术要求等进行综合分析，择优选用。单件小批生产采用通用机床顺序加工，使工序集中，可以简化生产计划和组织工作。多品种小批量生产也可以采用数控机床等先进的加工方法。对于重型工件，为了减少工件装卸和运输的劳动量，工序应适当集中。大批大量生产的产品，可采用专用设备和工艺装备，如多刀、多轴机床或自动机床等，将工序集中，也可将工序分散后组织流水线生产。但对一些结构简单的产品，如轴承和刚性较差、精度较高的精密零件，则工序应适当分散。

5.3.7 加工顺序的安排

1. 切削加工顺序安排的原则

(1) 先粗后精　零件的加工一般应划分加工阶段，先进行粗加工，然后进行半精加工，最后是精加工和光整加工，应将粗精加工分开进行。

(2) 先主后次　先考虑主要表面的加工，后考虑次要表面的加工。主要表面加工容易出废品，应放在前阶段进行，以减少工时的浪费。次要表面一般加工余量较小，加工比较方便，因此把次要表面加工穿插在各加工阶段中进行，使加工阶段更明显且能顺利进行，又能增加加工阶段的时间间隔，可有足够的时间让残余应力重新分布并使其引起的变形充分表现，以便在后续工序中修正。

(3) 先面后孔　先加工平面，后加工孔。因为平面一般面积较大，轮廓平整，先加工好平面，便于加工孔时的定位安装，利于保证孔与平面的位置精度，同时也给孔的加工带来方便，另外由于平面已加工好，对平面上的孔加工时，使刀具的初始工作条件得到改善。

(4) 先基准后其他　用作精基准的表面，要首先加工出来，所以第一道工序一般进行定位基面的粗加工和半精加工（有时包括精加工），然后以精基面定位加工其它表面。

2. 热处理工序的安排

热处理的目的是提高材料的机械性能、消除残余应力和改善金属的切削加工性。按照热处理不同的目的，热处理工艺可分为两大类：预备热处理和最终热处理。

(1) 预备热处理　预备热处理的目的是改善加工性能、消除内应力和为最终热处理准备良好的金相组织。其热处理工艺有退火、正火、时效处理、调质等。

① 退火和正火　用于经过热处理加工的毛坯。含碳量高于0.5%的碳钢和合金钢，为降低其硬度易于切削，常采用退火处理；含碳量低于0.5%的碳钢和合金钢，为避免其硬度过低切削时粘刀，而采用正火处理，退火和正火都能细化晶粒、均匀组织，为以后的热处理做准备。退火和正火常安排在毛坯制作之后、粗加工之前进行。

② 时效处理　主要用于消除毛坯制造和机械加工中产生的内应力，为减少运输工作量，对于一般精度的零件，在精加工前安排一次时效处理即可。但精度要求较高的零件，应安排两次或数次时效处理工序，简单零件一般可以不安排时效处理。除铸件外，对于一些刚性较差的精密零件，为消除加工中产生的内应力，稳定零件加工精度，常在粗加工、半精加工之间安排多次实效处理，有些轴类零件在校直工序后也要安排时效处理。

③ 调质　即在淬火后进行高温回火处理，它能获得均匀细致的回火索氏体组织，为以后的表面淬火和渗氮处理时减少变形做准备，因此调质可作为预备热处理。由于调质后零件的综合力学性能较好，对某些硬度和耐磨性要求不高的零件，也可作为最终热处理工序。

(2) 最终热处理　最终热处理的目的是提高硬度、耐磨性和强度等力学性能。其热处理工艺有淬火、渗碳淬火、渗氮处理等。

① 淬火　有表面淬火和整体淬火。其中表面淬火因为变形、氧化及脱碳较小而应用较广，而且表面淬火还具有外部强度高、耐磨性好而内部保持良好的韧性、抗冲击力强的优点。为提高表面淬火零件的机械性能，常需进行调质或正火等热处理作为预备热处理。其一般工艺路线为：下料→锻造→正火→粗加工→调质→半精加工→淬火→精加工。

② 渗碳淬火　适用于低碳钢和低合金钢，该工艺方法先提高零件表面层的含碳量，经淬火后使表面获得高的硬度，而心部仍保持一定的强度和较高的韧性和塑性。渗碳分整体渗碳和局部渗碳，局部渗碳时对不渗碳部分要采取防渗措施（镀铜或镀防渗材料）。由于渗碳淬火变形大，且渗碳深度一般在0.5～2mm之间，其工艺路线一般为：下料→锻造→正

火→粗、半精加工→渗碳淬火→精加工。当局部渗碳零件的不渗碳部分采用加大加工余量后切除多余的渗碳层时，切除多余渗碳层的工序应安排在渗碳后、淬火前。

③ 渗氮　是使氮原子深入金属表面获得一层含氮化合物的处理方法。渗氮层可以提高零件表面的硬度、耐磨性、疲劳强度和抗蚀性。由于渗氮处理温度较低、变形小且渗氮层较薄（一般不超过0.6～0.7mm），渗氮工序应尽量靠后安排，为减少渗氮时的变形，在切削后一般需要进行消除应力的高温回火。

3. 检验工序的安排

为保证零件制造质量，防止产生废品，需在下列场合安排检验工序：

（1）粗加工全部结束之后；

（2）送往外车间加工的前后；

（3）工时较长和重要工序的前后；

（4）最终加工之后，入库之前。

除了安排几何尺寸检验工序之外，有的零件还要安排探伤、密封、称重、平衡等检验工序。

4. 其他工序的安排

其他工序一般包括毛刺、倒棱、清洗、防锈、退磁等，一般安排如下：

（1）切削加工之后，应安排去毛刺工序；

（2）零件在进入装配之前，一般都应安排清洗工序；

（3）在用磁力夹紧工件的工序之后，要安排去磁工序；

（4）在铸件成型后要涂防锈漆。

5.4 工序内容的确定

5.4.1 加工余量及工序尺寸的确定

1. 加工余量的概念

加工余量是指加工过程中从加工表面切去的金属表面层厚度。加工余量可分为工序加工余量和总加工余量。

（1）工序余量　工序余量是相邻两工序的工序尺寸之差，即在一道工序中从某一加工表面切除的材料层厚度。

工序余量有单边余量和双边余量之分，如图5-12所示。

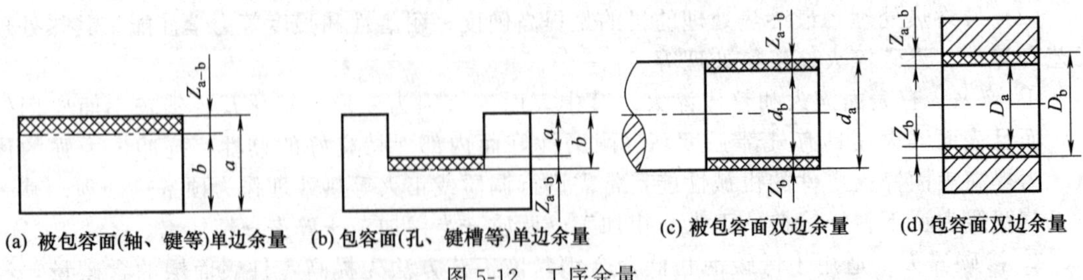

图5-12　工序余量

① 单边余量　非对称结构的非对称表面的加工余量，称为单边余量。平面加工余量是单边余量，它等于实际切削的金属层的厚度。

$$Z_{a-b}=|a-b|$$

式中　Z_{a-b}——本工序的工序余量；

a——上工序的基本尺寸；

b——本工序的基本尺寸。

② 双边余量　对称结构的对称表面的加工余量，称为双边余量。对于孔或外圆等回转表面，加工余量是双边余量，即以直径方向计算，实际切削的金属为加工余量数值的一半。

$$2Z_{a-b}=|D(d)_a-D(d)_b|$$

式中　Z_{a-b}——本工序的工序余量；

$D(d)_a$——上工序的基本尺寸；

$D(d)_b$——本工序的基本尺寸。

(2) 总加工余量　总加工余量是指零件从毛坯变为成品的整个加工过程中从表面所切除金属层的总厚度，也即零件毛坯尺寸与零件图上设计尺寸之差。总加工余量等于各工序加工余量之和，即：

$$Z_{总}=\sum_{i-1}^{n}Z_i$$

式中　$Z_{总}$——总加工余量；

Z_i——第 i 道工序加工余量；

n——该表面的工序数。

(3) 基本余量、最大余量 z_{max}、最小余量 z_{min}　由于毛坯制造和各个工序尺寸有偏差，故各工序实际切除的加工余量值也是一个变动值。因此，工序余量有基本余量、最大余量 Z_{max}、最小余量 Z_{min}之分，如图 5-13 所示。

对于图 5-13 所示被包容面加工情况，本工序加工的公称余量

$$Z_{a-b}=l_a-l_b$$

公称余量的变动范围

$$T_Z=Z_{max}-Z_{min}=T_b+T_a$$

式中　T_b——本工序工序尺寸公差；

T_a——上工序工序尺寸公差。

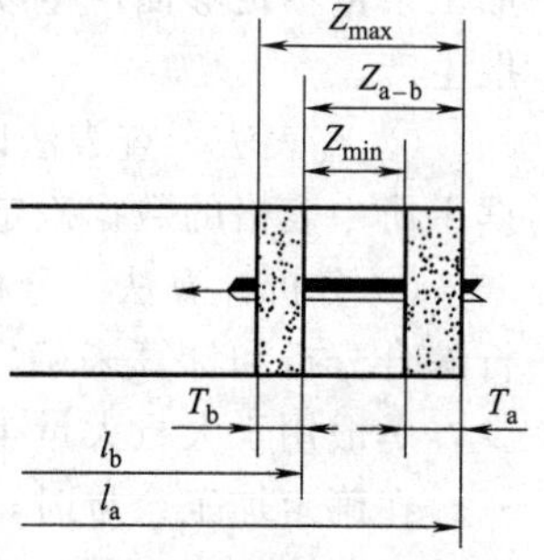

图 5-13　余量变化值

(4) 工序尺寸公差标注　工序尺寸公差一般按“入体原则”标注，如图 5-14 所示。

对被包容尺寸（轴径），上偏差为 0，其最大尺寸就是基本尺寸，如图 2-14（a）所示；对包容尺寸（孔径、键槽），下偏差为 0，其最小尺寸就是基本尺寸，如图 2-14（b）所示；而孔距和毛坯尺寸公差带常取对称公差带。

加工余量过小，不能纠正加工误差，质量降低；加工余量过大，材料浪费，成本增大。所以，在保证质量的前提下，选加工余量尽可能小。

(5) 影响加工余量的因素　在确定工序的具体内容时，其工作之一就是合理地确定工序加工余量。加工余量的大小对零件的加工质量和制造的经济性均有较大的影响。加工余量过大，必然增加机械加工的劳动量、降低生产率；增加原材料、设备、工具及电力等的消耗。加工余量过小，又不能确保切除上工序形成的各种误差和表面缺陷，影响零件的质量，甚至产生废品。

由前述内容可知，工序加工余量除可用相邻工序的工序尺寸（如 $Z=a-b$）表示外，还可以用另外一种方法表示，即：工序加工余量等于最小加工余量与前工序工序尺寸公差之和（如 $Z=Z_{min}+T_a$）。因此，在讨论影响加工余量的因素时，应首先研究影响最小加工余

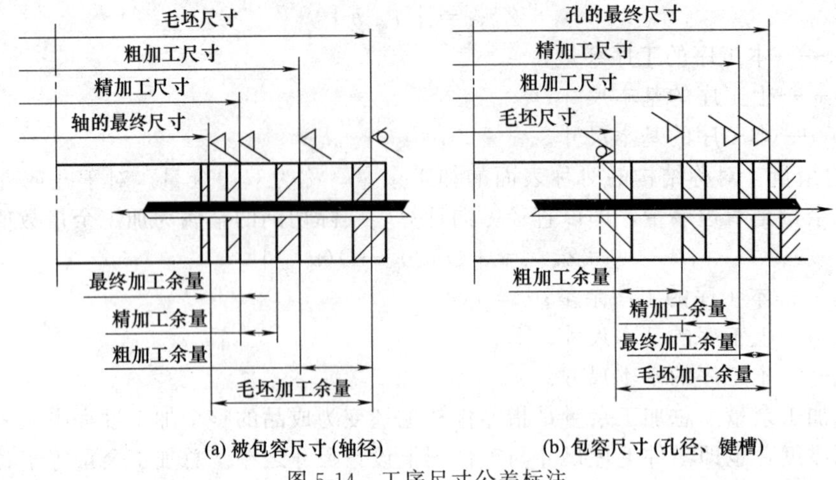

图 5-14　工序尺寸公差标注

量的因素。

① 上道工序的表面粗糙度值；

② 上道工序的表面缺陷层深度；

③ 上道工序各表面相互位置空间偏差；

④ 本工序的装夹误差 ε_b；

⑤ 上工序的尺寸公差 T_a。

(6) 加工余量的确定方法

① 经验估算法　经验估算法根据工艺人员的实际经验估算确定加工余量，为了防止因加工余量不足够而产生废品，从实际使用情况看，加工余量选择都偏大，一般用于单件、小批生产。

② 查表法　查表法以生产实践和试验研究积累的有关加工余量的资料数据为依据，根据手册中表格的数据确定加工余量，应用较多。

③ 分析计算法　分析计算法根据实验资料和计算公式，对影响加工余量的各项因素进行综合分析和计算来确定加工余量的方法，比较经济、科学，数据较准确，但是比较使用少，一般用于大批大量生产的工厂。

在确定加工余量时，总加工余量和工序加工余量要分别确定。总加工余量的大小与选择的毛坯制造精度有关。用查表法确定工序加工余量时，粗加工工序的加工余量不应查表确定，而是用总加工余量减去各工序余量求得，同时要对求得的粗加工工序余量进行分析，如果过小，要增加总加工余量；过大，应适当减少总加工余量，以免造成浪费。

2. 工序尺寸和公差的确定

某工序加工应达到的尺寸称为工序尺寸。正确确定工序尺寸及其公差是制订零件工艺规程的重要工作之一。工序尺寸及公差的大小不仅受到加工余量大小的影响，而且与工序基准的选择有密切关系。

(1) 工艺基准与设计基准重合时工序尺寸及其公差的确定　这是指工艺基准与设计基准重合时，同一表面经过多次加工达到精度要求，应如何确定工序尺寸及其公差。一般外圆柱面和内孔加工多属这种情况。

要确定工序尺寸，首先必须确定零件各工序的基本余量。生产中常采用查表法确定工序的基本余量。工序尺寸公差也可从有关手册中查得（或按所采用加工方法的经济精度确定）。按基本余量计算各工序尺寸，再由最后一道工序开始向前推算。对于轴，前道工序的工序尺寸等于相邻后续工序尺寸与其基本余量之和；对于孔，前道工序的工序尺寸等于相邻后续工序尺寸与其基本余量之差。计算时应注意，对于某些型材毛坯（如轧制棒料）应按计算结果从材料的尺寸规格中选择一个相等或相近尺寸为毛坯尺寸。在毛坯尺寸确定后应重新修正粗加工（第一道工序）的工序余量；精加工工序余量应进行验算，以确保精加工余量不至于过大或过小。

[例 5.1] 加工外圆柱面，设计尺寸为 $\phi40^{+0.050}_{+0.034}$ mm，表面粗糙度 $Ra<0.4\mu m$。加工的工艺路线为：粗车→半精车→磨外圆。用查表法确定毛坯尺寸、各工序尺寸及其公差。

先从有关资料或手册查取各工序的基本余量及工序尺寸。最后一道工序的加工精度应达到外圆柱面的设计要求，其工序尺寸为设计尺寸。其余各工序的工序基本尺寸为相邻后工序的基本尺寸，加上该后续工序的基本余量。经过计算得各工序的工序尺寸如表 5-17 所示。

表 5-17　加工 $\phi40^{+0.050}_{+0.034}$ mm 外圆柱面的工序尺寸计算　　mm

工序	工序基本余量	工序尺寸公差	工序尺寸	工序尺寸及其公差
磨外圆	0.6	0.016(IT6)	$\phi40$	$\phi40^{+0.050}_{+0.034}$
半精车	1.4	0.062(IT9)	$\phi40.6$	$\phi40.6^{0}_{-0.25}$
粗车	3	0.25(IT12)	$\phi42$	$\phi42^{0}_{-0.25}$
毛坯	5	4±2	$\phi45$	$\phi45\pm2$

验算磨削余量：

直径上最小余量　40.6－0.062－(40＋0.05)＝0.488 (mm)

直径上最大余量　40.6－(40＋0.034)＝0.566 (mm)

验算结果表明，磨削余量是合适的。

(2) 工艺基准与设计基准不重合时工序尺寸及其工差的确定　根据加工的需要，在工艺附图或工艺规程中所给出的尺寸称为工艺尺寸，它可以是零件的实际尺寸，也可以是设计图上没有而检验时需要的测量尺寸或工艺规程中的工艺尺寸等。当工艺基准和设计基准不重合时，需要将设计尺寸换算成工艺尺寸，此时，需用工艺尺寸链理论进行工序尺寸的分析和计算。

5.4.2 机床及工艺装备的确定

制订机械加工工艺规程时，正确选择各工序所用机床设备的名称与型号、工艺装备的名称与型号以及合理确定切削用量和时间定额是满足零件质量要求、提高生产率、降低劳动成本的一项重要措施。

1. 机床的选择

在选择机床时应注意下述几点。

(1) 机床主要规格尺寸与加工零件的外廓尺寸相适应　小工件选用小机床加工，大工件选用大机床加工，做到设备的合理利用。

(2) 机床的精确度应与工序要求的加工精度相适应　机床的精度过低，满足不了加工质量要求；机床的精度过高，又会增加零件的制造成本。单件小批量生产时，特别是没有高精度的设备来加工高精度的零件时，为充分利用现有机床，可以选用精度低一些的机床，而在工艺上采用措施来满足加工精度的要求。

(3) 机床的生产率应与加工零件的生产类型相适应　单件小批生产应选择工艺范围较广的通用机床；大批大量生产选择生产率和自动化程度较高的专门化或专用机床。

(4) 机床选择还应结合现场的实际情况　应充分利用现有设备，如果没有合适的机床可供选用，应合理地提出专用设备设计或旧机床改装的任务书，或提供购置新设备的具体型号。

2. 工艺装备的选择

工艺设备选择是否合理，直接影响到工件的加工精度、生产率和经济性。因此，要结合生产类型、具体的加工条件、工件的加工技术要求和结构特点等合理选择工艺装备。

（1）夹具的选择　单件小批生产应尽量选择通用夹具。例如，各种卡盘、虎钳和回转台等。如条件具备，可选用组合夹具，以提高生产率。大批量生产，应选择生产率和自动化程度高的专用夹具。多品种中小批量生产可选用可调整夹具或成组夹具。夹具的精度应与工件的加工精度相适应。

（2）刀具的选择　一般应选择标准刀具，必要时可选择各种高生产率的复合刀具及其他一些专用刀具。刀具的类型、规格及精度应与工件的加工要求相适应。

（3）量具的选择　单件小批生产应选用通用量具，如游标卡尺、千分尺、千分表等。大批量生产应尽量选用效率较高的专用夹具，如各种极限量规、专用检验夹具和测量仪器等。所选量具的量程和精度要求要与工件的尺寸和精度相适应。

在制订工艺过程时，机床设备确定后还应正确选择切削用量。确定切削用量时应综合考虑零件的生产批量、加工精度、刀具材料等因素。单件小批量生产时，为了简化工艺文件，常不具体规定切削用量，而由操作者根据具体情况自行确定。批量较小时，特别是组合机床、自动机床及多刀加工切削用量，应科学、严格地确定。

5.4.3　切削用量的确定

合理选择切削用量对于发挥数控机床的最佳效益有着至关重要的关系。选择切削用量的原则是：粗加工时，一般以提高生产率为主，但也应考虑经济性和加工成本；半精加工和精加工时，应在保证加工质量的前提下，兼顾切削效率、经济性和加工成本。具体数值应根据机床说明书、刀具说明书、切削用量手册，并结合经验而定。

在切削加工中，金属切除率与切削用量三要素 v_c、a_p、f 均保持线性关系，即其中任一参数增大一倍，都可使生产率提高一倍。然而由于刀具寿命的制约，当任一参数增大时，其他二参数必减小。因此，在制订切削用量时，三要素应获得最佳组合。

切削用量三要素对刀具寿命影响的大小，按顺序为 v_c、f、a_p。因此，从保证合理的刀具寿命出发，在确定切削用量时，首先应采用尽可能大的背吃刀量，然后再选用大的进给量，最后求出切削速度。

精加工时，增大进给量将增大加工表面粗糙度值。因此，它是精加工时抑制生产率提高的主要因素。在切削加工中切削速度、进给量和背吃刀量（切削深度）总称为切削用量。

（1）切削速度 v_c　切削速度对表面粗糙度的影响比较复杂，一般情况下在低速或高速切削时，不会产生积屑瘤，故加工后表面粗糙度值较小。在以 20～50m/min 的切削速度加工塑性材料（如低碳钢、铝合金等）时，常容易出现积屑瘤和鳞刺，再加上切屑分离时的挤压变形和撕裂作用，使表面粗糙度更加恶化。切削速度越高，切削过程中切屑和加工表面层的塑性变形的程度越小，加工后表面粗糙度值也就越小。图 5-15 为切削易切钢时切削速度对表面粗糙度影响规律。

实验证明，产生积屑瘤的临界速度将随加工材料、切削液及刀具状况等条件的不同而不同。由此可见，用较高的切削速度，既可使生产率提高又可使表面粗糙度值变小。因此，不断地创造条件以提高切削速度，一直是提高工艺水平的重要方向。其中，发展新刀具材料和采用先进刀具结构可使切削速度大为提高。

（2）进给量 f　进给量是影响表面粗糙度最为显著的一个因素，进给量越小，残留面积高度越小，此外，鳞刺、积屑瘤和振动均不易产生，因此表面质量越高。但进给量太小，切削厚度减薄，加剧了切削刃钝圆半径对加工表面的挤压，使硬化严重，不利于表面粗糙度值的减小，有时甚至会引起自激振动使表面粗糙度值增大。所以生产中硬质合金刀具切削时进给量不宜小于 0.05mm/r。

减小进给量的最大缺点是降低生产效率，因而为了提高生产率，减少因进给量增大而使粗糙度增大的影响，通常可利用提高切削速度或选用较小副偏角和磨出倒角刀尖 b_{ε} 或修圆刀尖 r_{ε} 的办法来改善。

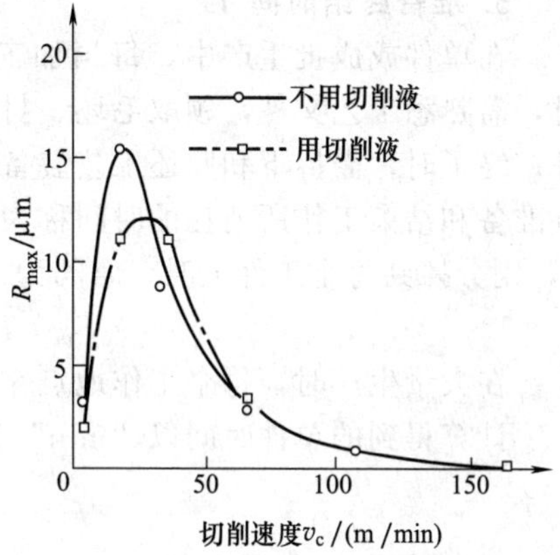

图 5-15　切削速度对表面粗糙度影响

（3）背吃刀量 a_p　一般来说背吃刀量对加工表面粗糙度的影响是不明显的。但当 $a_p < 0.02 \sim 0.03$mm 时，由于刀刃不可能刃磨得绝对尖锐而具有一定的钝圆半径，正常切削就不能维持，常出现挤压、打滑和周期性地切入加工表面，从而使表面粗糙度值增大。

为降低加工表面粗糙度值，应根据刀具刃口刃磨的锋利情况选取相应的背吃刀量。

5.4.4　时间定额的确定

时间定额是指在一定生产条件下，规定生产一件产品或完成一道工序所需消耗的时间。它是安排生产计划、进行成本核算、考核工人完成任务情况、确定所需设备和工人数量的主要依据。合理的时间定额能调动工人的积极性，促进工人技术水平的提高，从而不断提高生产率。随着企业生产技术条件的不断改善和水平的不断提高，时间定额应定期进行修订，以保持定额的平均先进水平。

为了便于合理地确定时间定额，把完成一道工序的时间称为单件时间 T_t，它包括如下组成部分。

1. 基本时间 T_m

基本时间是直接改变生产对象的尺寸、形状、相对位置、表面状态或材料性质等工艺过程所消耗的时间。对于机械加工来说，是指从工件上切除材料层所消耗的时间，其中包括刀具的切入和切出时间。

2. 辅助时间 T_a

辅助时间是为实现工艺过程所必须进行的各种辅助动作所消耗的时间。这些辅助动作包括：装夹和卸下工件；开动和停止机床；改变切削用量；进、退刀具；测量工件尺寸等。

基本时间和辅助时间的总和，称为工序作业时间，它是直接用于制造产品或零、部件所消耗的时间。

3. 布置工作时间 T_s

布置工作时间是为使加工正常进行，工人用于照管工作地（如更换刀具、润滑机床、清理切屑、收拾工具等）所消耗的时间。布置工作时间可按工序作业时间的 2%～7%来估算。

4. 休息和生理需要时间 T_r

休息和生理需要时间是工人在工作班内为恢复体力和满足生理上的需要所消耗的时间。它可按工序作业时间的 2%～4%来估算。

以上四部分时间的总和就是单件时间 T_t，即

$$T_t = T_m + T_a + T_s + T_r$$

5. **准备终结时间 T_e**

在单件或成批生产中，每当加工一批工件的开始和终了时，工人需做以下工作：开始时，需熟悉工艺文件，领取毛坯、材料，领取和安装刀具和夹具，调整机床和其它工艺装备等；终了时，需拆下和归还工艺装备，送交成品等。工人为了生产一批产品或零、部件，进行准备和结束工作所消耗的时间称为准备终结时间（简称准终时间）。设一批工件的数量为 n，则分摊到每个工件上时，时间为 T_e/n。故单件和成批生产时，单件计算时间 T_c应为

$$T_c=T_m+T_a+T_s+T_r+T_e/n$$

在大量生产时，每个工作地点完成固定的一道工序，一般不需考虑准备终结时间。

计算得到的单件时间以“min”为单位填入工艺文件的相应栏中。

5.5 工艺尺寸链

5.5.1 概述

1. **工艺尺寸链的概念**

在零件的加工过程中，被加工表面以及各表面之间的尺寸都在不断地变化，这种变化无论是在一道工序内，还是在各工序之间都有一定的内在联系。运用工艺尺寸链理论去揭示这些尺寸间的相互关系，是合理确定工序尺寸及其公差的基础，已成为编制工艺规程时确定工艺尺寸的重要手段。

如图 5-16（a）所示零件，平面 1、2 已加工，要加工平面 3，平面 3 的位置尺寸 A_2，其设计基准为平面 2。当选择平面 1 为定位基准，这就出现了设计基准与定位基准不重合的情况。在采用调整法加工时，工艺人员需要在工序图 5-16（b）上标注工序尺寸 A_3，供对刀和检验时使用，以便直接控制工序尺寸 A_3，间接保证零件的设计尺寸 A_2。尺寸 A_1，A_2，A_3 首尾相连构成一封闭的尺寸组合。在机械制造中称这种相互联系且按一定顺序排列的封闭尺寸组合为尺寸链，如图 5-16（c）所示。由工艺尺寸所组成的尺寸链称为工艺尺寸链。尺寸链的主要特征是封闭性，即组成尺寸链的有关尺寸按一定顺序首尾相连构成封闭图形，没有开口。

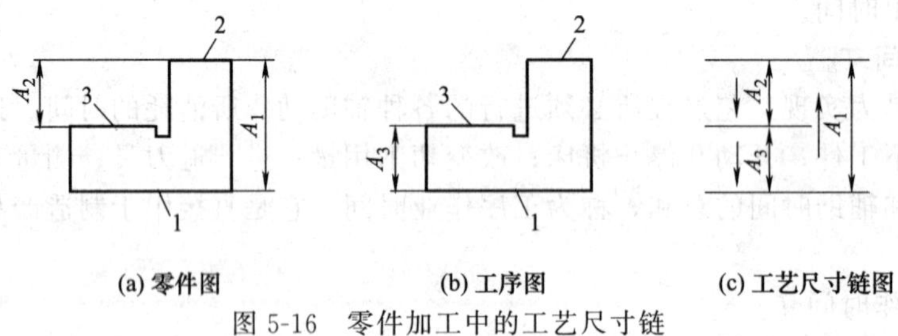

图 5-16 零件加工中的工艺尺寸链

2. **工艺尺寸链的组成**

组成工艺尺寸链的每一个尺寸称为工艺尺寸链的环。如图 5-16（c）所示尺寸链有 3 个环。在加工过程中直接得到的尺寸称为组成环。用 A_i 表示，如图 5-16 中的 A_1、A_3。在加工过程中间接得到的尺寸称为封闭环，用 A_Σ 表示。图 5-16（c）中 A_Σ 为尺寸 A_2。

由于工艺尺寸链是由一个封闭环和若干个组成环组成的封闭环图形，故尺寸链中组成环的尺寸变化必然引起封闭环的尺寸变化。当某组成环增大（其它组成环保持不变），封闭环

也随之增大时，则该组成环称为增环，以$\overrightarrow{A}_i$表示，如图 5-16（c）中的 A_1。当某组成环增大（其他组成环保持不变）封闭环反而减小，则该组成环称为减环，以$\overleftarrow{A}_i$表示，如图 5-16（c）中的 A_3。

为了迅速确定工艺尺寸链中各组成环的性质，可先在尺寸链图上平行于封闭环，沿任意方向画一箭头，然后沿此箭头方向环绕工艺尺寸链，平行于每一个组成环依次画出箭头，箭头指向与环绕方向相同，如图 5-16（c）所示。箭头指向与封闭环箭头指向相反的组成环为增环（如图中 A_1），相同为减环（如图中 A_3）。

5.5.2　尺寸链的计算方法

计算工艺尺寸链的目的是要求出工艺尺寸链中某些环的基本尺寸及其上、下偏差。计算方法有极值法和概率法两种。

用极值法解算工艺尺寸链，是以尺寸链中各环的最大极限尺寸和最小极限尺寸为基础进行计算的。

（1）基本尺寸　封闭环的基本尺寸 A_Σ等于所有增环的尺寸$\overrightarrow{A}_i$之和减去所有减环的尺寸$\overleftarrow{A}_i$之和，即

$$A_\Sigma=\sum_{i=1}^{m}\overrightarrow{A}_i-\sum_{i=m+1}^{n-1}\overleftarrow{A}_i$$

式中　m——增环的环数；

n——尺寸链的总环数。

（2）极限尺寸　封闭环最大极限尺寸 $A_{\Sigma\max}$等于所有增环的最大极限尺寸$\overrightarrow{A}_{i\max}$之和减去所有减环的最小极限尺寸$\overleftarrow{A}_{i\min}$之和，即

$$A_{\Sigma\max}=\sum_{i=1}^{m}\overrightarrow{A}_{i\max}-\sum_{i=m+1}^{n-1}\overleftarrow{A}_{i\min}$$

封闭环最小极限尺寸 $A_{\Sigma\min}$等于所有增环的最小极限尺寸$\overrightarrow{A}_{i\min}$之和减去所有减环的最大极限尺寸$\overleftarrow{A}_{i\max}$之和，即

$$A_{\Sigma\min}=\sum_{i=1}^{m}\overrightarrow{A}_{i\min}-\sum_{i=m+1}^{n-1}\overleftarrow{A}_{i\max}$$

（3）上、下偏差　封闭环的上偏差 ESA_Σ等于所有增环的上偏差 $ES\overrightarrow{A}_i$之和减去所有减环的下偏差 $EI\overleftarrow{A}_i$之和，即

$$ESA_\Sigma=\sum_{i=1}^{m}ES\overrightarrow{A}_i-\sum_{i=m+1}^{n-1}EI\,A_i$$

封闭环的下偏差 EIA_Σ等于所有增环的下偏差 $EI\overrightarrow{A}_i$之和减去所有减环的上偏差$ES\overleftarrow{A}_i$之和，即

$$EIA_\Sigma=\sum_{i=1}^{m}EI\overrightarrow{A}_i-\sum_{i=m+1}^{n-1}ES\overleftarrow{A}_i$$

（4）公差　封闭环的公差 TA_Σ等于各组成环的公差 $T(A_i)$ 之和，即

$$T_{(A\Sigma)}=\sum_{i=1}^{n-1}T(A_i)$$

（5）平均尺寸　封闭环的平均尺寸 $A_{\Sigma m}$ 等于所有增环的平均尺寸之和 $\overrightarrow{A}_{im}$ 减去所有减环的平均尺寸 $\overleftarrow{A}_{im}$ 之和，即

$$A_{\Sigma m}=\sum_{i=1}^{m}\overrightarrow{A}_{im}-\sum_{i=m+1}^{n-1}\overleftarrow{A}_{im}$$

式中　A_{im}——各组成环平均尺寸，$A_{im}=\frac{1}{2}(A_{i\max}+A_{i\min})$；

n——包括封闭环在内的尺寸链总环数；

m——增环数目；

$n-1$——组成环（包括增环和减环）的数目。

5.5.3　工艺尺寸链的应用

1. 测量基准与设计基准不重合的尺寸换算

在加工中，有时会遇到某些加工表面的设计尺寸不便测量，甚至无法测量的情况，为此需要在工件上另选一个容易测量的测量基准，通过对该测量尺寸的控制来间接保证原设计尺寸的精度。这就产生了测量基准与设计基准不重合时测量尺寸及公差的计算问题。

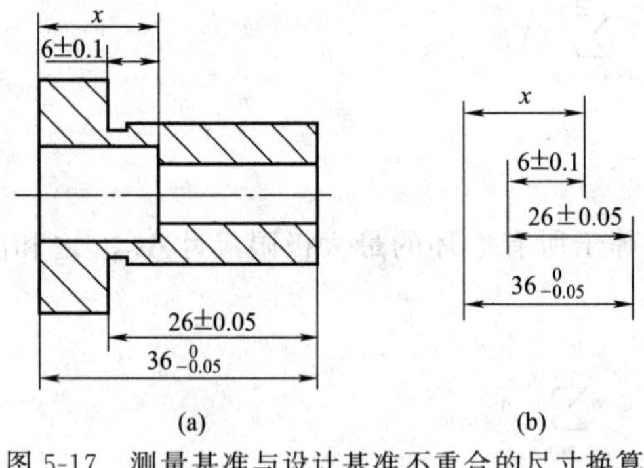

图 5-17　测量基准与设计基准不重合的尺寸换算

［例 5.2］　如图 5-17 所示零件，加工时要求保证尺寸（6±0.1）mm，但该尺寸不便测量，只好通过测量尺寸 x 来间接保证，试求工序尺寸 x 及其上、下偏差。

解： 在图 5-17（a）中尺寸（6±0.1）mm 是间接得到的，即为封闭环。工艺尺寸链如图 5-17（b）所示，其中尺寸 x，（26±0.05）mm 为增环，尺寸 $36_{-0.05}^{\ 0}$ mm 为减环。

$$6=x+26-36\quad x=16\text{mm}$$

$$0.1=ES(x)+0.05-(-0.05)\quad ES(x)=0$$

$$-0.1=EI(x)+(-0.05)-0\quad EI(x)=-0.05\text{mm}$$

因而　　　　$x=16_{-0.05}^{\ 0}$ mm

2. 定位基准与设计基准不重合的尺寸换算

零件调整法加工时，如果加工表面的定位基准与设计基准不重合，就要进行尺寸换算，重新标注工序尺寸。

［例 5.3］　如图 5-18（a）所示零件，尺寸 $60_{-0.12}^{\ 0}$ mm 已经保证，现以 1 面定位用调整法精铣 2 面，试标出工序尺寸。

解： 当以 1 面定位加工 2 面时，将按工序尺寸 A_2 进行加工，设计尺寸 $A_\Sigma=25_{\ 0}^{+0.22}$ mm是本工序间接保证的尺寸，为封闭环，其尺寸链如图 5-18（b）所示。则尺寸 A_2 的计算如下

基本尺寸计算　　$25=60-A_2$　　则 $A_2=35$mm

下偏差计算　$+0.22=0-EI(A_2)$　　$EI(A_2)=-0.22$mm

上偏差计算 $0=-0.12-ES(A_2)$

$ES(A_2)=-0.12\text{mm}$

则工序尺寸 $A_2=35^{-0.12}_{-0.22}\text{mm}$

当定位基准与设计基准不重合进行尺寸换算时，也需要提高本工序的加工精度，这使加工更加困难。同时也会出现假废品的问题。

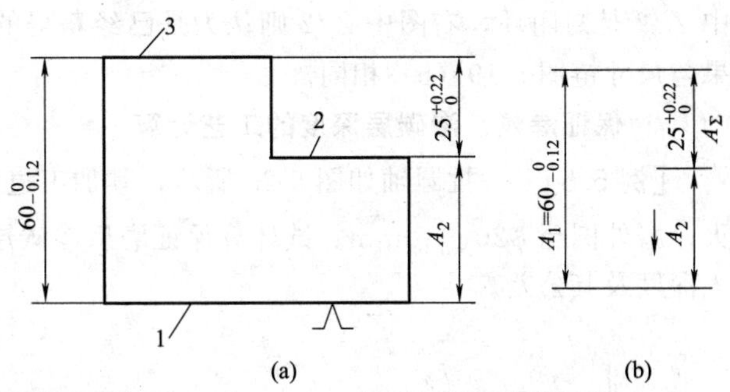

图 5-18 定位基准与设计基准不重合的尺寸换算

3. 工序基准是尚待继续加工的表面

在有些加工中，会出现要用尚待继续加工的表面为基准标注工序尺寸的情况。该工序尺寸及其偏差也要通过工艺尺寸计算来确定。

[例 5.4] 如图 5-19（a）所示为齿轮内孔的局部简图，设计要求为：孔径 $\phi 40^{+0.05}_{\ 0}$ mm，键槽深度尺寸为 $43.6^{+0.34}_{\ 0}$ mm，其加工顺序为：

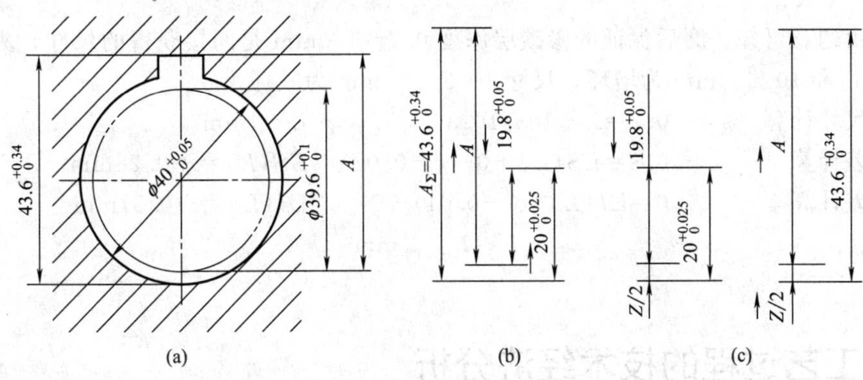

图 5-19 内孔及键槽加工的工艺尺寸链

（1）镗内孔至 $\phi 39.6^{+0.1}_{\ 0}$ mm；

（2）插键槽至尺寸 A；

（3）淬火处理；

（4）磨内孔，同时保证内孔直径 $\phi 40^{+0.05}_{\ 0}$ mm 和键槽深度 $43.6^{+0.34}_{\ 0}$ mm 两个设计尺寸的要求。

试确定插键槽的工序尺寸 A。

解： 先画出工艺尺寸链如图 5-19（b）所示。需要注意的是，当有直径尺寸时，一般应考虑用半径尺寸来画尺寸链。因最后工序是直接保证 $\phi 40^{+0.05}_{\ 0}$ mm，间接保证 $43.6^{+0.34}_{\ 0}$ mm，故 $43.6^{+0.34}_{\ 0}$ mm 为封闭环，尺寸 A 和 $20^{+0.025}_{\ 0}$ mm 为增环，$19.8^{+0.05}_{\ 0}$ mm 减环。利用基本公式计算可得

基本尺寸计算 $43.6=A+20-19.8$ $A=43.4\text{mm}$

上偏差计算 $ES(A)=+0.315\text{mm}$

下偏差计算 $0-EI(A)+0-0.05$ $EI(A)-+0.05\text{mm}$

所以 $A=43.4^{+0.315}_{+0.05}\text{mm}$

按入体原则标注为 $A=43.4^{+0.265}_{\ 0}\text{mm}$

另外，尺寸链还可以列成图 5-19（c）的形成，引进了半径余量 $Z/2$，图 5-19（c）左图

中 $Z/2$ 是封闭环，右图中 $Z/2$ 则认为是已经获得的尺寸，而 $43.6^{+0.34}_{0}$mm 是封闭环。其结果与尺寸链图 5-19（b）相同。

4. 保证渗氮、渗碳层深度的工艺计算

［例 5.5］ 一批圆轴如图 5-20 所示，其加工过程为：车外圆至 $\phi 20.6^{0}_{-0.04}$mm；渗碳淬火；磨外圆至 $\phi 20^{0}_{-0.02}$mm。试计算保证磨后渗碳层深度为 0.7～1.0mm 时，渗碳工序的渗入深度及其公差。

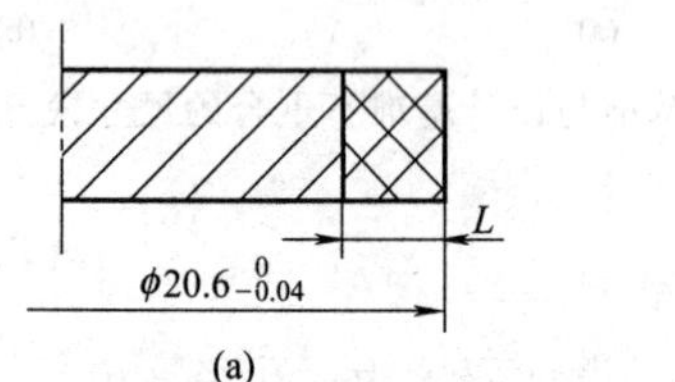

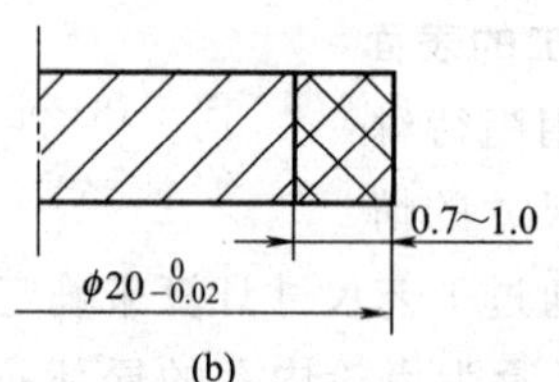

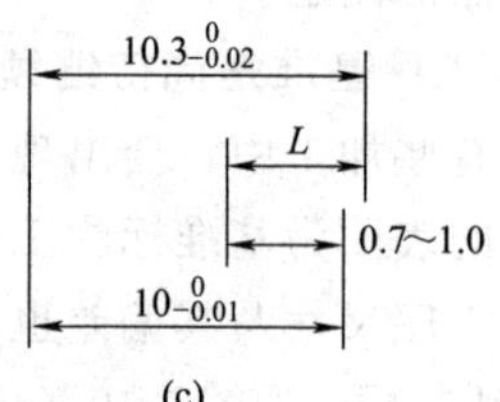

图 5-20 保证渗碳层深度的尺寸换算

解：由题意可知，磨后保证的渗碳层深度 0.7～1.0mm 是间接获得的尺寸，为封闭环。其中尺寸 L 和 $10^{0}_{-0.01}$mm 为增环，尺寸 $10.3^{0}_{-0.02}$mm 为减环。

基本尺寸计算 $0.7=L+10-10.3$ $L=1\text{mm}$

上偏差计算 $0.3=ES(L)+0-(-0.02)$ $ES(L)=+0.28\text{mm}$

下偏差计算 $0=EI(L)+(-0.01)-0$ $EI(L)=+0.01\text{mm}$

因此 $L=1^{+0.28}_{+0.01}\text{mm}$

5.6 工艺过程的技术经济分析

5.6.1 工艺成本的计算

生产一件产品或一个零件所需一切费用的总和称为生产成本。通常，在生产成本中大约有 60%～75%的费用与工艺过程直接有关，这部分费用称为工艺成本，工艺成本可分为以下两部分。

（1）可变费用 可变费用是与年产量有关且与之成比例的费用，记为 C_V。它包括材料费 C_{VM}，机床工人工资及工资附加费 C_{VP}，机床使用费 C_{VE}，普通机床折旧费 C_{VD}，刀具费 C_{VC}，通用夹具折旧费 C_{VF} 等。即：

$$C_V=C_{VM}+C_{VP}+C_{VE}+C_{VD}+C_{VC}+C_{VF}$$

（2）不变费用 不变费用是与年产量的变化没有直接关系的费用，记为 C_N。它包括调整工人的工资及工资附加费 C_{SP}，专用机床折旧费 C_{SD}，专用夹具折旧费 C_{SF} 等。即：

$$C_N=C_{SP}+C_{SD}+C_{SF}$$

零件全年工艺成本为：

$$C_Y=C_VN+C_N$$

式中 N——零件年产量。

零件单件工艺成本为：

$$C_P=C_V+C_N/N$$

5.6.2 不同工艺方案的经济性比较

对不同的工艺方案进行经济评价时，一般有两种情况。

(1) 当需评价的工艺方案均采用现有设备，或其基本投资相近时，可直接比较其工艺成本。各方案的取舍与加工零件的年产量有密切关系，见图 5-21 (a)。临界年产量 N_C 计算如下：

$$C_Y = C_{V1}N_C + C_{N1} = C_{V2}N_C + C_{N2}$$

$$N_C = \frac{C_{N2} - C_{N1}}{C_{V1} - C_{V2}}$$

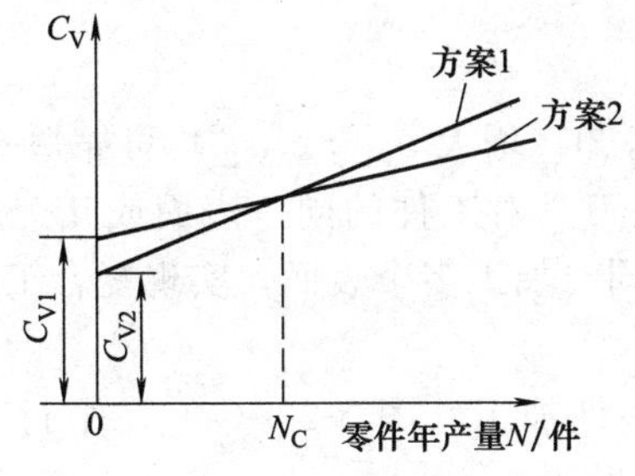

(a) 全年工艺成本比较与临界年产量

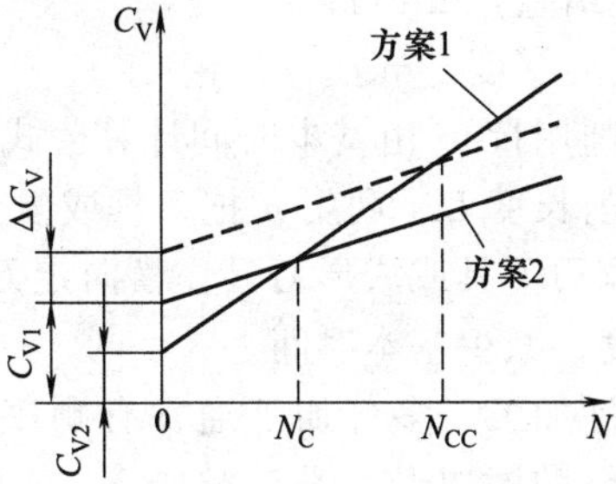

(b) 考虑追加投资的临界年产量

图 5-21　不同工艺方案比较

显然，当 $N < N_C$ 时，宜采用工艺方案 1，而当 $N > N_C$ 时，则宜采用工艺方案 2。

(2) 当对比的工艺方案基本投资额相差较大时，单纯地比较工艺成本就不够了，此时还应考虑不同方案基本投资额的回收期。回收期是指第 2 方案多花费的投资，需多长时间才能从工艺成本的降低中收回来。投资回收期的计算公式如下：

$$\tau = \frac{F_2 - F_1}{S_{Y1} - S_{Y2}} = \frac{\Delta F}{\Delta S}$$

式中　τ——投资回收期；

ΔF——基本投资差额（又称追加投资）；

ΔS——全年生产费用节约额。

(3) 投资回收期必须满足以下条件：

① 投资回收期应小于所采用设备和工艺装备的使用年限；

② 投资回收期应小于产品的生命周期；

③ 投资回收期应小于企业预定的回收期目标。此目标可参考国家或行业标准。如采用新机床的标准回收期常定为 4～6 年，采用新夹具的标准回收期常定为 2～3 年。

考虑投资回收期后的临界年产量 N_{CC} 计算如下［参考图 5-21 (b)］：

$$C_Y = C_{V1}N_{CC} + C_{N1} = +C_{V2}N_{CC} + C_{N2} + \Delta S$$

于是有：

$$N_{CC} = \frac{C_{N2} - C_{N1} + \Delta S}{C_{V1} - C_{V2}}$$

5.6.3 提高生产率、降低成本的措施

1. 缩短单件时间定额

缩短时间定额，首先应缩减占定额中比重较大部分。在单件小批量生产中，辅助时间和

准备终结时间所占比重大；在大批大量生产中，基本时间所占比重较大。因此，缩短时间定额主要从以下几方面采取措施。

（1）缩短基本时间　基本时间 $t_{基本}$ 可按有关公式计算。以车削为例：

$$t_{基本}=\frac{\pi dL}{1000vf}\times\frac{z}{a_p}$$

式中　L——切削长度，mm；

d——切削直径，mm；

z——切削余量，mm；

v——切削速度，m/min；

f——进给量，mm/r；

a_p——吃刀深度，mm。

① 提高切削用量　由基本时间计算公式可知，增大 v、f、a_p 均可缩短基本时间。

② 减少切削长度 L　利用 n 把刀具或复合刀具对工件的同一表面或几个表面同时进行加工或者利用宽刃刀具或成形刀具作横向走刀同时加工多个表面，实现复合工步，均能减少每把刀切削长度，减少基本时间。

③ 采用多件加工　多件加工通常有顺序多件加工［图 5-22（a）］、平行多件加工［图 5-22（b）］、平行顺序加工［图 5-22（c）］三种形式。

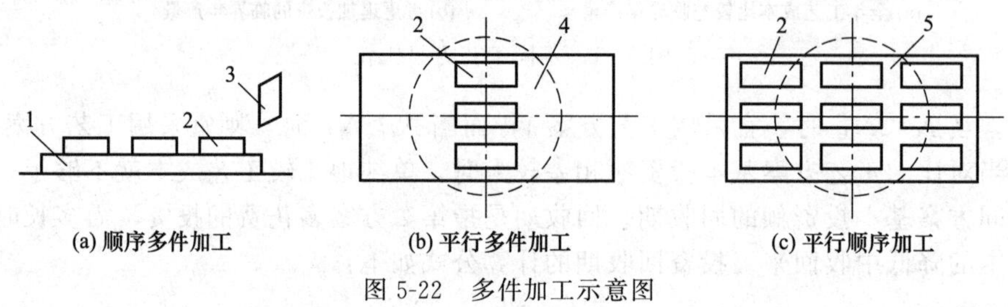

图 5-22　多件加工示意图

1—工作台；2—工件；3—刨刀；4—铣刀；5—砂轮

（2）缩短辅助时间

① 直接减少辅助时间　采用高效的气、液动夹具、自动检测装置等使辅助动作实现机械化和自动化，以缩减辅助时间。

② 辅助时间与基本重合采用转位夹具或回转工作台加工，使装卸工件的辅助时间与基本时间重合。

（3）缩短布置工作地时间　提高刀具或砂轮耐用度，减少换刀次数，采用各种快换刀夹、自动换刀、对刀装置来减少换刀和调刀时间，均可缩短布置工作地时间。

（4）缩短准备终结时间　中、小批生产中，由于批量小、品种多，准备终结时间在单位时间中占有较大比重，使生产率受到限制。扩大批量是缩短准备终结时间的有效途径。目前，采用成组技术以及零、部件通用化、标准化、产品系列化是扩大批量的有效方法。

2. 采用先进工艺方法

采用先进工艺可大大提高劳动生产率。具体措施如下：

（1）在毛坯制造中采用新工艺　如粉末冶金、石蜡铸造、精锻等新工艺，能提高毛坯精度，减少机械加工劳动量和节约原材料。

（2）采用少、无切削工艺　如冷挤、冷轧、滚压等方法，不仅能提高生产率，而且可提高工件表面质量和精度。

（3）改进加工方法　如采用拉削代替镗、铣削可大大提高生产率。

（4）应用特种加工新工艺　对于某些特硬、特脆、特韧性材料及复杂型面的加工，往往用常规切削方法难以完成加工，而采用电加工等特种加工能显示其优越性和经济性。

5.7 实训　工艺卡片的填写

1. 实训题目

编制如图 5-23 所示挂轮轴的机械加工工艺过程。工件材料为 45 钢，小批生产，$35^{+0.15}_{0}$ mm 及方头处表面淬硬，45～50HRC。

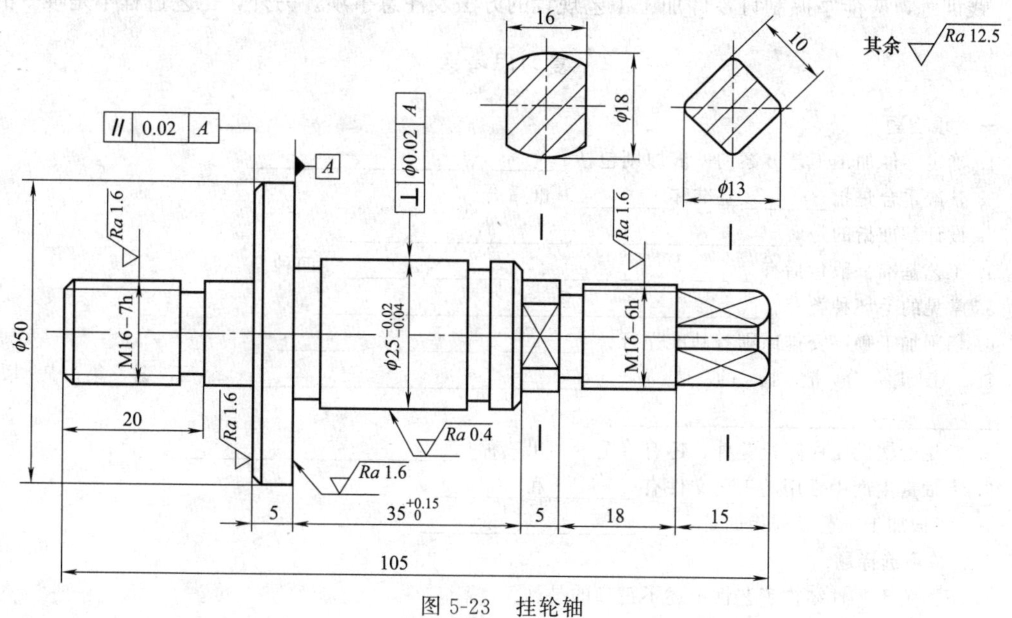

图 5-23　挂轮轴

2. 实训目的

根据制订工艺规程的方法、原则和步骤，参考本章实例，结合具体零件要求，学会编制工艺规程。

3. 实训内容

分析挂轮轴的结构特点和技术要求，根据生产类型选择合适的毛坯、定位基准、加工方法、加工方案和加工设备，合理安排机械加工工序顺序和热处理工序。

（1）主要技术要求

① $\phi 25^{-0.02}_{-0.04}$ mm 的外圆是该零件精度要求最高处，为主要加工面，其精度为 IT7 级，表面粗糙度 Ra 为 0.4μm；其轴心线与 A 面的垂直度不大于 ϕ0.02mm。

② ϕ50mm 两端面虽然尺寸精度要求不高，但位置精度要求高；两端面平行度要求为 0.02mm，与 $\phi 25^{-0.02}_{-0.04}$ mm 外圆的垂直度为 0.02mm；表面粗糙度 Ra 为 1.6μm。

（2）结构特点　该轴的结构特点是轴颈尺寸相差大，最大轴颈为 ϕ50mm，而最小为 ϕ13mm。

（3）毛坯的选择　虽然该轴的强度要求不高，但由于轴颈尺寸相差大，所以毛坯应选锻件。结合生产类型为小批生产，可以选自由锻件。

（4）定位基准的选择　轴类常用的定位基准是两顶尖孔，该轴用两顶尖孔定位，可以方便地加工所有表面，因此，精基准选两顶尖孔，先以外圆为粗基准，加工两顶尖孔。

（5）加工方法　$\phi 25_{-0.04}^{-0.02}$mm外圆的精度为IT7级，表面粗糙度Ra为0.4μm需要经过粗车—精车—磨，由于与A面有垂直度要求，所以在磨外圆时先磨A面。ϕ50mm的左端面与A面要求平行，因此磨削A面后再调头磨削左端面。

（6）热处理工序的安排　由于毛坯为锻件，因此在粗加工前安排正火处理，以改善切削性能。又因零件要求$35_{0}^{+0.15}$mm及方头处表面淬硬45～50HRC，所以在精车后安排表面淬硬处理。

综上所述，制订挂轮轴加工工艺过程。

4. 实训总结

制订零件的加工工艺前，必须先了解零件的结构特点、技术要求和生产类型。通过此实践训练，应能掌握制订零件加工工艺规程的方法及注意事项。另外，工艺过程不是唯一的。

复习思考题

一、填空题

1. 确定零件加工工艺方案的一般原则包括________、________、________。
2. 基准重合是指________基准和________基准重合。
3. 设计基准指的是________________________________。
4. 工艺基准一般包括有________、________、________、________四种。
5. 常见的毛坯种类有________________________________。
6. 切削加工顺序安排原则有基准先行、________、________、________。
7. 工序分散指的是________________________________；工序集中指的是________________________________。
8. 常见的辅助工序除检验外，还有（至少列出三种）________________。
9. 大批量生产中常用的工艺文件有________和________。
10. 机械加工工艺过程指的是________________________。

二、单项选择题

1. 下面关于零件结构工艺性论述不正确的是（　　）。

A. 零件结构工艺性具有合理性　　B. 零件结构工艺性具有综合性

C. 零件结构工艺性具有相对性　　D. 零件结构工艺性具有正确性

2. 零件加工时，粗基准一般选择（　　）。

A. 工件的毛坯面　　B. 工件的已加工表面

C. 工件的过渡表面　　D. 工件的待加工表面

3. 下面对粗基准论述正确的是（　　）

A. 粗基准是第一道工序所使用的基准　　B. 粗基准一般只能使用一次

C. 粗基准一定是零件上的不加工表面　　D. 粗基准是一种定位基准

4. 自为基准是以加工面本身为基准，多用于精加工或光整加工工序，这是由于（　　）。

A. 符合基准重合原则　　B. 符合基准统一原则

C. 保证加工面的余量小而均匀　　D. 保证加工面的形状和位置精度

5. 工艺设计的原始资料中不包括（　　）。

A. 零件图及必要的装配图　　B. 零件生产纲领

C. 工厂的生产条件　　D. 机械加工工艺规程

6. 下面（　　）包括工序简图。

A. 机械加工工艺过程卡片　　B. 机械加工工艺卡片

C. 机械加工工序卡片　　D. 机械加工工艺卡片和机械加工工序卡片

7. 淬火一般安排在（　　）。

A. 毛坯制造之后　　B. 磨削加工之前

C. 粗加工之后　　D. 磨削加工之后

8. 下面关于检验工序安排不合理的是（　　）。

A. 每道工序前后　　B. 粗加工阶段结束时

C. 重要工序前后　　D. 加工完成时

9. 下面（　　）情况需按工序分散来安排生产。

A. 重型零件加工时　　B. 工件的形状复杂，刚性差而技术要求高

C. 加工质量要求不高时　　D. 工件刚性大，毛坯质量好，加工余量小

10. 车床主轴轴颈和锥孔的同轴度要求很高，因此常采用（　　）方法来保证。

A. 基准统一　　B. 基准重合

C. 自为基准　　D. 互为基准

三、判断题

1. 零件的切削加工工艺性反映的是零件切削加工的难易程度。（　　）
2. 零件的结构工艺性是衡量零件结构设计优劣的指标之一。（　　）
3. 在单件小批生产中一般采用机械加工工艺过程卡片指导生产。（　　）
4. 定位基准属于工艺设计过程中所使用的一种基准，因此属于设计基准。（　　）
5. 粗基准是粗加工所使用的基准，精基准是精加工所使用的基准。（　　）
6. 经济精度指的是在正常工艺条件下，某种加工方法所能够达到的精度。（　　）
7. 加工顺序的安排仅指安排切削加工的顺序。（　　）
8. 单件小批生产中倾向于采用工序集中的原则。（　　）
9. 退火等热处理工序一般安排在半精加工之后、精加工之前进行。（　　）

四、问答题

1. 零件图的工艺分析通常包括哪些内容？工艺分析有何作用？
2. 毛坯选择和机械加工有何关系？
3. 粗基准选择的原则有哪些？
4. 指出图 5-24 中零件结构工艺性不合理的地方，并提出改进建议。

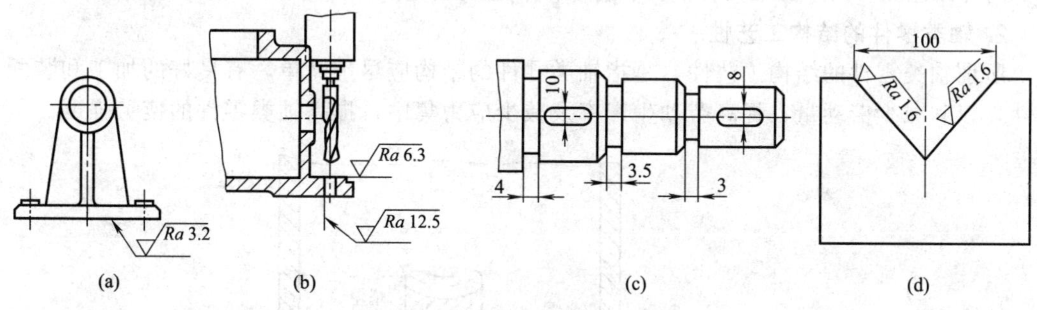

图 5-24　零件结构工艺性分析

第6章 典型零件的加工工艺分析

6.1 轴类零件加工

6.1.1 轴类零件的结构特点及结构工艺性分析

1. 轴类零件的功能和结构特点

轴类零件是机械产品中常用的零件之一，它主要用于支承传动零件（齿轮、带轮等）、承受载荷、传递转矩以及保证装在轴上零件的回转精度，如机床主轴。

如图6-1所示减速器的传动轴，作用是蜗轮蜗杆传动中支承蜗轮并传递转矩，作为动力输出轴。

根据轴的结构形状不同，轴可分为光轴、阶梯轴、空心轴和异形轴（包括曲轴、半轴、十字轴、凸轮轴、偏心轴、花键轴等）四大类，如图6-2所示。

根据轴的长度L与直径d之比，又可分为刚性轴（$L/d \leqslant 12$）和挠性轴（$L/d > 12$）两种。

由上轴的结构及分类可以看到，轴类零件一般为回转体，其长度大于直径。其结构要素通常由内外圆柱面、内外圆锥面、端面、台阶面、螺纹、键槽、花键、横向孔及沟槽等组成。

2. 轴类零件的结构工艺性

所谓轴类零件的结构工艺性，是指轴类零件的结构应尽量简单，有良好的加工和装配工艺性，以利减少劳动量，提高劳动生产率及减少应力集中，提高轴类零件的疲劳强度。

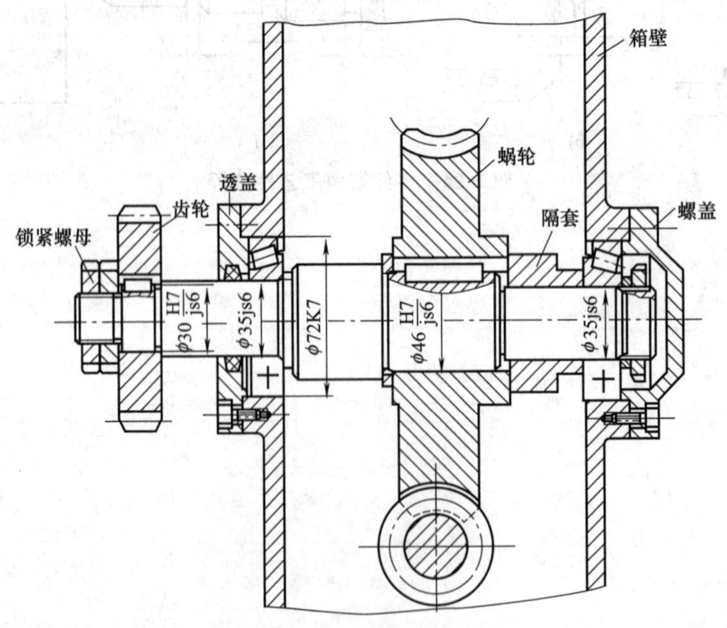

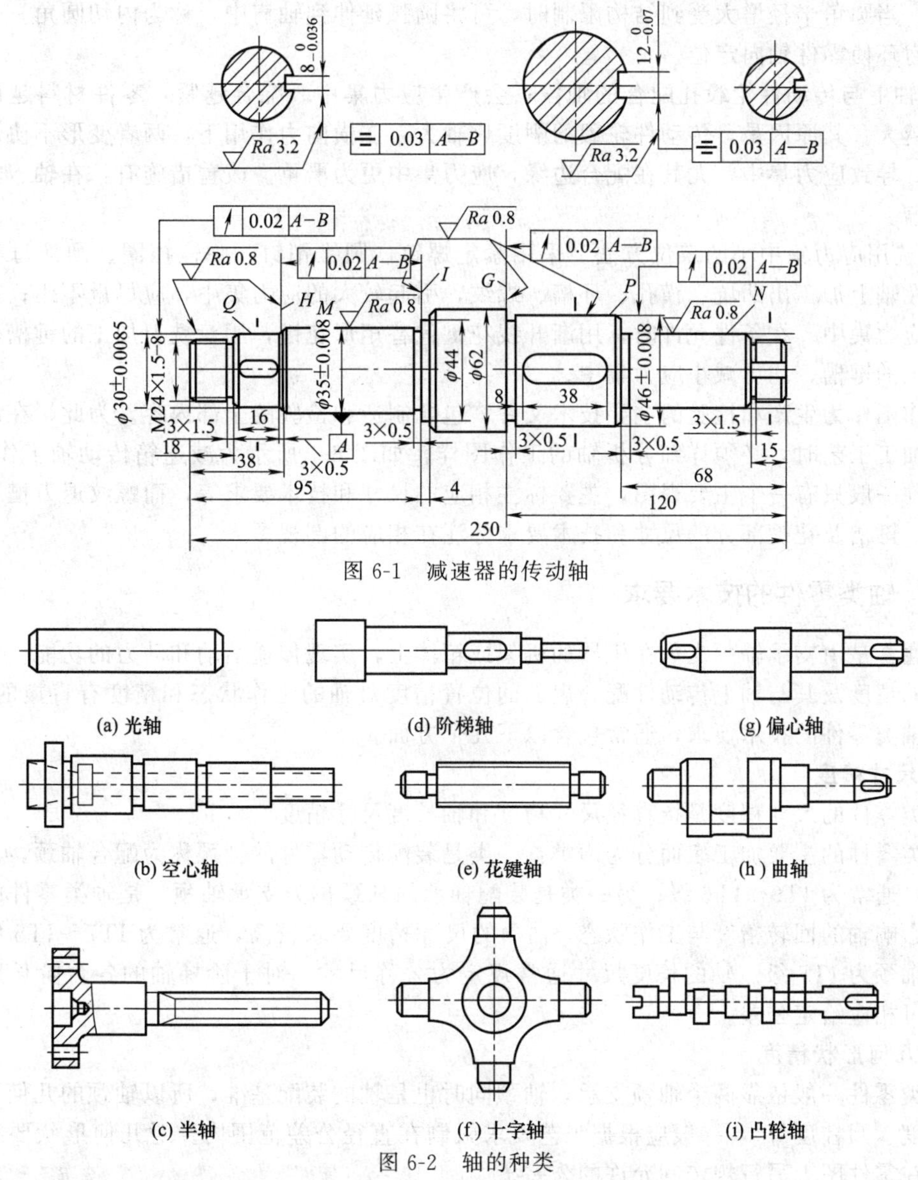

图 6-1　减速器的传动轴

图 6-2　轴的种类

(1) 设计合理的结构，利于加工和装配

① 为减少加工时换刀时间及装夹工件时间，同一根轴上所有圆角半径、倒角尺寸、退刀槽宽度应尽可能统一；当轴上有两个以上键槽时，应置于轴的同一条母线上，以便一次装夹后就能加工。

② 轴上的某轴段需磨削时，应留有砂轮的越程槽；需切制螺纹时，应留有退刀槽。

③ 为去掉毛刺，利于装配，轴端应倒角。

④ 当采用过盈配合连接时，配合轴段的零件装入端，常加工成导向锥面。若还附加键连接，则键槽的长度应延长到锥面处，便于轮毂上键槽与键对中。

⑤ 如果需从轴的一端装入两个过盈配合的零件，则轴上两配合轴段的直径不应相等，否则第一个零件压入后，会把第二个零件配合的表面拉毛，影响配合。

(2) 改进轴的结构，减少应力集中

① 轴上相邻轴段的直径不应相差过大，在直径变化处，尽量用圆角过渡，圆角半径尽

可能大。当圆角半径增大受到结构限制时，可将圆弧延伸到轴肩中，称为内切圆角。也可加装过渡肩环使零件轴向定位。

② 轴上与传动件轮毂孔配合的轴段，会产生应力集中。配合越紧，零件材料越硬，应力集中越大。其原因是，传动件轮毂的刚度比轴大，在横向力作用下，两者变形不协调，相互挤压，导致应力集中。尤其在配合边缘，应力集中更为严重。改善措施有：在轴、轮毂上开卸载槽。

③ 选用应力集中小的定位方法。采用紧定螺钉、圆锥销钉、弹性挡圈、圆螺母等定位时，需在轴上加工出凹坑、横孔、环槽、螺纹，引起较大的应力集中，应尽量不用；用套筒定位无应力集中。在条件允许时，用渐开线花键代替矩形花键，用盘铣刀加工的键槽代替端铣刀加工的键槽，均可减小应力集中。

工作图作为生产和检验的主要技术文件，包含制造和检验的全部内容。为此，在编制轴类零件加工工艺时，必须详细分析轴的工作图样，如图 6-1 所示为减速箱传动轴工作图样。轴类零件一般只有一个主要视图，主要标注相应的尺寸和技术要求等，而螺纹退刀槽、砂轮越程槽、键槽及花键部分的尺寸和技术要求标注在相应的剖视图。

6.1.2 轴类零件的技术要求

轴通常是由支承轴颈支承在机器的机架或箱体上，实现传递运动和动力的功能。支承轴颈表面的精度及其与轴上传动件配合表面的位置精度对轴的工作状态和精度有直接的影响。因此，轴类零件的技术要求，通常包含以下几个方面。

1. 尺寸精度

轴类零件的尺寸精度是指直径尺寸精度和轴长度尺寸精度。

轴类零件的主要加工表面分为两类：一类是装配传动零件的轴颈称为配合轴颈，尺寸精度稍低，通常为 IT9～IT6 级；另一类是装配轴承的轴颈称为支承轴颈，是轴类零件的主要表面，影响轴的回转精度与工作状态，轴颈的尺寸精度要求较高，通常为 IT7～IT5 级；高精度的轴颈为 IT5 级。轴的长度尺寸通常规定为公称尺寸，对于阶梯轴的各台阶长度按使用要求可相应给定公差。

2. 几何形状精度

轴类零件一般依靠两个轴颈支承，轴颈同时也是轴的装配基准，所以轴颈的几何形状精度（圆度、圆柱度等），一般应根据工艺要求限制在直径公差范围内。对几何形状要求较高时，可在零件图上另行规定其允许的公差。

3. 位置精度

主要包括同轴度、圆跳动、垂直度、平行度、径向圆跳动和端面圆跳动。

① 配合轴颈轴线相对支承轴颈轴线的同轴度。

② 配合轴颈相对支承轴颈轴线的圆跳动。普通精度的轴，同轴度误差为 0.01～0.03mm，高精度的轴同轴度误差则要求达到为 0.001～0.005mm。

③ 其他的相互位置精度如轴肩端面对轴线的垂直度等。

4. 表面粗糙度

根据零件表面工作部位的不同，可有不同的表面粗糙度，例如普通机床主轴支承轴颈的表面粗糙度为 $Ra0.16 \sim 0.63\mu m$，配合轴颈的表面粗糙度为 $Ra0.63 \sim 2.5\mu m$，随着机器运转速度的增大和精密程度的提高，轴类零件表面粗糙度值要求也将越来越小。

5. 热处理要求

根据轴的材料和加工需要，常进行正火、调质、淬火、表面淬火及表面渗碳、渗氮等热处理，以获得一定的强度、硬度、韧性和耐磨性。

① 结构尺寸不大的中碳钢普通轴类锻件，一般在切削加工前进行调质热处理。

② 对于重要的轴类零件（如机床主轴），一般在毛坯锻造后安排正火处理，达到消除锻造应力，改善切削性能的目的；粗加工后安排调质处理，以提高零件的综合力学性能，并作为需要表面淬火或氮化处理的零件的预备热处理。

③ 轴上有相对运动轴颈和经常拆卸的表面，需要进行表面淬火处理，安排在精加工前。

如图 6-1 所示的传动轴，轴颈 M 和 N 处各项精度要求均较高，且是其他表面的基准，因此是主要表面。轴颈 Q 和 P 处径向圆跳动公差为 0.02，轴肩 H、G 和 I 端面圆跳动公差为 0.02，也是较重要的表面。同时该轴还有键槽、螺纹等结构要素。

6.1.3　轴类零件的材料和毛坯

合理选用材料和规定热处理的技术要求，对提高轴类零件的强度和使用寿命有重要意义，同时，对轴的加工过程有极大的影响。

1. 轴类零件的材料

轴类零件材料的选用应满足其力学性能（包括材料强度、耐磨性和抗腐蚀性等），同时，选择合理热处理和表面处理方法（如发蓝处理、镀铬等），以使零件达到良好的强度、刚度和所需的表面硬度。

① 对于受载较小或不太重要的轴，可选用 Q235、Q255 等普通碳素钢。

② 一般轴类零件常选用 45 钢，经过调质处理可得到较好的切削性能，而且能获得较高的强度和韧性等综合力学性能。

③ 对于中等精度而转速较高的轴，可用 40Cr、40MnB、35SiMn、38SiMnMo 等合金钢，这类钢经调质和表面淬火处理后，具有较高的综合力学性能。

④ 对于高速、重载荷等条件下工作的轴，可选用 20Cr、20CrMnTi、20MnVB 等低碳合金钢进行渗碳淬火，一方面能使心部保持良好的韧性，另一方面能获得较高的耐磨性，但热处理后变形较大。或用 38CrMoAlA 氮化钢进行氮化处理，经调质和渗氮后，不仅具有良好的耐磨性、抗疲劳性，其热处理变形也较小。

⑤ 对于高精度的轴，采用轴承钢 GCr15 或弹簧钢 65Mn，经调质和表面高频淬火后再回火，表面硬度可达 50～58HRC，具有较高的耐疲劳强度和耐磨性。

2. 轴类零件的毛坯

轴类零件常用的毛坯是型材（圆棒料）和锻件，某些大型或结构复杂的轴（如曲轴），在质量允许的情况下可采用铸件，比较重要的轴大都采用锻件。

（1）圆棒料　光轴或直径相差不大的台阶轴，常用热轧圆棒料毛坯；当零件尺寸精度与冷拉圆棒料相符时，其外圆可不进行加工，这时可采用冷拉圆棒料毛坯。

（2）锻件毛坯　直径相差较大的台阶轴和比较重要的轴大都采用锻件毛坯，由于毛坯加热锻打后，能使金属内部纤维组织分布均匀，从而获得较高的机械强度。毛坯的锻造方式分为自由锻和模锻两种。

锻件有自由锻造件、模锻件和精密模锻件三种。

① 自由锻件：是由金属经加热后锻压（用手工锻或用机锤）成形，使毛坯外形与零件的轮廓相近似。由于采用手工操作锻造成形，精度低，加工余量大，毛坯加工余量为 1.5～10mm。加之自由锻造生产率不高，所以适用于单件、小批生产中，生产结构简单的锻件。

② 模锻件：是由毛坯加热后采用锻模在压力机上锻造出来的锻件。模锻件的精度、表面质量及综合力学性能都比自由锻件高，尺寸公差达 0.1～0.2mm，表面粗糙度 Ra 值为 12.5μm，毛坯的纤维组织好、强度高、生产率较高，但需要专用锻模及锻锤设备。大批量生产中，中小型零件的毛坯，常采用模锻制造。

③ 精密模锻件：锻件形状的复杂程度取决于锻模，尺寸精度高，尺寸公差达 0.05～0.1mm，锻件变形小，能节省材料和工时，生产率高，但需专门的精锻机或使用两套不同精度的锻模，采用无氧化和少氧化的加热方法。适用于成批及大量生产。

模锻通常按所用的设备分为锤模锻、热模锻压力机模锻、螺旋压力机模锻、水压机模锻、平锻机模锻和电热镦等。

(3) 铸造毛坯　少数结构复杂或尺寸较大的轴，如柴油机曲轴等，采用铸造毛坯（球墨铸铁或稀土铸铁）。

轴类零件的主要加工表面是外圆。各种精度等级和表面粗糙度要求的外圆表面，可采用不同的典型加工方案来获得。

如图 6-1 所示传动轴根据使用条件，可选用 45 钢。在小批量生产中，毛坯可选用棒料；若批量较大时，可选用锻件。

轴类零件是机械零件中的关键零件之一，主要用以传递旋转运动和扭矩，支承传动零件并承受载荷，而且是保证装在轴上零件回转精度的基础。

轴类零件是回转体零件，一般来说其长度大于直径。轴类零件的主要加工表面是内、外旋转表面，次要表面有键槽、花键、螺纹和横向孔等。轴类零件按结构形状可分为光轴、阶梯轴、空心轴和异型轴（如曲轴、凸轮轴、偏心轴等），按长径比（l/d）又可分为刚性轴（$l/d \leqslant 12$）和挠性轴（$l/d > 12$）。其中，以刚性光轴和阶梯轴工艺性较好。

6.1.4 轴类零件的机械加工工艺

图 6-3 为 CA6140 型普通车床主轴的零件简图。该零件的加工工艺路线长，它涉及轴类零件加工中的许多基本工艺问题，在轴类零件中具有一定的代表性。

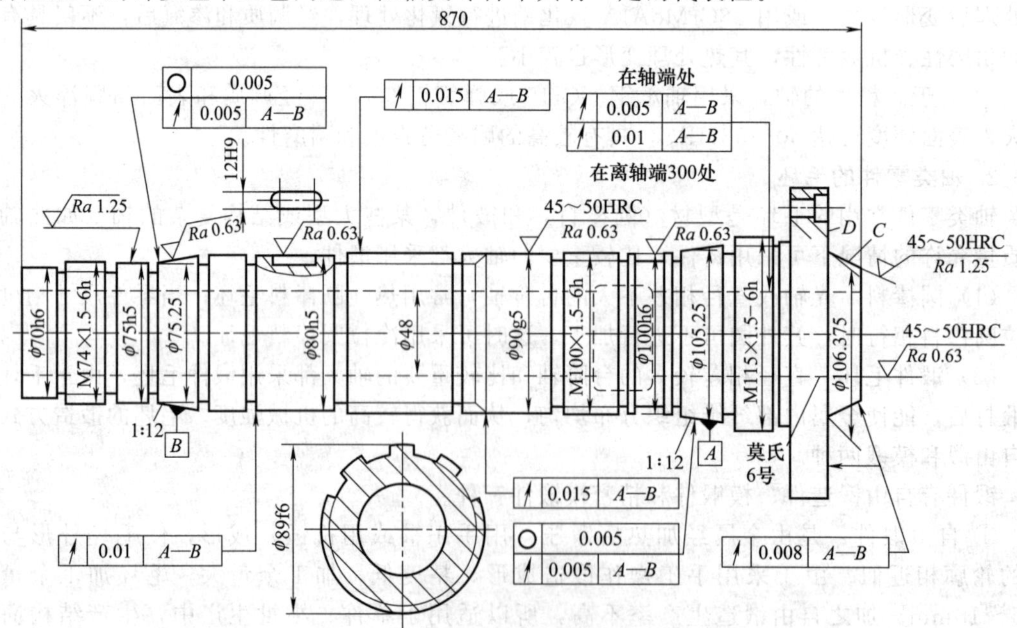

图 6-3　CA6140 型普通车床主轴零件简图

1. 主轴的技术条件分析

从图 6-3 可以看出，主轴的支承轴颈 A、B 是主轴部件的装配基准，它的制造精度直接影响到主轴部件的回转精度。当支承轴颈不圆、不同轴时，将引起主轴的回转误差，直接影响零件的加工质量。所以支承轴颈 A、B 的精度要求很高，为 IT5 级精度。

主轴锥孔可安装顶尖或工具锥柄，锥孔轴线必须与支承轴颈的轴线同轴，否则会使加工工件产生相对位置误差。

主轴前端圆锥面和端面是安装卡盘的定位表面。为了保证卡盘的定心精度，该圆锥表面必须与支承轴颈同轴，端面必须与主轴的回转轴线垂直。

主轴上的螺纹是用来固定与调节主轴滚动轴承间隙的。如果螺纹轴线与支承轴颈轴线不重合，在锁紧螺母后，会造成主轴弯曲、滚动轴承内圈轴线倾斜，引起主轴径向圆跳动。因此，必须控制螺纹与支承轴颈的同轴度。

主轴轴向定位面与主轴旋转轴线不垂直，将使主轴产生周期性的轴向窜动。这样，加工工件端面，会造成工件端面的平面度、与轴线的垂直度达不到要求；加工螺纹时，会引起工件螺距误差。

综上分析可知，主轴上的支承轴颈、配合轴颈、锥孔、前端圆锥面及端面和锁紧螺纹等表面要求较高，这些都是主要加工表面。其中支承轴颈本身的尺寸精度、形状精度、位置精度及表面粗糙度尤为重要，是主轴加工的关键。

2. 主轴加工工艺过程

依据主轴的结构、技术要求和设备条件，按材料为 45 钢、模锻件毛坯、大批量生产，拟定主轴加工工艺过程如表 6-1 所示。

3. 主轴加工工艺过程分析

由于主轴精度要求高，且在加工过程中要切除大量金属，因此必须将主轴的工艺过程划分为粗加工和精加工不同的阶段。从表 6-1 中可以看出，CA6140 车床主轴加工过程可分为三个阶段。

表 6-1 主轴加工工艺过程

序号	工序名称	工序内容	设备
1	备料		
2	精锻		立式精锻机
3	热处理	正火	
4	锯头		
5	铣	铣端面打中心孔	专用机床
6	车	粗车外圆	卧式车床
7	热处理	调质 220～240HBS	
8	车	车大端各部	卧式车床
9	车	仿形车小端各部	仿形车床
10	钻	钻深孔	深孔钻床
11	车	车小端内锥孔(配 1∶20 锥堵)，用涂色法检查 1∶20 锥孔，接触率≥50%	卧式车床
12	车	车大端锥孔(配莫氏 6 号锥堵)，车短锥及端面，用涂色法检查莫氏 6 号锥孔，接触率≥30%	卧式车床
13	钻	钻大端端面各孔	钻床及钻模
14	热处理	高频淬火	
15	车	精车各外圆及切槽	数控车床
16	粗磨	粗磨外圆	万能外圆磨床
17	粗磨	粗磨莫氏 6 号锥孔(重配莫氏 6 号锥堵)	内圆磨床
18	铣	粗、精铣花键	花键铣床

续表

序号	工序名称	工序内容	设备
19	铣	铣键槽	铣床
20	车螺纹	车大端内侧及三处螺纹	卧式车床
21	磨	粗、精磨各外圆及端面	万能磨床
22	磨	粗磨 1∶12 两外锥面	专用组合磨床
23	磨	精磨 1∶12 两外锥面、端面 D、短锥面 C，用环规贴紧 C 面，环规端面与 D 面的间隙 0.05～0.1mm，两处 1∶12 锥面涂色检查接触率≥70%	专用组合磨床
24	磨	精磨莫氏 6 号锥孔，莫氏 6 号锥孔用涂色检查，接触率≥70%，莫氏 6 号锥孔对主轴端面的位移为±2mm	专用主轴锥孔磨床
25	检验	终检	

① 粗加工阶段

a. 毛坯处理　备料、锻造和正火（工序 1～3）。

b. 粗加工　锯去多余部分，铣端面，打顶尖孔和粗车外圆等（工序 4～6）。

粗加工阶段的主要目的是：用大切削用量切除大部分余量，把毛坯加工至接近工件的最终形状和尺寸，只留下半精加工阶段加工余量。这一阶段还可及时发现锻件裂缝等缺陷，以采取相应的措施。

② 半精加工阶段

a. 半精加工前热处理　对 45 钢一般采用调质处理，以达到 220～240HBS（工序 7）。

b. 半精加工　车工艺锥面（定位锥孔），半精车外圆端面和钻深孔等（工序 8～13），这一阶段的主要目的是为精加工做好准备，特别是为精加工做好定位基准的准备。对一些要求不高的表面，可加工到图纸规定的要求。

③ 精加工阶段

a. 精加工前热处理　局部高频淬火（工序 14）。

b. 精加工前各种加工　粗磨工艺锥面（定位锥孔），精车与粗磨外圆，铣花键和键槽，以及车螺纹等（工序 13～20）。

c. 精加工　精磨外圆和内、外锥面以保证主轴最重要表面的精度（工序 21～24）。该阶段的目的是把各表面最终加工到图纸规定的要求。

按粗、精加工分开原则划分阶段，极为必要。因为加工过程中，工件热处理工序，以及切削力、切削热、夹紧力等使工件产生较大的加工误差和残余应力，为消除前一道工序的加工误差和残余应力，需进行逐步加工。精度要求越高，加工阶段数越多。

工件热处理后会出现变形，如正火、调质和淬火等工序往往使工件弯曲或扭曲，而调质或淬火后，往往伴随着内应力的产生。因此热处理后经常需要安排一次机械加工（如车削或磨削），以纠正零件的变形。此后由于工件的内应力重新平衡，又会产生新的变形，虽变形量大为减少，仍必须再用加工方法予以消除，所以在粗磨之后又需半精磨、精磨等工序。对于精度要求高的工件，在粗磨、精车之后需进行低温时效处理，以提高工件尺寸精度的稳定性。

4. 定位基准的选择

轴类零件加工中，为保证各主要表面的相互位置精度，选择定位基准时，应尽可能使其与装配基准重合并使各工序的基准统一，而且还要考虑在一次装夹中尽可能加工出较多的表面。

轴类零件加工精度的主要指标之一，是各段外圆的同轴度以及锥孔和外圆的同轴度。图 6-3 所示 CA6140 车床主轴的装配基准是前、后两个支承轴颈 A 和 B。为了保证卡盘定位面以及前锥孔与支承轴颈 A 和 B 有很高的同轴度，应以加工好的 A 和 B 面为定位基准来终磨锥孔和卡盘的定位面 C。这与基准重合的原则相符。但为避免支承轴颈 A 和 B 面被拉毛或损伤，并考虑到 A 和 B 面有锥度，不便于定位等原因，在实际生产中也有用和它靠近的圆柱轴颈作为定位基准的。

由于外圆表面的设计基准为轴的轴心线，在加工时，最好由两端的顶尖孔作为基准面。顶尖孔的精度要求较高，应精细加工。用顶尖孔作为定位基准，能在一次装夹中加工出各段外圆表面及其端面等，可很好地保证各外圆表面的同轴度以及外圆与端面的垂直度。所以，对于实心轴（锻件或棒料毛坯），在粗加工之前，应先打顶尖孔。对于空心轴，则以外圆定位，加工空心孔，并在两端孔口倒角或车两端内锥孔，以作为以后加工的基准。

CA6140车床的主轴毛坯是实心的，加工成形后为空心轴。从选择定位基准的角度来看，希望采用顶尖孔来定位，而把深孔加工工序安排在后面，但深孔加工是粗加工，要切除大量金属，会引起工件变形而影响加工精度，所以只能在粗车外圆之后，就把深孔加工出来。在成批生产中，深孔加工后，可考虑在轴的通孔两端加工出工艺锥面，插上两个带顶尖孔的锥堵或带锥套的心轴来安装工件，如图6-4所示。在小批生产中，为了节省辅助设备，常用找正外圆的方法来安装工件。

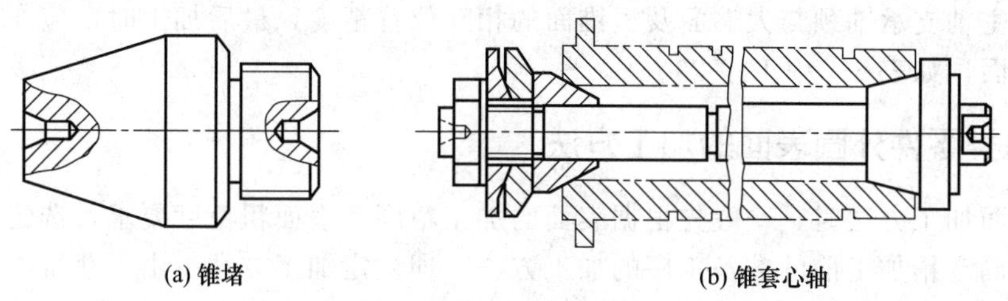

(a) 锥堵　　(b) 锥套心轴

图6-4　锥堵与锥套心轴

为保证支承轴颈与主轴内锥面的同轴度要求，当选择精基准时，要遵循互为基准的原则。例如CA6140主轴，当车小端1∶20锥孔和大端莫氏6号锥孔时，用的是与前支承轴颈相邻而又是以同一基准加工出来的外圆柱面为定位基准；在工序13精车各外圆及两个支承轴颈1∶12锥度时，是以上述前后锥孔内所配锥堵的顶尖孔为定位基准；在工序17粗磨莫氏6号锥孔时，又以两个圆柱面为定位基准。这是符合基准转换原则的。在工序22和23中，粗、精磨两个支承轴颈A和B时，再以粗磨过的锥孔所配锥堵的顶尖孔为定位基准，这是一次基准转换；工序24中，最后精磨莫氏6号锥孔时，直接以精磨后的支承轴颈 B 和 ϕ100h6圆柱面为定位基准，这又是一次基准转换。这些转换过程是精度提高的过程，使得精加工前有精度较高的精基准，这完全符合互为基准的原则。基准转换次数的多少，要依加工精度来定。

从上面的分析可以看出，表6-1主轴的工艺过程是这样选择定位基准的：工艺过程一开始就以外圆柱面作粗基准铣端面，打中心孔，为粗车外圆准备了基准；而车外圆又为深孔加工准备了基准。此后，为给半精加工、精加工外圆准备定位基准，又先加工好前、后锥孔，以便安装锥堵。由于支承轴颈是磨锥孔的定位基准，所以终磨锥孔前，必须磨好轴颈表面。

5. 加工顺序的安排和工序的确定

轴类零件的加工顺序，在很大程度上与定位基准的选择有关。待零件加工用的粗、精基准选定后，加工顺序就大致可以确定了。工序的确定要按加工顺序进行，并注意以下几方面。

(1) 基准先行　因为各阶段开始总是先加工定位基准面，即“基准先行”，先行工序必须为后续工序准备好所用的定位基准。例如CA6140车床主轴工艺过程，一开始就铣端面、打中心孔，为粗车和半精车外圆准备定位基准。半精车外圆又为深孔加工准备定位基准。反过来，前、后锥孔装上锥堵后的顶尖孔，又为以后的半精加工、精加工外圆准备了定位基准。而最后磨锥孔的定位基准则又是上道工序磨好的轴颈表面。又如深孔加工之所以安排在粗车外圆表面之后，是为了要有较精确的轴颈作为定位基准，以保证深孔加工时壁厚均匀。

(2) 粗、精分开，先粗后精　对各表面的加工要粗、精分开，先粗后精，多次加工，以逐步提高其精度。主要表面的精加工应安排在最后。

(3) 其他表面　需要在淬硬的表面上加工的孔、螺、纹、键槽等，都应安排在淬火之前加工完毕，例如表 6-1 中工序 13。在非淬硬表面上的孔、花键、键槽等，尽可能安排在精车外圆之后，精磨外圆之前加工，如表 6-1 中工序 18 和 19。如果在精车之前就加工出这些表面，一方面在车削时，因断续切削而产生振动，既影响加工质量又影响刀具寿命；另一方面也难于保证其精度要求。对有键槽的表面，甚至在磨削时，还需用工艺键将槽暂时堵起来。但也不宜在主要表面磨削之后才安排加工这些表面。否则，在加工过程中反复搬运易损坏已加工的主要表面。

主轴的螺纹对支承轴颈有一定的同轴度要求，一般安排在精加工阶段，如表 6-1 中工序 20。这样就不会受半精加工后，由于内应力重新分布所引起的变形和热处理变形的影响。

为保证主轴支承轴颈与大端面及短锥面的相互位置精度，最后加工时，应在一次安装中磨出这些表面，如表 6-1 中工序 23。

6.1.5 轴类零件外圆表面的加工方法

选择表面加工方法时，一般先根据表面的加工精度和表面粗糙度要求，选定最终加工方法，然后再确定精加工前的准备工序的加工方法，即确定加工方案。由于获得同一精度和同一粗糙度的方案有好几种，选择时还要考虑生产率和经济性，同时还要考虑零件的结构形状、尺寸大小、材料和热处理要求及工厂的生产条件等。

外圆表面是轴类零件的主要加工表面，因此，要合理地制订轴类零件的机械加工工艺规程，首先应了解外圆表面的各种加工方法和加工方案。

轴类零件是回转体零件，其长度大于直径，加工表面主要有内、外圆表面及圆锥面等，其中，外圆表面常用加工方法有车削、磨削加工和光整加工。

1. 轴类零件外圆表面的车削加工

(1) 车削外圆的方法　根据工件表面的加工精度和表面粗糙度的要求，车外圆一般分粗车和精车两个步骤。由于它们要求不一样，因此，车刀分外圆粗车刀和外圆精车刀两种。

① 粗车　粗车的目的是要尽快地切去大部分余量，为精加工留 0.5～1mm 余量。常用的外圆粗车刀有主偏角为 45°、75°和 90°等几种。如图 6-5 所示。

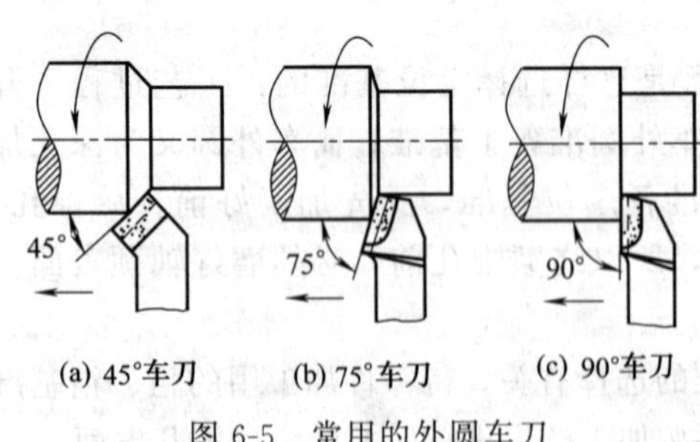

图 6-5　常用的外圆车刀

② 精车　精车的目的是切去余下的少量金属层，以获得图样要求的精度和表面粗糙度。精车时应采取有圆弧过渡刃的精车刀。车刀的前后面须用油石打光。精车时背吃刀量 a_p 和进给量 f 较小，以减小残留面积，使 Ra 值减小。切削用量一般为：$a_p=0.1\sim0.2$mm，$f=0.05\sim0.2$mm/r，$v\geqslant60$m/min。精车的尺寸公差等级一般为 IT8～IT6，半精车一般为 IT10～IT9；精车的表面粗糙度 $Ra=3.2\sim0.8\mu$m，半精车的表面粗糙度 $Ra=6.3\sim3.2\mu$m。

③ 车外圆的操作步骤

a. 检查毛坯的直径，根据加工余量确定进给次数和背吃刀量。

b. 划线痕，确定车削长度。先在工件上用粉笔涂色，然后用内卡钳在钢直尺上量取尺寸后，在工件上划出加工线。

c. 车外圆要准确地控制背吃刀量，这样才能保证外圆的尺寸公差。通常采用试切削方法来控制背吃刀量，试切的操作步骤如图 6-6 所示。

(a) 启动车床，移动床鞍与中滑板，使车刀刀尖与工件表面轻微接触［图 (a)］，并记下中滑板刻度。

(b) 中滑板手柄不动，移动床鞍，退出车刀与工件端面距 2～5mm［图 (b)］。

(c) 按选定的背吃刀量摇动中滑扳手柄，根据中滑板刻度作横向进给［图 (c)］。

(d) 移动床鞍，试刀长度约 2～3mm［图 (d)］。

(e) 中滑扳手柄不动，向右退出车刀，停车，测量工件尺寸［图 (e)］。

(f) 根据测量结果，调整背吃刀量［图 (f)］。

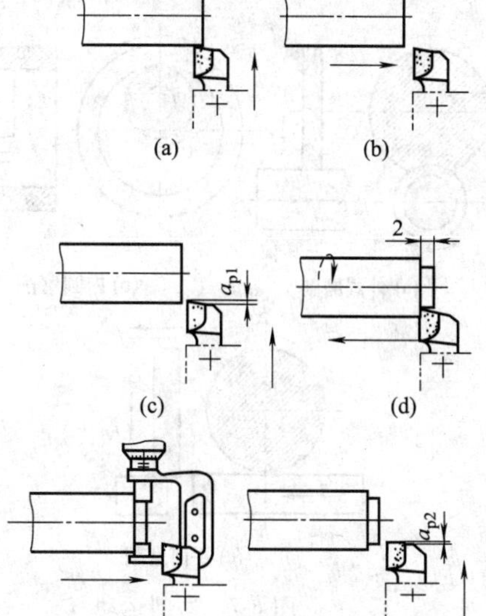

图 6-6　试切的操作步骤

如尺寸正确，即可手动或自动进刀车削，如不符合要求，则应根据中滑板刻度调整背吃刀量，再进刀车削。

(2) 车削外圆表面的工艺应用

根据毛坯的制造精度和工件最终加工要求，外圆车削一般可分为粗车、半精车、精车、精细车。

① 粗车　目的是切去毛坯硬皮和大部分余量，主要目的是提高生产率。加工后工件尺寸精度 IT12～IT11，表面粗糙度 Ra12.5μm。

② 半精车　尺寸精度可达 IT10～IT9，表面粗糙度 Ra6.3～3.2μm。半精车可作为中等精度表面的终加工，也可作为磨削或精加工的预加工。

③ 精车　一般作为较高精度外圆表面的终加工，其主要目的是达到零件的表面的加工要求，尺寸精度可达 IT8～IT7，表面粗糙度 Ra1.6～0.8μm。

④ 精细车　精细车后的尺寸精度可达 IT6～IT5，表面粗糙度 Ra0.8μm。精细车尤其适合于有色金属加工，有色金属一般不宜采用磨削，所以常用精细车代替磨削。

2. 轴类零件外圆表面的磨削加工

磨削是外圆表面精加工的主要方法之一。它既可加工淬硬后的表面，又可加工未经淬火的表面。

(1) 磨削加工特点

① 加工余量少，加工精度高。一般磨削可获得 IT5～IT7 级精度。

② 磨削加工范围广，表面粗糙度可达 Ra0.2～1.6μm。

各种表面：内外圆表面、圆锥面、平面、齿面、螺旋面。

各种材料：普通塑性材料、铸件等脆材、淬硬钢、硬质合金、宝石等高硬度难切削材料。

③ 磨削速度高、耗能多，切削效率低，磨削温度高，工件表面易产生烧伤、残余应力等缺陷。

④ 砂轮有一定的自锐性。

(2) 磨削运动　不同种类的磨削加工，运动的数目和形式也有所不同。图 6-7 表示外圆磨削、内圆磨削和平面磨削的切削运动。

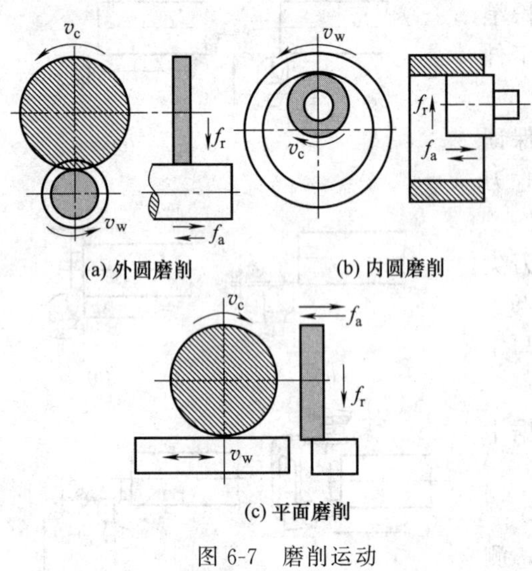

图 6-7 磨削运动

① 主运动 砂轮的旋转运动称为主运动。砂轮的圆周线速度称磨削速度，用 v_c表示，单位为 m/s。氧化铝或碳化硅砂轮：25～50m/s；CBN 砂轮或人造金刚石砂轮：80～150m/s。

$$v_c = \frac{\pi d n}{1000 \times 60}$$

式中 d——砂轮直径，mm；

n——砂轮转速，r/min。

② 径向进给运动 砂轮相对于工件径向的运动，其大小用径向进给量 f_r表示。当作间歇进给时，f_r指工作台每单行程或双行程内工件相对于砂轮径向移动的距离，单位为 mm/单行程或 mm/双行程。粗磨，0.015～0.05mm/单行程或 0.015～0.05mm/双行程；精磨，0.005～0.01mm/单行程或 0.005～0.01mm/双行程。当作连续进给时，用径向进给速度 v_r表示，单位为 mm/s。径向进给量 f_r亦称磨削深度 a_p（相当于车削时的背吃刀量）。

③ 轴向进给运动 工件相对于砂轮沿轴向的运动，称轴向进给运动。轴向进给量用 f_a表示。它指工件每一转或工作台每一次行程，工件相对砂轮的轴向移动的距离。一般情况下粗磨 $f_a=(0.3\sim0.7)B$，精磨 $f_a=(0.3\sim0.4)B$，B 为砂轮宽度，单位为 mm；f_a的单位圆磨为 mm/r，平磨为 mm/st。外圆或内圆磨削有时还用轴向进给速度 v_f表示，单位为 mm/min。$v_f=n_w f_a$（其中 n_w为工件的转速，r/min）。

④ 工件圆周进给运动 内、外圆磨削时工件的回转运动，称为工件圆周进给运动。工件回转外圆线速度为圆周进给速度，用 v_w表示，单位为 m/min，可用下式计算：

$$v_w = \pi d_w n_w / 1000$$

式中 d_w——工件直径，mm；

n_w——工件转速，r/min。

粗磨 20～30m/min；精磨 20～60m/min。

外圆磨削时，若 v_c、v_w、f_a同时具有且连续运动，则为纵向磨削；若无轴向进给运动，即 $f_a=0$，则砂轮相对于工件作连续径向进给，称为横向磨削（或切入磨削）。

内圆磨削与外圆磨削运动相同，但因砂轮的直径受工件孔径尺寸的限制，砂轮轴刚性较差，切削液也不易进入磨削区，因而磨削用量较小，磨削效率不如外圆磨削高。

(3) 外圆磨削的基本方法 外圆磨削的基本方法，如图 6-8 所示。

① 纵磨法 纵磨法是最常用的磨削方法，磨削时，工作台作纵向往复进给，砂轮作周期性横向进给，工件的磨削余量要在多次往复行程中磨去。

纵磨法的特点：

a. 在砂轮整个宽度上，磨粒的工作情况不一样，砂轮左端面（或右端面）尖角担负主要的切削作用，工件部分磨削余量均由砂轮尖角处的磨粒切除，而砂轮宽度上绝大部分磨粒担负减少工件表面粗糙度值的作用。纵向磨削法磨削力小，散热好，可获得较高的加工精度和较小的表面粗糙度值。

b. 劳动生产率低。

c. 磨削力较小，适用于细长、精密或薄壁工件的磨削。

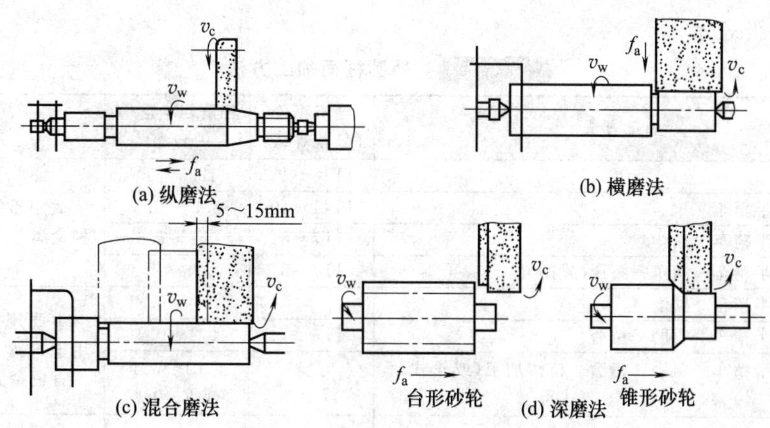

图 6-8　外圆磨床的磨削方法

② 横磨法　被磨削工件外圆长度应小于砂轮宽度，磨削时砂轮作连续或间断横向进给运动，直到磨去全部余量为止。砂轮磨削时无纵向进给运动。粗磨时可用较高的切入速度；精磨时切入速度则较低，以防止工件烧伤和发热变形。

横磨法的特点：

a. 整个砂轮宽度上磨粒的工作情况相同，充分发挥所有磨粒的磨削作用。同时，由于采用连续的横向进给，缩短磨削的基本时间，故有很高的生产效率。

b. 径向磨削力较大，工件容易产生弯曲变形，一般不适宜磨削较细的工件。

c. 磨削时产生较大的磨削热，工件容易烧伤和发热变形。

d. 砂轮表面的形态（修整痕迹）会复制到工件表面，影响工件表面粗糙度。为了消除以上缺陷，可在横磨法终了时，作微小的纵向移动。

e. 横磨法因受砂轮宽度的限制，只适用于磨削长度较短的外圆表面。

③ 混合磨法　又称分段磨削法。它是纵磨法与横磨法的综合应用，即先用横磨法将工件分段进行粗磨，留 0.03～0.04mm 余量，最后用纵磨法精磨至尺寸。这种磨削方法既利用了横磨法生产效率高的优点，又有纵磨法加工精度高的优点。分段磨削时，相邻两段间应有 5～10mm 的重叠。这种磨削方法适合于磨削余量和刚性较好的工件，且工件的长度也要适当。考虑到磨削效率，应采用较宽的砂轮，以减小分段数。当加工表面的长度约为砂轮宽度的 2～3 倍时为最佳状态。

④ 深磨法　是一种高效的磨削方法，采用较大的背吃刀量在一次纵向进给中磨去工件的全部磨削余量。由于磨削基本时间缩短，故劳动生产率高。

深磨法的特点：

a. 适宜磨削刚性好的工件。

b. 磨床应具有较大功率和刚度。

c. 磨削时采用较小的单方向纵向进给，砂轮纵向进给方向应面向头架并锁紧尾座套筒，以防止工件脱落。砂轮硬度应适中，且有良好的磨削性能。

3. 轴类零件外圆表面的光整加工

对于超精密零件的加工表面往往需要采用特殊的加工方法，在特定的环境下加工才能达到要求，外圆表面的光整加工就是提高零件加工质量的特殊加工方法。

外圆表面的光整加工有研磨、超精加工、双轮珩磨、滚压等方法。

6.1.6　外圆表面加工方法的选择

表 6-2 摘录了外圆表面典型加工方法和加工方案能达到的经济精度和经济粗糙度（经济

精度以公差等级表示)。

表 6-2 外圆柱面加工方法

序号	加工方法	经济精度(公差等级)	经济粗糙度值 Ra/μm	适用范围
1	粗车	IT18~13	12.5~50	适用于淬火钢以外的各种金属
2	粗车—半精车	IT11~10	3.2~6.3	
3	粗车—半精车—精车	IT7~8	0.8~1.6	
4	粗车—半精车—精车—滚压(或抛光)	IT7~8	0.25~0.2	
5	粗车—半精车—磨削		0.4~0.8	主要用于淬火钢,也可用于未淬火钢,但不宜加工有色金属
6	粗车—半精车—粗磨—精磨	IT6~7	0.1~0.4	
7	粗车—半精车—粗磨—精磨—超精加工(或轮式超精磨)	IT5	0.01~0.1(或 Rz 0.1)	
8	粗车—半精车—精车—精细车(金刚车)	IT6~7	0.025~0.4	主要用于要求较高的有色金属加工
9	粗车—半精车—粗磨—精磨—超精磨(或镜面磨)	IT5 以上	0.006~0.025(或 Rz 0.05)	极高精度的外圆加工

6.2 套类零件加工

6.2.1 套类零件的结构特点及工艺性分析

1. 套类零件的功用

套类零件在机械产品中通常起支承或导向作用。根据其功用,套类零件可分为轴承类、导套类和缸套类,如图 6-9 所示。套类零件用作滑动轴承时,起支承回转轴及轴上零件作用,承受回转部件的重力和惯性力,而在与轴颈接触处有强烈的滑动摩擦;用作导套、钻套时,对导柱、钻头等起导向作用;用作油缸、气缸时,承受较高的工作压力,同时还对活塞的轴向往复运动起导向作用。

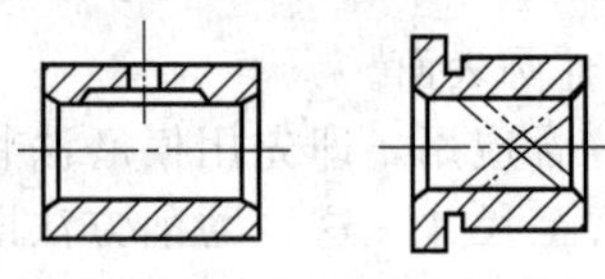

(a) 滑动轴承(一)　(b) 滑动轴承(二)

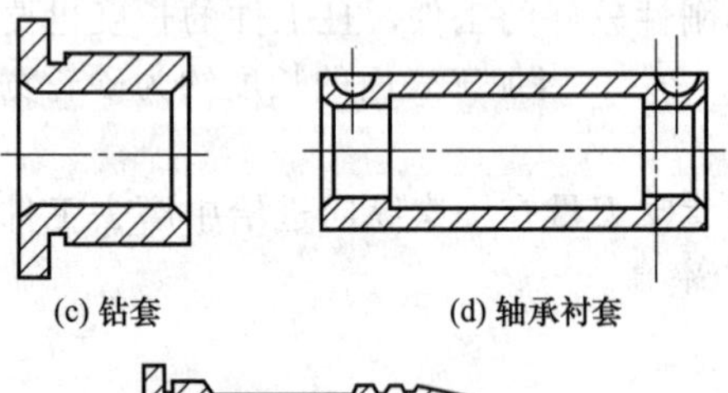

(c) 钻套　(d) 轴承衬套

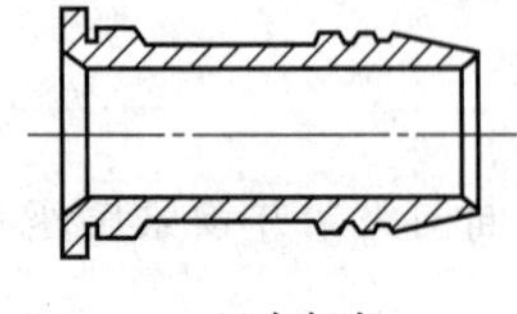

(e) 气缸套

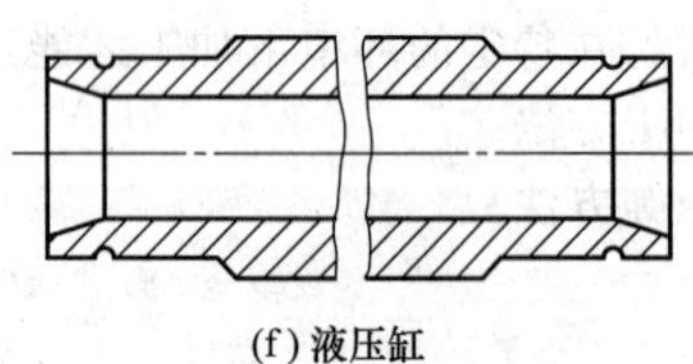

(f) 液压缸

图 6-9 套类零件示例

套类零件的主要加工表面是内孔、外圆柱表面。

(1) 内孔　它是零件起支承或导向作用的最主要表面,通常与运动着的轴、活塞等配合,内孔的尺寸精度一般为 IT6~IT9;形状精度一般控制在孔径公差以内,表面粗糙度为 Ra1.6~0.16μm。

(2) 外圆柱表面　一般是套类零件的支承表面,常以过盈配合同其他零件的孔相连接。外径的尺寸精度通常为 IT6~IT5;形状精度控制在外径公差以内,表面粗糙度为 Ra3.2~0.63μm。另外对于零件还有内外圆之间的同轴度、孔轴线与端面的垂直度等形位精度要求。由于车削该类零件时,孔内尺寸小,切屑不易排出而损伤加工表面;冷却润滑液不易注入而使工件过热变形,因此车削套类零件的不利条件多于车削轴类零件。

2. **套类零件的结构特点**

套类零件表面由内外圆柱面、退刀槽、内外倒角、油孔等表面组成，其中多个直径尺寸与轴向尺寸有较高的尺寸精度和表面粗糙度要求。套筒类零件的加工工艺根据其功用、结构形状、材料和热处理以及尺寸大小的不同而异。就其结构形状来划分，大体可以分为短套筒和长套筒两大类。套类零件结构上还是有一定的共同特点：

① 外圆直径 D 一般小于其长度 L，通常长径比（L/D）小于5。

② 内孔与外圆直径之差较小，即零件壁厚较小，加工时容易产生变形。

③ 内、外圆回转表面的同轴度公差要求很小。

④ 结构比较简单。

3. **套类零件的加工特点**

由同一轴线的内孔和外圆为主要要素或加其他结构（如齿、槽等）组成的零件统称套类零件。套类零件的车削工艺主要是指圆柱孔的加工工艺，其加工特点是：

① 孔加工在工件内部进行，观察、测量比较困难，尤其是小孔、深孔的加工；

② 受孔径和孔深的限制，刀杆较细、较长，降低了刀杆的刚性；

③ 排屑困难，切削液不易进入切削区，冷却效果差；

④ 壁厚薄，薄壁工件受夹紧力、切削力的作用容易变形。

4. **套类零件的技术要求**

套类零件的外圆表面多以过盈或过渡配合与机架或箱体相配合起支承作用。内孔主要起到导向作用或支承作用，常与运动轴、主轴、活塞、滑阀相配合。有些套类零件的端面或凸缘端面有定位或承受载荷的作用。套类零件虽然形状、结构不一，但仍有共同的特点和技术要求。

套类零件的主要表面是孔和外圆，其主要技术要求如下。

(1) 孔的尺寸精度和几何形状精度　孔是套类零件起支承或导向作用最主要的表面，通常与运动着的轴、刀具或活塞相配合。孔的直径尺寸公差一般为IT7，精密轴套为IT6，气缸和液压缸由于与其相配的活塞上有密封圈，要求较低，通常为IT9。孔的形状精度，应控制在孔径公差以内，一些精密套筒控制在孔径公差的1/3～1/2。对于长的套筒，除了孔的圆度要求外，还有孔的圆柱度要求。为了保证零件的功用、提高其耐磨性，孔的表面粗糙度 Ra 值为0.16～2.5μm，有的要求更高，表面粗糙度 Ra 值达0.04μm。

(2) 外圆表面的技术要求　外圆是套类零件的支承面，常以过盈配合或过渡配合同箱体或机架上的孔相连接。外径尺寸公差等级通常取IT6～IT7，形状精度控制在外径公差以内，表面粗糙度 Ra 值为0.63～3.2μm。

(3) 孔与外圆的同轴度要求　当孔的最终加工是将套筒装入机座后进行，套筒内外圆的同轴度要求较低；若最终加工是在装配前完成，则要求较高，一般为0.01～0.05mm。外圆或孔的一方无配合要求时，其同轴度没有要求。

(4) 孔轴线与端面的垂直度要求　套筒的端面（包括凸缘端面）若在工作中承受轴向载荷，或虽不承受载荷，但在装配或加工中作为定位基准时，端面与孔轴线的垂直度要求较高，一般为0.01～0.05mm。

5. **套类零件的材料、毛坯及热处理**

(1) 套类零件的材料　套类零件毛坯材料的选择主要取决于零件的功能要求、结构特点及使用时的工作条件。

套类零件一般用钢、铸铁、青铜或黄铜和粉末冶金等材料制成。有些特殊要求的套类零件可采用双层金属结构或选用优质合金钢，双层金属结构是应用离心铸造法在钢或铸铁轴套的内壁上浇注一层巴氏合金等轴承合金材料，采用这种制造方法虽增加了一些工时，但能节省有色金属，而且又提高了轴承的使用寿命。

(2) 套类零件的毛坯　套类零件的毛坯制造方式的选择与毛坯结构尺寸、材料和生产批量的大小等因素有关。

① 孔径较大（一般直径大于 20mm）时常采用型材（如无缝钢管）或带孔的锻件或铸件；

② 孔径较小（一般直径小于 20mm）时，一般多选择热轧或冷拉棒料，也可采用实心铸件；

③ 大批大量生产时，可采用冷挤压、粉末冶金等先进工艺，不仅节约原材料，而且生产率及毛坯质量、精度均可提高。

(3) 套类零件的热处理　套类零件的功能要求和结构特点决定了套类零件的热处理方法有渗碳淬火、表面淬火、调质、高温时效及渗氮。

6. 套类零件内孔的加工

套类零件内孔加工方法较多，如钻孔、扩孔、镗孔、铰孔、磨孔、拉孔、珩孔、研磨及表面滚压加工等。其中钻孔、扩孔与镗孔作为粗加工与半精加工，而铰孔、磨孔、珩孔、研磨孔、拉孔及滚压加工则为孔的精加工。孔加工方法的选择，需根据孔径大小、深度与精度、表面粗糙度，以及零件结构形状、材料与孔在零件上的部位而定。确定孔加工方案一般的方法如下。

(1) 孔径较小时（30～50mm 以下），大多采用钻扩铰方案，按孔的精度决定采用一次铰或粗精铰（两次铰削）。批量大，则可采用钻孔后用拉刀拉削方案，其精度和生产效率均较高。

(2) 孔径较大时（缸筒、箱体机架类零件），大多采用钻孔后镗孔或直接镗孔。

(3) 淬硬套筒类零件多采用磨削方案，孔的磨削与外圆磨削一样，可获得很高的精度与较小的表面粗糙度。对于精密孔，还应增加光整加工，如采用高精度磨削、珩磨、研磨、抛光等方法。

7. 精细镗孔

精细镗与镗孔方法基本相同，由于最初是使用金刚石作镗刀，所以又称金刚镗。这种方法常用于有色金属合金及铸铁套筒零件孔的终加工或作珩磨和滚压前的预加工。

精细镗用的刀具，因天然金刚石刀具成本高，目前已普遍采用硬质合金 YT30、YT13 或 YG3X 代替，或者采用人工合成的金刚石和立方氮化硼刀具，后者加工钢质套筒比金刚石刀具有更多优点。为了达到高精度与较小的表面粗糙度值要求，减少切削变形对加工质量影响，采用高回转精度、刚度大的金刚镗床，切削速度较高（切削钢 200m/min、切削铸铁 100m/min、铝加工 300m/min），加工余量较小（约 0.2～0.3mm），进给量小（0.04～0.08mm/r）。

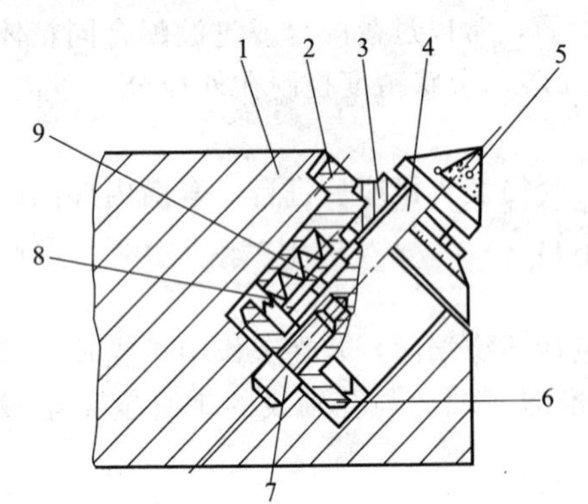

图 6-10　微调镗刀
1—镗杆；2—套筒；3—刻度盘；4—微调刀杆；5—刀片；6—垫圈；7—夹紧螺钉；8—弹簧；9—键

精细镗在良好条件下，加工公差等级可达 IT6～IT7。孔径为 ϕ13～100mm 时，尺寸偏差是 0.005～0.008mm，圆度误差 0.003～0.005mm，表面粗糙度 Ra 值为 0.16～1.25μm。

精细镗孔的尺寸控制采用微调镗刀头。如图 6-10

所示为一种带有游标刻度盘的微调镗刀，具有精密小螺距螺纹的刀杆4上夹有可转位刀片。微调时，半松开夹紧螺钉7，用扳手旋转套筒2，刀杆就可作微量进退，键9保证刀杆只作移动。这种微调镗刀的刻度值可达0.0025mm。

8. 孔的珩磨

珩磨是低速、大面积接触的磨削加工，是磨削加工的一种特殊形式。与磨削原理基本相同。珩磨所用的磨具是由几根粒度很细的油石所组成的珩磨头，如图6-11（a）所示［图6-11（b）为珩磨机简图］，珩磨头的油石有三种运动，即旋转运动、往复直线运动、加压力的径向运动。旋转和往复直线运动是珩磨主运动，这两种运动的组合，使油石磨粒在孔表面上的切削轨迹成交叉而不重复的网纹［图6-11（c）］，因此易获得表面粗糙度值较小的加工表面。径向加压运动是油石的进给运动，加压力越大，进给量就越大。

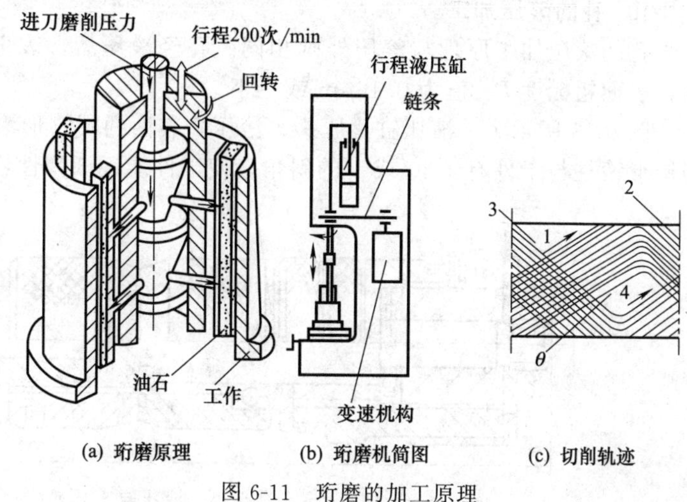

图6-11　珩磨的加工原理

珩磨的切削速度较低（一般在100m/min以下，仅为普通磨削1/100～1/30），而且油石与孔壁为面接触，参加切削的磨粒很多，每一颗磨粒的磨削压力很小，珩磨过程中发热少，孔的表面不易烧伤，变形层也极薄，从而可以获得表面质量很高的孔。珩磨后孔的表面粗糙度值通常为$Ra0.04 \sim 0.63\mu m$，有时也可达到$Ra0.01 \sim 0.02\mu m$的镜面。

珩磨能获得很高的尺寸精度和形状精度，珩磨孔的公差等级可达到IT6，圆度和圆柱度可达到0.003～0.005mm。此外，珩磨后孔表面的交叉网纹有利于润滑，可延长零件的使用寿命。

珩磨时，虽然珩磨头的转速较低，但往复速度较高，参加切削的磨粒又很多，能很快地切除加工余量，所以珩磨生产率较高。

为使油石能与孔表面均匀地接触，以切去小而均匀的加工余量，珩磨头相对工件有少量的浮动，珩磨头与机床主轴是浮动连接，故珩磨不能修正孔的位置偏差。因此，孔的位置精度和孔轴线的直线度，应在珩磨前的工序给予保证。

珩磨加工孔径范围为$\phi5 \sim 500$mm，孔的长径比可达10，在大批量生产中珩磨的应用较为普遍。

9. 孔的研磨

研磨孔的原理与研磨外圆相同。研具通常采用铸铁制的心棒，心棒表面开槽用以存放研剂。图6-12为研孔用研具，（a）是铸铁粗研具，棒的直径用螺钉调节；（b）为精研孔研具。

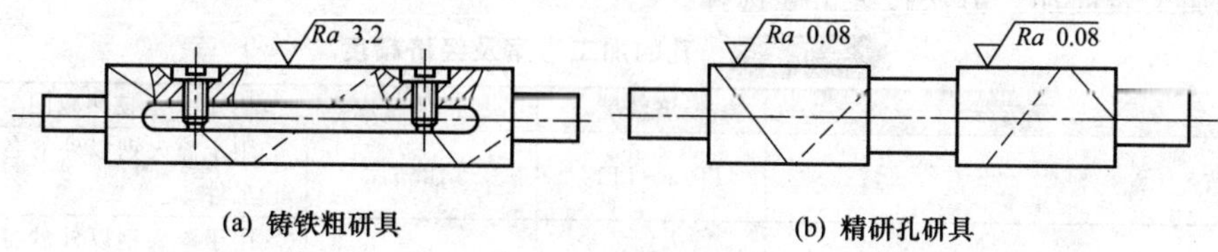

图6-12　研孔用研具

孔研磨工艺有以下特点。

(1) 研磨精度　研磨的尺寸公差等级为IT6，表面粗糙度Ra值0.01～0.16μm。

(2) 孔的位置精度　研磨孔的位置精度只能由前工序保证。

(3) 生产率较低　研磨之前孔必须经过磨削、精铰或精镗等工序，力争减少加工余量，提高生产率。对中小尺寸的孔，研磨余量约为0.025mm。

10. 孔的滚压加工

孔的滚压加工原理与滚压外圆相同。孔经滚压后，表面硬化耐磨，精度在0.01mm以内，表面粗糙度Ra值为0.16μm或更小。

图6-13所示为一液压缸滚压头，滚压孔表面的圆锥形滚柱3支承在锥套5上，滚压时，圆锥形滚柱与工件有1°30′或1°的斜角，使工件能逐渐弹性恢复，避免工件孔壁表面变粗糙。

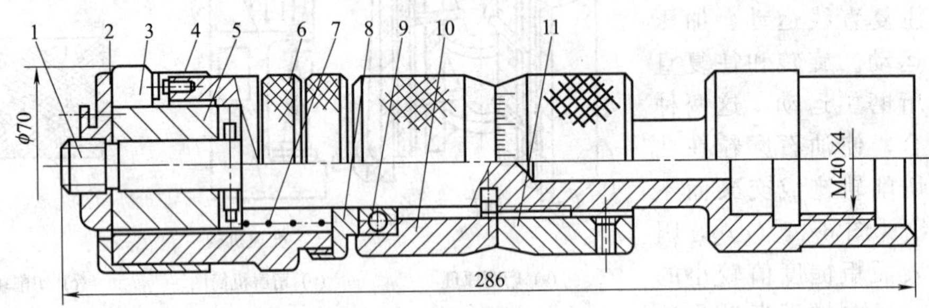

图6-13　液压缸滚压头

1—心轴；2—压板；3—圆锥形滚柱；4—销；5—锥套；6—套圈；7—压缩弹簧；8—衬套；9—推力轴承；10—过渡套；11—调节螺母

孔滚压前，通过调节螺母11调整滚压头的径向尺寸，旋转调节螺母可使其相对心轴1沿轴向移动。当调节螺母向左移动时，推动过渡套10、推力轴承9、衬套8及套圈6经销4，使圆锥形滚柱3沿锥套的表面向左移，结果使滚压头的径向尺寸缩小。当调节螺母向右移动时，压缩弹簧7的弹力经衬套8、推力轴承9，使过渡套10始终紧贴在调节螺母11的左端面，衬套8右移时，带动套圈6，经压板2使圆锥形滚柱3也沿轴向右移，滚压头径向尺寸增大。滚压头径向尺寸应根据孔滚压过盈量确定，通常钢材的滚压过盈量为0.1～0.12mm，滚压后孔径增大0.02～0.03mm。

滚压过程中，圆锥形滚柱所受的轴向力经销、套圈、衬套作用在推力轴承上，最终是经过渡套、调节螺母及心轴传至与滚压头右端M40×4螺纹相连的刀杆上。滚压完毕后，滚压头从孔反向退出时，圆锥形滚柱受到一个向左的轴向力，此力传给盖板，经套圈、衬套将压缩弹簧压缩，实现向左移动，使滚压头直径缩小，保证滚压头从孔中退出时不会碰着已滚压好的孔壁。

滚压用量通常选择滚压速度为60～80mm/min、进给量为0.25～0.35mm/r，切削液采用50%硫化油加50%柴油或煤油。

11. 内孔表面加工方法的选择

内孔加工表面加工方法按表6-3选择。

表6-3　孔的加工方案及经济精度

序号	加工方法	经济精度	经济粗糙度	使用范围
1	钻	IT13～IT11	12.5	用于淬火钢以外的各种金属实心工件
2	钻—铰	IT9	3.2～1.6	用于淬火钢以外的各种金属实心工件，但孔径$D<24$mm

续表

序号	加工方法	经济精度	经济粗糙度	使用范围
3	钻—扩—铰	IT9～IT8	3.2～1.6	用于淬火钢以外的各种金属实心工件，但孔径为 10～80mm
4	钻—扩—粗铰—精铰	IT7	1.6～0.4	
5	钻—拉	IT9～IT7	1.6～0.4	用于大批量生产
6	(钻)—粗镗—半精镗	IT10～IT9	6.3～3.2	用于淬火钢以外的各种材料
7	(钻)—粗镗—半精镗—精镗	IT8～IT7	1.6～0.8	
8	(钻)—粗镗—半精镗—磨	IT8～IT7	0.8～0.4	用于淬火钢、未淬火钢、铸铁等，不宜加工强度低、韧度高的有色金属
9	(钻)—粗镗—半精镗—粗磨—精磨	IT7～IT6	0.4～0.2	
10	粗镗—半精镗—精镗—珩磨	IT7～IT6	0.4～0.025	
11	粗镗—半精镗—精镗—研磨	IT7～IT6	0.4～0.025	用于钢件、铸铁件和有色金属件的加工
	粗镗—半精镗—精镗—精细镗			

6.2.2　套类零件的机械加工工艺

套类零件由于功用不同，其结构形状、尺寸及技术要求有很大差别，因而相应的加工工艺也有相当大的差别。下面以图 6-14 所示钻床主轴套为例，就其加工工艺的有关问题作一介绍。

1. 钻床主轴套的结构特点和技术条件分析

（1）结构特点　主轴套中间安装钻床主轴，在两端 ϕ75H6 孔内安装轴承，轴承内孔与主轴轴颈相配合，用以支承主轴并保证主轴的回转精度。在套的外圆表面上的平面齿条与主轴箱中齿轮相啮合，由齿轮带动齿条，使主轴套与主轴实现机动或手动进给。主轴套外圆与主轴箱体孔相配，要求主轴套既能在沿轴向往复运动时无阻滞，又要在主轴旋转时不产生晃动，以保持主轴的回转精度。所以，对主轴套外圆 ϕ90h5 要根据主轴箱体孔的实际尺寸进行配磨，以保证装配间隙在 0.01～0.013mm 范围内。

（2）主要技术条件分析

① 外圆表面 C 的轴心线是设计基准，其尺寸公差等级很高，为 IT5 级，表面粗糙度值为 Ra0.4μm，圆度和圆柱度要求高，公差均为 0.004mm 。其目的是保证与主轴箱体孔的配合精度和运动平稳。

② 两端 ϕ75H6 孔与基准 C 的径向圆跳动公差为 0.013mm，圆度和圆柱度公差均为 0.005mm，表面粗糙度值为 Ra0.8μm。这些技术条件都是为了满足安装角接触球轴承和深沟球轴承的要求，以保证主轴的回转精度。孔的内端面与基准 C 的端面圆跳动公差为 0.01mm，因为这两处端面都是推力轴承的安装基准，其精度将直接影响主轴的轴向窜动。

③ ϕ55 孔的两端 3×60°和 2×60°倒角是工艺基准，是为使用顶尖心轴精磨 ϕ90h5 外圆而设计的，以保证两端内孔与外圆有很高的同轴度。

④ 齿条齿面与基准 C 的垂直度公差为 0.02mm，以使齿轮与齿条啮合时，保持接触良好且传动平稳。

2. 主轴套的加工工艺过程

根据钻床主轴套的结构特点及技术要求，拟定其加工工艺过程，见表 6-4。

3. 主轴套的加工工艺分析

（1）毛坯的选择　钻床主轴套的内孔较大，长度也较长。若采用实心棒料，则孔加工量较大，既费材料又费工时；选用厚壁无缝钢管，虽材料的价格高些，但总的成本还是较低。故主轴套选用外径为 ϕ95、孔径 ϕ47（壁厚 24mm）的 45 钢无缝钢管。

（2）加工阶段的划分　加工阶段以工件的热处理工序来划分，该零件虽只要求调质热处理，但因零件的精度要求很高，为了避免粗加工时产生的内应力引起变形，增加了除应力处理。调质处理前为粗加工阶段，调质后至除应力处理前为半精加工阶段，除应力处理后为精加工阶段。

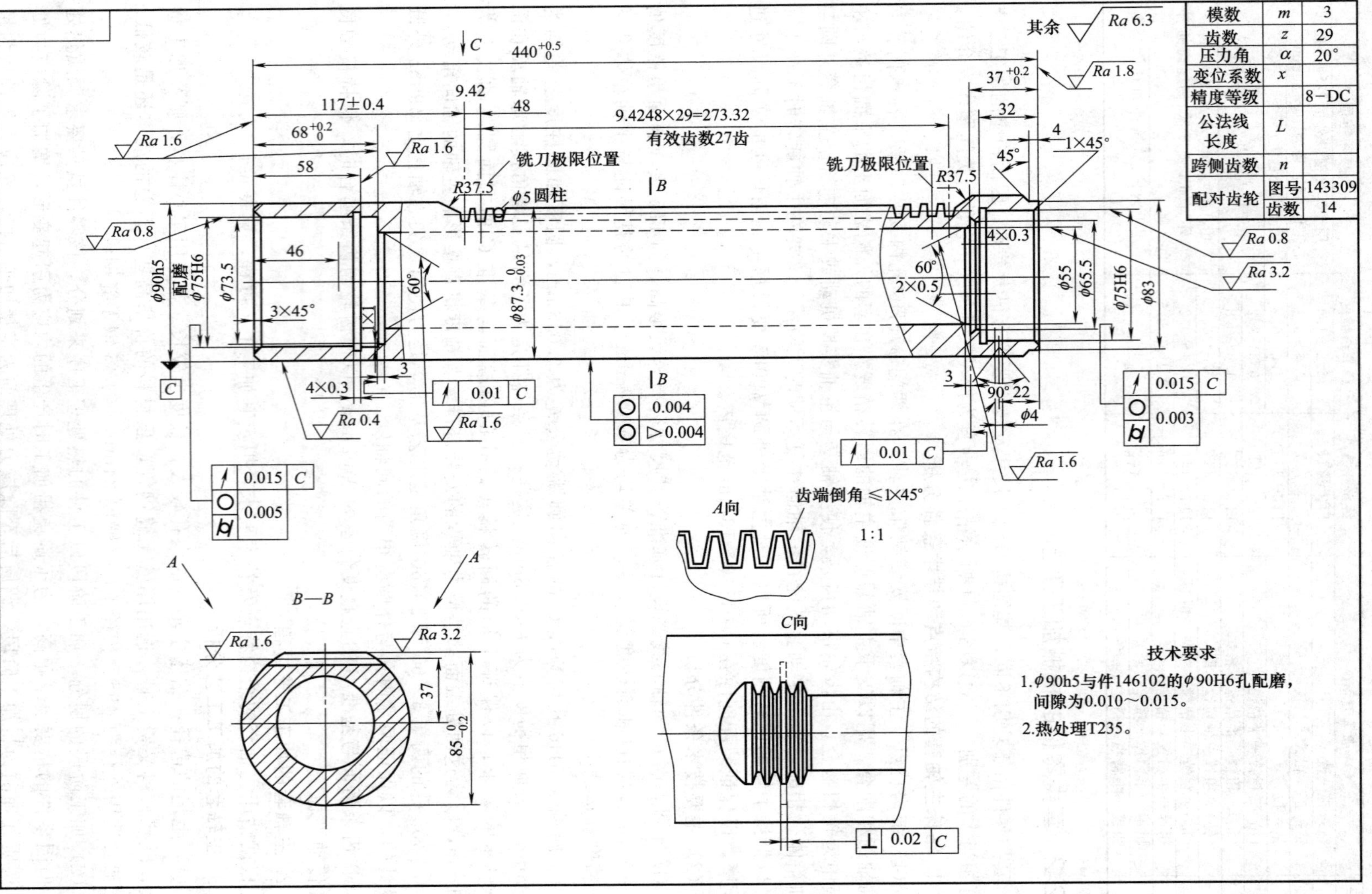

模数 m 3
齿数 z 29
压力角 α 20°
变位系数 x
精度等级 8-DC
公法线长度 L
跨测齿数 n
配对齿轮 图号 143309
齿数 14
其余 Ra 6.3
440+0.5 0
117±0.4
9.42
48
9.4248×29=273.32
有效齿数27齿
铣刀极限位置
φ5圆柱
φ90h5 配磨
φ75H6
φ73.5
φ87.3 0 -0.03
φ55
φ65.5
φ83
A向
齿端倒角≤1×45°
1:1
B—B
C向
技术要求
1.φ90h5与件146102的φ90H6孔配磨，间隙为0.010～0.015。
2.热处理T235。

图 6-14 钻床主轴套

（3）保证内孔与外圆同轴度的加工工艺　先粗车外圆，以外圆为基准加工孔和孔口倒角，再以孔口倒角为基准半精车外圆，然后以外圆为基准半精车内孔。磨削时，同样以孔口倒角为基准，粗、半精磨外圆，再以外圆为基准粗、精磨内孔。最后以孔口倒角为基准精磨外圆。即反复以外圆和孔口倒角为基准，加工内孔和外圆，同时磨外圆前需研磨孔口倒角。这样，用多次反复、互为基准逐步减小加工误差的方法，使内孔与外圆达到零件图规定的同轴度要求。

（4）主轴套外圆与箱体的配磨　外圆与孔的配磨，一般都以孔为基准配磨轴。这是因为箱体孔采用研磨或镗磨作最终加工时既要达到孔的圆度、圆柱度、表面粗糙度，还要达到孔的尺寸精度，这样就比较困难，容易造成因某一项达不到而报废。表 6-4 中工序采用按孔的实际尺寸配磨轴，就可以在加工孔时，放宽孔的尺寸精度，使之容易达到加工要求，从而提高生产率。

表 6-4　钻床主轴套的加工工艺过程　mm

序号	工序名称	工　序　内　容	定位与装夹
1	备料	无缝钢管切断尺寸为 $\phi 95 \times 24 \times 445$	
2	车	(1)粗车两端外圆至 $\phi 93$ (2)粗车孔 $\phi 47$ 到 $\phi 52$,孔口倒角 3×60°,对基准 C 的跳动量应小于 0.1 (3)车另一端孔到 $\phi 65$,深度为 68,孔口倒角 3×60°	三爪自定心卡盘 一端夹,一端搭 中心架
3	铣	粗铣平面到尺寸 88,长度为 270, 铣刀中心距左端 130	两 V 形架外圆定位
4	热处理	调质 T235	
5	车	(1)半精车外圆到 $\phi 90.35$ (2)车端面及 $\phi 83 \times 4$ 外圆和 45°圆锥面 (3)车孔到 $\phi 55$、孔 $\phi 75$H6 到 $\phi 55.25$、$\phi 74.25$,车 4×0.3 槽到 4×1 保证深 32,车孔 $\phi 65.5$,车 2×0.5 槽保证长度 $37^{+0.2}_{0}$,ϕ 55 孔口倒角 3×60°	两顶尖 一端夹,一端搭 中心架
		(4)调头装夹,车端面保证总长 440.5 (5)车孔到尺寸 $\phi 73.568^{+0.2}_{0}$ 孔口倒角 3×45°,车端面 1×1 槽、$\phi 55$ 孔口倒角 3×60° (6)车孔 $\phi 75$H6 到 $\phi 74.25$,车槽 4×0.3 到 4×1 保证尺寸 58,孔口倒角 1×45°	一端夹,一端搭 中心架
6	铣	(1)精铣平面到尺寸 $85.2_{-0.2}^{0}$ 长度为 273.32, 铣刀中心距左端 126.4±0.4 (2)用 $m=3$ 齿条铣刀铣齿,第一齿中心距左端 117±0.4 共铣 29 齿,齿深用 $\phi 5$ 圆柱和千分尺测量,控制尺寸 $87.475_{-0.13}^{0}$ (3)齿端倒角	两 V 形架外圆定位,用百分表找正外圆轴线与工作台平行度在 0.01 内
7	划线	划出 $\phi 2.5$ 孔中心线,距右端面尺寸 22、打样冲孔	
8	钻	钻 $\phi 2.5$ 孔,孔口倒 90°角,控制直径 $\phi 4$	V 形架
9	热处理	除应力处理	
10	研磨	修研中间两端 3×60°倒角	外圆
11	磨	(1)粗磨 $\phi 90$h5 外圆到 $\phi 90.1$,靠两端面,保证总长 $440^{+0.5}_{0}$ (2)精磨 $\phi 790$h5 外圆到 $\phi 90.03$ (3)粗精磨右端 $\phi 75$H6 孔到尺寸,靠内端面,保证尺寸 37 (4)调头装夹,粗精磨左端 $\phi 75$H6 孔到尺寸,靠内端面,保证尺寸 $68^{+0.2}_{0}$	顶尖式心轴 V 形夹具
12	研磨	修研中间两端 3×60°倒角	外圆
13	磨	精磨 $\phi 90$h5 外圆,其大小与主轴箱体孔配磨保证间隙0.01～0.013,打印记	顶尖式心轴
14	检验	检验合格后与主轴箱体一起入库	

6.3 箱体类零件加工

6.3.1 箱体类零件的功用与结构特点

1. 箱体类零件的功用

箱体是机器或部件的基础零件，它将机器或部件中的轴、套、齿轮等有关零件组装成一个整体，使它们之间保持正确的相互位置，并按照一定的传动关系协调地传递运动或动力。因此，箱体的加工质量将直接影响机器或部件的精度、性能和寿命。

2. 箱体类零件分类及结构特点

常见的箱体类零件有机床主轴箱、机床进给箱、变速箱体、减速箱体、发动机缸体和机座等。根据箱体零件的结构形式不同，可分为整体式箱体［图 6-15（a）、(b)、（d)］和分离式箱体［图 6-15(c)］两大类。前者是整体铸造、整体加工，加工较困难，但装配精度高；后者可分别制造，便于加工和装配，但增加了装配工作量。

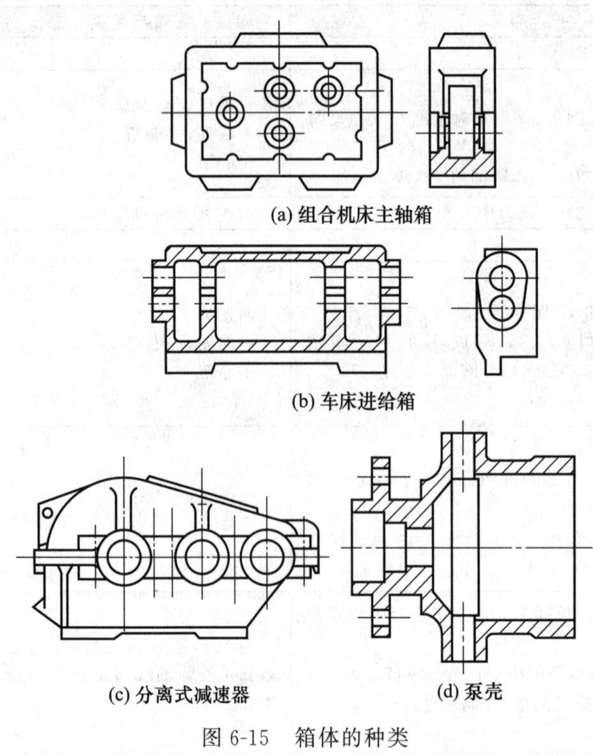

图 6-15　箱体的种类

箱体的主要特点是形状复杂、壁薄且不均匀，内部呈腔形，加工部位多，加工难度大，既有精度要求较高的孔系和平面，也有许多精度要求较低的紧固孔。因此，一般中型机床制造厂用于箱体类零件的机械加工劳动量约占整个产品加工量的 15%～20%。

（1）形状复杂　箱体通常作为装配的基础件，在它上面安装的零件或部件愈多，箱体的形状愈复杂，因为安装时要有定位面、定位孔，还要有固定用的螺钉孔等；为了支承零部件，需要有足够的刚度，采用较复杂的截面形状和加强筋等；为了储存润滑油，需要具有一定形状的空腔，还要有观察孔、放油孔等；考虑吊装搬运，还必需做出吊钩、凸耳等。

（2）体积较大　箱体内要安装和容纳有关的零部件，因此必然要求箱体有足够大的体积。例如，大型减速器箱体长达 4～6m、宽约 3～4m。

（3）壁薄容易变形　箱体体积大，形状复杂，又要求减少质量，所以大都设计成腔形薄壁结构。但是在铸造、焊接和切削加工过程中往往会产生较大内应力，引起箱体变形。即使在搬运过程中，由于方法不当也容易引起箱体变形。

（4）有精度要求较高的孔和平面　这些孔大都是轴承的支承孔，平面大都是装配的基准面，它们在尺寸精度、表面粗糙度、形状和位置精度等方面都有较高要求。其加工精度将直接影响箱体的装配精度及使用性能。

6.3.2　箱体类零件的主要技术要求、材料和毛坯

1. 箱体零件的主要技术要求

（1）孔径精度　孔径的尺寸误差和几何形状误差会造成轴承与孔的配合不良。孔径过大，配合过松，使主轴回转轴线不稳定，并降低了支承刚度，易产生振动和噪声；孔径过小，会使配合过紧，轴承将因外圈变形而不能正常运转，缩短寿命。装轴承的孔不圆，也使轴承外圈变形而引起主轴径向跳动。因此，对孔的精度要求是较高的。

支承孔是箱体上重要表面，为保证轴的回转精度和支承刚度，应提高孔与轴承配合精度，其尺寸公差为IT6～IT7，形状误差不应超过孔径尺寸公差的一半。

（2）孔与孔的位置精度　同轴线上各孔同轴度误差或孔轴线对端面的垂直度误差，会使轴和轴承装配到箱体内出现轴歪斜，造成轴回转时的径向圆跳动和轴窜动，加剧轴承的磨损，同轴线上支承孔的同轴度一般为ϕ0.01～0.03mm；各平行孔之间轴线的不平行，则会影响齿轮的啮合质量，支承孔之间的平行度为0.03～0.06mm，中心距公差一般为±0.02～0.08mm。

（3）孔和平面的位置精度　各支承孔与装配基面间距离尺寸及相互位置精度也是影响机器与设备的使用性能和工作精度的重要因素。一般支承孔与装配基面间的平行度为0.03～0.1mm。

（4）主要平面的精度　装配基面的平面度影响主轴箱与床身连接时的接触刚度，加工过程中作为定位基面则会影响主要孔的加工精度。因此规定底面和导向面必须平直。顶面的平面度要求是为了保证箱盖的密封性，防止工作时润滑油泄出。当大批大量生产时将其顶面用作定位基面加工孔时，对它的平面度的要求还要提高。

箱体装配基面、定位基面的平面度与表面粗糙度直接影响箱体安装时的位置精度及加工中的定位精度，影响机器的接触精度和有关的使用性能，其平面度一般为0.02～0.1mm。主要平面间的平行度、垂直度为300：(0.02～0.1)mm。

（5）表面粗糙度　重要孔和主要平面的粗糙度会影响连接面的配合性质或接触刚度，其具体要求一般用Ra值来评价。一般主轴孔Ra值为0.4～0.8μm，其他各纵向孔Ra值为1.6μm，孔的内端面Ra值为3.2μm，装配基准面和定位基准面Ra值为0.63～2.5μm，其他平面的Ra值为2.5～10μm。

2. 箱体的材料及毛坯

（1）箱体的材料一般采用灰口铸铁，选用HT150～350，常用HT200。因为箱体零件形状比较复杂，而铸铁容易成形，且具有良好的切削性、吸振性和耐磨性，成本又低。毛坯铸造时，应防止砂眼和气孔的产生。为了减少毛坯制造时产生残余应力，应使箱体壁厚尽量均匀，箱体浇铸后要进行一次人工时效处理，重要箱体在粗加工之后还要增加一次人工时效，以进一步提高箱体加工精度的稳定性。

（2）铸铁毛坯在单件小批生产时，一般采用木模手工造型，毛坯精度较低，余量大；在大批量生产时，通常采用金属模机器造型，毛坯精度较高，加工余量可适当减小。单件小批生产孔径大于50mm、成批生产大于30mm的孔，一般都铸出底孔，以减少加工余量。

（3）某些简易机床的箱体零件或小批量、单件生产的箱体零件，为了缩短毛坯制造周期和降低成本，可采用钢板焊接结构，材料牌号有Q235A或35、45。

（4）某些负荷比较大的箱体零件有时也根据设计需要，采用铸钢件毛坯，材料牌号有ZG45、ZG40Cr等。

（5）在特定条件下，为了减轻质量，可采用铝镁合金或其他铝合金的压铸箱体毛坯，如航空发动机箱体等，材料牌号有ZL101、ZALCu9Si3等。

3. 箱体零件毛坯加工余量及尺寸公差的确定

毛坯的形状和尺寸，基本上取决于零件的形状和尺寸。也就是在零件需加工表面上，加上一定的机械加工余量，即毛坯加工余量，而毛坯制造时，也会产生误差，即毛坯公差。毛坯的加工余量和公差的大小，与毛坯的制造方法有关，在生产中参照有关工艺手册或有关企业、行业标准来确定，如表 6-5～表 6-8。

表 6-5 小批、单件生产的毛坯铸件的公差等级

方法	造型材料	公差等级 CT					
		铸件材料					
		钢	灰铸铁	球墨铸铁	可锻铸铁	铜合金	轻金属合金
砂型铸造手工造型	黏土砂	13～15	13～15	13～15	13～15	13～15	11～13
	化学黏结剂砂	12～14	11～13	11～13	11～13	10～12	10～12

注：表中的数值一般适用于大于 25mm 的基本尺寸。对于较小的尺寸，通常能经济实用地保证下列较细的公差：

1. 基本尺寸≤10mm：精三级。
2. 10mm＜基本尺寸≤16mm：精二级。
3. 16mm＜基本尺寸≤25mm：精一级。

表 6-6 铸件尺寸公差 mm

毛坯铸件基本尺寸		铸件尺寸公差等级 CT									
大于	至	4	5	6	7	8	9	10	11	12	13
	10	0.26	0.36	0.52	0.74	1	1.5	2	2.8	4.2	
10	16	0.28	0.38	0.54	0.78	1.1	1.6	2.2	3.0	4.4	
16	25	0.30	0.42	0.58	0.82	1.2	1.7	2.4	3.2	4.6	6
25	40	0.32	0.46	0.64	0.9	1.3	1.8	2.6	3.6	5	7
40	63	0.36	0.50	0.70	1	1.4	2	2.8	4	5.6	8
63	100	0.40	0.56	0.78	1.1	1.6	2.2	3.2	4.4	6	9
100	160	0.44	0.62	0.88	1.2	1.8	2.5	3.6	5	7	10
160	250	0.50	0.72	1	1.4	2	2.8	4	5.6	8	11
250	400	0.56	0.78	1.1	1.6	2.2	3.2	4.4	6.2	9	12
400	630	0.64	0.9	1.2	1.8	2.6	3.6	5	7	10	14

注：1. 在等级 CT4～CT13 中对壁厚采用粗一级公差；
2. 对于不超过 16mm 的尺寸，不采用 CT13～CT16 的公差，对于这些尺寸应标注个别公差。

表 6-7 铸件机械加工余量 mm

最大尺寸①		要求的机械加工余量等级							
大于	至	C	D	E	F	G	H	J	K
	40	0.2	0.3	0.4	0.5	0.5	0.7	1	1.4
40	63	0.3	0.3	0.4	0.5	0.7	1	1.4	2
63	100	0.4	0.5	0.7	1	1.4	2	2.8	4
100	160	0.5	0.8	1.1	1.5	2.2	3	4	6
160	250	0.7	1	1.4	2	2.8	4	5.5	8
250	400	0.9	1.3	1.4	2.5	3.5	5	7	10
400	630	1.1	1.5	2.2	3	4	6	9	12

① 最终机械加工后铸件的最大轮廓尺寸。

表 6-8 毛坯铸件典型的机械加工余量等级表

方法	要求的机械加工余量等级					
	铸件材料					
	钢	灰铸铁	球墨铸铁	可锻铸铁	铜合金	锌合金
砂型铸造手工造型	G～K	F～H	F～H	F～H	F～H	F～H
砂型铸造机器造型和壳型	F～H	E～G	E～G	E～G	E～G	E～G
金属型铸造		D～F	D～F	D～F	D～F	D～F
压力铸造					B～D	B～D
熔模铸造	E	E	E		E	

6.3.3 箱体类零件机械加工工艺

箱体的结构复杂，形式多样，其主要加工表面为孔和平面。因此，应主要围绕这些加工表面和具体结构的特点来制订工艺过程。

1. 定位基准的选择

（1）粗基准的选择　对于铸件毛坯，其尺寸及形状误差相对较大，根据粗基准的选择原则，以重要表面为基准，并保证各加工面有足够的加工余量。当批量较大时，应先以箱体毛坯的主要支承孔 $\phi 95k6$ 及 $\phi 120k6$ 作为粗基准，直接在夹具上定位，采用的夹具如图 6-16 所示。通过划线的方法确定第一道工序加工面位置，尽量使各毛坯面加工余量得到保证，即采用划线装夹，按线找正加工即可。

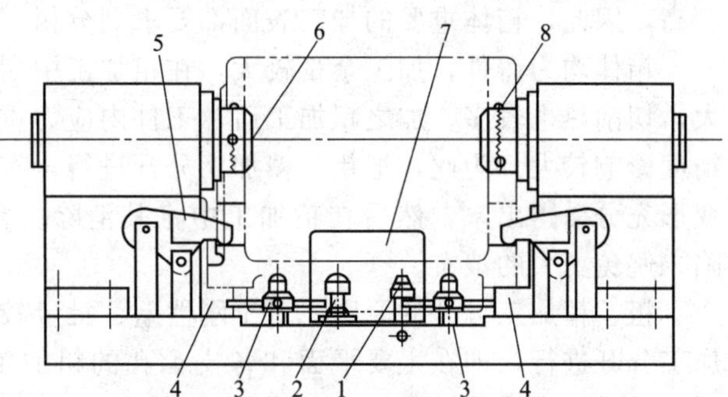

图 6-16　以主轴孔为粗基准铣顶面的夹具

1,4—预定位支承；2—辅助支承；3—可调支承；5—压块；6—短轴；7—侧支承；8—活动支柱

（2）精基准的选择

① 大批量生产时，以顶面 A 及两个工艺孔（采用一面两孔）作为定位基准，符合“基准统一”的原则，这时箱体口朝下（见图 6-17），其优点是采用了统一的定位基准，各工序夹具结构类似，夹具设计简单；当工件两壁的孔跨距大，需要增加中间导向支承时，支承架可以很方便地固定在夹具体上。

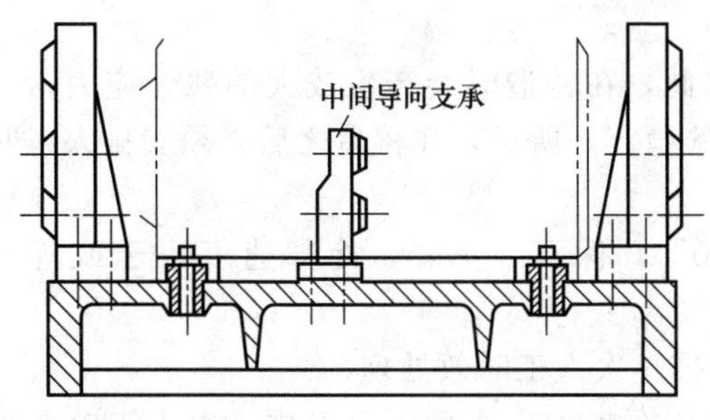

图 6-17　用箱体顶面 A 及两销定位的镗模

② 单件小批生产时，一般用装配基准即箱体底面 B、C 作为定位基准，装夹时箱口朝上，其优点符合“基准重合”原则，定位精度高，装夹可靠、加工过程中便于观察、测量和调整刀具。其缺点是当需要增加中间导向支承时，就带来很大麻烦。由于箱底是封闭的，中间支承只能用如图 6-18 所示的吊架从箱体顶面的开口处伸入箱体内，每加工一件需要装卸一次。

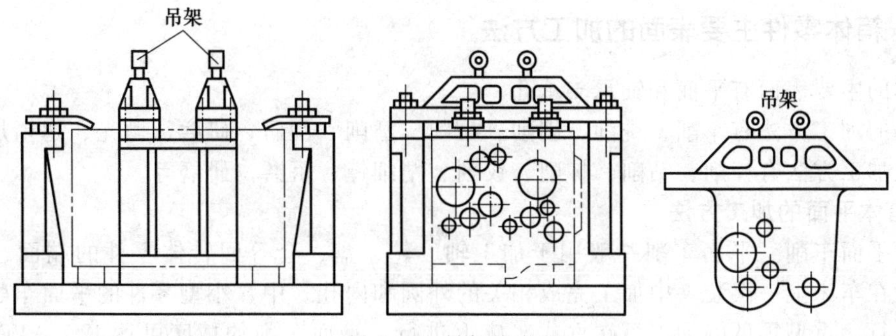

图 6-18　吊架式夹具

2. 加工顺序的安排

（1）加工顺序为先面后孔　箱体类零件加工顺序为先加工平面，以加工好的平面定位再来加工孔。平面面积大，用其定位稳定可靠；从加工难度来看，平面比孔加工容易。支承孔

大多分布在箱体外壁平面上，先加工外壁平面可切去铸件表面的凹凸不平及夹砂等缺陷，这样可减少钻头引偏，防止刀具崩刃等，对孔加工有利。

(2) 加工阶段粗、精分开　箱体的结构复杂、壁厚不均匀、刚性不好，而加工精度要求又高，因此，箱体重要的加工表面都要求划分粗、精两个加工阶段。

箱体均为铸件，加工余量较大，在粗加工中切除的金属较多，因而夹紧力、切削力都较大，切削热也较多。加之粗加工后，工件内应力重新分布也会引起工件变形，因此，对加工精度影响较大。为此，把粗、精加工分开进行，有利于把粗加工后由于各种原因引起的工件变形充分暴露出来，然后在精加工中将其消除。粗、精加工分开，可以及时发现毛坯的缺陷，避免更大的浪费。

粗、精加工分开的原则，对于刚性差、批量较大、要求精度较高的箱体，一般要粗、精加工分开进行，即在主要平面和各支承孔的粗加工之后再进行主要平面和各支承孔的精加工。这样，可以消除由粗加工所造成的内应力、切削力、切削热、夹紧力对加工精度的影响，且有利于合理地选用设备等。

(3) 工序集中，先主后次　箱体零件上相互位置要求较高的孔系和平面，一般尽量集中在同一工序中加工，以保证其相互位置要求和减少装夹次数。紧固螺纹孔、油孔等次要工序的安排，一般在平面和支承孔等主要加工表面精加工之后再进行加工。

3. 工序间合理安排热处理

① 箱体零件的结构复杂，壁厚也不均匀，因此，在铸造时会产生较大的残余应力。为了消除残余应力，减少加工后的变形和保证精度的稳定，所以，在铸造之后必须安排人工时效处理。

人工时效的工艺规范为：加热到 500～550℃，保温 4～6h，冷却速度小于或等于 30℃/h，出炉温度小于或等于 200℃。

② 普通精度的箱体零件，一般在铸造之后安排一次人工时效处理。

③ 对一些高精度或形状特别复杂的箱体零件，在粗加工之后还要安排一次人工时效处理，以消除粗加工所造成的残余应力。

④ 有些精度要求不高的箱体零件毛坯，有时不安排时效处理，而是利用粗、精加工工序间的停放和运输时间，使之得到自然时效。

⑤ 箱体零件人工时效的方法，除了加热保温法外，也可采用振动时效来达到消除残余应力的目的。

6.3.4 箱体零件主要表面的加工方法

箱体的主要表面有平面和轴承支承孔。

平面的加工方法有车削、铣削、刨削、拉削、磨削、刮研、研磨、抛光、超精加工等。

轴孔加工方法有镗削、钻削、扩削、铰削、精细镗、珩磨、研磨等。

1. 箱体平面的加工方法

(1) 平面车削　平面车削一般用于加工轴、轮、盘、套等回转体零件的端面、台阶面等。一般在车床上一次装夹中加工完成相关的外圆和内孔。中、小型零件的平面车削在卧式车床上进行，重型零件的加工可在立式车床上进行。平面车削的精度可达 IT7～IT6，表面粗糙度 Ra 12.5～1.6μm。

(2) 平面铣削　铣削加工是目前应用最广泛的切削加工方法之一，生产率一般比刨削高，适用于平面、台阶沟槽、成形表面和切断等加工。铣削加工生产率高，加工表面粗糙度值较小，粗铣的表面粗糙度 Ra 为 50～12.5μm，精度为 IT14～IT12；精铣表面粗糙度 Ra 值可达

3.2～1.6μm，两平行平面之间的尺寸精度可达IT9～IT7，直线度可达0.08～0.12mm/m。

铣削是平面加工的主要方法，铣削中、小型零件的平面常用卧式或立式铣床，铣削大型零件的平面常用龙门铣床。

按铣刀的切削方式不同可分为周铣与端铣（图6-19）。周铣和端铣还可同时进行，周铣常用的刀具是圆柱铣刀，端铣常用的刀具是端铣刀，同时进行端铣和周铣的铣刀有立铣刀和三面刃铣刀等。

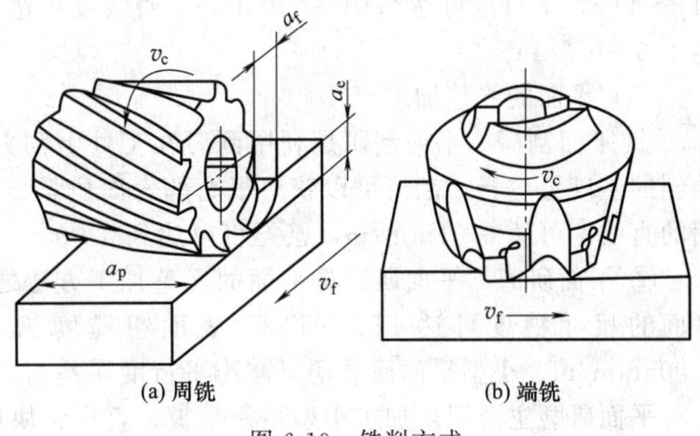

图6-19　铣削方式

（3）平面刨削　刨削是以刨刀相对工件的往复直线运动与工作台（或刀架）的间歇进给运动实现切削加工的。主要用于加工平面、斜面、沟槽和成形表面，附加仿形装置也可以加工一些空间曲面。刨削可分为粗刨和精刨，其加工的经济精度为IT9～IT7，最高可达IT6，表面粗糙度值一般为Ra12.5～1.6μm，最低可达0.8μm，直线度可达0.04～0.12mm/m。刨削所需的机床、刀具结构简单，制造安装方便，调整容易，通用性强。因此在单件、小批生产中，特别是加工狭长平面时被广泛应用。

中、小型零件的平面加工——牛头刨床；大型零件的平面加工——龙门刨床。刨削可分为粗刨和精刨。粗刨的表面粗糙度Ra为50～12.5μm，尺寸公差等级为IT14～IT12；精刨的表面粗糙度Ra可达3.2～1.6μm，尺寸公差等级为IT9～IT7。

（4）平面拉削　平面拉削是指在拉床上用平面拉刀对工件上的平面进行切削加工方法，主要用于大批量生产中，其工作原理和拉孔相同。平面拉削的精度可达IT7～IT6，表面粗糙度Ra可达50～12.5μm。

（5）平面磨削　磨削是用于零件精加工和超精加工的主要加工方法。它除能磨削普通材料外，尤其适用于一般刀具难以切削的高硬度材料的加工，如淬硬钢、硬质合金和各种宝石的加工等。生产批量较大时，箱体的平面常用磨削来精加工。

对平直度、平面之间相互位置精度要求较高、表面粗糙度要求小的平面进行磨削加工的

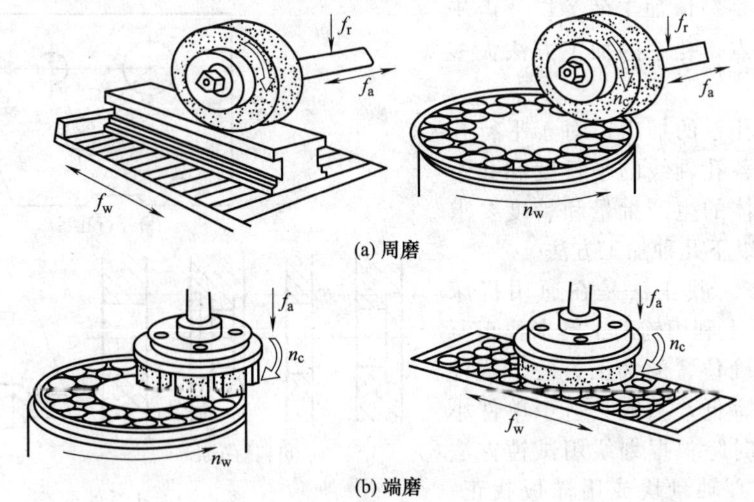

图6-20　平面磨削方式

方法为平面磨削。平面磨削的方法有周磨和端磨两种（如图 6-20 所示）。尺寸精度可达 IT6～IT5，平行度可达 0.01～0.03mm，直线度可达 0.01～0.03mm/m，表面粗糙度 Ra 可达 1.6～0.2μm。

（6）平面的光整加工

① 平面刮研　平面刮研是利用刮刀在工件上刮去很薄一层金属的光整加工方法，常在精刨的基础上进行。刮研可以获得很高的表面质量。表面粗糙度 Ra 可达 1.6～0.4μm，平面的直线度可达 0.01mm/m，甚至可以达到 0.005～0.0025mm/m。

② 平面研磨　平面研磨是平面的光整加工方法之一，一般在磨削之后进行。研磨后两平面的尺寸精度可达 IT5～IT3，表面粗糙度 Ra 可达 0.1～0.008μm，直线度可达 0.005mm/m。小型平面研磨还可减小平行度误差。

平面研磨主要用来加工小型精密平板、直尺、块规以及其他精密零件的平面。单件小批量生产中常采用手工研磨，大批量生产则常用机械研磨。

（7）平面加工方法的选择

① 对于中、小件，一般在牛头刨床或普通铣床上进行。

② 对于大件，一般在龙门刨床或龙门铣床上进行。刨削的刀具结构简单，机床成本低，调整方便，但生产率低。

③ 大批、大量生产时，多采用铣削。

④ 当生产批量大且精度又较高时可采用磨削。

⑤ 单件小批生产精度较高的平面时，除一些高精度的箱体仍需手工刮研外，一般采用宽刃精刨。

⑥ 当生产批量较大或为保证平面间的相互位置精度，采用组合铣削和组合磨削，如图 6-21 所示。

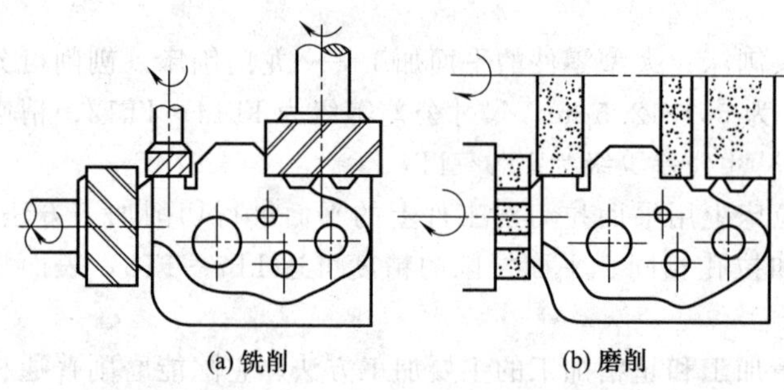
(a) 铣削　(b) 磨削

图 6-21　组合铣削、组合磨削加工箱体平面

2. 箱体孔系加工

箱体上一系列有相互位置精度要求的孔称为孔系。孔系可分为平行孔系、同轴孔系和交叉孔系（如图 6-22 所示），保证孔系的位置精度是箱体加工的关键。由于箱体的结构特点，孔系的加工方法大多采用镗孔。

（1）平行孔系的加工　对于平行孔系，主要保证各孔轴线的平行度和孔距精度。根据箱体的生产批量和精度要求的不同，常用以下几种加工方法。

① 找正法　找正法是在通用机床（镗床、铣床）上利用辅助工具来找正所要加工孔的正确位置的加工方法。这种找正法加工效率低，一般只适于单件小批生产。找正时除根据划线用试镗方法外，有时借用心轴量块或用样板找正，以提高找正精度。

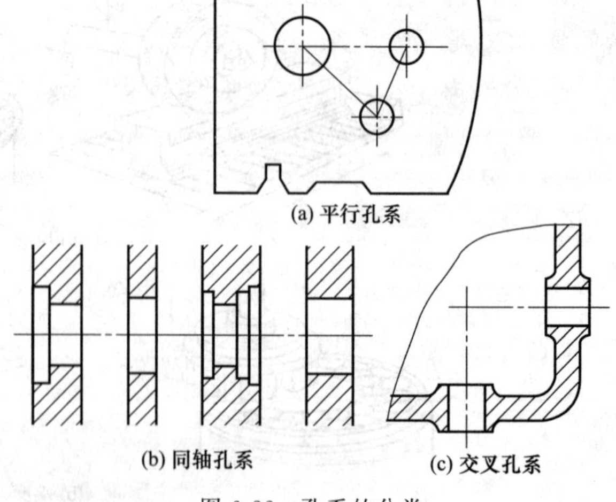
(a) 平行孔系　(b) 同轴孔系　(c) 交叉孔系

图 6-22　孔系的分类

图 6-23 所示为心轴和块规找正法。镗第一排孔时将心轴插入主轴孔内（或直接利用镗床主轴），然后根据孔和定位基准的距离组合一定尺寸的块规来校正主轴位置，校正时用塞尺测定块规与心轴之间的间隙，以避免块规与心轴直接接触而损伤块规［如图 6-23（a）所示］。镗第二排孔时，分别在机床主轴和已加工孔中插入心轴，采用同样的方法来校正主轴轴线的位置，以保证孔中心距的精度［如图 6-23（b）所示］，这种找正法其孔心距精度可达±0.03mm。

② 镗模法　镗模法是用镗床夹具来加工的方法。用镗模法加工孔系，既可在通用机床上加工，也可在专用机床或组合机床上加工。

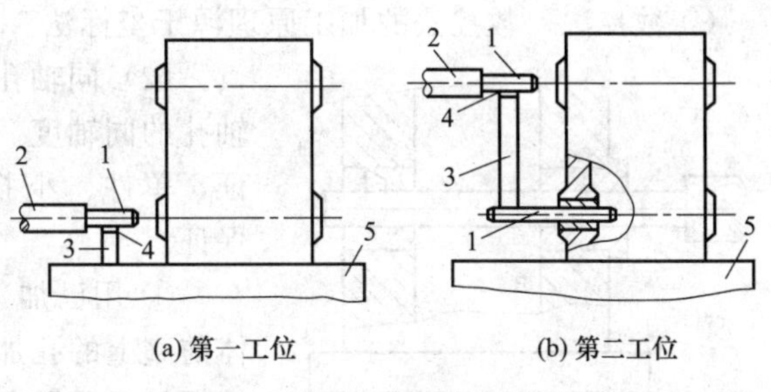

图 6-23　用心轴和块规找正

1—心轴；2—镗床主轴；3—块规；4—塞尺；5—镗床工作台

在成批生产中，广泛采用如图 6-24 所示镗模法加工孔系。工件 5 装夹在镗模上，镗杆 4 被支承在镗模的导套 6 里，导套的位置决定了镗杆的位置，装在镗杆上的镗刀 3 将工件上相应的孔加工出来。当用两个或两个以上的镗模 1 支承引导镗杆 4 时，镗杆与机床主轴必须浮动连接。当采用浮动连接时，机床精度对孔系加工精度影响很小，因而可以在精度较低的机床上加工出精度较高的孔系。孔距精度主要取决于镗模，一般可达 0.05mm。能加工公差等级 IT7 的孔，其表面粗糙度可达 $Ra5 \sim 1.25\mu m$。当从一端加工、镗杆两端均有导向支承时，孔与孔之间的同轴度和平行度可达 0.02～0.03mm；当分别由两端加工时，可达0.04～0.05mm。

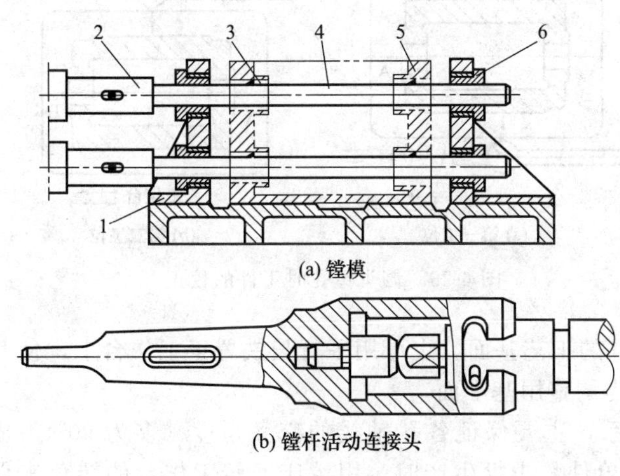

图 6-24　镗模法加工孔系

1—镗模；2—活动连接头；3—镗刀；4—镗杆；5—工件；6—镗杆导套

③ 坐标法　在坐标镗床上加工孔系的方法。

坐标法镗孔是按孔系间相互位置的水平和垂直坐标尺寸的关系，在普通卧式镗床、坐标镗床或数控镗铣床等设备上，借助于测量装置调整机床主轴与工件间在水平和垂直方向的相对位置，来保证孔距精度的一种镗孔方法。坐标法镗孔的孔距精度主要取决于坐标的移动精度。

采用坐标法加工孔系的机床可分两类。一类是具有较高坐标位移精度、定位精度及测量装置的坐标控制机床，如坐标镗床、数控镗铣床、加工中心等。这类机床可以很方便地采用坐标法加工精度较高的孔系。另一类是没有精密坐标位移装置及测量装置的普通机床，如普通镗床、落地镗床、铣床等。这类机床如采用坐标法加工孔系可选用下述方法来保证位置精度。

a. 普通刻线尺与游标尺加放大镜测量装置。其位置精度为 0.1～0.3mm，是目前国内工作台及主轴箱移动测量中用得最多的一种测量装置。

b. 百分表与块规测量装置。百分表分别装在镗床头架和横向工作台上。这种方法虽然较上一方法精度高一些，位置精度可达±0.02～±0.004，但是测量操作繁琐，辅助时间长，效率低。

此外，国内外亦有在卧镗上采用光栅数字显示装置和感应同步器测量系统，其读数精度为0.00251～0.01mm。对于位置要求特别精确的孔系，已广泛使用坐标镗床加工。坐标镗床直线方向的读数精度为0.001mm，定位精度为0.0021～0.005mm。以上各种测量系统，都可以达到上述高水平。

④ 数控法　数控法的加工原理源于坐标法。

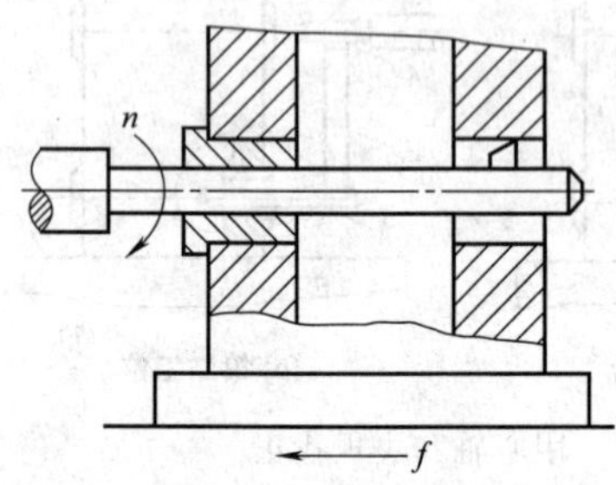

图 6-25　利用已加工孔导向

(2) 同轴孔系的加工　对于同轴孔系，主要保证各同轴孔的同轴度。成批生产时，同轴度几乎都是由镗模来保证，单件、小批生产时，其同轴度可用下面几种方法保证。

① 用已加工孔作为支承导向　如图 6-25 所示，当箱体前壁上的孔加工好后，在孔内装一导向套，支承和引导镗杆加工后壁上的孔。

② 利用镗床后立柱上的导向套支承导向　镗杆在主轴箱和后立柱之间两端支承，刚性提高，但镗杆要长，调整麻烦，适用于大型箱体加工。

③ 采用调头镗　当箱体箱壁相距较远时，可采用调头镗。工件在一次装夹，镗好一端后，将工作台回转 180°，调整工作台位置，使已加工孔与镗床主轴同轴，然后再加工孔。

当箱体上有一较长并与所镗孔轴线有平行度要求的平面时，镗孔前应先用装在镗杆上的百分表对此平面进行校正[如图 6-26 (a) 所示]，使其和镗杆轴线平行，校正后加工孔 B，孔 B 加工后，回转工作台，并用镗杆上装的百分表沿此平面重新校正，这样就可保证工作台准确地回转 180°，如图 6-26 (b) 所示。然后再加工孔 A，从而保证孔 A、B 孔同轴。若箱体上无长的加工好的工艺基面，也可用平行长铁置于工作台上，使其表面与要加工的孔轴线平行后固定，作为调整用基准面。

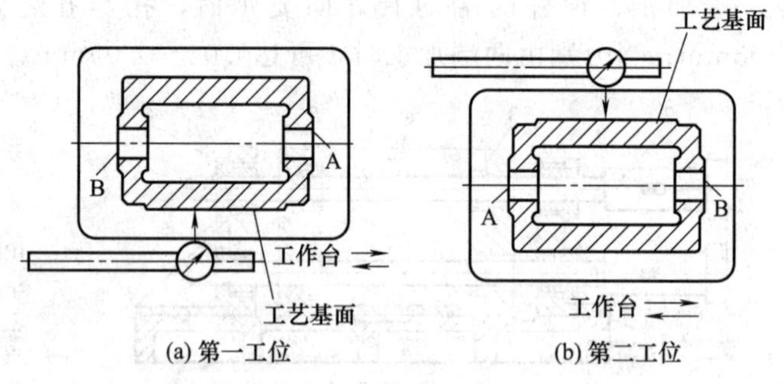

图 6-26　调头镗孔时工件的校正

(3) 交叉孔系的加工　对于交叉孔系，主要保证各孔轴线的交叉角度（多为 90°）。成批生产时，交叉角都是由镗模来保证；单件、小批生产时，用镗床回转工作台的转角来保证。当普通镗床的工作台 90°对准装置精度很低时，可用心棒与百分表找正法进行，即在加工好的孔中插入心棒，工作台转位 90°，用百分表找正（转动工作台）。如图 6-27 所示。

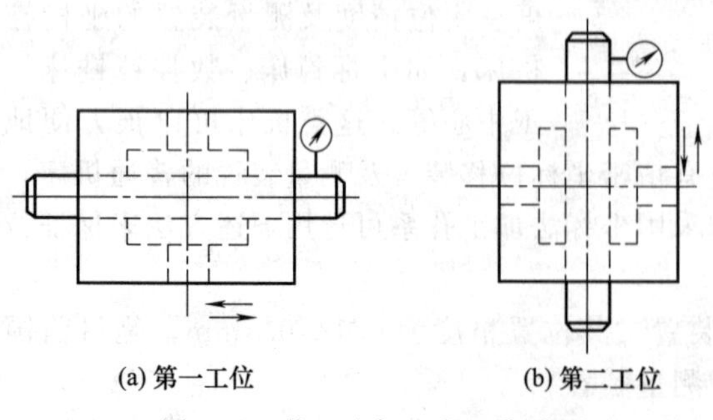

图 6-27　找正法加工交叉孔系

3. 箱体零件加工方法的选择

箱体零件的主要加工表面有平面和轴承支承孔。

(1) 箱体零件平面加工方法的选择

见表 6-9。

表 6-9　箱体平面加工常用方法特点及使用情况

刨削	铣削	磨削
主要用于箱体平面的粗加工及半精加工	主要用于箱体平面的粗加工及半精加工	主要用于生产批量较大时主要平面的精加工
刨削刀具结构简单，机床调整方便，但生产率低	铣削生产率高于刨削，还可以采用组合铣对箱体各平面进行多刃、多面的同时铣，以提高生产率及保证平面间的相互位置精度	同样可采用组合磨削，提高生产率及保证平面间的相互位置精度
适用于单件小批生产	多用于成批大量生产，也用于单件小批生产	主要用于大批量生产

（2）箱体零件孔加工方法的选择

① 箱体上孔的加工方法主要有钻、镗、铰及珩（研）磨等；

② 对于精度为 IT61～IT7 的孔，一般可采用镗孔或铰孔的加工方法；

③ 加工孔径大而深度浅的孔时宜采用镗孔；

④ 加工小而深的孔宜采用铰孔；

⑤ 对于精度超过 IT6、Ra 值小于 0.63μm 的高精度孔，还需进行精细镗或珩、研磨加工。

（3）典型箱体零件加工方法和工艺路线

① 平面加工：粗刨—精刨；粗刨—半精刨—磨削；粗铣—精铣或粗铣—磨削（可分粗磨和精磨）；

② 精度为 IT6～IT7 的箱体孔：粗镗—半精镗—精镗—浮动镗；

③ 直径小于 50mm 的轴承孔：钻—扩—铰；

④ 箱体顶面紧固孔：采用盖板式钻模，在摇臂钻床上加工。

6.3.5　箱体类零件的机械加工工艺

1. 箱体零件加工工艺过程

箱体零件的结构复杂，要加工的部位多，依其批量大小和实际的加工条件，其加工方法是不同的。对如图 6-28 所示的某车床主轴箱，分别按小批生产、大批生产拟定其加工工艺过程见表 6-10、表 6-11。

表 6-10　某车床主轴箱小批生产工艺过程

序号	工序内容	定位基准
1	铸造	
2	时效	
3	漆底漆	
4	划线：考虑主轴孔有加工余量，并尽量均匀。划 C、A 及 E、D 面加工线	
5	粗、精加工顶面 A	按线找正
6	粗、精加工 B、C 面及侧面 D	顶面 A 并校正主轴线
7	粗、精加工两端面 E、F	B、C 面
8	粗、半精加工各纵向孔	B、C 面
9	精加工各纵向孔	B、C 面
10	粗、精加工横向孔	B、C 面
11	加工螺孔及各次要孔	
12	清洗、去毛刺	
13	检验	

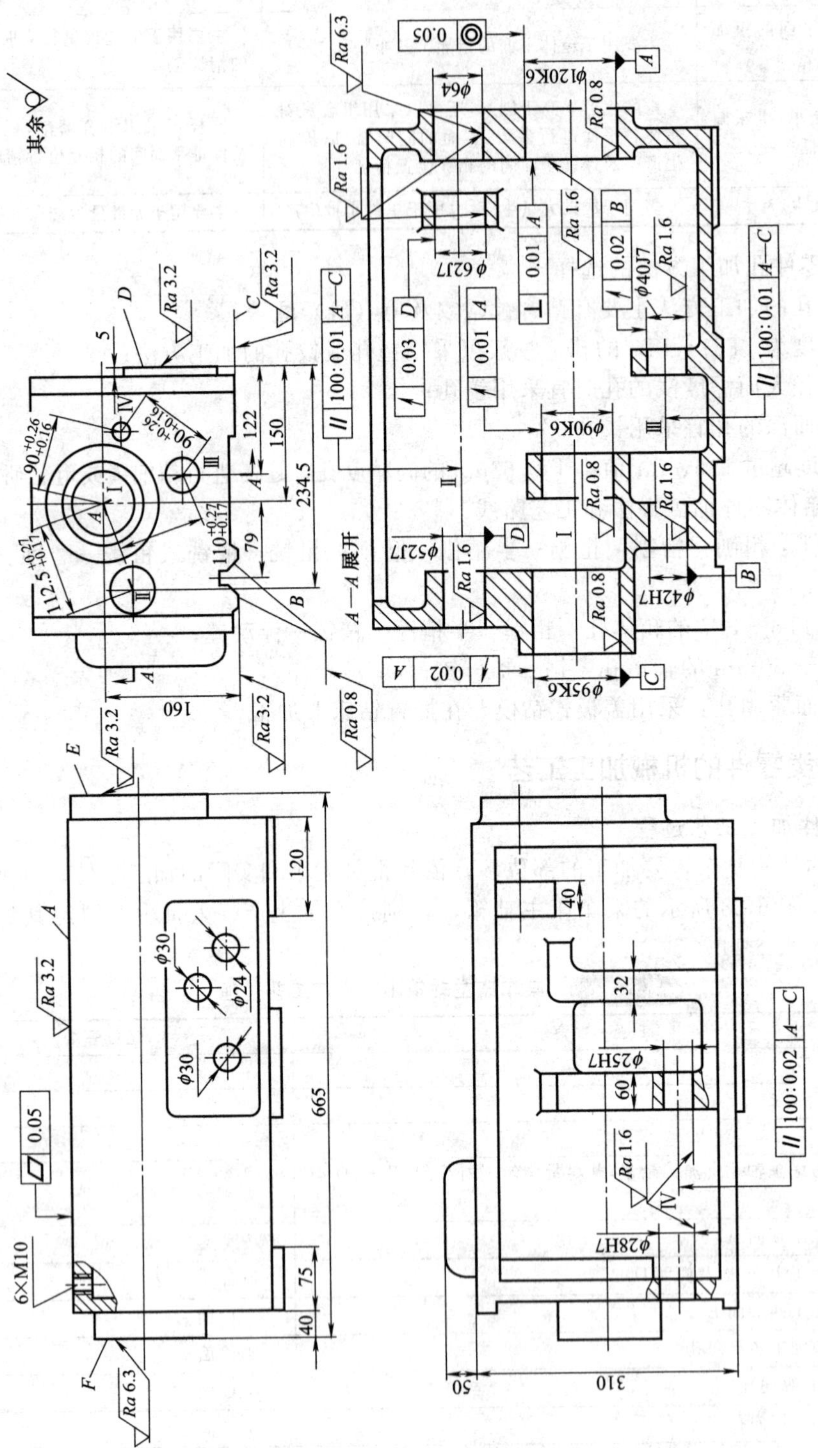

图 6-28 某车床主轴箱简图

表 6-11　某车床主轴箱大批生产工艺过程

序号	工序内容	定位基准
1	铸造	
2	时效	
3	漆底漆	
4	铣顶面 A	Ⅰ孔与Ⅱ孔
5	钻、扩、铰 2×ϕ8H7 工艺孔(将 6×M10 先钻至 ϕ7.8,铰 2×ϕ8H7)	顶面 A 及外形
6	铣两端面 E、F 及前面 D	顶面 A 及两工艺孔
7	铣导轨面 B、C	顶面 A 及两工艺孔
8	磨顶面 A	导轨面 B、C
9	粗镗各纵向孔	顶面 A 及两工艺孔
10	精镗各纵向孔	顶面 A 及两工艺孔
11	精镗主轴孔Ⅰ	顶面及两工艺孔
12	加工横向孔及各面上的次要孔	
13	磨 B、C 导轨面及前面 D	顶面 A 及两工艺孔
14	将 2×ϕ8H7 及 4×ϕ7.8 均扩钻至 ϕ8.5,攻 6×M10	
15	清洗,去毛刺	
16	检验	

2. 加工工艺过程分析

从表 6-10、表 6-11 所列的箱体加工工艺过程可以看出，不同批量箱体加工的工艺过程，既有共性，也有特性。

拟定箱体工艺过程的共同性原则如下。

(1) 加工顺序先面后孔　箱体零件的加工顺序均为先加工面，以加工好的平面定位，再来加工孔。因为箱体孔的精度要求高、加工难度大，先以孔为粗基准加工好平面，再以平面为精基准加工孔。这样既能为孔的加工提高稳定可靠的精基准，同时还可以使孔的加工余量较为均匀。由于箱体上的孔分布在箱体各平面上，先加工好平面，钻孔时钻头就不易引偏；扩孔或铰孔时，刀具不易崩刃。因此，在表 6-11 中先将顶部 A 铣好（工序 4）后才加工孔系。

(2) 加工阶段粗、精分开　箱体的结构复杂、壁厚不均匀、刚性不好，加工精度要求又高。所以箱体的重要加工表面都要划分为粗、精加工两个阶段，这样可以避免粗加工产生的内应力和切削热等对加工精度的影响。粗、精分开还可及时发现毛坯缺陷，避免更大的浪费。粗加工考虑的主要是效率，而精加工考虑的主要是精度，这样可以根据粗、精加工的不同要求，合理地选择设备。粗加工选择功率大而精度较差的设备，精加工选择精度高的设备。因为精加工余量小，切削力也小，这样就可使得高精度设备的使用寿命延长。

单件小批生产的箱体或大型箱体的加工，如果从工序上也安排粗、精分开，则机床、夹具数量要增加，工件转运也费时费力，所以实际生产中并不这样做，而是将粗、精加工在一道工序内完成。但从工步上讲，粗、精加工还是分开的。如粗加工后将工件松开一点，然后再用较小的夹紧力夹紧工件，使工件因夹紧力而产生的弹性变形在精加工之前得以恢复。导轨磨床磨大的床头箱导轨时，粗磨后进行充分冷却，然后再进行精磨。

(3) 工序间安排时效处理　由于箱体结构复杂、壁厚不均匀，铸造残余应力较大。为消除残余应力，减少加工后的变形，保证精度的稳定，铸造之后要安排人工时效处理。普通精度的箱体，一般在铸造之后安排一次人工时效处理。对高精度的箱体或形状特别复杂的箱体，在粗加工之后还要安排一次人工时效处理，以消除粗加工所造成的残余应力。有些精度要求不高的箱体毛坯，有时不安排人工时效处理，而是利用粗、精加工工序间的停放和运输时间，使之进行自然时效。

（4）重要孔作粗基准　在箱体的加工中，一般都用箱体上的重要孔作粗基准。如床头箱用主轴孔作粗基准。

3. 不同生产类型箱体的加工工艺特点

（1）粗基准的选择　箱体加工中，虽粗基准一般都选择重要孔（如主轴孔）为粗基准，但生产类型不同，实现以主轴孔为粗基准的工件装夹方式是不同的。

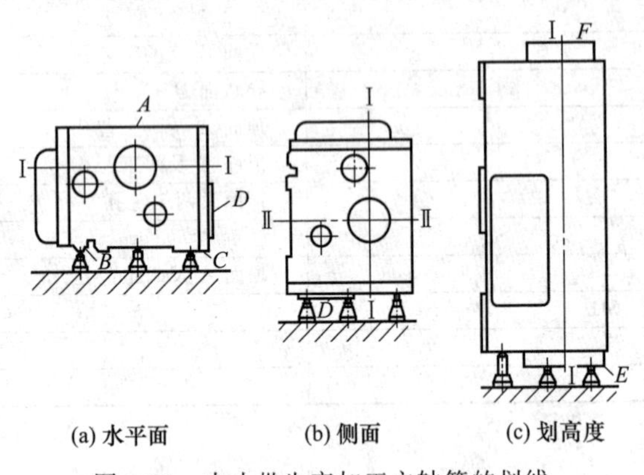

图 6-29　中小批生产加工主轴箱的划线

① 中小批生产　由于毛坯精度较低，一般采用划线装夹，其方法如下。

首先将箱体用千斤顶安放在平台上［图 6-29（a）］调整千斤顶，使主轴孔 A 面与台面基本平行，D 面与台面基本垂直，根据毛坯的主轴孔划出主轴孔的水平轴线Ⅰ—Ⅰ，在四个面上均要划出，作为第一校正线。划线时，应根据图样要求，检查所有的加工部位在水平方向是否都有加工余量，若有部位无加工余量，则需要重新调整Ⅰ—Ⅰ线的位置，作必要的借正，直至所有的加工部位均有加工余量后，才将Ⅰ—Ⅰ线最终确定下来。Ⅰ—Ⅰ线确定后，即画出 A 面和 C 面的加工线。然后将箱体翻转 90°，D 面一端置于三个千斤顶上，调整千斤顶使Ⅰ—Ⅰ线与台面垂直（可用大角尺在两个方向上校正），根据毛坯的主轴孔并考虑各加工部位在垂直方向的加工余量，按照上述同样的方法划出主轴孔的垂直轴线Ⅱ—Ⅱ作为第二校正线［图 6-29（b）］，且在四个面上均划出该线。依据Ⅱ—Ⅱ线划出 D 面加工线，再将箱体翻转 90°［图 6-29（c）］把 E 面一端置于三个千斤顶上，调整千斤顶使Ⅰ—Ⅰ线与Ⅱ—Ⅱ线与台面垂直。根据凸台高度尺寸，先划出 F 面加工线，然后再划出 E 面加工线。

加工箱体平面时，按线找正装夹工件，这样就体现了以主轴孔为粗基准。

② 大批量生产　大批量生产时毛坯精度较高，可直接以主轴孔在夹具上定位，采用图 6-30 所示的夹具装夹。

先将工件放在 1、3、5 支承上，使箱体侧面靠紧支架 4，箱体一端靠住挡销 6，这就完成了预定位。此时将液压控制的两短轴 7 伸入主轴孔中，每一短轴上的三个活动支柱 8 分别顶住主轴孔内的毛面，把工件抬起，离开 1、3、5 支承面，使主轴孔轴线与夹具的两短轴轴线重合，这时主轴孔成为定位基准。为限制工件绕两短轴转动的自由度，在工件抬起后，调节两可调支承 10，通过用样板校正Ⅰ轴孔的位置，使箱体顶面基本成水平。再调节辅助支承 2，使其与箱体底面接触，以提高工艺系统刚度。最后把液压控制的两夹紧块 11 伸入箱体两端孔内压紧工件，即可进行加工。

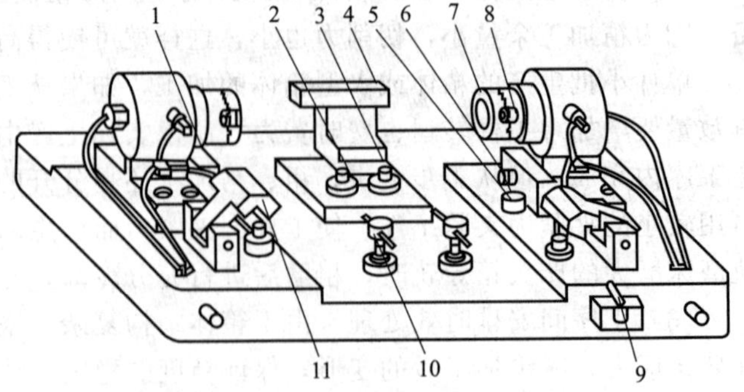

图 6-30　以主轴孔为粗基准铣顶面的夹具

1，3，5—支承；2—辅助支承；4—支架；6—挡销；7—短轴；8—活动支柱；9—操纵手柄；10—可调支承；11—夹紧块

(2) 精基准的选择 箱体加工精基准的选择也与生产批量大小有关。

① 单件小批生产 单件小批生产中，用装配基准作定位基准。图 6-28 所示车床主轴箱单件小批生产，在加工孔系时，选择箱体底面导轨 B、C 面作为定位基准（见表6-10）。B、C 面既是主轴箱的装配基准，又是主轴孔的设计基准，并与箱体的两端面、侧面以及各主要纵向轴承孔在相互位置上有直接联系。所以选择 B、C 面作定位基准，可以消除主轴孔加工时的基准不重合误差，并且定位稳定可靠、装夹误差较小；加工各孔时，由于箱口朝上，所以更换导向套、安装调整刀具、测量孔径尺寸、观察加工情况等都很方便。

这种定位方式也有它的不足之处。在加工箱体中间壁上的孔时，要提高刀具系统的刚度，则应当在箱体内部相应的部位设置刀杆的支承及导向支承。由于箱体底部是封闭的，中间支承只能用如图 6-31 所示的吊架，从箱体顶面的开口处伸入箱体内，每加工一件需装卸一次。吊架与镗模之间虽有定位销定位，但吊架刚性差、制造安装精度较低，经常装卸容易产生误差，并且使得加工的辅助时间增加。因此，这种定位方式只适用于单件小批生产。

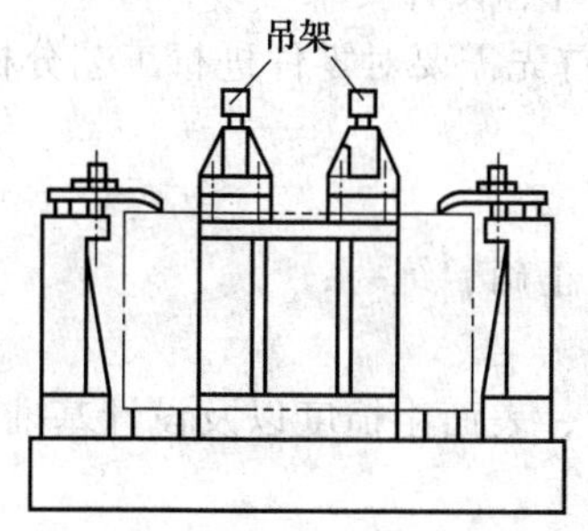

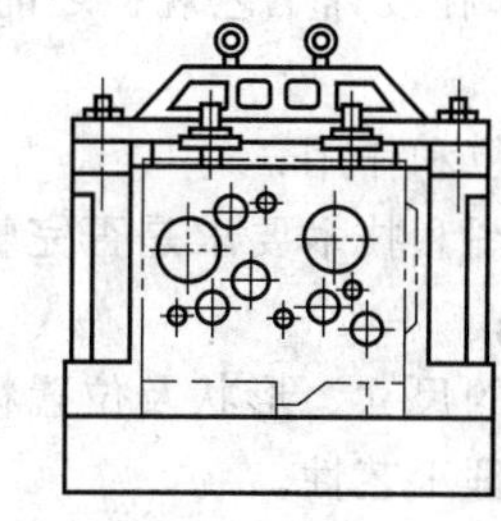
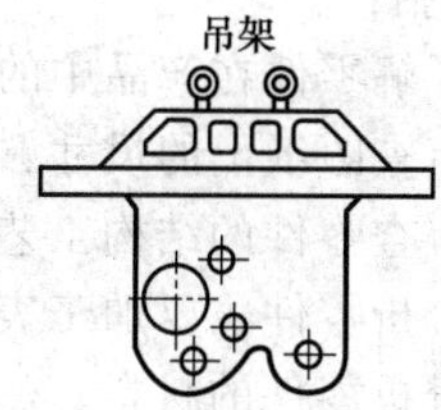

图 6-31 吊架式镗模夹具

② 大批量生产 对图 6-28 所示车床主轴箱大批量生产时，以顶面和两定位销孔为精基准（见表 6-11），如图 6-32 所示。这种定位方式，加工时箱体口朝下，中间导向支承架可以紧固在夹具体上（固定支架），提高了夹具刚度，有利于保证各支承孔加工的相互位置精度，而且工件装卸方便，减少了辅助工时，提高了生产效率。

这种定位方式也有它的不足之处。由于主轴箱顶面不是设计基准，故定位基准与设计基面不重合，出现基准不重合误差，使得定位误差增加。为了克服这一缺点，应进行尺寸换算。另外，由于箱体口朝下，加工中不便于观察各表面加工的情况，不能及时发现毛坯是否有砂眼、气孔等缺陷，而且加工中不便于测量和调刀。所以，用箱体顶面及两定位销孔作精基面加工时，必须采用定径刀具（如扩孔钻和铰刀等）。

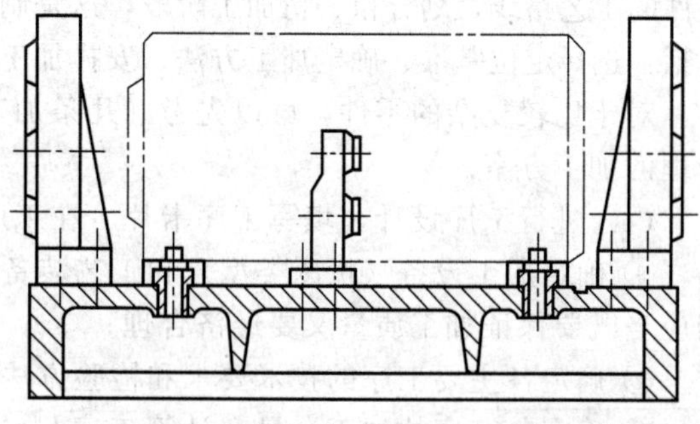

图 6-32 用箱体顶面及两销定位的镗模

(3) 生产用设备 生产所用设备依批量不同而异，单件小批生产一般都在通用机床上进行，除个别必须用专用夹具才能保证质量的工序（如孔系加工）外，一般不用专用夹具，而是尽量使用通用夹具和组合夹具；而大批量箱体的加工则广泛采用组合加工机床，如多轴龙门铣床、组合磨床等，各主要孔则采用多工位组合机床、专用镗床等，专用夹具用得也很多，生产率也较高。

6.4 实训 典型零件的加工

1. 实训目的

(1) 学生能熟练运用课程中的基本理论以及生产实际中学到的实践知识，正确制订一个中等复杂零件的工艺规程。

(2) 学生能根据被加工零件的工艺规程，运用夹具设计的基本原理和方法，设计一套专用夹具。

(3) 培养学生熟悉并运用有关工具手册、技术标准、图表等技术资料的能力。

(4) 进一步培养学生识图、制图、运算和编写技术文件的基本技能。

(5) 综合培养学生的对实际工程问题进行独立分析、独立思考的工程分析能力，培养学生的团队合作精神。

2. 实训内容和要求（包括原始数据、技术参数、条件、设计要求等）

(1) 对零件进行工艺分析　在设计工艺规程之前，首先需要对零件进行工艺分析，其主要内容包括：

① 了解零件在产品中的地位和作用；

② 审查图纸上的尺寸、视图和技术要求是否完整、正确、统一；

③ 审查零件的结构工艺性；

④ 分析零件主要加工表面的尺寸、形状及位置精度、表面粗糙度以及设计基准等；

⑤ 分析零件的材料、热处理工艺性。

(2) 选择毛坯种类并确定制造方法　合理选择毛坯的类型，使零件制造工艺简单、生产率高、质量稳定、成本降低。为能合理选择毛坯，需要了解和掌握各种毛坯的特点、适用范围及选用原则等。常用毛坯种类有：铸件、锻件、焊接件、型材、冲压件等。确定毛坯的主要依据是零件在产品中的作用、生产类型以及零件本身的结构，还要考虑企业的实际生产条件。这里假设零件的生产类型为成批生产。

(3) 拟订零件的机械加工工艺路线，完成工艺过程卡　在对零件进行分析的基础上，制订零件的工艺路线，划分粗、精加工阶段，这是制订零件机械加工工艺规程的核心。其主要内容包括：选择定位基准、确定加工方法、安排加工顺序以及安排热处理、检验和其它工序等。

对于比较复杂的零件，可以先考虑几条加工路线，进行分析与比较，从中选择一个比较合理的加工方案。

(4) 进行工序设计，填写工序卡片　在工序卡片的填写过程中需要完成下述几项工作：

① 确定加工设备（机床类型）和工艺装备（刀具、夹具、量具、辅具），机床设备的选用应当既要保证加工质量又要经济合理；

② 确定各主要工序的技术要求和检验方法；

③ 确定各工序的加工余量，计算工序尺寸和公差，除终加工工序外，其它各工序根据所采用加工方法的加工经济精度查工艺手册确定工序尺寸公差（终加工工序的公差按设计要求确定），一个表面的总加工余量为该表面各工序加工余量之和；

④ 确定各工序的切削用量和工时定额。

(5) 进行对零件的加工。

3. 实训题目

编制如图 6-33 所示减速器传动轴的机械加工工艺过程。工件材料为 45 钢，小批量生产。

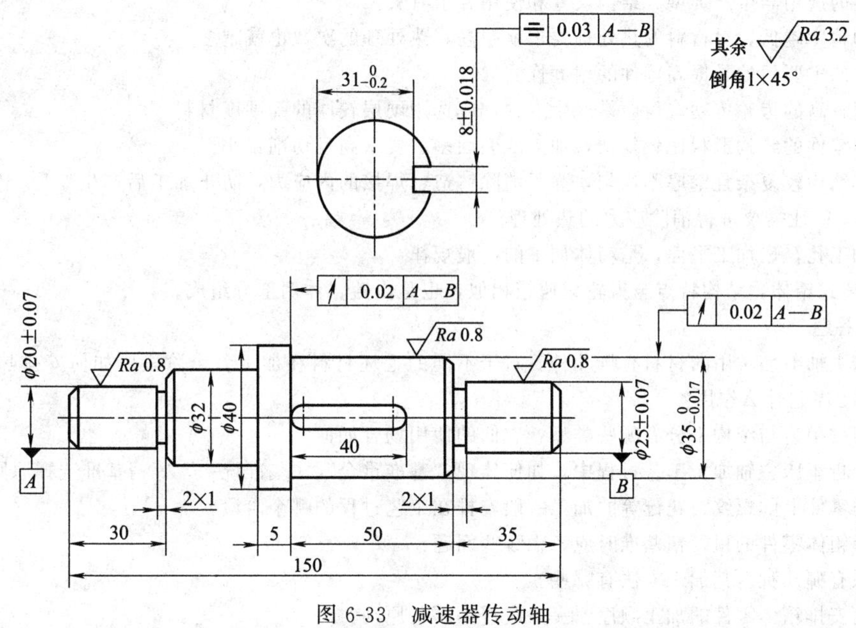

图 6-33 减速器传动轴

复习思考题

一、填空题

1. 轴类零件的功用是用来__________、__________和__________的。

2. 轴的几何形状精度是指轴颈的__________和__________，通常应限制在尺寸公差之内。

3. 轴类零件的毛坯形成有__________、__________和__________三种。

4. 轴类零件的加工工艺因轴的__________、__________、__________、__________和__________等因素的不同而各不相同。

5. 箱体的基本孔可分为__________、__________、__________和__________等类型。

二、单项选择题

1. 轴类零件材料的选取，生产毛坯的方式及（　　）的选用，对轴类零件的加工过程有很大影响。

A. 切削用量　　B. 热处理方法　　C. 加工精度

2. 一般轴类零件材料常用中碳钢制造，例如30、40、45、50等优质碳素结构钢，其中以（　　）应用最广泛。

A. 45钢　　B. 30钢　　C. 50钢

3. 轴类零件的锻造毛坯在机械加工之前，均需进行正火或退火处理，其目的是使钢材的晶粒细化，消除锻造产生的（　　），降低硬度和改善切削加工性能。

A. 摩擦力　　B. 外应力　　C. 内应力

4. （　　）的主要目的是提高零件的耐磨性。

A. 淬火　　B. 回火　　C. 正火

5. 主轴加工工序是（　　）加工的，这样易于加工。

A. 从小向大加工　　B. 从大向小加工　　C. 从内向外

6. 内孔的形状精度，一般可控制在孔径公差的（　　）。

A. 1/4～1/2　　B. 1/4～1/3　　C. 1/3～1/2

三、判断题

1. 轴类零件的技术要求主要是依据零件的功用而制订的。（　　）

2. 轴的直径影响轴的旋转精度和工作状态。（ ）

3. 毛坯的选用与生产类型、结构尺寸和使用要求有关。（ ）

4. 轴的精度越低，对材料的热处理要求就越高，热处理的次数也就越多。（ ）

5. 正火的主要目的是提高零件的耐磨性。（ ）

6. 速度较高的齿轮传动，齿面易产生点蚀，应选用硬层较厚的高硬度材料。（ ）

7. 箱体零件的结构形状比较复杂，加工的表面多、要求高且切削量小。（ ）

8. 箱体结构较复杂且壁厚不均匀，为了消除铸造、焊接的内应力，防止加工后产生变形，使箱体精度能长期保持，往往需要进行消除应力的热处理。（ ）

9. 先加工孔，后加工平面，是箱体加工的一般规律。（ ）

10. 分离式箱体，结构特点与齿轮减速箱相似，也是由盖、体两部分组成。（ ）

四、问答题

1. 车床主轴毛坯常用的材料有哪几种？对于不同的毛坯材料在加工各个阶段应如何安排热处理工序？这些热处理工序起什么作用？

2. 车刀按用途与结构来分有哪些类型？它们的使用场合如何？

3. 试分析车床主轴加工工艺过程中，如何体现“基准重合”、“基准统一”等精基准选择原则？

4. 轴类零件上的螺纹、花键等的加工一般安排在工艺过程的哪个阶段？

5. 选择箱体零件的粗、精基准时应考虑哪些问题？

6. 孔系有哪几种？其加工方法有哪些？

7. 如何安排箱体零件的加工顺序？一般应遵循哪些原则？

8. 套筒类零件的深孔加工有何工艺特点？针对其特点应采取什么工艺措施？

9. 编制图 6-34 所示小滑板丝杠轴的机械加工工艺规程。其生产类型为中批生产，材料 45 钢，需调质处理。

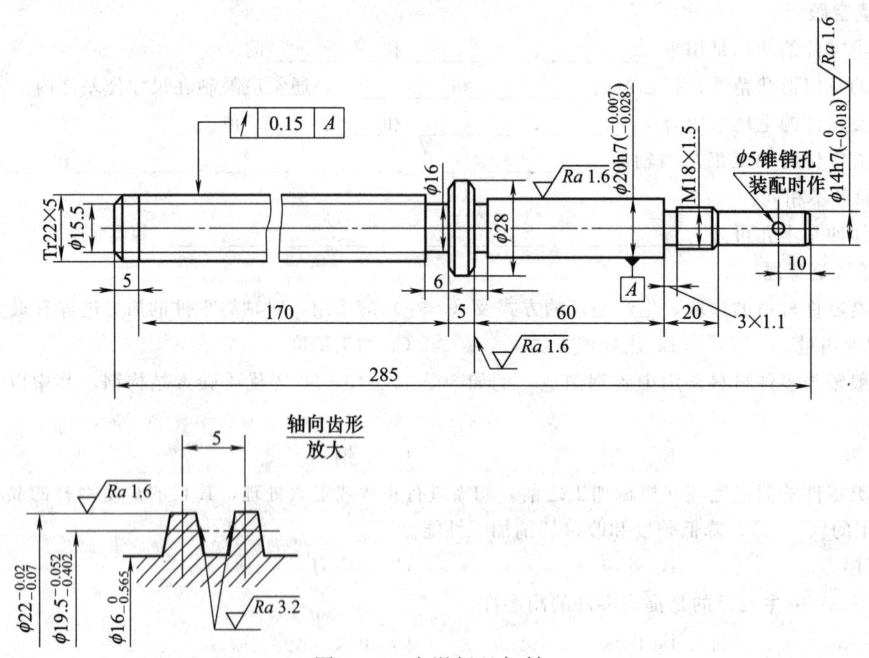

图 6-34　小滑板丝杠轴

第7章 机械加工质量分析与控制

机器的质量取决于零件的加工质量和机器的装配质量，零件机械加工质量包含零件机械加工后表面几何方面的质量和材料性能方面的质量两大部分。

几何方面的质量是指零件的几何形状方面的误差，它包括宏观几何形状误差和微观几何形状误差。宏观几何形状误差包括尺寸误差、几何形状误差和相互位置误差，通称为机械加工误差。微观几何形状误差是指微观几何形状的不平度，或称表面粗糙度。在机械加工中，由于振动等原因还会产生一种介于宏观几何形状误差和微观表面粗糙度之间的周期性几何形状误差，常用波度表示。

材料性能方面的质量是指机械加工后零件一定深度表面层的物理力学性能等方面的质量发生了变化（与材料基体相比），一般称之为加工变质层。

7.1 机械加工精度

7.1.1 机械加工精度的组成

1. 加工精度与加工误差

加工精度是加工后零件表面的实际尺寸、形状、位置三种几何参数与图纸要求的理想几何参数的符合程度。理想的几何参数，对尺寸而言，就是平均尺寸；对表面几何形状而言，就是绝对的圆、圆柱、平面、锥面和直线等；对表面之间的相互位置而言，就是绝对的平行、垂直、同轴、对称等。零件实际几何参数与理想几何参数的偏离数值称为加工误差。

机械加工精度包括尺寸精度、形状精度和位置精度三个方面。

（1）尺寸精度　指加工后零件的实际尺寸与零件尺寸的公差带中心的相符合程度。

（2）形状精度　指加工后的零件表面的实际几何形状与理想的几何形状的相符合程度。

（3）位置精度　指加工后零件有关表面之间的实际位置与理想位置相符合程度。

零件的尺寸精度、形状精度和位置精度之间是存在联系的。通常形状公差应限制在位置公差之内，而位置公差应限制在尺寸公差之内。

加工精度与加工误差都是评价加工表面几何参数的术语。加工精度用公差等级衡量，等级值越小，其精度越高；加工误差用数值表示，数值越大，其误差越大。加工精度高，就是加工误差小，反之亦然。

任何加工方法所得到的实际参数都不会绝对准确，从零件的功能看，只要加工误差在零件图要求的公差范围内，就认为保证了加工精度。

2. 影响加工精度的因素

由机床、夹具、刀具和工件组成的机械加工工艺系统（简称工艺系统）会有各种各样的误差产生，这些误差在各种不同的具体工作条件下都会以各种不同的方式（或扩大、或缩小）反映为工件的加工误差。

工艺系统中凡是能直接引起加工误差的因素都称为原始误差，是工件产生加工误差的根源。工艺系统的原始误差主要有以下几种。

（1）加工原理误差。

（2）工艺系统的几何误差，包括机床的几何误差、调整误差、刀具和夹具的制造误差、工件的安装误差以及工艺系统磨损所引起的误差。

（3）工艺系统受力变形所引起的误差。

（4）工艺系统受热变形所引起的误差。

（5）工件内应力引起的误差。

7.1.2 加工原理误差

加工原理误差是由于采用了近似的成形运动或近似的刀刃轮廓进行加工所产生的误差。在实践中，完全精确的加工原理常常很难实现，或者加工效率低，或者使机床或刀具的结构极为复杂，难以制造。有时由于连接环节多，使机床传动链中的误差增加，或使机床刚度和制造精度很难保证。

如用滚刀切削渐开线齿轮时，滚刀应为一渐开线蜗杆。而实际上为了使滚刀制造方便，采用阿基米德基本蜗杆或法向直廓基本蜗杆代替渐开线蜗杆，从而在加工原理上产生了误差。另外由于滚刀刀刃数有限，齿形是由各个刀齿轨迹的包络线所形成，所切出的齿形实际上是一条近似渐开线的折线而不是光滑的渐开线。又如用模数铣刀成形铣削齿轮，对于每种模数只用一套（8～15 把）铣刀来分别加工一定齿数范围内的所有齿轮，由于每把铣刀是按照一种模数的一种齿数设计制造的，因而加工其他齿数的齿轮时齿形就有了误差。再如车削模数蜗杆时，由于蜗杆的螺距等于蜗轮的齿距 πm，其中 m 为模数，而 π 是一个无理数，但是车床挂轮的齿数是整数值。因此在选择挂轮时，只能将 π 化为近似的分数值计算，因而产生了由刀具相对工件的成形运动不准确而引起的加工原理误差。

采用近似的成形运动或近似的刀刃轮廓虽然会带来加工原理误差，但往往可简化机床或刀具的结构，反而能得到较高的加工精度。因此，只要其误差不超过规定的精度要求，在生产中仍能得到广泛的应用。

7.1.3 工艺系统的几何误差

1. 机床的几何误差

（1）机床主轴的回转运动误差

① 主轴回转运动误差　机床主轴的回转精度，对工件的加工精度有直接影响。主轴的回转精度是指主轴的实际回转轴线相对其平均回转轴线（实际回转轴线的对称中心）的漂移。理论上，主轴回转时，其回转轴线的空间位置是固定不变的，即瞬时速度为零。但由于主轴部件在加工、装配过程中的各种误差和回转时的受力、受热等因素，使主轴在每一瞬时回转轴心线的空间位置处于变动状态，造成轴线漂移，形成回转误差。

主轴的回转误差可分为三种基本形式：轴向窜动、径向跳动和角度摆动，如图 7-1 所示。

实际上，主轴工作时，其回转误差是综合地影响着主轴的回转精度，从而影响工件的加工精度。

主轴的回转误差对加工精度的影响如下：

a. 轴向窜动　对内、外圆柱面车削或镗孔影响不大。主要影响端面形状和轴向尺寸精度。车削螺纹时，使导程产生误差。

b. 径向跳动　车削内、外圆柱面时，设通过刀尖对工件表面法线方向为 y 方向，如图

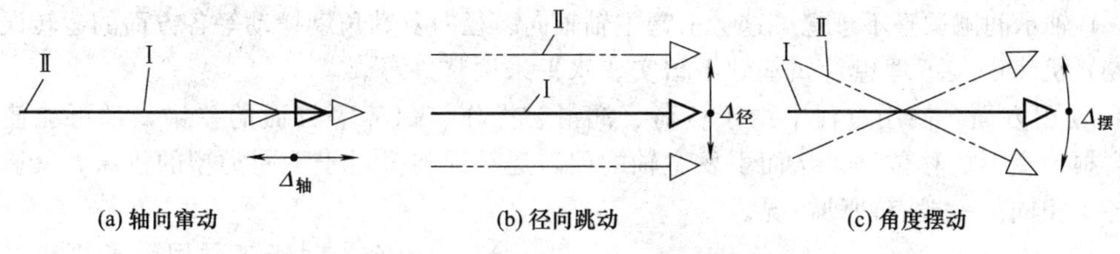

图 7-1　主轴回转误差的基本形式

Ⅰ—理想回转轴线；Ⅱ—实际回转轴线

7-2 所示。当主轴在 y 方向有径向跳动误差时，它以 1∶1 的关系转化为加工误差，此方向为误差敏感方向。当其跳动频率与主轴转速一致时，将使任意直径上的半径减小量正好等于另一半径的增大量而抵消了直径误差。这时，虽然任意直径的尺寸相等，但加工后的圆柱面与基准圆柱面必然产生同轴度误差，横截面产生圆度误差。一般而言，应严格控制在 y 方向的跳动。若径向跳动在非敏感方向，如图 7-2 所示的 z 方向，则由图可得，$(R+\Delta R)^2=\Delta z^2+R^2$，展开并略去微小项 ΔR^2，得 $\Delta R=\Delta z^2/2R$，即工件的半径误差 ΔR 为跳动量 Δz 的"二次小量"，故可忽略不计。

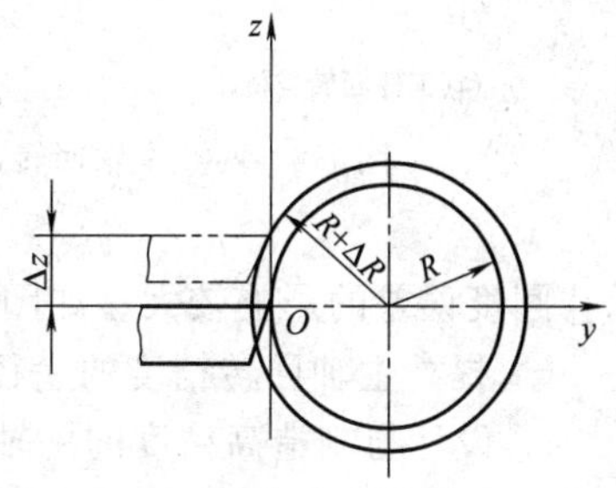

图 7-2　非敏感方向的径跳对车削的影响

c. 角度摆动　对于车削和镗削来说，主轴的角度摆动将使工件产生圆度和圆柱度误差。

② 主轴回转运动误差的影响因素　机床主轴的运动不是孤立的，它的运动与机床的整个运动及与其相关零件的配合都是有联系的。要想找出相关的影响因素，就必须要从零件的本身和与其相关联的零件上来分析问题。具体思路上，既要从零件设计、制造上来分析，也要看到其安装结构的问题，更不要忽略使用正确性的影响。主轴回转运动误差的主要影响因素如下：

a. 机床设计方面

(a) 热变形　一般主轴前部的轴承受力大且复杂，易发热，不能很好地处理局部散热的问题，就会引起主轴安装基面的变化，导致主轴的回转运动误差。

(b) 径向不等刚度　主轴的回转系统中径向刚度的不均匀性，会导致主轴的跳动而影响主轴的回转运动。

(c) 误差传递　由于设计原理的缺陷，机床的整个内部传动系统中，前面传动元件的运动误差，会通过传动链最终将有关运动误差传给主轴，导致主轴的回转运动误差。

b. 制造方面

(a) 主轴方面　主轴本身的圆度误差（特别是支承轴径的圆度误差），主轴上各工作面的同轴度误差。这些误差将直接引起主轴的回转运动误差。

(b) 轴承方面　轴承的制造误差包括轴承内滚动体的形位误差，轴承内、外滚道的形位误差，轴承内、外圆的形位误差，轴承定位端面相对主轴回转中心线的垂直度误差等。轴承是轴运转的支点，轴承制造的误差，会直接传递给主轴的回转运动。

(c) 机床方面　机床本身的制造误差主要有机床上安装主轴的轴承孔的圆度误差，前后轴承孔的同轴度误差。这些误差都会引起主轴的回转运动误差。

c. 安装与调整方面

(a) 主轴安装不理想　如安装不规范、不到位等。

(b) 轴承安装不理想　如轴承与轴的配合不到位，轴承与轴孔的配合不到位等等。

（c）轴承间隙调整不理想　这会引起主轴轴向、径向及其角度摆动等各方面的运转误差。

（d）机床安装不理想　如基础不结实、水平未调整好等。

d. 使用方面　使用过程中由于负荷、润滑、操作、保养等方面的差错，都可能使主轴发生磨损、变形、移位等，从而引发主轴的回转运动误差。对于不同类型的机床，其影响因素也各不相同。一般有两种情况。

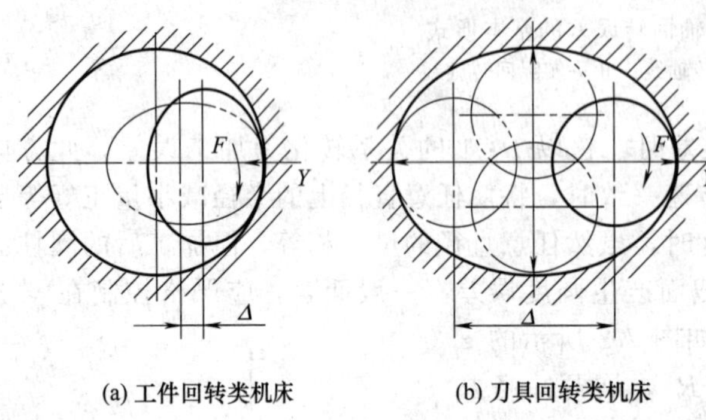

图 7-3　两类主轴回转误差的影响

（a）对于工件回转类机床（如车床、外圆磨床等），因切削力的方向不变，主轴回转时作用在支承上的作用力方向也不变化。此时，主轴的支承轴颈的圆度误差的影响较大，而轴承孔圆度误差的影响较小，如图 7-3（a）所示。

（b）对于刀具回转类机床（如钻、铣、镗床等），因切削力的方向随旋转方向而变化。此时，主轴的支承轴颈的圆度误差的影响较小，而轴承孔圆度误差的影响较大。如图 7-3（b）所示。

③ 提高主轴回转精度的途径

a. 设计与制造高精度的主轴部件可以提高主轴的制造精度，安装轴承的主轴轴颈的尺寸精度和形状精度不应低于轴承的精度。同时还要考虑主轴本身应具有较好的刚度，以免受力弯曲后造成轴承内外环滚道的相对偏转。

b. 外圆磨削时主轴的回转精度不影响外圆磨床的精度，磨床的前后顶尖都不转动，只起定心作用，这就可以避免头架主轴回转误差对加工精度的影响。

（2）机床导轨误差

① 车床导轨在水平面内的直线度误差　如图 7-4 所示，导轨在 y 方向产生了直线度误差，使车刀在被加工表面的法线方向产生了位移 Δy，从而造成工件半径上的误差 $\Delta R=\Delta y$；当车削长外圆时，则产生圆柱度误差。由此可见：床身导轨在水平面内如果有直线度误差，使工件在纵向截面和横向截面内分别产生形状误差和尺寸误差。当导轨向后凸出时，工件上产生鞍形加工误差；当导轨向前凸出时，工件上产生鼓形加工误差。

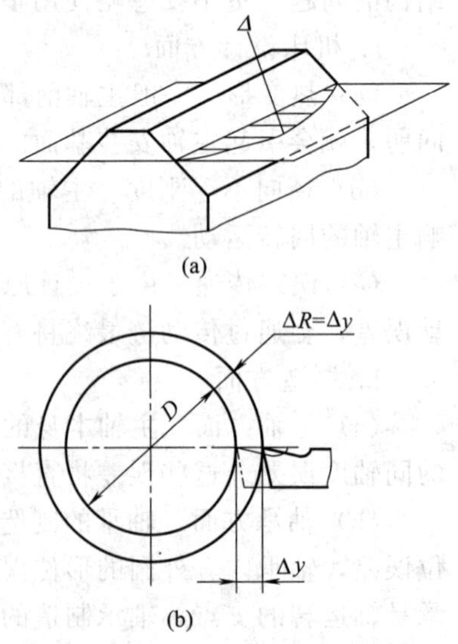

图 7-4　导轨在水平面内的直线度误差引起的加工误差

② 车床导轨在垂直面内的直线度误差　如图 7-5 所示，导轨在 z 方向存在误差 Δ，使车刀在被加工表面的切线方向产生位移，造成半径上的误差 $\Delta R\approx\dfrac{\Delta^2 z}{D}$，该误差影响不大。但对平面磨床、龙门刨床、铣床等将引起工件相对砂轮或刀具的法向位移，其误差将直接反映到被加工表面造成形状误差，如图 7-6 所示。

由此可见，原始误差引起工件相对于刀具产生相对位移，若产生在加工表面法向方向（误差敏感方向），对加工精度有直接影响；产生在加工表面切向方向（误差非敏感方向），可忽略不计。

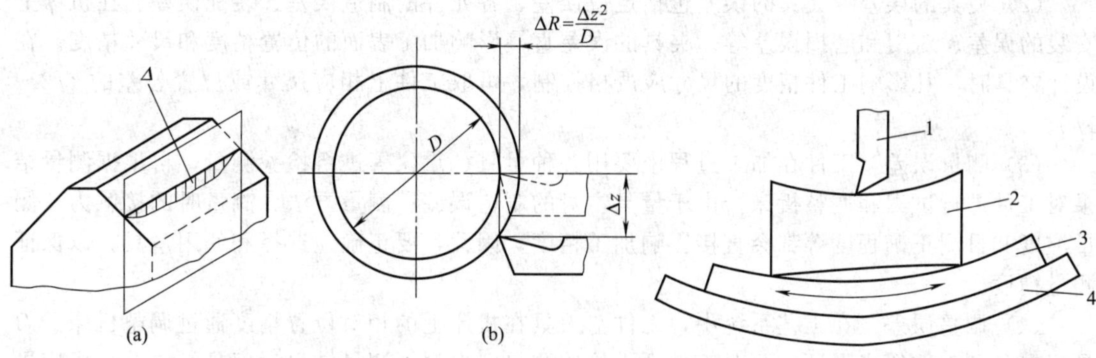

图 7-5　导轨在垂直面内的直线度误差引起的加工误差

图 7-6　龙门刨床导轨垂直面内直线度误差
1—刨刀；2—工件；3—工作台；4—床身导轨

③ 导轨面间的平行度误差　如图 7-7 所示，车床两导轨的平行度误差（扭曲）使床鞍产生横向倾斜，刀具产生位移，因而引起工件形状误差。由图示几何关系可求出 $\Delta y \approx H\Delta/B$。一般车床的 $\frac{H}{B}\approx\frac{2}{3}$，外圆磨床 $H\approx B$，故 Δ 对加工精度的影响不容忽视。由于沿导轨全长上 Δ 的不同，将使工件产生圆柱度误差。

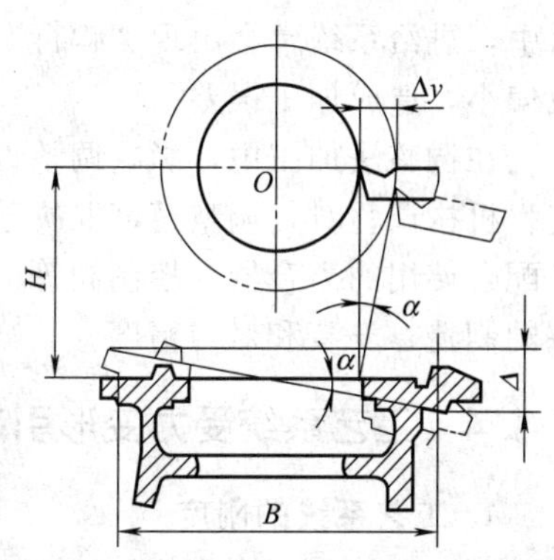

图 7-7　导轨的扭曲对加工精度的影响

机床的安装对导轨精度影响较大，尤其是床身较长的机床，因床身刚度较差，因自重引起基础下沉而造成导轨变形。因此，机床在安装时应有良好的基础，并严格进行测量和校正，而且在使用期还应定期复校和调整。

(3) 传动链的传动误差　机床的切削运动是通过传动链来实现的。机床传动链由于本身的制造误差、安装误差和工作中的磨损，会破坏刀具与工件之间准确的速比关系，从而影响工件的加工精度。传动链两端元件之间的相对运动误差，称为传动误差。

传动误差视传动链中各传动元件（如齿轮、分度蜗轮副、丝杆螺母副等）在传动链中的位置不同，其影响程度也不同。如各个传动齿轮的转角误差将通过传动比反映到末端（工件）。若传动链是升速传动，则传动元件的转角误差将被扩大；降速传动，则转角误差将被缩小。在螺纹加工中直接固定在传动丝杠上的齿轮影响最大，其他中间传动齿轮的影响较小。

2. 工艺系统其他几何误差

(1) 刀具的误差　机械加工中常用的刀具有一般刀具、定尺寸刀具和成形刀具。

① 一般刀具（如车刀、铣刀、镗刀等）的制造误差对加工精度没有直接影响，但刀具的磨损会引起工件尺寸和形状的改变。为了减小刀具磨损对加工精度的影响，应根据工件的材料和加工要求，合理地选择刀具材料、切削用量和冷却润滑方式。

② 定尺寸刀具（如钻头、铰刀、拉刀等）的制造误差直接影响工件的尺寸精度。刀具磨损、安装不当、切削刃刃磨不对称也会影响工件的加工精度。

③ 采用成形刀具（如成形车刀、模数铣刀、齿轮滚刀等）加工时，刀具的形状误差直接影响工件的形状精度；用成形刀具对工件进行展成加工时，刀具的切削刃形状及有关尺寸和技术条件也会直接影响工件的加工精度。

（2）夹具的误差 夹具的误差包括定位误差、各元件的制造误差、装配误差、在机床上安装的误差、对刀和磨损误差等。夹具的误差直接影响加工表面的位置精度和尺寸精度。在设计夹具时，凡影响工件精度的尺寸应严格控制，可取工件上相应尺寸或位置公差的1/2～1/5。

（3）测量误差 工件在加工过程中要用各种量具、量仪等进行检验测量，再根据测量结果对工件进行试刀和调整机床。由于量具本身的制造误差、测量方法、测量时的接触力、测量温度和目测正确程度等都会直接影响加工精度，因此，要正确地选择和使用量具，以保证测量精度。

（4）调整误差 在工艺系统中，工件与刀具在机床上的相对位置精度通过调整机床、刀具、夹具和工件等来保证。要对工件进行检验测量，再根据测量结果对刀具、夹具、机床进行调整，这就可能引入调整误差。

在试切法加工中，影响调整误差的主要因素是测量误差和进给系统精度。在低速微量进给中，进给系统常会出现“爬行”现象，其结果使刀具的实际进给量比刻度盘的数值要偏大或偏小，造成加工误差。

在调整法加工中，影响调整误差的因素有：测量精度、调整精度、重复定位精度等。用定程机构调整时，调整精度取决于行程挡块、靠模及凸轮机构等的制造精度和刚度，以及与其配合使用的离合器、控制阀等的灵敏度。用样板或样件调整时，调整精度取决于样板或样件的制造、安装和对刀精度。

7.1.4 工艺系统受力变形引起的误差

1. 工艺系统的刚度

（1）工艺系统刚度的计算 工艺系统在切削力、传动力、夹紧力、惯性力以及重力的作用下，会产生变形，从而使已经调整好的刀具与工件的相对位置发生变化，造成工件的加工误差。如车削细长轴时，工件在切削力作用下产生弯曲变形，加工后使工件产生“鼓形”。

工艺系统变形通常是弹性变形。工艺系统反抗变形的能力越大，工件的加工精度越高。人们用刚度的概念来表达工艺系统抵抗变形的能力。

从材料力学可知，作用力 F（静载）与由它所引起的在作用力方向上产生的变形量 y 的比值称为静刚度 k（简称刚度）。

$$k=\frac{F}{y}$$

式中 k——静刚度，N/mm；

F——作用力，N；

y——沿作用力 F 方向的变形，mm。

在各种外力作用下工艺系统各部分在各受力方向将产生相应的变形。工艺系统的受力变形，主要应研究误差敏感方向，即通过刀尖的加工表面的法线方向的位移。因此，工艺系统刚度 k_{xt} 定义为：工件和刀具的法向切削分力 F_p 与在总切削力的作用下，在该方向上的相对位移 y_{xt} 的比值，即

$$k_{xt}=\frac{F_p}{y_{xt}}$$

工艺系统的总变形量应是 $y_{xt}=y_{jc}+y_{dj}+y_{jj}+y_{gj}$

而 $$k_{xt}=\frac{F_p}{y_{xt}},k_{jc}=\frac{F_p}{y_{jc}},k_{dj}=\frac{F_p}{y_{dj}},k_{jj}=\frac{F_p}{y_{jj}},k_{gj}=\frac{F_p}{y_{gj}}$$

式中　y_{xt}——工艺系统总的变形量，mm；

k_{xt}——工艺系统总的刚度，N/mm；

y_{jc}——机床变形量，mm；

k_{jc}——机床刚度，N/mm；

y_{dj}——刀架的变形量，mm；

k_{dj}——刀架的刚度，N/mm；

y_{jj}——夹具的变形量，mm；

k_{jj}——夹具的刚度，N/mm；

y_{gj}——工件的变形量，mm；

k_{gj}——工件的刚度，N/mm。

工艺系统刚度的一般式为

$$k_{xt}=\frac{1}{\frac{1}{k_{jc}}+\frac{1}{k_{dj}}+\frac{1}{k_{jj}}+\frac{1}{k_{gj}}}$$

因此，当知道工艺系统的各个组成部分的刚度后，即可求出系统刚度。但部件刚度问题比较复杂，迄今没有合适的计算方法，只能用实验的方法加以测定。

（2）影响机床部件刚度的因素

① 接触面间的接触变形　经机械加工后的零件在相互接触时，实际接触面积只是名义接触面积的一小部分，如图 7-8 所示。

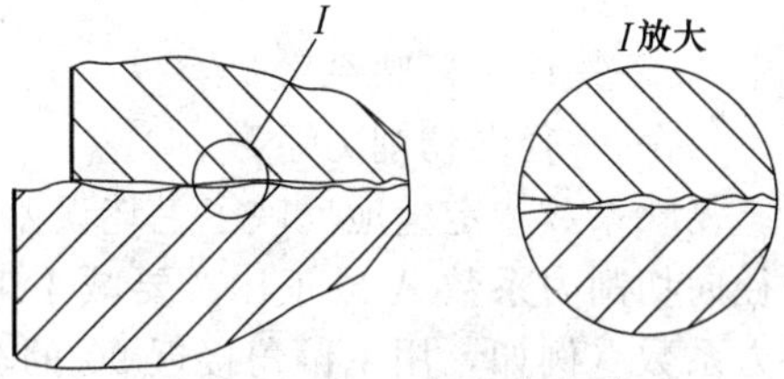

图 7-8　表面间的接触情况

在外力作用下，这些接触点产生了较大的接触应力，引起接触变形，其中既有表面层的弹性变形，还有局部的塑性变形，接触表面的塑性变形是造成残余变形的原因。经过多次加载后，凸点被逐渐压平，接触状态逐渐趋于稳定，不再产生塑性变形。

② 薄弱零件的变形　机床部件中薄弱零件对部件刚度的影响很大。如机床中常用的楔铁，由于其结构长而薄，刚性差，加工时难以保证平直，以至装配后接触不良，在外力作用下变形较大，使部件刚度大大降低。

③ 间隙和摩擦的影响　零件接触面间的间隙对接触刚度的影响主要表现在加工中载荷方向经常改变的镗床、铣床上。因为当载荷方向改变时，间隙所引起的位移破坏原来刀具与加工表面间的准确位置。对于载荷是单向的，加工时工件始终靠向一边，此时间隙的影响较小。

零件接触面间的摩擦力对接触刚度的影响在载荷变动时较为显著。如在加载时，由于摩擦力抵消一部分作用力，阻止变形的增加；卸载时，摩擦力阻止变形的恢复。由于变形的不均匀增减，进而引起加工误差。

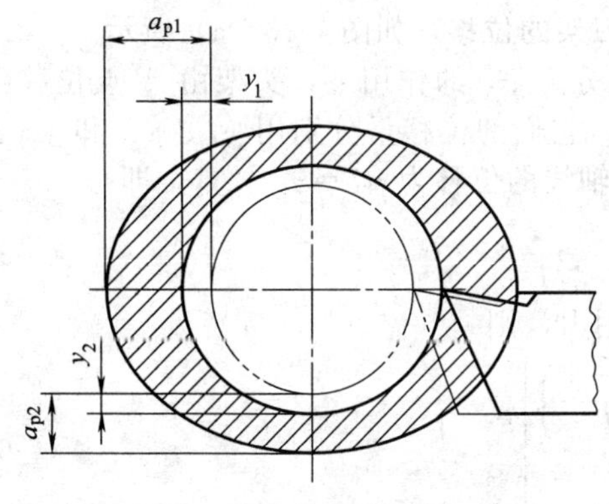

图 7-9　零件形状误差的复映

2. 工艺系统受力变形引起的加工误差

（1）切削力大小变化引起的加工误差——误差复映规律　由于毛坯加工余量和材料硬度的变化，引起了切削力的变化，因而产生了工件的尺寸误差和形状误差。

以车削为例，如图 7-9 所示。由于毛坯的圆度误差（如椭圆），车削时使切削深度在 a_{p1} 与 a_{p2} 之间变化。因此，切削分力 F_p 也随切削深度 a_p 的变化由最大 F_{pmax} 变到最小 F_{pmin}。工艺系统将产生相应的变形，即由 y_1 变到 y_2（刀尖相对工件在法线方向的位移变化），工件因此形成圆度误差，这种现象称为“误差复映”。

误差复映的大小，可用刚度计算公式求得。

毛坯圆度的最大误差 $$\Delta_m = a_{p1} - a_{p2} \tag{7-1}$$

车削后工件的圆度误差 $$\Delta_w = y_1 - y_2 \tag{7-2}$$

$$y_1 = \frac{F_{pmax}}{k_{xt}}, y_2 = \frac{F_{pmin}}{k_{xt}}$$

$$F_p = A(a_p - y)$$

$$\left.\begin{aligned} y_1 &= \frac{A(a_{p1} - y_1)}{k_{xt}} \approx \frac{A}{k_{xt}} a_{p1} \\ y_2 &= \frac{A(a_{p2} - y_2)}{k_{xt}} \approx \frac{A}{k_{xt}} a_{p2} \end{aligned}\right\} \tag{7-3}$$

将式（7-3）代入式（7-2）得

$$\Delta_w = y_1 - y_2 = \frac{A}{k_{xt}}(a_{p1} - a_{p2})$$

$$令 \quad \varepsilon = \frac{\Delta_w}{\Delta_m} = \frac{A}{k_{xt}}$$

式中 ε——误差复映系数；

A——径向切削力系数。

复映系数 ε 定量地反映了毛坯误差经过加工后减少的程度，它与工艺系统刚度成反比，与径向切削力系数 A 成正比。要减小工件的复映误差，可增加工艺系统刚度或减少径向切削力系数（例如，用主偏角接近 90°的车刀，减少进给量 f 等）。

当毛坯误差过大，一次进给不能满足加工精度要求时，需要多次进给来消除 Δ_m 复映到工件上的误差。设第一次进给量为 f_1，毛坯误差为 Δ_m，则由上式 ε 得到第一次进给后工件的误差为 $\Delta_{w1} = \varepsilon_1 \Delta_m$，第二次进给后工件的误差为 $\Delta_{w2} = \varepsilon_2 \varepsilon_1 \Delta_m$，同理，第 n 次走刀后工件的误差为

$$\Delta_{wn} = \varepsilon_n L \varepsilon_2 \varepsilon_1 \Delta_m \tag{7-4}$$

可以根据已知的 Δ_m 值，由式（7-4）估计加工后的工件误差，或根据工件的公差值与毛坯误差值来确定加工次数。由于 ε 总是小于 1，经过几次走刀后，ε 已降至很小。一般 IT7 要求的工件经过 2～3 次进给后，可使复映误差减小到公差允许值的范围内。

（2）切削力作用点位置变化引起的误差

① 在车床顶尖间车削短而粗的光轴　由于工件和刀具的变形很小，可忽略不计，则工艺系统的总位移取决于床头、尾座（包括顶尖）和刀架的位移，如图 7-10（a）所示。

当加工中车刀处于图 7-10 所示位置时，在切削分力 F_y 的作用下，头架由 A 点位移到 A'，尾座由 B 点位移到 B'，刀架由 C 点位移到 C'，它们的位移量分别用 y_{tj}、y_{wz} 和 y_{dj} 表示。工件轴线 AB 位移到 $A'B'$，刀具切削点处工件轴线的位移为 $y_x = y_{tj} + \Delta_x$，即

$$y_x = y_{tj} + (y_{wz} - y_{tj})\frac{x}{L} \tag{7-5}$$

设 F_A、F_B 为 F_p 所引起的头架、尾座处的作用力，则

$$\left.\begin{aligned} y_{tj} &= \frac{F_A}{k_{tj}} = \frac{F_p}{k_{tj}}\left(\frac{L-x}{L}\right) \\ y_{wz} &= \frac{F_B}{k_{wz}} = \frac{F_p}{k_{wz}}\frac{x}{L} \end{aligned}\right\} \tag{7-6}$$

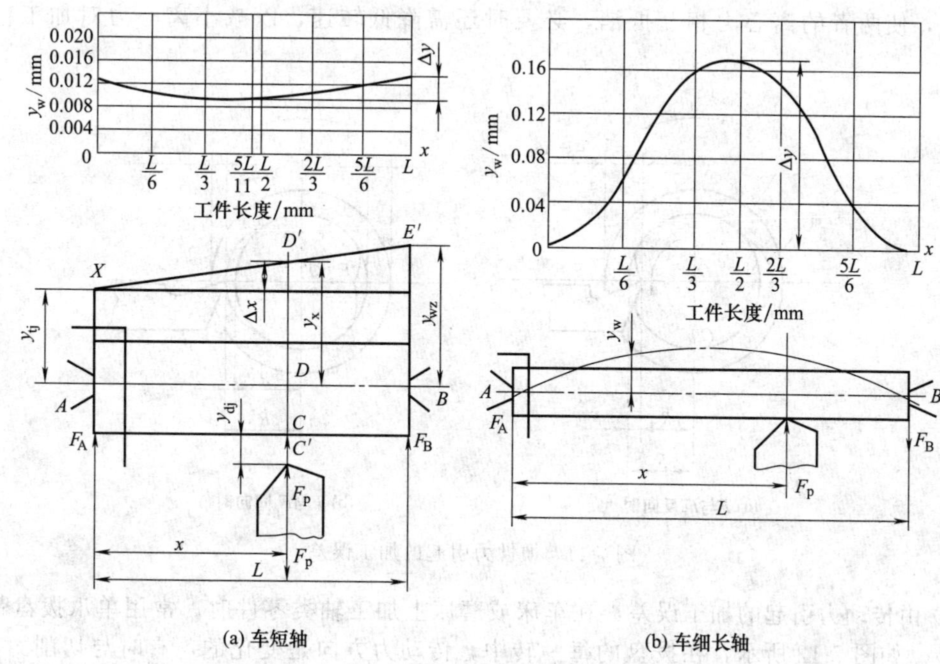

图 7-10　工艺系统变形随力作用点变化而变化

将式（7-6）代入式（7-5）得

$$y_x=\frac{F_p}{k_{tj}}\left(\frac{L-x}{L}\right)^2+\frac{F_p}{k_{wz}}\left(\frac{x}{L}\right)^2$$

工艺系统的总位移为

$$y_{xt}=y_x+y_{dj}=F_p\left[\frac{1}{k_{dj}}+\frac{1}{k_{tj}}\left(\frac{L-x}{L}\right)^2+\frac{1}{k_{wz}}\left(\frac{x}{L}\right)^2\right]$$

由上式可看出，工艺系统的变形是 x 的函数。因此，随着车刀位置（即切削力位置）的变化，工艺系统的变形也是变化的。变形大的地方，吃刀量较小，变形小的地方，切去较多的金属，加工出的工件呈两头粗、中间细的鞍形。其全长上的最大半径与最小半径之差即为圆柱度误差。

② 在两顶尖间车削细长轴　由于工件刚度很低，机床、夹具、刀具在切削力作用下的变形可忽略不计，则工艺系统的位移完全取决于工件的变形，如图 7-10（b）所示。加工中车刀处于图示位置时，工件的轴线产生弯曲变形。根据材料力学的计算公式，其切削点的变形量为：

$$y_w=\frac{F_p}{3EI}\times\frac{(L-x)^2x^2}{L}$$

由上式可看出，工件在 $L/2$ 处的变形最大。在头架、尾座处的变形为零。故加工出的工件呈中间粗、两头细的鼓形。

（3）其他作用力引起的加工误差

① 惯性力引起的加工误差　切削加工中，由于高速旋转零部件（包括夹具、工件和刀具等）的不平衡而产生离心力，在每一转中不断改变方向，使工艺系统的受力变形发生变化，从而引起加工误差。如图 7-11 所示，车削一个不平衡工件，离心力 F 与切削力 F_p 方向相反时，将工件推向刀具，使背吃刀量增加。当 F 与 F_p 同向时，工件被拉离刀具，背吃刀量减小，结果造成工件的圆度误差。生产中遇到这种情况时，可在不平衡质量的反向配置

平衡块，使两者的离心力相互抵消，必要时还需降低转速，以减小离心力对加工精度的影响。

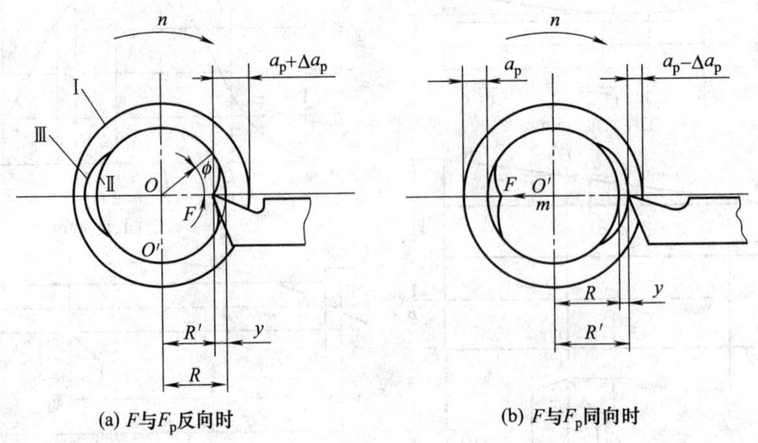

图 7-11 惯性力引起的加工误差

② 由传动力引起的加工误差　在车床或磨床上加工轴类零件时，常用单爪拨盘带动工件旋转。如图 7-12 所示，在拨盘的每一转中，传动力方向是变化的，有时与切削力 F_p 同向，有时反向。因此，造成了与惯性力相似的加工误差。为此，加工精密零件时改用双爪拨盘或柔性连接装置带动工件转动。

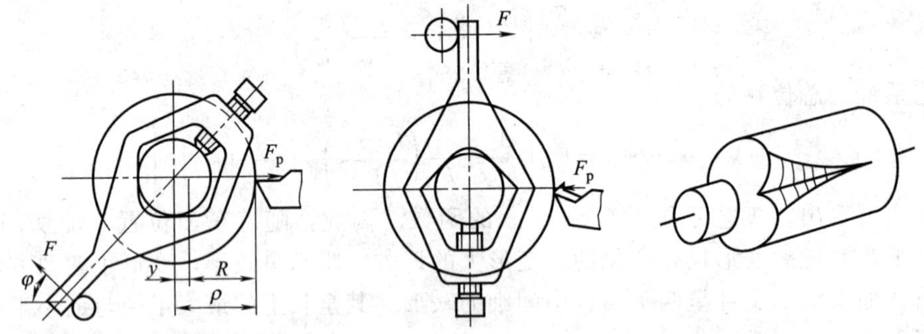

图 7-12 单拨销拨动力引起的加工误差

③ 由夹紧力引起的加工误差　当加工刚性较差的工件时，若夹紧不当，会引起工件变形而产生形状误差。如图 7-13 所示，用三爪夹盘夹持薄壁套筒车孔。夹紧后工件呈三棱形［图 7-13（a)］，车出的孔为正圆［图 7-13（b)］，但松夹后套筒的弹性变形恢复，孔就成了三棱形［图 7-13（c)］。为了减少加工误差应使夹紧力均匀分布，可以在夹紧时增加一个开口过渡环［图 7-13（d)］，或采用专用卡爪［图 7-13（e)］。

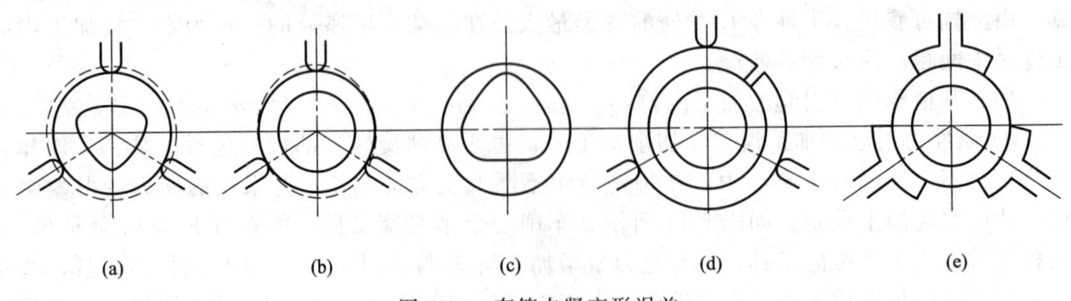

图 7-13 套筒夹紧变形误差

④ 重力所引起的加工误差　工艺系统有关零部件的重力所引起的变形也会造成加工误差。如大型立车、龙门铣床、龙门刨床刀架横梁，由于主轴箱或刀架的重力而产生变形，摇臂钻床的摇臂在主轴箱自重的影响下产生变形，造成主轴轴线与工作台的不垂直。

3. 减小工艺系统受力变形的主要措施

(1) 提高接触刚度　提高接触刚度常用的方法是改善机床部件主要零件接触面的配合质量。如对机床导轨及装配基面进行刮研，提高顶尖锥体同主轴和尾座套筒锥孔的接触质量，多次修研加工精密零件用的中心孔等。通过刮研可改善配合表面的粗糙度和形状精度，使实际接触面积增加，从而有效提高接触刚度。

提高接触刚度的另一措施是在接触面间预加载荷，这样可消除配合面间的间隙，增加接触面积，减少受力后的变形量。如在一些轴承的调整中就采用此项措施。

(2) 提高工件、部件刚度，减少受力变形　对刚度较低的叉架类、细长轴等工件，其主要措施是减小支承间的长度，如设置辅助支承、安装跟刀架或中心架。加工中还常采用一些辅助装置提高机床部件刚度。图 7-14 所示为在转塔车床上采用导向杆和支承座来提高刀架刚度。

(3) 采用合理的装夹方法　在夹具设计或工件装夹时都必须尽量减少弯曲力矩。如图 7-15 所示，在卧式铣床上加工角铁零件的端面，可用圆柱铣刀加工 [图 7-15 (a)]，也可用端铣刀加工 [图 7-15 (b)]。

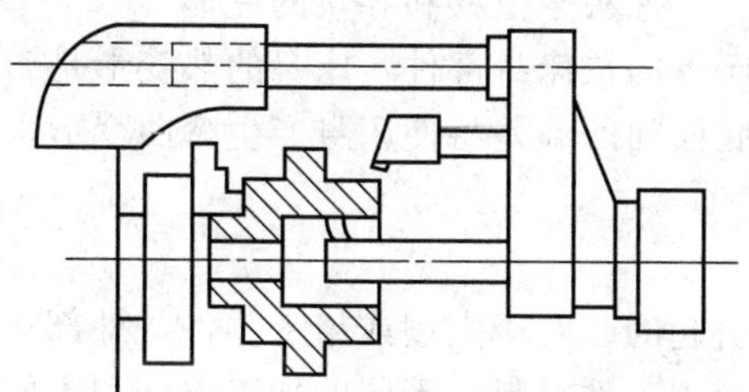

图 7-14　转塔车床上提高刀架刚度的措施

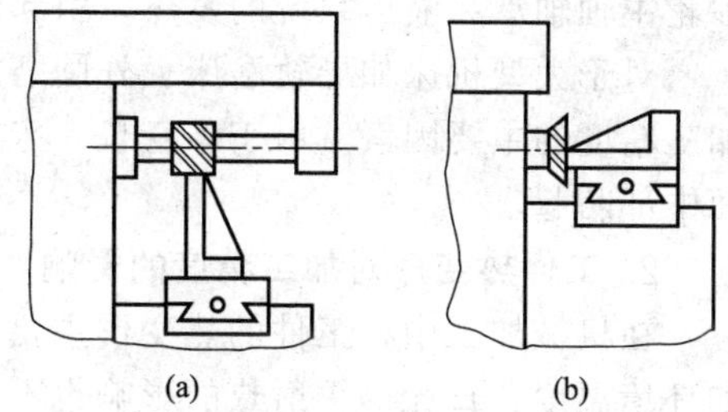

图 7-15　铣角铁零件的两种装夹方法

7.1.5　工艺系统受热变形引起的误差

在机械加工过程中，工艺系统因受热引起的变形称为热变形。工艺系统的热变形破坏了工件与刀具相对位置的准确性，造成加工误差。据统计，在精密加工中，由于热变形引起的加工误差，约占总加工误差的 40%～70%。

引起工艺系统热变形的热源有切削热、机床运动部件的摩擦热和外界热源的辐射及传导。工艺系统受各种热源的影响，温度会逐渐升高，与此同时，它们也通过各种方式向周围散发热量。当单位时间内传入和散发的热量相等时，则认为工艺系统达到热平衡。此时的温度场（物体上各点温度的分布称为温度场）处于稳定状态，受热变形也相应地趋于稳定，由此引起的加工误差是有规律的，所以，精密加工应在热平衡之后进行。

1. 机床热变形对加工精度的影响

在工作中，机床受各种热源的影响，各部件将产生不同程度的热变形，这样不仅破坏了机床的几何关系，而且还影响各成形运动的位置关系和速比关系，从而降低了机床的加工精度。由于各类机床的结构和工作条件相差很大，所以引起机床热变形的热源和变形形式也各不相同。图 7-16 是几种机床在工作状态下热变形的趋势。

对于车、铣、镗床类机床其主要热源是主轴箱轴承和齿轮的摩擦热与主轴箱中油池的发热，使箱体和床身产生变形和翘曲，从而造成主轴的位移和倾斜；磨床类机床的主要热源为

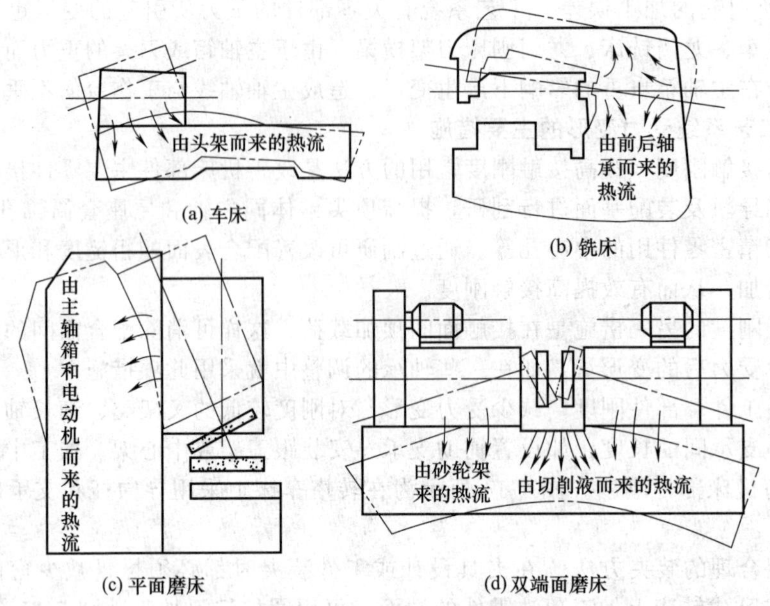

图 7-16 几种机床热变形的趋势

砂轮主轴轴承和液压系统的发热，引起砂轮架位移、工件头架位移和导轨的变形。

对于大型机床如导轨磨床、外圆磨床、龙门铣床等的长床身部件，床身的热变形是影响加工精度的主要因素。由于床身长，床身上表面与底面间的温差将使床身产生弯曲变形，表面中部凸起。

2. 工件热变形对加工精度的影响

在机械加工中，工件的热变形主要是由切削热引起的。对于大型或精密零件，外部热源如环境温度、日光等辐射热的影响也不可忽视。不同的工件材料、不同的加工方法和不同的形状及尺寸，工件的受热变形也不相同。

(1) 工件均匀受热　对于一些形状简单、对称的零件，如轴、套筒等，加工时（如车削、磨削）切削热能较均匀地传入工件，工件热变形量可按下式估算：

$$\Delta L=\alpha L\Delta t$$

式中　α——工件材料的热膨胀系数，1/℃；

L——工件在热变形方向的尺寸，mm；

Δt——工件温升，℃。

在精密丝杠加工中，工件的热伸长会产生螺距的累积误差。如在磨削 400mm 长的丝杠螺纹时，每磨一次温度升高 1℃，则被磨丝杠将伸长

$$\Delta L=1.17\times10^{-5}\times400\times1\text{mm}=0.0047\text{mm}$$

而 5 级丝杠的螺距累积误差在 400mm 长度上不允许超过 5μm 左右。因此，热变形对工件加工精度影响很大。

在较长的轴类零件加工中，开始切削时，工件温升为零，随着切削加工的进行，工件温度逐渐升高而使直径逐渐增大，增大量被刀具切除，因此，加工完工件冷却后将出现锥度误差（圆柱度、尺寸误差）。

(2) 工件不均匀受热　在刨削、铣削、磨削加工平面时，工件单面受热，上下平面间产生温差从而引起热变形，导致工件向上凸起，凸起部分被工具切去，加工完毕冷却后，加工表面就产生了中凹，造成了几何形状误差。如图 7-17 所示，在平面磨床上磨削长为 L、厚

为 h 的薄板工件，工件单面受热，上下面间形成温差 Δt，在垂直平面内产生弯曲变形的近似计算如下

$$\Delta=\overline{BC}=\frac{L}{2}\tan\frac{\phi}{4}\approx\frac{L\phi}{8}$$

$$EF\approx\Delta L=\alpha L\Delta t=\alpha(t_1-t_2)L$$

$$\tan\phi\approx\frac{EF}{DE}=\frac{\alpha(t_1-t_2)L}{h}\approx\phi$$

$$\Delta=\frac{\alpha\Delta tL^2}{8h}$$

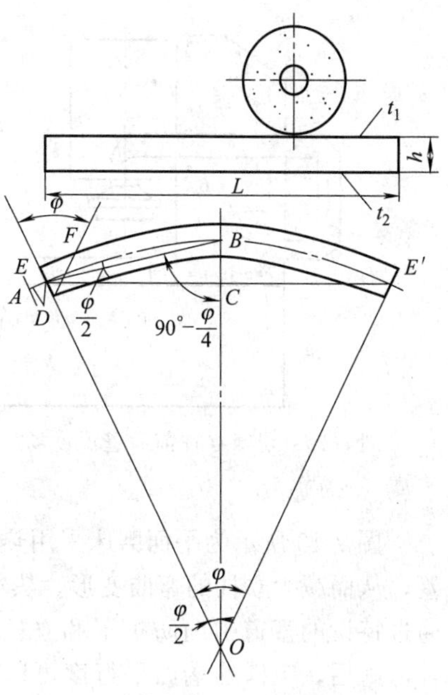

图 7-17　薄板磨削时的弯曲变形

例如：精刨铸铁导轨时，$L=2000\text{mm}$，$h=600\text{mm}$，如果床面与床脚温差 2.4℃，$\alpha=1.1\times10^{-5}/℃$，则：

$$\Delta=1.1\times10^{-5}\times2.4\times\frac{2000^2}{8\times600}\approx0.022\text{mm}$$

3. 刀具热变形对加工精度的影响

刀具热变形主要是由切削热引起的。切削加工时虽然大部分切削热被切屑带走，传入刀具的热量并不多，但由于刀具体积小，热容量小，导致刀具切削部分的温升急剧升高，刀具热变形对加工精度的影响比较显著。

图 7-18 为车削时车刀热变形与切削时间的关系曲线。连续工作时在切削之初刀具温度上升较快，其伸长速度也很快，大约 20min 后，可逐渐达到热平衡，变形量不再增加，一般车刀的热伸长量可达 0.03～0.05mm。由于车刀为非定值刀具，其工作中的热伸长量与刀刃的磨损量混杂在一起，一般由及时的刀具调整来解决刀具热变形加工误差，对于一次进给长度较长的精加工，则应该注意保证冷却质量，尽量降低工作温度。

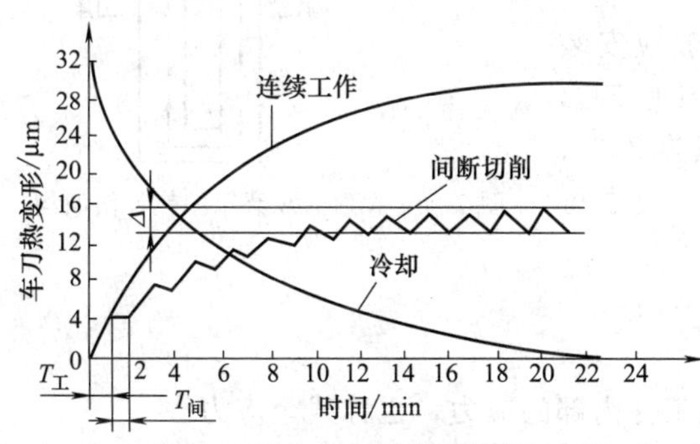

图 7-18　车刀热变形与切削时间的关系曲线

图 7-18 中间断切削为车削短小轴类零件时的情况。由于车刀不断有短暂的冷却时间，所以是一种断续切削。断续切削比连续切削时车刀达到热平衡所需要的时间要短，热变形量也小。因此，在开始切削阶段，刀具热变形较显著，外圆车削时会使工件尺寸逐渐减小，当达到热平衡后，其热变形趋于稳定，对加工精度的影响不明显。

4. 减小工艺系统热变形的主要途径

（1）减少热源的发热

① 分离热源　凡是可能分离出去的热源，如电机、变速箱、液压系统、切削液系统等尽可能移出。对于不能分离的热源，如主轴轴承、丝杠螺母副、高速运动的导轨副等则可从结构、润滑等方面改善其摩擦特性，减少发热。例如，采用静压轴承、静压导轨，改用低黏度润滑油、锂基润滑脂或循环冷却润滑、油雾润滑等措施。

② 减少切削热或磨削热　通过控制切削用量、合理选择和使用刀具来减少切削热。当零件精度高时，应注意将粗加工和精加工分开进行。

③ 加强散热能力　使用大流量切削液，或喷雾等方法冷却，可带走大量切削热或磨削热。大型数控机床、加工中心机床普遍采用冷冻机，对润滑油、切削液进行强制冷却，以提

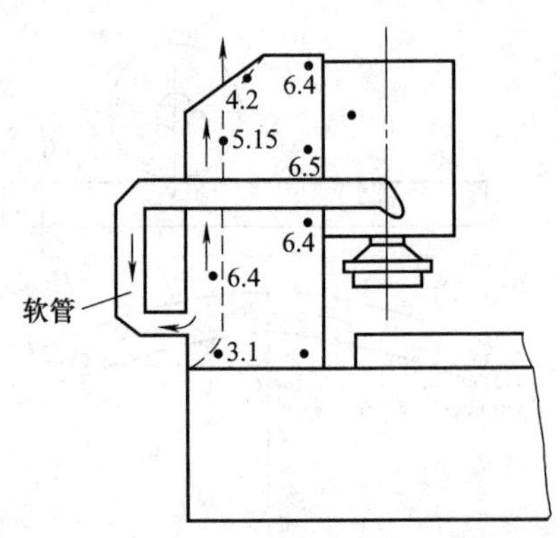

图 7-19 均衡立柱前后壁温度场

高冷却效果。

（2）保持工艺系统的热平衡 由热变形规律可知，在机床刚开始运转的一段时间内，温升较快，热变形大。当达到热平衡状态后，热变形趋于稳定，加工精度才易保证。因此，对于精密机床特别是大型机床，可预先高速空运转或设置控制热源，人为地给机床加热，使之较快达到热平衡状态，然后进行加工。基于同样原因，精密加工机床应尽量连续加工，避免中途停车。

（3）均衡温度场 当机床零部件温升均匀时，机床本身就呈现一种热稳定状态，从而使机床产生不影响加工精度的均匀热变形。

图 7-19 所示为平面磨床采用热空气来加热温度较低的立柱后壁，以减小立柱前后壁的温差，从而减少立柱的弯曲变形。热空气从电机风扇排出，通过特设的管道引向防护罩和立柱的后壁空间。采取这种措施后，工件的端面平行度可以降低到未采取均衡措施前的 1/3～1/4。

再如 M7150A 平面磨床，如图 7-20 所示，在设计上采用“热补偿油沟”结构，利用带有“余热”的回油流经床身下部，使床身下部温度升高，借以平衡床身上、下部的温差，使温差减小。

（4）控制环境温度 对于精密机床，一般应安装在恒温车间。一般精密级在±1℃，精密级为±0.5℃，超精密级为±0.01℃。恒温车间平均温度一般为 20℃，但可根据季节和地区调整。如冬季可取 17℃，夏季可取 23℃，以节省能源。

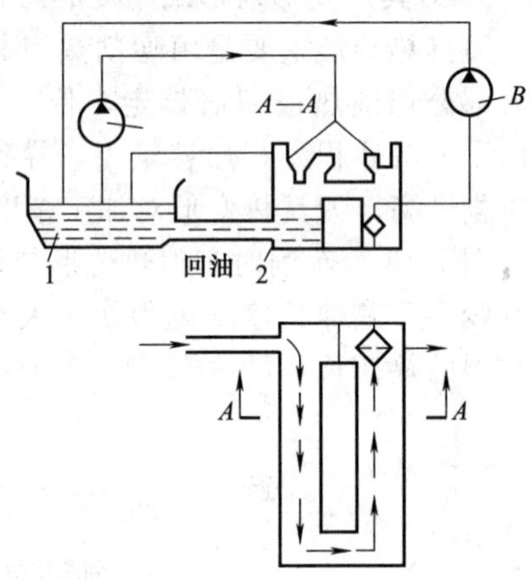

图 7-20 M7150A 磨床的热补偿油沟

7.1.6 工件内应力引起的误差

内应力是指当外部载荷去除后，仍残存在工件内部的应力，也称残余应力。

工件经铸造、锻造或切削加工后，内部存在的各个内应力互相平衡，可以保持形状精度的暂时稳定。但它的内部组织有强烈的要恢复到一种稳定的没有内应力的状态，一旦外界条件产生变化，如环境温度的改变、继续进行切削加工、受到撞击等，内应力的暂时平衡就会被打破而进行重新分布，这时工件将产生变形，从而破坏原有的精度。如果把具有内应力的重要零件安装到机器上，在机器的使用过程中也会产生变形，影响整台机器的使用。因此，必须对内应力产生的原因进行分析并采取有效措施消除内应力的不良影响。

1. 内应力产生的原因及所引起的加工误差

（1）毛坯制造中产生的内应力 在铸、锻、焊及热处理等热加工过程中，由于工件各部分冷热收缩不均匀以及金相组织转变时的体积变化，使毛坯内部产生了很大的内应力。毛坯的结构愈复杂，各部分壁厚愈不均匀，散热的条件差别愈大，毛坯内部产生的内应力也愈大。

图 7-21 为一个壁厚不匀的铸件。在浇铸后的冷却过程中，由于壁 1 和壁 2 比较薄，散热较易，所以冷却较快；壁 3 较厚，冷却较慢。当壁 1 和壁 2 从塑性状态冷却到弹性状态时

(约 620℃)，壁 3 的温度还比较高，处于塑性状态。所以壁 1 和壁 2 收缩时壁 3 不起牵制作用，铸件内部不产生内应力。但当壁 3 冷却到弹性状态时，壁 1 和壁 2 的温度已经降低很多，收缩速度已经变慢，而这时壁 3 收缩较快，就受到了壁 1 和壁 2 的阻碍。因此，壁 3 产生了拉应力，壁 1 和壁 2 产生了压应力，形成了相互平衡的状态。

如果在铸件壁 2 上开一个缺口，如图 7-21（b）所示，则壁 2 的压应力消失，铸件在壁 3 和壁 1 的内应力作用下，壁 3 收缩，壁 1 被拉，发生弯曲变形，直至内应力重新分布，达到新的平衡为止。一般情况下，各种铸件都难免产生冷却不均匀而形成的内应力。

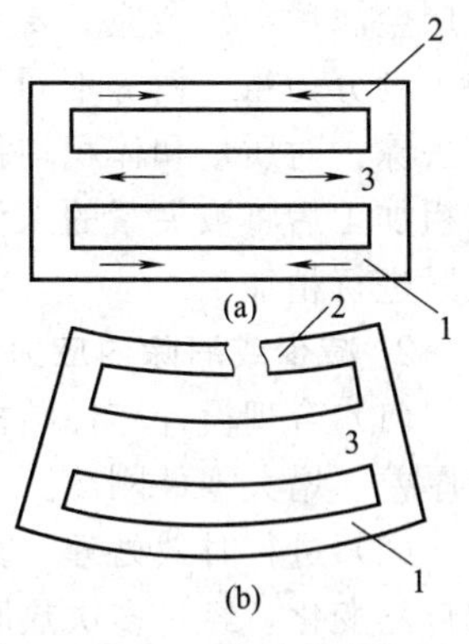

图 7-21　铸件内应力

图 7-22 所示机床床身，铸造时外表面总比中心部分冷却得快，为提高导轨面的耐磨性，还常采用局部激冷工艺使它冷却得更快一些，以获得较高的硬度。由于表里冷却不均匀，床身内部的残余应力就更大。当粗加工刨去一层金属后，就如同图 7-21（b）中壁 2 被切开一样，引起床身内应力重新分布，产生弯曲变形。由于这个新的平衡过程需一段较长时间才能完成，因此尽管导轨经精加工去除了这个变形的大部分，但床身内部组织还在继续变化，合格的导轨面就逐渐地丧失了原有的精度。因此，必须充分消除零件内应力及其对加工精度的影响。

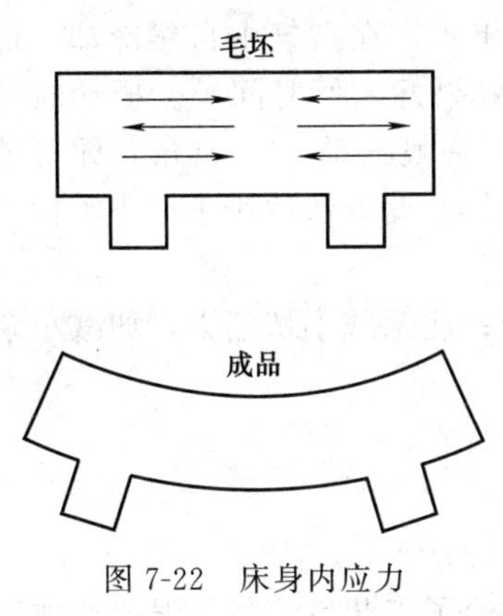

图 7-22　床身内应力

（2）冷校直带来的内应力　细长轴类零件车削后，常因棒料在轧制中产生的内应力要重新分布，而使其产生弯曲变形。为了纠正这种弯曲变形，有时采用冷校直。其方法是在与变形相反的方向加力 F，使工件反向弯曲产生塑性变形，以达到校直的目的。

如图 7-23 所示，在 F 力作用下工件内部的应力分布如图 7-23（b）所示，即在轴线以上部分产生压应力，轴线以下产生拉应力。当部分材料的应力超过弹性极限时，即产生塑性变形。如图 7-23（c）所示，区域Ⅰ为弹性变形区，区域Ⅱ为塑性变形区。当外力去除后，弹性变形部分工要恢复，塑性变形部分已不能恢复，两部分材料产生互相牵制的作用，使应力重新分布产生新的内应力平衡状态。如经加工切去一层金属，内应力又将重新分布而导致弯曲。所以，精度要求较高的细长轴（如精密丝杠），一般不许采用冷校直来减小弯曲变形，而采用加大毛坯余量，经过多次加工和时效处理来消除内应力，或采用热校直来代替冷校直。

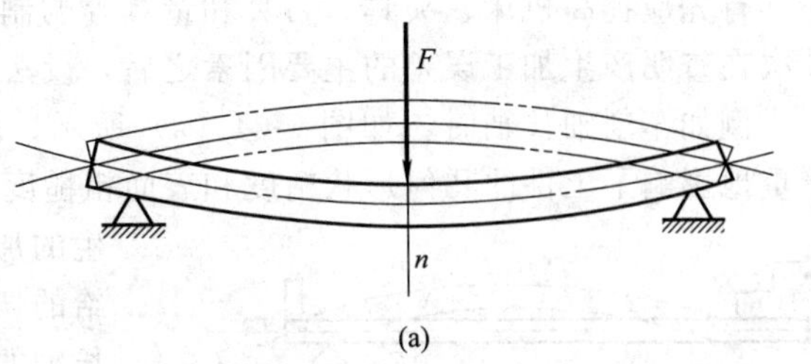

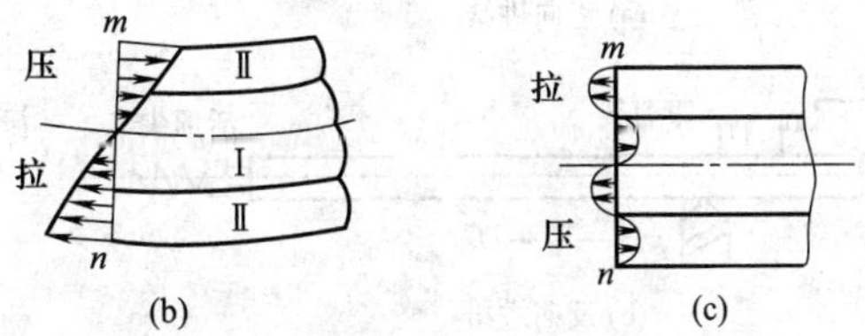

图 7-23　冷校直引起的内应力

（3）切削加工产生的内应力　工件在切削加工时，其表面层在切削力和切削热的作用下，会产生不同程度的塑性变形，引起体积改变，从而产生残余应力。这种残余应力的分布情况由加工时的工艺因素决定。

内部有残余应力的工件在切去表面的

一层金属后，残余应力要重新分布，从而引起工件的变形。因此，在拟定工艺规程时，要将加工划分为粗、精等不同阶段进行，以使粗加工后内应力重新分布所产生的变形在精加工阶段去除。对质量和体积均很大的笨重零件，即使在同一台重型机床进行粗、精加工，也应该在粗加工后将被夹紧的工作松开，使之有充足时间重新分布内应力，使其充分变形后，重新夹紧进行精加工。

2. 减少或消除内应力的措施

（1）合理设计零件结构　在零件的结构设计中，应尽可能简化结构、使壁厚均匀、减小壁厚差、增大零件刚度。

（2）进行时效处理　自然时效处理，是把毛坯或经粗加工后的工件置于露天，利用温度的自然变化，经过多次热胀冷缩，使工件内部组织发生微观变化，从而逐渐消除内应力。这种方法一般需要半年至五年时间，造成再制品和资金的积压，但效果较好。

人工时效处理，是将工件进行热处理，分高温时效和低温时效。前者是将工件放在炉内加热到500～680℃，保温4～6h，再随炉冷却至100～200℃出炉，在空气中自然冷却。低温时效是加热到100～160℃，保温几十小时出炉，低温时效效果好，但时间长。振动时效是工件受到激振器的敲击，或工件在大滚筒中回转互相撞击，一般振动30～50min即可消除内应力。这种方法节省能源、简便、效率高，近年来发展很快。此方法适用于中小零件及有色金属件等。

（3）合理安排工艺　机械加工时，应注意粗、精加工分开；注意减小切削力，如减小余量、减小切深并进行多次走刀，以避免工件变形。

（4）尽量不采用冷校直工序　对于精密零件，严禁进行冷校直。

7.1.7 提高加工精度的工艺措施

机械加工误差是由工艺系统中的误差引起的。前面分别讨论了工艺系统各种误差对加工精度的影响，然而，它是在一定条件下仅考虑了某种因素的作用，而实际上往往是多种因素综合作用的结果。人们在长期的生产过程中，总结出多种行之有效的方法，提高了加工精度，保证了产品质量。这些方法有：减少误差法、误差补偿法、误差分组法、误差转移法、就地加工法以及误差平均法等。下面结合实例对这几种方法予以讨论。

1. 减少误差法

首先应提高机床、夹具、刀具和量具等的制造精度，控制工艺系统的受力、受热变形。其次在查明产生加工误差的主要因素之后，设法对误差直接进行消除或减弱。

例如车削细长轴时，如图7-24（a）所示，因工件刚度低，容易产生弯曲变形和振动，严重地影响了工件的几何形状精度和表面粗糙度。为了减少因吃刀抗力使工件弯曲变形所产生的加工误差，除采用跟刀架外，还采用反向进给的切削方法，如图7-24（b）所示，使F_f对细长轴的受力状态由压缩变成拉伸，同时应用弹性的尾座顶尖，不会把轴压弯；采用大进给量和大主偏角的车刀，以增大轴向的拉伸作用，进一步减少弯曲变形，消除径向振动，使切削平稳。

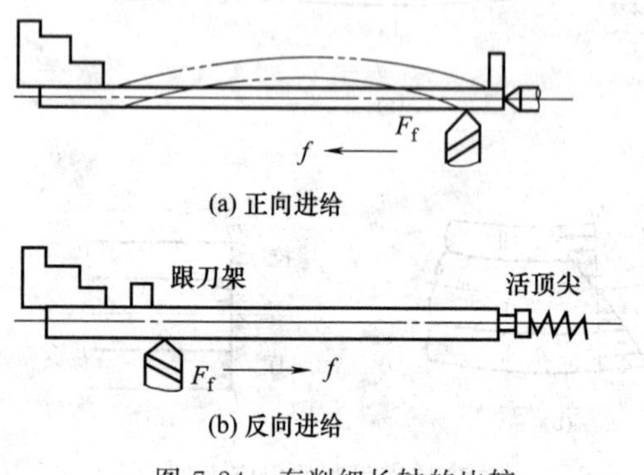

图7-24　车削细长轴的比较

2. 误差补偿法

误差补偿法就是人为地造成一种误差，去抵消加工、装配或使用过程中的误差。当已有误差是负值时人为的误差为正值，反之取负值，尽量使两者大小相等、方向相反，以达到最大限度地减少误差的目的。

例如摇臂钻床，虽然在加工时摇臂、导轨能达到加工要求，但在装上主轴部件以后，因主轴部件的自重往往引起摇臂变形，使主轴与工作台不垂直，有时甚至超差。为此，在加工摇臂导轨时采用预加载荷法，使加工、装配和使用条件一致，这样可使摇臂导轨长期保持高的精度。也可在画出摇臂导轨受力弯曲变形的近似曲线的基础上，采取按曲线相反的形状来刮研摇臂导轨，即人为地造成一种形状误差，来抵消摇臂变形引起的误差，使之达到要求。

再如，在精密螺纹加工中，机床传动链误差将直接反映到被加工零件的螺距上，使精密丝杠的加工精度受到限制。为了满足精密丝杠加工的要求，在生产中广泛应用了误差补偿原理来消除传动链误差的方法。

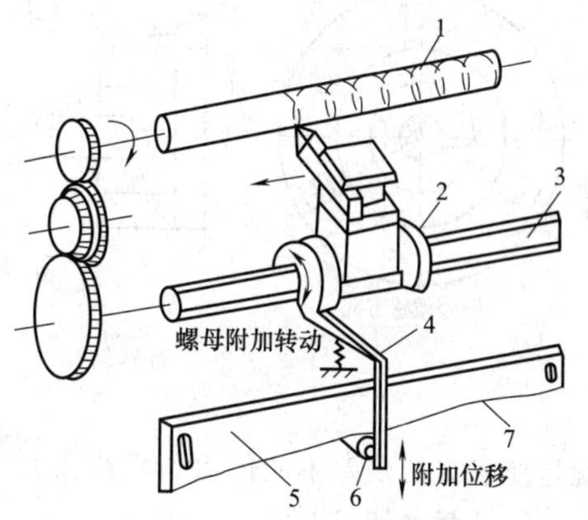

图 7-25　螺纹加工校正装置

1—工件；2—丝杠螺母；3—车床丝杠；4—摆杆；5—校正尺；6—滚柱；7—校正曲线

图 7-25 为在精密丝杠车床上用校正装置来达到误差补偿目的的示意图。图中与车床丝杠相配合的螺母 2 和摆杆 4 连接，摆杆的另一端装有和校正尺 5 接触的滚柱 6。当丝杠转动时，滚柱就沿校正尺移动。由于校正尺上预先已加工出与丝杠螺距误差相对应的曲线，因此，就使摆杆上升或下降，造成了螺母的附加转动。当螺母与丝杠反向转动时，螺距就增大；作同向转动时，螺距就减小，从而以校正尺的人为误差抵消丝杠的螺距误差，使加工精度得以提高。

3. 误差分组法

在机械加工过程中，有时由于上道工序（或毛坯）加工误差较大，而在本工序加工时，将通过误差复映规律，或通过定位误差的作用，影响本工序的加工精度。若在加工前把工件按误差大小分为 n 组，每组工件误差范围就缩小为原来的 $1/n$，这就大大减少了上道工序对本道工序的影响。

例如，在制造齿轮时，若剃齿心轴与齿坯定位孔的配合间隙过大，则齿坯定位的同轴度误差过大，致使齿圈径向跳动超差；同时剃齿时也容易产生振动，引起齿面波纹度，使齿轮工作时噪声较大。因此，必须设法限制配合间隙，保证工件孔和心轴间的同轴度要求。具体方法为：工件定位孔按尺寸大小分成若干组，分别与某个尺寸的剃齿心轴对应配合，减少由于间隙而产生的定位误差，从而提高了加工精度。具体分组情况见表 7-1。

表 7-1　误差分组表

项目／组别	齿坯孔径/mm	心轴直径/mm	配合间隙/mm
第一组	ϕ25.000～25.004	ϕ25.002	±0.002
第二组	ϕ25.004～25.008	ϕ25.006	±0.002
第三组	ϕ25.008～25.013	ϕ25.011	+0.002 −0.003

误差分组法的实质，是用提高测量精度的手段来弥补加工精度的不足，从而达到较高的精度要求。当然，测量、分组需要花费时间，故一般只是在配合精度很高，而加工精度不易提高时采用。

4. 误差转移法

误差转移法实质上是转移工艺系统的几何误差、受力变形和热变形引起的误差。当机床精度达不到零件加工要求时，往往不是一味去提高机床精度，而是在工艺方法上、夹具上去想办法，使机床的加工误差转移到不影响工件加工精度的方向上去。

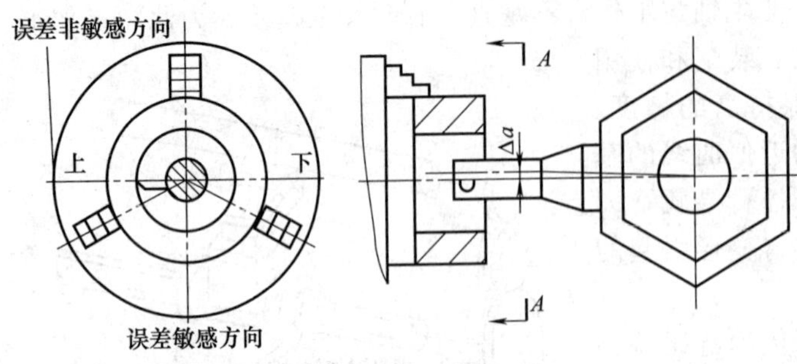

图 7-26　刀具转位

例如，对于采用转位刀架加工的工序，其转位误差将直接影响零件有关表面的加工精度。若将刀具安装到定位的非敏感方向，则可大大减少其影响，如图 7-26 所示。它可使六角刀架转位时的重复定位误差 $\pm\Delta a$ 转移到零件内孔加工表面的误差非敏感方向，以减少加工误差的产生，提高加工精度。利用镗模镗孔时，所采用的浮动连接，就是使机床的误差不能传递到所镗孔上，也是一种误差转移的实例。

5. “就地加工”法

在加工和装配中有些精度问题涉及的零、部件数量多、关系复杂，因而累积误差过大，若是采用提高零部件精度的方法，势必使得相关零件精度要求太高，有时不仅困难，甚至不可能。此时若采用“就地加工”法就可解决这种难题。

如在转塔车床制造中，转塔上六个安装刀架的大孔，其轴心线必须保证和主轴旋转中心线重合，而六个面又必须和主轴中心线垂直。如果把转塔作为单独零件，加工出这些表面后再装配，要想达到上述两项要求是很困难的，因为它包含了很复杂的尺寸链关系。因而实际生产中采用了“就地加工”法。

“就地加工”的方法是：这些表面在装配前不进行精加工，等它装配到机床上以后，再在主轴上装上镗刀杆和能作径向进给的小刀架，车削六个大孔及端面。这样就能保证精度。

“就地加工”的要点是：要求保证部件间什么样的位置关系，就在这样的位置关系上，利用一个部件装上刀具去加工另一部件。

“就地加工”法不但应用于机床装配中，在零件的加工中也常常用来作为保证精度的有效措施。例如，在机床上“就地”修正花盘和卡盘平面的平面度和卡爪的同心度；在机床上“就地”修正夹具的定位面等。

6. 误差平均法

对配合精度要求很高的工件，常采用研磨方法来达到。研具和加工表面之间，相对研擦和磨损的过程，也就是误差相互比较和减少的过程，这样的方法称为误差平均法。误差平均法的实质是：利用有密切联系的表面，相互比较，相互检查，在对比中发现差异后，或是相互修正（如偶件的对研），或互为基准进行加工。

所谓有密切联系的表面，有以下三种类型：

① 配偶件的表面。如配合精度要求很高的轴和孔，丝杠与螺母，端齿盘精密分度副等，常采用研磨方法来达到配合精度。

② 成套件的表面。如三块一组的标准平板，是用相互对研、配刮的方法加工出来的。因为三个平板的表面能够分别两两密合，只有在都是精确的平面条件下才有可能。还有诸如直角尺、角度规、多棱体等高精度量具和工具也是采用误差平均法来制造的。

③ 工件本身相互有牵连的表面。如精密分度盘分度槽面的磨削加工，也是典型的利用误差平均法的例子。

如图 7-27 所示，先按已加工槽初定砂轮与定位卡爪之间的夹角，逐槽磨一遍。

由于初夹角与工件分度槽夹角不可能完全吻合，存在一定的角度误差，致使磨削各槽的加工余量不等，出现加工余量过大、过小的现象。这时，就应调整定位元件，使砂轮与定位基准之间夹角增大或减小。经过多次调整与磨削，最后使每个槽都有相等的加工余量。然后，再极精细地磨一遍，使各槽都能被轻微地磨到，表现为磨削火花极少，直至无火花为止。这时所有分度角的误差均接近于零。

实际生产过程中，由于分度装置的定位元件制造误差等因素的影响，实际分度误差并不为零，一般仍有极小的分度误差。

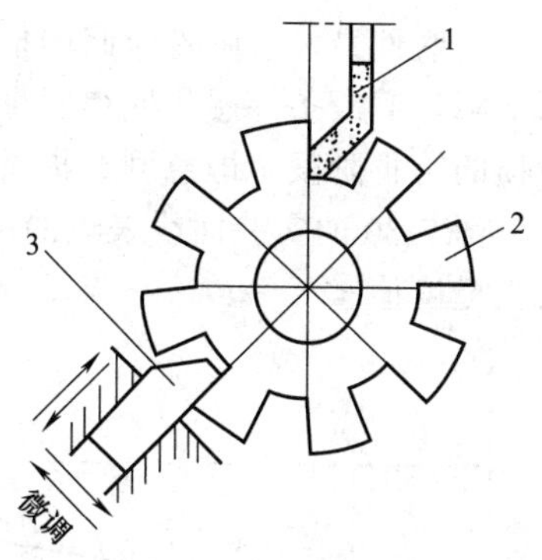

图 7-27　精密分度盘分度槽面的磨削

1—砂轮；2—分度盘；3—定位元件

7.2　机械加工表面质量

7.2.1　机械加工表面质量含义

1. 机械加工表面质量

机械零件在加工过程中，无论采用何种加工方法，加工后的零件表面都不是完全理想的光滑表面，总是残留着不同程度的表面粗糙度，表面层残余应力、表面层冷作硬化等加工缺陷。这些加工缺陷虽然只产生在很薄的表面层中，但对零件的可靠性、耐久性影响极大。因此，机械零件的加工质量，除了加工精度外，还包含表面质量。研究影响机械加工表面质量的主要工艺因素及其变化规律，对保证产品质量具有重要意义。

机械加工表面质量有下列两方面的含义。

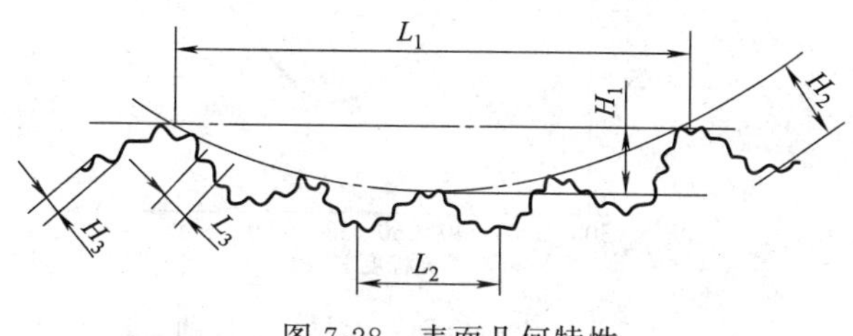

图 7-28　表面几何特性

（1）表面几何形状特征　如图 7-28 所示，加工表面的几何形状，总是以“峰”、“谷”形式交替出现，偏离其理想光滑表面，其偏差又有宏观、微观的差别。

① 表面粗糙度　它是指加工表面的微观几何形状误差，其波长与波高的比值一般小于 50，如图 7-28 中的 L_3、H_3。

② 表面波度　它是介于宏观几何形状误差与微观几何形状误差（即粗糙度）之间的周期性几何形状误差，其波长与波高的的比值一般等于 5～1000，如图 7-28 中的 L_2、H_2。

（2）表面层物理力学性能　包括表面层加工硬化、表面层金相组织变化和表面层残余应力。

2. 零件表面质量对零件使用性能的影响

（1）表面质量对零件耐磨性的影响　零件的耐磨性与摩擦副的材料、润滑及表面质量有关。如图 7-29 所示，磨损过程可分为三个阶段。第Ⅰ阶段称为初期磨损阶段，此时两个表面只是在一些凸峰顶部接触，实际接触面积大大小于理论接触面积，凸峰接触部分将产生较大的压强。表面愈粗糙，实际接触面积愈小，凸峰处的压强愈大，故磨损显著。经过初期磨损后，摩擦副表面的接触面积增大，压强变小，进入正常磨损阶段（阶段Ⅱ）。这一阶段零件的耐磨性最好。随着时间的推移，当粗糙度值变得很小时，零件表面存储润滑油的能力急剧下降，润滑条件恶化使得紧密接触的两表面发生分子黏合现象，摩擦阻力增大，从而进入磨损的第Ⅲ阶段，即急剧磨损阶段。显然，表面粗糙度值存在一个最佳参数，此时磨损量最小。图 7-30 的实验曲线表现的就是这种关系，图中 Ra_1 及 Ra_2 就是在不同载荷时的最佳表面粗糙度值。

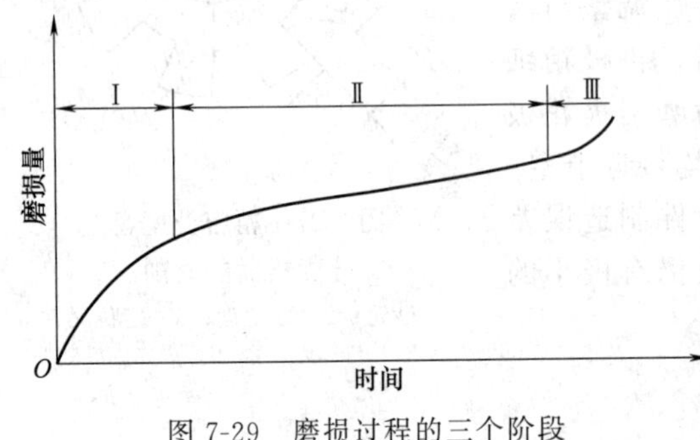

图 7-29 磨损过程的三个阶段

表面层冷作硬化减少了摩擦副接触处的弹性和塑性变形，耐磨性一般能提高 0.5～1 倍。但过度的冷作硬化会使金属组织疏松，甚至出现表面裂纹、表面剥脱，从而影响零件的耐磨性。

图 7-31 反映了表面冷硬程度与耐磨性的关系。

(2) 表面质量对零件疲劳强度的影响　在交变载荷作用下，零件表面微观不平的凹谷、划痕、裂纹等缺陷最易引起应力集中，并发展成疲劳裂纹，导致零件的疲劳损坏，减小表面粗糙度的 Ra 值可使疲劳强度提高。

表面层的残余压应力可以部分抵消工作载荷引起的拉应力，使零件疲劳强度提高。而表面层的残余拉应力则会使疲劳裂纹加剧，降低疲劳强度。

表面层冷作硬化能阻碍疲劳裂纹的扩大，提高零件强度。但冷硬程度过大，反而易产生裂纹，故冷硬程度与硬化深度应控制在一定范围内。

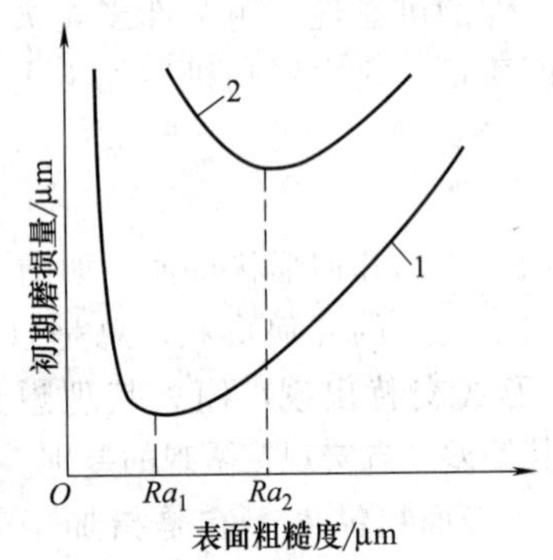

图 7-30 表面粗糙度与初期磨损量

1—轻载荷；2—重载荷

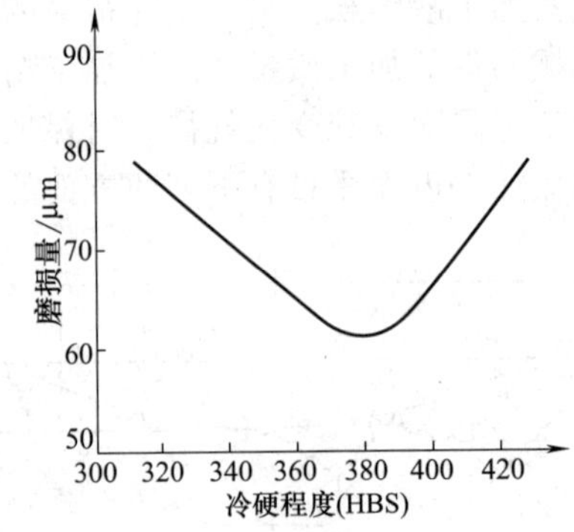

图 7-31 表面冷硬程度与耐磨性的关系

(3) 表面质量对耐蚀性的影响　零件在潮湿的空气中或在腐蚀性介质中工作时，会发生化学腐蚀或电化学腐蚀。减小表面粗糙度就可以提高零件的耐腐蚀性。

零件在应力状态下工作时，会产生应力腐蚀，加速了腐蚀作用。如表面存在裂纹，则更增加了应力腐蚀的敏感性。

(4) 表面质量对零件配合的影响　表面几何特性将使配合零件间实际的有效过盈量或有效间隙值发生变化，必然会影响到它们的配合性质与配合精度。例如对于间隙配合，表面粗糙度太大会使磨损量过大而配合间隙迅速增大。对于气动、液压等配合精度要求高的零件，会使间隙增加，影响系统性能；而对于过盈配合，装配过程中配合表面的凸峰将会受挤压，使实际有效过盈量减少，影响连接的可靠性。

表面残余应力会使零件变形，引起零件的形状和尺寸误差，因此也会影响零件的配合。

（5）表面质量对接触刚度的影响　表面粗糙度对零件的接触刚度有很大的影响，表面粗糙度越小，则接触刚度越高。

7.2.2　影响零件表面粗糙度的因素

1. 切削加工表面粗糙度的形成

机械加工时，加工表面几何特性（表面粗糙度）形成的原因大致可归纳为两个因素：一是切削刃（或砂轮）与工件相对运动轨迹所形成的表面粗糙度——几何因素；二是与工件材料性质及切削（或磨削）机理有关的因素——物理因素。

（1）几何因素　刀具相对于工件作进给运动时，在加工表面留下了切削层残留面积，其形状是刀具几何形状的复映。

在理想切削条件下，由于切削刃的形状和进给量的影响，在加工表面上遗留下来的切削层残留面积就形成了理论表面粗糙度 H，如图 7-32 所示。由图中几何关系可知，当刀尖圆弧半径 $r_\varepsilon=0$ 时［图 7-32（a）］，有

$$H=\frac{f}{\cot K_r+\cot K_r'}$$

刀尖圆弧半径 $r_\varepsilon\neq0$ 时［图 7-32（b）］，有

$$H=r_\varepsilon-\sqrt{r_\varepsilon-\left(\frac{f}{2}\right)^2}\approx\frac{f^2}{8r_\varepsilon}$$

以上两式是理论计算结果，称为理论粗糙度。切削加工后表面的实际粗糙度与理论粗糙度有较大的差别，这是存在着与被加工材料的性能及与切削机理有关的物理因素的缘故。

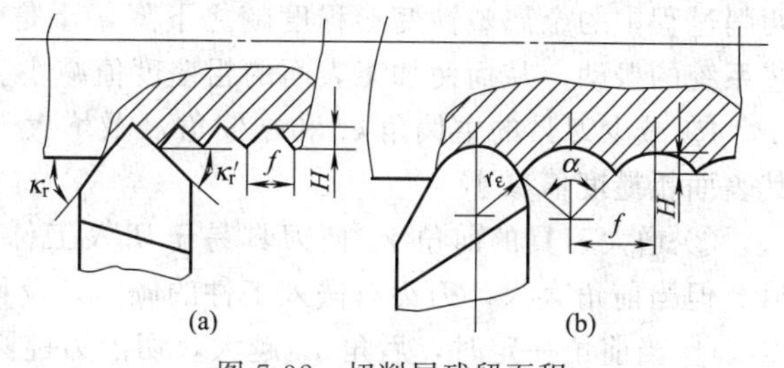

图 7-32　切削层残留面积

（2）物理因素　切削过程中影响表面粗糙度的物理因素为金属表面层的塑性变形。切削过程中刀具的刃口圆角及后面与工件的挤压摩擦使金属材料产生塑性变形，使原有残留面积扭歪或沟纹加深，因而增大表面粗糙度。低速切削塑性材料时出现的积屑瘤与鳞刺，也会使表面粗糙度增大。切削脆性材料时，切屑呈碎粒状，加工表面往往出现崩碎痕迹，留下许多麻点，使表面更为粗糙。

切削加工时工艺系统的振动也会使工件已加工表面的粗糙度值增大。

2. 影响切削加工表面粗糙度的主要因素

（1）切削用量

① 切削速度 v_c　切削速度对表面粗糙度的影响比较复杂，一般情况下在低速或高速切削时，不会产生积屑瘤，故加工后表面粗糙度值较小。在以 20～50m/min 的切削速度加工塑性材料（如低碳钢、铝合金等）时，常容易出现积屑瘤和鳞刺，再加上切屑分离时的挤压变形和撕裂作用，使表面粗糙度更加恶化。切削速度越高，切削过程中切屑和加工表面层的塑性变形的程度越小，加工后表面粗糙度值也就越小。图 7-33 为切削易切钢时切削速度对表面粗糙度影响规律。

实验证明，产生积屑瘤的临界速度将随加工材料、切削液及刀具状况等条件的不同而不同。由此可见，用较高的切削速度，既可使生产率提高又可使表面粗糙度值变小。因此，不

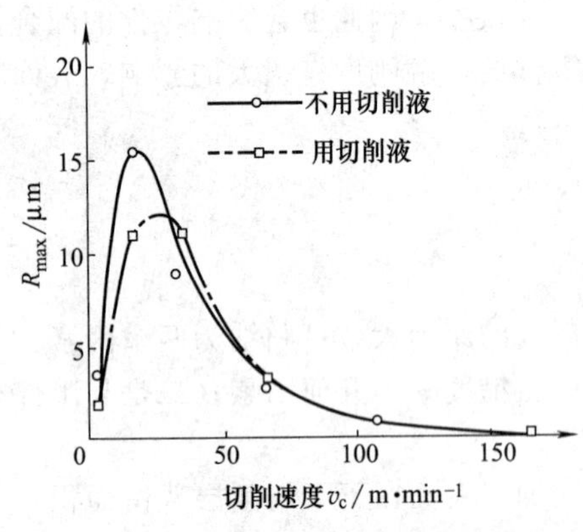

图 7-33 切削速度对表面粗糙度影响

断地创造条件以提高切削速度，一直是提高工艺水平的重要方向。其中，发展新刀具材料和采用先进刀具结构可使切削速度大为提高。

② 进给量 f 进给量是影响表面粗糙度最为显著的一个因素，进给量越小，残留面积高度越小，此外，鳞刺、积屑瘤和振动均不易产生，因此表面质量越高。但进给量太小，切削厚度减薄，加剧了切削刃钝圆半径对加工表面的挤压，使硬化严重，不利于表面粗糙度值的减小，有时甚至会引起自激振动使表面粗糙度值增大。所以生产中硬质合金刀具切削时进给量不宜小于 0.05mm/r。

减小进给量的最大缺点是降低生产效率，因而为了提高生产率，减少因进给量增大而使粗糙度增大的影响，通常可利用提高切削速度或选用较小副偏角和磨出倒角刀尖 b_ε 或修圆刀尖 r_ε 的办法来改善。

③ 背吃刀量 a_p 一般来说背吃刀量对加工表面粗糙度的影响是不明显的。但当 $a_p <$ 0.02～0.03mm 时，由于刀刃不可能刃磨得绝对尖锐而具有一定的钝圆半径，正常切削就不能维持，常出现挤压、打滑和周期性地切入加工表面，从而使表面粗糙度值增大。

为降低加工表面粗糙度值，应根据刀具刃口刃磨的锋利情况选取相应的背吃刀量。

（2）刀具几何参数

① 增大刃倾角 λ_s 对降低表面粗糙度值有利。因为 λ_s 增大，实际工作前角也随之增大，切削过程中的金属塑性变形程度随之下降，于是切削力 F 也明显下降，这会显著地减轻工艺系统的振动，从而使加工表面的粗糙度值减小。

② 减少刀具的主偏角 κ_r 和副偏角 κ_r' 及增大刀尖圆弧半径 r_ε，可减小切削残留面积，使其表面粗糙度值减小。

③ 增大刀具的前角 γ_o 使刀具易于切入工件，减小塑性变形，有利于减小表面粗糙度值。但当前角太大，刀刃有嵌入工件的倾向，反而使表面变粗糙。

④ 当前角一定时，后角 α_o 越大，切削刃钝圆半径越小，刀刃越锋利；同时，还能减小后刀面与加工表面间的摩擦和挤压，有利于减小表面粗糙度值。但后角过大会削弱刀具的强度，容易产生切削振动，使表面粗糙度值增大。生产中也利用 $\alpha_o \leqslant 0°$ 的刀具对切削表面进行挤压，达到光整加工的目的。加工的方法是：在后面上小棱面处磨出 $\alpha_o \leqslant 0°$，采用较低切削速度，较小背吃刀量，浇注润滑性能良好切削液，并在精度和刚性较高的机床上进行挤压。经挤压后的加工表面粗糙度达 Ra2.5～1.25μm，并提高了表面层的硬度和疲劳强度。

（3）工件材料的性能 采用热处理工艺以改善工件材料的性能是减小其表面粗糙度值的有效措施。例如，工件材料金属组织的晶粒越均匀，粒度越细，加工时越易获得较小的表面粗糙度值。因此，对工件进行正火或回火处理后再加工，能使加工表面粗糙度值明显减小。

（4）切削液 高速钢等低速切削过程中，浇注润滑性良好的切削液可减小积屑瘤、鳞刺的影响，减小表面粗糙度值。

高速切削时，由于切削液浸入切削区域较困难及被切屑流出时带走和零件转动时被甩出，故切削液对表面粗糙度影响不明显。

（5）刀具材料 不同的刀具材料，由于化学成分的不同，在加工时刀面硬度及刀面粗糙度的保持性，刀具材料与被加工材料金属分子的亲和程度，以及刀具前后刀面与切屑和加工表面间的摩擦系数等均有所不同。

（6）工艺系统振动　工艺系统的低频振动，一般会使工件的加工表面产生表面波度，而工艺系统的高频振动将对加工的表面粗糙度产生影响。为降低加工的表面粗糙度值，则必须采取相应措施以防止加工过程中高频振动的产生。

3. 磨削加工后的表面粗糙度

磨削加工表面，是由砂轮上大量几何角度不同且不规则分布的磨粒微刃切削、刻划出的无数极细的沟槽形成的。显然，每单位面积的磨粒愈多，刻痕的等高性愈好，则粗糙度也就愈小。

实际在磨削过程中还有塑性变形的影响。磨粒大多具有很大的负前角，切削刃并不锋利，切屑厚度一般仅为 $0.2\mu m$ 左右。因此大多数砂轮在磨削过程中只在加工面上挤过，根本没有切削。加工表面在多次挤压下，反复出现塑性变形。磨削时的高温使这种塑性变形加剧，表面粗糙度增大。

从以上分析可得出影响磨削表面粗糙度的因素有以下几种。

（1）砂轮粒度　砂轮粒度愈细，单位面积上的磨粒数就愈多，磨削表面的粗糙度就愈小。

（2）砂轮的修整　修整砂轮的目的是使其具有正确的几何形状和锐利等高的微刃。修整后的砂轮愈光滑，砂轮的等高性及锋利程度愈好，则磨削表面的表面粗糙度就愈小。

（3）砂轮速度　提高砂轮速度，可增加加工表面单位面积的刻痕数，同时由于此时塑性变形的传播速度小于磨削速度，材料来不及产生塑性变形，从而降低表面粗糙度。

（4）磨削深度与工件速度　增大磨削深度和工件速度将增加塑性变形的程度，从而增大表面粗糙度。因此为了能提高效率又降低表面粗糙度，磨削加工的径向进给量通常为先“大”后“小”。

7.2.3　影响零件表面层物理力学性能的因素

机械加工过程中工件由于受到切削力和切削热的作用，其表面层的力学、物理性能将产生很大的变化，造成与基体材料性能的差异。这些差异主要为表面层的金相组织和显微硬度的变化及表面层中出现残余应力。

1. 表面层的加工硬化

在切削或磨削加工过程中，若加工表面层产生的塑性变形使晶体间产生剪切滑移，晶格严重扭曲，并产生晶粒的拉长、破碎和纤维化，引起表面层的强度和硬度提高的现象，称为冷作硬化现象。表面层的硬化程度取决于产生塑性变形的力、变形速度及变形时的温度。产生变形力越大，塑性变形越大，产生的硬化程度也越大。变形速度越大，塑性变形越不充分，产生的硬化程度也就相应减小。变形时的温度对塑性变形程度的影响为：温度高硬化程度减小。

影响表面层冷作硬化的因素有以下几种。

（1）刀具　刀具的刃口圆角和后刀面的磨损对表面层的冷作硬化有很大影响，刃口圆角和后刀面的磨损量越大，冷作硬化层的硬度和深度也越大。

（2）切削用量　在切削用量中，影响较大的是切削速度 v_c 和进给量 f。当 v_c 增大时，则表面层的硬化程度和深度都有所减小。这是由于一方面切削速度增大会使温度增高，有助于冷作硬化的恢复；另一方面由于切削速度的增大，刀具与工件接触时间短，使工件的塑性变形程度减小。当进给量 f 增大时，切削力增大，塑性变形程度也增大，因此表面层的冷作硬化现象也就越严重。但当 f 较小时，由于刀具的刃口圆角在加工表面上的挤压次数增多，因此表面层的冷作硬化现象也会增大。

（3）工件材料　工件材料的硬度越低，塑性越大，切削加工后其表面层的冷作硬化现象越严重。

2. 表面层金相组织的变化

机械加工过程中，在工件的加工区由于切削热会使加工表面温度升高。当温度超过金相组织变化的临界点时，就会产生金相组织变化。对于一般的切削加工，切削热大部分被切屑带走，影响不严重。但对磨削加工而言，由于其产生的单位面积上的切削热要比一般切削加工大数十倍，故工件表面温度可高达1000℃左右，必然会引起表面层金相组织的变化，使表面硬度下降，伴随产生残余拉应力及裂纹，从而使工件的使用寿命大幅降低，这种现象称为磨削烧伤。因此，磨削加工是一种典型的易于出现加工表面金相组织变化的加工方法。

根据磨削烧伤时温度的不同，可分为以下几种。

(1) 回火烧伤　当磨削淬火钢时，若磨削区温度超过马氏体转变温度，则工件表面原来的马氏体组织将转化成硬度较低的回火屈氏体或索氏体组织，此即为回火烧伤。

(2) 淬火烧伤　磨削淬火钢时，若磨削区温度超过相变临界温度，在切削液的急冷作用下，工件表面最外层金属转变为二次淬火马氏体组织，其硬度比原来的回火马氏体高，但是又硬又脆，而其下层因冷却速度较慢仍为硬度较低的回火组织，这种现象即为淬火烧伤。

(3) 退火烧伤　若不用切削液进行干磨时超过相变的临界温度，由于工件金属表层空冷冷却速度较慢，使磨削后的强度、表面硬度急剧下降，则产生了退火烧伤。

磨削烧伤时，表面会出现黄、褐、紫、青等烧伤色。这是工件表面在瞬时高温下产生的氧化膜颜色，不同烧伤色表面烧伤程度不同。较深的烧伤层，虽然在加工后期采用无进给磨削可除掉烧伤色，但烧伤层却未除掉，成为将来使用中的隐患。

影响磨削烧伤的因素主要有以下几种。

(1) 磨削用量　磨削用量主要包括磨削深度、工件纵向进给量及工件速度。当磨削深度增大时，工件的表面温度及表层下不同深度的温度都会随之升高，磨削烧伤增加，故磨削深度不可过大；工件纵向进给量的增加使得砂轮与工件的表面接触时间相对减少，散热条件得到改善，磨削烧伤减轻；增大工件速度虽然使磨削区温度上升，但由于热源作用时间减少，金相组织来不及变化，总的来说可以减轻磨削烧伤。

对于增加进给量、工件速度而导致的表面粗糙度增大，一般采用提高砂轮转速及较宽砂轮来补偿。

(2) 冷却方法　采用切削液带走磨削区的热量可以避免烧伤，但目前通用的冷却方法却效果较差，原因是切削液未能进入磨削区。如图7-34所示，切削液不易进入磨削区AB，只能大量地倾注在离开磨削区的已加工面上，但这时烧伤已经产生。

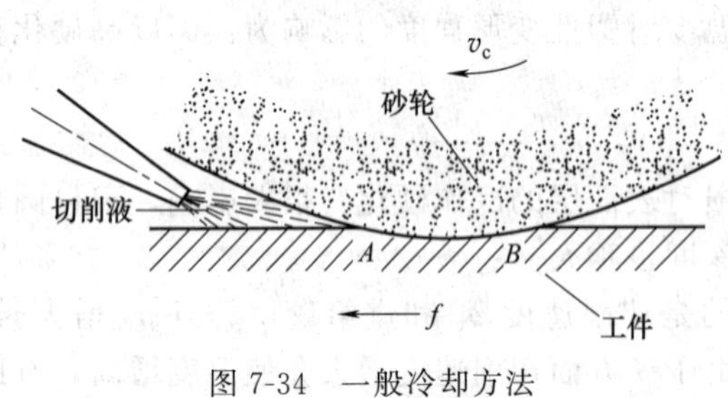

图7-34　一般冷却方法

为了使切削液能较好地进入磨削区起到冷却作用，目前采用的主要方法有内冷却法、喷射法、间断磨削法与含油砂轮等。图7-35所示为内冷却砂轮结构。内冷却法是将切削液通过砂轮空心主轴引入砂轮的中心腔内，由于砂轮具有多孔性，当砂轮高速旋转时，强大的离心力将切削液沿砂轮孔隙向四周甩出，使磨削区直接得到冷却。

(3) 砂轮　硬度过高的砂轮，结合力太强，自锐性差，将使磨削力增大，易产生磨削烧伤，故常选用较软的砂轮。提高砂轮磨粒的硬度、韧性和强度，有助于保持刃尖的锋利性及自锐性，从而抑制磨削烧伤。金刚石磨料由于其强度、硬度都比较高，而且在无切削液的情况下，它的摩擦系数也只有0.05，相对而言最不易产生磨削烧伤，是一种理想的磨料。砂轮结合剂应为具有一定弹性的材料，如树脂类。这样当某种原因使磨削力增大时，磨粒能产生一定的弹性退让，使切削深度减小；同时由于树脂的耐热性差，高温时结合性能显著下降，磨粒易于脱落。这些都有助于避免磨削烧伤。

选用粗粒度砂轮磨削时，既可减少发热量，又可在磨削软而塑性大的材料时避免砂轮的堵塞。

(4) 工件材料　工件材料硬度越高，磨削发热量越多；但材料过软，则易于堵塞砂轮，反而使加工表面温度急剧上升。工件材料的强度可分为高温强度与常温强度。高温强度越高，磨削时所消耗的功率越多。例如在室温时，45 钢的强度比 20CrMo 合金钢的强度高 $65N/mm^2$，但在 600℃时，后者的强度却比前者高 $180N/mm^2$，因此 20CrMo 钢的磨削加工发热量比 45 钢大。

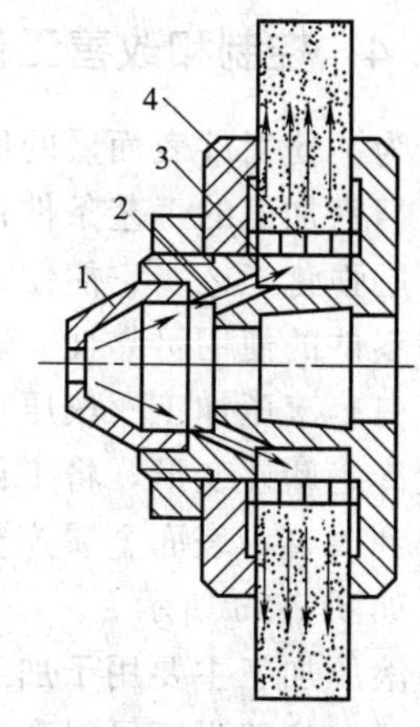

图 7-35　内冷却砂轮结构
1—锥形盖；2—冷却液通孔；3—砂轮中心孔；4—有径向小孔的薄壁套

工件材料的韧性越大，所需磨削力也越大，发热也越多。

热导率低的材料，如轴承钢、高速钢等在磨削加工中更易产生金相组织的变化。

3. 表面层的残余应力

工件经机械加工后，表面层组织会发生形状变化或组织变化，在表面层及其与基体材料的交界处就会产生互相平衡的应力，即表面层的残余应力。残余压应力可提高工件表面的耐磨性和疲劳强度，而残余拉应力则起相反的作用。若拉应力值超过工件材料的疲劳强度极限值时，则使工件表面产生裂纹，加速工件损坏。

残余应力的产生，有以下三种原因：

(1) 冷态塑性变形引起的残余应力　在机械加工过程中，由于切削力的作用使工件表面受到强烈的塑性变形，而此时基体金属处于弹性变形状态。切削力消除后，基体金属趋向恢复，但受到表面层的限制，因而要产生残余应力。其中切削刀具对已加工表面的挤压和摩擦的影响较大，使表面层产生伸长塑性变形，这时产生的残余应力为压应力。

(2) 热态塑性变形引起的残余应力　切削加工时，由于表面层与基体受热源作用的影响不同，产生的热膨胀变形程度也不同。当切削结束后，由于表层已产生塑性变形并受到基体的限制，就要产生残余拉应力。磨削温度越高，热塑性变形越大，残余拉应力也越大，甚至出现裂纹。

(3) 金相组织变化引起的残余应力　机械加工过程中产生的高温会引起表面层的金相组织变化，不同的金相组织具有不同的密度，亦即具有不同的比热容。因此，如果表面层发生金相组织的转变，不论是膨胀还是收缩，必然与基体之间产生残余应力。

例如，钢中马氏体的密度为 $7.75kg/dm^3$，奥氏体的密度为 $7.96kg/dm^3$，珠光体的密度为 $7.78kg/dm^3$。磨削淬火钢时，如果产生回火，表层组织从马氏体变为屈氏体或索氏体(密度与珠光体相近)，比热容减小受到基体的阻碍产生残余拉应力。若表层温度超过 A_{c3}，冷却又充分，则原表层的残余奥氏体转变为马氏体，比热容增大受阻，这时工件表面就要形成残余压应力。

机械加工后金属表面层的残余应力，是上述三者的综合结果。在不同的条件下，其中某一种或两种因素可能起主导作用。一般切削加工中，当切削温度不高时，起主导作用的是冷态塑性变形，产生残余压应力。磨削加工中，热态塑性变形和相变起到了主导作用，产生残余拉应力。

7.2.4 控制和改善工件表面质量的方法

为了使工件表面层的质量满足使用要求，常采用以下方法控制和改善工件的表面质量，创造精密加工的工艺条件；采用光整加工工序；采用表面层强化工艺等。其中应用最广的是表面层强化工艺，它能使金属表面层获得有利于疲劳强度提高的残余压应力及冷硬层，从而提高零件的使用可靠性。表面层强化工艺主要包括滚压加工及喷丸强化。

(1) 滚压加工 滚压加工是利用具有高硬度的滚轮或滚珠，对工件表面进行滚压，使其产生冷态塑性变形，将工件表面上原有的凸峰填充到相邻的凹谷中，使工件表面的微观不平度得到改善，表面金属产生晶格畸变、残余压应力及冷硬层，使工件表面层得到光整和强化，如图 7-36 所示。

滚压加工主要用于加工外圆、孔、平面及成形表面，对于存在应力集中的零件，效果更为明显（疲劳强度可提高 50%）。图 7-37 为典型的滚压加工示意图。

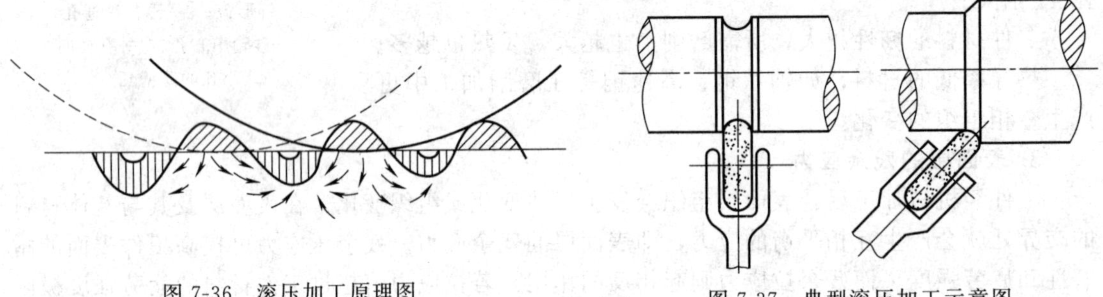

图 7-36 滚压加工原理图

图 7-37 典型滚压加工示意图

(2) 喷丸强化 喷丸强化是利用大量快速喷射的弹丸打击工件表面，使其产生残余压应力及冷硬层，从而大大提高零件的疲劳强度及使用寿命。喷丸用钢或铸铁制成。喷射设备为压缩空气喷丸装置或离心式喷丸装置，喷射速度可达 30～50m/s。喷丸强化的主要加工对象是形状复杂的零件，如弹簧、齿轮、曲轴等。经喷丸强化处理后的零件，硬化深度可达 0.7mm，Ra 值可由 3.2μm 减少到 0.4μm，使用寿命可提高几倍到几十倍。

7.2.5 机械加工中的振动

机械加工过程中，在工件与刀具之间常常产生振动，影响了工件和刀具之间正常的运动轨迹，降低了加工表面质量，缩短了刀具和机床寿命，影响生产率，污染工作环境，严重时可使加工无法进行。因此，研究机械加工过程中的振动，掌握其规律，加以限制或消除，是机械加工技术的重要研究课题。

1. 加工振动的分类及引起振动的原因

机械加工中的振动按照传统分为自由振动、强迫振动和自激振动三大类。

(1) 自由振动 一个系统产生振动首先是由于一个外界刺激力引起的，当外界刺激力去除后，由于系统的阻尼作用使得振动逐渐衰减，如果没有持续的维持振动继续下去的刺激力不断作用，振动会衰减和停止，这种振动称为自由振动。

机械加工中引起自由振动的激振原因主要是：由于工件材质不均，切削过程中刀刃碰到硬质点，引起切削力发生变化；或者往复运动的换向冲击；如果机床地基隔振措施不良，外界激振力也会由基础传入。

(2) 强迫振动 强迫振动是指系统受到周期性激振力的作用，所激发的不衰减振动。它的最大特点是系统本身所具有的阻尼不足以快速衰减这种受迫振动，所以强迫振动的振动频率与激振力的频率相等。当激振力的频率接近于振动系统的固有频率时，振幅会急剧增大，系统将产生共振。强迫振动中的激振力是不随振动过程而逐渐增大的，这一点区别于自激振动。

诱发强迫振动的周期性激振力多为：断续切削时的冲击；机床高速旋转零件的不平衡；机床传动件的缺陷，例如齿轮啮合工作面有缺陷、轴承的滚动体有缺陷；机床液压系统的压力波动等。

（3）自激振动　自激振动是指振动中，振动能量不断地得到自动补充，促使振动自动维持甚至不断加强的振动。自激振动的最大特点是振动能量的正反馈，即振动的维持不是靠外界，而是靠系统自身的能量正反馈作用。

例如，当在一个刚性较差的车削系统中车削加工时，由于加工余量不均会引起初始振动，这一振动会造成刀刃相对于工件的位置发生变化。若位置变化的结果使得吃刀深度增大，将导致激振力的增大，从而使振动能量增大，形成了正反馈，振动得到了加剧。如果这种正反馈不断得到维持和加强，就形成自激振动。自激振动与强迫振动的最大区别是自激振动的激振力会在正反馈作用下不断得到补充和加强。

促成自激振动的主要原因是振动能量得到了正反馈。切断反馈途径，变正反馈为负反馈，增加系统的动态刚性和阻尼都可以有效减小自激振动。

2. 振动对加工质量的影响

振动对机械加工是有害的，这种危害表现在以下几个方面：

（1）影响加工的表面粗糙度　振动破坏了工艺系统的正常切削过程，从而使零件加工表面出现振纹，高频振动时产生微观不平度，低频振动时产生波度。

（2）降低生产率　振动限制了切削用量的进一步提高，从而影响生产率的提高，严重时可使切削无法继续进行。

（3）影响刀具寿命　切削过程中的振动可能使刀尖刀刃崩碎，韧性差的刀具（硬质合金、陶瓷）尤为严重。此外振动还会加速刀具的磨损。

（4）破坏机床、夹具的精度　振动使机床、夹具的零件连接部分松动，间隙增大，还会降低机床、夹具的刚度与精度。

（5）环境污染　由振动引起的噪声恶化了工作环境，影响工人的健康。

3. 减小振动的有效措施

对于工艺系统的自由振动和强迫振动，只要找到其周期性激振力产生的原因，就可以有相应的办法来解决。减小强迫振动的途径一般有以下几种：

（1）尽量减少激振力

① 消除零件高速回转的不平衡，避免离心惯性力的产生，对于高速转动的砂轮、主轴系统、转子等都要严格进行相应的静平衡或动平衡处理；

② 提高高速运动部件的传动平稳性，齿轮要保证啮合质量，滚动轴承的精度等级要达到设计要求，滚道和滚动体不得有缺陷；

③ 对高速带传动系统也要引起重视，带轮不得有缺陷和运动偏心，同组使用的皮带要注意厚度、宽窄、柔性尽量一致，以保证传动平稳。

（2）加强隔振措施

① 精加工机床应远离重载荷粗加工机床，其床座基础要加强隔振措施，防止外部振源的传入；

② 将振动较大的电动机、液压站等动力部件与机床本体隔离开，传动带不要张得过紧。

（3）增加阻尼，提高刚性　增加阻尼是减振的基本措施。机械加工过程中的很多强迫振动都是因工艺系统的动刚度及阻尼不足引起的。可通过预紧轴承、调整导轨镶条间隙、减小刀杆悬伸长度、研合接触面等手段来提高工艺系统的动刚度和阻尼，对刚度差的工件要增加辅助支承及筋板等。强迫振动的频率要远离工艺系统的固有频率，当两者频率较近时，应注意调整主运动的速度，以防产生共振。

对于工艺系统的自激振动，因其产生的原因较为复杂，目前最有效的手段是抗振和减振。

① 抗振措施　在机床方面主要有提高工艺系统动态刚度（包括前述提高动刚度的所有措施），合理布置筋板可以有效提高机床的结构刚性；采用滑动轴承或静压轴承比滚动轴承的刚度高；机床主轴采用三点支承结构比两点支承刚度高。

在刀具方面主要有合理设计刀杆结构、形状，提高刀杆的惯性矩，选用高刚性材料做刀杆，尽量缩短刀具的悬伸长度；合理选择刀具几何参数和切削用量。

在工件安装方面要注意正确使用跟刀架、中心架。

② 减振措施　主要是用各种减振装置来对振动进行干扰和阻尼。

图 7-38 所示为一种冲击式减振镗杆。当镗杆产生自激振动时，冲击块会与镗杆发生反复碰撞，其碰撞频率的初相滞后于自激振动，对自激振动起到干扰作用，从而消耗了振动能量。

图 7-39 所示为一种摩擦式阻尼减振器，它利用多层碟形簧片的弹性势能来吸收振动能量。

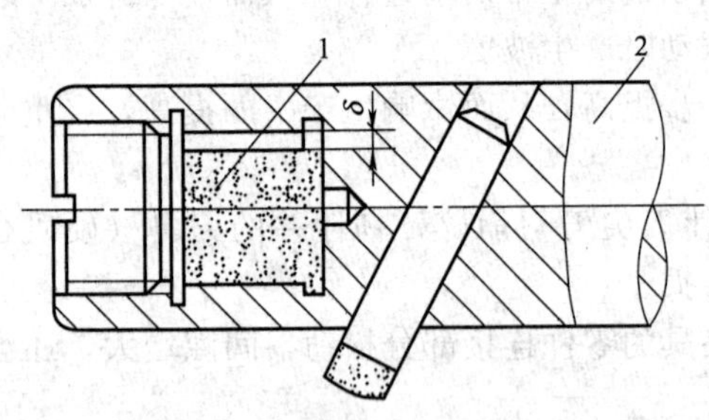

图 7-38　冲击式减振镗杆

1—冲击块；2—镗杆

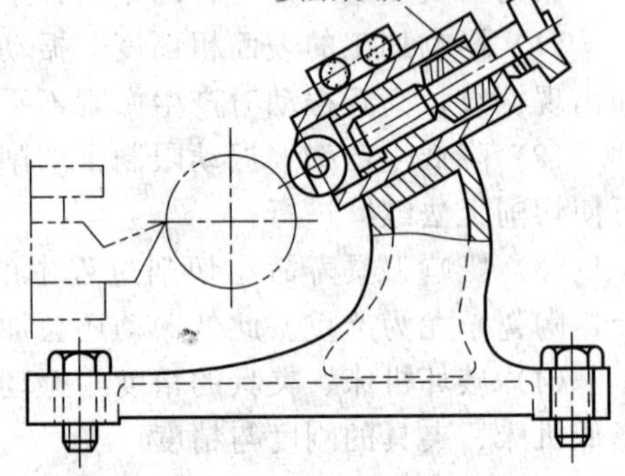

图 7-39　摩擦式阻尼减振器

图 7-40 所示为一种液压阻尼器，它是利用了液压节流孔的降压原理来衰减振动能量。

在实际生产中，应用减振器来衰减和吸收振动能量的方法很有效，各种减振器结构方案也很多。

除了上述抗振和减振措施以外，合理选择切削用量、刀具角度、刀刃结构也是生产中经常采用的减振措施。

在切削用量方面，最主要的是切削速度 v_c，有车削试验证明：当切削速度 v_c 在 20～60m/min 范围内时，自激振动的振幅很大，而切削速度在高速（150m/min 以上）或很低范围内时，自激振动的振幅就较小，如图 7-41 所示。

进给量与振幅间的关系是：当 f 较小时振幅会较大，随着 f 的增大振幅反而会减小，所以，只要表面粗糙度许可，选取较大的 f 可以避免自激振动。

刀具方面，适当增大前角 γ_o、主偏角 κ_r 能够减小振动；后角 α_o 越大，越易引起自激振动，但后角 α_o 过小造成后刀面挤压工件也会引起自激振动，一般可采取在刀刃主后面处磨出0.1～0.3mm的负倒棱，能起到很好防振作用；在前刀面上留出月牙槽可以有助于防振。刀具使用方面最关键的是注意刀尖不要安装过高。

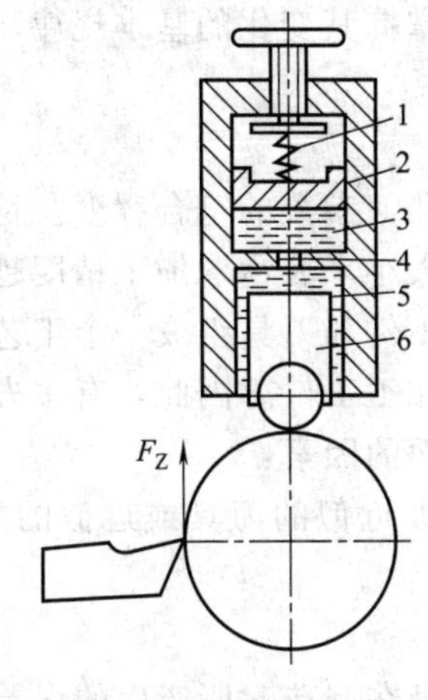

图7-40　液压阻尼器

1—弹簧；2—活塞；3—液压缸；4—小孔；5—液压缸前腔；6—柱塞

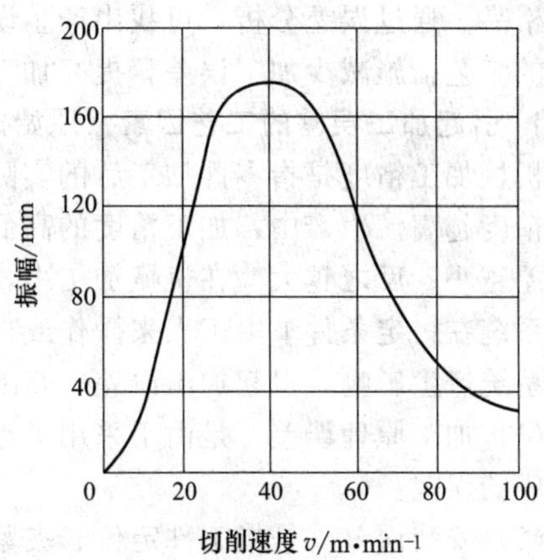

图7-41　车削速度与振幅的关系

7.3　加工误差的统计分析

前面对影响加工精度的各种主要因素进行了讨论，从分析方法上来讲，这是属于局部的、单因素的。而实际生产中影响加工精度是多因素的、错综复杂的。为此，生产中常采用统计分析法，通过对一批工件进行检查、测量，将所测得的数据进行处理与分析，找出误差分布与变化的规律，从而找出解决问题的途径。

7.3.1　加工误差的类型

加工误差按其性质的不同，可分为系统误差和随机误差（也称偶然误差）。

1. 系统误差

系统误差包括常值系统误差和变值系统误差。

（1）常值系统误差　在连续加工一批工件中，其加工误差的大小和方向都保持不变或基本不变的系统误差，称为常值系统误差。例如，原理误差，机床、刀具、夹具、量具的制造误差等原始误差，都属于常值系统误差。

（2）变值系统误差　在连续加工一批工件中，其加工误差的大小和方向按一定规律变化的系统误差，称为变值系统误差。例如，刀具的正常磨损引起的加工误差，其大小随加工时间而有规律地变化，属于变值系统误差。

2. 随机误差

在连续加工一批工件中，其加工误差的大小和方向是无规则地变化着的，这样的误差称为随机误差。例如：毛坯误差（加工余量不均匀，材料硬度不均匀等）的复映、定位误差、夹紧误差（夹紧力时大时小）、工件内应力等因素都是变化不定的，都是引起随机误差的原因。

7.3.2 加工误差的统计分析

在机械加工中，误差是不可避免的，只要误差在规定的范围内，即为合格品，否则就为不合格品。通过误差分析，可找出产生误差的主要原因，掌握其变化的基本规律，从而采取相应的工艺措施减少加工误差，提高加工精度。

1. 引起加工误差的工艺因素（原始误差）

机械加工精度是指零件加工后的实际几何参数与理想几何参数的符合程度。符合程度越高，精度越高。生产中，加工精度的高低常用加工误差的大小来表示。加工精度越高，则加工误差越小；反之越大。在机械加工中，由机床、夹具、工件和刀具组成一个工艺系统。此工艺系统在一定条件下由工人来操作或自动地循环运行来加工工件。因此，有多方面的因素对此系统产生影响，引起加工误差，归纳起来有以下几方面的因素：

（1）加工原理误差　是由于采用了近似的加工原理（如近似的刀具或近似的加工运动）而造成的误差。

（2）安装误差　是指工件定位、夹紧时所产生的误差。

（3）工艺系统的几何误差　是指机床、刀具和夹具本身在制造时所产生的误差，以及使用中产生的磨损和调整误差。

（4）工艺系统的受力变形　机床、夹具、工件和刀具在受切削力、传动力、离心力、夹紧力、惯性力和内应力等作用力下会产生变形，从而破坏了已调整好的工艺系统各组成部分的相对位置关系，导致了加工误差的产生。

（5）工艺系统的受热变形　在加工过程中，由于受切削热、摩擦热以及工作场地周围热源的影响，工艺系统的温度会产生复杂的变化，工艺系统会发生变形，改变了系统中各组成部分的正确相对位置，导致了加工误差的产生。

（6）调整误差　在机械加工的每一工序中，总要对工艺系统进行这样或那样的调整工作。由于调整不可能绝对地准确，因而产生调整误差。

（7）测量误差　零件在加工时或加工后进行测量时，由于测量方法、量具精度以及工件和主客观因素（温度、接触力）都直接影响测量精度。

2. 加工误差的统计分析方法

利用统计分析方法进行综合分析，才能较全面地找出产生误差的原因，掌握其变化的基本规律，进而采取相应的解决措施。常用的统计分析方法有以下几种。

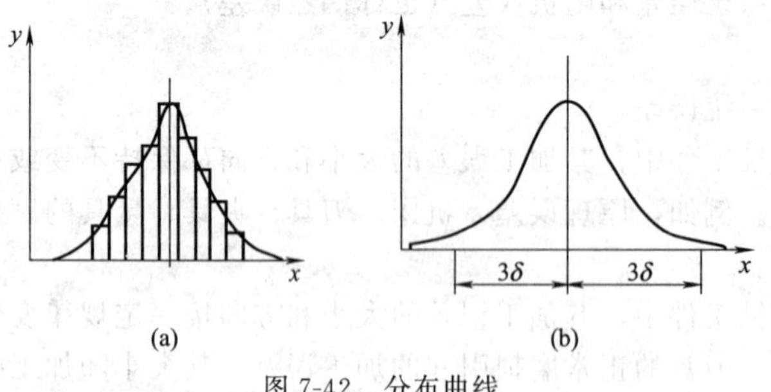

图 7-42　分布曲线

（1）分布曲线法　以实际加工出来的工件尺寸 x（实际上是一段很小的尺寸间隔）为横坐标，以工件的频率 y（频数与这批工件总数之比）为纵坐标，就可得出该工序工件尺寸的实际分布图——直方图。再由直方图的各矩形顶端的中心连成一光滑的曲线，即实际分布曲线，如图 7-42（a）所示。

① 正态分布曲线　当一批工件总数极多时，零件又是在正常的加工状态下进行，没有特殊或意外的因素影响，如加工中刀具突然崩刃等，则这条分布曲线将接近正态分布曲线，如图 7-42（b）所示。因此，生产中，常用正态分布曲线代替实际分布曲线进行分析研究。正态分布曲线的数学关系式为：

$$y=\frac{1}{\sigma\sqrt{2\pi}}\mathrm{e}^{-\frac{(x-\overline{x})^2}{2a^2}}$$

式中　x——各零件的实际尺寸；

$\overline{x}$——批零件的尺寸的算数平均值，它表示加工零件的尺寸分散中心，$\overline{x}=\frac{1}{n}\sum_{i=1}^{n}x_i$；

y——零件尺寸为 x 时所出现的概率，即出现尺寸为 x 的零件数占全部零件数的百分比；

σ——一批零件的均方差，6σ 表示这批零件加工尺寸的分布范围，$\sigma=\sqrt{\frac{1}{n}\sum_{i=1}^{n}(x_i-\overline{x})^2}$；

n——一批零件的数量。

② 正态分布曲线的应用

a. 验证工艺能力系数　工艺能力系数表示了工艺能力的大小，表示某种加工方法和加工设备能否胜任零件所要求精度的程度；

b. 计算一批零件的合格率和废品率；

c. 误差分析　从分布曲线的形状、位置可以判断加工误差的性质，分析各种误差的影响。

③ 分布曲线法分析的缺点　由于加工中随机误差和系统误差是同时存在的，而作分布曲线的样本必须是一批工件加工完毕后随机抽取的，是没有考虑工件加工的先后顺序，故很难把随机误差和变值系统误差区别开来，也不能在加工过程中及时提供控制精度的资料。

④ 点图分析法

a. $\overline{x}$-R 点图。

b. 点图分析法的应用。在点图上作出中心线和控制线后，就可根据图中点的分布情况来判断工艺过程是否稳定。因此在质量管理中广泛应用。点图上点子的波动有两种不同的情况。第一种情况只有随机性波动，其特点是波动的幅值一般不大，而引起这种随机性波动的原因往往很多，有时甚至无法知道，有时即使知道也无法或不值得去控制它们，这种情况为正常波动，说明该工艺过程是稳定的。第二种情况是点图具有明显的上升或下降倾向，或出现幅度很大的波动，称这种情况为异常波动，说明该工艺过程是不稳定的。图 7-43 $\overline{x}$-R 点图中的第 20 点，超出了下控制线，说明工艺过程发生了异常变化，可能有不合格品出现。一旦出现异常波动，就要及时寻找原因，消除产生不稳定的因素。

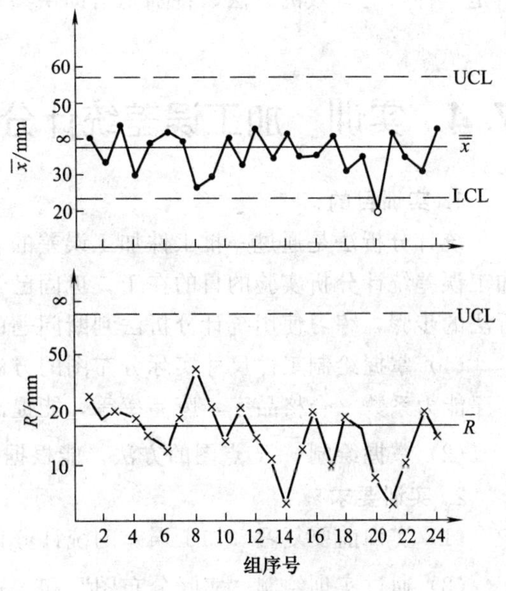

图 7-43　$\overline{x}$-R 点图

c. 点图分析法的特点。所采用的样本为顺序小样本，可以看出变值系统误差和随机综合误差的变化趋势，因而能在工艺过程中及时提供控制工艺过程的信息；计算简单，图形直观。因此在质量管理中广泛应用。

(2) 相关分析法　由于工艺过程受大量因

素的影响，而这些因素本身又具有随机性质，所以，在工艺因素的自变量 x（误差因素）和函数 y（精度指标）之间具有非确定性的依赖关系，即所谓的相关关系。可见，相关分析主要是用来分析某些因素之间是否有关联，若两因素之间有关联称之为有相关关系或有相关性，若两因素之间没有关联称之为不相关或无相关性。通过相关分析法，可找出工艺因素与误差之间的关系，为改善工艺过程、提高加工精度指出了途径。

（3）加工误差的分析计算法　无论是分布曲线法还是点图法均不能定量分析对加工精度的影响，而分析计算法则是根据具体加工情况来定量分析影响加工精度的各项因素，其具体方法是：首先根据加工具体情况分析影响加工精度的主要因素，舍去次要因素；然后分项计算误差，并判别是系统误差还是随机误差；最后按数理统计方法将各项误差综合起来，就可以得到总误差。分析计算法的计算工作量较大，而且要有相应的资料，因此多用于大批大量生产中或单件小批生产中的关键零件，一般都是在精加工工序，精度太低就没有必要了。

3. 减少误差、提高加工精度的措施

在对某一特定条件下的加工误差进行分析时，首先要列举出误差源，即原始误差，不仅要了解所有误差因素，而且要对每一误差的数值和方向定量化；其次要研究原始误差到零件加工误差之间的数量转换关系，常为误差遗传和误差复映关系。最后，用各种测量手段实测出零件的误差值，根据统计分析，判断误差性质，找出其中规律，采取一定的工艺措施消除或减少加工误差。尽管减少或消除加工误差的措施有很多种，但从技术上可分为两大类，即误差预防和误差补偿。

（1）误差预防　是指减少误差源或改变误差源至加工误差之间的数量转变关系，常用的方法有：直接减少原始误差法、误差转移法、采用先进工艺和设备法、误差分组法、就地加工法和误差平均法等。实践与分析表明，精度要求高于某一程度后，利用误差预防技术来提高加工精度所花费的成本将成指数增长。

（2）误差补偿　在现成的表现误差条件下，通过分析、测量，建立数学模型，以这些信息为依据，人为地在系统中引入一个附加的误差源，使之与系统中现存的表现误差相抵消，以减少或消除零件的加工误差。从提高加工精度考虑，在现有工艺系统条件下，误差补偿技术是一种行之有效的方法，特别是借助微型计算机辅助技术，可达到更好的效果。

7.4 实训　加工误差统计分析

1. 实训目的

统计分析法是通过一批工件加工误差的表现形式，来研究产生误差原因的一种方法。作加工误差统计分析实验的目的在于，巩固已学过的统计分析法的基本理论，掌握运用统计分析法的步骤，练习使用统计分析法判断问题的能力。

（1）掌握绘制工件尺寸实际分布图的方法，并能根据分布图分析加工误差的性质，计算工序能力系数，合格品率，废品率等，能提出工艺改进的措施；

（2）掌握绘制 $\overline{x}$-R 点图的方法，能根据 $\overline{x}$-R 点图分析工艺过程的稳定性。

2. 实训要求

（1）实训前要复习“加工误差的统计分析”一节的内容。

（2）通过实训绘制“实际分布图”和“$\overline{x}$-R”控制图。

（3）根据实际分布图分析影响加工误差的因素，推算该工序加工的产品合格率与废品率；试提出解决上述问题的途径。

（4）根据 $\overline{x}$-R 图分析影响加工误差的因素；判断工艺是否稳定；试提出解决上诉问题的途径。

3. 实训题目

在 M1040 无心磨床上用纵磨法磨削一批（100 件）直径尺寸为 $\phi 20_{-0.015}^{-0.005}$ mm 的销轴，检查其每件尺寸。做出实际分布图以及 $\overline{x}$-R 控制图。

4. 实训报告要求

（1）打印测量数据。

（2）按表 7-2 格式作出频数分布表，计算出 $\overline{x}=\frac{1}{n}\sum_{i=1}^{n}x_i$ 和 $\sigma=\sqrt{\frac{1}{n}\sum_{i=1}^{n}(x_i-\overline{x})^2}$ 。

表 7-2　频数分布表

组号	组界	组中间值	频数 m_i	频率 f_i	累计频数	累计频率
1						
2						
3						
⋮						
k						

（3）按表 7-3 格式记录 TQC 图（$\overline{x}-R$ 控制图）数据，计算出总平均值 $\overline{\overline{x}}=\frac{1}{k}\sum_{i=1}^{k}\overline{x}_i$ 和极差平均值 $\overline{R}=\frac{1}{k}\sum_{i=1}^{k}R_i$。

表 7-3　TQC 图数据表（小样本件数 $n=$______，样本组数 $k=$______）

样本序号	1	2	3	4	5	6	7	8	9	…
样本均值 $\overline{x}$										…
样本极差 R										…

（4）实验结果整理与分析。

① 绘制直方图和实验分布曲线，判断加工误差性质，求出工序能力系数，估算合格率。

② 绘制 TQC 图，判断稳定性。

复习思考题

一、单项选择题

1. 原始误差是指产生加工误差的“源误差”，即（　　）。

A. 机床误差　　B. 夹具误差　　C. 刀具误差　　D. 工艺系统误差

2. 误差的敏感方向是（　　）。

A. 主运动方向　　B. 进给运动方向

C. 过刀尖的加工表面的法向　　D. 过刀尖的加工表面的切向

3. 主轴回转误差可以分解为（　　）等几种基本形式。

A. 径向跳动　　B. 轴向窜动　　C. 倾角摆动　　D. 偏心运动

4. 镗床主轴采用滑动轴承时，影响主轴回转精度的最主要因素是（　　）。

A. 轴承孔的圆度误差　　B. 主轴轴径的圆度误差

C. 轴径与轴承孔的间隙　　D. 切削力的大小

5. 在普通车床上用三爪卡盘夹工件外圆车内孔，车后发现内孔与外圆不同轴，其最可能原因是（　　）。

A. 车床主轴径向跳动　　B. 卡爪装夹面与主轴回转轴线不同轴
C. 刀尖与主轴轴线不等高　　D. 车床纵向导轨与主轴回转轴线不平行

6. 零件安装在车床三爪卡盘上车孔（内孔车刀安装在刀架上），加工后发现被加工孔出现外大里小的锥度误差，产生该误差的可能原因有（　　）。

A. 主轴径向跳动　　B. 三爪装夹面与主轴回转轴线不同轴
C. 车床纵向导轨与主轴回转轴线不平行　　D. 刀杆刚性不足

7. 误差复映系数随着工艺系统刚度的增大而（　　）。

A. 增大　　B. 减小　　C. 不变　　D. 不确定

8. 误差统计分析法适用于（　　）的生产条件。

A. 单件小批　　B. 中批　　C. 大批量　　D. 任何生产类型

9. 内应力引起的变形误差属于（　　）。

A. 常值系统误差　　B. 变值系统误差　　C. 形位误差　　D. 随机误差

10. 某工序的加工尺寸为正态分布，但分布中心与公差中点不重合，则可以认为（　　）。

A. 无随机误差　　B. 无常值系统误差
C. 变值系统误差很大　　D. 同时存在常值系统误差和随机误差

二、判断题

1. 在机械加工中不允许有加工原理误差。（　　）
2. 工件的内应力不影响加工精度。（　　）
3. 主轴的径向跳动会引起工件的圆度误差。（　　）
4. 在车床上钻孔容易出现轴线偏移现象，而在钻床上钻孔则容易出现孔径增大现象。（　　）
5. 车床主轴轴颈的形状精度对主轴的回转精度影响较大，而对轴承孔的形状精度影响较小。（　　）
6. 普通车床导轨在垂直面内的直线度误差对加工精度影响不大。（　　）
7. 工艺系统在切削加工时会产生受力变形，则变形量越大，工件产生的形状误差就越大。（　　）
8. 车削外圆时，车刀必须与主轴轴线严格等高，否则会出现形状误差。（　　）
9. 在车床用双顶尖装夹车削轴类零件时，若后顶尖在水平方向有偏移，则会出现双曲面形的圆柱度误差；若后顶尖在铅垂面方向有偏移，则会出现锥形的圆柱度误差。（　　）
10. 加工一批工件，原来尺寸大的，加工后尺寸仍然大。（　　）

三、问答题

1. 什么是加工精度？什么是加工误差？两者有何区别与联系？
2. 解释工艺系统、原始误差以及误差敏感方向。
3. 什么是加工原理误差？举例说明。
4. 简述机床误差所包括的主要内容。
5. 什么是工艺系统刚度？工艺系统受力变形对加工精度的影响有哪些？
6. 对车削加工，随着受力点位置的变化，有可能产生什么样的形状误差？
7. 什么是误差复映？如何减小误差复映的影响？
8. 试举例说明在机械加工过程中，工艺系统受热变形和残余应力怎样对零件的加工精度产生影响？应采取什么措施？
9. 简述分布曲线的参数所代表的工程实际意义。
10. 试述分布曲线法与点图法的特点、应用及各自解决的主要问题。
11. 表面质量的含义包括哪些内容？为什么机械零件的表面质量与加工精度具有同等重要的意义？
12. 磨削加工时，影响加工表面粗糙度的主要因素有哪些？
13. 什么是冷作硬化？其产生的主要原因是什么？
14. 什么是磨削“烧伤”？为什么磨削加工常产生“烧伤”？
15. 为什么在机械加工中，工件表面会产生残余应力？磨削加工工件表面层中残余应力产生的原因与切削加工是否相同？

第8章 机械装配工艺基础

8.1 概述

机器的各种零部件只有经过正确的装配，才能加工出符合要求的产品。怎样将零件装配成机器，零件精度与产品精度的关系，以及达到装配精度的方法，是装配工艺所要解决的问题。

8.1.1 装配的概念

零件是构成机器的最小单元。将若干个零件结合在一起组成机器的一部分，称为部件。直接进入机器（或产品）装配的部件称为组件。

任何机器都是由许多零件、组件和部件组成。根据规定的技术要求，将若干零件结合成组件和部件，并进一步将零件、组件和部件结合成机器的过程称为装配，前者称为部件装配，后者称为总装配。

1. 机械装配的组成

一台机械产品往往由上千至上万个零件所组成，为了便于组织装配工作，必须将产品分解为若干个可以独立进行装配的装配单元，以便按照单元次序进行装配，并有利于缩短装配周期。装配单元通常可划分为 5 个等级。

（1）零件　零件是组成机械和参加装配的最基本单元。零件直接装入机器的不多，大部分零件都是预先装成套件、组件和部件，再进入总装。

（2）套件　在一个基准零件上，装上一个或若干个零件就构成了一个套件，它是比零件大一级的装配单元。每个套件只有一个基准零件，它的作用是连接相关零件和确定各零件的相对位置。为形成套件而进行的装配工作称为套装。

（3）组件　在一个基准零件上，装上一个或若干个套件和零件就构成一个组件。每个组件只有一个基准零件，它连接相关零件和套件，并确定它们的相对位置。为形成组件而进行的装配称为组装。

（4）部件　在一个基准零件上，装上若干个组件、套件和零件就构成部件。

（5）机器　在一个基准零件上，装上若干个部件、组件、套件和零件就成为机器或称产品。一台机器只能有一个基准零件，其作用与上述相同。为形成机器而进行的装配工作，称为总装。机器是由上述全部装配单元组成的整体。

装配单元系统图表明了各有关装配单元间的从属关系。装配过程是由基准零件开始，沿水平线自左向右进行装配的。一般将零件画在上方，把套件、组件、部件画在下方，其排列的顺序就是装配的顺序。图中的每一方框表示一个零件、套件、组件或部件。每个方框分为 3 个部分，上方为名称，下左方为编号，下右方为数量。有了装配系统图，整个机器的结构和装配工艺就很清楚，因此装配系统图是一个很重要的装配工艺文件，如图 8-1 所示。

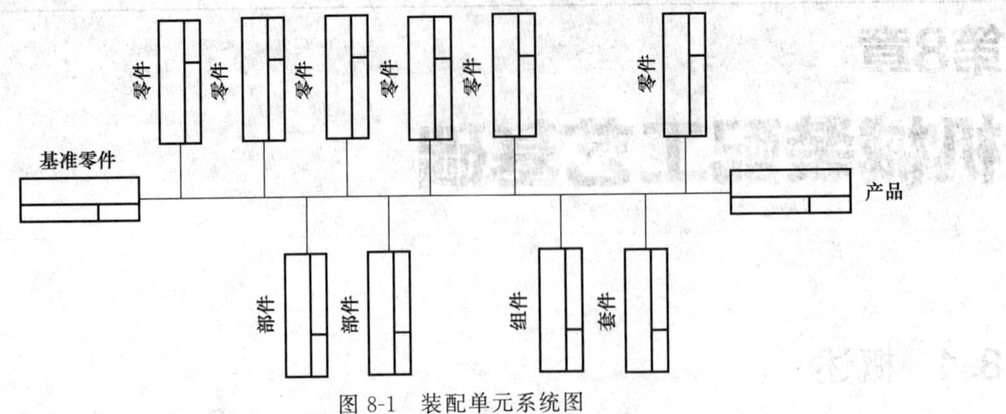

图 8-1 装配单元系统图

2. 装配工作的基本内容

机械装配是产品制造的最后阶段，装配过程中不是将合格零件简单地连接起来，而是要通过一系列工艺措施，才能最终达到产品质量要求。常见的装配工作有以下几项。

(1) 清洗 目的是除去零件表面或部件中的油污及机械杂质。

(2) 连接 连接的方式一般有两种，即可拆连接和不可拆连接。可拆连接在装配后可以很容易拆卸而不致损坏任何零件，且拆卸后仍可重新装配在一起，例如螺纹连接、键连接等。不可拆连接，装配后一般不再拆卸，如果拆卸就会损坏其中的某些零件，例如焊接、铆接等。

(3) 调整 包括校正、配作、平衡等。

校正是指产品中相关零、部件间相互位置的找正，并通过各种调整方法，保证达到装配精度要求等。

配作是指两个零件装配后确定其相互位置的加工，如配钻、配铰，或者为改善两个零件表面结合精度的加工，如配刮及配磨等，配作是与校正调整工作结合进行的。

平衡是指为防止使用中出现振动，装配时应对其旋转零、部件进行平衡。包括静平衡和动平衡两种方法。

(4) 检验和试验 机械产品装配完后，应根据有关技术标准和规定，对产品进行较全面的检验和试验工作，合格后才准出厂。

除上述装配工作外，油漆、包装等也属于装配工作。

8.1.2 装配精度

1. 装配精度

装配精度指产品装配后几何参数实际达到的精度，一般包含如下内容。

(1) 尺寸精度 指相关零、部件间的距离精度及配合精度。如某一装配体中有关零件间的间隙、相配合零件间的过盈量、卧式车床前后顶尖对床身导轨的等高度等。

(2) 位置精度 指相关零件的平行度、垂直度、同轴度等，如卧式铣床刀轴与工作台面的平行度、立式钻床主轴对工作台面的垂直度、车床主轴前后轴承的同轴度等。

(3) 相对运动精度 指产品中有相对运动的零、部件间在运动方向及速度上的精度。如滚齿机垂直进给运动和工作台旋转中心的平行度、车床拖板移动相对于主轴轴线的平行度、车床进给箱的传动精度等。

(4) 接触精度 指产品中两个配合表面、接触表面和连接表面间达到规定的接触面积大小和接触点的分布情况。如齿轮啮合、锥体配合以及导轨之间的接触精度等。

2. 影响装配精度的因素

机械及其部件都是由零件所组成的，装配精度与相关零、部件制造误差的累积有关，特别是关键零件的加工精度。例如卧式车床尾座移动对床鞍移动的平行度，就主要取决于床身上两条导轨的平行度。又如车床主轴锥孔轴心线和尾座套筒锥孔轴心线的等高度（A_0），即主要取决于主轴箱、尾座及座板所组成的尺寸 A_1、A_2 及 A_3 的尺寸精度，如图 8-2 所示。

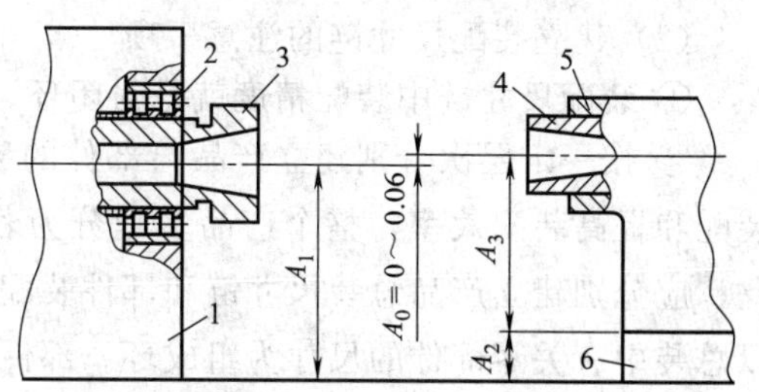

图 8-2　影响车床等高度要求的尺寸链图

1—主轴箱；2—主轴轴承；3—主轴；4—尾座套筒；5—尾座；6—尾座底板

零件精度是影响产品装配精度的首要因素。而产品装配中装配方法的选用对装配精度也有很大的影响，尤其是在单件小批量生产及装配要求较高时，仅采用提高零件加工精度的方法，往往不经济和不易满足装配要求，而通过装配中的选配、调整和修配等手段（合适的装配方法）来保证装配精度非常重要。另外，零件之间的配合精度及接触精度，力、热、内应力等引起的零件变形，旋转零件的不平衡等对产品装配精度也有一定的影响。

总之，机械产品的装配精度依靠相关零件的加工精度和合理的装配方法来共同保证。

8.2　装配尺寸链

8.2.1　装配尺寸链的建立

装配尺寸链是产品或部件在装配过程中，由相关零件的有关尺寸（表面或轴线间距离）或相互位置关系（平行度、垂直度或同轴度等）所组成的尺寸链。其基本特征依然是尺寸组合的封闭性，即由一个封闭环和若干个组成环所构成的尺寸链呈封闭图形。下面分别介绍长度尺寸链和角度尺寸链的建立方法。

1. 长度装配尺寸链

（1）封闭环与组成环的查找　装配尺寸链的封闭环多为产品或部件的装配精度，凡对某项装配精度有影响的零部件的有关尺寸或相互位置精度即为装配尺寸链的组成环。查找组成环的方法，从封闭环两边的零件或部件开始，沿着装配精度要求的方向，以相邻零件装配基准间的联系为线索，分别由近及远地去查找装配关系中影响装配精度的有关零件，直至找到同一基准零件的同一基准表面为止，这些有关尺寸或位置关系，即为装配尺寸链中的组成环。然后画出尺寸链图，判别组成环的性质。如图 8-3 所示装配关系中，主轴锥孔轴心线与尾座轴心线对溜板移动的等高度要求 A_0 为封闭环，按上述方法很快查找出组成环为 A_1、

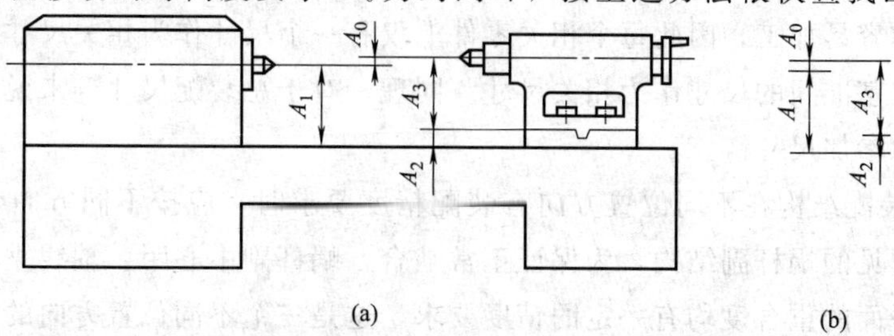

图 8-3　床头箱主轴与尾座套筒中心等高示意图

A_2 和 A_3，画出装配尺寸链［图 8-3（b）］。

（2）建立装配尺寸链的注意事项

① 装配尺寸链中装配精度就是封闭环。

② 按一定层次分别建立产品与部件的装配尺寸链。机械产品通常都比较复杂，为便于装配和提高装配效率，整个产品多划分为若干部件，装配工作分为部件装配和总装配，因此，应分别建立产品总装尺寸链和部件装配尺寸链。产品总装尺寸链以产品精度为封闭环，以总装中有关零部件的尺寸为组成环。部件装配尺寸链以部件装配精度要求为封闭环（总装时则为组成环），以有关零件的尺寸为组成环。这样分层次建立的装配尺寸链比较清晰，表达的装配关系也更加清楚。

③ 在保证装配精度的前提下，装配尺寸链组成环可适当简化。图 8-4 为车床头尾座中心线等高的装配尺寸链。图中各组成环的意义如下：

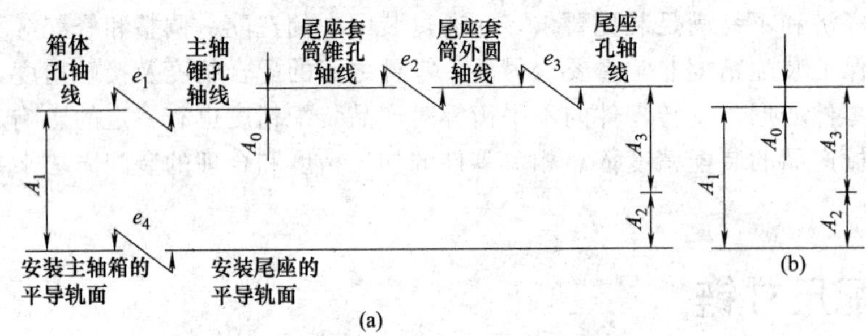

图 8-4 车床头尾座中心线等高的装配尺寸链

A_1——主轴轴承孔轴心线至底面的距离；

A_2——尾座底板厚度；

A_3——尾座孔轴心线至底面的距离；

e_1——主轴滚动轴承外圈内滚道对其外圆的同轴度误差；

e_2——顶尖套锥孔相对外圆的同轴度误差；

e_3——顶尖套与尾座孔配合间隙引起的偏移量（向下）；

e_4——床身上安装主轴箱和尾座的平导轨之间的等高度。

通常由于 $e_1 \sim e_4$ 的公差数值相对于 $A_1 \sim A_3$ 的公差很小，故装配尺寸链可简化成如图 8-4（b）所示。

④ 确定相关零件的相关尺寸应采用“尺寸链环数最少”原则（亦称最短路线原则）。由尺寸链的基本理论可知，封闭环公差等于各组成环公差之和。当封闭环公差一定时，组成环越少，各环就越容易加工，因此每个相关零件上仅有一个尺寸作为相关尺寸最为理想，即用相关零件上装配基准间的尺寸作为相关尺寸。同理，对于总装配尺寸链来说，一个部件也应当只有一个尺寸参加尺寸链。

⑤ 当同一装配结构在不同位置方向有装配精度要求时，应按不同方向分别建立装配尺寸链。例如，常见的蜗杆副结构，为保证正常啮合，蜗杆副中心距、轴线垂直度以及蜗杆轴线与蜗轮中心平面的重合度均有一定的精度要求，这是三个不同位置方向的装配精度，因而需要在三个不同方向建立尺寸链。

2. 角度装配尺寸链

角度装配尺寸链的封闭环就是机器装配后的平行度、垂直度等技术要求。尺寸链的查找方法与长度装配尺寸链的查找方法相同。如图 8-5 所示的装配关系中，铣床主轴中心线对工作台面的平行度要求为封闭环。分析铣床结构后知道，影响上述装配精度的有关零件有工作台、转台、床鞍、升降台和床身等。其相应的组成环为：

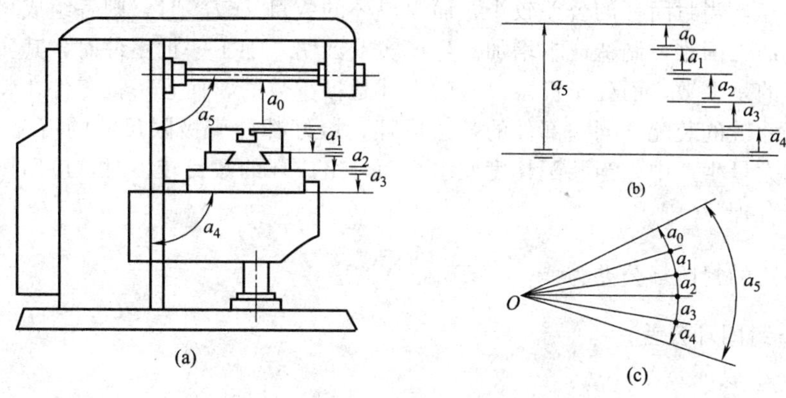

图 8-5　角度装配尺寸链

a_1——工作台面对其导轨面的平行度；

a_2——转台导轨面对其下支承平面的平行度；

a_3——床鞍上平面对其下导轨面的平行度；

a_4——升降台水平导轨对床身导轨的垂直度；

a_5——主轴回转轴线对床身导轨的垂直度。

为了将呈垂直度形式的组成环转化成平行度形式，可作一条和床身导轨垂直的理想直线。这样，原来的垂直度和就转化为主轴轴心线和升降台水平导轨相对于理想直线的平行度和，其装配尺寸链如图 8-5 所示，它类似于线性尺寸链，但是基本尺寸为零，可应用线性尺寸链的有关公式求解。

结合上例可将角度尺寸链的计算步骤的原则简述如下。

(1) 转化和统一角度尺寸链的表达形式　即把用垂直度表示的组成环转化为以平行度表示的组成环。如将图 8-5 (a) 表达形式转化为图 (b) 表达的尺寸链形式（二者都称为无公共顶角的尺寸链），假设各基线在左侧或右侧有公共顶点，可进一步将图 (b) 转化为图 (c) 的形式（称具有公共顶角的角度尺寸链）。

(2) 增减环的判定　增减环的判别通常是根据增减环的定义来判断，在角度尺寸链的平面图中，根据角度环的增加或减少来判别对封闭环的影响从而确定其性质。图 8-5 的尺寸链中可以判断 a_5 是增环，a_1、a_2、a_3、a_4 是减环。

8.2.2 保证装配精度的装配方法及装配尺寸链的计算

1. 计算类型

(1) 正计算法　当已知与装配精度有关的各零、部件的基本尺寸及其偏差时，求解装配精度要求的基本尺寸及其偏差的计算过程。正计算用于对已设计的图纸进行校核验算。

(2) 反计算法　当已知装配精度要求的基本尺寸及其偏差时，求解与该项装配精度有关的各零、部件的基本尺寸及其偏差的计算过程。

(3) 中间计算法　已知封闭环及组成环的基本尺寸及偏差，求另一组成环的基本尺寸及偏差。

2. **计算方法**

(1) 极大极小法　用极大极小法解装配尺寸链的计算方法公式与解工艺尺寸链的公式相同。

(2) 概率法　极大极小法的优点是简单可靠，其缺点是从极端情况下出发推导出的计算公式，比较保守，当封闭环的公差较小，而组成环的数目又较多时，则各组成环分得的公差是很小的，使加工困难，制造成本增加。生产实践证明，加工一批零件时，其实际尺寸处于公差中间部分的是多数，而处于极限尺寸的零件是极少数的，而且一批零件在装配中，尤其是对于多环尺寸链的装配，同一部件的各组成环，恰好都处于极限尺寸的情况，更是少见。因此，在成批大量生产中，当装配精度要求高而且组成环的数目较多时，应用概率法解算装配尺寸链比较合理。

极大极小法的封闭环公差为：　$T_0=\sum_{i=1}^{m}T_i$

式中　T_0——封闭环公差；

T_i——组成环公差；

m——组成环个数。

8.2.3 装配方法的选择

机械产品的精度要求，最终要靠装配工艺来保证。因此用什么方法能够以最快的速度、最小的装配工作量和较低的成本来达到较高的装配精度要求，是装配工艺的核心问题。生产中保证产品精度的具体方法有许多种，经过归纳可分为：互换法、选配法、修配法和调整法四大类。采用的装配方法不同，其装配尺寸链的解算方法亦不相同。

1. **互换法**

互换法即零件具有互换性，就是在装配过程中，各相关零件不经任何选择、调整、装配，安装后就能达到装配精度要求的一种方法。产品采用互换装配法时，装配精度主要取决于零件的加工精度。其实质就是用控制零件的加工误差来保证产品的装配精度。按互换程度的不同，互换装配法又分为完全互换法和大数互换法两种。

(1) 完全互换法　在全部产品中，装配时各零件不需挑选、修配或调整就能保证装配精度的装配方法称为完全互换法。选择完全互换装配法时，其装配尺寸链采用极值公差公式计算，即各有关零件的公差之和小于或等于装配公差

$$\sum_{i=1}^{m+n}T_i\leqslant T_0 \tag{8-1}$$

故装配中零件可以完全互换。当遇到反计算形式时，可按“等公差”原则先求出各组成环的平均公差

$$T_{\mathrm{M}}\leqslant\frac{T_0}{m+n} \tag{8-2}$$

再根据生产经验，考虑到各组成环尺寸的大小和加工难易程度进行适当调整。如尺寸大、加工困难的组成环应给以较大公差；反之，尺寸小、加工容易的组成环就给较小公差。对于组成环是标准件的尺寸（如轴承 $\phi28_{-0.010}^{\ 0}$ mm 尺寸）则仍按标准规定；对于组成环是几个尺寸链中的公共环时，其公差值由要求最严的尺寸链确定。

确定好各组成环的公差后，按“入体原则”确定极限偏差，即组成环为包容面时，取下偏差为零；组成环为被包容面时，取上偏差为零。若组成环是中心距，则偏差按对称分布。

按上述原则确定偏差后，有利于组成环的加工。

采用完全互换法进行装配，使装配质量稳定可靠，装配过程简单，生产率高，易于组织流水作业及自动化装配，也便于采用协作方式组织专业化生产。但是当装配精度要求较高，尤其组成环较多时，零件就难以按经济精度制造。因此，这种装配方法多用于高精度的少环尺寸链或低精度多环尺寸链中。

（2）大数互换法　大数互换法是指在绝大多数产品中，装配时各零件不要挑选、修配或调整就能保证装配精度要求的装配方法。

大数互换法的特点和完全互换法的特点相似，只是互换程度不同。大数互换法采用概率法计算，因而扩大了组成环的公差，尤其是在环数较多，组成环又呈正态分布，扩大的组成环公差最显著，因而对组成环的加工更为方便。

2. 选配法

在批量或大量生产中，对于组成环少而装配精度要求很高的尺寸链，若采用完全互换法，则对零件精度要求很高，给机械加工带来困难，甚至超过加工工艺实现的可能性。在这种情况下可采用选择装配法（简称选配法）。该方法是将组成环的公差放大到经济可行的程度，然后选择合适的零件进行装配，以保证规定的装配精度。选择装配法有三种：直接选配法、分组选配法和复合选配法。

如图 8-6 所示活塞与活塞销的装配情况，活塞销外径 $d=\phi 28_{-0.0025}^{\ 0}$ mm，相应的销孔直径 $D=\phi 28_{-0.0075}^{-0.0050}$ mm。根据装配技术要求，活塞销孔与活塞销在冷态装配时应有 0.0025～0.0075mm 的过盈，与此相应的配合公差仅为 0.005mm。若活塞与活塞销采用完全互换法装配，销孔与活塞销直径的公差按“等公差”分配时，则它们的公差只有 0.0025mm。显然，制造这样精确的销和销孔都是很困难的，也很不经济。

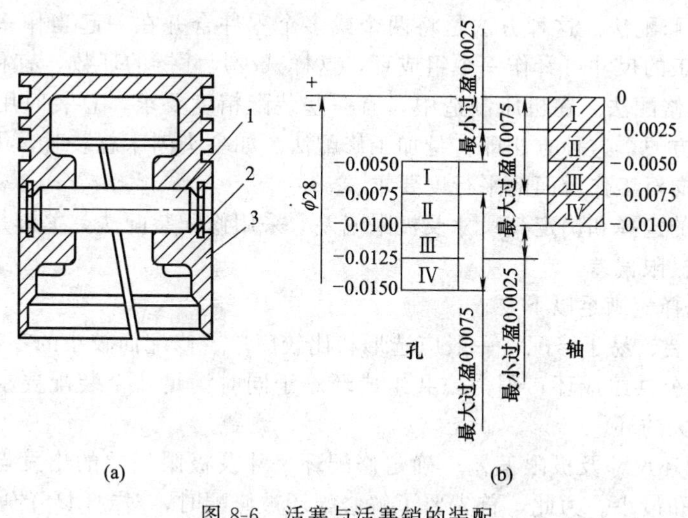

图 8-6　活塞与活塞销的装配

1—活塞销；2—挡圈；3—活塞

实际生产中则是先将上述公差值放大四倍，这时销的直径 $d=\phi 28_{-0.010}^{\ 0}$ mm，销孔的直径 $D=\phi 28_{-0.015}^{-0.005}$ mm，这样就可以采用高效率的无心磨和金刚镗分别加工活塞外圆和活塞销孔，然后用精密仪器进行测量，并按尺寸大小分成四组，涂上不同的颜色加以区别（或装入不同的容器内）。并按对应组进行装配，即大的活塞销配大的活塞销孔，小的活塞销配小的活塞销孔，装配后仍能保证过盈量的要求。具体分组情况见图 8-6（b）和表 8-1。同样颜色的销与活塞可按互换法装配。

分组装配法的特点是可降低对组成环的加工要求，而不降低装配精度。但是分组装配法增加了测量、分组和配套工作，当组成环较多时，这种工作就会变得非常复杂。所以分组装配法适用于成批、大量生产中封闭环要求很严、尺寸链组成环很少的装配尺寸链中。例如，精密偶件的装配、滚动轴承的装配等。

表 8-1 活塞销和活塞销孔的分组尺寸 mm

组别	标志颜色	活塞销直径 $d=\phi28_{-0.010}^{0}$	活塞销孔直径 $D=\phi28_{-0.015}^{-0.005}$	配合情况	
				最小过盈	最大过盈
Ⅰ	红	$\phi28_{-0.0025}^{0}$	$\phi28_{-0.0075}^{-0.0050}$	0.0025	0.0075
Ⅱ	白	$\phi28_{-0.0050}^{-0.0025}$	$\phi28_{-0.0100}^{-0.0075}$		
Ⅲ	黄	$\phi28_{-0.0075}^{-0.0050}$	$\phi28_{-0.0125}^{-0.0100}$		
Ⅳ	绿	$\phi28_{-0.0100}^{-0.0075}$	$\phi28_{-0.0150}^{-0.0125}$		

3. 修配法

在装配精度要求较高而组成环较多的部件中，若按互换法装配，会使零件精度太高而无法加工，这时常常采用修配装配法达到封闭环公差要求。修配法就是将装配尺寸链中各组成环按经济精度加工，装配后产生的累积误差用修配某一组成环来解决，从而保证其装配精度。

（1）修配法的分类

① 单件修配法。这种方法是在多环尺寸链中，选定某一固定的零件作为修配环，装配时进行修配以达到装配精度。

② 合并加工修配法。这种方法是将两个或多个零件合并在一起当作一个修配环进行修配加工。合并加工的尺寸可看作一个组成环，这样减少尺寸链的环数，有利于减少修配量。

③ 自身加工修配法。在机床制造中，有一些装配精度要求，总装时用自己加工自己的方法去保证比较方便，这种方法即自身加工修配法。如牛头刨床总装时，用自刨工作台面来达到滑枕运动方向对工作台面的平行度要求。

（2）修配环的选择和确定其尺寸及极限偏差　采用修配装配法，关键是正确选择修配环和确定其尺寸及极限偏差。

① 修配环选择应满足以下要求：

a. 要便于拆装、易于修配，一般应选形状比较简单、修配面较小的零件；

b. 尽量不选公共组成环，因为公共组成环难于同时满足几个装配要求，所以应选只与一项装配精度有关的环。

② 确定修配环尺寸及极限偏差。确定修配环尺寸及极限偏差的出发点是，要保证装配时的修配量足够和最小。为此，首先要了解修配环被修配时，对封闭环的影响是逐渐增大还是逐渐减小，不同的影响有不同的计算方法。

为了保证修配量足够和最小，放大组成环公差后实际封闭环的公差带和设计要求封闭环的公差带之间的对应关系如图 8-7 所示，图中 T_0、$T_{0\max}$ 和 $A_{0\min}$ 表示设计要求的封闭环公差、最大极限尺寸和最小极限尺寸；T_0'、$A_{0\max}'$ 和 $A_{0\min}'$ 分别表示放大组成环公差后实际封闭环的公差、最大极限尺寸和最小极限尺寸；$C_{\max}$ 表示最大修配量。

a. 修配环被修配使封闭环尺寸变大，简称“越修越大”。由图 8-7（a）可知应满足：

$$A_{0\max}'=A_{0\max} \tag{8-3}$$

若 $A_{0\max}'>A_{0\max}$，修配环被修配后 $A_{0\max}'$ 会更大，不能满足设计要求。

b. 修配环被修配使封闭环尺寸变小，简称“越修越小”。由图 8-7（b）可知，为保证修配量足够和最小，应满足

$$A'_{0\min}=A_{0\min} \tag{8-4}$$

当已知各组成环放大后的公差，并按“入体原则”确定组成环的极限偏差后，就可按式（8-3）或式（8-4）求出修配环的某一极限尺寸，再由已知的修配环公差求出修配环的另一极限尺寸。

按照上述方法确定的修配环尺寸装配时出现的最大修配量为

$$C_{\max}=T'_0-T_0=\sum_{i=1}^{m+n}T_i-T_0 \tag{8-5}$$

（3）尺寸链的计算步骤和方法　下面举例说明采用修配装配法时尺寸链的计算步骤和方法。

例如图 8-4（a）所示普通车床床头和尾座两顶尖等高度要求为 0～0.06mm（只许尾座高）。设各组成环的基本尺寸 $A_1=202$mm，$A_2=46$mm，$A_3=156$mm，封闭环 $A_0=0$mm。此装配尺寸链如采用完全互换法解算，则各组成环公差平均值为

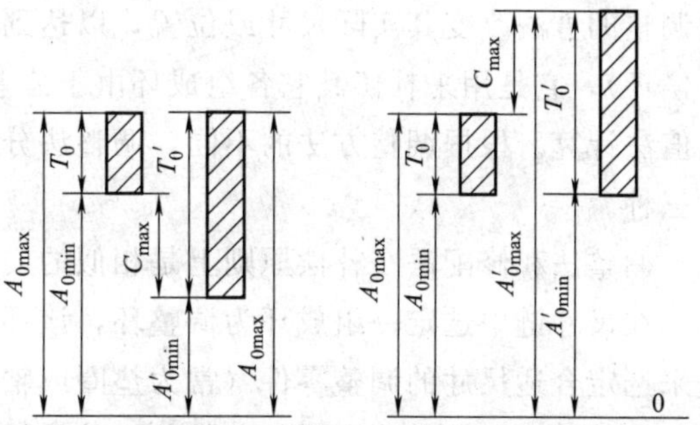

$$T_m=\frac{T_0}{m+n}=\frac{0.06}{2+1}=0.02\ (\text{mm})$$

图 8-7　封闭环公差带要求值和实际公差带的相对关系

如此小的公差给加工带来困难，不宜采用完全互换法，现采用修配装配法。

计算步骤和方法如下。

① 选择修配环。因组成环 A_2 尾座底板的形状简单，表面面积小，便于刮研修配，故选择 A_2 为修配环。

② 确定各组成环公差。根据各组成环所采用的加工方法的经济精度确定其公差。A_1 和 A_3 采用镗模加工，取 $T_1=T_3=0.1$mm；底板采用半精刨加工，取 $T_2=0.15$mm。

③ 计算修配环 A_2 的最大修配量，由式（8-5）得

$$C_{\max}=T'_0-T_0=\sum_{i=1}^{m+n}T_i-T_0=0.1+0.15+0.1-0.06=0.29\ (\text{mm})$$

④ 确定各组成环的极限偏差

A_1 与 A_3 是孔轴线和底面的位置尺寸，故偏差按对称分布，即 $A_1=(202\pm0.05)$ mm，$A_3=(156\pm0.05)$ mm。

⑤ 计算修配环 A_2 的尺寸及极限偏差

a. 判别修配环 A_2 修配时对封闭环 A_0 的影响。从图中可知，是“越修越小”情况。

b. 计算修配环尺寸及极限偏差。用式（8-4）$A'_{0\min}=A_{0\min}=\sum_{i=1}^{m}A_{i_{\min}}-\sum_{i=1}^{m}A_{i_{\max}}$ 代入数值后：

$$A_{2\min}=A_{0\min}-A_{3\min}+A_{1\max}=0-(156-0.05)+(202+0.05)=46.1\ (\text{mm})$$

$$A_{2\max}=A_{2\min}+T_2=46.25\ (\text{mm})$$

$$A_2=46^{+0.25}_{+0.20}\ (\text{mm})$$

在实际生产中，为提高 A_2 接触精度还应考虑底板底面在总装时必须留一定的刮研量。而按式（8-4）求出的 A_2，其最大刮研量为 0.29mm，符合要求，但最小刮研量为 0 时就不

符合要求，故必须将 A_2 加大。对底板而言，最小刮研量可留 0.1mm，故 A_2 应加大 0.1mm，即 $A_2=46^{+0.35}_{+0.20}$mm。

(4) 修配法的特点及应用场合　修配法可降低对组成环的加工要求，利用修配组成环的方法能获得较高的装配精度，尤其是尺寸链中环数较多时，其优点更为明显。但是，修配工作需要技术熟练的工人，且大多是手工操作，逐个修配，所以生产率低，没有一定节拍，不易组织流水装配，产品没有互换性。因而，在大批大量生产中很少采用，在单件小批量生产中广泛采用修配法，在中批量生产中，一些封闭环要求较严的多环装配尺寸链也大多采用修配法。

4. 调整法

调整法是将尺寸链中各组成环按经济精度加工，装配时将尺寸链中某一预先选定的环采用调整的方法改变其实际尺寸或位置，以达到装配精度要求。预先选定的环称为调整环（或补偿环），它是用来补偿其它各组成环由于公差放大后所产生的累计误差。调整法通常采用极值法计算。根据调整方法的不同，调整法分为：固定调整法、可动调整法和误差抵消调整法三种。

调整法和修配法在补偿原则上是相似的，而方法上有所不同。

在尺寸链中选定一组成环为调整环，该环按一定尺寸分级制造，装配时根据实测累积误差来选定合适尺寸的调整零件（常为垫圈或轴套）来保证装配精度，这种方法称为固定调整法。该法主要问题是确定调整环的分组数及尺寸。

如图 8-8 (a) 所示齿轮在轴上的装配关系，要求保证轴向间隙为 0.05～0.2mm，即 $A_0=0^{+0.2}_{+0.05}$mm，已知 $A_1=115$mm，$A_2=8.5$mm，$A_3=95$mm，$A_4=2.5$mm。画出尺寸链图如图 8-8 (b) 所示。若采用完全互换法，则各组成环的平均公差应为

$$T_m=\frac{T_0}{m+n}=\frac{0.2-0.05}{5}=0.03\ (\text{mm})$$

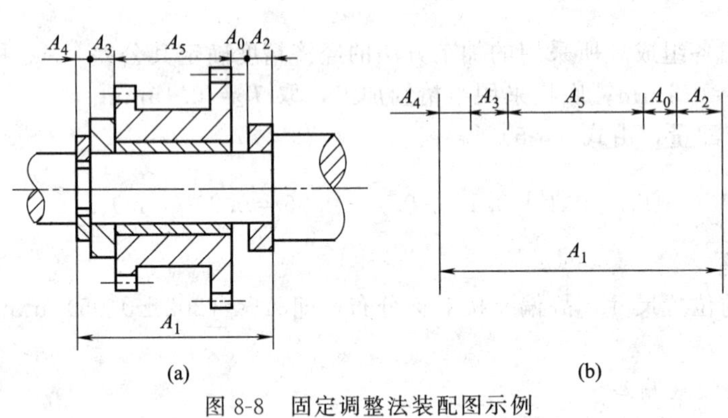

图 8-8　固定调整法装配图示例

显然，因组成环的平均公差太小，加工困难，不宜采用完全互换法，现采用固定调整法。组成环 A_k 为垫圈，形状简单，制造容易，装拆也方便，故选择 A_k 为调整环。其它各组成环按经济精度确定公差，即 $T_1=0.15$mm，$T_2=0.10$mm，$T_3=0.10$mm，$T_4=0.12$mm。并按"入体原则"确定极限偏差分别为：$A_1=115^{+0.20}_{+0.05}$mm，$A_2=8.5^{\ 0}_{-0.10}$mm，$A_3=9.5^{\ 0}_{-0.10}$mm，$A_4=2.5^{\ 0}_{-0.12}$mm。四个环装配后的累积误差 T_5（不包括调整环）为

$$T_5=T_1+T_2+T_3+T_4=0.15+0.1+0.1+0.12=0.47(\text{mm})$$

为满足装配精度 $T_0=0.15$mm，应将调整环 A_k 的尺寸分成若干级，根据装配后的实际间隙大小选择装入，即间隙大的装上厚一些的垫圈，间隙小的装上薄一些的垫圈。如调整环 A_k 做得绝对准确，则应将调整环分成 T_5、T_0 级，实际上调整环 A_k 本身也有制造误差，故也应给出一定的公差，这里设 $T_k=0.03$mm。这样调整环的补偿能力有所降低，此时分级数 m 为

$$m=\frac{T_5}{T_0-T_k}=\frac{0.47}{0.15-0.03}=3.9$$

m 应为整数，取 $m=4$。此外分级数不宜过多，否则使调整件的制造和装配均造成麻烦。求得每级的级差为：

$$T_0-T_k=0.15-0.03=0.12\ (\text{mm})$$

设 A_{k1} 为调整后最大调整件尺寸，则各调整件尺寸计算如下

因为　　$A_{0\max}=A_{1\max}-(A_{2\min}+A_{3\min}+A_{4\min}+A_{0\min})$

所以 $A_{k0\min}=A_{k1\max}-A_{k2\min}-A_{k3\min}-A_{k4\min}-A_{k0\max}=115.2-8.4-94.9-2.38-0.2=9.32\ (\text{mm})$

已知 $T_k=0.03\text{mm}$，级差为 0.12mm，偏差按“入体原则”分布，则四组调整垫圈尺寸分别为

$A_{k1}=9.35_{-0.03}^{\ 0}\text{mm}$　$A_{k2}=9.23_{-0.03}^{\ 0}\text{mm}$　$A_{k3}=9.31_{-0.03}^{\ 0}\text{mm}$　$A_{k4}=8.99_{-0.03}^{\ 0}\text{mm}$

调整法的特点是可降低对组成环的加工要求，装配比较方便，可以获得较高的装配精度，所以应用比较广泛。但是固定调整法要预先制作许多不同尺寸的调整件并将它们分组，这给装配工作带来一些麻烦，所以一般多用于大批大量生产和中批生产，而且封闭环要求较严的多环尺寸链中。

5. 装配方法的选择

上述各种装配方法各有特点，其中有些方法对组成环的加工要求不严，但装配时就要较严格；相反，有些方法对组成环的加工要求较严，而在装配时就比较方便简单。选择装配方法的出发点是使产品制造过程达到最佳效果。具体考虑的因素有：装配精度、结构特点（组成环环数等）、生产类型及具体生产条件。

一般来说，当组成环的加工比较经济可行时，就要优先采用完全互换装配法。成批生产、组成环又较多时，可考虑采用大数互换法。

当封闭环公差要求较严时，采用互换装配法会使组成环加工比较困难或不经济时，就采用其他方法。大量生产时，环数少的尺寸链采用选择装配法，环数多的尺寸链采用调整法。单件小批生产时，则常用修配法。成批生产时可灵活应用调整法、修配法和选配法。

8.3　装配工艺规程的制订

装配工艺规程是指用文件、图表等形式将装配内容、顺序、操作方法和检验项目规定下来，作为指导装配工作和组织装配生产的依据。装配工艺规程对保证产品的装配质量、提高装配生产效率、缩短装配周期、减轻工人的劳动强度、缩小装配车间面积、降低生产成本等方面都有重要作用。制订装配工艺规程的主要依据有产品的装配图纸、零件的工作图、产品的验收标准、技术要求、生产纲领和现有的生产条件等。

8.3.1　制订装配工艺规程的基础知识

制订装配工艺规程的基本要求是在保证产品的装配质量的前提下，提高生产率和降低成本，具体如下。

① 保证产品的装配质量，争取最大的精度储备，以延长产品的使用寿命。

② 尽量减少手工装配工作量，降低劳动强度，缩短装配周期，提高装配效率。

③ 尽量减少装配成本，减少装配占地面积。

8.3.2 制订装配工艺规程的步骤

1. 产品分析

（1）研究产品及部件的具体结构、装配技术要求和检查验收的内容和方法。

（2）审查产品的结构工艺性。

（3）研究设计人员所确定的装配方法，进行必要的装配尺寸链分析与计算。

2. 确定装配方法和装配组织形式

选择合理的装配方法，是保证装配精度的关键。要结合具体生产条件，从机械加工和装配的全过程出发应用尺寸链理论，同设计人员一起最终确定装配方法。

装配组织形式的选择，主要取决于产品的结构特点（包括尺寸、重量和复杂程度）、生产纲领和现有的生产条件。装配组织形式按产品在装配过程中是否移动分为固定式和移动式两种。固定式装配全部装配工作在一个固定的地点进行，产品在装配过程中不移动，多用于单件小批生产或重型产品的成批生产，如机床、汽轮机的装配。移动式装配是将零部件用输送带或小车按装配顺序从一个装配地点移动到下一个装配地点，各装配点完成一部分装配工作，全部装配点完成产品的全部装配工作。移动式装配常用于大批大量生产，组成流水作业线或自动线，如汽车、拖拉机、仪器仪表等产品的装配。

3. 划分装配单元，确定装配顺序

（1）划分装配单元　将产品划分为可进行独立装配的单元是制订装配工艺规程中最重要的一个步骤，这对于大批大量生产结构复杂的产品尤为重要。任何产品或机器都是由零件、合件、组件、部件等装配单元组成。零件是组成机器的最基本单元。若干零件永久连接或连接后再加工便成为一个合件，如镶了衬套的连杆、焊接成的支架等。若干零件或与合件组合在一起成为一个组件，它没有独立完整的功能，如主轴和装在其上的齿轮、轴、套等构成主轴组件。

（2）选择装配基准件　上述各装配单元都要首先选择某一零件或低一级的单元作为装配基准件。基准件应当体积（或质量）较大，有足够的支承面以保证装配时的稳定性。如主轴是主轴组件的装配基准件，主轴箱体是主轴箱部件的装配基准件，床身部件又是整台机床的装配基准件等。

（3）确定装配顺序的原则　划分好装配单元并选定装配基准件后，就可安排装配顺序。安排装配顺序的原则是如下。

① 工件要先安排预处理，如倒角、去毛刺、清洗、涂漆等。

② 先下后上，先内后外，先难后易，以保证装配顺利进行。

③ 位于基准件同一方位的装配工作和使用同一工艺装备的工作尽量集中进行。

④ 易燃、易爆等有危险性的工作，尽量放在最后进行。

为了清晰表示装配顺序，常用装配单元系统图来表示。例如，如图 8-9（a）所示是产品的装配系统图；如图 8-9（b）所示是部件的装配系统图。

画装配单元系统图时，先画一条较粗的横线，横线的右端箭头指向装配单元的长方格，横线左端为基准件的长方格。再按装配先后顺序，从左向右依次将装入基准件的零件、合件、组件和部件引入。表示零件的长方格画在横线上方；表示合件、组件和部件的长方格画在横线下方。每一长方格内，上方注明装配单元名称，左下方填写装配单元的编号，右下方填写装配单元的件数。

装配单元系统图比较清楚而全面地反映了装配单元的划分、装配顺序和装配工艺方法。它是装配工艺规程制订中的主要文件之一，也是划分装配工序的依据。

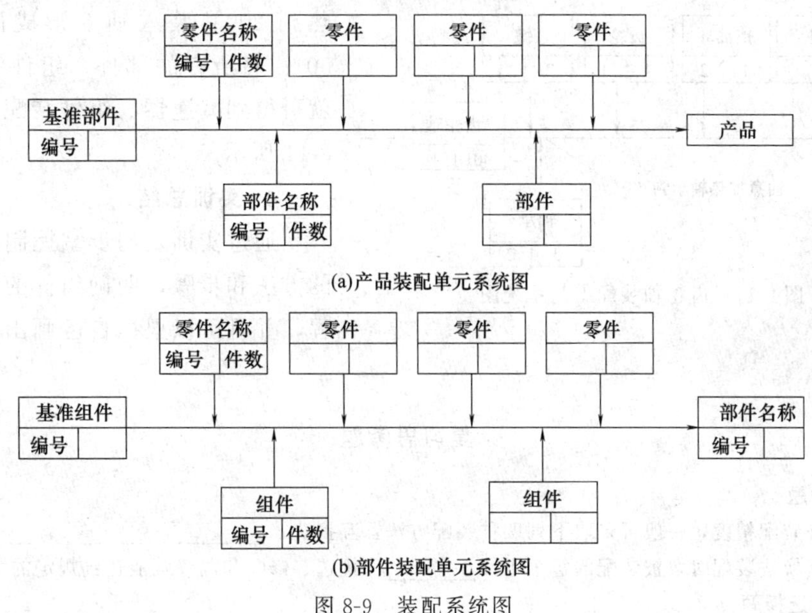

图 8-9　装配系统图

4. 划分装配工序，设计工序内容

装配顺序确定以后，根据工序集中与分散的程度将装配工艺过程划分为若干工序，并进行工序内容的设计。工序内容设计包括：制订工序的操作规范、选择设备和工艺装备、确定时间定额等。

5. 填写工艺文件

单件小批生产时，通常只绘制装配单元系统图。成批生产时，除装配单元系统图外还编制装配工艺卡，在其上写明工序次序、工序内容、设备和工装名称、工人技术等级和时间定额等。大批大量生产中，不仅要编制装配工艺卡，而且要编制装配工序卡，以便直接指导工人进行装配。

8.4 实训　机械拆装与装配精度实训

1. 实训题目

制订如图 8-10 所示齿轮轴的装配工艺过程和装配系统图。该齿轮轴为减速器中的输出轴组件。

2. 实训目的

了解制订装配工艺的方法和步骤、组件的装配工艺过程、装配系统图的绘制。

3. 实训过程

根据图 8-10 齿轮轴的装配关系，齿轮轴组件的装配过程如下：将挡油环 1 和键 5 装入轴 6；再将齿轮 4 和键 2 装入轴 6；将轴承油煮加

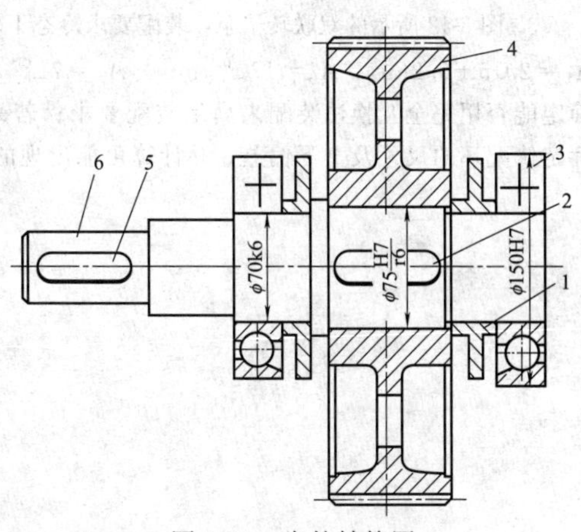

图 8-10　齿轮轴简图

1—挡油环；2,5—键；3—轴承；4—齿轮；6—轴

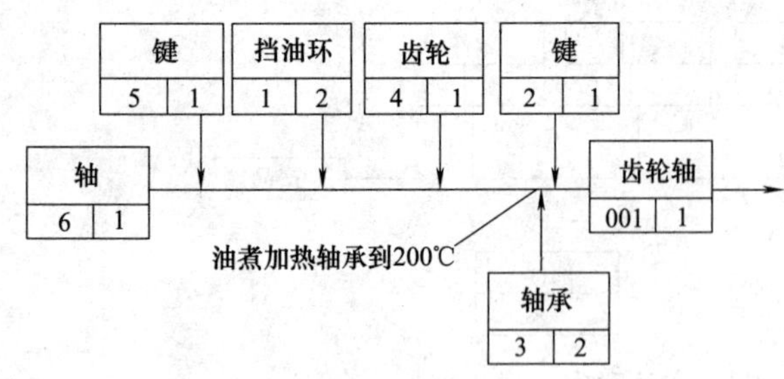

图 8-11　齿轮轴装配工艺系统图

热到 200℃装入轴 6 形成齿轮轴组件 001。将所有的部件、组件和零件总装就可得到减速器。组件装配系统图如图 8-11 所示。

4. 实训总结

通过实训，初步掌握制订装配工艺的方法和步骤，明确组件的装配工艺过程，并且可以根据自己画出的装配系统图进行装配。

复习思考题

一、填空题

1. 为保证装配精度，一般可采取下列四种装配方法：互换法；________；________；________。

2. 采用互换法装配时，被装配的每个零件________作挑选、修配和调整就能达到规定的装配精度。

二、单项选择题

1. 互换装配法是在装配过程中，零件互换后（　　）装配精度要求的装配方法。

A. 不能达到　　B. 仍能达到　　C. 可能达到

2. 修配法是将尺寸链中各组成环按（　　）精度制造。装配时，通过改变尺寸链中某一预先确定的组成环尺寸的方法来保证装配精度。

A. 经济加工　　B. 高

C. 一般

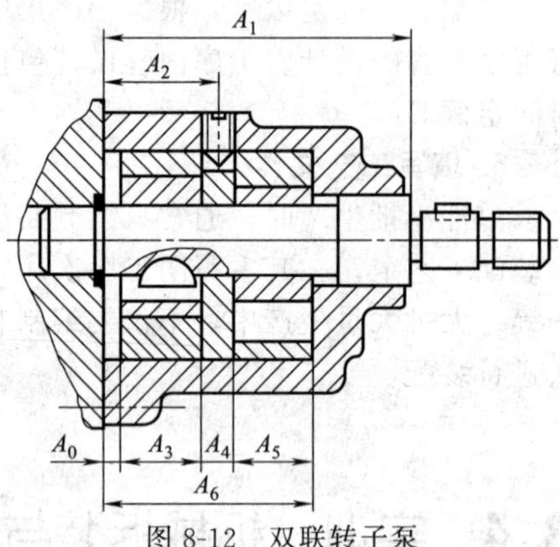

图 8-12　双联转子泵

三、判断题

1. 组件是在一个基准零件上，装上若干部件及零件而构成的。（　　）

2. 部件是在一个基准零件上，装上若干组件、套件和零件构成的。（　　）

四、问答题

1. 装配工艺规程的主要内容是什么？

2. 在制订装配工艺规程前，需要具备哪些原始资料？

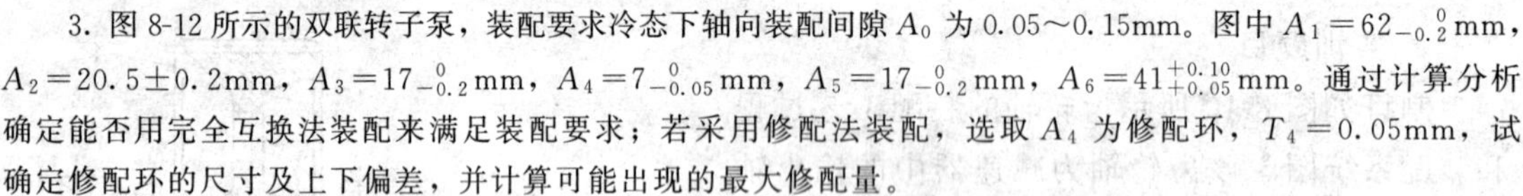

3. 图 8-12 所示的双联转子泵，装配要求冷态下轴向装配间隙 A_0 为 0.05～0.15mm。图中 $A_1=62_{-0.2}^{\ 0}$mm，$A_2=20.5\pm0.2$mm，$A_3=17_{-0.2}^{\ 0}$mm，$A_4=7_{-0.05}^{\ 0}$mm，$A_5=17_{-0.2}^{\ 0}$mm，$A_6=41_{+0.05}^{+0.10}$mm。通过计算分析确定能否用完全互换法装配来满足装配要求；若采用修配法装配，选取 A_4 为修配环，$T_4=0.05$mm，试确定修配环的尺寸及上下偏差，并计算可能出现的最大修配量。

第9章 现代机械制造技术简介

9.1 现代制造技术的发展

随着电子、信息等高新技术的不断发展及市场需求个性化与多样化，世界各国都把机械制造技术的研究和开发作为国家的关键技术进行优先发展，将其它学科的高技术成果引入机械制造业中。

因此机械制造业的内涵与水平已今非昔比，它是基于先进制造技术的现代制造产业。纵观现代化机械制造技术的新发展，其重要特征主要体现在它的绿色制造、计算机集成制造、柔性制造、虚拟制造、智能制造、并行工程、敏捷制造和网络制造等方面。

9.1.1 现代制造技术发展的背景

制造业是国民经济的支柱产业，是参与全球市场竞争的主体。制造业的发展离不开先进制造技术的支持。先进制造技术是将机械、电子、信息、材料、能源和管理等方面的技术，进行交叉、融合和集成，综合应用于产品全生命周期的制造全过程，提高对动态多变的产品市场的适应能力和竞争能力的制造技术。与科学技术和市场经济的发展相对应，数字化、精密化、极端条件、自动化、集成化、网络化、智能化、绿色制造已成为先进制造技术的发展趋势。技术的先进对从业人员的素质提出了更高的要求，即人力资本的高素质是现代制造业的又一重要特征。

9.1.2 现代制造技术的特点

现代制造技术是多学科多种技术交叉融合的产物，并且形成了科学体系。现代制造技术并不摒除传统制造技术，而是不断吸收现代高新技术，去改造、充实和完善传统的制造技术，因而是一个动态技术，具有鲜明的时代特征，而在不同的历史发展时期，表现为不同的技术内涵和技术构成现代制造技术发展的重点在于提高信息处理能力。

1. 现代制造技术的主要特点

(1) 现代制造技术内涵更加广泛。包括产品设计、加工制造到产品销售、使用、维修和回收的整个生命周期。

(2) 现代制造技术综合性更强。是包括机械、计算机、信息、材料、自动化等学科有机结合而发展起来的跨学科的综合科学。

(3) 现代制造技术更加环保。它讲究的是优质、高效、低耗、无污染或少污染的加工工艺，在此基础形成的先进加工工艺。

(4) 现代制造技术的目标更加广泛。它强调优化制造系统的产品上市时间、质量、成本、服务、环保等要素，以满足日益激烈的市场竞争的要求。

(5) 现代制造技术要求设计与工艺一体化。传统的制造工程设计和工艺是分步实施的，产品受加工精度、表面粗糙度、尺寸等限制。而设计与工艺一体化是以工艺为突破口，把设计与工艺密切地结合在一起。

(6) 现代制造技术强调精密性。精密和超精密加工技术是衡量先进制造水平的重要指标之一，当前，纳米加工代表了制造技术的最高水平。

(7) 现代制造技术体现了人、组织、技术三结合。现代制造技术强调人的创造性和作用的永恒性。提出了由技术支撑转变为人、组织、技术的集成，强调了经营管理、战略决策的作用。在制造工业战略决策中，提出了市场驱动、需求牵引的概念，强调用户是核心，用户的需求是企业成功的关键，并且强调快速响应需求的重要性。

2. 现代制造新技术

(1) 绿色制造GM　工业发展污染了人类赖以生存的环境和气候，现国际上已颁布了ISO 9000系列质量标准和ISO 14000环保标准，迫使现代制造朝着环保化（绿色制造）方向发展。绿色制造是通过绿色生产过程即绿色设计、绿色材料、绿色设备、绿色工艺、绿色包装、绿色管理生产出的绿色产品，产品使用完后，再通过绿色处理加以回收利用。绿色制造是一个综合考虑环境影响和资源效率的现代制造模式，是可持续发展战略在制造业中的重要体现。目前绿色制造技术主要有以下几个方面。

① 无切削液加工。切削液既污染环境又危害工人健康，还增加资源和能源的消耗。取而代之的是干切削和干磨削，干切削和干磨削一般是用大气氛围中的氮气、冷风或采用干式静电冷却技术来冷却工件和刀具，不使用切削液。

② 精密成形技术。包括精密铸造、精密锻压、精密热塑性成形、精密焊接与切割等技术。其特点是生产周期短，生产效率高，同时不污染环境。

③ 快速成形技术。其设计突破了传统加工技术所采用的材料去除原理，而采用添加、累积的方法，其代表性技术有分层实体制造、熔化沉积制造等。

(2) 计算机集成制造CIM　计算机集成制造是一种概念、一种哲理，是指导制造业应用计算机技术、信息技术走向更高阶段的一种思想方法、技术途径和生产模式，代表了当代制造技术最高水平。计算机集成制造系统主要将三个方面有机地集中在一起。

① 企业员工的集中。将企业管理人员、设计人员、制造人员、负责产品质量、销售、采购的、服务人员，包括产品用户集中成为一个有机的、协调的整体。

② 信息集中。将产品生产周期中的各类信息的获取、表示、处理和操作工具集中在一起，组成统一的管理控制系统。尤其是产品数据的管理和产品信息模型在信息集中系统中得到一体化的处理。

③ 功能集中。将产品生产周期中企业各部门的功能以及产品开发与外部协作企业间的功能集中在一起。

(3) 柔性制造、智能制造、并行工程　现代机械制造系统具有多功能性和信息密集性，能生产成本与批量无关的产品，能按订单制造，体现产品的个性特点。

① 柔性制造系统（FMS）是由统一的控制系统（信息流）、物料（工件、刀具）和输送系统（物料流）连接起来的一组加工设备，能在不停机的情况下实现多品种、小批量零件的加工，并具有一定管理功能和自动化制造系统。

② 智能制造（IT）技术作为一种模式，通过知识工程、软件制造系统和机器人技术，对工人的技能和专家知识进行建模，能在无人干预的情况下进行小批量的生产。其突出之处就是将人工智能的作用代替熟练工人技能。

③ 并行工程（CE）又称同步工程或同期工程，是针对传统的产品串行开发（“需求分析-概念设计-详细设计-过程设计-加工制造-实验检测-设计修改”的物流，称为产品从设计到

制造的串行生产模式）过程而提出的一个概念、一种哲理方法。

(4) 虚拟制造 VM 虚拟制造就是利用计算机和装备产生一个虚拟环境，应用人类知识、技术和感知能力，与虚拟对象进行交互作用，对产品设计和制造活动进行全面的建模和仿真。其核心技术是仿真。通过仿真软件来模拟真实系统，以保证产品设计和工艺的合理性，保证产品制造的成功和缩短生产周期，发现设计、生产中不可避免的缺陷和错误，从而使产品的开发周期最短、成本最低、质量最优。

(5) 敏捷制造（AM） 敏捷制造（灵活制造）是将柔性生产技术、熟练掌握生产技能和有知识的劳动力与促进企业内部和企业之间相互合作的灵活管理集成在一起，通过所建立的共同基础结构，对迅速改变或无法预见的消费者需求和市场做出快速响应。市场的快速响应是敏捷制造的核心，目前敏捷制造仍在发展研究中。

(6) 网络制造（NM） 随着信息技术和网络技术的飞速发展，网络化制造作为一种现代制造的新模式，正在日益成为制造业研究和实践的热门领域，网络制造业将给现代制造业带来一场深刻的变革。网络化制造应用服务可为产品设计和制造过程提供服务和优化，并且可以进行虚拟的工艺仿真作为产品设计和工艺制定参考。通过网络化应用服务中心进行产品及其制造工艺的模拟仿真与优化设计和协同制造，大大节省企业的投资，提高了企业的生产效率。

9.2 特种加工技术

特种加工是指那些不属于传统加工工艺范畴的加工方法，它不同于使用刀具、磨具等直接利用机械能切除多余材料的传统加工方法。特种加工是近几十年发展起来的新工艺，是对传统加工工艺方法的重要补充与发展，目前仍在继续研究开发和改进。特种加工直接利用电能、热能、声能、光能、化学能和电化学能，有时也结合机械能对工件进行的加工。特种加工中以采用电能为主的电火花加工和电解加工应用较广，泛称电加工。

20 世纪 40 年代发明的电火花加工开创了用软工具、不靠机械力来加工硬工件的方法。50 年代以后先后出现电子束加工、等离子弧加工和激光加工。这些加工方法不用成型的工具，而是利用密度很高的能量束流进行加工。对于高硬度材料和复杂形状、精密微细的特殊零件，特种加工有很大的适用性和发展潜力，在模具、量具、刀具、仪器仪表、飞机、航天器和微电子元器件等制造中得到越来越广泛的应用。

特种加工的发展方向主要是：提高加工精度和表面质量，提高生产率和自动化程度，发展几种方法联合使用的复合加工，发展纳米级的超精密加工等。

9.2.1 电火花加工

1. 电火花加工机床

常见的电火花成形加工机床由机床主体、脉冲电源、伺服进给系统、工作液循环过滤系统等几个部分组成。

(1) 机床主体 包括床身、工作台、立柱、主轴头及润滑系统。用于夹持工具电极及支承工件，保证它们的相对位置，并实现电极在加工过程中的稳定进给运动。

(2) 脉冲电源 把工频的交流电转换成一定频率的单向脉冲电流。

电火花加工的脉冲电源有多种形式，目前常用晶体管放电回路来做脉冲电源，如图 9-1

所示。晶体管的基极电流可由脉冲发生器的信号控制，使电源回路产生开、关两种状态。脉冲发生器常采用多谐振荡器。由于脉冲的开、关周期与放电间隙的状态无关，可以独立地进行调整，所以这种方式常称为独立脉冲方式。

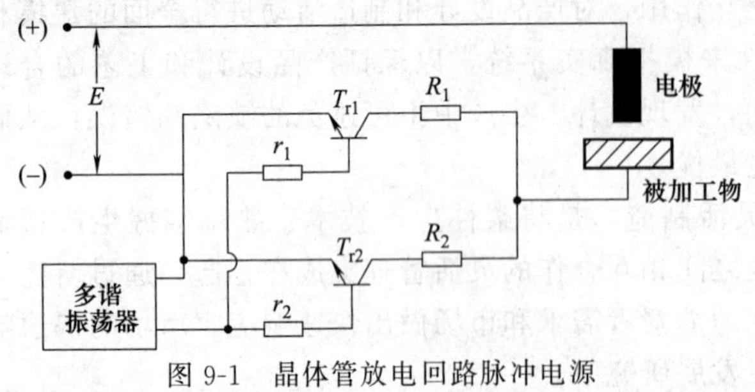

图 9-1 晶体管放电回路脉冲电源

在晶体管放电回路脉冲电源中，由于有开关电路强制断开电流，放电消失以后，电极间隙的绝缘容易恢复，因此，放电间隔可以缩短，脉冲宽度（放电持续时间）可以增大，放电停止时间能够减小，大大提高了加工效率。此外，由于放电电流的峰值、脉冲宽度可由改变多谐振荡器输出的波形来控制，所以能够在很宽的范围内选择加工条件。

(3) 伺服进给系统　使主轴作伺服运动。

(4) 工作液循环过滤系统　提供清洁的、有一定压力的工作液。

2. 电火花成形加工的原理

图 9-2 是电火花原理示意图，电火花成形加工的基本原理是基于工具和工件（正、负电极）之间脉冲火花放电时的电腐蚀现象来蚀除多余的金属，以达到对零件的尺寸、形状及表面质量预定的加工要求。具体过程见表 9-1，要达到这一目的，必须创造下列条件。

① 必须使接在不同极性上的工具和工件之间保持一定的距离以形成放电间隙。一般为 0.01～0.1mm 左右。

② 脉冲波形是单向的。

③ 放电必须在具有一定绝缘性能的液体介质中进行。

④ 有足够的脉冲放电能量，以保证放电部位的金属熔化或汽化。

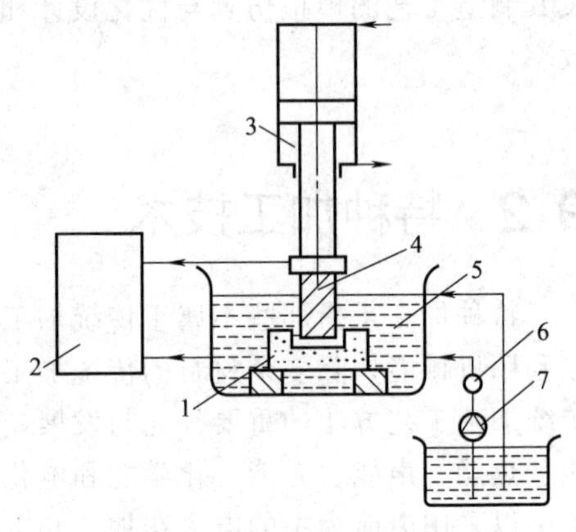

图 9-2 电火花原理示意图

1—加工工件；2—脉冲电源；3—自动进给调节装置；4—工具电极；5—工作液；6—过滤器；7—液压泵

表 9-1 电火花加工过程

图例	工具电极；加工液面；V_o；工件；(+)；(−)	工具电极；工件；G	工具电极；放电柱；工件	(+)；(−)	(+)；V_o；(−)
步骤	1. 两极间加上无负荷电压 V	2. 两极间距 G 小到一定值时，加工液被电离击穿，两极最近点产生火花放电 放电时间为：精加工时为数十秒，粗加工时为数百微秒	3. 电源通过放电柱释放能量。放电时间为数微秒到 1ms	4. 放电后，局部金属熔化、汽化并被抛出，形成放电痕	5. 两极间恢复绝缘状态，经多次脉冲放电后，工具电极的轮廓和截面形态将被复印在工件上

自动进给调节装置能使工件和工具电极保持给定的放电间隙。脉冲电源输出的电压加在液体介质中的工件和工具电极（以下简称电极）上。当电压升高到间隙中介质的击穿电压时，会使介质在绝缘强度最低处被击穿，产生火花放电。瞬间高温使工件和电极表面都被蚀除掉一小块材料，形成小的凹坑。

在脉冲放电过程中。工件和电极都要受到电腐蚀，但正、负两极的蚀除速度不同，这种两极蚀除速度不同的现象称为极性效应。

产生极性效应的基本原因是由于电子的质量小，其惯性也小，在电场力作用下容易在短时间内获得较大的运动速度，即使采用较短的脉冲进行加工也能大量、迅速地到达阳极，轰击阳极表面。而正离子由于质量大，惯性也大，在相同时间内所获得的速度远小于电子。当采用短脉冲进行加工时，大部分正离子尚未到达负极表面，脉冲便已结束，所以负极的蚀除量小于正极。这时工件接正极，称为“正极性加工”。

当用较长的脉冲加工时，正离子可以有足够的时间加速，获得较大的运动速度，并有足够的时间到达负极表面，加上它的质量大，因而正离子对负极的轰击作用远大于电子对正极的轰击，负极的蚀除量则大于正极。这时工件接负极，称为“负极性加工”。

3. 极性效应在电火花加工过程中的作用

在电火花加工过程中，工件加工得快，电极损耗小是最好的，所以极性效应愈显著愈好。

4. 电火花加工的特点

电火花加工的特点主要表现在适合于机械加工方法难于加工的材料的加工，如淬火钢、硬质合金、耐热合金。可加工特小孔、深孔、窄缝及复杂形状的零件，如各种型孔、立体曲面等。电火花加工只能加工导电工件且加工速度慢。由于存在电极损耗，加工精度受限制。

5. 影响电火花成形的加工因素

影响加工速度的因素：增加矩形脉冲的峰值电流和脉冲宽度，减小脉间，合理选择工件材料、工作液，改善工作液循环等能提高加工速度。

影响加工精度的因素：工件的加工精度除受机床精度、工件的装夹精度、电极制造及装夹精度影响之外，主要受放电间隙和电极损耗的影响。

① 电极损耗对加工精度的影响。在电火花加工过程中，电极会受到电腐蚀而损耗。在电极的不同部位，其损耗不同。

② 放电间隙对加工精度的影响。由于放电间隙的存在，加工出的工件型孔（或型腔）尺寸和电极尺寸相比，沿加工轮廓要相差一个放电间隙（单边间隙）。

实际加工过程中放电间隙是变化的，加工精度因此受到一定程度的影响。

影响表面质量的因素：脉冲宽度、峰值电流大，表面粗糙度值大。

9.2.2 电火花加工的应用

1. 电火花穿孔加工

电火花穿孔是电蚀加工中应用最广的一种方法，常用来加工冷冲模、拉丝模和喷嘴等各种小孔。

穿孔的尺寸精度主要取决于工具电极的尺寸精度和表面粗糙度。工具电极的横截面形状和加工的型孔横截面形状相一致，其轮廓尺寸比相应的型孔尺寸周边均匀地内缩一个值，即单边放电间隙。影响放电间隙的因素主要是电规准，当采用单个脉冲容量大（指脉冲峰值电流与电压大）的粗规准时，被蚀除的金属微粒大，放电间隙大；反之当采用精规准时，放电间隙小。电火花加工时，为了提高生产率，常用粗规准蚀除大量金属，再用精规准保证加工质量。为此，可将穿孔电极制成阶梯形，其头部尺寸周边缩小0.08～0.12mm，缩小部分长度为型孔长度的1.2～2倍，先由头部电极进行粗加工，而后改变电规准，接着由后部电极进行精加工。

穿孔电极常用的材料有钢、铸铁、紫铜、黄铜、石墨及钨合金等。钢和铸铁机加工性能好，但电加工稳定性差，紫铜和黄铜的电加工性能好，但电极损耗较大；石墨电极的损耗小，电加工稳定性好，但电极磨削困难；铜钨、银钨合金电加工稳定性好，电极损耗小，但价格贵，多用于硬质合金穿孔及深孔加工等。

用电火花加工较大的孔时，应先开预孔，留适当的加工余量，一般单边余量为0.5～1mm左右。若加工余量太大，则生产效率低；若加工余量太小，则电火花加工时电极定位困难。

2. 电火花型腔加工

用电火花加工锻模、压铸模、挤压模等型腔以及叶轮、叶片等曲面比穿孔困难得多，原因有以下几点。

① 型腔属盲孔，所需蚀除的金属量多，工作液难以有效地循环，以致电蚀产物排除不净而影响电加工的稳定性。

② 型腔各处深浅不一和圆角不等，使工具电极各处损耗不一致，影响尺寸仿形加工的精度。

③ 不能用阶梯电极来实现粗、精基准的转换加工，影响生产率的提高。

针对上述原因，电火花加工型腔时，可采取如下措施。

① 在工具电极上开冲油孔，利用压力油将电蚀物强迫排除。

② 合理地选择脉冲电源和极性，一般采用电参数调节范围较大的晶体管脉冲电源，用紫铜或石墨作电极，粗加工时（宽脉冲）负极性，精加工时正极性，以减少工具电极的损耗。

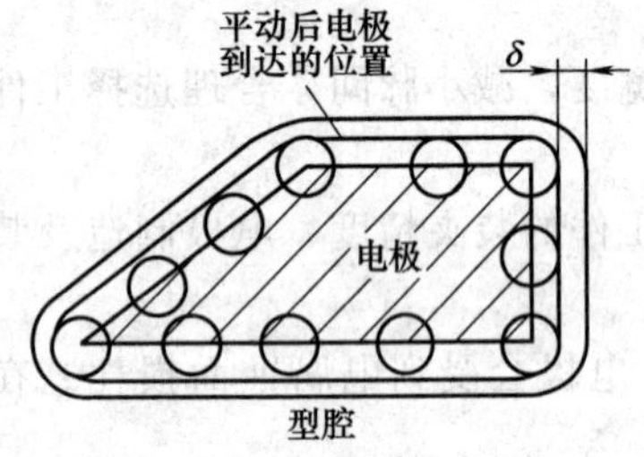

图 9-3 平动头加工原理

③ 采用多基准加工方法，即先用宽脉冲、大电流和低损耗的粗基准加工成型，然后逐级转精整形来实现粗、精基准的转换加工，以提高生产率。

如图9-3所示为电极平动法加工型腔，利用平动头使电极作圆周平面运动，电极轮廓线上的小圆是平动时电极表面上各点的运动轨迹，δ 为放电间隙。

3. 电火花线切割加工

（1）线切割加工的基本原理 电火花线切割简称为“线切割”，是在电火花穿孔成形加工的基础上发展起来的。它采用连续移动的细金属丝（ϕ0.05～0.3mm的钼丝或黄铜丝）做工具电极，与工件间产生电蚀进行切割加工。其加工原理如图9-4所示。电极丝4穿过工件预先钻好的小孔，经导轮3由滚丝筒2带动作往复交换移动。工件通过绝缘板7安装在工作台上，由数控装置1按加工要求发出指令，控制两台步进电动机11，以驱动工作台在水平 x、y 两个坐标方向上移动合成任意的曲线轨迹，电极丝与高频脉冲电源负极相接，工件与电源正极相接。喷嘴6将工作液以一定的压力喷向加工区，当脉冲电压击穿电极

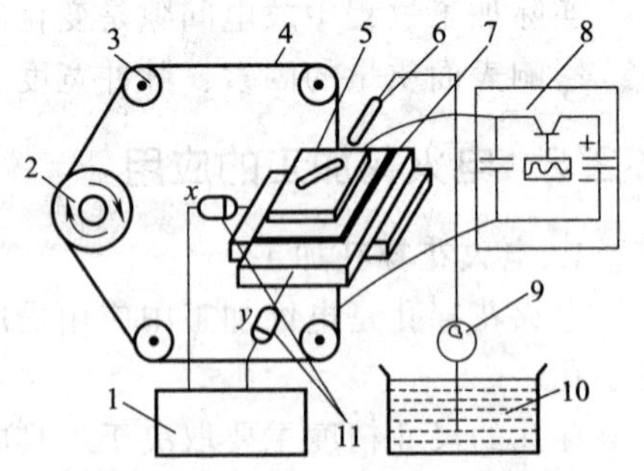

图 9-4 数控线切割加工原理

1—数控装置；2—滚丝筒；3—导轮；4—电极丝；5—工件；6—喷嘴；7—绝缘板；8—高频脉冲发生器；9—泵；10—工作液；11—步进电动机

丝与工件之间的间隙时，两者之间即产生电火花放电而蚀除金属，便能切割出一定形状的工件。还有一种线切割机床，电极丝单向低速移动，加工精度高，但电极丝只能一次性使用。

常用的线切割机床控制方式是数字程序控制，其加工精度在 0.01mm 以内，表面粗糙度为 $Ra0.6\sim0.08\mu m$。

（2）线切割的加工特点及应用　与电火花穿孔成形加工相比，线切割具有以下特点。

① 不需要成形的工具电极，大大降低了设计制造费用，缩短了生产准备时间和加工周期。

② 电极丝极细，可加工细微异形孔、窄缝和形状复杂的工件。

③ 电极丝连续移动，损耗较小，对加工精度影响很小。特别是低速走丝线切割加工时，电极丝为一次性使用，电极丝损耗对加工精度的影响更小。

④ 线切割缝很窄，且只对工件材料进行轮廓切割，蚀除量小，且余料还可以利用，这对加工贵重金属具有重要意义。

⑤ 自动化程度高，工人劳动强度低，且线切割使用的工作液为脱离子水，没有发生火灾的危险，可实现无人运转。

电火花线切割的缺点是不能加工盲孔和阶梯孔类零件的表面。此外，线切割易产生较大的内应力变形而破坏零件的加工精度。

线切割加工广泛应用于各种硬质合金和淬火钢的冲模、样板，各种形状复杂的精细小零件、窄缝等，并可多件叠加起来加工，能获得一致的尺寸。因此线切割工艺为新产品试制、精密零件和模具制造开辟了一条新的工艺途径。

9.2.3 电解加工

电解加工又称电化学加工，是继电火花加工之后发展较快、应用较广的一种新工艺，在国内外已成功地应用于枪、炮、导弹、喷气发动机等国防工业部门，在模具制造中也得到了广泛的应用。

1. 电解加工的基本原理

电解加工是利用金属在电解液中产生阳极溶解的原理，将工件加工成形的。图 9-5 为电解加工原理示意图。加工时，工件接直流电源的阳极，工具接电源阴极。工具向工件缓慢进给，使两者间保持较小的间隙（0.1～1mm），在间隙间通过高速流动的电解液（NaCl 水溶液），这时阳极工件的金属逐渐被电解腐蚀，电解产物被电解液冲走。

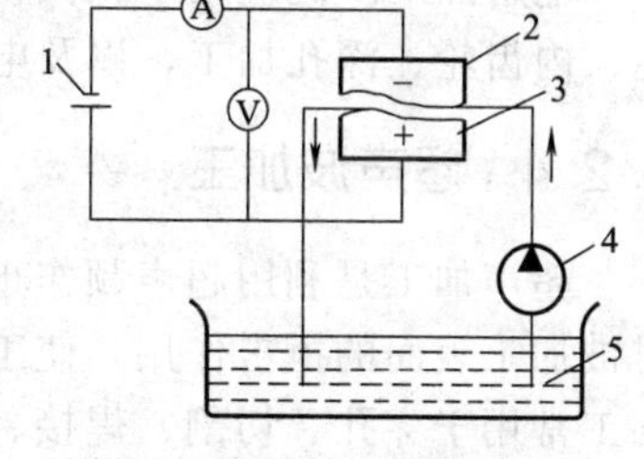

图 9-5　电解加工原理示意图

1—直流电源；2—工具阴极；3—工件阳极；4—电解液泵；5—电解液

电解加工成形原理如图 9-6 所示。由于阳极、阴极间各点距离不等，电流密度也不等。在加工开始时，阳、阴极距离较近处电流密度较大，电解液的流速也较高，阳极溶解速度也就较快，如图 9-6（a）所示。由于工具相对工件不断进给，工件表面不断被电解，电解产物不断地被电解液冲走，直至工件表面形成与阳极表面基本相似的形状为止，如图 9-6（b）所示。

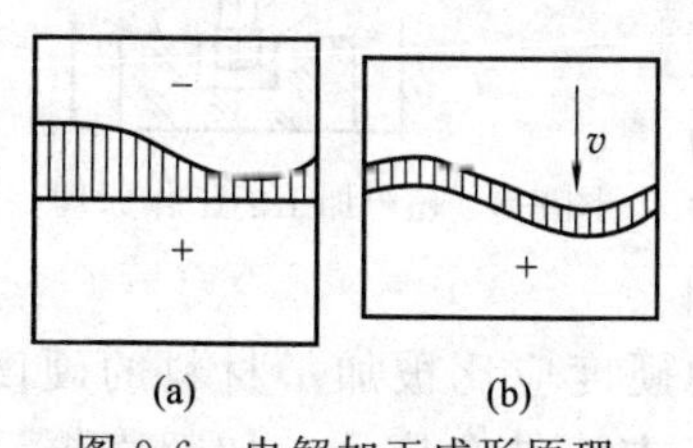

图 9-6　电解加工成形原理

（1）电解加工的特点

① 加工范围广，不受金属材料硬度影响，可以加工硬质合金、淬火钢、不锈钢、耐热合金等高硬度、高强度及韧性好的金属材料，并可加工叶片、锻模等各种复杂型面。

② 生产率较高，约为电火花加工的 5～10 倍，在某种情

况下，比切削加工的生产率还高，且加工生产率不直接受加工精度和表面粗糙度的限制。

③ 表面粗糙度值较小（Ra1.25～0.2μm），平均加工精度可达±0.1mm左右。

④ 加工过程中无热及机械切削力的作用，所以在加工面上不产生应力、变形及加工变质层。

⑤ 加工过程中阴极工具在理论上不会损耗，可长期使用。

（2）电解加工的主要缺点

① 不易达到较高的加工精度和加工稳定性。一是由于工具阴极制造困难；二是影响电解加工稳定性的参数很多，难以控制。

② 电解加工的附属设备较多，占地面积较大，机床需有足够的刚性、防腐蚀性和安全性能，造价较高。

③ 电解产物应妥善处理，否则易污染环境。

2. 电解加工的应用

电解磨削是利用电解作用与机械磨削作用相结合的一种复合加工方法。其工作原理如图9-7所示。工件接直流电源正极，高速回转的磨轮接负极，两者保持一定的接触压力，磨轮表面突出的磨料使磨轮导电基体与工件之间有一定的间隙。当电解液从间隙中流过并接通电源后，工件产生阳极溶解，工件表面上生成一层称为阳极膜的氧化膜，其硬度远比金属本身低，极易被高速回转的磨轮所刮除，使新的金属表面露出，继续进行电解。电解作用与磨削作用交替进行，电解产物被流动的电解液带走，使加工继续进行，直至达到加工要求。

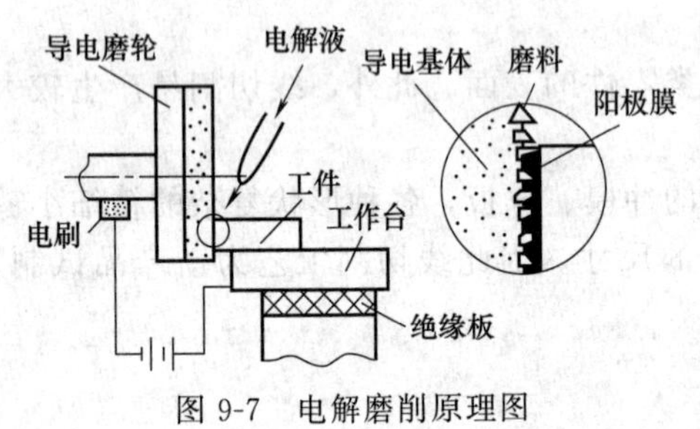

图 9-7　电解磨削原理图

电解加工广泛应用于模具的型腔加工，枪炮的膛线加工，发电动机的叶片加工，花键孔、内齿轮、深孔加工，以及电解抛光、倒棱、去毛刺等。

9.2.4 超声波加工

超声加工是利用超声频作小振幅振动的工具，并通过它与工件之间游离于液体中的磨料对被加工表面的捶击作用，使工件材料表面逐步破碎的特种加工，英文简称为USM。超声加工常用于穿孔、切割、焊接、套料和抛光。

1. 超声加工的工作原理

超声波发生器将工频交流电能转变为有一定功率输出的超声频电振荡，换能器将超声频电振荡转变为超声机械振动，通过振幅扩大棒（变幅杆）使固定在变幅杆端部的工具产生超声波振动，迫使磨料悬浮液高速地不断撞击、抛磨被加工表面使工件成型。超声加工的工作原理如图9-8所示。

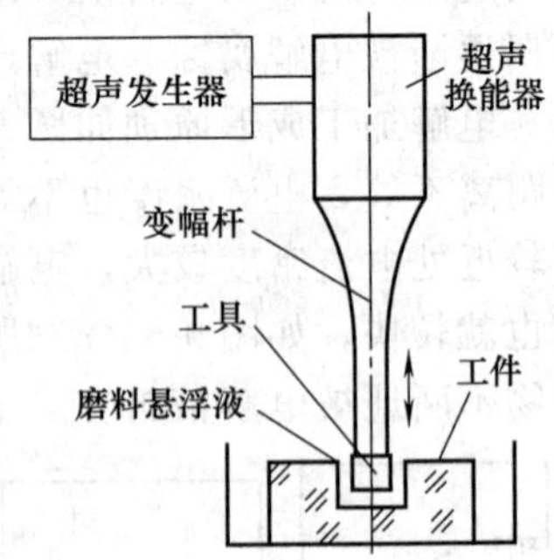

图 9-8　超声加工的工作原理

2. 超声加工的主要特点

不受材料是否导电的限制；工具对工件的宏观作用力小、热影响小，因而可加工薄壁、窄缝和薄片工件；被加工材料的脆性越大越容易加工，材料越硬或强度、韧性越大则越难加工；由于工件材料的碎除主要靠磨料的作用，磨料的硬度应比被加工材料的硬度高，而工具的硬度可以低于工件材料；可以与其他多种加工方法结合应用，如超声振动切削、超声电火花加工和超声电解加工等。

超声加工主要用于各种硬脆材料，如玻璃、石英、陶瓷、硅、锗、铁氧体、宝石和玉器等的打孔（包括圆孔、异形孔和弯曲孔等）、切割、开槽、套料、雕刻、成批小型零件去毛刺、模具表面抛光和砂轮修整等方面。

超声打孔的孔径范围是 0.1～90mm，加工深度可达 100mm 以上，孔的精度可达0.02～0.05mm。表面粗糙度在采用 W40 碳化硼磨料加工玻璃时可达 0.63～1.25μm，加工硬质合金时可达 0.32～0.63μm。

超声加工机一般由电源（即超声发生器）、振动系统（包括超声换能器和变幅杆）和机床本体三部分组成。

超声发生器将交流电转换为超声频电功率输出，功率由数瓦至数千瓦，最大可达 10kW。

变幅杆起着放大振幅和聚能的作用，按截面积变化规律有锥形、指数曲线形、悬链线形、阶梯形等。

9.2.5 激光加工

激光技术是 20 世纪 60 年代初发展起来的一门新兴科学。激光加工可以用于打孔、切割、电子器件的微调、焊接、热处理、激光存储、激光制导等各个领域。由于激光加工速度快、变形小，可以加工各种材料，在生产实践中愈来愈显示其优越性，愈来愈受人们的重视。

1. 工作原理

激光加工是利用光能量进行加工的一种方法。由于激光具有准值性好、功率大等特点，所以在聚焦后，可以形成平行度很高的细微光束，有很大的功率密度。激光光束照射到工件表面时，部分光能量被表面吸收转变为热能。对不透明的物质，因为光的吸收深度非常小(在 100μm 以下)，所以热能的转换发生在表面的极浅层，使照射斑点的局部区域温度迅速升高到使被加工材料熔化甚至汽化的温度。同时由于热扩散，斑点周围的金属熔化，随着光能的继续被吸收，被加工区域中金属蒸气迅速膨胀，产生一次“微型爆炸”，把熔融物高速喷射出来。

激光加工装置由激光器、聚焦光学系统、电源、光学系统监视器等组成，如图 9-9 所示。

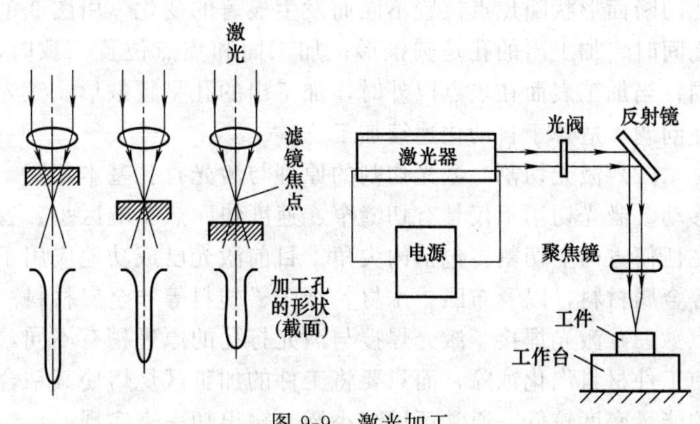

图 9-9　激光加工

2. 激光加工的特点

① 激光的瞬时功率密度高达 $10^5 \sim 10^{10}\ W/cm^2$，几乎可以加工任何高硬度、耐热的材料。

② 激光光斑大小可以聚焦到微米级，输出功率可以调节，因此可用于精密微细加工。

③ 激光束接触工件，没有明显的机械力，没有工具损耗。加工速度快、热影响区小，容易实现加工过程自动化。还能通过透明体进行加工，如对真空管内部进行焊接

加工等。

④ 与电子束、离子束相比，工艺装置相对简单，不需抽真空装置。

⑤ 光加工是一种热加工，影响因素很多。因此，精微加工时，精度尤其是重复精度和表面粗糙度不易保证。加工精度主要取决于焦点能量分布，打孔的形状与激光能量分布之间基本遵从于“倒影”效应。由于光的反射作用，表面光洁或透明材料必须预先进行色化或打毛处理才能加工。常用激光器的性能特点见表 9-2。

表 9-2 常用激光器的性能特点

<table>
<tr><th>种类</th><th>工作物质</th><th>激光波长/μm</th><th>发散角/rad</th><th>输出方式</th><th>输出能量或功率</th><th>主要用途</th></tr>
<tr><td rowspan="4">固体激光器</td><td>红宝石(Al_2O_3,Cr^{3+})</td><td>0.69</td><td>10^{-8}～10^{-2}</td><td>脉冲</td><td>数焦至10J</td><td>打孔，焊接</td></tr>
<tr><td>钕玻璃(Nd^{3+})</td><td>1.06</td><td>10^{-3}～10^{-2}</td><td>脉冲</td><td>数焦至几十焦</td><td>打孔，焊接</td></tr>
<tr><td rowspan="2">掺钕钇铝石榴石 YAG($Y_3Al_5O_{12}$,Nd^{3+})</td><td rowspan="2">1.06</td><td rowspan="2">10^{-3}～10^{-2}</td><td>脉冲</td><td>数焦至几十焦</td><td rowspan="2">打孔，切割，焊接、微调</td></tr>
<tr><td>脉冲</td><td>100～1000W</td></tr>
<tr><td rowspan="3">气体激光器</td><td rowspan="2">二氧化碳 CO_2</td><td rowspan="2">10.6</td><td rowspan="2">10^{-3}～10^{-2}</td><td>脉冲</td><td>几焦</td><td rowspan="2">切割、焊接、热处理、微调</td></tr>
<tr><td>连续</td><td>几十至几千瓦</td></tr>
<tr><td>氩(Ar^{+})</td><td>0.5145
0.4880</td><td></td><td colspan="2"></td><td>光盘刻录存储</td></tr>
</table>

⑥ 靠聚焦点去除材料，激光打孔和切割的激光深度受限。目前的切割、打孔厚（深）度一般不超过 10mm，因而主要用于薄件加工。

3. 激光的应用

（1）激光打孔　激光打孔已广泛应用于金刚石拉丝模、钟表宝石轴承、陶瓷、玻璃等非金属材料和硬质合金、不锈钢等金属材料的小孔加工。对于激光打孔，激光的焦点位置对孔的质量影响很大，如果焦点与加工表面之间距离很大，则激光能量密度显著减小，不能进行加工。如果焦点位置在被加工表面的两侧偏离 1mm 左右时还可以进行加工，此时加工出的孔的断面形状随焦点位置不同而发生显著的变化。由图 9-9 可以看出，加工面在焦点和透镜之间时，加工出的孔是圆锥形；加工面和焦点位置一致时，加工出的孔的直径上下基本相同；当加工表面在焦点以外时，加工出的孔呈腰鼓形。激光打孔不需要工具，不存在工具损耗问题，适合于自动化连续加工。

（2）激光切割　激光切割的原理与激光打孔基本相同。不同的是，工件与激光束要相对移动。激光切割不仅具有切缝窄、速度快、热影响区小、省材料、成本低等优点，而且可以在任何方向上切割，包括内尖角。目前激光已成功地应用于切割钢板、不锈钢、钛、钽、镍等金属材料，以及布匹、木材、纸张、塑料等非金属材料。

（3）激光焊接　激光焊接与激光打孔的原理稍有不同，焊接时不需要那么高的能量密度使工件材料汽化蚀除，而只要将工件的加工区烧熔使其粘合在一起。因此，激光焊接所需要的能量密度较低，通常可用减小激光输出功率来实现。

（4）激光焊接的优点

① 激光照射时间短，焊接过程迅速，不仅有利于提高生产率，而且被焊材料不易氧化，热影响区小，适合于对热敏感性很强的材料进行焊接。

② 激光焊接既没有焊渣，也不需去除工件的氧化膜，甚至可以透过玻璃进行焊接，特别适宜微型机械和精密焊接。

③ 激光焊接不仅可用于同种材料的焊接，而且可用于两种不同材料的焊接，甚至还可

以用于金属和非金属之间的焊接。

（5）激光热处理　用大功率激光进行金属表面热处理是近几年发展起来的一项新工艺。激光金属硬化处理的作用原理是：照射到金属表面上的激光能使构成金属表面的原子迅速蒸发，由此产生的微冲击波会导致大量晶格缺陷的形成，从而实现表面的硬化。激光处理法与火焰淬火、感应淬火等成熟工艺相比其优缺点如下。

① 加热快，半秒钟内就可以将工件表面加热到临界点以上。热影响区小，工件变形小，处理后不需修磨或只需精磨。

② 光束传递方便，便于控制，可以对形状复杂的零件或局部进行处理，如盲孔底、深孔内壁、小槽等。

③ 加热点小，散热快，形成自淬火，不需要冷却介质，不仅节省能源，而且工作环境清洁。

④ 激光热处理的弱点是硬化层较浅，一般小于 1mm，另外，设备投资和维护费用较高。

激光热处理已经成功应用于发动机凸轮轴、曲轴和纺织锭尖等部位的热处理，能提高其耐磨性。

9.3　计算机辅助工艺设计（CAPP）

9.3.1　计算机辅助工艺设计（CAPP）的概念与作用

1. 计算机辅助工艺规程设计概念

计算机辅助工艺规程设计（CAPP）是在成组技术的基础上，通过向计算机输入被加工零件的原始数据、加工条件和加工要求，由计算机自动地进行编码、编程，直至最后输出经过优化的工艺规程卡片的过程。

2. 计算机辅助工艺规程设计的作用

计算机辅助工艺规程设计可以使工艺人员避免查阅冗长的资料、数值计算和填写表格等繁重重复的工作，大幅度地提高工艺人员的工作效率，提高生产工艺水平和产品质量。它还可以考虑多方面的因素进行优化设计，以高效率、低成本、合格的质量和规定的标准化程序来拟定一个最佳的制造方案，从而把产品的设计信息转为制造信息。它是计算机辅助制造的重要环节，是连接计算机辅助制造和计算机辅助设计的纽带，因此，在现代化机械制造业中有重要的作用。

9.3.2　计算机辅助工艺设计（CAPP）系统的常用方法及原理

1. 派生法

派生法是根据成组技术的原理将零件划分为相似零件族，按零件族编制出标准工艺过程，并以文件的形式储存在计算机中。当为一个零件设计工艺规程时，可以从计算机中检索出标准工艺文件，然后经过一定的编辑和修改就可得到。所以派生法又称为经验法、样件法或检索法。

派生法 CAPP 系统的使用流程如图 9-10 所示，具体步骤如下。

① 先用同样的编码系统对零件编码，然后将这个代码输入计算机，通过计算机中零件族检索程序，找到这个零件所属的零件族。

② 调出该零件族的标准工艺规程。

③ 根据零件的特殊要求（如材料、批量等），修改编辑这个标准的工艺规程，最后生成

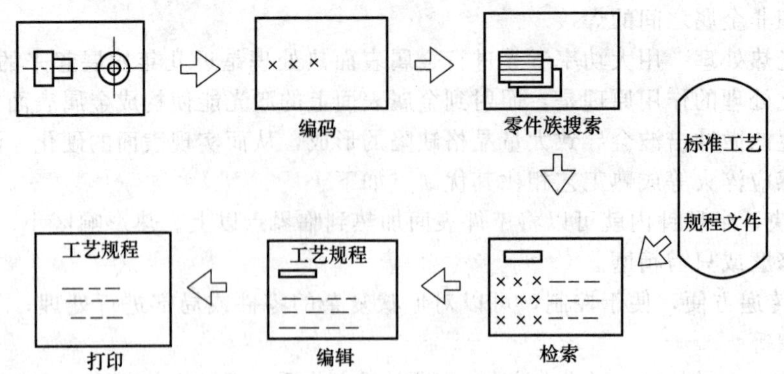

图 9-10 派生法 CAPP 流程

该零件的工艺规程。

2. **创成法**

创成法 CAPP 系统不对标准工艺规程检索和修改，而由计算机软件系统，根据加工能力知识库和工艺数据中加工工艺信息和各种工艺决策逻辑，自动设计出零件的工艺规程。有关零件的信息也直接从 CAD 系统中获得。

这种方法就是让计算机模仿工艺人员的逻辑思维能力，自动地进行各种决策，选择零件的加工方法，安排工艺路线，选择机床、刀具、夹具，计算切削参数和加工时间、加工成本以及对工艺过程进行优化等。人的任务仅监督计算机的工作，并在计算机决策过程中做一些简单问题的处理，对中间结果进行判断和评估等。

零件信息描述是设计创成法 CAPP 系统首先要解决的问题。目前国内外创成法 CAPP 系统中采用零件描述法主要有成组编码法、型面描述法和体素描述法。零件的设计信息可直接从 CAD 系统的数据库中采集。

创成法工艺设计系统是一个完备的高级系统，但因为工艺过程设计因素很多，目前技术水平还不能完全实现。当今许多计算机辅助工艺系统设计都采用以派生法为主，创成法为辅的综合法，两种方法相结合可以取得好的效果。

9.4 计算机集成制造系统（CIMS）

当前，我国的 CIMS 已经改变为“现代集成制造（Contemporary Integrated Manufacturing）与现代集成制造系统（Contemporary Integrated Manufacturing System）”。它已在广度与深度上拓展了原 CIM/CIMS 的内涵。其中，“现代”的含义是计算机化、信息化、智能化。“集成”有更广泛的内容，它包括信息集成、过程集成及企业间集成三个阶段的集成优化；企业活动中三要素及三流的集成优化；CIMS 有关技术的集成优化及各类人员的集成优化等。CIMS 不仅仅把技术系统和经营生产系统集成在一起，而且把人（人的思想、理念及智能）也集成在一起，使整个企业的工作流程、物流和信息流都保持通畅和相互有机联系，所以，CIMS 是人、经营和技术三者集成的产物。

9.4.1 CIMS 的概念及组成

1. CIMS 的概念

计算机集成制造系统（Computer Integrated Manufacturing System 简称 CIMS）是随着

计算机辅助设计与制造的发展而产生的。它是在信息技术自动化技术与制造的基础上，通过计算机技术把分散在产品设计制造过程中各种孤立的自动化子系统有机地集成起来，形成适用于多品种、小批量生产，实现整体效益的集成化和智能化制造系统。

2. CIMS 包含的 4 个要素

① CIMS 适用于各种中、小批量的离散生产过程型制造厂。

② CIMS 应将制造厂的生产经营活动都纳入到多模式、多层次、人机交互的自动化系统之中。

③ CIMS 由多个自动化子系统有机综合而成。

④ CIMS 的目的是提高经济效益、提高柔性、追求总体动态化。

CIMS 是在自动化技术、信息技术和制造技术的基础上，通过计算机及其软件科学，将制造工厂与全部生产活动有关的各种分散的自动化系统有机地集成起来，适合于多品种、中小批量生产的总体高效率、高柔性的智能型制造系统。

3. CIMS 包含的两个特征

① 在功能上，CIMS 包含了一个工厂的全部生产经营活动，即从市场预测、产品设计、加工制造、质量管理到售后服务的全部活动，如图 9-11 所示。CIMS 比传统的工厂自动化范围大得多，是一个复杂的大系统。

② CIMS 涉及的自动化不是工厂各环节的自动化、计算机及网络的简单相加，而是有机的集成。这里的集成，不仅是物料、设备的集成，主要体现的是以信息集成为本质的技术集成。

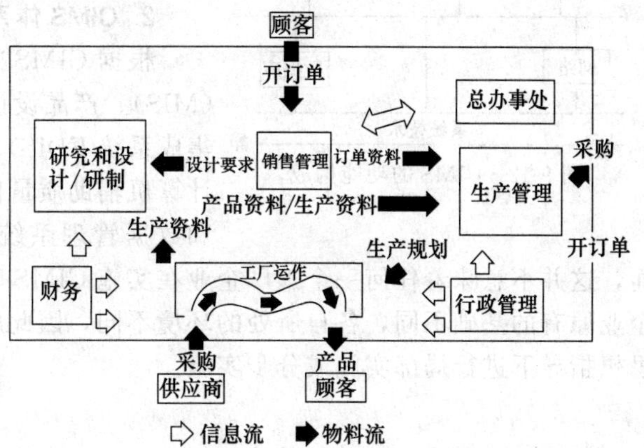

图 9-11　制造业的 CIMS 概念模型图

4. CIMS 的核心在于集成

在不断地深化研究中，人们围绕着 CIMS 的总目标，将并行工程、产品数据交换标准(PDES/STEP)、面向对象技术、仿真技术、集成平台、软件开发平台等新概念、新思想、新技术引入了 CIMS，而且越来越清楚地认识到 CIMS 的实施不是单纯的技术问题，采用从技术到技术的方法很难获得成功。CIMS 涉及自动化领域的许多方面，属于综合自动化的范畴。它涉及自动化的许多单项技术，而更为重要的是将这些技术综合集成（包括集成方法、集成的手段与环境支持、数据库与网络等）。其集成特性主要包括以下几方面。

(1) 人员集成　管理者、设计者、制造者、保障者（负责质量、销售、采购、服务等人员）以及用户应集成为一个协调整体。

(2) 信息集成　产品生产周期中各类信息的获取、表达、处理和操作工具集成为一体，组成统一的管理控制系统。特别是产品信息模型（PIM）和产品数据管理（PDM）在系统中进行一体化的处理。

(3) 功能集成　产品生命周期中，企业各部门功能集成，以及产品开发与外部协作企业间功能的集成。

(4) 技术集成　产品开发全过程中，涉及的多学科知识以及各种技术、方法的集成，并形成集成的知识库和方法库，以利于 CIMS 有效实施。

在企业内的人、生产经营和技术这三者之间的信息集成的基础上，使企业组成一个统一的整体，保证企业内的工作流、物质流和信息流畅通无阻。

9.4.2 CIMS的体系结构

CIMS的体系结构是指用信息技术的观点建立企业的模型框架。一方面用来生成企业模型的信息技术表达形式；另一方面用来提供信息技术环境，以支持企业对日常生产过程的执行、监督和控制。

1. **CIMS体系功能构成**

一个制造企业从功能看，可以简单地分为设计、制造、经营管理三个主要方面。由于产品质量对一个制造企业的竞争和生存越来越重要，因此，常常也把质量保证系统作为企业功能的主要方面之一。为了实现企业功能的集成，还需要有一个支撑环境，包括网络、数据库（DB）和集成方法——系统技术。CIMS的功能构成如图9-12所示。

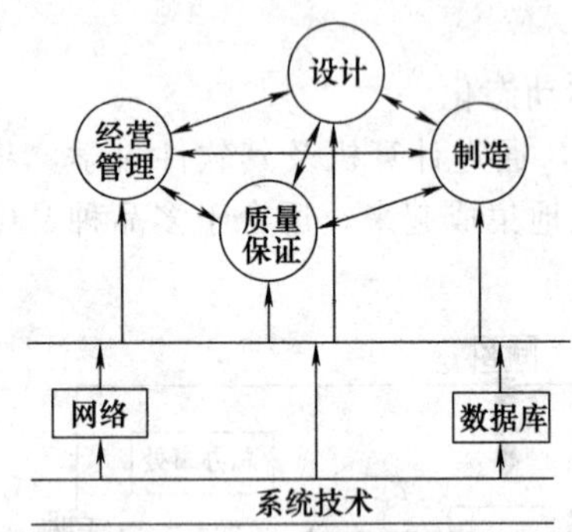

图9-12　CIMS的功能构成

2. **CIMS体系分系统**

根据CIMS的功能构成，CIMS是由4个功能分系统(MIS)、产品设计与工程设计自动化系统（又称工程设计集成系统EDIS)、制造自动化（柔性自动化系统MAS)、计算机辅助质量保证系统（CAQ)、计算机网络（NETS)和数据管理系统（DBS）6个部分有机地集成起来。然而，这并不意味着任何一个工厂企业在实施CIMS时都必须同时实现6个分系统。由于每个企业原有的基础不同，各自所处的环境不同，因此应根据企业的具体需求和条件，在CIMS思想指导下进行局部实施或分步实施。

9.5 实训　电火花线切割加工

1. **实训目的**

（1）了解数控线切割机床的组成、工作原理、操作方法和加工对象。

（2）了解工件的装夹过程及找正方法。

（3）了解线切割加工工件的工艺性。

2. **实训设备、工具及毛坯**

（1）DK7725型数控线切割机床一台。

（2）活扳手、游标卡尺各一把。

（3）毛坯（材料：Q235，尺寸：100mm×50mm×2mm）一块。

3. **实训内容及步骤**

首先由实训指导教师介绍数控线切割机床的组成，机床各按键和旋钮的功用，工件的装夹方法以及加工的操作过程。然后在实训教师的指导下，学生按下列步骤进行实训。

（1）接通总电源、打开控制柜和机床电源；把工件夹持到机床工作台夹具上，将其夹紧，找正加工位置，装好电极丝（钼丝）。

（2）用机床的绘图编程软件绘出工件轨迹线（工件随机选取），然后自动生成3B或G代码，利用检查中的模拟轨迹功能检验加工程序的正确性。

（3）根据加工工件的材料、结构特点及技术要求，预选一组电规准（工作电压、脉冲电流、脉冲宽度、脉冲频率等）。

（4）启动走丝电动机，接通脉冲电源，找正钼丝起切点的位置，打开步进电极，锁紧手柄，将手柄上刻度（X、Y 方向）的初始值调至 0。

（5）开动切削液泵，按下切割键，开始切割加工。加工时，要注意电流表是否正常，并通过相应的调整旋钮进行调节，使加工过程趋于稳定，但要防止调节量过大，以免造成短路、断丝。

（6）切割完毕，机床自动断电并报警提示；按任意键，控制柜回到待命状态。

（7）检测工件，整理实验现场，填写实验报告。

4. 实训报告要求及思考题

（1）简述线切割机床的组成。

（2）简述线切割机床的开、关机步骤和注意事项。

（3）何为极性效应？对加工有何影响？

复习思考题

一、填空题

1. 电火花加工蚀除金属材料的微观物理过程可分为________、________、____和________四个阶段。

2. 电火花加工粗加工时工件常接____极，精加工时工件常接________极；线切割加工时工件接正极；电解加工时工件接______极；电解磨削时工件接________极；电镀时工件接________极。

3. 电子束加工是在________条件下，利用________________________对工件进行加工的方法。

4. 电火花型腔加工时使用最广泛的工具电极材料是__________和______________。

5. 影响电火花加工精度的主要因素有：______________及其一致性、________________及其稳定性和________________。

二、单项选择题

1. 用电火花加工冲模时，若凸凹模配合间隙小于电火花加工间隙时，应选用的工艺方法是（　　）。

A. 直接配合法　　B. 化学浸蚀电极法　　C. 电极镀铜法　　D. 冲头镀铜法

2. 一般来说，精密电火花加工时电极是（　　）。

A. 高相对损耗　　B. 低相对损耗　　C. 零损耗　　D. 负相对损耗

3. 下列工件材料选项中，不适于电火花加工的是（　　）。

A. 硬质合金　　B. 钛合金　　C. 光学玻璃　　D. 淬火钢

4. 电解加工型孔过程中（　　）。

A. 要求工具电极作自动伺服进给

B. 要求工具电极作均匀等速进给

C. 要求工具电极作均加速进给

D. 要求工具电极整体作超声振动

5. 下列选项中不正确的选项是（　　）。

A. 电解加工中，加工速度与加工间隙成正比

B. 电解加工中，加工速度与电流效率成正比

C. 电解加工中，加工速度与工件材料的电化学当量成正比

D. 电解加工中，加工速度与电解液的电导率成正比

6. 在材质硬且脆的非金属材料上加工型孔时，宜采用的加工方法是（　　）。

A. 电火花加工　　B. 电解加工

C. 超声波加工　　D. 电子束加工

7. 下列论述选项中正确的是（　　）。

A. 电火花线切割加工中，只存在电火花放电一种放电状态

B. 电火花线切割加工中，由于工具电极丝高速运动，故工具电极丝不损耗

C. 电火花线切割加工中，电源可选用直流脉冲电源或交流电源

D. 电火花线切割加工中，工作液一般采用水基工作液

三、判断题

1. 电火花加工是非接触性加工（工具和工件不接触），所以加工后的工件表面无残余应力。 （ ）

2. 电化学反应时，金属的电极电位越正，越易失去电子变成正离子溶解到溶液中去。 （ ）

3. 电解加工是利用金属在电解液中阳极溶解作用去除材料的，电镀是利用阴极沉积作用进行镀覆加工的。 （ ）

4. 激光加工与离子束加工相同，都要求有抽真空装置。 （ ）

5. 在电火花加工中，电源一般选用直流脉冲电源或交流电源。 （ ）

6. 等脉冲电源是指每个脉冲在介质击穿后所释放的单个脉冲能量相等。对于矩形波等脉冲电源，每个脉冲放电持续时间相同。 （ ）

四、问答题

1. 试述特种加工的特点及所能解决的主要加工问题，应该如何正确处理传统加工和特种加工工艺之间的关系？

2. 什么叫电火花加工中的极性效应？如何在生产中利用极性效应？

3. CAPP 系统形成的常用方法有哪几种？如何形成？

4. 试述 CIMS 的含义？

参考文献

[1] 朱焕池. 机械制造工艺学. 北京：机械工业出版社，2002.
[2] 王先逵. 机械制造工艺学. 北京：机械工业出版社，1995.
[3] 罗永新. 数控机床电加工操作. 第2版. 北京：化学工业出版社，2015.
[4] 吴国华. 金属切削机床. 北京：机械工业出版社，1995.
[5] 王英杰. 金工实习指导. 北京：高等教育出版社，2006.
[6] 金大鹰. 机械制图. 北京：机械工业出版社，2000.
[7] 黄鹤汀 吴善元. 机械制造技术. 北京：机械工业出版社，1997.
[8] 李华. 机械制造技术. 北京：高等教育出版社，2000.
[9] 薛顺元. 机床夹具设计. 北京：机械工业出版社，2001.
[10] 罗中先. 金属切削机床. 重庆：重庆大学出版社，1997.
[11] 陆剑中，孙家宁. 金属切削原理与刀具. 第三版. 北京：机械工业出版社，2001.
[12] 郑焕文. 机械制造工艺学. 北京：高等教育出版社，1994.
[13] 赵长明，刘万菊. 数控加工工艺及设备. 北京：高等教育出版社，2001.
[14] 劳动部教材办公室. 车工工艺学. 北京：中国劳动和社会保障出版社，2004.
[15] 劳动部职业技能开发司. 铣工工艺学. 北京：中国劳动和社会保障出版社，2005.
[16] 戴署. 金属切削机床. 北京：机械工业出版社，2005.
[17] 左敦稳. 现代加工技术. 北京：北京航空航天大学出版社，2004.
[18] 张之敬，焦振学. 先进制造技术. 北京：北京理工大学出版社，2007.
[19] 张钧. 冷冲压模具设计与制造. 西安：西安工业大学出版社，1993.
[20] 韩荣第. 现代机械加工新技术. 北京：电子工业出版社，2003.
[21] 庞怀玉. 机械制造工程学. 北京：机械工业出版社，1997.
[22] 郑修本. 机械制造工艺学. 北京：机械工业出版社，1998.
[23] 劳动部培训司. 机械制造工艺与设备. 北京：中国劳动和社会保障出版社，1990.
[24] 朱正心. 机械制造技术. 北京：机械工业出版社，1999.
[25] 范崇洛，谢黎明. 机械制造工艺学. 南京：东南大学出版社，2002.
[26] 机械工程手册电机工程手册编辑委员会. 机械工程手册（二）. 北京：机械工业出版社，1997.
[27] 贾亚洲. 金属切削机床概论. 北京：机械工业出版社，2002.
[28] 吴国华. 金属切削机床. 北京：机械工业出版社，1995.
[29] 吴圣庄. 金属切削机床. 北京：机械工业出版社，1980.
[30] 杨广勇. 金属切削原理与刀具. 北京：北京理工大学出版社，1993.
[31] 机械制造编写组. 机械制造基础. 北京：人民教育出版社，1978.
[32] 张荣清. 模具设计与制造. 北京：高等教育出版社，2002.
[33] 胡志铭. 机械设备. 北京：机械工业出版社，1996.
[34] 顾维邦. 金属切削机床. 北京：机械工业出版社，1983.
[35] 吴林禅. 金属切削原理与刀具. 北京：机械工业出版社，1995.
[36] 南京工程学院等. 金属切削原理及刀具. 上海：上海科学技术出版社，1979.
[37] 劳动部培训司. 车工工艺学. 北京：中国劳动和社会保障出版社，1984.
[38] 双元制培训教材编委会. 机械工人专业工艺：北京：机械工业出版社，1997.
[39] 丁新民. 机械制造基础. 北京：中国农业出版社，2001.
[40] 周伟平. 机械制造技术. 武汉：华中科技大学出版社，2002.
[41] 刘越. 机械制造技术. 北京：化学工业出版社，2003.
[42] 张世昌，李旦，高航. 机械制造技术基础. 北京：高等教育出版社，2001.
[43] 程耀东. 机械制造学（下册）. 北京：中央广播电视大学出版社，1994.